CálculoB

Funções de várias variáveis, integrais múltiplas, integrais curvilíneas e de superfície

2ª EDIÇÃO
REVISTA E AMPLIADA

CB028350

Mirian Buss **Gonçalves**   Diva Marília **Flemming**

Cálculo B

Funções de várias variáveis, integrais múltiplas,
integrais curvilíneas e de superfície

2ª EDIÇÃO
REVISTA E AMPLIADA

© 2007, 1999 Mirian Buss Gonçalves e Diva Marília Flemming

Todos os direitos reservados. Nenhuma parte desta publicação poderá ser reproduzida ou transmitida de qualquer modo ou por qualquer outro meio, eletrônico ou mecânico, incluindo fotocópia, gravação ou qualquer outro tipo de sistema de armazenamento e transmissão de informação, sem prévia autorização, por escrito, da Pearson Education do Brasil.

Gerente editorial: Roger Trimer
Editora sênior: Sabrina Cairo
Editor de desenvolvimento: Marco Pace
Editora de texto: Eugênia Pessotti
Preparação: Norma Gusukuma
Revisão: Aiko Nishijima
Capa: Alexandre Mieda
Composição Editorial: ERJ Composição Editorial e Artes Gráficas Ltda.

Dados Internacionais de Catalogação na Publicação (CIP)
(Câmara Brasileira do Livro, SP, Brasil)

Gonçalves, Mirian Buss
 Cálculo B: Funções de Várias Variáveis, Integrais
Múltiplas, Integrais Curvilíneas e de Superfície/ 2 ed.
Mirian Buss Gonçalves, Diva Marília Flemming. –
— São Paulo: Pearson Prentice Hall, 2007.

ISBN 978-85-7605-116-9
1. Cálculo I. Flemming, Diva Marília. II. Título.

07-3938   CDD-515

Índices para catálogo sistemático:
1. Cálculo: Matemática 515

Printed in Brazil by Reproset RPSZ 219268

Direitos exclusivos cedidos à
Pearson Education do Brasil Ltda.,
uma empresa do grupo Pearson Education
Avenida Santa Marina, 1193
CEP 05036-001 - São Paulo - SP - Brasil
Fone: 11 2178-8609 e 11 2178-8653
pearsonuniversidades@pearson.com

Distribuição
Grupo A Educação
www.grupoa.com.br
Fone: 0800 703 3444

Sumário

Prefácio ix

1 Funções de Várias Variáveis 1

    1.1   Introdução 1

    1.2   Função de Várias Variáveis 2

    1.3   Gráficos 7

    1.4   Exercícios 18

2 Funções Vetoriais 21

    2.1   Definição 21

    2.2   Exemplos 22

    2.3   Operações com Funções Vetoriais 22

    2.4   Exemplos 23

    2.5   Limite e Continuidade 24

    2.6   Curvas 28

    2.7   Representação Paramétrica de Curvas 29

    2.8   Exercícios 45

    2.9   Derivada 48

    2.10   Curvas Suaves 55

    2.11   Orientação de uma Curva 56

    2.12   Comprimento de Arco 59

    2.13   Funções Vetoriais de Várias Variáveis 65

    2.14   Exercícios 65

3 Limite e Continuidade 69

    3.1   Alguns Conceitos Básicos 69

    3.2   Limite de uma Função de Duas Variáveis. 75

    3.3   Propriedades 79

    3.4   Cálculo de Limites Envolvendo Algumas Indeterminações. 85

    3.5   Continuidade 86

    3.6   Limite e Continuidade de Funções Vetoriais de Várias Variáveis 90

    3.7   Exercícios 91

4 Derivadas Parciais e Funções Diferenciáveis 95

    4.1   Derivadas Parciais 95

    4.2   Diferenciabilidade 104

    4.3   Plano Tangente e Vetor Gradiente 112

    4.4   Diferencial. 118

    4.5   Exercícios 124

    4.6   Regra da Cadeia. 128

    4.7   Derivação Implícita 135

    4.8   Derivadas Parciais Sucessivas 145

    4.9   Derivadas Parciais de Funções Vetorias 151

    4.10   Exercícios 156

5 Máximos e Mínimos de Funções de Várias Variáveis. 160

    5.1   Introdução 160

    5.2   Máximos e Mínimos de Funções de Duas Variáveis. 160

    5.3   Ponto Crítico de uma Função de Duas Variáveis 163

    5.4   Condição Necessária para a Existência de Pontos Extremantes 165

    5.5   Uma Interpretação Geométrica Envolvendo Pontos Críticos de uma Função $z = f(x, y)$. 167

    5.6   Condição Suficiente para um Ponto Crítico Ser Extremamente Local. 168

    5.7   Teorema de Weierstrass 173

    5.8   Aplicações 175

    5.9   Máximos e Mínimos Condicionados 182

    5.10   Exercícios 190

6 Derivada Direcional e Campos Gradientes 193

    6.1   Campos Escalares e Vetoriais. 193

    6.2   Exercícios 197

6.3	Derivada Direcional de um Campo Escalar	199
6.4	Gradiente de um Campo Escalar	201
6.5	Exemplos de Aplicações do Gradiente	207
6.6	Exercícios	212
6.7	Divergência de um Campo Vetorial	214
6.8	Rotacional de um Campo Vetorial	218
6.9	Campos Conservativos	222
6.10	Exercícios	227

7 Integral Dupla ... 229

7.1	Definição	229
7.2	Interpretação Geométrica da Integral Dupla	230
7.3	Propriedades da Integral Dupla	231
7.4	Cálculo das Integrais Duplas	233
7.5	Exemplos	235
7.6	Exercícios	241
7.7	Mudança de Variáveis em Integrais Duplas	244
7.8	Exercícios	254
7.9	Aplicações	256
7.10	Exercícios	270

8 Integrais Triplas ... 273

8.1	Definição	273
8.2	Propriedades	274
8.3	Cálculo da Integral Tripla	274
8.4	Exemplos	276
8.5	Exercícios	282
8.6	Mudança de Variáveis em Integrais Triplas	284
8.7	Exercícios	295
8.8	Aplicações	296
8.9	Exercícios	307

9 Integrais Curvilíneas ... 309

9.1	Integrais de Linha de Campos Escalares	309
9.2	Exercícios	323
9.3	Integrais de Linha de Campo Vetoriais	325

9.4	Exercícios	333
9.5	Integrais Curvilíneas Independentes do Caminho de Integração	335
9.6	Exercícios	345
9.7	Teorema de Green	348
9.8	Exercícios	353

10 Integrais de Superfície ... 355

10.1	Representação de uma Superfície	355
10.2	Representação Paramétrica de Algumas Superfícies	358
10.3	Exercícios	368
10.4	Curvas Coordenadas	369
10.5	Plano Tangente e Reta Normal	370
10.6	Superfícies Suaves e Orientação	375
10.7	Exercícios	380
10.8	Área de uma Superfície	381
10.9	Integral de Superfície de um Campo Escalar	384
10.10	Centro de Massa e Momento de Inércia	387
10.11	Exercícios	389
10.12	Integral de Superfície de um Campo Vetorial	391
10.13	Exercícios	400
10.14	Teorema de Stokes	402
10.15	Teorema da Divergência	408
10.16	Exercícios	412

Apêndice A   Tabelas ... 415

Identidades Trigonométricas	415
Tabela de Derivadas	415
Tabela de Integrais	416
Fórmulas de Recorrência	417

Apêndice B   Respostas dos Exercícios ... 419

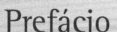

Prefácio

Em 1987 foi lançada pela editora da Universidade Federal de Santa Catarina (UFSC) o nosso primeiro livro, *Cálculo A*, que imediatamente alcançou ampla aceitação da comunidade acadêmica, tanto por parte dos professores como dos alunos.

A acolhida, bem como nosso engajamento no processo de ensino-aprendizagem de Matemática, nos motivou a elaborar um projeto mais amplo, com a proposta de cobrir os principais conteúdos de Cálculo Diferencial e Integral, contemplados nos cursos de Engenharia e Ciências Exatas.

Como resultado, surgiram nossos livros seguintes, *Cálculo C: funções vetoriais, integrais curvilíneas, integrais de superfície*, lançado em 1992; a nova edição revista e ampliada do livro *Cálculo A*, na qual introduzimos os conteúdos de métodos de integração e aplicação das integrais definidas, lançada em 1992. O *Cálculo b: funções de várias variáveis, integrais duplas e triplas* foi lançado em 1999 e a nova Edição revista do *Cálculo C* em 2000, ambos pela Makron Books do Brasil.

Diversas mudanças ocorreram durante esse longo período, tanto no que diz respeito às inovações tecnológicas quanto em relação aos currículos e disciplinas oferecidas nos cursos universitários. Atentas às transformações ocorridas, visualizamos a necessidade de promover uma mudança estrutural mais profunda nos textos originais.

Foi lançada, então, no início do ano em curso, a 6ª edição revista e ampliada do livro *Cálculo A*. Basicamente, essa nova edição diferencia-se das anteriores pela inserção de aplicações do estudo de funções em diversas áreas, com destaque para a Economia. Também são introduzidos alguns novos conteúdos, como integrais impróprias, que não eram contemplados nas edições anteriores. Além disso, são propostas novas abordagens para alguns conteúdos, considerando o uso das novas tecnologias, e propostos diversos exercícios para serem resolvidos com recursos computacionais.

Dando continuidade à reestruturação dos textos originais, apresentamos este novo livro, intitulado *Cálculo B: funções de várias variáveis, integrais múltiplas, integrais curvilíneas e de superfície*, resultante da junção dos dois livros anteriores *Cálculo B* e *Cálculo C*.

O texto original do livro *Cálculo B* consistia de seis capítulos. As noções básicas de funções de várias variáveis eram apresentadas no Capítulo 1. Os conceitos de limite e continuidade eram explorados no Capítulo 2. No Capítulo 3, os conteúdos referentes a derivadas parciais e funções diferenciáveis. Esses conceitos eram aplicados, no Capítulo 4, na análise de máximos e mínimos de funções de duas variáveis. Os capítulos 5 e 6 abordavam as integrais múltiplas com diversas aplicações geométricas e físicas.

A exemplo do livro *Cálculo B*, o texto do *Cálculo C* também consistia de seis capítulos. Os dois primeiros, referentes a funções vetoriais de uma variável e curvas, constituem pré-requisitos para o estudo das integrais curvilíneas, apresentadas no Capítulo 5. O Capítulo 3 tratava da extensão dos conceitos do Cálculo para as funções vetoriais de várias variáveis. No Capítulo 4 eram exploradas as idéias físicas ligadas ao Cálculo Vetorial. O Capítulo 6 iniciava com o estudo de superfícies e a seguir eram apresentadas as integrais de superfície.

Este livro passa a ser composto por dez capítulos. Foram matidos integralmente os conteúdos do livro *Cálculo B* e enxugados os conteúdos referentes ao livro *Cálculo C*.

Assim, a este novo *Cálculo B* está organizado da seguinte forma: Capítulo 1: "Funções de várias variáveis"; Capítulo 2: "Funções vetoriais", no qual são apresentadas as funções vetoriais de uma variável, os conceitos de limite e continuidade para essas funções, bem como um estudo sobre curvas. Esse capítulo finaliza com a introdução das funções vetoriais de várias variáveis; Capítulo 3, "Limite e continuidade", no qual se estendem esses conceitos para as funções de várias variáveis e funções vetoriais de várias variáveis; Capítulo 4: "Derivadas parciais e funções diferenciáveis"; Capítulo 5: "Máximos e mínimos de funções de várias variáveis"; Capítulo 6: "Derivada direcional e campos gradientes"; Capítulo 7: "Integral dupla"; Capítulo 8: "Integrais triplas"; Capítulo 9: "Integrais curvilíneas"; e Capítulo 10: "Integrais de superfície".

Observamos que os conteúdos, referentes a funções vetoriais, que permeiam os primeiros capítulos não constituem pré-requisitos para os capítulos posteriores que tratam de conteúdos envolvendo as funções de várias variáveis. Dessa maneira, não há prejuízo para a utilização do livro em disciplinas que contemplem apenas as funções de várias variáveis. Nesse caso, podem-se utilizar seqüencialmente os seguintes capítulos: 1, 3, 4, 5, 7 e 8. Alguns conteúdos referentes às funções vetoriais foram inseridos no final de alguns capítulos, podendo — sem prejuízo algum para o aprendizado — ser facilmente descartados nessas disciplinas.

O texto é rico em exemplos e aplicações práticas. Cada capítulo apresenta enunciados claros das definições, propriedades e teoremas relativos ao assunto abordado. No decorrer de todo o livro, as idéias intuitivas e geométricas são realçadas. As figuras apresentadas no decorrer do texto facilitam a visualização espacial dos conceitos apresentados. São propostas listas de exercícios, com respostas, para complementar a aprendizagem do aluno. Algumas demonstrações de teoremas, que foram omitidas, podem ser encontradas em livros mais avançados.

Este livro também oferece um site de apoio com conteúdo adicional para professores e alunos. No site www.pearson.com.br/flemming, os professores podem obter o manual de soluções dos exercícios propostos no livro e os alunos têm acesso às respostas dos exercícios.

O conteúdo de uso exclusivo dos professores é protegido por senha. Para ter acesso a ele, os professores que adotam o livro devem entrar em contato com um representante da Pearson ou enviar um e-mail para universitarios@pearson.com.

Como sempre, lembramos aos nossos leitores que quaisquer erros que por ventura forem encontrados são, naturalmente, de responsabilidade das autoras, que agradecem desde já a comunicação dos mesmos.

Florianópolis, maio de 2007.

Mirian Buss Gonçalves
Diva Marília Flemming

1 Funções de Várias Variáveis

Neste primeiro capítulo, estudaremos as funções de várias variáveis. Veremos inicialmente algumas situações práticas que exemplificam a utilização dessas funções em diferentes áreas de conhecimento. Especificamente, veremos os gráficos de funções de duas variáveis, além da apresentação de superfícies que serão trabalhadas no decorrer de outros capítulos. Finalmente, introduziremos as curvas de níveis.

1.1 Introdução

Consideremos os seguintes enunciados:

1º) O volume "V" de um cilindro é dado por $V = \pi r^2 h$, onde r é o raio e h é a altura.

2º) A equação de estado de um gás ideal é dada por

$$p = nRT/V$$

onde p = pressão;
 V = volume;
 n = massa gasosa em moles;
 R = constante molar do gás; e
 T = temperatura.

3º) O circuito da Figura 1.1 tem cinco resistores. A corrente desse circuito é função das resistências R_i ($i = 1,..., 5$).

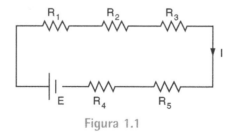

Figura 1.1

Analisando esses enunciados, verificamos que as funções envolvidas requerem o uso de duas ou mais variáveis independentes.

Podemos, por exemplo, dizer que o volume de um cilindro, denotado por V, é uma função do raio r e da altura h (1º enunciado). Assim,

$$V = V(r, h)$$

é uma função de duas variáveis definida por

$$V(r, h) = \pi r^2 h. \tag{1}$$

No 2º enunciado temos, por exemplo, a função

$$p(V, T, n) = nRT/V \qquad (2)$$

que é uma função de três variáveis.

Sobre o circuito do 3º enunciado, podemos dizer que a corrente do circuito dado é uma função de cinco variáveis independentes. Temos:

$$I = \frac{E}{R_1 + R_2 + R_3 + R_4 + R_5} \qquad (3)$$

onde E representa a tensão da fonte e R_i ($i = 1, 2,..., 5$) são os resistores.

Essas situações mostram exemplos práticos que aplicam funções de várias variáveis.

Verificamos, com esses exemplos, a necessidade de ampliar o âmbito de nosso estudo. Ao estudarmos funções como a do 1º enunciado,

$$V = V(r, h)$$

trabalhamos com pares ordenados de números reais, isto é, pares ordenados (r, h) do plano $\mathbb{R}^2 = \mathbb{R} \times \mathbb{R}$ (ver a Figura 1.2a). No caso da função (2), usamos ternas ordenadas (ver a Figura 1.2b).

Para a função (3) usamos o espaço $\mathbb{R}^5$, que não tem visualização gráfica.

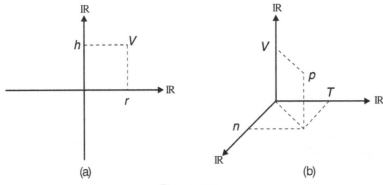

Figura 1.2

Constataremos que o estudo das funções de três ou mais variáveis difere muito pouco do estudo de funções de duas variáveis. Por isso, vamos, neste capítulo, trabalhar mais com as funções de duas variáveis. Por outro lado, vamos salientar as diferenças fundamentais entre o cálculo de funções de uma variável e o cálculo de funções de várias variáveis.

1.2 Função de Várias Variáveis

1.2.1 Definição

Seja A um conjunto do espaço n-dimensional ($A \subseteq \mathbb{R}^n$), isto é, os elementos de A são n-uplas ordenadas $(x_1, x_2, ..., x_n)$ de números reais. Se a cada ponto P do conjunto A associamos um único elemento $z \in \mathbb{R}$, temos uma função $f: A \subseteq \mathbb{R}^n \to \mathbb{R}$. Essa função é chamada *função de n-variáveis reais*. Denotamos:

$$z = f(P) \qquad \text{ou} \qquad z = f(x_1, x_2, ..., x_n).$$

O conjunto A é denominado *domínio da função $z = f(P)$*.

1.2.2 Exemplos

Exemplo 1: Seja A o conjunto de pontos do $\mathbb{R}^2$ representado na Figura 1.3.

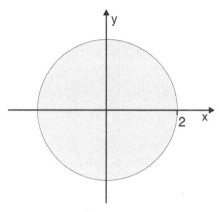

Figura 1.3

A cada ponto (x, y) pertencente a $A \subset \mathbb{R}^2$, podemos fazer corresponder um número $z \in \mathbb{R}$, dado por

$$z = \sqrt{4 - x^2 - y^2}.$$

Nesse caso, estamos diante de uma função de duas variáveis reais denotada por

$$f: A \subset \mathbb{R}^2 \to \mathbb{R}$$

$$z = \sqrt{4 - x^2 - y^2}.$$

Essa função pode representar, por exemplo, a temperatura de uma chapa circular de raio 2. O domínio dessa função é o conjunto $A \subset \mathbb{R}^2$, isto é, o conjunto de pontos $(x, y) \in \mathbb{R}^2$, tais que

$$4 - x^2 - y^2 \geq 0 \quad \text{ou} \quad x^2 + y^2 \leq 4.$$

Denotamos:

$$D(Z) = \{(x, y) \in \mathbb{R}^2 \mid x^2 + y^2 \leq 4\}.$$

A imagem dessa função é o conjunto dos $z \in \mathbb{R}$, tais que $0 \leq z \leq 2$:

$$\text{Im}(z) = \{z \in \mathbb{R} \mid 0 \leq z \leq 2\} \quad \text{ou} \quad \text{Im}(z) = [0, 2].$$

Exemplo 2: Fazer uma representação gráfica do domínio das seguintes funções:

a) $f(x, y) = \ln(x - y)$

b) $g(x, y, z) = \sqrt{16 - x^2 - y^2 - z^2}$

c) $w = \dfrac{xy}{\sqrt{x^2 - y^2}}$

Como para as funções de uma variável, em geral, uma função de várias variáveis também é especificada apenas pela regra que a define. Nesse caso, o domínio da função é o conjunto de todos os pontos de $\mathbb{R}^n$ para os quais a função está definida. Temos:

Solução de (a): A função $f(x, y) = \ln(x - y)$ é uma função de duas variáveis. Portanto, o seu domínio é um subconjunto de $\mathbb{R}^2$.
Sabemos que $\ln(x - y)$ é um número real quando

$$x - y > 0 \quad \text{ou} \quad x > y.$$

Assim, o domínio da função f é

$$D(f) = \{(x, y) \in \mathbb{R}^2 \mid x > y\}.$$

A Figura 1.4 mostra a região de $\mathbb{R}^2$ que representa graficamente esse domínio.

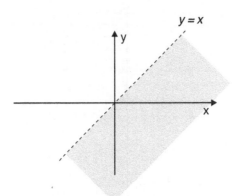

Figura 1.4

Solução de (b): O domínio da função g é um subconjunto de $\mathbb{R}^3$, pois $g(x, y, z)$ é uma função de três variáveis independentes.

Para que $\sqrt{16 - x^2 - y^2 - z^2}$ seja um número real devemos ter

$$16 - x^2 - y^2 - z^2 \geq 0 \qquad \text{ou} \qquad x^2 + y^2 + z^2 \leq 16.$$

Assim,

$$D(z) = \{(x, y, z) \in \mathbb{R}^3 \mid x^2 + y^2 + z^2 \leq 16\}.$$

Graficamente, esse domínio representa uma região esférica no $\mathbb{R}^3$ (ver a Figura 1.5).

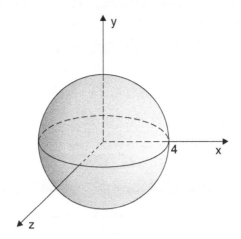

Figura 1.5

Solução de (c): Para encontrar o domínio da função dada, basta verificar que w é um número real, quando

$$x^2 - y^2 > 0 \qquad \text{ou} \qquad (x - y)(x + y) > 0.$$

Portanto,

$$D(w) = \{(x, y) \in \mathbb{R}^2 \mid (x - y)(x + y) > 0\}.$$

Para fazer a representação gráfica desse domínio, basta lembrar que $(x - y)(x + y)$ é um número real positivo quando

$$(x - y) > 0 \quad \text{e} \quad (x + y) > 0 \quad \text{ou} \quad (x - y) < 0 \quad \text{e} \quad (x + y) < 0.$$

O primeiro caso caracteriza a região *A* do gráfico da Figura 1.6, e o segundo, a região *B*. Portanto, o domínio da função dada é a união da região *A* com a região *B*.

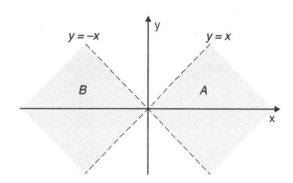

Figura 1.6

Exemplo 3: Encontrar o domínio da função

$$w = \frac{5}{x_1 + x_2 + x_3 + x_4 + x_5}.$$

Essa é uma função de cinco variáveis independentes, isto é,

$$w = f(x_1, x_2, x_3, x_4, x_5).$$

Nesse caso, temos que $w \in \mathbb{R}$, se $x_1 + x_2 + x_3 + x_4 + x_5 \neq 0$.
Portanto,

$$D(w) = \{(x_1, x_2, x_3, x_4, x_5) \in \mathbb{R}^5 \mid x_1 + x_2 + x_3 + x_4 + x_5 \neq 0\}.$$

Observamos que a função do 3º enunciado da Seção 1.1 é uma função semelhante a essa.
O domínio da função do 3º enunciado, isto é, da função

$$I = \frac{E}{R_1 + R_2 + R_3 + R_4 + R_5}$$

é dado por

$$D(I) = \{(R_1, R_2, R_3, R_4, R_5) \in \mathbb{R}^5 \mid R_1 + R_2 + R_3 + R_4 + R_5 \neq 0 \text{ e } R_i \geq 0 \, (i = 1, ..., 5)\}$$

ou

$$D(I) = \{(R_1, R_2, R_3, R_4, R_5) \in \mathbb{R}^5_+ \mid R_1 + R_2 + R_3 + R_4 + R_5 \neq 0\},$$

onde $\mathbb{R}_+$ é o conjunto dos reais não-negativos.

A restrição $R_i \geq 0$ ($i = 1, ..., 5$) ocorreu porque as resistências não assumem valores negativos.

Observamos que os domínios $D(w)$ e $D(I)$ não têm representação gráfica, pois são subconjuntos do espaço $\mathbb{R}^5$.

Exemplo 4: Encontrar o domínio e a imagem das seguintes funções:
a) $z = x^2 + y^2$
b) $z = x + y + 4$

Solução de (a): O domínio da função $z = x^2 + y^2$ é todo o espaço $\mathbb{R}^2$, isto é,

$$D(z) = \mathbb{R}^2.$$

A imagem da função $z = x^2 + y^2$ é formada por todos os valores possíveis de *z*. Temos

$$\text{Im}(z) = R_+ \quad \text{ou} \quad \text{Im}(z) = [0, +\infty).$$

Solução de (b): Como $z \in \mathbb{R}$ para qualquer $(x, y) \in \mathbb{R}^2$, temos que o domínio da função dada é todo o espaço $\mathbb{R}^2$.

Os valores possíveis de *z* formam a imagem da função. Nesse exemplo, *z* pode assumir qualquer valor real, logo

$$\text{Im}(z) = \mathbb{R}.$$

Exemplo 5: Dada a função $f(x, y) = \dfrac{|x| + |y|}{x}$, encontrar:

a) a imagem de $(1/a, a)$, $a \in \mathbb{R}_+^*$;
b) o domínio de $f(x, y)$.

Solução de (a): A imagem de $(1/a, a)$, $a \in \mathbb{R}_+^*$, é dada por

$$f(1/a, a) = \dfrac{|1/a| + |a|}{1/a}.$$

Como $a \in \mathbb{R}_+^*$, temos que $|a| = a$ e, portanto,

$$f(1/a, a) = \dfrac{\dfrac{1}{a} + a}{\dfrac{1}{a}} = \dfrac{\dfrac{1 + a^2}{a}}{\dfrac{1}{a}} = 1 + a^2.$$

Solução de (b): O domínio dessa função é:

$$D(f) = \{(x, y) \in \mathbb{R}^2 \mid x \neq 0\}.$$

Exemplo 6: Dada a equação $x^2 + y^2 + z^2 = a^2$, $a \in \mathbb{R}_+^*$, que representa uma esfera de raio a (ver a Figura 1.7), centrada na origem, definir funções de duas variáveis que representem hemisférios.

Solução: Podemos explicitar a variável z, obtendo funções da forma

$$z = z(x, y).$$

Temos, então, duas funções naturais

$$z_1 = \sqrt{a^2 - x^2 - y^2} \quad \text{e} \quad z_2 = -\sqrt{a^2 - x^2 - y^2}$$

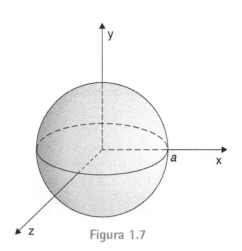

Figura 1.7

que representam o hemisfério superior e inferior, respectivamente (ver a Figura 1.8).

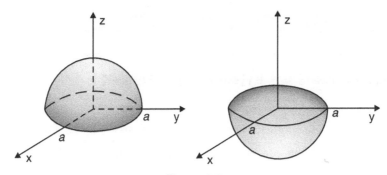

Figura 1.8

Analogamente, podemos definir

$$y_1 = \sqrt{a^2 - x^2 - z^2} \quad \text{e} \quad y_2 = -\sqrt{a^2 - x^2 - z^2}$$

que representam o hemisfério à direita e o hemisfério à esquerda, respectivamente (ver a Figura 1.9).

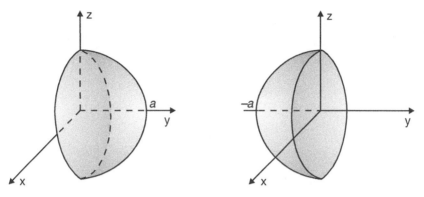

Figura 1.9

O hemisfério da frente e o de trás são definidos, respectivamente, por

$$x_1 = \sqrt{a^2 - y^2 - z^2} \quad \text{e} \quad x_2 = -\sqrt{a^2 - y^2 - z^2}$$

e podem ser visualizados na Figura 1.10.

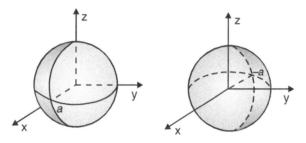

Figura 1.10

Os domínios das funções definidas são:

$D(z_1) = D(z_2) = \{(x, y) \in \mathbb{R}^2 \mid x^2 + y^2 \leq a^2\}$ $\qquad D(x_1) = D(x_2) = \{(y, z) \in \mathbb{R}^2 \mid y^2 + z^2 \leq a^2\}$
$D(y_1) = D(y_2) = \{(x, z) \in \mathbb{R}^2 \mid x^2 + z^2 \leq a^2\}.$

Observamos que graficamente esses domínios representam círculos de raio a e podem ser visualizados como a projeção da esfera sobre os respectivos planos coordenados.

1.3 Gráficos

Da mesma forma que no estudo das funções de uma variável, a noção de gráfico desempenha um papel importante no estudo das funções de várias variáveis. Isso ocorre principalmente para as funções de duas variáveis, cujo gráfico, em geral, representa uma superfície no espaço tridimensional. A visualização geométrica auxilia muito no estudo dessas funções. Temos a seguinte definição:

1.3.1 Definição

O gráfico de uma função de duas variáveis $z = f(x, y)$ é o conjunto de todos os pontos $(x, y, z) \in \mathbb{R}^3$, tais que $(x, y) \in D(f)$ e $z = f(x, y)$.

Simbolicamente, escrevemos

$$graf(f) = \{(x, y, z) \in \mathbb{R}^3 \mid z = f(x, y)\}.$$

1.3.2 Exemplos

Exemplo 1: No Exemplo 1 da Subseção 1.2.2 vimos que o domínio da função $z = \sqrt{4 - x^2 - y^2}$ é o conjunto

$$D(z) = \{(x, y) \in \mathbb{R}^2 \mid x^2 + y^2 \le 4\}.$$

Sua imagem é $\text{Im}(z) = [0, 2]$.
O gráfico dessa função é o conjunto

$$graf(z) = \{(x, y, z) \in \mathbb{R}^3 \mid z = \sqrt{4 - x^2 - y^2}\}$$

e, geometricamente, representa o hemisfério superior da esfera de centro na origem e raio 2. A Figura 1.11 ilustra esse exemplo.

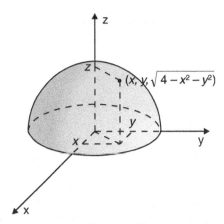

Figura 1.11

Exemplo 2: A equação $x + 2y + 3z = 3$ é a equação de um plano inclinado que corta os eixos coordenados em $x = 3$, $y = 3/2$ e $z = 1$. Resolvendo essa equação para z em função de (x, y), obtemos a função

$$z = \tfrac{1}{3}(3 - x - 2y),$$

cujo domínio é todo plano xy e cuja imagem é todo eixo z. A parte do gráfico de $z = f(x, y)$ que se encontra no primeiro octante está representada na Figura 1.12.

Dada uma superfície S no espaço, podemos nos perguntar se ela sempre representa o gráfico de uma função $z = f(x, y)$. A resposta é não. Sabemos que, se f é uma função, cada ponto de seu domínio pode ter somente uma imagem. Portanto, a superfície S só representará o gráfico de uma função $z = f(x, y)$ se qualquer reta perpendicular ao plano xy cortar S no máximo em um ponto. Isso é ilustrado na Figura 1.13.

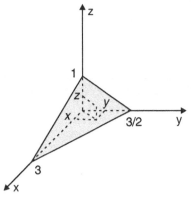

Figura 1.12

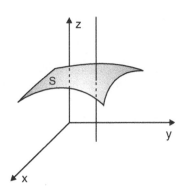

Figura 1.13

No caso das funções de uma variável, uma maneira de obter seu gráfico é elaborar uma tabela determinando os valores da função para uma série de pontos de seu domínio. Esse método rudimentar, embora não muito eficiente, constitui uma ferramenta importante. No entanto, para esboçar o gráfico de uma forma mais precisa, vários outros recursos são utilizados, tais como determinação de raízes, assíntotas, intervalos de crescimento e decrescimento, pontos de máximos e mínimos etc.

Para uma função de duas variáveis, é praticamente impossível obter um esboço do gráfico apenas criando uma tabela com os valores da função em diversos pontos de seu domínio. Para contornar essa dificuldade, vários procedimentos são adotados. O principal deles, muito usado pelos cartógrafos na elaboração de mapas de relevo, consiste em determinar os conjuntos de pontos do domínio da função, em que esta permanece constante. Esses conjuntos de pontos são chamados *curvas de nível da função* e são definidos a seguir.

1.3.3 Definição

Seja k um número real. Uma curva de nível, C_k, de uma função $z = f(x, y)$ é o conjunto de todos os pontos $(x, y) \in D(f)$, tais que $f(x, y) = k$.

Simbolicamente, escrevemos

$$C_k = \{(x, y) \in D(f) \mid f(x, y) = k\}.$$

1.3.4 Exemplo

Para a função $z = \sqrt{4 - x^2 - y^2}$ do Exemplo 1 da Subseção 1.3.2, algumas curvas de nível são:

C_0: $\quad 0 = \sqrt{4 - x^2 - y^2}\quad$ ou $\quad x^2 + y^2 = 4;\qquad C_1$: $\quad 1 = \sqrt{4 - x^2 - y^2}\quad$ ou $\quad x^2 + y^2 = 3;$

$C_{1/2}$: $1/2 = \sqrt{4 - x^2 - y^2}\quad$ ou $\quad x^2 + y^2 = 15/4;\qquad C_{3/2}$: $\quad 3/2 = \sqrt{4 - x^2 - y^2}\quad$ ou $\quad x^2 + y^2 = 7/4.$

Para $k = 2$, a curva de nível é dada por $2 = \sqrt{4 - x^2 - y^2}$ ou $x = y = 0$.
Nesse caso, a curva se reduz a um ponto e é chamada curva degenerada.
Para $k < 0$ e $k > 2$, as curvas de nível C_k são conjuntos vazios.
Na Figura 1.14a apresentamos as curvas de nível determinadas e, na Figura 1.14b, ilustramos a seção da superfície correspondente à curva de nível $C_{3/2}$.

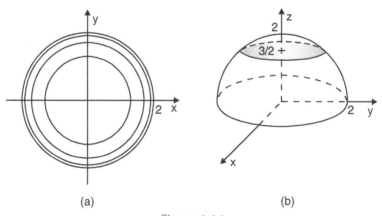

(a)   (b)

Figura 1.14

1.3.5 Esboço de gráficos usando curvas de nível

As curvas de nível são sempre subconjuntos do domínio da função $z = f(x, y)$ e, portanto, são traçadas no plano xy. Cada curva de nível $f(x, y) = k$ é a projeção, sobre o plano xy, da interseção do gráfico de f com o plano horizontal $z = k$.

Assim, para obtermos uma visualização do gráfico de f, podemos traçar diversas curvas de nível e imaginarmos cada uma dessas curvas deslocada para a altura $z = k$ correspondente. Na Figura 1.15 ilustramos esse procedimento para a função $z = \sqrt{x^2 + y^2}$ e, na Figura 1.16, para a função $z = x^2 + y^2$.

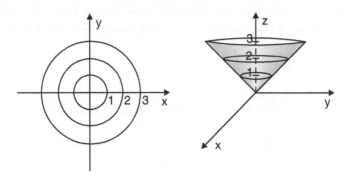

Figura 1.15

Observando as figuras 1.15 e 1.16, vemos que as curvas de nível de ambas as funções $z = \sqrt{x^2 + y^2}$ e $z = x^2 + y^2$ são circunferências de centro na origem. Assim, utilizando somente as curvas de nível, podemos ter dificuldade em esboçar o gráfico corretamente. Outro recurso muito útil para visualizar a forma do gráfico consiste em determinar a interseção deste com os planos coordenados yz e xz.

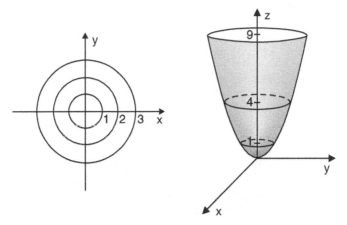

Figura 1.16

A interseção do gráfico de $z = \sqrt{x^2 + y^2}$ com os planos yz e xz são as semi-retas $z = \pm y$ e $z = \pm x$, $z \geq 0$, respectivamente. Por sua vez, a interseção de $z = x^2 + y^2$ com os planos yz e xz são, respectivamente, as parábolas $z = y^2$ e $z = x^2$. Essas informações ajudam-nos a ver que o gráfico de $z = \sqrt{x^2 + y^2}$ é um cone e que $z = x^2 + y^2$ é um parabolóide.

A seguir apresentamos exemplos variados envolvendo gráficos de funções de duas variáveis.

1.3.6 Exemplos

Exemplo 1: Esboçar o gráfico da função $f(x, y) = y^2 - x^2$.

As curvas de nível dessa função são dadas por

$$C_k : y^2 - x^2 = k.$$

Para $k = 0$, obtemos $y = \pm x$, que são as retas bissetrizes do primeiro e segundo quadrantes, respectivamente.
Para $k \neq 0$, a curva C_k é uma hipérbole.
Na Figura 1.17a, representamos as curvas de nível C_k para

$$k = 0, \pm 1, \pm 2, \pm 3.$$

A interseção do gráfico de f com o plano yz é a parábola $z = y^2$, que tem concavidade voltada para cima.
A interseção do gráfico de f com o plano xz é a parábola $z = -x^2$, de concavidade voltada para baixo.

Com essas informações, podemos visualizar o gráfico de f, representado na Figura 1.17b, o qual representa uma superfície denominada parabolóide hiperbólico. Observando esse gráfico, vemos que, partindo da origem, em algumas direções, a função é crescente e, em outras, é decrescente. Um ponto em que isso ocorre é chamado *ponto de sela*.

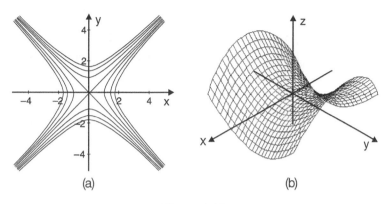

Figura 1.17

Exemplo 2: Esboçar o gráfico da função

$$z = 4 - x^2 - 4y^2.$$

Nesse exemplo, as curvas de nível são dadas por

$$C_k: 4 - x^2 - 4y^2 = k.$$

Para $k < 4$, as curvas de nível são elipses. Por exemplo, para $k = 0$, temos a elipse

$$\frac{x^2}{4} + y^2 = 1.$$

Para $k = 4$, temos $x = y = 0$, ou seja, uma curva de nível degenerada. Para $k > 4$, as curvas de nível são conjuntos vazios.

Na Figura 1.18, representamos diversas curvas de nível de f.

A interseção do gráfico de f com o plano yz é a parábola $z = 4 - 4y^2$, que tem vértice em $(0, 4)$ e concavidade voltada para baixo.

Analogamente, a interseção do gráfico de f com o plano xz é a parábola $z = 4 - x^2$.

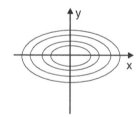

Figura 1.18

Um esboço do gráfico de f, que é chamado de parabolóide elíptico, é apresentado na Figura 1.19.

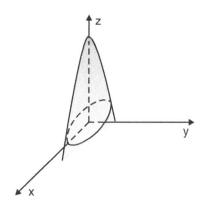

Figura 1.19

Exemplo 3: Na Figura 1.20, apresentamos algumas superfícies no espaço tridimensional. Quais delas representam o gráfico de uma função de duas variáveis?

Na Figura 1.20a, temos um paraboloide de concavidade voltada para baixo e vértice no ponto (0, 0, 4). Podemos observar que retas perpendiculares ao plano xy cortam a superfície num único ponto. Temos uma função

$$z = z(x, y).$$

Na Figura 1.20b, temos um cone. Com exceção do eixo z, retas perpendiculares ao plano xy cortam a superfície em dois pontos. Não temos uma função $z = z(x, y)$. No entanto, resolvendo a equação $z^2 = x^2 + y^2$ para z em função de x e y, obtemos as funções

$$z_1 = \sqrt{x^2 + y^2} \quad \text{e} \quad z_2 = -\sqrt{x^2 + y^2},$$

que representam, respectivamente, as partes superior e inferior do cone.

Na Figura 1.20c, temos o hemisfério da direita da esfera $x^2 + y^2 + z^2 = 4$. Podemos observar que retas perpendiculares ao plano xz cortam a superfície no máximo em um ponto. Temos uma função

$$y = y(x, z).$$

Na Figura 1.20d, temos um elipsóide. Podemos observar que as retas r, s, t, perpendiculares aos planos coordenados xy, yz e xz, respectivamente, cortam a superfície em dois pontos. Portanto, a superfície não representa o gráfico de uma função de duas variáveis.

Como foi feito no Exemplo 6 da Subseção 1.2.2, a partir da equação do elipsóide podemos obter diversas funções de duas variáveis.

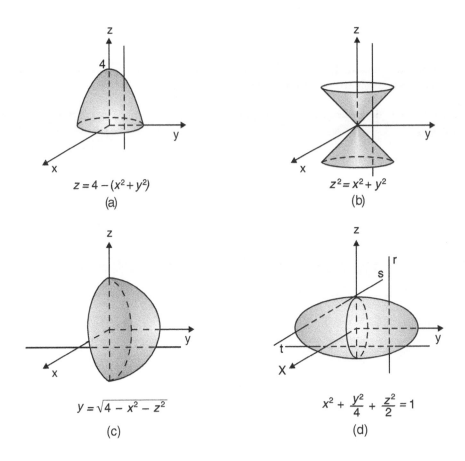

Figura 1.20

Exemplo 4: As equações a seguir representam planos. Esboçar o gráfico e identificar as possíveis funções de duas variáveis que definem cada plano.

a) $z = 2$
b) $x = 3$
c) $y = 1$
d) $y = x$

Solução de (a): A equação $z = 2$ representa um plano paralelo ao plano xy e seu gráfico está representado na Figura 1.21.
A função de duas variáveis que define esse plano é a função constante

$$f: \mathbb{R}^2 \to \mathbb{R}$$
$$f(x, y) = 2.$$

Solução de (b): A equação $x = 3$ representa um plano paralelo ao plano coordenado yz e seu gráfico está ilustrado na Figura 1.22.

Esse plano é definido pela função constante

$$g: \mathbb{R}^2 \to \mathbb{R}$$
$$g(y, z) = 3.$$

Observamos que o domínio de g é o plano yz.

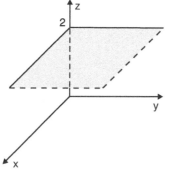

Figura 1.21

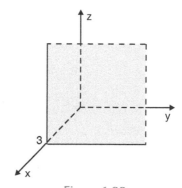

Figura 1.22

Solução de (c): Nesse caso, temos um plano paralelo ao plano coordenado xz. Esse plano é definido pela função constante

$$h: \mathbb{R}^2 \to \mathbb{R}$$
$$h(x, z) = 1$$

e seu gráfico está representado na Figura 1.23. O domínio de h é o plano $y = 0$, ou seja, é o plano coordenado xz.

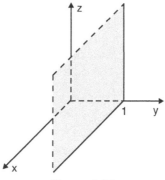

Figura 1.23

Solução de (d): A equação $y = x$, que representa uma reta quando trabalhamos no plano xy, agora representa um plano vertical cuja projeção sobre o plano xy é a reta $y = x$. O gráfico desse plano está representado na Figura 1.24.

Esse plano pode ser definido pela função

$$f: \mathbb{R}^2 \to \mathbb{R}$$
$$f(x, z) = x$$

que tem como domínio o plano coordenado *xz*, ou pela função

$$g: \mathbb{R}^2 \to \mathbb{R}$$
$$g(y, z) = y$$

cujo domínio é o plano coordenado *yz*.

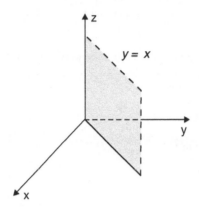

Figura 1.24

Exemplo 5: Uma chapa de aço retangular é posicionada num sistema cartesiano, como na Figura 1.25. A temperatura nos pontos da chapa é dada por

$$T(x, y) = y^2.$$

Esboçar o gráfico da função temperatura e determinar as suas isotermas, isto é, as curvas em que a temperatura é constante.

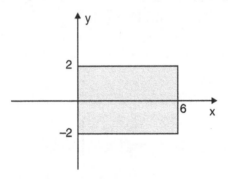

Figura 1.25

Solução: O domínio da função $T(x, y)$ é o retângulo representado na Figura 1.25, dado por

$$D(T) = \{(x, y) \mid 0 \leq x \leq 6 \quad \text{e} \quad -2 \leq y \leq 2\}$$

Sua imagem é $\text{Im}(T) = [0, 4]$.

Assim, para $0 \leq k \leq 4$, as curvas de nível da função temperatura são dadas por

$$C_k: y^2 = k \quad \text{ou} \quad y = \pm\sqrt{k}, 0 \leq x \leq 6.$$

Essas curvas representam segmentos de retas horizontais. Na Figura 1.26, esboçamos as curvas de nível:

$C_0: y = 0, 0 \leq x \leq 6$ $C_3: y = \pm\sqrt{3}, 0 \leq x \leq 6$

$C_1: y = \pm 1, 0 \leq x \leq 6$ $C_4: y = \pm 2, 0 \leq x \leq 6$

$C_2: y = \pm\sqrt{2}, 0 \leq x \leq 6$

Para esboçar o gráfico de $T(x, y)$, observamos que a interseção deste com o plano yz é a parábola $z = y^2$. O gráfico de $T(x, y)$, representado na Figura 1.27, é chamado cilindro parabólico ou, simplesmente, "calha".

Como as isotermas são as curvas em que a temperatura permanece constante, elas são exatamente as curvas de nível T, ou seja, os segmentos de reta

$$y = c, \quad 0 \leq x \leq 6,$$

onde $-2 \leq c \leq 2$ é constante.

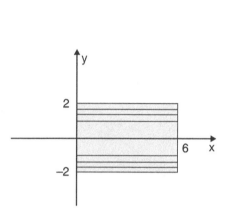

Figura 1.26

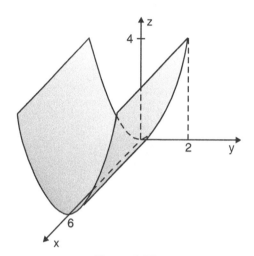

Figura 1.27

Exemplo 6: Nas figuras 1.28 a 1.33, apresentamos gráficos de diversas funções de duas variáveis. Esses gráficos foram obtidos por meio do software "Maple". Nas figuras 1.28 a 1.30, o método usado foi o das curvas de nível. Nas figuras 1.31 a 1.33, foi adotado outro procedimento para obter o gráfico, que consiste em determinar a interseção do gráfico com planos verticais convenientes. Desenhando um número adequado das seções verticais, conseguimos uma boa visualização do gráfico.

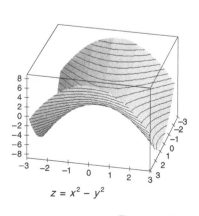

$z = x^2 - y^2$

Figura 1.28

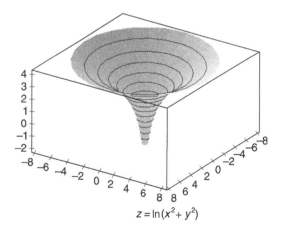

$z = \ln(x^2 + y^2)$

Figura 1.29

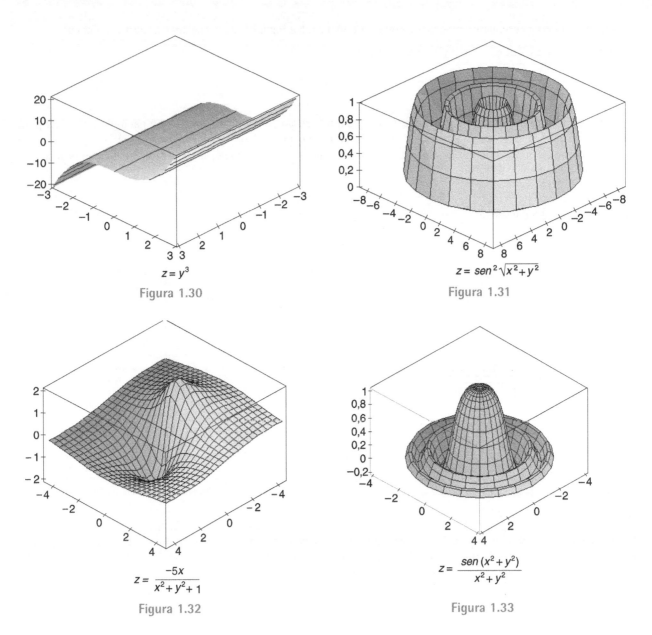

Figura 1.30
Figura 1.31
Figura 1.32
Figura 1.33

Embora não possamos obter uma visualização geométrica para o gráfico de uma função de mais de duas variáveis, a definição 1.3.1 pode ser generalizada.

1.3.7 Definição

Se f é uma função de n variáveis, $f = f(x_1, x_2, \ldots, x_n)$, o seu gráfico é o conjunto de pontos do espaço $\mathbb{R}^{n+1}$ dado por

$$graf(f) = \{(x_1, x_2, \ldots, x_n, f(x_1, x_2, \ldots, x_n)) \mid (x_1, x_2, \ldots, x_n) \in D(f)\}.$$

Da mesma forma, também podemos generalizar a noção de curva de nível, como segue.

1.3.8 Definição

Se f é uma função de n variáveis, $f = f(x_1, x_2, \ldots, x_n)$ e k é um número real, um *conjunto de nível* de f, S_k é o conjunto de todos os pontos $(x_1, x_2, \ldots, x_n) \in D(f)$ tais que $f(x_1, x_2, \ldots, x_n) = k$.

Em particular, quando f é uma função de três variáveis, temos as superfícies de nível. Nesse caso, o conhecimento das superfícies de nível, que podem ser visualizadas no espaço tridimensional, ajuda muito a entender o comportamento da função.

1.3.9 Exemplos

Exemplo 1: Determinar as superfícies de nível da função $w = x^2 + y^2 + z^2$. Dar exemplos de três pontos pertencentes ao gráfico de w.

Solução: As superfícies de nível da função w são dadas por

$$S_k = \{(x, y, z) \in \mathbb{R}^3 \mid x^2 + y^2 + z^2 = k\}.$$

Para $k > 0$, S_k representa uma esfera de raio $r = \sqrt{k}$.
Para $k = 0$, temos $x = y = z = 0$ (superfície degenerada).
Para $k < 0$, a superfície de nível S_k é um conjunto vazio.

O gráfico de w é o conjunto

$$graf(w) = \{(x, y, z, w) \in \mathbb{R}^4 \mid w = x^2 + y^2 + z^2\}.$$

Os pontos $P_1(1, 2, 1, 6)$, $P_2(0, -1, 2, 5)$ e $P_3(-2, -3, 1, 14)$ pertencem ao gráfico de w, pois

$$w(1, 2, 1) = 6, w(0, -1, 2) = 5 \text{ e } w(-2, -3, 1) = 14.$$

Exemplo 2: Seja D uma região esférica de raio a. A temperatura em cada ponto de D é numericamente igual à distância do ponto até a superfície da esfera. Determinar as isotermas da região D.

Inicialmente, vamos encontrar uma expressão analítica para a função temperatura $T(x, y, z)$. Para isso, localizamos a região D num sistema de coordenadas cartesiano. Por conveniência, fazemos a origem coincidir com o centro da esfera, como mostra a Figura 1.34.

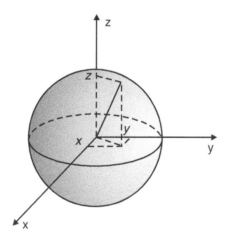

Figura 1.34

Como a temperatura no ponto (x, y, z) é numericamente igual à distância desse ponto à superfície da esfera, temos

$$T(x, y, z) = a - \sqrt{x^2 + y^2 + z^2}.$$

O domínio de T é a região D.
Sua imagem é $\text{Im}(T) = [0, a)$.
As isotermas são as superfícies de nível da função temperatura, que são dadas por

$$S_k = \{(x, y, z) \in D \mid a - \sqrt{x^2 + y^2 + z^2} = k\}.$$

Elas representam esferas de centro na origem e raio $(a - k)$, $0 \leq k \leq a$.

Nesse exemplo, observamos que o conhecimento das curvas de nível nos ajuda a compreender o comportamento da função temperatura. Ela permanece constante sobre as superfícies esféricas de centro na origem e aumenta à medida que essas esferas têm raios menores, encontrando-se mais no interior do sólido.

1.4 Exercícios

1. Encontrar uma função de várias variáveis que nos dê:

   a) O comprimento de uma escada apoiada como na Figura 1.35.

   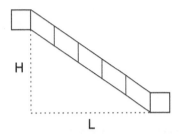

   Figura 1.35

   b) O volume de água necessário para encher uma piscina redonda de x metros de raio e y metros de altura.

   c) A quantidade de rodapé, em metros, necessária para se colocar numa sala retangular de largura a e comprimento b.

   d) A quantidade, em metros quadrados, de papel de parede necessária para revestir as paredes laterais de um quarto retangular de x metros de largura e y metros de comprimento, se a altura do quarto é z metros.

   e) O volume de um paralelepípedo retângulo de dimensões x, y e z.

   f) A distância entre dois pontos $P(x, y, z)$ e $Q(u, v, w)$.

   g) A temperatura nos pontos de uma esfera, se ela, em qualquer ponto, é numericamente igual à distância do ponto ao centro da esfera.

2. Uma loja vende um certo produto P de duas marcas distintas, A e B. A demanda do produto com marca A depende do seu preço e do preço da marca competitiva B. A demanda do produto com marca A é

   $D_A = 1.300 - 50x + 20y$ unidades/mês,

   e do produto com marca B é

   $D_B = 1.700 + 12x - 20y$ unidades/mês,

   onde x é o preço do produto A e y é o preço do produto B.

   Escrever uma função que expresse a receita total mensal da loja, obtida com a venda do produto P.

3. Determinar o domínio e o conjunto imagem das seguintes funções:

   a) $z = 3 - x - y$

   b) $f(x, y) = 1 + x^2 + y^2$

   c) $z = \sqrt{9 - (x^2 + y^2)}$

   d) $w = e^{x^2 + y^2 + z^2}$

   e) $f(x, y, z) = \sqrt{x^2 + y^2 + z^2}$

   f) $f(x, y) = 2x + 5y - 4$

   g) $z = x^2 + y^2 - 2$

   h) $f(x, y) = 2x^2 + 5y$

   i) $w = 4 + x^2 + y^2$

   j) $f(x, y) = 4 - x^2 - y^2$

4. Determinar o domínio das seguintes funções e representar graficamente:

   a) $z = xy$

   b) $w = \dfrac{1}{x^2 + y^2 + z^2}$

   c) $z = \dfrac{1}{\sqrt{x^2 - y^2}}$

   d) $z = \dfrac{x}{y^2 + 1}$

   e) $z = \sqrt{x^2 + y^2 - 1}$

   f) $z = \ln(4 - \sqrt{x^2 + y^2})$

   g) $z = \ln \dfrac{\sqrt{x^2 + y^2} - x}{\sqrt{x^2 + y^2} + x}$

   h) $z = e^{x/y}$

   i) $y = \sqrt{\dfrac{1 + x}{1 + z}}$

   j) $w = \dfrac{1}{\sqrt{9 - x^2 - y^2 - z^2}}$

   k) $z = \dfrac{4}{x + y}$

   l) $z = \sqrt{5 - u^2 - v^2 - w^2}$

m) $f(x, y) = \sqrt[3]{x^2 + y^2}$

n) $z = \ln(x + y - 3)$

o) $z = \dfrac{\sqrt{x + 4}}{\sqrt{y - 1}}$

p) $f(x, y, z) = \sqrt{1 - x^2} + \sqrt{1 - y^2} - \sqrt{1 - z^2}$

q) $z = \ln(5x - 2y + 4)$

r) $z = \sqrt{|x| + |y| - 1}$

5. A partir da equação dada, definir duas funções de duas variáveis, determinando seu domínio.

    a) $y^2 = x^2(9 - x^2) + z$

    b) $x^2 + (y - 3)^2 + z^2 = 9$

    c) $l^2 = m^2 + n^2$

6. Dada a função $f(x, y) = \dfrac{x + y}{2x + y}$,

    a) Dar o domínio.

    b) Calcular $f(x + \Delta x, y)$.

    c) Calcular $f(-1, 0)$.

    d) Fazer um esboço gráfico do domínio.

7. Desenhar as curvas de nível C_k para os valores de k dados:

    a) $z = x^2 - y^2$; $k = 0, 1, 2, 3$

    b) $z = y^2 - x^2$; $k = 0, 1, 2, 3$

    c) $z = 2 - (x^2 + y^2)$; $k = -3, -2, -1, 0, 1, 2$

    d) $l = \dfrac{1}{2}\sqrt{m^2 + n^2}$; $k = 0, 1, 2, 3, 4, 5$

    e) $f(x, y) = 2x^2 + 4y^2$; $k = 2, 3, 4, 8$

    f) $f(x, y) = \sqrt{x + y}$; $k = 5, 4, 3, 2$

Nos exercícios 8 a 10, o conjunto S representa uma chapa plana, e $T(x, y)$, a temperatura nos pontos da chapa. Determinar as isotermas, representando-as geometricamente.

8. $S = \{(x, y) \mid x^2 + y^2 \leq 16\}$; $T(x, y) = x^2 + y^2$.

9. $S = \{(x, y) \mid 0 \leq x \leq 4, 0 \leq y \leq 8\}$; $T(x, y) = 4 - x^2$.

10. $S = \{(x, y) \mid x^2 + y^2 \leq 25\}$; $T(x, y) = 2(4 - x^2 - y^2)$.

11. Desenhar algumas curvas de nível e esboçar o gráfico dos seguintes parabolóides:

    a) $z = 2x^2 + 2y^2$

    b) $z = -2x^2 - 2y^2$

    c) $z = x^2 + y^2 + 1$

    d) $z = x^2 + y^2 - 1$

    e) $z = 1 - x^2 - y^2$

    f) $z = (x - 1)^2 + (y - 2)^2$

    g) $z = 1 - (x - 1)^2 - (y - 2)^2$

    h) $z = x^2 + 2y^2$

12. Escrever a função que representa o parabolóide circular das figuras 1.36, 1.37 e 1.38.

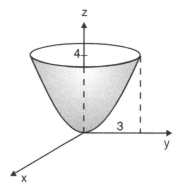

Figura 1.36

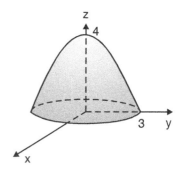

Figura 1.37

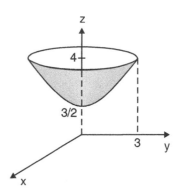

Figura 1.38

13. Desenhar algumas curvas de nível e esboçar o gráfico:

   a) $z = 3 - 2x - 3y$
   b) $l = 4 - m^2 - n^2$
   c) $z = -\sqrt{x^2 + y^2}$
   d) $l = m^2, 0 \leq n \leq 8$
   e) $z = y^2, -4 \leq x \leq 4, 0 \leq y \leq 2$
   f) $z = \sqrt{9 - x^2 - y^2}$
   g) $z = x^2 + y^2 - 2$
   h) $z = 8 - x^2 - y^2$
   i) $f(x, y) = x + y + 4$
   j) $z = 2x^2 + 3y^2$
   k) $z = \sqrt{2x^2 + 3y^2}$
   l) $z = 4 - x^2$
   m) $z = 3, 0 \leq x \leq 2 \text{ e } 0 \leq y \leq 4$
   n) $z = 4x^2 + y$
   o) $z = \dfrac{1}{4} x^3$
   p) $z = 2x^2 - 3y^2$
   q) $z = 3y^2 - 2x^2$

14. Encontrar a curva de interseção do gráfico da função dada com os planos dados, representando graficamente:

   a) $z = x^2 + y^2$ com os planos $z = 1; x = 1; y = 1$
   b) $z = \sqrt{x^2 + y^2}$ com os planos $z = 1; x = 0; y = x$
   c) $z = \sqrt{4 - x^2 - y^2}$ com os planos $z = 1; y = 0; y = x$

15. Esboçar o gráfico das superfícies de nível S_k correspondentes aos valores de k dados:

   a) $w = x^2 + y^2 + z^2; k = 0, 1, 4, 9$
   b) $w = x^2 + y^2; k = 4, 16, 25$
   c) $w = x + 2y + 3z; k = 1, 2, 3$.

16. Sabendo que a função

$$T(x, y) = 30 - \left(x^2 + \frac{1}{4} y^2 + \frac{1}{9} z^2 \right)$$

representa a temperatura nos pontos da região do espaço delimitada pelo elipsóide

$$x^2 + \frac{y^2}{4} + \frac{z^2}{9} = 1,$$

pergunta-se:

   a) Em que ponto a temperatura é a mais alta possível?
   b) Se uma partícula se afasta da origem, deslocando-se sobre o eixo positivo dos x, sofrerá aumento ou diminuição de temperatura?
   c) Em que pontos a temperatura é a mais baixa possível?

17. Fazer um esboço de algumas superfícies de nível da função $w = \sqrt{x^2 + y^2 + z^2}$. O que ocorre com os valores da função ao longo de semi-retas que partem da origem?

2 Funções Vetoriais

Neste capítulo estudaremos as funções vetoriais. Inicialmente apresentaremos as funções vetoriais de uma variável e as definições formais de limite e continuidade dessas funções. A seguir, faremos um estudo sobre curvas, representando-as por meio de equações paramétricas ou de uma equação vetorial.

A derivada será interpretada geometricamente como um vetor tangente a uma curva. Fisicamente, ela será interpretada como o vetor velocidade de uma partícula em movimento no espaço.

Finalmente serão introduzidas as funções vetoriais de várias variáveis.

2.1 Definição

Chamamos de função vetorial de uma variável real *t*, definida em um intervalo *I*, a função que a cada $t \in I$ associa um vetor $\vec{f}$ do espaço. Denotamos

$$\vec{f} = \vec{f}(t).$$

O vetor $\vec{f}(t)$ pode ser escrito como

$$\vec{f}(t) = f_1(t)\vec{i} + f_2(t)\vec{j} + f_3(t)\vec{k}.$$

Assim, podemos dizer que a função vetorial $\vec{f}$ determina três funções reais de *t*: $f_1 = f_1(t), f_2 = f_2(t)$ e $f_3 = f_3(t)$. Reciprocamente, as três funções reais f_1, f_2 e f_3 determinam a função real $\vec{f}(t)$.

Observamos que, dado um ponto $P(x, y, z)$ do espaço, o vetor

$$\vec{r} = x\vec{i} + y\vec{j} + z\vec{k}$$

é chamado vetor posição do ponto *P* (ver Figura 2.1).

A cada ponto $P(x, y, z)$ corresponde um único vetor posição e vice-versa. Em vista disso, muitas vezes um vetor $\vec{v} = v_1\vec{i} + v_2\vec{j} + v_3\vec{k}$ é representado por (v_1, v_2, v_3). Essa notação também é usada para representar as funções vetoriais.

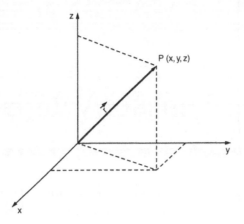

Figura 2.1

2.2 Exemplos

a) Podemos expressar o movimento de uma partícula P, sobre uma circunferência de raio 1, pela função vetorial $\vec{f}(t) = \cos t\,\vec{i} + \operatorname{sen} t\,\vec{j}$. Nesse caso, a variável t representa o tempo e $P(f_1(t), f_2(t))$ nos dá a posição da partícula em movimento (ver Figura 2.2).

b) Em Economia podemos estabelecer uma função vetorial preço. Consideremos três mercadorias tais que a primeira tem preço t^2, a segunda tem preço $t + 2$ e a terceira tem preço dado pela soma das duas primeiras. A função vetorial preço é

$$\vec{P}(t) = (t^2, t + 2, t^2 + t + 2).$$

c) Outros exemplos são dados nas expressões:

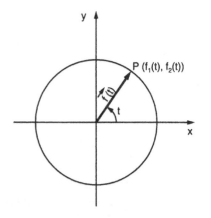

Figura 2.2

$$\vec{f}(t) = t\,\vec{i} + t\,\vec{j} - (t^2 - 4)\,\vec{k}$$

$$\vec{g}(t) = t^2\,\vec{i} + t^2\,\vec{j} + 3\,\vec{k}$$

$$\vec{h}(t) = 2\cos t\,\vec{i} + 2\operatorname{sen} t\,\vec{j} + 5\,\vec{k}.$$

2.3 Operações com Funções Vetoriais

Dadas as funções vetoriais

$$\vec{f}(t) = f_1(t)\,\vec{i} + f_2(t)\,\vec{j} + f_3(t)\,\vec{k} \text{ e}$$

$$\vec{g}(t) = g_1(t)\,\vec{i} + g_2(t)\,\vec{j} + g_3(t)\,\vec{k},$$

definidas para $t \in I$, podemos definir novas funções vetoriais como segue:

a) $\vec{h}(t) = \vec{f}(t) \pm \vec{g}(t)$

$\quad = (f_1(t) \pm g_1(t))\,\vec{i} + (f_2(t) \pm g_2(t))\,\vec{j} + (f_3(t) \pm g_3(t))\,\vec{k}.$

b) $\vec{w}(t) = \vec{f}(t) \times \vec{g}(t)$

$$= \begin{vmatrix} \vec{i} & \vec{j} & \vec{k} \\ f_1(t) & f_2(t) & f_3(t) \\ g_1(t) & g_2(t) & g_3(t) \end{vmatrix}$$

$$= (f_2(t) \cdot g_3(t) - f_3(t) \cdot g_2(t))\vec{i} + (f_3(t) \cdot g_1(t) - f_1(t) \cdot g_3(t))\vec{j}$$

$$+ (f_1(t) \cdot g_2(t) - f_2(t) \cdot g_1(t))\vec{k}.$$

c) $\vec{v}(t) = p(t) \cdot \vec{f}(t)$

$$= p(t) \cdot f_1(t)\vec{i} + p(t) \cdot f_2(t)\vec{j} + p(t) \cdot f_3(t)\vec{k},$$

onde $p(t)$ é uma função real definida em I.

Também podemos definir uma função real
$h(t) = \vec{f}(t) \cdot \vec{g}(t)$
$= f_1(t) \cdot g_1(t) + f_2(t) \cdot g_2(t) + f_3(t) \cdot g_3(t).$

2.4 Exemplos

Dadas as funções vetoriais

$$\vec{f}(t) = t\vec{i} + t^2\vec{j} + 5\vec{k} \text{ e } \vec{g}(t) = t^3\vec{i} + \vec{j}$$

e a função real $h(t) = t^2 - 1$, determinar:

a) $\vec{f}(t) + \vec{g}(t)$ c) $\vec{f}(t) \times \vec{g}(t)$ e) $\vec{f}(1/a) + \vec{g}(1/a)$ para $a \neq 0$.
b) $2\vec{f}(t) - \vec{g}(t)$ d) $[h(t)\vec{f}(t)] \cdot \vec{g}(t)$

Temos,

a) $\vec{f}(t) + \vec{g}(t) = (t^3 + t)\vec{i} + (t^2 + 1)\vec{j} + 5\vec{k};$

b) $2\vec{f}(t) - \vec{g}(t) = (2t - t^3)\vec{i} + (2t^2 - 1)\vec{j} + 10\vec{k};$

c) $\vec{f}(t) \times \vec{g}(t) = \begin{vmatrix} \vec{i} & \vec{j} & \vec{k} \\ t & t^2 & 5 \\ t^3 & 1 & 0 \end{vmatrix} = -5\vec{i} + 5t^3\vec{j} + (t - t^5)\vec{k};$

d) $[h(t)\vec{f}(t)] \cdot \vec{g}(t) = [(t^3 - t)\vec{i} + (t^4 - t^2)\vec{j} + (5t^2 - 5)\vec{k}] \cdot (t^3\vec{i} + \vec{j})$

$$= (t^3 - t) \cdot t^3 + (t^4 - t^2) \cdot 1 + (5t^2 - 5) \cdot 0$$

$$= t^6 - t^2;$$

e) $\vec{f}\left(\dfrac{1}{a}\right) + \vec{g}\left(\dfrac{1}{a}\right) = \left[\dfrac{1}{a}\vec{i} + \dfrac{1}{a^2}\vec{j} + 5\vec{k}\right] + \left[\dfrac{1}{a^3}\vec{i} + \vec{j}\right]$

$$= \left(\dfrac{1}{a} + \dfrac{1}{a^3}\right)\vec{i} + \left(\dfrac{1}{a^2} + 1\right)\vec{j} + 5\vec{k}$$

$$= \dfrac{a^2 + 1}{a^3}\vec{i} + \dfrac{1 + a^2}{a^2}\vec{j} + 5\vec{k}.$$

2.5 Limite e Continuidade

2.5.1 Definição

Seja $\vec{f} = \vec{f}(t)$ uma função vetorial definida em um intervalo aberto I, contendo t_0, exceto possivelmente no próprio t_0. Dizemos que o limite de $\vec{f}(t)$ quando t aproxima-se de t_0 é $\vec{a}$ e escrevemos

$$\lim_{t \to t_0} \vec{f}(t) = \vec{a},$$

se para todo $\varepsilon > 0$, existe $\delta > 0$, tal que $|\vec{f}(t) - \vec{a}| < \varepsilon$ sempre que $0 < |t - t_0| < \delta$.

Geometricamente (ver Figura 2.3), podemos afirmar que a direção, o sentido e o comprimento do vetor $\vec{f}(t)$ tendem para os de $\vec{a}$, quando $t \to t_0$.

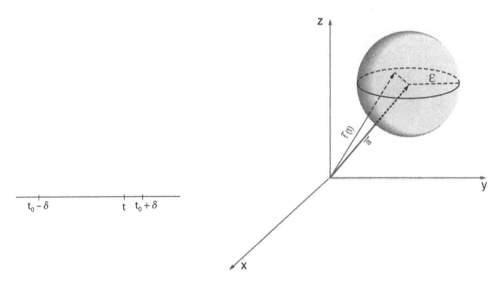

Figura 2.3

2.5.2 Proposição

Sejam $\vec{f}(t) = f_1(t)\vec{i} + f_2(t)\vec{j} + f_3(t)\vec{k}$ e $\vec{a} = a_1\vec{i} + a_2\vec{j} + a_3\vec{k}$. O $\lim_{t \to t_0} \vec{f}(t) = \vec{a}$ se, e somente se,

$$\lim_{t \to t_0} f_i(t) = a_i, i = 1, 2, 3.$$

Prova: Se $\lim_{t \to t_0} \vec{f}(t) = \vec{a}$, então para um $\varepsilon > 0$ arbitrário existirá um $\delta > 0$, tal que $|\vec{f}(t) - \vec{a}| < \varepsilon$ sempre que $0 < |t - t_0| < \delta$.

Como

$$\vec{f}(t) - \vec{a} = [f_1(t) - a_1]\vec{i} + [f_2(t) - a_2]\vec{j} + [f_3(t) - a_3]\vec{k}, \text{ para } 0 < |t - t_0| < \delta, \text{ temos que}$$

$$|f_i(t) - a_i| \leq |\vec{f}(t) - \vec{a}| < \varepsilon,$$

para $i = 1, 2, 3$. Portanto $\lim_{t \to t_0} f_i(t) = a_i$.

Reciprocamente, se $\lim_{t \to t_0} f_i(t) = a_i$, $i = 1, 2, 3$, para todo $\varepsilon > 0$, existirá $\delta > 0$, tal que $|f_i(t) - a_i| < \varepsilon/3$ quando $0 < |t - t_0| < \delta$.

Usando a desigualdade triangular, vem

$$\begin{aligned}|\vec{f}(t) - \vec{a}| &= |[f_1(t) - a_1]\vec{i} + [f_2(t) - a_2]\vec{j} + [f_3(t) - a_3]\vec{k}|\\ &\leq |f_1(t) - a_1| + |f_2(t) - a_2| + |f_3(t) - a_3|\\ &< \frac{\varepsilon}{3} + \frac{\varepsilon}{3} + \frac{\varepsilon}{3}\\ &= \varepsilon.\end{aligned}$$

Logo $\lim_{t \to t_0} \vec{f}(t) = \vec{a}$.

2.5.3 Propriedades

Sejam $\vec{f}(t)$ e $\vec{g}(t)$ duas funções vetoriais e $h(t)$ uma função real, definidas em um mesmo intervalo. Se

$$\lim_{t \to t_0} \vec{f}(t) = \vec{a},\ \lim_{t \to t_0} \vec{g}(t) = \vec{b} \quad \text{e} \quad \lim_{t \to t_0} h(t) = m,$$

então:

a) $\lim_{t \to t_0} [\vec{f}(t) \pm \vec{g}(t)] = \vec{a} \pm \vec{b}$;

c) $\lim_{t \to t_0} \vec{f}(t) \times \vec{g}(t) = \vec{a} \times \vec{b}$;

b) $\lim_{t \to t_0} \vec{f}(t) \cdot \vec{g}(t) = \vec{a} \cdot \vec{b}$;

d) $\lim_{t \to t_0} h(t) \vec{f}(t) = m\vec{a}$.

Prova: Essas propriedades podem ser mostradas usando a proposição 2.5.2 e as propriedades de limite das funções reais. Como exemplo, provaremos o item (d), isto é,

$$\lim_{t \to t_0} h(t)\vec{f}(t) = m\vec{a}.$$

Sejam $\vec{f}(t) = f_1(t)\vec{i} + f_2(t)\vec{j} + f_3(t)\vec{k}$ e $\vec{a} = a_1\vec{i} + a_2\vec{j} + a_3\vec{k}$.

Então, $h(t)\vec{f}(t) = h(t)f_1(t)\vec{i} + h(t)f_2(t)\vec{j} + h(t)f_3(t)\vec{k}$ e

$$\begin{aligned}\lim_{t \to t_0} h(t)\vec{f}(t) &= \lim_{t \to t_0} [h(t)f_1(t)]\vec{i} + \lim_{t \to t_0} [h(t)f_2(t)]\vec{j} + \lim_{t \to t_0} [h(t)f_3(t)]\vec{k}\\ &= [\lim_{t \to t_0} h(t) \cdot \lim_{t \to t_0} f_1(t)]\vec{i} + [\lim_{t \to t_0} h(t) \cdot \lim_{t \to t_0} f_2(t)]\vec{j} + [\lim_{t \to t_0} h(t) \cdot \lim_{t \to t_0} f_3(t)]\vec{k}\\ &= ma_1\vec{i} + ma_2\vec{j} + ma_3\vec{k}\\ &= m\vec{a}.\end{aligned}$$

2.5.4 Exemplos

Exemplo 1: Calcular $\lim_{t \to \sqrt{2}} (t^2\vec{i} + (t^2 - 1)\vec{j} + 2\vec{k})$.

Usando a proposição 2.5.2, temos

$$\begin{aligned}\lim_{t \to \sqrt{2}} (t^2\vec{i} + (t^2 - 1)\vec{j} + 2\vec{k}) &= \left(\lim_{t \to \sqrt{2}} t^2\right)\vec{i} + \left(\lim_{t \to \sqrt{2}} (t^2 - 1)\right)\vec{j} + \left(\lim_{t \to \sqrt{2}} 2\right)\vec{k}\\ &= 2\vec{i} + \vec{j} + 2\vec{k}.\end{aligned}$$

Exemplo 2: Calcular $\lim_{t\to 0} \vec{f}(t)$, onde $\vec{f}(t) = \dfrac{\operatorname{sen} t}{t}\vec{i} + t\vec{j}$.

Temos

$$\lim_{t\to 0} \vec{f}(t) = \left(\lim_{t\to 0} \frac{\operatorname{sen} t}{t}\right)\vec{i} + \left(\lim_{t\to 0} t\right)\vec{j}$$

$$= \vec{i}.$$

Exemplo 3: Seja $\vec{f}(t) = \dfrac{\vec{a} + 2\vec{b}}{t-2}$, onde $\vec{a} = \vec{i}$ e $\vec{b} = 2\vec{j} - \vec{k}$. Calcular:

a) $\lim_{t\to 0} \vec{f}(t)$;

b) $\lim_{t\to 2} (t^2 - 4t + 4)\vec{f}(t)$.

Temos que

$$\vec{f}(t) = \frac{\vec{i} + 2(2\vec{j} - \vec{k})}{t-2}$$

$$= \frac{1}{t-2}\vec{i} + \frac{4}{t-2}\vec{j} - \frac{2}{t-2}\vec{k}.$$

Assim,

a) $\lim_{t\to 0} \vec{f}(t) = \left(\lim_{t\to 0} \dfrac{1}{t-2}\right)\vec{i} + \left(\lim_{t\to 0} \dfrac{4}{t-2}\right)\vec{j} - \left(\lim_{t\to 0} \dfrac{2}{t-2}\right)\vec{k}$

$$= -\frac{1}{2}\vec{i} - 2\vec{j} + \vec{k}.$$

b) Para resolver esse item, calculamos inicialmente

$$(t^2 - 4t + 4)\vec{f}(t) = (t^2 - 4t + 4)\left(\frac{1}{t-2}\vec{i} + \frac{4}{t-2}\vec{j} - \frac{2}{t-2}\vec{k}\right)$$

$$= \frac{t^2 - 4t + 4}{t-2}\vec{i} + \frac{4(t^2 - 4t + 4)}{t-2}\vec{j} - \frac{2(t^2 - 4t + 4)}{t-2}\vec{k}.$$

Temos, então,

$$\lim_{t\to 2}(t^2 - 4t + 4)\vec{f}(t) = \left[\lim_{t\to 2}\frac{t^2 - 4t + 4}{t-2}\right]\vec{i} + \left[\lim_{t\to 2}\frac{4(t^2 - 4t + 4)}{t-2}\right]\vec{j} - \left[\lim_{t\to 2}\frac{2(t^2 - 4t + 4)}{t-2}\right]\vec{k}.$$

Resolvendo os limites das funções reais pelos métodos já conhecidos, vem

$$\lim_{t\to 2}(t^2 - 4t + 4)\vec{f}(t) = 0\vec{i} + 0\vec{j} + 0\vec{k} = \vec{0}.$$

Observamos que a propriedade 2.5.3 (d) não foi usada porque $\lim_{t\to 2}\vec{f}(t)$ não existe.

Exemplo 4: Sejam $\vec{f}(t) = t\vec{i} + 2t^2\vec{j} + 3t^3\vec{k}$ e

$$\vec{g}(t) = 3t\vec{i} - 2\vec{j} + 4t^2\vec{k}.$$

Calcular: a) $\lim_{t\to 1}\left[\vec{f}(t) + \vec{g}(t)\right]$;

b) $\lim_{t\to 1}\left[\vec{f}(t)\cdot\vec{g}(t)\right]$;

c) $\lim_{t\to 1}\left[\vec{f}(t)\times\vec{g}(t)\right]$.

Usando 2.5.2 e 2.5.3, temos:

a) $\lim_{t\to 1}\left[\vec{f}(t)+\vec{g}(t)\right] = \lim_{t\to 1}\vec{f}(t)+\lim_{t\to 1}\vec{g}(t)$

$= \lim_{t\to 1}\left(t\vec{i}+2t^2\vec{j}+3t^3\vec{k}\right)+\lim_{t\to 1}\left(3t\vec{i}-2\vec{j}+4t^2\vec{k}\right)$

$= \left(\vec{i}+2\vec{j}+3\vec{k}\right)+\left(3\vec{i}-2\vec{j}+4\vec{k}\right)$

$= 4\vec{i}+7\vec{k}$.

b) $\lim_{t\to 1}\left[\vec{f}(t)\cdot\vec{g}(t)\right] = \lim_{t\to 1}\vec{f}(t)\cdot\lim_{t\to 1}\vec{g}(t)$

$= \left(\vec{i}+2\vec{j}+3\vec{k}\right)\cdot\left(3\vec{i}-2\vec{j}+4\vec{k}\right)$

$= 1\cdot 3+2\cdot(-2)+3\cdot 4$

$= 11$.

c) $\lim_{t\to 1}\left[\vec{f}(t)\times\vec{g}(t)\right] = \lim_{t\to 1}\vec{f}(t)\times\lim_{t\to 1}\vec{g}(t)$

$= \left(\vec{i}+2\vec{j}+3\vec{k}\right)\times\left(3\vec{i}-2\vec{j}+4\vec{k}\right)$

$= \left(14\vec{i}+5\vec{j}-8\vec{k}\right)$.

2.5.5 Definição

Uma função vetorial $\vec{f} = \vec{f}(t)$, definida em um intervalo I, é contínua em $t_0 \in I$, se

$$\lim_{t\to t_0}\vec{f}(t) = \vec{f}(t_0).$$

Da proposição 2.5.2 segue que $\vec{f}(t)$ é contínua em t_0 se, e somente se, suas componentes são funções contínuas em t_0.

2.5.6 Exemplos

Exemplo 1: Verificar se a função

$\vec{f}(t) = \operatorname{sen} t\,\vec{i} + \cos t\,\vec{j} + \vec{k}$ é contínua em $t_0 = \pi$.

Sabemos que $\vec{f}(t)$ é definida para $t_0 = \pi$.
Ainda,

$\lim_{t\to\pi}\vec{f}(t) = \lim_{t\to\pi}\left(\operatorname{sen} t\,\vec{i} + \cos t\,\vec{j} + \vec{k}\right)$

$= -\vec{j} + \vec{k}$

$= \vec{f}(\pi)$.

Portanto, $\vec{f}(t) = \operatorname{sen} t\,\vec{i} + \cos t\,\vec{j} + \vec{k}$ é contínua em $t_0 = \pi$.

Exemplo 2: Verificar se a função

$$\vec{g}(t) = \begin{cases} \dfrac{\operatorname{sen} t}{t}\vec{i} + \vec{j}, & t \neq 0 \\ 2i + j, & t = 0 \end{cases}$$

é contínua em $t_0 = 0$.

Essa função não é contínua em $t_0 = 0$, pois $\lim\limits_{t \to 0} \left(\dfrac{\operatorname{sen} t}{t}\vec{i} + \vec{j} \right) = \vec{i} + \vec{j}$ é diferente de $\vec{g}(0) = 2\vec{i} + \vec{j}$.

Exemplo 3: Indicar os intervalos de continuidade das seguintes funções:

a) $\vec{g}(t) = \dfrac{1}{t}\vec{i} + t^2\vec{j}$;

b) $\vec{h}(t) = \ln t\,\vec{j} + 2\vec{k}$.

Temos:

a) $\vec{g}(t)$ é contínua em $\mathbb{R} - \{0\}$, pois $g_1(t) = \dfrac{1}{t}$ é contínua em $\mathbb{R} - \{0\}$ e $g_2(t) = t^2$ é contínua em $\mathbb{R}$

b) Como $h_1(t) = \ln t$ é contínua em $(0, \infty)$ e $h_2(t) = 2$ é contínua em $\mathbb{R}$, segue que $\vec{h}(t)$ é contínua em $(0, \infty)$.

2.6 Curvas

2.6.1 Definição

Dada uma função vetorial contínua $\vec{f}(t) = f_1(t)\vec{i} + f_2(t)\vec{j} + f_3(t)\vec{k}, t \in I$, chamamos curva o lugar geométrico dos pontos P do espaço que têm vetor posição $\vec{f}(t), t \in I$ (ver Figura 2.4).

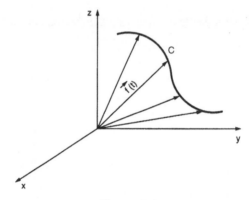

Figura 2.4

Se $\vec{f}(t)$ é o vetor posição de uma partícula em movimento, a curva C coincide com a trajetória da partícula.

2.6.2 Exemplo

Descrever a trajetória L de um ponto móvel P, cujo deslocamento é expresso por

$$\vec{f}(t) = t\vec{i} + t\vec{j} + 3\vec{k}.$$

Solução: Na Tabela 2.1 apresentamos os vetores posição de alguns pontos da trajetória L, que pode ser visualizada na Figura 2.5.

Tabela 2.1

t	-2	-1	0	1	2
$\vec{f}(t)$	$-2\vec{i} - 2\vec{j} + 3\vec{k}$	$-\vec{i} - \vec{j} + 3\vec{k}$	$3\vec{k}$	$\vec{i} + \vec{j} + 3\vec{k}$	$2\vec{i} + 2\vec{j} + 3\vec{k}$

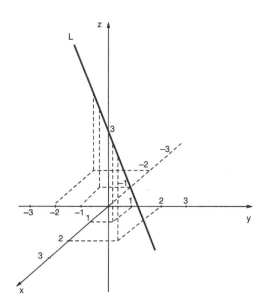

Figura 2.5

2.7 Representação Paramétrica de Curvas

Sejam

$$\begin{aligned} x &= x(t) \\ y &= y(t) \\ z &= z(t) \end{aligned} \qquad (1)$$

funções contínuas de uma variável t, definidas para $t \in [a, b]$.

As equações (1) são chamadas equações paramétricas de uma curva e t é chamado parâmetro.

Dadas as equações paramétricas de uma curva, podemos obter uma equação vetorial para ela. Basta considerar o vetor posição $\vec{r}(t)$ de cada ponto da curva. As componentes de $\vec{r}(t)$ são precisamente as coordenadas do ponto (ver Figura 2.6).

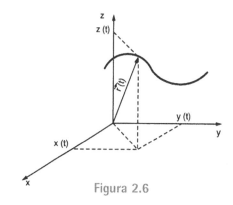

Figura 2.6

Escrevemos

$$\vec{r}(t) = x(t)\vec{i} + y(t)\vec{j} + z(t)\vec{k}, \quad a \le t \le b. \qquad (2)$$

Observamos que, se as funções $x = x(t)$, $y = y(t)$ e $z = z(t)$ são funções constantes, a curva degenera-se em um ponto.

2.7.1 Exemplos

Exemplo 1: A equação vetorial $\vec{r}(t) = t\vec{i} + t\vec{j} + t\vec{k}$ representa uma reta, cujas equações paramétricas são

$$x(t) = t$$
$$y(t) = t$$
$$z(t) = t.$$

Exemplo 2: As equações paramétricas

$$x = 2\cos t$$
$$y = 2\operatorname{sen} t$$
$$z = 3t$$

representam uma curva no espaço, chamada hélice circular. A equação vetorial correspondente é

$$\vec{r}(t) = 2\cos t\,\vec{i} + 2\operatorname{sen} t\,\vec{j} + 3t\vec{k}.$$

Exemplo 3: A equação vetorial $\vec{r}(t) = t\vec{i} + t^2\vec{j} + 3\vec{k}$ representa uma parábola no plano $z = 3$.

2.7.2 Definição

Uma curva plana é uma curva que está contida em um plano no espaço. Uma curva que não é plana chama-se curva reversa.

As curvas dos exemplos 1 e 3 de 2.7.1 são planas e a curva do Exemplo 2 de 2.7.1 é reversa.

2.7.3 Definição

a) Uma curva parametrizada $\vec{r}(t)$, $t \in [a,b]$, é dita fechada se $\vec{r}(a) = \vec{r}(b)$.

b) Se a cada ponto da curva corresponde um único valor do parâmetro t (exceto quando $t = a$ e $t = b$), dizemos que a curva é simples.

2.7.4 Exemplos

Exemplo 1: A Figura 2.7 mostra esboços de curvas fechadas simples.

Figura 2.7

Exemplo 2: A Figura 2.8 mostra esboços de curvas que não são simples.

Figura 2.8

2.7.5 Parametrização de uma reta

A equação vetorial de uma reta qualquer pode ser dada por

$$\vec{r}(t) = \vec{a} + t\vec{b}, \tag{3}$$

sendo $\vec{a}$ e $\vec{b}$ vetores constantes e t um parâmetro real.

Na Figura 2.9 podemos visualizar os vetores $\vec{a}$ e $\vec{b}$. A reta passa pelo ponto A, que tem vetor posição $\vec{a}$ e a direção do vetor $\vec{b}$.

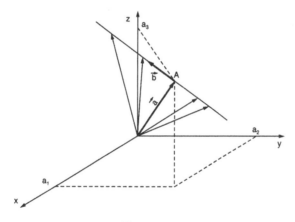

Figura 2.9

Considerando as coordenadas de A (a_1, a_2, a_3) que coincidem com as componentes do vetor $\vec{a}$ e considerando também as componentes do vetor $\vec{b} = (b_1, b_2, b_3)$, reescrevemos (3) como

$$\vec{r}(t) = (a_1 + tb_1)\vec{i} + (a_2 + tb_2)\vec{j} + (a_3 + tb_3)\vec{k} \tag{4}$$

De (4), podemos dizer que as equações paramétricas da reta que passa pelo ponto (a_1, a_2, a_3) e tem direção $b_1\vec{i} + b_2\vec{j} + b_3\vec{k}$ são

$$\begin{aligned} x(t) &= a_1 + tb_1 \\ y(t) &= a_2 + tb_2 \\ z(t) &= a_3 + tb_3 \end{aligned} \tag{5}$$

2.7.6 Exemplos

Exemplo 1: Determinar uma representação paramétrica da reta que passa pelo ponto $A(2, 1, -1)$ na direção do vetor $\vec{b} = 2\vec{i} - 3\vec{j} + \vec{k}$.

Usando (4), escrevemos

$$\vec{r}(t) = (2 + t \cdot 2)\vec{i} + (1 + t(-3))\vec{j} + (-1 + t \cdot 1)\vec{k}$$

$$= (2 + 2t)\vec{i} + (1 - 3t)\vec{j} + (-1 + t)\vec{k}.$$

A Figura 2.10 nos mostra a representação gráfica desta r.eta.

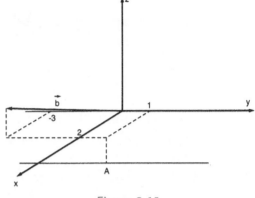

Figura 2.10

Exemplo 2: Determinar uma representação paramétrica da reta que passa por $A(2, 0, 1)$ e $B(-1, 1/2, 0)$.

Usando (3), podemos escrever

$$\vec{r}(t) = \vec{a} + t\vec{b}, \text{ onde } \vec{a} = (2, 0, 1) \text{ e}$$

$$\vec{b} = (-1, 1/2, 0) - (2, 0, 1)$$

$$= (-3, 1/2, -1).$$

Logo,

$$\vec{r}(t) = (2\vec{i} + \vec{k}) + t\left(-3\vec{i} + \frac{1}{2}\vec{j} - \vec{k}\right)$$

$$= (2 - 3t)\vec{i} + \frac{1}{2}t\vec{j} + (1 - t)\vec{k}.$$

A Figura 2.11 ilustra esse exemplo.

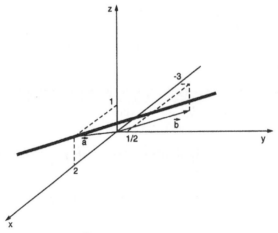

Figura 2.11

2.7.7 Parametrização de uma circunferência

Uma equação vetorial da circunferência de raio a, com centro na origem, no plano xy, é

$$\vec{r}(t) = a \cos t\, \vec{i} + a \operatorname{sen} t\, \vec{j}, \quad 0 \leq t \leq 2\pi. \tag{6}$$

Na Figura 2.12, visualizamos o parâmetro t, $0 \leq t \leq 2\pi$, que representa o ângulo formado pelo eixo positivo dos x e o vetor posição de cada ponto da curva.

Do triângulo OAP na Figura 2.12, obtemos

$$x(t) = a \cos t$$
$$y(t) = a \, \text{sen} \, t.$$

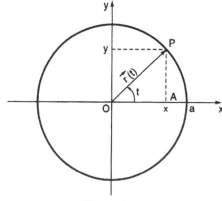

Figura 2.12

Quando a circunferência não está centrada na origem (ver Figura 2.13), a equação vetorial é dada por

$$\vec{r}(t) = \vec{r_0} + \vec{r_1}(t)$$

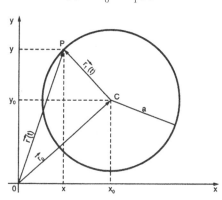

Figura 2.13

onde $\vec{r_0} = x_0 \vec{i} + y_0 \vec{j}$ e $\vec{r_1}(t) = a \cos t \, \vec{i} + a \, \text{sen} \, t \, \vec{j}$, $0 \leq t \leq 2\pi$.

Portanto, nesse caso, a equação vetorial é dada por

$$\vec{r}(t) = (x_0 + a \cos t) \vec{i} + (y_0 + a \, \text{sen} \, t) \vec{j}, \quad 0 \leq t \leq 2\pi. \tag{7}$$

De maneira análoga, podemos obter uma equação vetorial para uma circunferência contida no plano xz ou yz. Também podemos obter uma equação vetorial para uma circunferência contida em um plano paralelo a um dos planos coordenados.

2.7.8 Exemplos

Exemplo 1: Obter equações paramétricas da circunferência $x^2 + y^2 - 6x - 4y + 4 = 0$ no plano $z = 3$.

Para encontrarmos o centro e o raio da circunferência dada, devemos completar os quadrados da equação $x^2 + y^2 - 6x - 4y + 4 = 0$.

Temos $(x - 3)^2 + (y - 2)^2 = 9$.

Usando (7), obtemos

$$x(t) = 3 + 3 \cos t$$
$$y(t) = 2 + 3 \, \text{sen} \, t$$
$$z(t) = 3 \qquad\qquad 0 \leq t \leq 2\pi.$$

A Figura 2.14 ilustra esse exemplo.

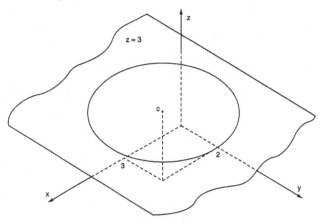

Figura 2.14

Exemplo 2: A equação vetorial $\vec{r}(t) = 2\vec{i} + 3\cos t\vec{j} + 3\operatorname{sen} t\vec{k}$ representa uma circunferência. Determinar a correspondente equação cartesiana.

As equações paramétricas são

$$x(t) = 2$$
$$y(t) = 3\cos t$$
$$z(t) = 3\operatorname{sen} t, \quad 0 \le t \le 2\pi$$

Para determinar a equação cartesiana, devemos eliminar o parâmetro t.
Elevando ao quadrado cada uma das duas últimas equações e somando-as, obtemos

$$y^2 + z^2 = 9\cos^2 t + 9\operatorname{sen}^2 t$$
$$= 9(\cos^2 t + \operatorname{sen}^2 t)$$
$$= 9.$$

Portanto, a circunferência é dada pela intersecção de $y^2 + z^2 = 9$ e $x = 2$.

2.7.9 Parametrização de uma elipse

Uma equação vetorial de uma elipse, no plano xy, com centro na origem e eixos nas direções x e y (ver Figura 2.15) é

$$\vec{r}(t) = a\cos t\vec{i} + b\operatorname{sen} t\vec{j}, \ 0 \le t \le 2\pi \tag{8}$$

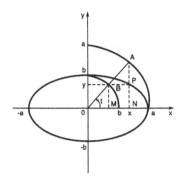

Figura 2.15

Consideramos um ponto $P(x(t), y(t))$ da curva. Traçamos um arco de circunferência de raio a, e outro de raio b, ambos centrados na origem.

Marcamos, respectivamente, sobre esses arcos os pontos A de abscissa x e B de ordenada y. Pode-se verificar que os pontos A, B e a origem estão em uma mesma reta. O parâmetro t representa o ângulo que essa reta faz com o eixo positivo dos x.

Do triângulo retângulo ONA, obtemos $x = a \cos t$, e do triângulo retângulo OMB, $y = b \operatorname{sen} t$.

Se a elipse estiver centrada em (x_0, y_0) e seus eixos forem paralelos aos eixos coordenados (ver Figura 2.16), sua equação vetorial é

$$\vec{r}(t) = \vec{r}_0 + \vec{r}_1(t),$$

onde $\vec{r}_0 = x_0 \vec{i} + y_0 \vec{j}$ e $\vec{r}_1(t) = a \cos t \vec{i} + b \operatorname{sen} t \vec{j}$, $0 \le t \le 2\pi$.

Assim,

$$\vec{r}(t) = (x_0 + a \cos t) \vec{i} + (y_0 + b \operatorname{sen} t) \vec{j}, \quad 0 \le t \le 2\pi \tag{9}$$

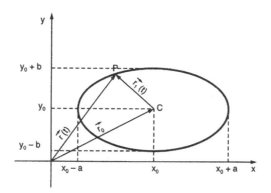

Figura 2.16

2.7.10 Exemplos

Exemplo 1: Escrever uma equação vetorial da elipse $9x^2 + 4y^2 = 36$, no plano xy.

Podemos reescrever $9x^2 + 4y^2 = 36$ como $\dfrac{x^2}{4} + \dfrac{y^2}{9} = 1$. Dessa forma, usando (8), escrevemos

$$\vec{r}(t) = 2 \cos t \vec{i} + 3 \operatorname{sen} t \vec{j}, 0 \le t \le 2\pi.$$

Exemplo 2: Escrever uma equação vetorial para a elipse da Figura 2.17.

Na Figura 2.17, observamos que o eixo maior da elipse é paralelo ao eixo dos x e mede 6 unidades. O eixo menor é paralelo ao eixo dos y e mede 4 unidades.

O centro da elipse é o ponto $(2, 1)$. Portanto, a equação cartesiana da elipse é

$$\frac{(x-2)^2}{9} + \frac{(y-1)^2}{4} = 1.$$

Suas equações paramétricas são:

$$x(t) = 2 + 3 \cos t$$
$$y(t) = 1 + 2 \operatorname{sen} t$$
$$z(t) = 0, \quad 0 \le t \le 2\pi.$$

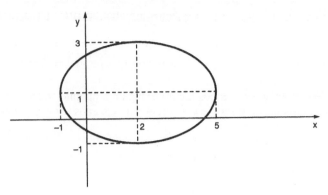

Figura 2.17

e, então, a equação vetorial é

$$\vec{r}(t) = (2 + 3\cos t)\vec{i} + (1 + 2\operatorname{sen} t)\vec{j}, \quad 0 \le t \le 2\pi.$$

2.7.11 Parametrização de uma hélice circular

A hélice circular é uma curva reversa. Ela se desenvolve sobre a superfície cilíndrica $x^2 + y^2 = a^2$. Esse fato pode ser visualizado como segue.

Consideremos parte da superfície cilíndrica $x^2 + y^2 = a^2$, como na Figura 2.18.

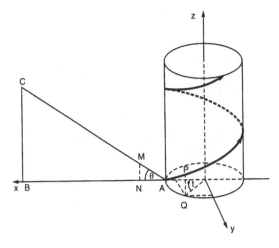

Figura 2.18

Enrolemos à volta da superfície um triângulo retângulo flexível ABC de modo que A seja o ponto $(a, 0, 0)$ e que o lado AB se enrole sobre a seção do cilindro no plano xy. A hipotenusa AC determina, então, sobre a superfície cilíndrica, uma curva chamada hélice circular.

Para parametrizar a hélice, consideremos um ponto $P(x, y, z)$ da hélice cuja projeção no plano xy é Q. O ponto P se originou do correspondente ponto M sobre a hipotenusa AC. A projeção de M é N e obviamente $\overline{PQ} = \overline{MN}$. Temos ainda $\overline{AN} = \widehat{AQ} = at$.

Dessa forma, escrevemos

$$x(t) = a \cos t$$
$$y(t) = a \operatorname{sen} t$$
$$z(t) = \overline{PQ} = \overline{AN} \operatorname{tg} \theta = at \operatorname{tg} \theta,$$

onde θ é o ângulo agudo $B\hat{A}C$.

Podemos fazer tg $\theta = m$ e escrever a equação vetorial da hélice circular como:

$$\vec{r}(t) = a\cos t\,\vec{i} + a\,\text{sen}\,t\,\vec{j} + amt\,\vec{k}. \qquad (10)$$

Observamos que (10) representa a equação da hélice esboçada na Figura 2.18 e, portanto, $m > 0$. Sua forma lembra um parafuso de rosca à direita. Poderíamos, de maneira análoga, encontrar a equação vetorial de uma hélice onde $m < 0$, cuja forma lembra um parafuso de rosca à esquerda (ver Figura 2.19).

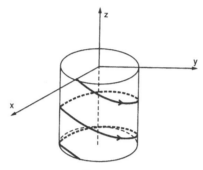

Figura 2.19

2.7.12 Exemplo

Representar graficamente a hélice circular $\vec{r}(t) = \cos t\,\vec{i} + \text{sen}\,t\,\vec{j} + t\vec{k}$ para $0 \leq t \leq 3\pi$.
Já sabemos que a hélice circular dada nesse exemplo se desenvolve no cilindro $x^2 + y^2 = 1$.
Podemos tabelar alguns pontos convenientemente (ver Tabela 2.2) e esboçar a curva (ver Figura 2.20).

Tabela 2.2

t	$\vec{r}(t)$
0	(1, 0, 0)
$\pi/4$	$\left(\sqrt{2}/2, \sqrt{2}/2, \pi/4\right)$
$\pi/2$	$(0, 1, \pi/2)$
π	$(-1, 0, \pi)$
$3\pi/2$	$(0, -1, 3\pi/2)$
2π	$(1, 0, 2\pi)$
3π	$(-1, 0, 3\pi)$

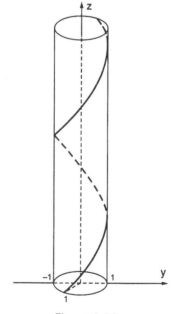

Figura 2.20

2.7.13 Parametrização de uma ciclóide

A ciclóide é uma curva que surgiu para solucionar dois problemas famosos:
1) A determinação da forma de um cabo, de um ponto A a um ponto abaixo B, como mostra a Figura 2.21, tal que uma bolinha sem atrito, solta em um ponto P entre A e B sobre o cabo, gaste o mesmo tempo para alcançar B, qualquer que seja a posição de P.

Figura 2.21

2) A determinação de um único cabo que liga A a B, ao longo do qual uma bolinha escorregará de A a B no menor tempo possível.

Esses problemas são resolvidos, considerando-se o cabo com a forma de meio arco de uma ciclóide.

A ciclóide pode ser descrita pelo movimento do ponto $P(0, 0)$ de um círculo de raio a, centrado em $(0, a)$, quando o círculo gira sobre o eixo dos x (ver Figura 2.22).

Quando o círculo gira um ângulo t, seu centro se move um comprimento $\overline{OT}$. Na Figura 2.22 temos $\overline{OT} = \widehat{TP} = at, \overline{CT} = a, \overline{CA} = a\cos t$ e $\overline{AP} = a\,\text{sen}\,t$.

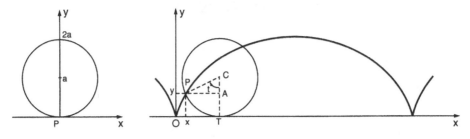

Figura 2.22

Portanto, as coordenadas de P são

$$x = \overline{OT} - \overline{AP} = at - a\,\text{sen}\,t = a(t - \text{sen}\,t)$$

$$y = \overline{AT} = \overline{CT} - \overline{AC} = a - a\cos t = a(1 - \cos t).$$

Essas equações são válidas para qualquer P. Logo, a equação vetorial da ciclóide é

$$\vec{r}(t) = a(t - \text{sen}\,t)\vec{i} + a(1 - \cos t)\vec{j}. \tag{11}$$

Quando t varia de 0 a 2π obtemos o primeiro arco da ciclóide.

2.7.14 Exemplo

Escrever a equação vetorial da curva descrita pelo movimento de uma cabeça de prego em um pneu de um carro que se move em linha reta, se o raio do pneu é 25 cm.

Supondo que a cabeça do prego se encontre localizada no pneu no ponto P, conforme a Figura 2.22, sua trajetória é uma ciclóide.

Usando (11), temos que

$$\vec{r}(t) = 25(t - \text{sen}\,t)\vec{i} + 25(1 - \cos t)\vec{j}.$$

2.7.15 Parametrização de uma hipociclóide

Uma hipociclóide é a curva descrita pelo movimento de um ponto fixo P, de um círculo de raio b, que gira dentro de um círculo fixo de raio a, $a > b$ (ver Figura 2.23).

Suponhamos que, inicialmente, o círculo de raio b tangencie o círculo de raio a no ponto $(a, 0)$ e que o ponto P seja esse ponto de tangência.

Para parametrizar a curva, vamos analisar a Figura 2.24, onde demarcamos o ponto P quando o ponto de tangência dos dois círculos é T.

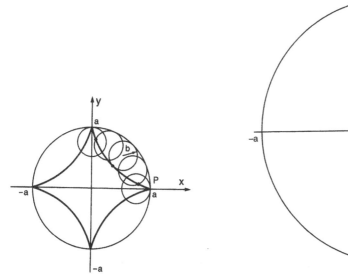

Figura 2.23   Figura 2.24

Pela construção da curva, temos que os arcos $\overset{\frown}{AT}$ e $\overset{\frown}{PT}$ são iguais. Portanto,
$$at = b\alpha \text{ e assim } \alpha = \frac{a}{b}t.$$
Por outro lado, como $\beta = P\hat{C}D$, segue que
$$\beta = \alpha - t$$
$$= \frac{a}{b}t - t$$
$$= \frac{a-b}{b}t.$$

Queremos determinar as coordenadas $x(t)$ e $y(t)$ do ponto P. Temos
$$x = \overline{OB} + \overline{BM}$$
$$= (a-b)\cos t + b\cos\beta$$
$$= (a-b)\cos t + b\cos\frac{(a-b)}{b}t;$$

$$y = \overline{PM}$$
$$= \overline{BN}$$
$$= \overline{BC} - \overline{CN}$$
$$= (a-b)\operatorname{sen} t - b\operatorname{sen}\beta$$
$$= (a-b)\operatorname{sen} t - b\operatorname{sen}\frac{(a-b)}{b}t.$$

Portanto, as equações paramétricas da hipociclóide são

$$x(t) = (a-b)\cos t + b\cos\frac{(a-b)}{b}t$$
$$y(t) = (a-b)\operatorname{sen} t - b\operatorname{sen}\frac{(a-b)}{b}t. \qquad (12)$$

A equação vetorial correspondente é

$$\vec{r}(t) = \left[(a-b)\cos t + b\cos\frac{(a-b)}{b}t\right]\vec{i} - \left[(a-b)\operatorname{sen} t - b\operatorname{sen}\frac{(a-b)}{b}t\right]\vec{j}. \qquad (13)$$

Os cúspides ocorrem nos pontos onde o ponto de tangência dos dois círculos é o ponto P. Portanto, ocorrem quando

$$at = n \cdot 2\pi b, n = 0, 1, 2, ...,$$

ou

$$t = n \cdot 2\pi \frac{b}{a}, n = 0, 1, 2, ...$$

Um caso particular muito usado é o da hipociclóide de quatro cúspides (ver Figura 2.25) que é obtida fazendo $b = \dfrac{a}{4}$. Substituindo o valor de $b = \dfrac{a}{4}$ em (12), obtemos

$$x = \frac{a}{4}(3\cos t + \cos 3t)$$
$$y = \frac{a}{4}(3\operatorname{sen} t - \operatorname{sen} 3t).$$

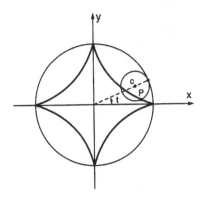

Figura 2.25

Usando as relações trigonométricas

$$\cos 3t = 4\cos^3 t - 3\cos t$$
$$\operatorname{sen} 3t = 3\operatorname{sen} t - 4\operatorname{sen}^3 t,$$

vem

$$x(t) = a\cos^3 t$$
$$y(t) = a\operatorname{sen}^3 t. \qquad (14)$$

Assim, uma equação vetorial da hipociclóide da Figura 2.24 é dada por

$$\vec{r}(t) = a\cos^3 t\,\vec{i} + a\,\text{sen}^3 t\,\vec{j},\ t \in [0, 2\pi].\quad(15)$$

Eliminando o parâmetro t das equações (14), obtemos a equação cartesiana dessa hipociclóide, que é dada por

$$x^{2/3} + y^{2/3} = a^{2/3}.\quad(16)$$

2.7.16 Exemplo

Dada $x^{2/3} + y^{2/3} = 2$, encontrar uma equação vetorial dessa hipociclóide.

Usando a equação (16), obtemos

$$a^{2/3} = 2$$
$$\text{ou } a = 2\sqrt{2}$$

Portanto, utilizando a equação (15), obtemos a equação vetorial

$$\vec{r}(t) = 2\sqrt{2}\cos^3 t\,\vec{i} + 2\sqrt{2}\,\text{sen}^3 t\,\vec{j}.$$

2.7.17 Parametrização de outras curvas

Como vimos na Seção 2.7, uma curva pode ser representada por equações paramétricas ou por uma equação vetorial. Existem outras formas de representação de uma curva. Por exemplo, o gráfico de uma função contínua $y = f(x)$ representa uma curva no plano xy. A intersecção de duas superfícies representa, em geral, uma curva no plano ou no espaço.

A seguir, encontraremos uma representação paramétrica para algumas curvas dadas como intersecção de duas superfícies. A partir de uma representação paramétrica também obteremos a representação gráfica de algumas curvas.

2.7.18 Exemplos

Exemplo 1: Escrever uma equação vetorial para $y = 5x + 3$ no plano $z = 2$.

A curva C que queremos parametrizar é a intersecção dos planos $y = 5x + 3$ e $z = 2$.
Fazemos

$$x(t) = t$$
$$y(t) = 5t + 3$$
$$z(t) = 2,$$

e então,

$$\vec{r}(t) = t\,\vec{i} + (5t + 3)\,\vec{j} + 2\,\vec{k}.$$

Observamos que essa parametrização não é única. Também poderíamos ter feito, por exemplo,

$$x(t) = 2t + 1$$
$$y(t) = 5(2t + 1) + 3$$
$$z(t) = 2,$$

e então,

$$\vec{r}(t) = (2t + 1)\,\vec{i} + (10t + 8)\,\vec{j} + 2\,\vec{k}.$$

Exemplo 2: A intersecção entre superfícies $z = x^2 + y^2$ e $z = 2 + y$ determina uma curva. Escrever uma equação vetorial dessa curva.

A Figura 2.26 mostra um esboço da curva. Para parametrizá-la, observamos que x e y devem satisfazer a equação

$$2 + y = x^2 + y^2$$

ou

$$x^2 + y^2 - y = 2$$

ou ainda

$$x^2 + \left(y - \frac{1}{2}\right)^2 = \frac{9}{4},$$

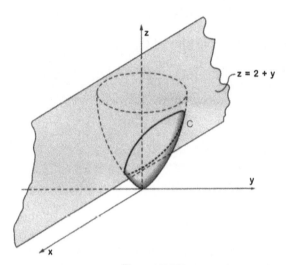

Figura 2.26

que é uma circunferência de raio $\frac{3}{2}$ e centro $\left(0, \frac{1}{2}\right)$. Essa circunferência é a projeção da curva sobre o plano xy. Fazemos então

$$x = \frac{3}{2} \cos t$$

$$y = \frac{1}{2} + \frac{3}{2} \operatorname{sen} t, \ t \in [0, 2\pi].$$

Substituindo o valor de y na equação $z = 2 + y$, obtemos

$$z = 2 + \frac{1}{2} + \frac{3}{2} \operatorname{sen} t.$$

Portanto,

$$\vec{r}(t) = \frac{3}{2} \cos t \, \vec{i} + \left(\frac{1}{2} + \frac{3}{2} \operatorname{sen} t\right) \vec{j} + \left(\frac{5}{2} + \frac{3}{2} \operatorname{sen} t\right) \vec{k}, \ t \in [0, 2\pi].$$

Exemplo 3: Representar parametricamente a curva dada pela intersecção das superfícies $x + y = 2$ e $x^2 + y^2 + z^2 = 2(x + y)$.

A Figura 2.27 mostra um esboço da curva.

Nesse exemplo, é conveniente projetar a curva no plano yz ou no plano xz.

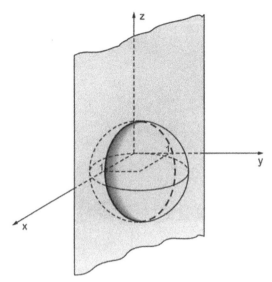

Figura 2.27

Projetando no plano yz, temos

$$(2 - y)^2 + y^2 + z^2 = 2 \cdot 2$$

$$4 - 4y + y^2 + y^2 + z^2 = 4$$

$$(y - 1)^2 + \frac{z^2}{2} = 1.$$

Logo, a elipse $(y - 1)^2 + \dfrac{z^2}{2} = 1$ representa essa projeção.

Usando (9), temos

$$y(t) = 1 + \cos t$$

$$z(t) = \sqrt{2}\,\operatorname{sen} t,\ t \in [0, 2\pi].$$

Substituindo o valor de y em $x + y = 2$, encontramos

$$x(t) = 2 - (1 + \cos t) = 1 - \cos t.$$

Dessa forma,

$$\vec{r}(t) = (1 - \cos t)\vec{i} + (1 + \cos t)\vec{j} + \sqrt{2}\,\operatorname{sen} t\,\vec{k},\ t \in [0, 2\pi],$$

é a equação vetorial pedida.

Exemplo 4: Representar graficamente as curvas C, dadas por:

(a) $\vec{f}(t) = t\vec{i} + t\vec{j} - (t^2 - 4)\vec{k}$ (b) $\vec{g}(t) = t^2\vec{i} + t^2\vec{j} + 3\vec{k}$

(c) $\vec{h}(t) = 2\cos t\,\vec{i} + 2\operatorname{sen} t\,\vec{j} + 5\vec{k}$.

(a) Nesse caso, a curva C pode ser esboçada por meio da intersecção de superfícies. Basta observar que os pontos de $P(x(t), y(t), z(t))$, têm coordenadas

$$x(t) = t$$

$$y(t) = t$$

$$z(t) = 4 - t^2.$$

Eliminando t, obtemos as superfícies $y = x$ e $z = 4 - x^2$, cuja intersecção nos fornece a curva C (ver Figura 2.28).

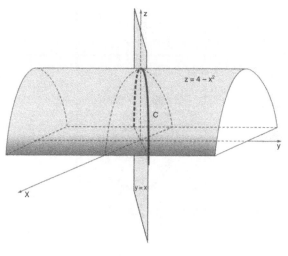

Figura 2.28

(b) Nesse exemplo, a curva C é dada pela intersecção de $x = y$, $y \geq 0$ e $z = 3$ (ver Figura 2.29).

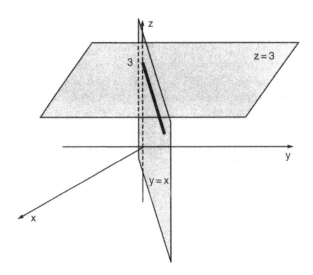

Figura 2.29

(c) Temos

$$x(t) = 2 \cos t$$
$$y(t) = 2 \operatorname{sen} t$$
$$z(t) = 5.$$

Para eliminar t, elevamos ambos os membros das duas primeiras equações ao quadrado. Temos

$$x^2 = 4 \cos^2 t$$
$$y^2 = 4 \operatorname{sen}^2 t.$$

Somando essas expressões termo a termo, vem

$$x^2 + y^2 = 4\cos^2 t + 4\,\text{sen}^2 t$$
$$= 4(\cos^2 t + \text{sen}^2 t)$$
$$= 4.$$

Logo, a curva C é dada pela intersecção de $x^2 + y^2 = 4$ e $z = 5$ (ver Figura 2.30).

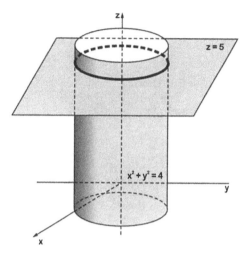

Figura 2.30

2.8 Exercícios

1. A posição de uma partícula no plano xy, no tempo t, é dada por $x(t) = e^t$, $y(t) = te^t$.
   a) Escrever a função vetorial $\vec{f}(t)$ que descreve o movimento dessa partícula.
   b) Onde se encontrará a partícula em $t = 0$ e em $t = 2$?

2. O movimento de um besouro que desliza sobre a superfície de uma lagoa pode ser expresso pela função vetorial
$$\vec{r}(t) = \frac{1 - \cos t}{m}\vec{i} + \left(2t + \frac{t - \text{sen}\, t}{m}\right)\vec{j},$$
onde m é a massa do besouro. Determinar a posição do besouro no instante $t = 0$ e $t = \pi$.

3. Esboçar a trajetória de uma partícula P, sabendo que seu movimento é descrito por:
   a) $\vec{f}(t) = t\vec{i} + (2t^2 - 1)\vec{j}$
   b) $\vec{g}(t) = \dfrac{2}{t}\vec{i} + \dfrac{2}{t+1}\vec{j}, t > 0$
   c) $\vec{h}(t) = t\vec{i} + \vec{j} + 4t^2\vec{k}$
   d) $\vec{v}(t) = \ln t\,\vec{i} + t\vec{j} + \vec{k}, t > 0$
   e) $\vec{w}(t) = 3\cos t\,\vec{i} + 3\,\text{sen}\,t\,\vec{j} + (9 - 3\,\text{sen}\,t)\vec{k}$; $t \in [0, 2\pi]$
   f) $\vec{r}(t) = t\vec{i} + (9 - t)\vec{j} + t^2\vec{k}, t > 0$
   g) $\vec{\ell}(t) = t\vec{i} + \text{sen}\,t\,\vec{j} + 2\vec{k}$
   h) $\vec{r}(t) = (8 - 4\,\text{sen}\,t)\vec{i} + 2\cos t\,\vec{j} + 4\,\text{sen}\,t\,\vec{k}$.

4. Sejam $\vec{f}(t) = \vec{a}t + \vec{b}t^2$ e
$\vec{g}(t) = t\vec{i} + \text{sen}\,t\,\vec{j} + \cos t\,\vec{k}$, com $\vec{a} = \vec{i} + \vec{j}$
e $\vec{b} = 2\vec{i} - \vec{j}$; $0 \leq t \leq 2\pi$.
Calcular:
   a) $\vec{f}(t) + \vec{g}(t)$
   b) $\vec{f}(t) \cdot \vec{g}(t)$
   c) $\vec{f}(t) \times \vec{g}(t)$
   d) $\vec{a} \cdot \vec{f}(t) + \vec{b} \cdot \vec{g}(t)$
   e) $\vec{f}(t - 1) + \vec{g}(t + 1)$.

5. Uma partícula se desloca no espaço. Em cada instante t o seu vetor posição é dado por
$$\vec{r}(t) = t\vec{i} + \frac{1}{t-2}\vec{j} + \vec{k}.$$

a) Determinar a posição da partícula no instante $t=0$ e $t=1$.
b) Esboçar a trajetória da partícula.
c) Quando t se aproxima de 2, o que ocorre com a posição da partícula?

6. Sejam $\vec{f}(t) = t\vec{i} + 2t^2\vec{j} + 3t^3\vec{k}$ e
$$\vec{g}(t) = 2t\vec{i} + \vec{j} - 3t^2\vec{k}, t \geq 0.$$
Calcular:
a) $\lim_{t\to 1}\left[\vec{f}(t) + \vec{g}(t)\right]$ b) $\lim_{t\to 1}\left[\vec{f}(t) - \vec{g}(t)\right]$
c) $\lim_{t\to 1}\left[3\vec{f}(t) - \frac{1}{2}\vec{g}(t)\right]$ d) $\lim_{t\to 1}\left[\vec{f}(t) \cdot \vec{g}(t)\right]$
e) $\lim_{t\to 1}\left[\vec{f}(t) \times \vec{g}(t)\right]$ f) $\lim_{t\to 1}\left[(t+1)\vec{f}(t)\right]$
g) $\lim_{t\to 0}\left[\vec{f}(t) \times \vec{g}(t)\right]$.

7. Seja $\vec{f}(t) = \operatorname{sen} t\,\vec{i} + \cos t\,\vec{j} + 2\vec{k}$ e $h(t) = 1/t$. Calcular, se existir, cada um dos seguintes limites:
a) $\lim_{t\to 0} \vec{f}(t)$ b) $\lim_{t\to 0}\left[h(t) \cdot \vec{f}(t)\right]$.

8. Calcular os seguintes limites de funções vetoriais de uma variável.
a) $\lim_{t\to \pi}\left(\cos t\,\vec{i} + t^2\vec{j} - 5\vec{k}\right)$
b) $\lim_{t\to -2}\left(\frac{t^3 + 4t^2 + 4t}{(t+2)(t-3)}\vec{i} + \vec{j}\right)$
c) $\lim_{t\to 2}\frac{1}{t-2}\left[(t^2 - 4)\vec{i} + (t-2)\vec{j}\right]$
d) $\lim_{t\to 1}\left[\frac{\sqrt{t}-1}{t-1}\vec{i} + (t-1)\vec{j} + (t+1)\vec{k}\right]$
e) $\lim_{t\to 0}\left[\frac{2^t - 1}{t}\vec{i} + (2^t - 1)\vec{j} + t\vec{k}\right]$.

9. Mostrar que o limite do módulo de uma função vetorial é igual ao módulo do seu limite, se este último existir.

10. Mostrar que a função vetorial
$$\vec{f}(t) = f_1(t)\vec{i} + f_2(t)\vec{j} + f_3(t)\vec{k}$$
é contínua em um intervalo I se, e somente se, as funções reais $f_1(t), f_2(t)$ e $f_3(t)$ são contínuas em I.

11. Calcular o limite e analisar a continuidade das funções vetoriais dadas, nos pontos indicados.
a) $\vec{f}(t) = \begin{cases} \dfrac{|t-3|}{t-3}\vec{i} + t^2\vec{j}, & t \neq 3 \\ 0, & t = 3 \end{cases}$
em $t = 0$ e $t = 3$.
b) $\vec{f}(t) = \begin{cases} t\operatorname{sen}\dfrac{1}{t}\vec{i} + \cos t\,\vec{j}, & t \neq 0 \\ \vec{j}, & t = 0 \end{cases}$
em $t = 0$
c) $\vec{f}(t) = \begin{cases} t\vec{i} + \dfrac{\sqrt{t+2}-\sqrt{2}}{t}\vec{j}, & t \neq 0 \\ \sqrt{2}\vec{j}, & t = 0 \end{cases}$
em $t = 0$
d) $\vec{f}(t) = \operatorname{sen} t\,\vec{i} - \cos t\,\vec{j} + \vec{k}$
em $t = 0$
e)
$$\vec{f}(t) = \begin{cases} \dfrac{2}{t-1}\vec{i} + \dfrac{4}{t-2}\vec{j} - 5\vec{k}, & t \neq 1 \text{ e } t \neq 2 \\ \vec{0}, & t = 1 \text{ e } t = 2 \end{cases}$$
em $t = 1$ e $t = 2$.

12. Indicar os intervalos de continuidade das seguintes funções vetoriais:
a) $\vec{f}(t) = \vec{a}\operatorname{sen} t + \vec{b}\cos t$ em $[0, 2\pi]$ onde $\vec{a} = \vec{i}$ e $\vec{b} = \vec{i} + \vec{j}$
b) $\vec{g}(t) = \dfrac{1}{t}\vec{i} + (t^2 - 1)\vec{j} + e^t\vec{k}$
c) $\vec{h}(t) = e^{-t}\vec{i} + \ln t\,\vec{j} + \cos 2t\,\vec{k}$
d) $\vec{v}(t) = \left(\ln(t+1), \dfrac{1}{t}, t\right)$
e) $\vec{w}(t) = (\operatorname{sen} t, \operatorname{tg} t, e^t)$
f) $\vec{r}(t) = \left(e^t, \dfrac{t^2 - 1}{t - 1}, \ln(t+1)\right)$
g) $\vec{f}(t) = \left(\sqrt[3]{t}, \dfrac{-1}{t^2 - 1}, \dfrac{1}{t^2 - 4}\right)$
h) $\vec{g}(t) = \left(t^2 + 1, \dfrac{2 - t^2}{t^2 - 2t + 1}, \dfrac{1}{\sqrt{t}}\right)$.

13. Provar os itens (a), (b) e (c) das propriedades 2.5.3.

14. Sejam $\vec{f}$ e $\vec{g}$ funções vetoriais contínuas em um intervalo I. Mostrar que:

a) $\vec{f} + \vec{g}$ é contínua em I.
b) $\vec{f} \times \vec{g}$ é contínua em I.

15. Esboçar o gráfico da curva descrita por um ponto móvel $P(x, y)$, quando o parâmetro t varia no intervalo dado. Determinar a equação cartesiana da curva em cada um dos itens:

a) $x = 2 \cos t$
   $y = 2 \operatorname{sen} t, \quad 0 \le t \le 2\pi$

b) $x = 4 \cos t$
   $y = 4 \operatorname{sen} t$
   $z = 2, \quad 0 \le t \le 2\pi$

c) $x = 2 + 4 \operatorname{sen} t$
   $y = 3 - 2 \cos t, 0 \le t \le 2\pi$

d) $x = t + 1$
   $y = t^2 + 4$
   $z = 2, \quad -\infty < t < +\infty$.

16. Obter a equação cartesiana das seguintes curvas:

a) $\vec{r}(t) = \left(\dfrac{1}{2}t, 3t + 5\right)$

b) $\vec{r}(t) = (t - 1, t^2 - 2t + 2)$

c) $\vec{r}(t) = (s^2 - 1, s^2 + 1, 2)$.

17. Determinar o centro e o raio das seguintes circunferências e depois escrever uma equação vetorial para cada uma.

a) $x^2 + y^2 - 2x + 5y - 3 = 0$
b) $x^2 + y^2 - 6x + 8y = 0$
c) $x^2 + y^2 + 5y - 2 = 0$

18. Identificar as curvas a seguir e parametrizá-las. Esboçar o seu gráfico.

a) $2x^2 + 2y^2 + 5x + 2y - 3 = 0$
b) $2x^2 + 5y^2 - 6x - 2y + 4 = 0$
c) $x^2 + 2y^2 - 4x - 2y = 0$
d) $x^2 - 8y + 4 = 0$
e) $y - \dfrac{1}{x - 1} = 0, x > 1$

19. Verificar que a curva

$$\vec{r}(t) = 3 \cosh t \, \vec{i} + 5 \operatorname{senh} t \, \vec{j}$$

é a metade de uma hipérbole. Encontrar a equação cartesiana.

20. Determinar uma representação paramétrica da reta que passa pelo ponto A, na direção do vetor $\vec{b}$, onde

a) $A\left(1, \dfrac{1}{2}, 2\right)$ e $\vec{b} = 2\vec{i} - \vec{j}$

b) $A(0, 2)$ e $\vec{b} = 5\vec{i} - \vec{j}$

c) $A(-1, 2, 0)$ e $\vec{b} = 5\vec{i} - 2\vec{j} + 5\vec{k}$

d) $A(\sqrt{2}, 2, \sqrt{3})$ e $\vec{b} = 5\vec{i} - 3\vec{k}$.

21. Determinar uma representação paramétrica da reta que passa pelos pontos A e B, sendo:

a) $A(2, 0, 1)$ e $B(-3, 4, 0)$
b) $A(5, -1, -2)$ e $B(0, 0, 2)$
c) $A\left(\sqrt{2}, 1, \dfrac{1}{3}\right)$ e $B(-7, 2, 9)$
d) $A\left(\pi, \dfrac{\pi}{2}, 3\right)$ e $B(\pi, -1, 2)$

22. Determinar uma representação paramétrica da reta representada por:

a) $y = 5x - 1, z = 2$
b) $2x - 5y + 4z = 1, 3x - 2y - 5z = 1$
c) $2x - 5y + z = 4, y - x = 4$.

23. Encontrar uma equação vetorial das seguintes curvas:

a) $x^2 + y^2 = 4, z = 4$
b) $y = 2x^2, z = x^3$
c) $2(x + 1)^2 + y^2 = 10, z = 2$
d) $y = x^{1/2}, z = 2$
e) $x = e^y, z = e^x$
f) $y = x, z = x^2 + y^2$
g) Segmento de reta de $A(2, 1, 2)$ a $B(-1, 1, 3)$
h) Segmento de reta de $C(0, 0, 1)$ a $D(1, 0, 0)$
i) Parábola $y = \pm\sqrt{x}, 0 \le x \le 1$
j) Segmento de reta de $A(1, -2, 3)$ a $B(-1, 0, -1)$
k) $y = x^3 - 7x^2 + 3x - 2, 0 \le x \le 3$
l) $x + y + z = 1, z = x - 2y$
m) $x^2 + y^2 = 1, z = 2x - 2y$
n) $x^2 + y^2 + z^2 = 2y, z = y$
o) Segmento de reta de $E(3, 3, -2)$ a $F(4, 5, -2)$.

2.9 Derivada

2.9.1 Definição

Seja $\vec{f}(t)$ uma função vetorial. Sua derivada é uma função vetorial $\vec{f'}(t)$, definida por

$$\vec{f'}(t) = \lim_{\Delta t \to 0} \frac{\vec{f}(t + \Delta t) - \vec{f}(t)}{\Delta t},$$

para todo t, tal que o limite existe. Se a derivada $\vec{f'}(t)$ existe em todos os pontos de um intervalo I, dizemos que $\vec{f}$ é derivável em I.

Se $\vec{f}(t) = f_1(t)\vec{i} + f_2(t)\vec{j} + f_3(t)\vec{k}$, temos

$$\frac{\vec{f}(t + \Delta t) - \vec{f}(t)}{\Delta t} = \frac{\vec{f_1}(t + \Delta t) - \vec{f_1}(t)}{\Delta t}\vec{i} + \frac{\vec{f_2}(t + \Delta t) - \vec{f_2}(t)}{\Delta t}\vec{j} + \frac{\vec{f_3}(t + \Delta t) - \vec{f_3}(t)}{\Delta t}\vec{k}.$$

Portanto, pela proposição 2.5.2, segue que $\vec{f}$ é derivável em um ponto t se, e somente se, as três funções reais $f_1(t)$, $f_2(t)$ e $f_3(t)$ são deriváveis em t. Nesse caso, temos

$$\vec{f'}(t) = f'_1(t)\vec{i} + f'_2(t)\vec{j} + f'_3(t)\vec{k}.$$

2.9.2 Exemplos

Exemplo 1: Se $\vec{f}(t) = t^2\vec{i} + \cos t\,\vec{j} + (5t - 1)\vec{k}$, temos

$$\vec{f'}(t) = 2t\vec{i} - \operatorname{sen} t\,\vec{j} + 5\vec{k}.$$

Exemplo 2: Se $\vec{g}(t) = (2t - 3)^3\vec{i} + e^{-5t}\vec{j}$, temos que

$$\vec{g'}(t) = 6(2t - 3)^2\vec{i} - 5e^{-5t}\vec{j}.$$

2.9.3 Interpretação geométrica da derivada

Seja $\vec{f}(t)$ uma função vetorial derivável em um intervalo I. Quando t percorre I, a extremidade livre do vetor $\vec{f}(t)$ descreve uma curva C no espaço.

Para cada $t \in I$, $\vec{f}(t)$ é o vetor posição do correspondente ponto sobre a curva (ver Figura 2.31).

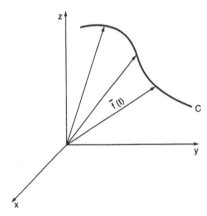

Figura 2.31

Sejam P e Q os pontos de C correspondentes aos vetores posição $\vec{f}(t)$ e $\vec{f}(t + \Delta t)$, respectivamente. A reta que passa por P e Q é secante à curva C e o vetor $\Delta \vec{f} = \vec{f}(t + \Delta t) - \vec{f}(t)$ coincide com o segmento $\overline{PQ}$ (ver Figura 2.32). Como Δt é escalar, $\dfrac{\Delta \vec{f}}{\Delta t}$ tem a mesma direção do segmento $\overline{PQ}$.

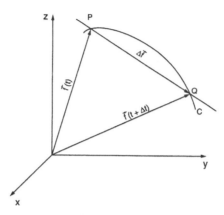

Figura 2.32

Quando $\Delta t \to 0$ ($Q \to P$), a reta secante se aproxima da reta tangente à curva C em P (ver Figura 2.33).

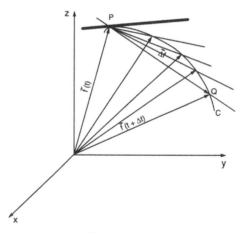

Figura 2.33

Assim, se $\vec{f}'(t) \neq 0$, $\vec{f}'(t)$ é um vetor tangente à curva C. Seu sentido é o do movimento da extremidade livre do vetor $\vec{f}(t)$ ao crescer t.

2.9.4 Exemplos

Exemplo 1: Dada $\vec{f}(t) = t\vec{i} + t^2\vec{j}$, determinar $\vec{f}'(t)$. Esboçar a curva C descrita por $\vec{f}$ e os vetores tangentes $\vec{f}'(1), \vec{f}'(-1)$ e $\vec{f}'(0)$.

Temos $\vec{f}'(t) = \vec{i} + 2t\vec{j}$.

A Figura 2.34 mostra a curva C, onde desenhamos os vetores

$$\vec{f}'(1) = \vec{i} + 2\vec{j}, \vec{f}'(-1) = \vec{i} - 2\vec{j} \text{ e } \vec{f}'(0) = \vec{i}.$$

Observamos que o vetor $\vec{f}'(1)$ tem origem no ponto $(1, 1)$ já que esse ponto da curva C corresponde ao valor de $t = 1$. Da mesma forma, $\vec{f}'(-1)$ tem origem no ponto $(-1, 1)$, e $\vec{f}'(0)$, no ponto $(0, 0)$.

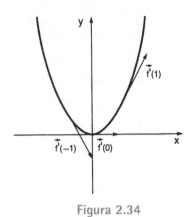

Figura 2.34

Exemplo 2: Determinar um vetor tangente à curva C, descrita pela equação vetorial $\vec{g}(t) = \cos t\,\vec{i} + \sen t\,\vec{j} + \vec{k}$, $t \in [0, 2\pi]$, no ponto $P(0, 1, 1)$.

Temos

$$\vec{g}'(t) = -\sen t\,\vec{i} + \cos t\,\vec{j}.$$

Necessitamos do valor de $\vec{g}'(t)$ no ponto P. Para isso, precisamos determinar o correspondente valor de t. Como o vetor posição de P é $\vec{j} + \vec{k}$, t deve satisfazer

$$\cos t\,\vec{i} + \sen t\,\vec{j} + \vec{k} = \vec{j} + \vec{k}.$$

Portanto, $\cos t = 0$ e $\sen t = 1$ e, dessa forma, $t = \dfrac{\pi}{2}$.

Um vetor tangente à curva C, em $P(0, 1, 1)$, é $\vec{g}'\left(\dfrac{\pi}{2}\right) = -\vec{i}$. A Figura 2.35 ilustra esse exemplo.

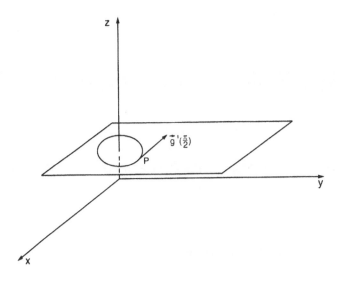

Figura 2.35

2.9.5 Interpretação física da derivada

Consideremos uma partícula em movimento no espaço. Suponhamos que, no tempo t, $\vec{r}(t)$ é o vetor posição da partícula com relação a um sistema de coordenadas cartesianas. Ao variar t, a extremidade livre do vetor $\vec{r}(t)$ descreve a trajetória C da partícula.

Suponhamos que a partícula esteja em P no tempo t e em Q no tempo $t + \Delta t$. Então $\Delta \vec{r} = \vec{r}(t + \Delta t) - \vec{r}(t)$ representa o deslocamento da partícula de P para Q, ocorrido no intervalo de tempo Δt (ver Figura 2.36).

A taxa média de variação de $\vec{r}(t)$ no intervalo Δt é dada por

$$\frac{\vec{r}(t + \Delta t) - \vec{r}(t)}{\Delta t}$$

e é chamada velocidade média da partícula no intervalo de tempo Δt. A velocidade instantânea da partícula no tempo t, que denotamos $\vec{v}(t)$, é definida pelo limite

$$\vec{v}(t) = \lim_{\Delta t \to 0} \frac{\vec{r}(t + \Delta t) - \vec{r}(t)}{\Delta t},$$

quando esse limite existe.

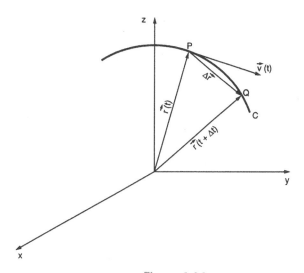

Figura 2.36

Portanto, quando $\vec{r}(t)$ é derivável, a velocidade instantânea da partícula é dada por

$$\vec{v}(t) = \vec{r}'(t).$$

Analogamente, se $\vec{v}(t)$ é derivável, a aceleração da partícula é dada por

$$\vec{a}(t) = \vec{v}'(t).$$

2.9.6 Exemplos

Exemplo 1: O vetor posição de uma partícula em movimento no plano é

$$\vec{r}(t) = t\vec{i} + \frac{1}{t+1}\vec{j}, \; t \geq 0.$$

a) Determinar o vetor velocidade e o vetor aceleração em um instante qualquer t.
b) Esboçar a trajetória da partícula, desenhando os vetores velocidade no tempo $t = 0$ e $t = 1$.

(a) Em um instante qualquer t, o vetor velocidade é dado por:
$$\vec{v}(t) = \vec{r}'(t) = \vec{i} + \frac{-1}{(1+t)^2}\vec{j}.$$

O vetor aceleração é o vetor
$$\vec{a}(t) = \vec{v}'(t) = \frac{2}{(1+t)^3}\vec{j}.$$

(b) No instante $t = 0$, os vetores velocidade e aceleração, respectivamente, são dados por:

Para $t = 1$, temos $\vec{v}(0) = \vec{i} - \vec{j}$ e $\vec{a}(0) = 2\vec{j}$
$$\vec{v}(1) = \vec{i} - \frac{1}{4}\vec{j} \quad \text{e} \quad \vec{a}(1) = \frac{1}{4}\vec{j}.$$

A Figura 2.37 mostra a trajetória da partícula. Os vetores $\vec{v}(0)$ e $\vec{a}(0)$ estão desenhados com origem no ponto $P(0, 1)$ porque no instante $t = 0$ o vetor posição da partícula é $\vec{r}(0) = \vec{j}$. Como $\vec{r}(1) = \vec{i} + \frac{1}{2}\vec{j}$, os vetores $\vec{v}(1)$ e $\vec{a}(1)$ têm sua origem no ponto $Q(1, 1/2)$.

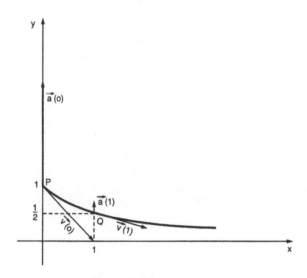

Figura 2.37

Exemplo 2: Determinar o vetor velocidade e o vetor aceleração de uma partícula que se move segundo a lei
$$\vec{r}(t) = \cos 2t\,\vec{i} + \sen 2t\,\vec{j} + \vec{k}.$$

Mostrar que o vetor velocidade é perpendicular ao vetor posição e que o vetor aceleração é perpendicular ao vetor velocidade.

Temos
$$\vec{v}(t) = \vec{r}'(t)$$
$$= -2\sen 2t\,\vec{i} + 2\cos 2t\,\vec{j}$$

e $\vec{a}(t) = \vec{v}'(t) = -4\cos 2t\,\vec{i} - 4\sen 2t\,\vec{j}$.

Sabemos que dois vetores são perpendiculares se o seu produto escalar é nulo. Temos
$$\vec{r}(t) \cdot \vec{v}(t) = (\cos 2t\,\vec{i} + \sen 2t\,\vec{j} + \vec{k}) \cdot (-2\sen 2t\,\vec{i} + 2\cos 2t\,\vec{j} + 0\vec{k})$$

$$= -2\operatorname{sen}2t\cos2t + 2\operatorname{sen}2t\cos2t + 0$$
$$= 0$$

e

$$\vec{v}(t) \cdot \vec{a}(t) = (-2\operatorname{sen}2t\,\vec{i} + 2\cos2t\,\vec{j}) \cdot (-4\cos t\,2t\,\vec{i} - 4\operatorname{sen}2t\,\vec{j})$$
$$= 8\operatorname{sen}2t\cos2t - 8\operatorname{sen}2t\cos2t$$
$$= 0.$$

Portanto, o vetor $\vec{r}(t)$ é perpendicular ao vetor $\vec{v}(t)$, e $\vec{v}(t)$ é perpendicular a $\vec{a}(t)$. (Ver Figura 2.38.)

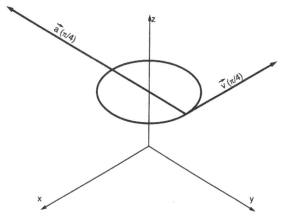

Figura 2.38

As REGRAS DE DERIVAÇÃO de funções vetoriais são similares às de funções reais. Temos a seguinte proposição:

2.9.7 Proposição

Sejam $\vec{f}(t)$ e $\vec{g}(t)$ funções vetoriais e $h(t)$ uma função real, deriváveis em um intervalo I. Então, para todo $t \in I$, temos:

a) $\left(\vec{f}(t) + \vec{g}(t)\right)' = \vec{f}'(t) + \vec{g}'(t)$

b) $\left(h(t)\vec{f}(t)\right)' = h(t)\vec{f}'(t) + h'(t)\vec{f}(t)$

c) $\left(\vec{f}(t) \cdot \vec{g}(t)\right)' = \vec{f}'(t) \cdot \vec{g}(t) + \vec{f}(t) \cdot \vec{g}'(t)$

d) $\left(\vec{f}(t) \times \vec{g}(t)\right)' = \vec{f}'(t) \times \vec{g}(t) + \vec{f}(t) \times \vec{g}'(t)$

Prova do item (c):
Sejam

$$\vec{f}(t) = f_1(t)\vec{i} + f_2(t)\vec{j} + f_3(t)\vec{k} \text{ e}$$
$$\vec{g}(t) = g_1(t)\vec{i} + g_2(t)\vec{j} + g_3(t)\vec{k}. \text{ Então,}$$
$$\vec{f}(t) \cdot \vec{g}(t) = f_1(t)g_1(t) + f_2(t)g_2(t) + f_3(t)g_3(t)$$

Como $\vec{f}(t)$ e $\vec{g}(t)$ são deriváveis no intervalo I, o mesmo ocorre com as funções f_1, f_2, f_3, g_1, g_2 e g_3. Usando as regras da derivação da soma e do produto de funções reais, vem:

$$(\vec{f}(t) \cdot \vec{g}(t))' = [f_1(t)g_1(t) + f_2(t)g_2(t) + f_3(t)g_3(t)]'$$

$$= (f_1(t)g_1(t))' + (f_2(t)g_2(t))' + (f_3(t)g_3(t))'$$

$$= f_1'(t)g_1(t) + f_1(t)g_1'(t) + f_2'(t)g_2(t) + f_2(t)g_2'(t) + f_3'(t)g_3(t) + f_3(t)g_3'(t).$$

$$= [f_1'(t)g_1(t) + f_2'(t)g_2(t) + f_3'(t)g_3(t)] + [f_1(t)g_1'(t) + f_2(t)g_2'(t) + f_3(t)g_3'(t)]$$

$$= \vec{f}'(t) \cdot \vec{g}(t) + \vec{f}(t) \cdot \vec{g}'(t).$$

2.9.8 Derivadas sucessivas

Seja $\vec{f}(t)$ uma função vetorial derivável em um intervalo I. Sua derivada $\vec{f}'(t)$ é uma função vetorial definida em I. Se $\vec{f}'(t)$ é derivável em um ponto $t \in I$, a sua derivada é chamada derivada segunda de $\vec{f}$ no ponto t e é representada por $\vec{f}''(t)$.

Analogamente, são definidas as derivadas de ordem mais alta.

2.9.9 Exemplos

Exemplo 1: Sejam $h(t) = t$ e $\vec{f}(t) = \cos t \vec{i} + \operatorname{sen} t \vec{j}$.

a) Determinar $(h(t)\vec{f}(t))'$.

b) Mostrar que $\vec{f}'(t)$ é ortogonal a $\vec{f}(t)$.

(a) Pela proposição 2.9.7, temos que

$$(h(t)\vec{f}(t))' = [t(\cos t \vec{i} + \operatorname{sen} t \vec{j})]'$$

$$= t(\cos t \vec{i} + \operatorname{sen} t \vec{j})' + (t)'(\cos t \vec{i} + \operatorname{sen} t \vec{j})$$

$$= t(-\operatorname{sen} t \vec{i} + \cos t \vec{j}) + (\cos t \vec{i} + \operatorname{sen} t \vec{j})$$

$$= (\cos t - t \operatorname{sen} t) \vec{i} + (\operatorname{sen} t + t \cos t) \vec{j}.$$

(b) Para que $\vec{f}(t)$ e $\vec{f}'(t)$ sejam ortogonais, devemos ter

$$\vec{f}(t) \cdot \vec{f}'(t) = 0.$$

Temos

$$\vec{f}(t) \cdot \vec{f}'(t) = (\cos t \vec{i} + \operatorname{sen} t \vec{j}) \cdot (-\operatorname{sen} t \vec{i} + \cos t \vec{j})$$

$$= -\cos t \operatorname{sen} t + \operatorname{sen} t \cos t$$

$$= 0.$$

Exemplo 2: Mostrar que $\vec{f}'(t)$ é ortogonal a $\vec{f}(t)$ sempre que $|\vec{f}(t)|$ é uma constante.

Como $|\vec{f}(t)| = k$, k constante, e $|\vec{f}(t)| = \sqrt{\vec{f}(t) \cdot \vec{f}(t)}$, temos que $\vec{f}(t) \cdot \vec{f}(t) = k^2$, para todo t.

Derivando, vem

$$[\vec{f}(t) \cdot \vec{f}(t)]' = 0$$

$$\vec{f}(t) \cdot \vec{f'}(t) + \vec{f'}(t) \cdot \vec{f}(t) = 0$$

$$2\vec{f}(t) \cdot \vec{f'}(t) = 0$$

$$\vec{f}(t) \cdot \vec{f'}(t) = 0$$

Logo, os vetores $\vec{f}(t)$ e $\vec{f'}(t)$ são ortogonais.

2.10 Curvas Suaves

Uma curva pode ter pontos angulosos. Vejamos dois exemplos.

Exemplo 1: Seja $\vec{r}(t) = t^2\vec{i} + t^3\vec{j}$, $-1 \leq t \leq 1$.

A Figura 2.39 mostra essa curva. O ponto $(0, 0)$, correspondente a $t = 0$, é um ponto anguloso. Observamos que $\vec{r'}(0) = \vec{0}$.

Exemplo 2: Seja $\vec{r}(t) = \begin{cases} \vec{i} + t\vec{j}, & 0 \leq t \leq 1 \\ t\vec{i} + \vec{j}, & 1 \leq t \leq 2 \end{cases}$.

Na Figura 2.40, temos um esboço dessa curva. Podemos observar que o ponto $(1, 1)$, correspondente a $t = 1$, é um ponto anguloso e que a derivada $\vec{r'}(1)$ não existe.

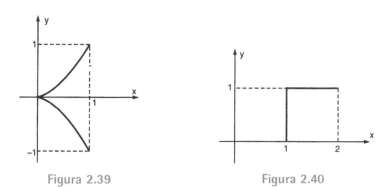

Figura 2.39   Figura 2.40

Geometricamente, uma curva suave é caracterizada pela ausência de pontos angulosos. Em cada um de seus pontos, a curva tem uma tangente única que varia continuamente quando se move sobre a curva (ver Figura 2.41).

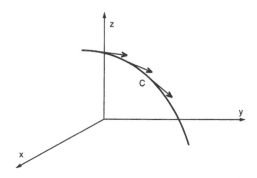

Figura 2.41

Sempre que uma curva C admite uma parametrização $\vec{r}(t)$, $t \in I \subset \mathbb{R}$, que tem derivada contínua $\vec{r}'(t)$ e $\vec{r}(t) \neq \vec{0}$, para todo $t \in I$, C é uma curva suave ou regular.

Uma curva é suave por partes se puder ser dividida em um número finito de curvas suaves.

2.10.1 Exemplos

a) Retas, circunferências, elipses, hélices são curvas suaves.
b) As curvas dos exemplos 1 e 2 da Seção 2.10 são curvas suaves por partes.
c) A ciclóide e a hipociclóide são curvas suaves por partes.
d) A Figura 2.42 mostra esboços de curvas suaves por partes.

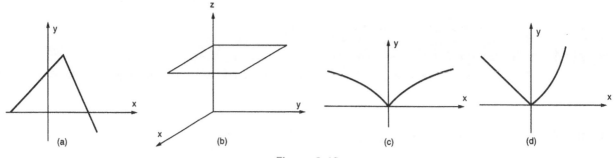

Figura 2.42

2.11 Orientação de uma Curva

Se um ponto material desloca-se sobre uma curva suave C, temos dois possíveis sentidos de percurso. A escolha de um deles como sentido positivo define uma orientação na curva C.

Vamos supor que a curva C seja representada por

$$\vec{r}(t) = x(t)\vec{i} + y(t)\vec{j} + z(t)\vec{k}, \quad t \in [a, b].$$

Convencionamos chamar de sentido positivo sobre C o sentido no qual a curva é traçada quando o parâmetro t cresce de a até b (ver Figura 2.43). O sentido oposto é chamado sentido negativo sobre C.

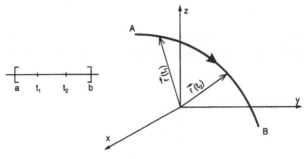

Figura 2.43

De acordo com nossa convenção, sempre que uma curva suave C é representada por

$$\vec{r}(t) = x(t)\vec{i} + y(t)\vec{j} + z(t)\vec{k}, \quad t \in [a, b],$$

C é um curva orientada e o seu sentido positivo de percurso é o sentido de valores crescentes do parâmetro t.

Se uma curva simples C é suave por partes, podemos orientá-la, como mostra a Figura 2.44, orientando cada parte suave de C.

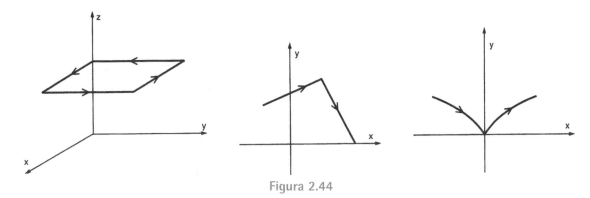

Figura 2.44

2.11.1 Definição

Dada uma curva orientada C, representada por

$$\vec{r}(t) = x(t)\vec{i} + y(t)\vec{j} + z(t)\vec{k}, \quad t \in [a, b];$$

a curva $-C$ é definida como a curva C com orientação oposta. A curva $-C$ é dada por

$$\vec{r}^{\,-}(t) = \vec{r}(a + b - t)$$
$$= x(a + b - t)\vec{i} + y(a + b - t)\vec{j} + z(a + b - t)\vec{k}, \quad t \in [a, b].$$

2.11.2 Exemplos

Exemplo 1: Na parametrização da reta do Exemplo 2 da Subseção 2.7.6, o sentido positivo de percurso é do ponto A para o ponto B.

Exemplo 2: O sentido positivo de percurso sobre uma circunferência parametrizada como na Subseção 2.7.7 é o sentido anti-horário.

Exemplo 3: Parametrizar a circunferência de centro na origem e raio a no sentido horário.

Solução: Queremos a curva $-C$, onde

$$C: \vec{r}(t) = a \cos t \vec{i} + a \operatorname{sen} t \vec{j}, \quad t \in [0, 2\pi].$$

Pela definição 8.11, temos

$$-C: \vec{r}^{\,-}(t) = \vec{r}(0 + 2\pi - t)$$
$$= a \cos(2\pi - t)\vec{i} + a \operatorname{sen}(2\pi - t)\vec{j},$$
$$= a \cos t \vec{i} - a \operatorname{sen} t \vec{j}., \quad t \in [0, 2\pi].$$

A Figura 2.45 ilustra esse exemplo.

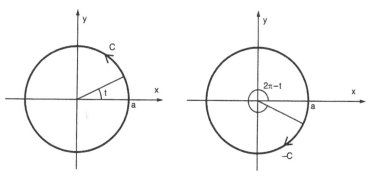

Figura 2.45

Exemplo 4: Parametrizar o segmento de reta que une o ponto $A(0, 0, 1)$ ao ponto $B(1, 2, 3)$, no sentido de A para B.

Conforme a Subseção 2.7.5, a reta que passa pelos pontos A e B pode ser parametrizada por

$$\vec{r}(t) = \vec{a} + t\vec{b}.$$

Podemos escolher o vetor posição $\vec{a} = (0, 0, 1)$. Como queremos o segmento de reta de A para B, o vetor direção $\vec{b}$ é dado por $\vec{b} = (1, 2, 3) - (0, 0, 1) = (1, 2, 2)$.

Temos, então,

$$\vec{r}(t) = (0, 0, 1) + t(1, 2, 2) = (t, 2t, 1 + 2t).$$

Precisamos determinar o intervalo de variação do parâmetro t.

Como o vetor posição do ponto A é $(0, 0, 1)$, o correspondente valor de t satisfaz

$$(t, 2t, 1 + 2t) = (0, 0, 1).$$

Portanto, $t = 0$.

No ponto B, temos

$$(t, 2t, 1 + 2t) = (1, 2, 3) \text{ e, conseqüentemente, } t = 1.$$

Uma equação do segmento de reta que une o ponto A ao ponto B é dada por

$$\vec{r}(t) = (t, 2t, 1 + 2t), \quad t \in [0, 1].$$

A Figura 2.46 ilustra esse exemplo.

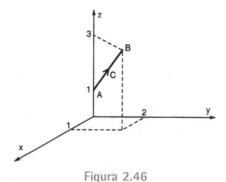

Figura 2.46

Observamos que, sempre que queremos parametrizar um segmento de reta com orientação de A para B, podemos tomar o vetor $\vec{a}$ como o vetor posição do ponto A e o vetor direção $\vec{b}$ como $B - A$. Nesse caso, o parâmetro t terá uma variação no intervalo $[0, 1]$.

Sempre que nos referimos a um segmento que une o ponto A ao ponto B estaremos entendendo que o sentido é de A para B.

Exemplo 5: Parametrizar o segmento de reta que une o ponto $(1, 2, 3)$ ao ponto $(0, 0, 1)$ (ver Figura 2.47).

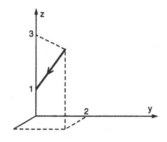

Figura 2.47

Fazemos $\vec{r}(t) = \vec{a} + t\vec{b}$, onde

$$\vec{a} = (1, 2, 3)$$
$$\vec{b} = (0, 0, 1) - (1, 2, 3)$$
$$= (-1, -2, -2).$$

Temos

$$\vec{r}(t) = (1, 2, 3) + t(-1, -2, -2)$$
$$= (1 - t, 2 - 2t, 3 - 2t), t \in [0, 1].$$

Também poderíamos ter usado o resultado do Exemplo 4 e a definição 2.11.1.
De fato, como

$$\vec{r}(t) = (t, 2t, 1 + 2t), \quad t \in [0, 1],$$
$$\vec{r}^{-}(t) = \vec{r}(0 + 1 - t)$$
$$= (1 - t, 2(1 - t), 1 + 2(1 - t))$$
$$= (1 - t, 2 - 2t, 3 - 2t), \quad t \in [0, 1].$$

2.12 Comprimento de Arco

Seja C uma curva dada pela equação vetorial

$$\vec{r}(t) = x(t)\vec{i} + y(t)\vec{j} + z(t)\vec{k}, \quad t \in [a, b].$$

Vamos calcular o comprimento ℓ de um arco $\widehat{AB}$, com $t \in [a, b]$.
Seja

$$P: a = t_0 < t_1 < t_2 < \ldots < t_{i-1} < t_i < \ldots < t_n = b$$

uma partição qualquer de $[a, b]$. Indicamos por ℓ_n o comprimento da poligonal de vértices

$$A = P_0 = \vec{r}(t_0), P_1 = \vec{r}(t_1), \ldots, B = P_n = \vec{r}(t_n).$$

Então,

$$\ell_n = \sum_{i=1}^{n} |\vec{r}(t_i) - \vec{r}(t_{i-1})|$$
$$= \sum_{i=1}^{n} \sqrt{[x(t_i) - x(t_{i-1})]^2 + [y(t_i) - y(t_{i-1})]^2 + [z(t_i) - z(t_{i-1})]^2}. \quad (1)$$

Na Figura 2.48 visualizamos uma curva C, em que a poligonal foi traçada para $n = 6$.
Intuitivamente, podemos afirmar que, se o limite de ℓ_n quando $n \to \infty$ existe, esse limite define o comprimento ℓ do arco $\widehat{AB}$ da curva C, ou seja,

$$\ell = \lim_{\max \Delta t_i \to 0} \ell_n, \text{ onde } \Delta t_i = |t_i - t_{i-1}|. \quad (2)$$

Se a curva C é suave, podemos encontrar uma fórmula para calcular o limite de (2). Temos o seguinte teorema.

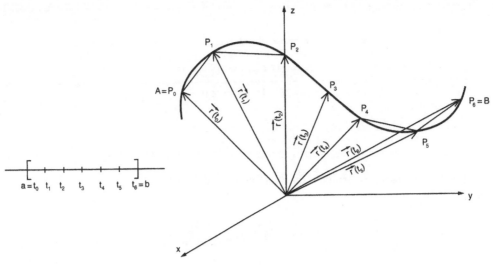

Figura 2.48

2.12.1 Teorema

Seja C uma curva suave parametrizada por $\vec{r}(t)$, $a \leq t \leq b$. Então,

$$\ell = \int_a^b |\vec{r}'(t)|\, dt. \tag{3}$$

Prova: Para provarmos esse teorema, vamos utilizar o seguinte resultado cuja demonstração será omitida.

"Se as funções $x(t)$, $y(t)$ e $z(t)$ são contínuas no intervalo $[a, b]$, se P é uma partição do intervalo $[a, b]$ ($P: a = t_0 < t_1 < \ldots < t_{i-1} < t_i < \ldots < t_n = b$) e $\bar{t}_i, \bar{\bar{t}}_i$ e $\bar{\bar{\bar{t}}}_i$ são números quaisquer em (t_{i-1}, t_i), então

$$\lim_{\max \Delta t_i \to 0} \sum_{i=1}^n \sqrt{\left[x(\bar{t}_i)\right]^2 + \left[y(\bar{\bar{t}}_i)\right]^2 + \left[z(\bar{\bar{\bar{t}}}_i)\right]^2}\, \Delta t_i = \int_a^b \sqrt{[x(t)]^2 + [y(t)]^2 + [z(t)]^2}\, dt." \tag{4}$$

Se C é uma curva suave em $[a, b]$, temos que $x = x(t)$, $y = y(t)$ e $z = z(t)$ são funções deriváveis em cada subintervalo $[t_{i-1}, t_i]$ da partição P. Assim, pelo teorema do valor médio, existem números $\bar{t}_i, \bar{\bar{t}}_i$ e $\bar{\bar{\bar{t}}}_i$ em (t_{i-1}, t_i) tais que

$$\begin{aligned} x(t_i) - x(t_{i-1}) &= x'(\bar{t}_i)\Delta t_i \\ y(t_i) - y(t_{i-1}) &= y'(\bar{\bar{t}}_i)\Delta t_i \\ z(t_i) - z(t_{i-1}) &= z'(\bar{\bar{\bar{t}}}_i)\Delta t_i \end{aligned} \tag{5}$$

Substituindo (5) em (1) e (2), obtemos

$$\ell_n = \sum_{i=1}^n \sqrt{[x'(\bar{t}_i)]^2 + [y'(\bar{\bar{t}}_i)]^2 + [z'(\bar{\bar{\bar{t}}}_i)]^2}\, \Delta t_i$$

e

$$\ell = \lim_{\max \Delta t_i \to 0} \sum_{i=1}^n \sqrt{[x'(\bar{t}_i)]^2 + [y'(\bar{\bar{t}}_i)]^2 + [z'(\bar{\bar{\bar{t}}}_i)]^2}\, \Delta t_i. \tag{6}$$

Usando (4), escrevemos

$$\ell = \int_a^b \sqrt{[x'(t)]^2 + [y'(t)]^2 + [z'(t)]^2}\, dt = \int_a^b |\vec{r}'(t)|\, dt,$$

que é o resultado procurado.

Se a curva C é suave por partes, seu comprimento é dado por

$$\ell = \int_a^{t_1} |\vec{r}'(t)|\, dt + \int_{t_1}^{t_2} |\vec{r}'(t)|\, dt + \ldots + \int_{t_{n-1}}^b |\vec{r}'(t)|\, dt,$$

onde $[a, t_1], [t_1, t_2], \ldots, [t_{n-1}, b]$ são os subintervalos de $[a, b]$ nos quais a curva C é suave.

2.12.2 Exemplos

Exemplo 1: Encontrar o comprimento do arco da curva cuja equação vetorial é

$$\vec{r}(t) = t\vec{i} + t^{2/3}\vec{j}, \text{ para } 1 \leq t \leq 4.$$

Temos

$$\vec{r}'(t) = \vec{i} + \frac{2}{3} t^{-1/3} \vec{j}$$

e

$$|\vec{r}'(t)| = \sqrt{1 + \frac{4}{9} t^{-2/3}}$$

$$= \sqrt{1 + \frac{4}{9t^{2/3}}}$$

$$= \sqrt{\frac{9t^{2/3} + 4}{9t^{2/3}}}$$

$$= \frac{1}{3} (9t^{2/3} + 4)^{1/2}\, t^{-1/3}.$$

Aplicando (3), obtemos

$$\ell = \frac{1}{3} \int_1^4 (9t^{2/3} + 4)^{1/2}\, t^{-1/3}\, dt.$$

Essa integral pode ser resolvida por substituição, fazendo $u = 9t^{2/3} + 4$.
Temos

$$\ell = \frac{1}{3} \int_1^4 (9t^{2/3} + 4)^{1/2}\, t^{-1/3}\, dt$$

$$= \frac{1}{3} \cdot \frac{1}{6} \frac{(9t^{2/3} + 4)^{3/2}}{3/2} \bigg|_1^4$$

$$= \frac{1}{27} \left[(9 \cdot 4^{2/3} + 4)^{3/2} - (9 \cdot 1^{2/3} + 4)^{3/2} \right]$$

$$= \frac{1}{27} \left[(18 \sqrt[3]{2} + 4)^{3/2} - 13\sqrt{13} \right].$$

Exemplo 2: Encontrar o comprimento da hélice circular

$$\vec{r}(t) = (\cos t, \operatorname{sen} t, t) \text{ do ponto } A(1, 0, 0) \text{ a } B(-1, 0, \pi).$$

Temos que

$$\vec{r}'(t) = (-\operatorname{sen} t, \cos t, 1)$$
$$|\vec{r}'(t)| = \sqrt{\operatorname{sen}^2 t + \cos^2 t + 1}$$
$$= \sqrt{2}.$$

Para $A(1, 0, 0)$ temos $t = 0$ e para $B(-1, 0, \pi)$ temos $t = \pi$.
Usando (3), obtemos

$$\ell = \int_0^\pi \sqrt{2}\, dt$$
$$= \pi\sqrt{2}.$$

2.12.3 Função comprimento de arco

Na integral $\ell = \int_a^b |\vec{r}'(t)|\, dt$, se substituímos o limite superior b por um limite variável t, $t \in [a, b]$, a integral se transforma em uma função de t.

Escrevemos

$$s(t) = \int_a^t |\vec{r}'(t^*)|\, dt^*. \tag{7}$$

A função $s = s(t)$ é chamada função comprimento de arco e mede o comprimento de arco de C no intervalo $[a, t]$.

2.12.4 Exemplos

Exemplo 1: Escrever a função comprimento de arco da circunferência de raio R.

Vamos usar (7), observando que o limite inferior de integração a pode ser substituído por qualquer outro valor t_0, $t_0 \in [a, b]$, isto é, o ponto da curva correspondente a $s = 0$ pode ser escolhido de maneira arbitrária.

Escolhendo $a = 0$, temos

$$s(t) = \int_0^t R\, dt^*$$
$$= Rt, \text{ onde usamos } \vec{r}(t) = R\cos t\, \vec{i} + R\operatorname{sen} t\, \vec{j}.$$

Exemplo 2: Encontrar a função comprimento de arco da hélice circular

$$r(t) = (2\cos t, 2\operatorname{sen} t, t).$$

Vamos novamente usar (7) e escolher $a = 0$. Temos

$$s(t) = \int_0^t \sqrt{5}\, dt^* = \sqrt{5}\, t.$$

2.12.5 Reparametrização de curvas por comprimento de arco

É conveniente parametrizarmos algumas curvas usando como parâmetro o comprimento de arco s.
Para reparametrizarmos uma curva suave C, dada por

$$\vec{r}(t) = x(t)\vec{i} + y(t)\vec{j} + z(t)\vec{k}, \quad t \in [a,b] \tag{8}$$

procedemos como segue:

a) calculamos $s = s(t)$, usando (7);
b) encontramos a sua inversa $t = t(s)$, $0 \le s \le \ell$;
c) finalmente, reescrevemos (8) como

$$\vec{h}(s) = \vec{r}(t(s))$$
$$= x(t(s))\vec{i} + y(t(s))\vec{j} + z(t(s))\vec{k}, \quad 0 \le s \le \ell.$$

Temos, então, que $\vec{h}(s)$ descreve a mesma curva C que era dada por $\vec{r}(t)$, mas com uma nova parametrização, em que a variável s, $0 \le s \le \ell$, representa o comprimento de arco de C.

2.12.6 Exemplos

Exemplo 1: Reparametrizar pelo comprimento de arco a curva

$$C: \vec{r}(t) = (R\cos t, R\sen t), \quad 0 \le t \le 2\pi.$$

A função $s = s(t)$ já foi calculada no Exemplo 1 da Subseção 2.12.4.
Temos

$$s = s(t) = Rt.$$

Essa função é uma função linear, cuja inversa é

$$t = t(s) = \frac{s}{R}, \quad 0 \le s \le 2\pi R.$$

Portanto,

$$\vec{h}(s) = \vec{r}(t(s)) = \left(R\cos\frac{s}{R}, R\sen\frac{s}{R}\right), 0 \le s \le 2\pi R, \text{ é a reparametrização da circunferência dada.}$$

Exemplo 2: Reparametrizar pelo comprimento de arco a curva dada por

$$\vec{r}(t) = (e^t \cos t, e^t \sen t), t \ge 0.$$

Vamos calcular a função comprimento de arco $s = s(t)$.
Temos

$$\vec{r}'(t) = (e^t \cos t - e^t \sen t, e^t \cos t + e^t \sen t) \quad \text{e} \quad |\vec{r}'(t)| = \sqrt{2}\, e^t.$$

Logo, $s = s(t) = \displaystyle\int_0^t \sqrt{2}\, e^{t^*} dt^* = \sqrt{2}\,(e^t - 1).$

Podemos escrever

$$t = t(s) = \ln\left(\frac{s + \sqrt{2}}{\sqrt{2}}\right), \quad s \ge 0$$

e então

$$\vec{h}(s) = \frac{s+\sqrt{2}}{\sqrt{2}}\left(\cos\left(\ln\frac{s+\sqrt{2}}{\sqrt{2}}\right), \text{sen}\left(\ln\frac{s+\sqrt{2}}{\sqrt{2}}\right)\right), s \geq 0$$

Exemplo 3: Dada uma curva C representada por $\vec{r}(t)$, mostrar que, se $|\vec{r}'(t)| = 1$, então o parâmetro t é o parâmetro comprimento de arco de C.

De acordo com (7), temos

$$s = s(t) = \int_0^t |\vec{r}'(t^*)| \, dt^*.$$

Como $|\vec{r}'(t)| = 1$, vem

$$s = \int_0^t dt^* = t.$$

O parâmetro t é o parâmetro comprimento de arco s, de C.

Exemplo 4: Verificar que a curva

$$C: \vec{h}(s) = \left(\frac{s}{\sqrt{5}}, \frac{2s}{\sqrt{5}}\right), s \geq 0$$

está parametrizada pelo comprimento de arco.

Temos

$$\vec{h}'(s) = \left(\frac{1}{\sqrt{5}}, \frac{2}{\sqrt{5}}\right)$$

$$|\vec{h}'(s)| = \sqrt{\left(\frac{1}{\sqrt{5}}\right)^2 + \left(\frac{2}{\sqrt{5}}\right)^2}$$

$$= \sqrt{\frac{1}{5} + \frac{4}{5}}$$

$$= 1.$$

Portanto, a curva C dada tem como parâmetro o comprimento de arco.

Exemplo 5: Seja C uma curva suave reparametrizada pelo comprimento de arco. Mostrar que, se C é representada por $\vec{h}(s)$, então $|\vec{h}'(s)| = 1$.

Temos

$$\vec{h}(s) = \vec{r}(t(s)).$$

Usando a regra da cadeia, vem

$$\vec{h}'(s) = \vec{r}'(t(s))\frac{dt}{ds}. \tag{9}$$

Como $t(s)$ é a inversa de $s(t)$ e $\dfrac{ds}{dt} = |\vec{r}'(t)|$ temos que

$$\frac{dt}{ds} = \frac{1}{|\vec{r}'(t(s))|}.$$

Substituindo em (9), vem

$$\vec{h}'(s) = \vec{r}'(t(s)) \cdot \frac{1}{|\vec{r}'(t(s))|}$$

Portanto,

$$|\vec{h}'(s)| = \left|\frac{\vec{r}'(t(s))}{|\vec{r}'(t(s))|}\right| = 1.$$

2.13 Funções Vetoriais de Várias Variáveis

Como no caso das funções vetoriais de uma variável, se $\vec{f}$ é uma função vetorial das variáveis x, y, z, definida em um domínio $D \subset \mathbb{R}^3$, ela pode ser expressa na forma $\vec{f}(x, y, z) = f_1(x, y, z)\vec{i} + f_2(x, y, z)\vec{j} + f_3(x, y, z)\vec{k}$, onde f_1, f_2 e f_3 são funções escalares definidas em D.

As funções escalares f_1, f_2, e f_3 são chamadas componentes da função vetorial $\vec{f}$ ou também funções coordenadas. Analogamente, se $\vec{f}$ é definida em um domínio $D \subset \mathbb{R}^2$, podemos escrever:

$$\vec{f}(x, y) = f_1(x, y)\vec{i} + f_2(x, y)\vec{j} + f_3(x, y)\vec{k}.$$

2.13.1 Exemplos

Exemplo 1: $\vec{f}(x, y, z) = xz\vec{i} + xy\vec{j} + 2\sqrt{z}\,\vec{k}$ é uma função vetorial definida em todos os pontos (x, y, z) de $\mathbb{R}^3$ tais que $z \geq 0$. Suas funções coordenadas são dadas por $f_1(x, y, z) = xz$, $f_2(x, y, z) = xy$ e $f_3(x, y, z) = 2\sqrt{z}$.

Exemplo 2: $\vec{f}(x, y) = x\vec{i} + \sqrt{1 - x^2 - y^2}\,\vec{j}$ é uma função vetorial definida em todos os pontos de $\mathbb{R}^2$ tais que $x^2 + y^2 \leq 1$. Isto é, o domínio de $\vec{f}$ é o círculo unitário centrado na origem. As funções coordenadas são $f_1(x, y) = x$, $f_2(x, y) = \sqrt{1 - x^2 - y^2}$ e $f_3(x, y) = 0$.

2.14 Exercícios

1. Determinar a derivada das seguintes funções vetoriais:

   a) $\vec{f}(t) = \cos^3 t\,\vec{i} + \text{tg}\,t\,\vec{j} + \text{sen}^2 t\,\vec{k}$

   b) $\vec{g}(t) = \text{sen}\,t \cos t\,\vec{i} + e^{-2t}\vec{j}$

   c) $\vec{h}(t) = (2 - t)\vec{i} + t^3\vec{j} - \frac{1}{t}\vec{k}$

   d) $\vec{f}(t) = e^{-t}\vec{i} + e^{-2t}\vec{j} + \vec{k}$

   e) $\vec{g}(t) = \ln t\,\vec{i} + t\vec{j} + t\vec{k}$

   f) $\vec{h}(t) = \frac{5t - 2}{2t + 1}\vec{i} + \ln(1 - t^2)\vec{j} + 5\vec{k}$.

2. Determinar um vetor tangente à curva definida pela função dada no ponto indicado.

   a) $\vec{f}(t) = (t, t^2, t^3)$, $P(-1, 1, -1)$

   b) $\vec{g}(t) = (t, e^t)$, $P(1, e)$

   c) $\vec{h}(t) = (\text{sen}\,t, \cos t, t)$, $P(1, 0, \pi/2)$

   d) $\vec{p}(t) = \left(1 - t, \frac{1}{1 - t}\right)$, $P(-1, -1)$

   e) $\vec{r}(t) = (2t, \ln t, 2)$, $P(2, 0, 2)$

3. Mostrar que a curva definida por

$$\vec{f}(t) = \left(\frac{1}{2}\text{sen}\,t, \frac{1}{2}\cos t, \frac{\sqrt{3}}{2}\right)$$

está sobre a esfera unitária com centro na origem.

Determinar um vetor tangente a essa curva no ponto $P\left(0, \frac{1}{2}, \frac{\sqrt{3}}{2}\right)$.

4. Determinar dois vetores unitários, tangentes à curva definida pela função dada, no ponto indicado.

a) $\vec{f}(t) = (e^t, e^{-t}, t^2 + 1); P(1,1,1)$

b) $\vec{g}(t) = (4 + 2\cos t, 2 + 2\,\text{sen}\,t, 1); P(4,4,1)$

c) $\vec{h}(t) = \left(\frac{1}{2}t, \sqrt{t+1}, t+1\right); P(1, \sqrt{3}, 3)$

d) $\vec{r}(t) = (t\cos t, t\,\text{sen}\,t, t); P(0, \pi/2, \pi/2)$

5. Determinar os vetores velocidade e aceleração para qualquer instante t. Determinar, ainda, o módulo desses vetores no instante dado.

a) $\vec{r}(t) = 2\cos t\,\vec{i} + 5\,\text{sen}\,t\,\vec{j} + 3\vec{k}; t = \pi/4$

b) $\vec{r}(t) = e^t\vec{i} + e^{-2t}\vec{j}; t = \ln 2$

c) $\vec{r}(t) = \cosh t\,\vec{i} + 3\,\text{senh}\,t\,\vec{j}; t = 0$.

6. A posição de uma partícula em movimento no plano, no tempo t, é dada por

$$x(t) = \frac{1}{2}(t-1)$$

$$y(t) = \frac{1}{4}(t^2 - 2t + 1).$$

a) Escrever a função vetorial $\vec{f}(t)$ que descreve o movimento dessa partícula.

b) Determinar o vetor velocidade e o vetor aceleração.

c) Esboçar a trajetória da partícula e os vetores velocidade e aceleração no instante $t = 5$.

7. No instante t, a posição de uma partícula no espaço é dada por

$$x(t) = t^2, y(t) = 2\sqrt{t}, z(t) = 4\sqrt{t^3}.$$

a) Escrever a função vetorial que nos dá a trajetória da partícula.

b) Determinar um vetor tangente à trajetória da partícula no ponto $P(1, 2, 4)$.

c) Determinar a posição, a velocidade e a aceleração da partícula para $t = 4$.

8. Uma partícula se move no espaço com vetor posição $\vec{r}(t)$. Determinar a velocidade e a aceleração da partícula em um instante t qualquer. Esboçar a trajetória da partícula e os vetores velocidade e aceleração para os valores indicados de t.

a) $\vec{r}(t) = t\vec{i} + 4\vec{j} + (4 - t^2)\vec{k}; t = 0; 2$

b) $\vec{r}(t) = \frac{1}{1+t}\vec{i} + t\vec{j}; t = 1; 2$

c) $\vec{r}(t) = t^2\vec{j} + t^6\vec{k}; t = 0; 1$

d) $\vec{r}(t) = (1-t)\vec{i} + (1+t)\vec{j}; t = 1; 2$

9. Sejam $\vec{a}$ e $\vec{b}$ dois vetores constantes. Determinar o vetor velocidade da partícula cujo movimento é descrito por:

a) $\vec{r}_1(t) = \vec{a} + t\vec{b}$

b) $\vec{r}_2(t) = \vec{a}t^2 + \vec{b}t$.

10. Se $\vec{r}(t)$ é o vetor posição de uma partícula em movimento, mostrar que o vetor velocidade da partícula é perpendicular a $\vec{r}(t)$.

a) $\vec{r}(t) = (\cos t, \text{sen}\,t)$

b) $\vec{r}(t) = (\cos 3t, \text{sen}\,3t)$

11. Em cada um dos itens do exercício anterior, mostrar que o vetor aceleração tem o sentido oposto ao do vetor posição.

12. Mostrar que, quando uma partícula se move com velocidade constante, os vetores velocidade e aceleração são ortogonais.

13. Sejam $\vec{a}$ e $\vec{b}$ dois vetores constantes não nulos. Seja $\vec{r}(t) = e^{2t}\vec{a} + e^{-2t}\vec{b}$. Mostrar que $\vec{r}''(t)$ tem o mesmo sentido que $\vec{r}(t)$.

14. Seja $\vec{r}(t) = 2\cos wt\,\vec{i} + 4\,\text{sen}\,wt\,\vec{j}$, onde w é uma constante não nula. Mostrar que

$$\frac{d^2\vec{r}}{dt^2} = -w^2\vec{r}.$$

15. Dados $\vec{f}(t) = t\vec{j} + t^2\vec{k}$ e $\vec{g}(t) = t^2\vec{j} - t\vec{k}$, determinar:

a) $(\vec{f}(t) \times \vec{g}(t))'$

b) $(\vec{f}(t) \cdot \vec{g}(t))'$

c) $(\vec{f}(t) \times \vec{f}(t))'$

d) $(\vec{g}(t) \cdot \vec{g}(t))'$.

16. Se $f(t) = \frac{1}{t-1}$ e $\vec{f}(t) = t\vec{i} + t^2\vec{j}$, determinar

$$(f(t)\vec{f}(t))'.$$

17. Sejam $f(t)$ uma função real duas vezes derivável e $\vec{a}$ e $\vec{b}$ vetores constantes. Mostrar que se $\vec{g}(t) = \vec{a} + \vec{b}f(t)$, então $\vec{g}'(t) \times \vec{g}''(t) = \vec{0}$.

18. Se $\vec{f}$ é uma função vetorial derivável e
$$h(t) = |\vec{f}(t)|,$$
mostrar que
$$\vec{f}(t) \cdot \vec{f}'(t) = h(t)h'(t).$$

19. Esboçar as curvas seguintes, representando o sentido positivo de percurso. Obter uma parametrização da curva dada, orientada no sentido contrário.

a) $\vec{r}(t) = (2 + 3\cos t, 1 + 4\sen t), t \in [0, 2\pi]$

b) $\vec{r}(t) = (t, t + 2, 2t + 1), t \in [0, 1]$

c) $\vec{r}(t) = (2t - 1, 2t + 1, 4 - 2t), t \in [1, 2]$

d) $\vec{r}(t) = (t - 1, t^2 - 2t + 1), t \in [-1, 2]$

e) $\vec{r}(t) = (t - \sen t, 1 - \cos t), t \in [0, 2\pi]$

f) $\vec{r}(t) = (1 + \cos t, 1 + \sen t, 2t), t \in [0, 4\pi]$

g) $\vec{r}(t) = (2\cos^3 t, 2\sen^3 t), t \in \left[0, \dfrac{\pi}{2}\right]$.

20. Se $\vec{r}(t) = (t, t^2, t^3)$ para todos os reais t, determinar todos os pontos da curva descrita por $\vec{r}(t)$ nos quais o vetor tangente é paralelo ao vetor $(4, 4, 3)$. Existem alguns pontos nos quais a tangente é perpendicular a $(4, 4, 3)$?

21. Verificar que a curva
$$\vec{r}(t) = t\cos t\,\vec{i} + t\sen t\,\vec{j} + t\vec{k}, t \geq 0$$
está sobre um cone.

22. Verificar quais das seguintes curvas são suaves:

a) $\vec{r}(t) = t^3\vec{i} + t^2\vec{j}, t \in [-1, 1]$

b) $\vec{r}(t) = t^3\vec{i} + t^2\vec{j}, t \in \left[\dfrac{1}{2}, 1\right]$

c) $\vec{r}(t) = 2(t - \sen t)\vec{i} + 2(1 - \cos t)\vec{j}, t \in [\pi, 3\pi]$

d) $\vec{r}(t) = (3\cos^3 t, 3\sen^3 t), t \in \left[\dfrac{\pi}{6}, \dfrac{\pi}{3}\right]$

e) $\vec{r}(t) = (2\cos t, 3\sen t), t \in [0, 2\pi]$.

23. Verificar que as equações vetoriais
$$r(w) = (w, w^2),\ 2 \leq w \leq 3 \text{ e } \vec{r}(t) = (\sqrt{t}, t),$$
$4 \leq t \leq 9$ representam a mesma curva.

24. Determinar o comprimento de arco das seguintes curvas:

a) $\vec{r}(t) = (e^t\cos t, e^t\sen t, e^t), 0 \leq t \leq 1$

b) $\vec{r}(t) = (2t^3, 2t, \sqrt{6}\,t^2), 0 \leq t \leq 3$

c) $\vec{r}(t) = t\vec{i} + \sen t\,\vec{j} + (1 + \cos t)\vec{k}, 0 \leq t \leq 2\pi$

d) $y = x^{3/2}, z = 0$ de $P_0(0, 0, 0)$ a $P_1(4, 8, 0)$

e) $x = t^3, y = t^2, 1 \leq t \leq 3$

f) hélice circular $\vec{r}(t) = (2\cos t, 4t, 2\sen t)$ de $P_0(2, 0, 0)$ a $P_1(0, 2\pi, 2)$

g) um arco da ciclóide
$$\vec{r}(t) = 2(t - \sen t)\vec{i} + 2(1 - \cos t)\vec{j}$$

h) $\vec{r}(t) = (-\sen t, \cos t, 2)$ para $t \in [0, 2\pi]$

i) $\vec{r}(t) = (t\sen t, t\cos t)$ para $t \in [0, \pi]$

j) $\vec{r}(t) = (3t + 1)\vec{i} + (t + 2)\vec{j}$ para $t \in [0, 2]$

k) $\vec{r}(t) = (e^t, e^{-t}, t\sqrt{2}), t \in [0, 1]$.

25. Escrever a função comprimento de arco de:

a) $\vec{r}(t) = \left(\sen\dfrac{t}{2}, \cos\dfrac{t}{2}, 2t\right)$

b) $\vec{r}(t) = (\cos 2t, \sen 2t, 4)$

c) $\vec{r}(t) = (t, t^2)$

d) $\vec{r}(t) = \left(\cos^3 t, \sen^3 t, \dfrac{3}{4}\cos 2t\right)$

e) $\vec{r}(t) = (\cos 2t, \sen 2t), t \in [0, \pi]$

f) hipociclóide $\vec{r}(t) = (a\cos^3 t, a\sen^3 t)$, $t \in \left[0, \dfrac{\pi}{2}\right]$.

26. Reparametrizar pelo comprimento de arco as seguintes curvas:

a) $\vec{r}(t) = (\sqrt{2}\cos t, \sqrt{2}\sen t), t \in [0, 2\pi]$

b) $\vec{r}(t) = (3t - 1, t + 2)$

c) $\vec{r}(t) = (\cos 2t, \sen 2t, 2t)$

d) $\vec{r}(t) = \left(2t, \dfrac{2}{3}\sqrt{8t^3}, t^2\right), t \in [0, 3]$

e) $\vec{r}(t) = (e^t \cos t, e^t \sin t, e^t)$

f) $\vec{r}(t) = (\cos 2t, \sin 2t), t \in \left[0, \dfrac{\pi}{2}\right]$

g) hipociclóide $\vec{r}(t) = (a \cos^3 t, a \sin^3 t)$, $t \in \left[0, \dfrac{\pi}{2}\right]$

h) hélice circular $x = 2\cos t, y = 4t, z = 2\sin t$, $t \in \left[0, \dfrac{\pi}{2}\right]$

i) $x = 1 - t, y = 2 + 2t, z = 3t, t \in [0, 1]$.

27. Verificar se as curvas dadas estão parametrizadas pelo comprimento de arco:

a) $\vec{r}(t) = (\sin t, \cos t), t \geq 0$

b) $\vec{r}(s) = \left(\dfrac{s}{\sqrt{7}}, \sqrt{\dfrac{6}{7}} s\right), s \geq 0$

c) $\vec{r}(t) = (2t - 1, t + 2, t), t \geq 0$

d) $\vec{q}(s) = \left(a \cos \dfrac{s}{c}, a \sin \dfrac{s}{c}, b \dfrac{s}{c}\right)$, onde $c^2 = a^2 + b^2$

e) $\vec{h}(s) = (2 \cos s, 2 \sin s), s \in [0, 2\pi]$

f) $\vec{r}(s) = \left(4 \cos \dfrac{s}{4}, 4 \sin \dfrac{s}{4}\right), s \in [0, 8\pi]$

g) $\vec{r}(s) = \ln(s+1)\vec{i} + \left(\dfrac{s^3}{3} + s^2\right)\vec{j}, s \geq 0$

h) $\vec{h}(s) = \left(\dfrac{s}{\sqrt{2}}, \dfrac{s}{\sqrt{2}}\right), s \geq 0$.

28. Uma partícula move-se no plano de modo que, no instante t, sua posição é dada por
$$\vec{r}(t) = \left(2 \cos \dfrac{t}{2}, 2 \sin \dfrac{t}{2}\right).$$

a) Calcular o vetor $\vec{u}(t) = \dfrac{\vec{v}(t)}{|\vec{v}(t)|}$, onde $\vec{v}(t)$ é o vetor velocidade da partícula no instante t.

b) Mostrar que $\vec{u}(t)$ e $\dfrac{d\vec{u}}{dt}$ são ortogonais.

29. Escrever a função vetorial que associa a cada ponto do plano xy o triplo de seu vetor posição.

30. Escrever a função vetorial que associa a cada ponto do espaço um vetor unitário com a mesma direção do vetor posição e sentido contrário.

31. Dar o domínio das seguintes funções vetoriais:

a) $\vec{f}(x, y) = x\vec{i} + y\vec{j} + \sqrt{4 - x^2 - y^2}\,\vec{k}$

b) $\vec{g}(x, y) = \dfrac{1}{x}\vec{i} + xy\vec{j}$

c) $\vec{h}(x, y) = (x^2 + y^2, x\sqrt{y}, xy)$

d) $\vec{p}(x, y, z) = \left(\dfrac{1}{y}, \dfrac{1}{x}, \dfrac{1}{z}\right)$

e) $\vec{q}(x, y) = \left(\dfrac{1}{xy}, \sqrt{xy}\right)$

f) $\vec{u}(x, y, z) = x^2 y\vec{i} + y\vec{j} + \sqrt{z}\,\vec{k}$

g) $\vec{v}(x, y, z) = y\vec{j} + \sqrt{x + z}\,\vec{k}$

g) $\vec{r}(x, y, z) = \sqrt{2 - x^2 - y^2}\,\vec{i} + \sqrt{1 - x^2 - y^2}\,\vec{j} + z\vec{k}$.

3 Limite e Continuidade

Neste capítulo, os conceitos de limite e continuidade são estendidos às funções de duas variáveis. Inicialmente, são introduzidos alguns conceitos básicos, como o de conjunto aberto e ponto de acumulação. Esses conceitos auxiliam no desenvolvimento formal das idéias principais do cálculo diferencial das funções de várias variáveis, que serão vistas neste e nos próximos capítulos.

Alguns exemplos e exercícios envolvendo funções de três ou mais variáveis são introduzidos com o objetivo de mostrar ao aluno como os conceitos estudados podem ser facilmente generalizados para os espaços $\mathbb{R}^n$, $n \geq 3$.

Finalmente, os conceitos de limite e continuidade são estendidos às funções vetoriais de várias variáveis.

Observamos que, no decorrer deste e dos próximos capítulos, a denominação "funções de várias variáveis" será usada para designar as funções reais de várias variáveis, também denominadas funções escalares.

3.1 Alguns Conceitos Básicos

3.1.1 Definição

Dados $P_0(x_0, y_0) \in \mathbb{R}^2$ e um número positivo r, a *bola aberta* $B(P_0, r)$, de centro em P_0 e raio r, é definida como o conjunto de todos os pontos $P(x, y) \in \mathbb{R}^2$ cuja distância até P_0 é menor que r, isto é, pelos pontos $P(x, y)$ que satisfazem $|P - P_0| < r$.

Podemos escrever

$$B(P_0, r) = \{(x, y) \in \mathbb{R}^2 \mid \sqrt{(x - x_0)^2 + (y - y_0)^2} < r\}.$$

Geometricamente, $B(P_0, r)$ é o conjunto de todos os pontos internos à circunferência de centro em P_0 e raio r (ver Figura 3.1).

Em $\mathbb{R}^3$, a bola aberta de centro em $P_0(x_0, y_0, z_0)$ e raio r é dada por

$$B(P_0, r) = \{(x, y, z) \in \mathbb{R}^3 \mid \sqrt{(x - x_0)^2 + (y - y_0)^2 + (z - z_0)^2} < r\}$$

e geometricamente representa o conjunto dos pontos internos à esfera de centro em P_0 e raio r (ver Figura 3.2).

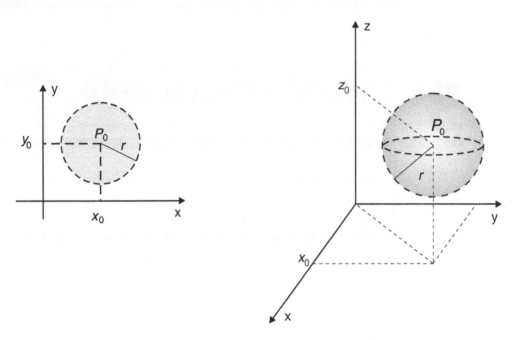

Figura 3.1   Figura 3.2

3.1.2 Definição

Seja A um conjunto de pontos do $\mathbb{R}^2$ ou $\mathbb{R}^3$. Dizemos que um ponto $P \in A$ é um *ponto interior* de A se existir uma bola aberta centrada em P contida em A.

Se todos os pontos $P \in A$ são pontos interiores de A, dizemos que A é *aberto* (ver Figura 3.3).

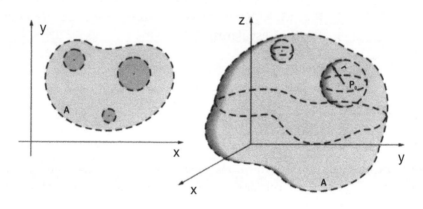

Figura 3.3

Observamos que um conjunto aberto no plano ou no espaço será denominado um domínio.

3.1.3 Exemplos

a) Em $\mathbb{R}^2$, o conjunto dos pontos interiores a uma curva fechada simples é um conjunto aberto.

b) O conjunto dos pontos interiores de um paralelepípedo, de uma esfera ou de um elipsóide são conjuntos abertos em $\mathbb{R}^3$.

c) $\mathbb{R}^2$ e $\mathbb{R}^3$ são conjuntos abertos.

3.1.4 Domínios conexos

Um domínio D de $\mathbb{R}^2$ ou $\mathbb{R}^3$ é dito conexo se, dados dois pontos quaisquer em D, eles podem ser ligados por uma linha poligonal contida em D.

A Figura 3.4 mostra exemplos de conjuntos conexos no plano. Podemos ver que, dados dois pontos no domínio D, sempre é possível ligá-los por meio de uma linha poligonal contida em D.

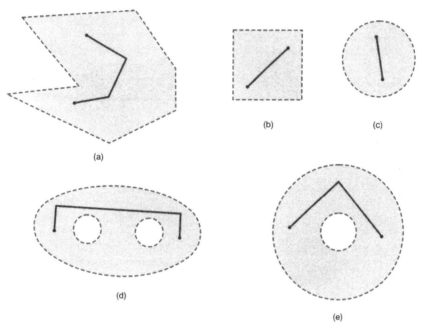

Figura 3.4

Na Figura 3.5, representamos alguns domínios conexos em $\mathbb{R}^3$.

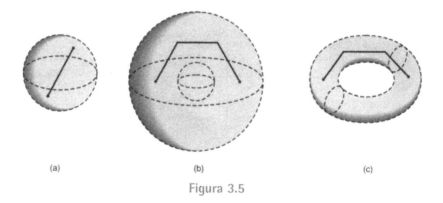

Figura 3.5

Observando a Figura 3.4, vemos que um domínio conexo em $\mathbb{R}^2$ pode apresentar "buracos".

Quando um domínio $D \subset \mathbb{R}^2$ não apresenta buracos, isto é, quando toda curva fechada simples C de D circunda somente pontos de D, D é dito simplesmente conexo.

Assim, podemos dizer que os domínios representados em (a), (b) e (c) da Figura 3.4 são simplesmente conexos, enquanto os domínios representados em (d) e (e) não são simplesmente conexos.

Se D é um domínio em $\mathbb{R}^3$, dizemos que D é simplesmente conexo quando qualquer curva fechada simples em D pode ser reduzida de maneira contínua a um ponto qualquer de D sem sair de D.

Os domínios representados em (a) e (b) da Figura 3.5 são simplesmente conexos. O domínio representado em (c) da Figura 3.5 não é simplesmente conexo.

3.1.5 Exemplos e contra-exemplos

a) $\mathbb{R}^2$ e $\mathbb{R}^3$ são simplesmente conexos.

b) Em $\mathbb{R}^2$, $D = \{(x, y) \mid 4 < x^2 + y^2 < 16\}$ é um domínio conexo que não é simplesmente conexo (ver Figura 3.6).

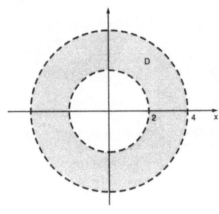

Figura 3.6

c) Em $\mathbb{R}^2$, $D = \{(x, y) \mid |x| > 1\}$ não é um domínio conexo (ver Figura 3.7).

d) O interior de uma esfera com um número finito de pontos removidos é um domínio simplesmente conexo em $\mathbb{R}^3$.

e) O interior de um cubo com uma diagonal removida não é simplesmente conexo em $\mathbb{R}^3$.

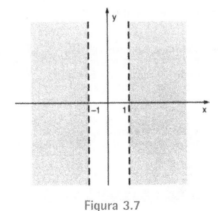

Figura 3.7

3.1.6 Definição

Seja $A \subset \mathbb{R}^2$. Um ponto $P \in \mathbb{R}^2$ é dito um ponto de fronteira de A se toda bola aberta centrada em P contiver pontos de A e pontos que não estão em A.

O conjunto de todos os pontos de fronteira do conjunto A é chamado *fronteira de A*.

Se todos os pontos da fronteira de A pertencem a A, dizemos que A é *fechado*.

Observamos que essa definição também é válida para um conjunto $A \subset \mathbb{R}^n$, $n > 2$.

3.1.7 Exemplos

Exemplo 1: Seja $A = \{(x, y) \in \mathbb{R}^2 \mid x > 2\}$.

a) Determinar o conjunto de pontos interiores de A, verificando se A é aberto.

b) Determinar a fronteira de A.

Solução de (a): Seja $P(x, y)$ um ponto qualquer de A. Então, $x > 2$ e, assim, $r = x - 2 > 0$.
A bola aberta de centro em P e raio r está totalmente contida em A, como podemos observar na Figura 3.8.

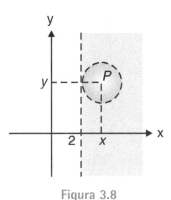

Figura 3.8

Dessa forma, concluímos que todos os pontos de A são pontos interiores, ou seja, A é aberto.

Solução de (b): Observando a Figura 3.9, podemos ver que a fronteira de A é a reta $x = 2$, pois:

- qualquer bola aberta centrada em um ponto dessa reta, como P_1, por exemplo, tem pontos de A e pontos que não estão em A;
- para todos os pontos $P(x, y)$ que estão à direita da reta $x = 2$, como P_2, por exemplo, existe uma bola aberta de centro em P que contém somente pontos de A;
- para todos os pontos $P(x, y)$ que estão à esquerda da reta $x = 2$, como P_3, por exemplo, existe uma bola aberta de centro em P que contém somente pontos que não estão em A.

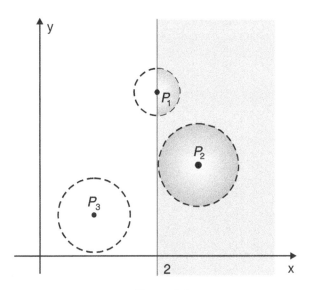

Figura 3.9

Exemplo 2: Seja $A = \{(x, y, z) \in \mathbb{R}^3 \mid x > 0, y > 0, z > 0\}$. Então:

- A é um conjunto aberto;
- a fronteira de A é formada pelas partes dos planos coordenados que delimitam o primeiro octante.

Exemplo 3: Seja $F = \{(x, y) \in \mathbb{R}^2 \mid y \geq 2x + 1\} \cup \{(0, 0)\}$. F não é um conjunto aberto, pois:

- $(0, 0) \in F$ e não é ponto interior de F;
- os pontos sobre a reta $y = 2x + 1$ também pertencem a F, mas não são pontos interiores de F (ver Figura 3.10).

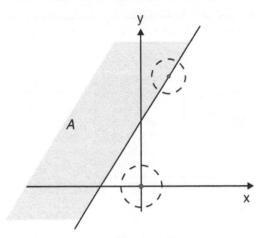

Figura 3.10

3.1.8 Definição

Seja $A \subset \mathbb{R}^2$. Um ponto $P' \in \mathbb{R}^2$ é dito um *ponto de acumulação* de A se toda bola aberta de centro em P contiver uma infinidade de pontos de A.

Intuitivamente, podemos dizer que P' é um ponto de acumulação de A quando existirem pontos de A, diferentes de P', que estejam tão próximos de P' quanto desejarmos.

3.1.9 Exemplos

Exemplo 1: Seja $A = \{(x, y) \in \mathbb{R}^2 \mid 0 < \sqrt{(x-1)^2 + (y-2)^2} < 1\}$. Então:

- todos os pontos de A são pontos de acumulação de A;
- o ponto $(1, 2) \notin A$, mas é um ponto de acumulação de A;
- os pontos sobre a circunferência $(x-1)^2 + (y-2)^2 = 1$ também não pertencem a A, mas são pontos de acumulação de A;
- os pontos no exterior do círculo $(x-1)^2 + (y-2)^2 \leq 1$ não são pontos de acumulação de A.

A Figura 3.11 ilustra esse exemplo.

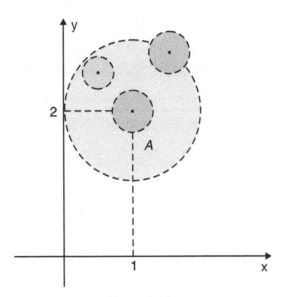

Figura 3.11

Exemplo 2: No Exemplo 3 da Subseção 3.1.7, o ponto $(0, 0) \in F$ mas não é um ponto de acumulação de F, pois, como podemos ver na Figura 3.10, existe uma bola aberta centrada em $(0, 0)$ que não contém outros elementos de F. O ponto $(0, 0)$ é um ponto isolado de F.

3.2 Limite de uma Função de Duas Variáveis

Intuitivamente, dizemos que uma função $f(x, y)$ se aproxima de L quando (x, y) se aproxima de (x_0, y_0) se é possível tornar $f(x, y)$ arbitrariamente próximo de L, desde que tomemos $(x, y) \in D(f)$ suficientemente próximo de (x_0, y_0), com $(x, y) \neq (x_0, y_0)$.

A idéia "$f(x, y)$ *arbitrariamente próximo de L*" é traduzida matematicamente pela desigualdade

$$|f(x, y) - L| < \varepsilon \qquad (1)$$

onde ε é um número positivo tão pequeno quanto possamos imaginar.

A idéia "*desde que tomemos* $(x, y) \in D(f)$ *suficientemente próximo de* (x_0, y_0), *com* $(x, y) \neq (x_0, y_0)$", abrange duas partes:

- Devem existir no domínio de f pontos muito próximos de (x_0, y_0) que sejam diferentes de (x_0, y_0). Exigimos, então, que (x_0, y_0) seja um ponto de acumulação do domínio de f.

- Deve ser possível garantir que, se $(x, y) \in D(f)$ é suficientemente próximo de (x_0, y_0), com $(x, y) \neq (x_0, y_0)$", então $f(x, y)$ vai satisfazer a inequação (1), ou seja, deve existir uma bola aberta de raio δ e centro (x_0, y_0) tal que, se $(x, y) \neq (x_0, y_0)$ variar nessa bola aberta, então valerá a inequação (1) (ver Figura 3.12).

Unindo as idéias expostas, temos a seguinte definição:

3.2.1 Definição

Sejam $f: A \subset \mathbb{R}^2 \to \mathbb{R}$ e (x_0, y_0) um ponto de acumulação de A. Dizemos que o limite de $f(x, y)$ quando (x, y) se aproxima de (x_0, y_0) é um número real L se, para todo $\varepsilon > 0$, existir um $\delta > 0$ tal que $|f(x, y) - L| < \varepsilon$ sempre que $(x, y) \in A$ e $0 < |(x, y) - (x_0, y_0)| < \delta$.

Denotamos

$$\lim_{(x,y) \to (x_0, y_0)} f(x, y) = L \quad \text{ou} \quad \lim_{\substack{x \to x_0 \\ y \to y_0}} f(x, y) = L.$$

Na Figura 3.12, ilustramos geometricamente a definição de limite.

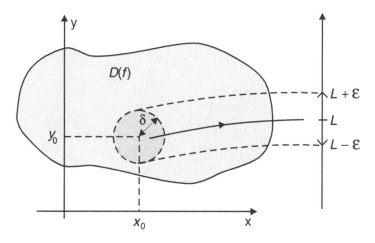

Figura 3.12

3.2.2 Exemplos

Exemplo 1: Usando a definição de limite, mostrar que
$$\lim_{\substack{x \to 1 \\ y \to 2}} (3x + 2y) = 7.$$

De acordo com a definição 3.2.1, devemos mostrar que, para todo $\varepsilon > 0$, existe um $\delta > 0$, tal que

$$|f(x, y) - 7| < \varepsilon \tag{2}$$

sempre que $0 < \sqrt{(x-1)^2 + (y-2)^2} < \delta$.

Como no caso das funções de uma variável, trabalhando com a desigualdade que envolve ε, podemos obter uma pista para encontrar δ. Temos

$$\begin{aligned}|f(x,y) - 7| &= |3x + 2y - 7| \\ &= |3x - 3 + 2y - 4| \\ &= |3(x-1) + 2(y-2)| \\ &\leq 3|x-1| + 2|y-2|.\end{aligned}$$

Como $|x-1| \leq \sqrt{(x-1)^2 + (y-2)^2}$ e $|y-2| \leq \sqrt{(x-1)^2 + (y-2)^2}$, podemos concluir que $3|x-1| + 2|y-2| < 3\delta + 2\delta$ sempre que $0 < \sqrt{(x-1)^2 + (y-2)^2} < \delta$.

Assim, se tomamos $\delta = \varepsilon/5$, temos que, se $0 < \sqrt{(x-1)^2 + (y-2)^2} < \delta$, então

$$\begin{aligned}|f(x,y) - 7| &\leq 3|x-1| + 2|y-2| \\ &< 3 \cdot \frac{\varepsilon}{5} + 2 \cdot \frac{\varepsilon}{5} \\ &= \varepsilon.\end{aligned}$$

Logo, $\lim_{\substack{x \to 1 \\ y \to 2}} (3x + 2y) = 7$.

Exemplo 2: Usando a definição, mostrar que
$$\lim_{(x,y) \to (0,0)} \frac{2xy}{\sqrt{x^2 + y^2}} = 0.$$

Devemos mostrar que, para todo $\varepsilon > 0$, existe $\delta > 0$ tal que, se
$$0 < \sqrt{x^2 + y^2} < \delta, \text{ então } \left|\frac{2xy}{\sqrt{x^2 + y^2}}\right| < \varepsilon.$$

Como $|x| \leq \sqrt{x^2 + y^2}$ e $|y| \leq \sqrt{x^2 + y^2}$, para $(x, y) \neq (0, 0)$, temos

$$\begin{aligned}\left|\frac{2xy}{\sqrt{x^2+y^2}}\right| &= \frac{2|x|\,|y|}{\sqrt{x^2+y^2}} \\ &\leq \frac{2\sqrt{x^2+y^2} \cdot \sqrt{x^2+y^2}}{\sqrt{x^2+y^2}} \\ &= 2\sqrt{x^2+y^2}.\end{aligned}$$

Assim, tomando $\delta = \dfrac{\varepsilon}{2}$, temos que, se $0 < \sqrt{x^2 + y^2} < \delta$, então

$$\left|\frac{2xy}{\sqrt{x^2 + y^2}}\right| \leq 2\sqrt{x^2 + y^2}$$

$$< 2 \cdot \frac{\varepsilon}{2}$$

$$= \varepsilon.$$

Logo, $\lim\limits_{(x,\,y) \to (0,\,0)} \dfrac{2xy}{\sqrt{x^2 + y^2}} = 0.$

Observamos que, nesse exemplo, o ponto $(0, 0)$ não pertence ao domínio da função dada. No entanto, conforme exigido na definição de limite, ele é um ponto de acumulação do domínio da função.

Daqui para a frente, sempre que nos referirmos ao

$$\lim\limits_{(x,\,y) \to (x_0,\,y_0)} f(x, y)$$

fica implícito que (x_0, y_0) é um ponto de acumulação do domínio de f.

Vamos agora voltar à Figura 3.12, que ilustra geometricamente a definição de limite. Para que o limite de $f(x, y)$ exista, seja qual for a forma pela qual nos aproximamos de (x_0, y_0) através de pontos do domínio de f, $f(x, y)$ deve sempre se aproximar do mesmo valor L. Temos a seguinte proposição:

3.2.3 Proposição

Sejam D_1 e D_2 dois subconjuntos de $D(f)$, ambos tendo (x_0, y_0) como ponto de acumulação. Se $f(x, y)$ tem limites diferentes quando (x, y) tende a (x_0, y_0) através de pontos de D_1 e de D_2, respectivamente, então $\lim\limits_{(x,\,y) \to (x_0,\,y_0)} f(x, y)$ não existe.

Prova: Vamos supor que existe um número real L tal que $\lim\limits_{(x,\,y) \to (x_0,\,y_0)} f(x, y) = L$. Então, para todo $\varepsilon > 0$, existe $\delta > 0$ tal que, se $(x, y) \in D(f)$ e $0 < |(x, y) - (x_0, y_0)| < \delta$, então $|f(x, y) - L| < \varepsilon$.

Como $D_1 \subset D(f)$, temos que, se $(x, y) \in D_1$ e $0 < |(x, y) - (x_0, y_0)| < \delta$, então $|f(x, y) - L| < \varepsilon$.
Como $D_2 \subset D(f)$, temos que, se $(x, y) \in D_2$ e $0 < |(x, y) - (x_0, y_0)| < \delta$, então $|f(x, y) - L| < \varepsilon$.

Concluímos, assim, que o limite de $f(x, y)$ é igual ao mesmo valor L quando (x, y) tende a (x_0, y_0) através de pontos pertencentes somente a D_1 e também pertencentes somente a D_2. Isso contraria a hipótese de que $f(x, y)$ tem limites diferentes quando (x, y) se aproxima de (x_0, y_0) através de pontos de D_1 e de D_2.

Logo, se $f(x, y)$ tem limites diferentes quando (x, y) tende a (x_0, y_0) através de conjuntos de pontos distintos do domínio de f, então o $\lim\limits_{(x,\,y) \to (x_0,\,y_0)} f(x, y)$ não existe.

Usando essa proposição, podemos mostrar que certos limites de funções de duas variáveis não existem. Para isso, tomamos conjuntos particulares convenientes, dados, por exemplo, por pontos de curvas que passem em (x_0, y_0). Nesse caso, o limite se transforma no limite de uma função de uma variável, como mostram as situações seguintes:

a) Se D_1 é o conjunto dos pontos do eixo dos x, o limite de $f(x, y)$ quando (x, y) se aproxima de $(0, 0)$ através de pontos de D_1 é dado por

$$\lim\limits_{\substack{x \to 0 \\ y = 0}} f(x, y) = \lim\limits_{x \to 0} f(x, 0).$$

b) Se D_2 é o conjunto dos pontos da reta $y = 2x$, o limite de $f(x, y)$ quando (x, y) tende a $(0, 0)$ através de pontos de D_2 é dado por

$$\lim\limits_{\substack{x \to 0 \\ y = 2x}} f(x, y) = \lim\limits_{x \to 0} f(x, 2x).$$

c) Se D_3 é o conjunto dos pontos do eixo positivo dos y, o limite de $f(x, y)$ quando (x, y) tende a $(0, 0)$ através de pontos de D_3 é dado por

$$\lim_{\substack{y \to 0^+ \\ x=0}} f(x, y) = \lim_{y \to 0^+} f(0, y).$$

3.2.4 Exemplos

Exemplo 1: Usando a proposição 3.2.3, mostrar que $\lim_{(x,y) \to (0,0)} \dfrac{2xy}{x^2 + y^2}$ não existe.

Se (x, y) se aproxima de $(0, 0)$ pelo eixo dos x, temos

$$\lim_{\substack{x \to 0 \\ y=0}} \frac{2xy}{x^2 + y^2} = \lim_{x \to 0} \frac{2 \cdot x \cdot 0}{x^2 + 0^2}$$

$$= \lim_{x \to 0} \frac{0}{x^2}$$

$$= \lim_{x \to 0} 0$$

$$= 0.$$

Da mesma forma, se (x, y) se aproxima de $(0, 0)$ pelo eixo dos y, obtemos

$$\lim_{\substack{y \to 0 \\ x=0}} \frac{2xy}{x^2 + y^2} = \lim_{y \to 0} \frac{2 \cdot 0 \cdot y}{0^2 + y^2} = 0.$$

No entanto, se (x, y) se aproxima de $(0, 0)$ através de pontos da reta $y = x$, temos

$$\lim_{\substack{x \to 0 \\ y=x}} \frac{2xy}{x^2 + y^2} = \lim_{x \to 0} \frac{2 \cdot x \cdot x}{x^2 + x^2}$$

$$= \lim_{x \to 0} 1$$

$$= 1.$$

Logo, pela proposição 3.2.3, concluímos que $\lim_{(x,y) \to (0,0)} \dfrac{2xy}{x^2 + y^2}$ não existe.

Exemplo 2: Verificar se existe $\lim_{(x,y) \to (0,0)} \dfrac{xy^2}{x^2 + y^4}$.

Esse exemplo mostra que devemos tomar muito cuidado quando analisamos a existência de limites de funções de duas variáveis.

Se (x, y) se aproxima de $(0, 0)$ pelo eixo dos x, temos

$$\lim_{\substack{x \to 0 \\ y=0}} \frac{xy^2}{x^2 + y^4} = \lim_{x \to 0} \frac{x \cdot 0}{x^2 + 0^4} = 0.$$

Da mesma forma, se (x, y) se aproxima de $(0, 0)$ através de uma reta qualquer que passa pela origem, $y = mx$, obtemos

$$\lim_{\substack{x \to 0 \\ y=mx}} \frac{xy^2}{x^2 + y^4} = \lim_{x \to 0} \frac{x \cdot (mx)^2}{x^2 + (mx)^4}$$

$$= \lim_{x \to 0} \frac{m^2 x^3}{x^2(1 + m^4 x^2)}$$

$$= \lim_{x \to 0} \frac{m^2 x}{1 + m^4 x^2}$$

$$= 0.$$

Mesmo com esse resultado, não podemos concluir que o limite dado existe. De fato, se (x, y) se aproxima de $(0, 0)$ através do arco de parábola $y = \sqrt{x}$, obtemos

$$\lim_{\substack{x \to 0 \\ y = \sqrt{x}}} \frac{xy^2}{x^2 + y^4} = \lim_{x \to 0} \frac{x \cdot (\sqrt{x})^2}{x^2 + (\sqrt{x})^4}$$

$$= \lim_{x \to 0} \frac{x^2}{x^2 + x^2}$$

$$= \frac{1}{2}.$$

Logo, $\lim\limits_{(x,y) \to (0,0)} \dfrac{xy^2}{x^2 + y^4}$ não existe.

3.3 Propriedades

As propriedades dos limites de funções de uma variável (ver Seção 3.5 do *Cálculo A*) podem ser estendidas para os limites de funções de várias variáveis.

3.3.1 Proposição

Seja $f: \mathbb{R}^2 \to \mathbb{R}$ definida por $f(x, y) = ax + b$, com a, b quaisquer números reais. Então

$$\lim_{\substack{x \to x_0 \\ y \to y_0}} f(x, y) = ax_0 + b.$$

Prova: Seja $a \neq 0$. Dado $\varepsilon > 0$, devemos mostrar que existe $\delta > 0$, tal que

$$|f(x, y) - (ax_0 + b)| < \varepsilon \text{ sempre que } 0 < \sqrt{(x - x_0)^2 + (y - y_0)^2} < \delta.$$

Podemos obter uma chave para a escolha de δ examinando a desigualdade que envolve ε. As seguintes desigualdades são equivalentes:

$$|f(x, y) - (ax_0 + b)| < \varepsilon$$

$$|(ax + b) - (ax_0 + b)| < \varepsilon$$

$$|ax - ax_0| < \varepsilon$$

$$|a| \, |x - x_0| < \varepsilon$$

$$|x - x_0| < \frac{\varepsilon}{|a|}.$$

A última das desigualdades sugere escolher $\delta = \dfrac{\varepsilon}{|a|}$. De fato, como $|x - x_0| \leq \sqrt{(x - x_0)^2 + (y - y_0)^2}$, para $\delta = \dfrac{\varepsilon}{|a|}$, temos

$$|f(x,y) - (ax_0 + b)| = |a||x - x_0| < |a| \cdot \frac{\varepsilon}{|a|}, \text{ sempre que } 0 < \sqrt{(x-x_0)^2 + (y-y_0)^2} < \delta.$$

Portanto,

$$\lim_{\substack{x \to x_0 \\ y \to y_0}} (ax + b) = ax_0 + b.$$

Quando $a = 0$, então $|(ax + b) - (ax_0 + b)| = 0$ para todos os pares $(x, y) \in \mathbb{R}^2$. Portanto, tomando qualquer $\delta > 0$, a definição de limite é satisfeita.

Logo, $\lim_{\substack{x \to x_0 \\ y \to y_0}} (ax + b) = ax_0 + b$ para quaisquer números reais a e b.

Observamos que, de forma análoga, obtemos

$$\lim_{\substack{x \to x_0 \\ y \to y_0}} ay + b = ay_0 + b.$$

3.3.2 Proposição

Se $\lim_{\substack{x \to x_0 \\ y \to y_0}} f(x,y)$ e $\lim_{\substack{x \to x_0 \\ y \to y_0}} g(x,y)$ existem, e c é um número real qualquer, então:

a) $\lim_{\substack{x \to x_0 \\ y \to y_0}} [f(x,y) \pm g(x,y)] = \lim_{\substack{x \to x_0 \\ y \to y_0}} f(x,y) \pm \lim_{\substack{x \to x_0 \\ y \to y_0}} g(x,y);$

b) $\lim_{\substack{x \to x_0 \\ y \to y_0}} c \cdot f(x,y) = c \cdot \lim_{\substack{x \to x_0 \\ y \to y_0}} f(x,y);$

c) $\lim_{\substack{x \to x_0 \\ y \to y_0}} f(x,y) \cdot g(x,y) = \lim_{\substack{x \to x_0 \\ y \to y_0}} f(x,y) \cdot \lim_{\substack{x \to x_0 \\ y \to y_0}} g(x,y);$

d) $\lim_{\substack{x \to x_0 \\ y \to y_0}} \dfrac{f(x,y)}{g(x,y)} = \dfrac{\lim_{\substack{x \to x_0 \\ y \to y_0}} f(x,y)}{\lim_{\substack{x \to x_0 \\ y \to y}} g(x,y)}$, desde que $\lim_{\substack{x \to x_0 \\ y \to y_0}} g(x,y) \neq 0;$

e) $\lim_{\substack{x \to x_0 \\ y \to y_0}} [f(x,y)]^n = [\lim_{\substack{x \to x_0 \\ y \to y_0}} f(x,y)]^n$ para qualquer inteiro positivo n;

f) $\lim_{\substack{x \to x_0 \\ y \to y_0}} \sqrt[n]{f(x,y)} = \sqrt[n]{\lim_{\substack{x \to x_0 \\ y \to y_0}} f(x,y)}$, se $\lim_{\substack{x \to x_0 \\ y \to y_0}} f(x,y) \geq 0$ e n inteiro ou se $\lim_{\substack{x \to x_0 \\ y \to y_0}} f(x,y) \leq 0$ e n é um inteiro positivo ímpar.

Provaremos o item (a) dessa proposição usando o sinal positivo.

Prova do item (a): Sejam $\lim_{\substack{x \to x_0 \\ y \to y_0}} f(x,y) = L$ e $\lim_{\substack{x \to x_0 \\ y \to y_0}} g(x,y) = M$ e $\varepsilon > 0$ arbitrário. Devemos provar que existe $\delta > 0$ tal que $|(f(x,y) + g(x,y)) - (L+M)| < \varepsilon$ sempre que $(x,y) \in D(f) \cap D(g)$ e $0 < \sqrt{(x-x_0)^2 + (y-y_0)^2} < \delta$.

Como $\lim_{\substack{x \to x_0 \\ y \to y_0}} f(x,y) = L$, existe $\delta_1 > 0$ tal que $|f(x,y) - L| < \varepsilon/2$, sempre que $(x,y) \in D(f)$ e $0 < \sqrt{(x-x_0)^2 + (y-y_0)^2} < \delta_1$.

Como $\lim_{\substack{x \to x_0 \\ y \to y_0}} g(x, y) = M$, existe $\delta_2 > 0$ tal que $|g(x, y) - M| < \varepsilon/2$ sempre que $(x, y) \in D(g)$ e $0 < \sqrt{(x - x_0)^2 + (y - y_0)^2} < \delta_2$.

Seja δ o menor dos números δ_1 e δ_2, isto é, $\delta = \min\{\delta_1, \delta_2\}$. Então $\delta \leq \delta_1$ e $\delta \leq \delta_2$ e, assim, se $(x, y) \in D(f) \cap D(g)$ e $0 < \sqrt{(x - x_0)^2 + (y - y_0)^2} < \delta$, temos $|g(x, y) - M| < \varepsilon/2$ e $|f(x, y) - L| < \varepsilon/2$.

Logo,
$$\begin{aligned}|(f(x, y) + g(x, y)) - (L + M)| &= |(f(x, y) - L) + (g(x, y) - M)| \\ &\leq |f(x, y) - L| + |g(x, y) - M| \\ &< \varepsilon/2 + \varepsilon/2 \\ &= \varepsilon,\end{aligned}$$

sempre que $(x, y) \in D(f) \cap D(g)$ e $0 < \sqrt{(x - x_0)^2 + (y - y_0)^2} < \delta$ e, dessa forma,
$$\lim_{\substack{x \to x_0 \\ y \to y_0}} (f(x, y) + g(x, y)) = L + M.$$

3.3.3 Exemplos

Exemplo 1: Calcular $\lim_{\substack{x \to 2 \\ y \to -1}} (x^3 y + x^2 y^3 - 2xy + 4)$

Aplicando as proposições 3.3.1 e 3.3.2 (a), (b), (c) e (e), temos

$$\lim_{\substack{x \to 2 \\ y \to -1}} (x^3 y + x^2 y^3 - 2xy + 4) = \lim_{\substack{x \to 2 \\ y \to -1}} x^3 \cdot \lim_{\substack{x \to 2 \\ y \to -1}} y + \lim_{\substack{x \to 2 \\ y \to -1}} x^2 \cdot \lim_{\substack{x \to 2 \\ y \to -1}} y^3 - 2 \lim_{\substack{x \to 2 \\ y \to -1}} x \cdot \lim_{\substack{x \to 2 \\ y \to -1}} y + 4$$
$$= -4.$$

Observamos que a aplicação simultânea das proposições 3.3.1 e 3.3.2 pode transformar o limite de uma dada função de duas variáveis em uma expressão envolvendo limites de funções de uma variável.

Nesse exemplo, podemos escrever

$$\lim_{\substack{x \to 2 \\ y \to -1}} (x^3 y + x^2 y^3 - 2xy + 4) = \lim_{x \to 2} x^3 \cdot \lim_{y \to -1} y + \lim_{x \to 2} x^2 \cdot \lim_{y \to -1} y^3 - 2 \lim_{x \to 2} x \cdot \lim_{y \to -1} y + 4$$
$$= -4.$$

De modo geral, podemos dizer que, se $\lim_{x \to x_0} F(x) = L$, então $F(x)$, considerada como uma função de x e de y, tem limite L, quando $(x, y) \to (x_0, y_0)$.

Também se $\lim_{y \to y_0} G(y) = M$, então $G(y)$, considerada como função de x e de y, tem limite M, quando $(x, y) \to (x_0, y_0)$.

Exemplo 2: Calcular $\lim_{\substack{x \to 0 \\ y \to 2}} \sqrt{x + y}$.

Usando as proposições 3.3.1 e 3.3.2 (a) e (f) temos

$$\lim_{\substack{x \to 0 \\ y \to 2}} \sqrt{x + y} = \sqrt{\lim_{x \to 0} x + \lim_{y \to 2} y}$$
$$= \sqrt{2}.$$

Exemplo 3: Calcular $\lim\limits_{\substack{x \to -1 \\ y \to 1}} \dfrac{x^3 y + 4}{x + y - 2}$.

Como $\lim\limits_{\substack{x \to -1 \\ y \to 1}} (x + y - 2) = -2 \neq 0$ podemos aplicar a proposição 3.3.2 (d). Temos, então,

$$\lim_{\substack{x \to -1 \\ y \to 1}} \frac{x^3 y + 4}{x + y - 2} = \frac{\lim\limits_{\substack{x \to -1 \\ y \to 1}} (x^3 y + 4)}{\lim\limits_{\substack{x \to -1 \\ y \to 1}} (x + y - 2)}$$

$$= -3/2.$$

3.3.4 Proposição

Se f é uma função de uma variável, contínua em um ponto a, e $g(x, y)$ uma função tal que $\lim\limits_{\substack{x \to x_0 \\ y \to y_0}} g(x, y) = a$, então

$$\lim_{\substack{x \to x_0 \\ y \to y_0}} (f \circ g)(x, y) = f(a) \quad \text{ou} \quad \lim_{\substack{x \to x_0 \\ y \to y_0}} f(g(x, y)) = f\left(\lim_{\substack{x \to x_0 \\ y \to y_0}} g(x, y) \right)$$

onde $(f \circ g)(x, y)$ é a função composta de f e g, isto é, $(f \circ g)(x, y) = f(g(x, y))$.

A Figura 3.13 ilustra a função composta $f \circ g$.

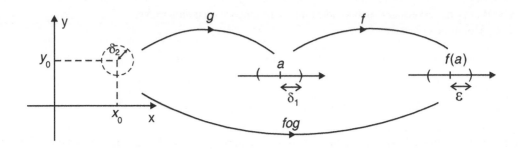

Figura 3.13

Prova: Seja $\varepsilon > 0$.
Como f é contínua em a, $\exists\ \delta_1 > 0$ tal que

$$u \in D(f) \text{ e } |u - a| < \delta_1 \Rightarrow |f(u) - f(a)| < \varepsilon. \tag{1}$$

Como $\lim\limits_{\substack{x \to x_0 \\ y \to y_0}} g(x, y) = a$ e $\delta_1 > 0$, $\exists\ \delta_2 > 0 \mid (x, y) \in D(g)$ e $0 < \sqrt{(x - x_0)^2 + (y - y_0)^2} < \delta_2 \Rightarrow$ $|g(x, y) - a| < \delta_1$.

Assim, se $(x, y) \in D(g)$ e $0 < \sqrt{(x - x_0)^2 + (y - y_0)^2} < \delta_2$, temos que $u = g(x, y)$ satisfaz o antecedente da implicação (1) e, conseqüentemente,

$$|f(g(x, y)) - f(a)| < \varepsilon.$$

Logo, $\lim_{\substack{x \to x_0 \\ y \to y_0}} (f \circ g)(x, y) = f(a)$.

3.3.5 Exemplos

Exemplo 1: Calcular $\lim_{\substack{x \to 1 \\ y \to 2}} \ln(x^2 + xy - 1)$.

Consideremos as funções:

$$g(x, y) = x^2 + xy - 1 \quad \text{e} \quad f(u) = \ln u$$

Temos que $\lim_{\substack{x \to 1 \\ y \to 2}} g(x, y) = 2$ e $f(u) = \ln(u)$ é contínua em $u = 2$.

Aplicando a proposição 3.3.4, vem

$$\lim_{\substack{x \to 1 \\ y \to 2}} (f \circ g)(x, y) = \lim_{\substack{x \to 1 \\ y \to 2}} \ln(x^2 + xy - 1)$$

$$= \ln[\lim_{\substack{x \to 1 \\ y \to 2}} (x^2 + xy - 1)]$$

$$= \ln 2.$$

Exemplo 2: Calcular $\lim_{\substack{x \to 0 \\ y \to \frac{\pi}{2}}} \text{sen}(x + y)$.

Usando a proposição 3.3.4, temos

$$\lim_{\substack{x \to 0 \\ y \to \frac{\pi}{2}}} \text{sen}(x + y) = \text{sen}\left(\lim_{\substack{x \to 0 \\ y \to \frac{\pi}{2}}} (x + y)\right)$$

$$= \text{sen}(\pi/2)$$

$$= 1.$$

3.3.6 Proposição

Se $\lim_{\substack{x \to x_0 \\ y \to y_0}} f(x, y) = 0$ e $g(x, y)$ é uma função limitada em uma bola aberta de centro em (x_0, y_0), então

$$\lim_{\substack{x \to x_0 \\ y \to y_0}} f(x, y) g(x, y) = 0.$$

Prova: Como $g(x, y)$ é limitada em uma bola aberta de centro em (x_0, y_0), existem constantes $M > 0$ e $r > 0$ tal que

$$|g(x, y)| \leq M \text{ para } 0 < \sqrt{(x - x_0)^2 + (y - y_0)^2} < r \tag{2}$$

Como $\lim\limits_{\substack{x \to x_0 \\ y \to y_0}} f(x, y) = 0$, usando a definição 3.2.1, temos que, dado $\dfrac{\varepsilon}{M} > 0$, existe um $\delta_1 > 0$ tal que

$$(x, y) \in D(f) \text{ e } 0 < \sqrt{(x - x_0)^2 + (y - y_0)^2} < \delta_1 \Rightarrow |f(x, y)| < \dfrac{\varepsilon}{M}. \qquad (3)$$

Seja $\delta = \min\{\delta_1, r\}$. Então, por (2) e (3), segue que:

se $(x, y) \in D(f)$ e $0 < \sqrt{(x - x_0)^2 + (y - y_0)^2} < \delta$, então

$$|f(x, y) \cdot g(x, y)| = |f(x, y)| \cdot |g(x, y)|$$

$$\leq \dfrac{\varepsilon}{M} \cdot M$$

$$= \varepsilon.$$

Logo,

$$\lim_{\substack{x \to x_0 \\ y \to y_0}} f(x, y) g(x, y) = 0.$$

3.3.7 Exemplo

Usando a proposição 3.3.6, mostrar que

$$\lim_{\substack{x \to 0 \\ y \to 0}} \dfrac{x^2 y}{x^2 + y^2} = 0.$$

Vamos considerar $f(x, y) = x$ e $g(x, y) = \dfrac{xy}{x^2 + y^2}$.

Já vimos que $\lim\limits_{\substack{x \to 0 \\ y \to 0}} x = 0$. Vamos mostrar que $g(x, y)$ é limitada.

Para visualizar facilmente que $g(x, y) = \dfrac{xy}{x^2 + y^2}$ é uma função limitada, basta reescrevê-la em coordenadas polares ($x = r \cos \theta$ e $y = r \operatorname{sen} \theta$).

Temos

$$\dfrac{xy}{x^2 + y^2} = \dfrac{r^2 \cos \theta \operatorname{sen} \theta}{r^2}$$

$$= \cos \theta \operatorname{sen} \theta, \text{ para } (x, y) \neq (0, 0).$$

Evidentemente, $|\cos \theta \operatorname{sen} \theta| \leq 1$ e, portanto, $g(x, y)$ é limitada.

Assim,

$$\lim_{\substack{x \to 0 \\ y \to 0}} \dfrac{x^2 y}{x^2 + y^2} = 0.$$

3.4 Cálculo de Limites Envolvendo Algumas Indeterminações

Sejam f e g funções tais que $\lim\limits_{\substack{x \to x_0 \\ y \to y_0}} f(x, y) = \lim\limits_{\substack{x \to x_0 \\ y \to y_0}} g(x, y) = 0$.

Nada podemos afirmar, *a priori*, sobre o limite do quociente f/g quando (x, y) tende a (x_0, y_0). Dependendo das funções, podemos encontrar qualquer valor real ou o limite pode não existir. Costumamos dizer que estamos diante de uma indeterminação do tipo 0/0.

Os exemplos que seguem ilustram essa indeterminação.

Exemplo 1: Calcular $\lim\limits_{\substack{x \to 2 \\ y \to 1}} \dfrac{x^3 + x^2 y - 2xy - 2x^2 - 2x + 4}{xy + x - 2y - 2}$.

Temos que

$$\lim_{\substack{x \to 2 \\ y \to 1}} (x^3 + x^2 y - 2xy - 2x^2 - 2x + 4) = 2^3 + 2^2 \cdot 1 - 2 \cdot 2 \cdot 1 - 2 \cdot 2^2 - 2 \cdot 2 + 4 = 0$$

e

$$\lim_{\substack{x \to 2 \\ y \to 1}} (xy + x - 2y - 2) = 2 \cdot 1 + 2 - 2 \cdot 1 - 2 = 0.$$

Estamos, portanto, diante da indeterminação 0/0. Para resolver esse limite, vamos fatorar as expressões do numerador e do denominador. Temos

$$\lim_{\substack{x \to 2 \\ y \to 1}} \frac{x^3 + x^2 y - 2xy - 2x^2 - 2x + 4}{xy + x - 2y - 2} = \lim_{\substack{x \to 2 \\ y \to 1}} \frac{x(x^2 + xy - 2) - 2(x^2 + xy - 2)}{x(y + 1) - 2(y + 1)}$$

$$= \lim_{\substack{x \to 2 \\ y \to 1}} \frac{(x - 2)(x^2 + xy - 2)}{(x - 2)(y + 1)}$$

$$= \lim_{\substack{x \to 2 \\ y \to 1}} \frac{x^2 + xy - 2}{y + 1}$$

$$= \frac{\lim\limits_{\substack{x \to 2 \\ y \to 1}} (x^2 + xy - 2)}{\lim\limits_{\substack{x \to 2 \\ y \to 1}} (y + 1)}$$

$$= \frac{4}{2} = 2.$$

Exemplo 2: Calcular $\lim\limits_{\substack{x \to 0^+ \\ y \to 1^-}} \dfrac{x + y - 1}{\sqrt{x} - \sqrt{1 - y}}$.

Temos que $\lim\limits_{\substack{x \to 0^+ \\ y \to 1^-}} (x + y - 1) = \lim\limits_{x \to 0^+} x + \lim\limits_{y \to 1^-} y - 1 = 0$

e $\lim\limits_{\substack{x \to 0^+ \\ y \to 1^-}} (\sqrt{x} - \sqrt{1 - y}) = \lim\limits_{x \to 0^+} \sqrt{x} - \lim\limits_{y \to 1^-} \sqrt{1 - y} = 0$

Portanto, temos uma indeterminação para ser analisada.

Costumamos, nesse caso, fazer uma racionalização, como segue:

$$\frac{x+y-1}{\sqrt{x}-\sqrt{1-y}} = \frac{(x+y-1)(\sqrt{x}+\sqrt{1-y})}{(\sqrt{x}-\sqrt{1-y})(\sqrt{x}+\sqrt{1-y})}$$

$$= \frac{(x+y-1)(\sqrt{x}+\sqrt{1-y})}{(\sqrt{x})^2 - (\sqrt{1-y})^2}$$

Como $x > 0$ e $y < 1$, temos

$$\frac{x+y-1}{\sqrt{x}-\sqrt{1-y}} = \frac{(x+y-1)(\sqrt{x}+\sqrt{1-y})}{x-1+y}$$

$$= \sqrt{x} + \sqrt{1-y}.$$

Assim,

$$\lim_{\substack{x \to 0^+ \\ y \to 1^-}} \frac{x+y-1}{\sqrt{x}-\sqrt{1-y}} = \lim_{\substack{x \to 0^+ \\ y \to 1^-}} (\sqrt{x} + \sqrt{1-y}) = 0.$$

3.5 Continuidade

Nesta seção, vamos definir e exemplificar a continuidade de funções de duas variáveis. As proposições apresentadas podem ser consideradas como uma extensão das proposições referentes à continuidade de funções de uma variável.

3.5.1 Definição

Sejam $f: A \subset \mathbb{R}^2 \to \mathbb{R}$ e $(x_0, y_0) \in A$ um ponto de acumulação de A. Dizemos que f é contínua em (x_0, y_0) se

$$\lim_{(x,y) \to (x_0, y_0)} f(x, y) = f(x_0, y_0).$$

3.5.2 Exemplos

Exemplo 1: Verificar se $f(x, y) = \begin{cases} \dfrac{2xy}{\sqrt{x^2 + y^2}}, & (x, y) \neq (0, 0) \\ 0, & (x, y) = (0, 0) \end{cases}$ é contínua em $(0, 0)$.

No Exemplo 2 da Subseção 3.2.2, mostramos que

$$\lim_{(x,y) \to (0,0)} \frac{2xy}{\sqrt{x^2 + y^2}} = 0.$$

Portanto, a função dada é contínua em $(0, 0)$, pois

$$\lim_{(x,y) \to (0,0)} \frac{2xy}{\sqrt{x^2 + y^2}} = f(0, 0).$$

Exemplo 2: Verificar se $f(x, y) = \begin{cases} \dfrac{2xy}{x^2 + y^2}, & (x, y) \neq (0, 0) \\ 0, & (x, y) = (0, 0) \end{cases}$ é contínua em (0, 0).

No Exemplo 1 da Subseção 3.2.4, mostramos que

$$\lim_{(x, y) \to (0, 0)} \frac{2xy}{x^2 + y^2} \text{ não existe.}$$

Portanto, a função dada não é contínua em (0, 0).

Observamos que essa função é contínua em relação a x e a y isoladamente, apesar de não ser contínua em relação ao conjunto dessas variáveis.

De fato,

$$\lim_{x \to 0} f(x, 0) = \lim_{y \to 0} f(0, y) = f(0, 0).$$

Exemplo 3: Discutir a continuidade da função

$$f(x, y) = \begin{cases} x^2 + y^2 + 1, & \text{se } x^2 + y^2 \leq 4 \\ 0, & \text{se } x^2 + y^2 > 4 \end{cases}$$

Essa função está definida em todos os pontos de $\mathbb{R}^2$. É fácil constatar que essa função é contínua em todos os pontos $(x_0, y_0) \in \mathbb{R}^2$ tais que

$$x_0^2 + y_0^2 < 4 \quad \text{ou} \quad x_0^2 + y_0^2 > 4,$$

pois, nesses casos,

$$\lim_{(x, y) \to (x_0, y_0)} f(x, y) = f(x_0, y_0).$$

Vamos analisar, agora, como fica o $\lim\limits_{(x, y) \to (x_0, y_0)} f(x, y)$ quando (x_0, y_0) é um ponto tal que $x_0^2 + y_0^2 = 4$.

Usando as considerações da Seção 3.2, vamos analisar esse limite considerando que (x, y) se aproxima de (x_0, y_0) através de pontos do conjunto:

a) $D_1 = \{(x, y) \in \mathbb{R}^2 \mid x^2 + y^2 \leq 4\}$
b) $D_2 = \{(x, y) \in \mathbb{R}^2 \mid x^2 + y^2 > 4\}$.

Temos, então,

$$\lim_{\substack{(x, y) \to (x_0, y_0) \\ x^2 + y^2 \leq 4}} f(x, y) = \lim_{\substack{(x, y) \to (x_0, y_0) \\ x^2 + y^2 \leq 4}} (x^2 + y^2 + 1) = x_0^2 + y_0^2 + 1 = 5 \tag{1}$$

e

$$\lim_{\substack{(x, y) \to (x_0, y_0) \\ x^2 + y^2 > 4}} f(x, y) = \lim_{\substack{(x, y) \to (x_0, y_0) \\ x^2 + y^2 > 4}} 0 = 0 \tag{2}$$

De (1) e (2) concluímos que a função não é contínua nos pontos $(x_0, y_0) \in \mathbb{R}^2$ com $x_0^2 + y_0^2 = 4$.

A Figura 3.14 ilustra esse exemplo, na qual observamos claramente que f não é contínua nos pontos da circunferência $x^2 + y^2 = 4$.

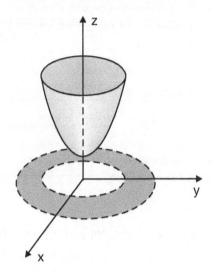

Figura 3.14

Exemplo 4: Mostrar que $f(x,y) = \begin{cases} \dfrac{2xy}{\sqrt{2x^2+2y^2}}, & (x,y) \neq (0,0) \\ 0, & (x,y) = (0,0) \end{cases}$ é contínua na origem.

Nesse exemplo, vamos usar a proposição 3.3.6. Temos que

$$\frac{2xy}{\sqrt{2x^2+2y^2}} = 2x \cdot \frac{y}{\sqrt{2x^2+2y^2}}.$$

Podemos reescrever a função $\dfrac{y}{\sqrt{2x^2+2y^2}}$ em coordenadas polares para verificar que é uma função limitada.

Temos

$$\frac{y}{\sqrt{2x^2+2y^2}} = \frac{r\,\operatorname{sen}\theta}{\sqrt{2r^2\cos^2\theta + 2r^2\operatorname{sen}^2\theta}}$$

$$= \frac{r\,\operatorname{sen}\theta}{\sqrt{2r^2}}$$

$$= \frac{\sqrt{2}}{2}\operatorname{sen}\theta,\ (x,y) \neq (0,0).$$

Assim,

$$\left|\frac{y}{\sqrt{2x^2+2y^2}}\right| \leq \frac{\sqrt{2}}{2},\ \text{pois } |\operatorname{sen}\theta| \leq 1.$$

Como $\lim\limits_{x \to 0} 2x = 0$, pela proposição 3.3.6 segue que $\lim\limits_{\substack{x \to 0 \\ y \to 0}} \dfrac{2xy}{\sqrt{2x^2+2y^2}} = 0$. Logo, f é contínua na origem.

3.5.3 Proposição

Sejam f e g duas funções contínuas no ponto (x_0, y_0). Então
a) $f + g$ é contínua em (x_0, y_0);   c) fg é contínua em (x_0, y_0) e
c) $f - g$ é contínua em (x_0, y_0) ;   d) f/g é contínua em (x_0, y_0) desde que $g(x_0, y_0) \neq 0$.

Observamos que essa proposição decorre das propriedades de limite vistas na proposição 3.3.2.
Usando a proposição 3.5.3, podemos afirmar que:

- uma função polinomial de duas variáveis é contínua em $\mathbb{R}^2$;
- uma função racional de duas variáveis é contínua em todos os pontos do seu domínio.

Observamos que uma função f de duas variáveis é uma função polinomial se $f(x, y)$ pode ser expressa como soma de termos da forma $Cx^m y^n$, onde $C \in \mathbb{R}$ e m e n são inteiros não-negativos.

3.5.4 Proposição

Sejam $y = f(u)$ e $z = g(x, y)$. Suponha que g é contínua em (x_0, y_0) e f é contínua em $g(x_0, y_0)$. Então, a função composta $f \circ g$ é contínua em (x_0, y_0).

Prova: Como $f(u)$ é contínua em $g(x_0, y_0)$, dado $\varepsilon > 0$, existe $\delta_1 > 0$ tal que

$$u \in D(f) \text{ e } |u - g(x_0, y_0)| < \delta_1 \Rightarrow |f(u) - f(g(x_0, y_0))| < \varepsilon. \tag{1}$$

Como $z = g(x, y)$ é contínua em (x_0, y_0), para esse $\delta_1 > 0$, existe $\delta > 0$ tal que

$$(x, y) \in D(g)$$

e

$$|(x, y) - (x_0, y_0)| < \delta \Rightarrow |g(x, y) - g(x_0, y_0)| < \delta_1. \tag{2}$$

Usando (1) e (2), podemos escrever que

$$(x, y) \in D(g) \text{ e } |(x, y) - (x_0, y_0)| < \delta \Rightarrow |f(g(x, y)) - f(g(x_0, y_0))| < \varepsilon.$$

Portanto, $f \circ g$ é contínua em (x_0, y_0).

3.5.5 Exemplo

Discutir a continuidade das seguintes funções:

a) $f(x, y) = 2x^2 y^2 + 5xy - 2$

b) $g(x, y) = \dfrac{x + y - 1}{x^2 y + x^2 - 3xy - 3x + 2y + 2}$

c) $h(x, y) = \ln(x^2 y^2 + 4)$

Solução de (a): A função $f(x, y) = 2x^2 y^2 + 5xy - 2$ é uma função polinomial; portanto, usando a proposição 3.5.3, podemos dizer que $f(x, y)$ é contínua em todos os pontos de $\mathbb{R}^2$.

Solução de (b): A função $g(x, y)$ é uma função racional que pode ser reescrita como

$$g(x, y) = \dfrac{x + y - 1}{(x - 1)(x - 2)(y + 1)}.$$

Assim, podemos visualizar que a função $g(x, y)$ é definida para todos os pontos $(x, y) \in \mathbb{R}^2$ tais que $x \neq 1$, $x \neq 2$ e $y \neq -1$.

Usando a proposição 3.5.3, conclui-se que $g(x, y)$ é contínua no conjunto

$$\{(x, y) \in \mathbb{R}^2 \mid x \neq 1, x \neq 2 \text{ e } y \neq -1\}.$$

Solução de (c): A função $h(x, y) = \ln(x^2 y^2 + 4)$ é a composta das funções

$$f(u) = \ln u \quad \text{e} \quad g(x, y) = x^2 y^2 + 4.$$

A função g é contínua em $\mathbb{R}^2$, pois é uma função polinomial. A função f é contínua em $\mathbb{R}^+$. Como $g(x,y) > 0, \forall (x,y) \in \mathbb{R}^2$, temos que, para qualquer $(x_0, y_0) \in \mathbb{R}^2$, g é contínua em (x_0, y_0) e f é contínua em $g(x_0, y_0)$.

Logo, pela proposição 3.5.4, concluímos que h é contínua em $\mathbb{R}^2$.

3.6 Limite e Continuidade de Funções Vetoriais de Várias Variáveis

3.6.1 Definição

Seja $P_0(x_0, y_0, z_0)$ um ponto de um domínio D e $\vec{r}_0$ seu vetor posição. Seja $\vec{f}$ uma função vetorial definida em D, exceto, possivelmente, em $\vec{r}_0$. Seja $\vec{a} = a_1\vec{i} + a_2\vec{j} + a_3\vec{k}$ um vetor constante. Se $\vec{r}$ é o vetor posição do ponto $P(x, y, z)$, dizemos que $\lim_{\vec{r} \to \vec{r}_0} \vec{f}(x, y, z) = \vec{a}$ se, para todo $\varepsilon > 0$, existe $\delta > 0$ tal que $|\vec{f}(x, y, z) - \vec{a}| < \varepsilon$ sempre que $0 < |\vec{r} - \vec{r}_0| < \delta$.

A desigualdade $0 < |\vec{r} - \vec{r}_0| < \delta$ representa o interior (exceto P_0) de uma esfera de raio δ e centro em P_0. Portanto, geometricamente, podemos visualizar a definição 3.6.1 na Figura 3.15. Dada qualquer bola $B(A, \varepsilon)$ de raio ε, centrada em $A(a_1, a_2, a_3)$, existe uma bola $B(P_0, \delta)$ de raio δ, centrada em $P_0(x_0, y_0, x_0)$, tal que os pontos de $B(P_0, \delta)$ (exceto, possivelmente, P_0) são levados por $\vec{f}$ em pontos de $B(A, \varepsilon)$. Assim, a direção, o sentido e o comprimento de $\vec{f}(x, y, z)$ tendem para os de $\vec{a}$ quando $(x, y, z) \to (x_0, y_0, z_0)$.

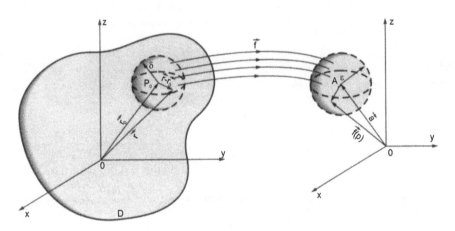

Figura 3.15

De forma análoga às funções vetoriais de uma variável, se $\vec{f}(x, y, z) = (f_1(x, y, z), f_2(x, y, z), f_3(x, y, z))$ e $\vec{a} = (a_1, a_2, a_3)$, temos

$$\lim_{(x,y,z) \to (x_0, y_0, z_0)} \vec{f}(x, y, z) = \vec{a} \Leftrightarrow \lim_{(x,y,z) \to (x_0, y_0, z_0)} f_i(x, y, z) = a_i, \text{ para } i = 1, 2, 3.$$

Também as propriedades dos limites são análogas (ver Subseção 2.5.3).

3.6.2 Exemplos

Exemplo 1: Dada a função vetorial $\vec{f}(x, y) = y\vec{i} - x\vec{j}$, determinar $\lim_{\vec{r} \to \vec{0}} \vec{f}(x, y)$.

Temos $\lim_{\vec{r} \to \vec{0}} (y\vec{i} - x\vec{j}) = \lim_{(x,y,z) \to (0,0,0)} y\vec{i} - \lim_{(x,y,z) \to (0,0,0)} x\vec{j} = \vec{0}$

Exemplo 2: Se $\vec{f}(x, y, z) = \left(e^{x-1}, \dfrac{y(x-1)}{x^2 - 1}, 3xz\right)$, determinar $\lim_{(x,y,z) \to (1,2,1)} \vec{f}(x, y, z)$.

Temos

$$\lim_{(x,y,z) \to (1,2,1)} \vec{f}(x, y, z) = \left(\lim_{(x,y,z) \to (1,2,1)} e^{x-1}, \lim_{(x,y,z) \to (1,2,1)} \frac{y(x-1)}{x^2 - 1}, \lim_{(x,y,z) \to (1,2,1)} 3xz\right) = (1, 1, 3)$$

3.6.3 Definição

Seja $\vec{f}(x, y, z)$ definida em um domínio D. Dizemos que $\vec{f}$ é contínua em um ponto $P_0(x_0, y_0, z_0) \in D$ se

$$\lim_{(x,y,z) \to (x_0, y_0, z_0)} \vec{f}(x, y, z) = \vec{f}(x_0, y_0, z_0).$$

Se $\vec{f}$ é contínua em cada ponto do domínio D, dizemos que f é contínua em D.

De forma análoga às funções vetoriais de uma variável, temos que $\vec{f}$ é contínua em D se, e somente se, as três funções coordenadas f_1, f_2 e f_3 são contínuas em D.

3.6.4 Exemplos

a) No Exemplo 1 da Subseção 3.6.2, a função vetorial é contínua em todos os pontos do plano.

b) No Exemplo 2 da Subseção 3.6.2, a função $\vec{f}(x, y, z)$ é contínua em todos os pontos $(x, y, z) \in \mathbb{R}^3$ tais que $x \neq \pm 1$.

c) A função vetorial $\vec{f}(x, y, z) = \dfrac{-k\vec{r}}{|\vec{r}|^3}$, onde k é constante positiva e $\vec{r}$ é o vetor posição do ponto (x, y, z), é contínua em todos os pontos de $\mathbb{R}^3$, exceto na origem, ponto no qual a função não está definida.

3.7 Exercícios

1. Identificar quais dos conjuntos seguintes são bolas abertas em $\mathbb{R}^2$ ou $\mathbb{R}^3$, determinando, em caso positivo, o centro e o raio.
   a) $x^2 + y^2 - 2y < 3$
   b) $x^2 + y^2 + z^2 + 6z < 0$
   c) $x^2 + y^2 < z^2$
   d) $x^2 + y^2 + 2x > (x-1)^2 + (y-2)^2$
   e) $x^2 + y^2 - 1 > 0$
   f) $x^2 + 4x + y^2 < 5$
   g) $x^2 + y^2 + z < 2$.

2. Seja $A = \{(x, y) \in \mathbb{R}^2 | 2 < x < 3 \text{ e } -1 < y < 1\}$
   a) Representar graficamente o conjunto A, identificando se A é aberto.
   b) Determinar a fronteira de A.

3. Repetir o Exercício 2 para o conjunto
   $B = \{(x, y, z) \in \mathbb{R}^3 \,|\, -1 < x < 1, -1 < y < 1 \text{ e } -1 < z < 1\}$

4. Identificar as afirmações verdadeiras:
   a) A união de bolas abertas é uma bola aberta.
   b) A união de bolas abertas é um conjunto aberto.
   c) A união de bolas abertas é um conjunto conexo.
   d) O conjunto
      $A = \{(x, y) | x^2 + 2x + y^2 - 4y > 0\}$ é conexo.
   e) O conjunto $B = \{(x, y) | x^2 > y^2\}$ é aberto.

5. Verificar quais dos conjuntos a seguir são conexos:
   $A = \{(x, y) \in \mathbb{R}^2 \,\big|\, 2x^2 + 5y^2 \leq 10\}$

$$B = \left\{(x, y) \in \mathbb{R}^2 \;\Big|\; -\frac{1}{2} \leq x \leq \frac{1}{2}\right\}$$

$$C = \{(x, y, z) \in \mathbb{R}^3 \;|\; 3x^2 + 9y^2 + z^2 \geq 18\}$$

$$D = \left\{(x, y) \in \mathbb{R}^2 \;\Big|\; y > \frac{1}{|x|}, x \neq 0\right\}$$

6. Dar a fronteira dos seguintes subconjuntos do $\mathbb{R}^2$. Representar graficamente.

   a) $A = \{(x, y) \in \mathbb{R}^2 \;|\; x^2 + y^2 < 4\}$
   b) $B = \{(x, y) \in \mathbb{R}^2 \;|\; x^2 + y^2 \leq 4\}$
   c) $A = \{(x, y) \in \mathbb{R}^2 \;|\; 4x^2 + y^2 < 4\}$
   d) $D = \left\{(x, y) \in \mathbb{R}^2 \;\Big|\; y > \frac{1}{x}\right\}$

7. Representar graficamente os seguintes subconjuntos de $\mathbb{R}^2$. Identificar os conjuntos abertos.

   a) $A = \{(x, y) \in \mathbb{R}^2 \;|\; x^2 - 4x + y^2 < 0\}$
   b) $B = \{(x, y) \in \mathbb{R}^2 \;|\; x^2 - 4x + y^2 \geq 0\}$
   c) $C = \{(x, y) \in \mathbb{R}^2 \;|\; |y| < 3\}$
   d) $D = \{(x, y) \in \mathbb{R}^2 \;|\; |x| + |y| \leq 1\}$
   e) $E = \{(x, y) \in \mathbb{R}^2 \;|\; x \geq 2y - 3\}$

8. Seja
$$A = \{(x, y) \in \mathbb{R}^2 \;|\; 0 < \sqrt{x^2 + y^2 + 2y + 1} < 1\}.$$
Verificar se os pontos

   a) $(0, -1/2)$ b) $(0, -1)$ c) $(-1, -1)$
   d) $(1, 1)$ e) $(0, 0)$ f) $(3, 4)$

   são pontos de acumulação de A.

9. Verificar se o conjunto $A = \{(x, y) \in \mathbb{R}^2 \;|\; x, y \in N\}$ tem ponto de acumulação.

10. Identificar as afirmações verdadeiras:

    a) $P(0, 0)$ é ponto de acumulação do conjunto $A = \{(x, y) \in \mathbb{R}^2 \;|\; y > x\}$.
    b) Os pontos $P(0, 4)$ e $Q(2, 2)$ pertencem à fronteira do conjunto $B = \{(x, y) \in \mathbb{R}^2 \;|\; y > 4 - x^2\}$.
    c) $P(0, 0)$ é ponto de acumulação da bola aberta $B((0, 0), r)$, qualquer que seja $r > 0$.
    d) O conjunto vazio é um conjunto aberto.
    e) Toda bola aberta é um conjunto aberto.
    f) $\mathbb{R}^2$ é um conjunto aberto.
    g) Todo ponto de acumulação de um conjunto A pertence a esse conjunto.
    h) O conjunto $\{(x, y) \in \mathbb{R}^2 \;|\; x \text{ e } y \text{ são racionais}\}$ não tem ponto de acumulação.
    i) Todos os pontos de um conjunto aberto A são pontos de acumulação de A.
    j) Se A é um conjunto aberto, nenhum ponto da fronteira de A pertence a A.

11. Usando a definição de limite, mostrar que:

    a) $\lim\limits_{\substack{x \to -1 \\ y \to 2}} (5x - 2y) = -9$
    b) $\lim\limits_{(x, y) \to (2, 3)} (3x + 2y) = 12$
    c) $\lim\limits_{(x, y) \to (1, -1)} (3x - 2y) = 5$
    d) $\lim\limits_{\substack{x \to 0 \\ y \to 0}} \dfrac{2x^2}{\sqrt{x^2 + y^2}} = 0$
    e) $\lim\limits_{\substack{x \to 0 \\ y \to 0}} \dfrac{xy^3}{x^2 + y^2} = 0$

12. Dado $(x_0, y_0) \in \mathbb{R}^2$, mostrar que $\lim\limits_{\substack{x \to x_0 \\ y \to y_0}} y = y_0$.

13. Mostrar que os limites seguintes não existem:

    a) $\lim\limits_{\substack{x \to 0 \\ y \to 0}} \dfrac{x^2 - y^2}{x^2 + y^2}$
    b) $\lim\limits_{\substack{x \to 0 \\ y \to 0}} \dfrac{2x}{\sqrt{x^2 + y^2}}$
    c) $\lim\limits_{\substack{x \to 0 \\ y \to 0}} \dfrac{x - y}{2x + y}$
    d) $\lim\limits_{\substack{x \to 0 \\ y \to 0}} \dfrac{xy}{x^2 + y^2}$
    e) $\lim\limits_{\substack{x \to 0 \\ y \to 0}} \dfrac{3xy}{4x^2 + 5y^2}$
    f) $\lim\limits_{\substack{x \to 0 \\ y \to 0}} \dfrac{x^2 - 4y^2}{x^2 + y^2}$
    g) $\lim\limits_{\substack{x \to 0 \\ y \to 0}} \dfrac{x^3}{x^3 + y^2}$
    h) $\lim\limits_{\substack{x \to 0 \\ y \to 0}} \dfrac{y^4 + 3x^2y^2 + 2yx^3}{(y^2 + x^2)^2}$
    i) $\lim\limits_{\substack{x \to 1 \\ y \to 0}} \dfrac{(x - 1)^2 y}{(x - 1)^4 + y^2}$

14. Verificar se os seguintes limites existem:

    a) $\lim\limits_{\substack{x \to 0 \\ y \to 0}} \dfrac{2y}{x + y}$
    b) $\lim\limits_{\substack{x \to 0 \\ y \to 0}} \dfrac{-x^2 y}{2x^2 + 2y^2}$
    c) $\lim\limits_{\substack{x \to 0 \\ y \to 0}} \dfrac{xy}{x^3 + y^2}$
    d) $\lim\limits_{\substack{x \to 0 \\ y \to 0}} \dfrac{5y - x}{2x - y}$
    e) $\lim\limits_{\substack{x \to 0 \\ y \to 0}} \dfrac{x^3 - y^3}{x^2 + y^2}$

15. Verificar a existência dos limites das seguintes funções quando (x, y) tende ao ponto indicado:

    a) $f(x, y) = \begin{cases} x \,\text{sen}\, \dfrac{1}{y}, & y \neq 0 \\ 0, & y = 0 \end{cases}$; $P(0, 0)$

b) $f(x, y) = \dfrac{x^2(y-1)^2}{x^4 + (y-1)^4}$; $P(0, 1)$

c) $f(x, y) = \dfrac{3xy}{\sqrt{x^2 + y^2}}$; $P(0, 0)$

d) $f(x, y) = \dfrac{x^6 + x^2}{x^2 + y^2}$; $P(0, 0)$

e) $f(x, y) = \dfrac{x^3 + y^3}{x^3 - y^3}$; $P(0, 0)$

16. Provar a propriedade (b) da proposição 3.3.2.

17. Usando as propriedades, calcular os limites seguintes:

a) $\lim\limits_{\substack{x \to 1 \\ y \to 2}} \left(2xy + x^2 - \dfrac{x}{y} \right)$

b) $\lim\limits_{\substack{x \to 2 \\ y \to -1}} \dfrac{x + y - 2}{x^2 + y^2}$

c) $\lim\limits_{\substack{x \to 0 \\ y \to 0}} \sqrt{\dfrac{x - 1}{x^2 y^2 + xy - 1}}$

d) $\lim\limits_{\substack{x \to 0 \\ y \to 0}} (\sqrt{x^2 + 1} - \sqrt{xy})$

e) $\lim\limits_{\substack{x \to +\infty \\ y \to +\infty}} \left(\dfrac{1}{x + y} - 10 \right)$

f) $\lim\limits_{\substack{x \to 0 \\ y \to 1}} \dfrac{x^2 + y^2 - xy + 7}{x^3 + y^3 - 7}$

18. Calcular os seguintes limites de funções compostas:

a) $\lim\limits_{\substack{x \to 1 \\ y \to 1}} \ln(x^2 + y^2 + 10)$

b) $\lim\limits_{\substack{x \to +\infty \\ y \to +\infty}} e^{\frac{1}{x+y}}$

c) $\lim\limits_{\substack{x \to \pi \\ y \to \frac{\pi}{2}}} \dfrac{\operatorname{sen}(x + y)}{x}$

d) $\lim\limits_{\substack{x \to 4 \\ y \to 2}} \ln\left(\dfrac{x^2 + y^2}{x - y + 1} \right)$

19. Calcular os seguintes limites usando a proposição 3.3.6:

a) $\lim\limits_{\substack{x \to 0 \\ y \to 0}} \dfrac{xy\sqrt{x + y}}{x^2 + y^2}$

b) $\lim\limits_{\substack{x \to 0^+ \\ y \to 0^+}} \sqrt{\dfrac{xy^2 + y^3 - xy^3}{x^2 + y^2}}$

c) $\lim\limits_{\substack{x \to 0 \\ y \to 0}} \dfrac{x^2\sqrt{y}}{\sqrt{x^2 + y^2}}$

20. Calcular os seguintes limites envolvendo indeterminações:

a) $\lim\limits_{\substack{x \to 2 \\ y \to 3}} \dfrac{x^2 y - 3x^2 - 4xy + 12x + 4y - 12}{xy - 3x - 2y + 6}$

b) $\lim\limits_{\substack{x \to 4 \\ y \to 1}} \dfrac{y\sqrt{x} - 2y - \sqrt{x} + 2}{4 - x + x\sqrt{y} - 4\sqrt{y}}$

c) $\lim\limits_{\substack{x \to 0 \\ y \to 0}} \dfrac{\sqrt{x + 3} - \sqrt{3}}{xy + x}$

d) $\lim\limits_{\substack{x \to 1 \\ y \to 1}} \dfrac{\sqrt[3]{xy} - 1}{\sqrt{xy} - 1}$

e) $\lim\limits_{\substack{x \to 0 \\ y \to 1}} \dfrac{y \operatorname{sen} x}{xy + 2x}$

f) $\lim\limits_{\substack{x \to 0 \\ y \to 2}} (1 + x)^{\frac{1 + xy}{x}}$

g) $\lim\limits_{\substack{x \to 0 \\ y \to 0}} \dfrac{e^{xy} - 1}{xy}$

21. Calcular os limites seguintes:

a) $\lim\limits_{\substack{x \to 1 \\ y \to 2}} (e^{xy} - e^y + 1)$

b) $\lim\limits_{\substack{x \to 0 \\ y \to 0}} x\sqrt{x^2 + y^2}$

c) $\lim\limits_{\substack{x \to -1 \\ y \to 2}} (x^3 y^3 + 2xy^2 + y)$

d) $\lim\limits_{\substack{x \to 1 \\ y \to 2}} (3x^2 y + 2xy^2 - 2xy)$

e) $\lim\limits_{\substack{x \to -2 \\ y \to 1}} \dfrac{xy^2 - 5x + 8}{x^2 + y^2 + 4xy}$

f) $\lim\limits_{\substack{x \to 0 \\ y \to 1}} \dfrac{x^2 + 3xy^2}{x^2 + y^2}$

g) $\lim\limits_{\substack{x \to 1 \\ y \to 1}} \dfrac{x^2 - yx}{x^2 - y^2}$

h) $\lim\limits_{(x, y) \to (1, 2)} \ln\left[\dfrac{xy - 1}{2xy + 4} \right]$

i) $\lim\limits_{(x, y) \to (0, 0)} x \operatorname{sen} \dfrac{1}{y}$

j) $\lim\limits_{(x, y) \to (0, 0)} \dfrac{x^3}{x^2 + y^2}$

k) $\lim\limits_{(x, y) \to (0, 0)} \cos\left[\dfrac{x^3}{x^2 + y^2} \right]$

l) $\lim\limits_{\substack{x \to 1 \\ y \to -1}} \dfrac{x^3 - xy^2}{x + y}$

m) $\lim\limits_{\substack{x \to 0 \\ y \to 0}} \dfrac{xy^2}{x^2 + y^2}$

n) $\lim\limits_{\substack{x \to 1 \\ y \to 2}} \dfrac{yx^3 - yx^2 - yx + y + 2x^3 - 2x^2 - 2x + 2}{(x - 1)^2(y + 2)}$

o) $\lim\limits_{\substack{x \to 1 \\ y \to 1}} (xy - y) \operatorname{sen} \dfrac{1}{x - 1} \cos \dfrac{1}{y - 1}$

p) $\lim\limits_{\substack{x \to 2 \\ y \to 2}} \dfrac{x^3 - x^2 y}{x^2 - y^2}$

22. Verificar se as funções dadas são contínuas nos pontos indicados:

a) $f(x, y) = \begin{cases} x \operatorname{sen} \dfrac{1}{y}, & y \neq 0 \\ 0, & y = 0 \end{cases}$, $P(0, 0)$

b) $f(x, y) = \begin{cases} \dfrac{x^2 - yx}{x^2 - y^2}, & x \neq \pm y \\ \dfrac{1}{4}(x + y), & x = \pm y \end{cases}$, $P(1, 1)$

c) $f(x, y) = \dfrac{x^3 - 3xy^2 + 2}{2xy^2 - 1}$, $P(1, 2)$

d) $f(x, y) = \begin{cases} \dfrac{y^4 + 3x^2y^2 + 2yx^3}{(x^2 + y^2)^2}, & (x, y) \neq (0, 0) \\ 0, & (x, y) = (0, 0) \end{cases}$

em $P(0, 0)$

e) $f(x, y) = \begin{cases} 3x - 2y, & (x, y) \neq (0, 0) \\ 1, & (x, y) = (0, 0) \end{cases}$

em $P(0, 0)$

f) $f(x, y) = \begin{cases} \dfrac{x^2 - y^2}{x^2 + y^2}, & (x, y) \neq (0, 0) \\ 0, & (x, y) = (0, 0) \end{cases}$

em $P(0, 0)$

g) $f(x, y) = \begin{cases} \dfrac{y^2 + 2x}{y^2 - 2x}, & (x, y) \neq (0, 0) \\ 0, & (x, y) = (0, 0) \end{cases}$

em $P(0, 0)$

h) $f(x, y) = 2x^2y + xy - 4$, $P(1, 2)$

i) $f(x, y) = \dfrac{x^2 + y^2 - 1}{x + y}$, $P(1, 1)$ e $Q(0, 0)$

23. Escrever o conjunto em que a função dada é contínua:

a) $f(x, y) = x^2y - x^3y^3 - x^4y^4$

b) $f(x, y) = \dfrac{x - 2}{(xy - 2x - y + 2)(y + 1)}$

c) $f(x, y) = \ln\left(\dfrac{x + y}{x^2 - y^2}\right)$

d) $f(x, y) = e^{x \operatorname{sen} y}$

24. Calcular o valor de a para que a função dada seja contínua em $(0, 0)$:

a) $f(x, y) = \begin{cases} (x^2 + y^2) \operatorname{sen} \dfrac{1}{x^2 + y^2}, & (x, y) \neq (0, 0) \\ a, & (x, y) = (0, 0) \end{cases}$

b) $f(x, y) = \begin{cases} \dfrac{x^2y^2}{\sqrt{y^2 + 1} - 1}, & (x, y) \neq (0, 0) \\ a - 4, & (x, y) = (0, 0) \end{cases}$

25. Esboçar a região de continuidade das seguintes funções:

a) $f(x, y) = \dfrac{x^2 + 2xy^3}{\sqrt{x^2 - y^2 - 1}}$

b) $f(x, y) = \ln\left(\dfrac{x^2y^2}{y - x^2}\right)$

c) $f(x, y, z) = \dfrac{xz + 2yz - x^2}{\sqrt{z + x^2 + y^2 - 3}}$

26. Calcular $\lim_{\vec{r} \to \vec{0}} \vec{f}(x, y, z)$, dados:

a) $\vec{f}(x, y, z) = \left(x^2 + y^2, \dfrac{xy}{z}, \dfrac{x - 2}{x^2 - 4}\right)$; $\vec{r_0} = (2, 1, 1)$

b) $\vec{f}(x, y, z) = \left(e^x, \dfrac{\operatorname{sen} y}{y}, x + y + z\right)$;

$\vec{r_0} = \left(1, 0, \dfrac{1}{2}\right)$

c) $\vec{f}(x, y, z) = \left(\dfrac{x + y}{x - y}, x^2, \sqrt{z}\right)$; $\vec{r_0} = (2, 1, 4)$

27. Determinar os limites seguintes:

a) $\lim_{(x, y) \to (1, 2)} \left(\dfrac{1}{xy}, \sqrt{xy}\right)$

b) $\lim_{(x, y, z) \to \left(0, 1, \frac{\pi}{4}\right)} \left(\dfrac{x}{y} \operatorname{sen} \dfrac{y}{x}, \cos x, \operatorname{tg} yz\right)$

c) $\lim_{(x, y, z) \to (3, 4, 1)} \left(x\sqrt{y}, \dfrac{xz - x}{z^2 - 1}, y \ln z\right)$

28. Analisar a continuidade das seguintes funções vetoriais:

a) $\vec{f}(x, y) = (xy, x^2 - y^2, 2)$

b) $\vec{g}(x, y, z) = \begin{cases} \left(x, y \operatorname{sen} y, xz^2 \operatorname{sen} \dfrac{1}{z}\right), & z \neq 0 \\ (x, y \operatorname{sen} y, 0), & z = 0 \end{cases}$

c) $\vec{h}(x, y) = (x \ln y, y \ln x)$

d) $\vec{p}(x, y, z) = e^{xy}\vec{i} + \ln xz\vec{j} + 2\vec{k}$

e) $\vec{q}(x, y, z) = \left(\dfrac{x}{x - y}, \dfrac{2}{x}, z\right)$

f) $\vec{r}(x, y, z) = \dfrac{3\vec{a}}{|\vec{a}|}$ onde $\vec{a} = x\vec{i} + y\vec{j} + z\vec{k}$

g) $\vec{u}(x, y, z) = (x^2 + y^2, y^2 + z^2, z^2 + x^2)$.

4 Derivadas Parciais e Funções Diferenciáveis

Neste capítulo apresentaremos as derivadas parciais e o conceito de diferenciabilidade de funções de várias variáveis. Introduziremos brevemente a noção de vetor gradiente, que será visto mais detalhadamente no Capítulo 6.

A seguir introduziremos o conceito de diferencial, a regra da cadeia, alguns casos de derivação implícita e as derivadas parciais sucessivas para a função de várias variáveis.

Finalmente, apresentaremos as derivadas parciais para as funções vetoriais.

4.1 Derivadas Parciais

Consideremos os seguintes enunciados:

1º) Dados o parabolóide $z = 16 - x^2 - y^2$ e o plano $y = 2$, cuja visualização no primeiro octante é obtida por meio da Figura 4.1, vamos denotar por C a curva resultante da intersecção dessas superfícies, isto é,

$$C : z = 12 - x^2, \quad y = 2$$

Dado um ponto P dessa curva, por exemplo, $P(1, 2, 11)$, como vamos calcular a inclinação da reta tangente à curva C em P?

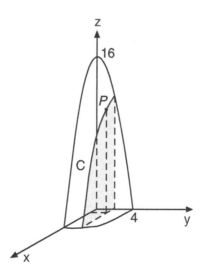

Figura 4.1

2º) Na Figura 4.2 temos as curvas de nível da temperatura $T = T(t, h)$, medida em graus, onde t é o tempo, medido em horas, e h a altitude, medida em metros, de uma dada região.

a) Como vai variar a temperatura em relação ao tempo no instante t_0, em um ponto de altitude $h = h_0$?

b) Como vai variar a temperatura em relação à altitude para $h = h_0$, no tempo $t = t_0$?

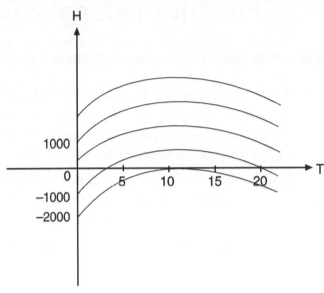

Figura 4.2

Analisando o 1º e 2º enunciado, observa-se que estamos diante de funções de duas variáveis e de situações que nos fazem lembrar a interpretação geométrica da derivada de função de uma variável e de taxa de variação, respectivamente.

A idéia a ser usada para funções de duas ou mais variáveis é fazer uma análise considerando que apenas uma variável se modifica, enquanto todas as outras são mantidas fixas. Esse procedimento vai nos levar à definição de uma derivada para cada uma das variáveis independentes. Essas derivadas, ditas *parciais*, vão nos possibilitar obter respostas para as questões do 1º e do 2º enunciado.

4.1.1 Definição

Sejam $f : A \subseteq \mathbb{R}^2 \to \mathbb{R}$
$z = f(x, y)$

uma função de duas variáveis e $(x_0, y_0) \in A$. Fixado $y = y_0$, podemos considerar a função $g(x) = f(x, y_0)$. A derivada de g no ponto $x = x_0$, denominada *derivada parcial* de f em relação a x no ponto (x_0, y_0), denotada por $\dfrac{\partial f}{\partial x}(x_0, y_0)$, é definida por

$$\frac{\partial f}{\partial x}(x_0, y_0) = \lim_{x \to x_0} \frac{g(x) - g(x_0)}{x - x_0} \quad \text{ou} \quad \frac{\partial f}{\partial x}(x_0, y_0) = \lim_{x \to x_0} \frac{f(x, y_0) - f(x_0, y_0)}{x - x_0}, \qquad (1)$$

se o limite existir.

Analogamente, definimos a *derivada parcial* de f em relação a y no ponto (x_o, y_0) por

$$\frac{\partial f}{\partial y}(x_0, y_0) = \lim_{y \to y_0} \frac{f(x_0, y) - f(x_0, y_0)}{y - y_0} \qquad (2)$$

se o limite existir.

Observamos que, fazendo $x - x_0 = \Delta x$ e $y - y_0 = \Delta y$, (1) e (2) podem ser reescritas, respectivamente, por

CAPÍTULO 4   Derivadas parciais e funções diferenciáveis   97

$$\frac{\partial f}{\partial x}(x_0, y_0) = \lim_{\Delta x \to 0} \frac{f(x_0 + \Delta x, y_0) - f(x_0, y_0)}{\Delta x} \quad (3)$$

$$\frac{\partial f}{\partial y}(x_0, y_0) = \lim_{\Delta y \to 0} \frac{f(x_0, y_0 + \Delta y) - f(x_0, y_0)}{\Delta y} \quad (4)$$

4.1.2 Exemplos

Exemplo 1:   Considerando a questão do 1º enunciado, temos que, no plano $y = 2$, a curva C resultante da intersecção entre

$$f(x, y) = 16 - x^2 - y^2 \quad \text{e} \quad y = 2$$

é dada pela equação

$$g(x) = 12 - x^2 = f(x, 2).$$

Portanto, estamos diante de uma função em x, e a inclinação da reta tangente à curva C no ponto $(1, 2)$ é dada por $g'(1)$ ou $\frac{\partial f}{\partial x}(1, 2)$.

Temos

$$\begin{aligned}\frac{\partial f}{\partial x}(1, 2) &= \lim_{x \to 1} \frac{f(x, 2) - f(1, 2)}{x - 1} \\ &= \lim_{x \to 1} \frac{12 - x^2 - 11}{x - 1} \\ &= \lim_{x \to 1} \frac{1 - x^2}{x - 1} \\ &= \lim_{x \to 1} \frac{-(x - 1)(x + 1)}{x - 1} \\ &= \lim_{x \to 1} -(x + 1) \\ &= -2.\end{aligned}$$

Exemplo 2:   No 2º enunciado, temos duas questões para serem analisadas. Supondo que $T(t, h) = \frac{-5}{36}t^2 + \frac{10}{3}t - \frac{1}{100}h + 10$ e $h_0 = 100$ metros, podemos escrever a função

$$g(t) = T(t, 100) = \frac{-5}{36}t^2 + \frac{10}{3}t + 9.$$

A resposta à questão (a) é encontrada analisando-se a taxa de variação da função $g(t)$ em relação a t, no instante $t = t_0$.

Para $t_0 = 12$ horas, temos

$$\begin{aligned}\frac{\partial T}{\partial t}(12, 100) &= \lim_{t \to 12} \frac{T(t, 100) - T(12, 100)}{t - 12} \\ &= \lim_{t \to 12} \frac{\frac{-5}{36}t^2 + \frac{10}{3}t + 9 - 29}{t - 12}\end{aligned}$$

$$= \lim_{t \to 12} \frac{\frac{-5}{36}(t-12)^2}{t-12}$$

$$= \lim_{t \to 12} \frac{-5}{36}(t-12)$$

$$= 0 \text{ grau/hora}.$$

Analogamente, obtemos a resposta para a questão (b). Considerando $h_0 = 100$ e $t_0 = 12$, temos

$$\frac{\partial T}{\partial h}(12, 100) = \lim_{h \to 100} \frac{T(12, h) - T(12, 100)}{h - 100}$$

$$= \lim_{h \to 100} \frac{30 - \frac{1}{100}h - 29}{h - 100}$$

$$= \lim_{h \to 100} \frac{1 - \frac{1}{100}h}{h - 100}$$

$$= \lim_{h \to 100} \frac{\frac{1}{100}(100 - h)}{h - 100}$$

$$= \lim_{h \to 100} -\frac{1}{100}$$

$$= -\frac{1}{100} \text{ grau/m}.$$

4.1.3 Definição

Sejam $\quad f: A \subseteq \mathbb{R}^2 \to \mathbb{R}$
$z = f(x, y)$

uma função de duas variáveis e $B \subseteq A$ o conjunto formado por todos os pontos (x, y) tais que $\frac{\partial f}{\partial x}(x, y)$ existe. Definimos a *função derivada parcial de 1ª ordem* de f em relação a x como a função que a cada $(x, y) \in B$ associa o número $\frac{\partial f}{\partial x}$ dado por

$$\frac{\partial f}{\partial x}(x, y) = \lim_{\Delta x \to 0} \frac{f(x + \Delta x, y) - f(x, y)}{\Delta x}. \tag{5}$$

Analogamente, definimos a *função derivada parcial de 1ª ordem* de f em relação a y, como

$$\frac{\partial f}{\partial y}(x, y) = \lim_{\Delta y \to 0} \frac{f(x, y + \Delta y) - f(x, y)}{\Delta y}. \tag{6}$$

Observamos que outras notações costumam ser usadas para as derivadas parciais de 1ª ordem.

A derivada $\frac{\partial f}{\partial x}(x, y)$ também é representada por

$$\frac{\partial f}{\partial x}; \quad D_x f(x, y); \quad D_1 f(x, y); \quad f_x(x, y)$$

Analogamente, as notações

$$\frac{\partial f}{\partial y}; \quad D_y f(x, y); \quad D_2 f(x, y); \quad f_y(x, y)$$

também representam $\frac{\partial f}{\partial y}(x, y)$.

Na prática, podemos obter as derivadas parciais mais facilmente, usando as regras de derivação das funções de uma variável. Nesse caso, para calcular $\dfrac{\partial f}{\partial x}$ mantemos y constante e, para calcular $\dfrac{\partial f}{\partial y}$, x é mantido constante. Os exemplos que seguem ilustram esse procedimento.

4.1.4 Exemplos

Exemplo 1: Encontrar as derivadas parciais de 1ª ordem das seguintes funções:

a) $f(x, y) = 2x^2 y + 3xy^2 - 4x$
b) $g(x, y) = \sqrt{x^2 + y^2 - 2}$
c) $z = \operatorname{sen}(2x + y)$

Solução de (a): Mantendo y constante podemos usar as regras de derivação para as funções de uma variável. Temos

$$\frac{\partial f}{\partial x} = 4xy + 3y^2 - 4.$$

Analogamente, mantendo x constante, obtemos

$$\frac{\partial f}{\partial y} = 2x^2 + 6xy.$$

Solução de (b): Para a função $g(x, y)$, temos

$$\frac{\partial g}{\partial x} = \frac{1}{2}(x^2 + y^2 - 2)^{-1/2} \cdot \frac{\partial}{\partial x}(x^2 + y^2 - 2)$$
$$= \frac{1}{2}(x^2 + y^2 - 2)^{-1/2} \cdot 2x$$
$$= \frac{x}{\sqrt{x^2 + y^2 - 2}}.$$
$$\frac{\partial g}{\partial y} = \frac{1}{2}(x^2 + y^2 - 2)^{-1/2} \cdot \frac{\partial}{\partial y}(x^2 + y^2 - 2)$$
$$= \frac{y}{\sqrt{x^2 + y^2 - 2}}.$$

Solução de (c): Nesse exemplo, temos

$$\frac{\partial z}{\partial y} = \cos(2x + y) \cdot \frac{\partial}{\partial x}(2x + y)$$
$$= 2\cos(2x + y).$$
$$\frac{\partial z}{\partial y} = \cos(2x + y) \cdot \frac{\partial}{\partial y}(2x + y)$$
$$= \cos(2x + y).$$

Exemplo 2: Seja $f(x, y) = \begin{cases} \dfrac{2xy}{3x^2 + 5y^2} & \text{se } (x, y) \neq (0, 0) \\ 0 & \text{se } (x, y) = (0, 0) \end{cases}$.

Calcular $\dfrac{\partial f}{\partial x}$ e $\dfrac{\partial f}{\partial y}$.

Solução: Nos pontos $(x, y) \neq (0, 0)$ podemos aplicar as regras de derivação. Temos

$$\frac{\partial f}{\partial x} = \frac{(3x^2 + 5y^2) \cdot 2y - 2xy(6x)}{(3x^2 + 5y^2)^2}$$
$$= \frac{6x^2 y + 10y^3 - 12x^2 y}{(3x^2 + 5y^2)^2}$$

$$= \frac{-6x^2y + 10y^3}{(3x^2 + 5y^2)^2}.$$

$$\frac{\partial f}{\partial y} = \frac{(3x^2 + 5y^2) \cdot 2x - 2xy\,(10y)}{(3x^2 + 5y^2)^2}$$

$$= \frac{6x^3 + 10y^2x - 20xy^2}{(3x^2 + 5y^2)^2}$$

$$= \frac{6x^3 - 10xy^2}{(3x^2 + 5y^2)^2}.$$

Para calcular as derivadas parciais de f na origem, vamos usar a definição 4.1.1. Temos

$$\frac{\partial f}{\partial x}(0,0) = \lim_{x \to 0} \frac{f(x,0) - f(0,0)}{x}$$

$$= \lim_{x \to 0} \frac{\frac{2x \cdot 0}{3x^2} - 0}{x} = 0.$$

$$\frac{\partial f}{\partial y}(0,0) = \lim_{y \to 0} \frac{f(0,y) - f(0,0)}{y}$$

$$= \lim_{y \to 0} \frac{\frac{2 \cdot 0 \cdot y}{5y^2} - 0}{y} = 0.$$

Portanto, temos que

$$\frac{\partial f}{\partial x} = \begin{cases} \dfrac{-6x^2y + 10y^3}{(3x^2 + 5y^2)^2} & \text{se } (x,y) \neq (0,0) \\ 0 & \text{se } (x,y) = (0,0) \end{cases} \quad \text{e} \quad \frac{\partial f}{\partial y} = \begin{cases} \dfrac{6x^3 - 10xy^2}{(3x^2 + 5y^2)^2} & \text{se } (x,y) \neq (0,0) \\ 0 & \text{se } (x,y) = (0,0). \end{cases}$$

Exemplo 3: Verificar se a função $z = \ln(xy) + x + y$ satisfaz a equação

$$x\frac{\partial z}{\partial x} - y\frac{\partial z}{\partial y} = x - y.$$

Temos que

$$\frac{\partial z}{\partial x} = \frac{y}{xy} + 1$$

$$= \frac{1}{x} + 1.$$

$$\frac{\partial z}{\partial y} = \frac{x}{xy} + 1$$

$$= \frac{1}{y} + 1.$$

Logo,

$$x\frac{\partial z}{\partial x} - y\frac{\partial z}{\partial y} = x\left(\frac{1}{x} + 1\right) - y\left(\frac{1}{y} + 1\right)$$

$$= 1 + x - 1 - y$$

$$= x - y.$$

Portanto, a equação dada é satisfeita.

4.1.5 Interpretação geométrica das derivadas parciais de uma função de duas variáveis

No Exemplo 1 da Subseção 4.1.2 discutimos o 1º enunciado, que levantava a questão do cálculo da inclinação da reta tangente a uma curva C em um ponto P. Vamos, agora, obter a interpretação geométrica das derivadas parciais.

Vamos supor que

$$f : A \subseteq \mathbb{R}^2 \to \mathbb{R}$$
$$z = f(x, y)$$

admite derivadas parciais em $(x_0, y_0) \in A$.

Para $y = y_0$ temos que $f(x, y_0)$ é uma função de uma variável cujo gráfico é uma curva C_1, resultante da intersecção da superfície $z = f(x, y)$ com o plano $y = y_0$ (ver Figura 4.3).

A inclinação ou coeficiente angular da reta tangente à curva C_1 no ponto $P = (x_0, y_0)$ é dada por

$$\text{tg } \alpha = \frac{\partial f}{\partial x}(x_o, y_0),$$

onde α pode ser visualizado na Figura 4.3.

De maneira análoga, temos que a inclinação da reta tangente à curva C_2, resultante da intersecção de $z = f(x, y)$ com o plano $x = x_0$, é

$$\text{tg } \beta = \frac{\partial f}{\partial y}(x_0, y_0).$$

(Ver Figura 4.4)

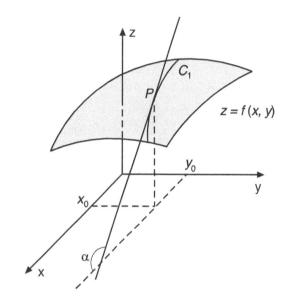

Figura 4.3

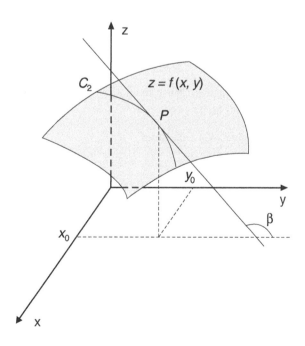

Figura 4.4

4.1.6 Exemplos

Exemplo 1: Seja $z = 6 - x^2 - y^2$. Encontrar a inclinação da reta tangente à curva C_2, resultante da intersecção de $z = f(x, y)$ com $x = 2$, no ponto $(2, 1, 1)$.

Solução: No plano $x = 2$, a equação da curva C_2 é dada por $g(y) = f(2, y) = 2 - y^2$. A sua inclinação, no ponto $(2, 1, 1)$, é dada por

$$\text{tg }\beta = \frac{\partial f}{\partial y}(2, 1).$$

Como $\dfrac{\partial f}{\partial y} = -2y$ e $\dfrac{\partial f}{\partial y}(2, 1) = -2$, temos

$$\text{tg }\beta = -2.$$

A Figura 4.5 ilustra esse exemplo.

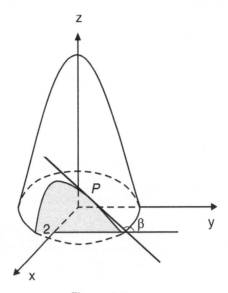

Figura 4.5

Exemplo 2: Seja $z = 2x^2 + 5y^2x - 12x$. Encontrar a inclinação da reta tangente à curva C_1, resultante da intersecção de $z = f(x, y)$ com $y = 1$, no ponto $(2, 1, -6)$.

Solução: No plano $y = 1$ a equação da curva C_1 é dada por

$$g(x) = f(x, 1) = 2x^2 - 7x,$$

e sua inclinação no ponto $(2, 1, -6)$ é

$$\text{tg }\alpha = \frac{\partial f}{\partial x}(2, 1).$$

Temos

$$\frac{\partial f}{\partial x} = 4x + 5y^2 - 12$$

$$\frac{\partial f}{\partial x}(2, 1) = 4 \cdot 2 + 5 \cdot 1^2 - 12 = 1.$$

Portanto, $\text{tg }\alpha = 1$.

4.1.7 Derivadas parciais de funções com mais de duas variáveis

Podemos generalizar o conceito de derivadas parciais de 1ª ordem para funções com mais de duas variáveis. Dada

$$f : A \subseteq \mathbb{R}^n \to \mathbb{R}$$
$$f = f(x_1, x_2, \ldots, x_n)$$

podemos obter n derivadas parciais de 1ª ordem:

$$\frac{\partial f}{\partial x_1}, \frac{\partial f}{\partial x_2}, \ldots, \frac{\partial f}{\partial x_n},$$

onde

$$\frac{\partial f}{\partial x_1} = \lim_{\Delta x_1 \to 0} \frac{f(x_1 + \Delta x_1, x_2, \ldots, x_n) - f(x_1, x_2, \ldots, x_n)}{\Delta x_1}$$

$$\frac{\partial f}{\partial x_2} = \lim_{\Delta x_2 \to 0} \frac{f(x_1, x_2 + \Delta x_2, x_3, \ldots, x_n) - f(x_1, x_2, \ldots, x_n)}{\Delta x_2}$$

$$\cdots$$

$$\frac{\partial f}{\partial x_n} = \lim_{\Delta x_n \to 0} \frac{f(x_1, x_2, \ldots, x_{n-1}, x_n + \Delta x_n) - f(x_1, x_2, \ldots, x_n)}{\Delta x_n}$$

4.1.8 Exemplos

Exemplo 1: Calcular as derivadas parciais de 1ª ordem da função

$$f(x, y, z, t, w) = xyz \cdot \ln(x^2 + t^2 + w^2).$$

Solução: Essa é uma função de cinco variáveis. Portanto, temos cinco derivadas parciais de 1ª ordem:

$$\frac{\partial f}{\partial x}, \frac{\partial f}{\partial y}, \frac{\partial f}{\partial z}, \frac{\partial f}{\partial t} \text{ e } \frac{\partial f}{\partial w}.$$

Para calcular $\frac{\partial f}{\partial x}$ vamos usar as regras de derivação, considerando y, z, t e w como constantes. Temos, então,

$$\frac{\partial f}{\partial x} = xyz \cdot \frac{\partial}{\partial x}[\ln(x^2 + t^2 + w^2)] + \ln(x^2 + t^2 + w^2) \cdot \frac{\partial}{\partial x}(xyz)$$

$$= xyz \cdot \frac{\frac{\partial}{\partial x}(x^2 + t^2 + w^2)}{x^2 + t^2 + w^2} + yz \cdot \ln(x^2 + t^2 + w^2)$$

$$= xyz \cdot \frac{2x}{x^2 + t^2 + w^2} + yz \cdot \ln(x^2 + t^2 + w^2)$$

$$= \frac{2x^2 yz}{x^2 + t^2 + w^2} + yz \cdot \ln(x^2 + t^2 + w^2).$$

De maneira análoga, obtemos:

$$\frac{\partial f}{\partial y} = xz \cdot \ln(x^2 + t^2 + w^2) \cdot \frac{\partial}{\partial y}(y)$$

$$= xz \cdot \ln(x^2 + t^2 + w^2).$$

$$\frac{\partial f}{\partial z} = xy \cdot \ln(x^2 + t^2 + w^2) \cdot \frac{\partial}{\partial z}(z)$$

$$= xy \cdot \ln(x^2 + t^2 + w^2).$$

$$\frac{\partial f}{\partial t} = xyz \cdot \frac{\partial}{\partial t}[\ln(x^2 + t^2 + w^2)]$$

$$= xyz \cdot \frac{\frac{\partial}{\partial t}(x^2 + t^2 + w^2)}{x^2 + t^2 + w^2}$$

$$= xyz \cdot \frac{2t}{x^2 + t^2 + w^2}$$

$$= \frac{2t\, xyz}{x^2 + t^2 + w^2}.$$

$$\frac{\partial f}{\partial w} = xyz \cdot \frac{\partial}{\partial w}[\ln(x^2 + t^2 + w^2)]$$

$$= xyz \cdot \frac{\frac{\partial}{\partial w}(x^2 + t^2 + w^2)}{x^2 + t^2 + w^2}$$

$$= xyz \cdot \frac{2w}{x^2 + t^2 + w^2}$$

$$= \frac{2w\, xyz}{x^2 + t^2 + w^2}.$$

4.2 Diferenciabilidade

Nesta seção, vamos estender o conceito de diferenciabilidade de funções de uma variável para as funções de duas variáveis.

Sabemos que o gráfico de uma função derivável de uma variável constitui uma curva que não possui pontos angulosos, isto é, uma curva suave. Em cada ponto do gráfico temos uma reta tangente única.

Similarmente, queremos caracterizar uma função diferenciável de duas variáveis, $f(x, y)$, pela suavidade de seu gráfico. Em cada ponto $(x_0, y_0, f(x_0, y_0))$ do gráfico de f, deverá existir um único plano tangente, que represente uma "boa aproximação" de f perto de (x_0, y_0).

Para entendermos o que significa uma "boa aproximação" para a função f perto de (x_0, y_0), vamos trabalhar inicialmente com uma função derivável $f : \mathbb{R} \to \mathbb{R}$. Sabemos que, se f é derivável no ponto x_0, sua derivada $f'(x_0)$ é dada por

$$\lim_{x \to x_0} \frac{f(x) - f(x_0)}{x - x_0} = f'(x_0) \qquad (1)$$

Podemos reescrever a equação (1) como

$$\lim_{x \to x_0} \left[\frac{f(x) - f(x_0)}{x - x_0} - f'(x_0) \right] = 0$$

ou

$$\lim_{x \to x_0} \frac{f(x) - [f(x_0) + f'(x_0)(x - x_0)]}{x - x_0} = 0. \qquad (2)$$

A expressão (2) nos diz que a função

$$y = f(x_0) + f'(x_0)(x - x_0),$$

que é a reta tangente ao gráfico de f no ponto $(x_0, f(x_0))$, é uma "boa aproximação" de f perto de x_0. Em outras palavras, quando x se aproxima de x_0, a diferença entre $f(x)$ e y se aproxima de zero de uma forma mais rápida.

A Figura 4.6 ilustra essa situação.

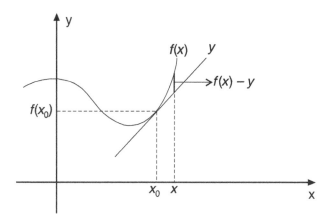

Figura 4.6

Assim como a derivada de uma função de uma variável está ligada à reta tangente ao gráfico da função, as derivadas parciais estão relacionadas com o plano tangente ao gráfico de uma função de duas variáveis. No entanto, nesse último caso, devemos fazer uma análise bem mais cuidadosa, pois somente a existência das derivadas parciais não garante que existirá um plano tangente, como veremos mais adiante. Por enquanto, vamos raciocinar mais intuitivamente, dispensando um pouco o formalismo.

Como vimos na Subseção 4.1.5, a derivada parcial $\frac{\partial f}{\partial x}(x_0, y_0)$ é o coeficiente angular da reta tangente à curva de intersecção do plano $y = y_0$ com a superfície $z = f(x, y)$, no ponto (x_0, y_0). Da mesma forma, $\frac{\partial f}{\partial y}(x_0, y_0)$ é o coeficiente angular da reta tangente à curva de intersecção do plano $x = x_0$ com a superfície $z = f(x, y)$, no ponto (x_0, y_0) (ver figuras 4.3 e 4.4).

Intuitivamente, percebemos que essas retas tangentes devem estar contidas no plano tangente à superfície, se esse plano existir (ver Figura 4.7).

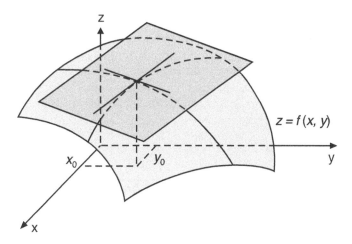

Figura 4.7

Assim, se o plano tangente a $z = f(x, y)$, no ponto $(x_0, y_0, f(x_0, y_0))$, fosse dado pela equação

$$h(x, y) = ax + by + c,$$

(3)

teríamos que:

a) sua inclinação na direção do eixo dos x seria

$$a = \frac{\partial f}{\partial x}(x_0, y_0);\qquad(4)$$

b) sua inclinação na direção do eixo dos y seria

$$b = \frac{\partial f}{\partial y}(x_0, y_0);\qquad(5)$$

c) o ponto $(x_0, y_0, f(x_0, y_0))$ satisfaria a equação (3), ou seja,

$$h(x_0, y_0) = f(x_0, y_0).\qquad(6)$$

Substituindo (4) e (5) em (3), obteríamos

$$h(x, y) = \frac{\partial f}{\partial x}(x_0, y_0)x + \frac{\partial f}{\partial y}(x_0, y_0)y + c.\qquad(7)$$

Substituindo (6) em (7), teríamos

$$f(x_0, y_0) = \frac{\partial f}{\partial x}(x_0, y_0)x_0 + \frac{\partial f}{\partial y}(x_0, y_0)y_0 + c$$

ou

$$c = f(x_0, y_0) - \frac{\partial f}{\partial x}(x_0, y_0)x_0 - \frac{\partial f}{\partial y}(x_0, y_0)y_0.\qquad(8)$$

Finalmente, substituindo (8) em (7), obteríamos

$$h(x, y) = f(x_0, y_0) + \frac{\partial f}{\partial x}(x_0, y_0)[x - x_0] + \frac{\partial f}{\partial y}(x_0, y_0)[y - y_0].\qquad(9)$$

Assim, na situação em que existir o plano tangente ao gráfico de $z = f(x, y)$ no ponto $(x_0, y_0, f(x_0, y_0))$, esse plano será dado pela equação (9).

Podemos, agora, introduzir o conceito de função diferenciável. De uma maneira informal, dizemos que $f(x, y)$ é diferenciável em (x_0, y_0) se o plano dado pela equação (9) nos fornece uma "boa aproximação" para $f(x, y)$ perto de (x_0, y_0). Ou seja, quando (x, y) se aproxima de (x_0, y_0), a diferença entre $f(x, y)$ e $z = h(x, y)$ se aproxima mais rapidamente de zero. Temos a seguinte definição:

4.2.1 Definição

Dizemos que a função $f(x, y)$ é diferenciável no ponto (x_0, y_0) se as derivadas parciais $\frac{\partial f}{\partial x}(x_0, y_0)$ e $\frac{\partial f}{\partial y}(x_0, y_0)$ existem e se

$$\lim_{\substack{x \to x_0 \\ y \to y_0}} \frac{f(x, y) - \left[f(x_0, y_0) + \frac{\partial f}{\partial x}(x_0, y_0)[x - x_0] + \frac{\partial f}{\partial y}(x_0, y_0)[y - y_0]\right]}{|(x, y) - (x_0, y_0)|} = 0\qquad(10)$$

onde

$$|(x, y) - (x_0, y_0)|$$

representa a distância de (x, y) a (x_0, y_0), que é dada por $\sqrt{(x - x_0)^2 + (y - y_0)^2}$.

CAPÍTULO 4 Derivadas parciais e funções diferenciáveis

Dizemos que f é diferenciável em um conjunto $A \subset D(f)$, se f for diferenciável em todos os pontos de A.
É importante ressaltarmos os seguintes pontos sobre a definição 4.2.1:

- Para provar que uma função é diferenciável em (x_0, y_0) usando a definição, devemos mostrar que as derivadas parciais existem em (x_0, y_0) e, além disso, que o limite da equação (10) é zero.
- Se uma das derivadas parciais não existe no ponto (x_0, y_0), f não é diferenciável nesse ponto.
- Se o limite dado na equação (10) for diferente de zero ou não existir, f não será diferenciável no ponto (x_0, y_0), mesmo se existirem as derivadas parciais nesse ponto.

É importante, ainda, observar que nem sempre é fácil usar a definição 4.2.1 para mostrar que uma função é diferenciável. Mais adiante, na Subseção 4.2.4, veremos um critério que nos permite concluir que muitas funções, que aparecem freqüentemente na prática, são diferenciáveis. Antes disso, no entanto, vamos ver que toda função diferenciável é contínua e apresentar alguns exemplos envolvendo a definição 4.2.1.

4.2.2 Proposição

Se $f(x, y)$ é diferenciável no ponto (x_0, y_0), então f é contínua nesse ponto.

Prova: Devemos mostrar que

$$\lim_{\substack{x \to x_0 \\ y \to y_0}} f(x, y) = f(x_0, y_0)$$

Como f é diferenciável em (x_0, y_0), temos que

$$\lim_{\substack{x \to x_0 \\ y \to y_0}} \frac{f(x, y) - f(x_0, y_0) - \frac{\partial f}{\partial x}(x_0, y_0)[x - x_0] - \frac{\partial f}{\partial y}(x_0, y_0)[y - y_0]}{\sqrt{(x - x_0)^2 + (y - y_0)^2}} = 0.$$

Como $\lim_{\substack{x \to x_0 \\ y \to y_0}} \sqrt{(x - x_0)^2 + (y - y_0)^2} = 0$, usando a propriedade 3.3.2(c), podemos escrever

$$\lim_{\substack{x \to x_0 \\ y \to y_0}} \left[\frac{f(x, y) - f(x_0, y_0) - \frac{\partial f}{\partial x}(x_0, y_0)[x - x_0] - \frac{\partial f}{\partial y}(x_0, y_0)[y - y_0]}{\sqrt{(x - x_0)^2 + (y - y_0)^2}} \cdot \sqrt{(x - x_0)^2 + (y - y_0)^2} \right] = 0$$

ou

$$\lim_{\substack{x \to x_0 \\ y \to y_0}} \left[f(x, y) - f(x_0, y_0) - \frac{\partial f}{\partial x}(x_0, y_0)[x - x_0] - \frac{\partial f}{\partial y}(x_0, y_0)[y - y_0] \right] = 0.$$

Como $\lim_{\substack{x \to x_0 \\ y \to y_0}} (x - x_0) = 0$ e $\lim_{\substack{x \to x_0 \\ y \to y_0}} (y - y_0) = 0$, usando as propriedades 3.3.2(b) e 3.3.2(a), concluímos que

$$\lim_{\substack{x \to x_0 \\ y \to y_0}} [f(x, y) - f(x_0, y_0)] = 0$$

ou, finalmente, que

$$\lim_{\substack{x \to x_0 \\ y \to y_0}} f(x, y) = f(x_0, y_0).$$

Logo, f é contínua em (x_0, y_0).

4.2.3 Exemplos

Exemplo 1: Usando a definição 4.2.1, provar que a função $f(x, y) = x^2 + y^2$ é diferenciável em $\mathbb{R}^2$.

Solução: A função dada possui derivadas parciais em todos os pontos $(x_0, y_0) \in \mathbb{R}^2$ que são dadas por

$$\frac{\partial f}{\partial x}(x_0, y_0) = 2x_0 \quad \text{e} \quad \frac{\partial f}{\partial y}(x_0, y_0) = 2y_0.$$

Assim, para mostrarmos que f é diferenciável em $\mathbb{R}^2$, resta verificar que para qualquer $(x_0, y_0) \in \mathbb{R}^2$, o limite da equação (10) é zero. Se chamamos de L esse limite, temos

$$L = \lim_{\substack{x \to x_0 \\ y \to y_0}} \frac{x^2 + y^2 - [x_0^2 + y_0^2 + 2x_0[x - x_0] + 2y_0[y - y_0]]}{\sqrt{(x - x_0)^2 + (y - y_0)^2}}$$

$$= \lim_{\substack{x \to x_0 \\ y \to y_0}} \frac{x^2 - 2x\,x_0 + x_0^2 + y^2 - 2y\,y_0 + y_0^2}{\sqrt{(x - x_0)^2 + (y - y_0)^2}}$$

$$= \lim_{\substack{x \to x_0 \\ y \to y_0}} \frac{(x - x_0)^2 + (y - y_0)^2}{\sqrt{(x - x_0)^2 + (y - y_0)^2}}$$

$$= \lim_{\substack{x \to x_0 \\ y \to y_0}} \sqrt{(x - x_0)^2 + (y - y_0)^2} = 0.$$

Logo, f é diferenciável em $\mathbb{R}^2$.

Exemplo 2: Verifique se as funções dadas são diferenciáveis na origem.

a) $f(x, y) = \sqrt{x^2 + y^2}$

b) $f(x, y) = \begin{cases} \dfrac{x^2}{x^2 + y^2}, & (x, y) \neq (0, 0) \\ 0, & (x, y) = (0, 0) \end{cases}$

c) $f(x, y) = \begin{cases} \dfrac{2y^3}{x^2 + y^2}, & (x, y) \neq (0, 0) \\ 0, & (x, y) = (0, 0) \end{cases}$

Solução de (a): Vamos verificar se a função dada, $f(x, y) = \sqrt{x^2 + y^2}$, tem derivadas parciais na origem. Usando a definição 4.1.1, vamos verificar se o limite $\lim\limits_{x \to 0} \dfrac{f(x, 0) - f(0, 0)}{x} = \lim\limits_{x \to 0} \dfrac{\sqrt{x^2}}{x}$ existe.

Para analisar se esse limite existe, vamos trabalhar com os limites laterais. Temos

$$\lim_{x \to 0^+} \frac{\sqrt{x^2}}{x} = 1 \quad \text{e} \quad \lim_{x \to 0^-} \frac{\sqrt{x^2}}{x} = -1.$$

Portanto, o limite não existe e, dessa forma, concluímos que $\dfrac{\partial f}{\partial x}(0, 0)$ não existe.
Logo, f não é diferenciável na origem.

Solução de (b): A função dada nesse exemplo é

$$f(x, y) = \begin{cases} \dfrac{x^2}{x^2 + y^2}, & (x, y) \neq (0, 0) \\ 0, & (x, y) \neq (0, 0) \end{cases}$$

De acordo com a proposição 4.2.2, se f não é contínua no ponto (x_0, y_0), f não será diferenciável nesse ponto. Vamos, então, verificar se a função dada é contínua em $(0, 0)$, ou seja, se

$$\lim_{\substack{x \to 0 \\ y \to 0}} f(x, y) = f(0, 0).$$

Temos que $\lim\limits_{\substack{x \to 0 \\ y \to 0}} \dfrac{x^2}{x^2 + y^2}$ é indeterminado.

Fazendo x tender a zero pelo eixo dos x, obtemos

$$\lim_{\substack{x\to 0\\ y=0}} \frac{x^2}{x^2+y^2} = \lim_{x\to 0} \frac{x^2}{x^2} = 1.$$

Fazendo x tender a zero pelo eixo dos y, vem

$$\lim_{\substack{y\to 0\\ x=0}} \frac{x^2}{x^2+y^2} = \lim_{y\to 0} \frac{0}{y^2} = 0.$$

Portanto, não existe $\lim_{\substack{x\to 0\\ y\to 0}} f(x,y)$ e, assim, f não é contínua em $(0,0)$.

Logo, f não é diferenciável na origem.

Solução de (c): Vamos, inicialmente, verificar que a função dada tem derivadas parciais na origem. Temos

$$\frac{\partial f}{\partial x}(0,0) = \lim_{x\to 0} \frac{f(x,0) - f(0,0)}{x - 0}$$

$$= \lim_{x\to 0} \frac{0 - 0}{x} = 0$$

$$\frac{\partial f}{\partial y}(0,0) = \lim_{y\to 0} \frac{f(0,y) - f(0,0)}{y - 0}$$

$$= \lim_{y\to 0} \frac{\frac{2y^3}{y^2} - 0}{y} = 2$$

Vamos, agora, verificar se o limite dado na equação (10) é zero. Temos que

$$\frac{f(x,y) - \left[f(0,0) + \frac{\partial f}{\partial x}(0,0)[x-0] + \frac{\partial f}{\partial y}(0,0)[y-0]\right]}{|(x,y)-(0,0)|} =$$

$$= \frac{\frac{2y^3}{x^2+y^2} - [0 + 0(x-0) + 2(y-0)]}{\sqrt{x^2+y^2}}$$

$$= \frac{\frac{2y^3 - 2y(x^2+y^2)}{x^2+y^2}}{\sqrt{x^2+y^2}}$$

$$= \frac{-2x^2 y}{(x^2+y^2)^{3/2}}.$$

Portanto, devemos verificar se existe

$$\lim_{\substack{x\to 0\\ y\to 0}} \frac{-2x^2 y}{(x^2+y^2)^{3/2}}.$$

Fazendo $(x,y) \to (0,0)$ pelo eixo dos x, temos

$$\lim_{\substack{x\to 0\\ y=0}} \frac{-2x^2 y}{(x^2+y^2)^{3/2}} = \lim_{x\to 0} \frac{0}{(x^2)^{3/2}} = 0.$$

Fazendo $(x,y) \to (0,0)$ pelos pontos da semi-reta $y = x$, $x > 0$, temos

$$\lim_{\substack{x\to 0^+ \\ y=x}} \frac{-2x^2y}{(x^2+y^2)^{3/2}} = \lim_{x\to 0^+} \frac{-2x^3}{(2x^2)^{3/2}}$$

$$= \lim_{x\to 0^+} \frac{-2x^3}{2\sqrt{2}\,x^3}$$

$$= -\frac{\sqrt{2}}{2}.$$

Logo, o limite dado na equação (10) não existe e, portanto, f não é diferenciável na origem.

Esse exemplo ilustra o fato de que a existência das derivadas parciais não é condição suficiente para que uma função seja diferenciável. Temos a seguinte proposição:

4.2.4 Proposição (Uma condição suficiente para diferenciabilidade)

Seja (x_0, y_0) um ponto do domínio da função $f(x, y)$. Se $f(x, y)$ possui derivadas parciais $\frac{\partial f}{\partial x}$ e $\frac{\partial f}{\partial y}$ em um conjunto aberto A que contém (x_0, y_0) e se essas derivadas parciais são contínuas em (x_0, y_0), então f é diferenciável em (x_0, y_0).

Prova: Como por hipótese as derivadas parciais $\frac{\partial f}{\partial x}(x_0, y_0)$ e $\frac{\partial f}{\partial y}(x_0, y_0)$ existem, de acordo com a definição 4.2.1 devemos mostrar que

$$\lim_{\substack{x\to x_0 \\ y\to y_0}} \frac{f(x,y) - f(x_0,y_0) - \frac{\partial f}{\partial x}(x_0,y_0)[x-x_0] - \frac{\partial f}{\partial y}(x_0,y_0)[y-y_0]}{|(x,y) - (x_0,y_0)|} = 0. \qquad (11)$$

Como o conjunto A é aberto e $(x_0, y_0) \in A$, existe uma bola aberta $B = B((x_0, y_0), r)$ que está contida em A. Tomamos $(x, y) \in B$.

Temos

$$f(x,y) - f(x_0,y_0) = f(x,y) - f(x_0,y) + f(x_0,y) - f(x_0,y_0). \qquad (12)$$

Vamos supor inicialmente que y permanece fixo. Então a função f pode ser vista como uma função de x e sua derivada parcial em relação a x pode ser vista como a derivada de uma função de uma variável.

Como f tem derivadas parciais em todos os pontos da bola aberta B, usando o teorema do valor médio (ver *Cálculo A*, 6ª edição, Subseção 5.5.2), concluímos que existe um ponto $\bar{x}$ entre x_0 e x tal que

$$f(x,y) - f(x_0,y) = \frac{\partial f}{\partial x}(\bar{x}, y)[x - x_0]. \qquad (13)$$

Da mesma forma, podemos dizer que existe um ponto $\bar{y}$ entre y_0 e y tal que

$$f(x_0, y) - f(x_0, y_0) = \frac{\partial f}{\partial y}(x_0, \bar{y})[y - y_0]. \qquad (14)$$

Usando (13) e (14) podemos reescrever (12) como

$$f(x,y) - f(x_0,y_0) = \frac{\partial f}{\partial x}(\bar{x}, y)[x - x_0] + \frac{\partial f}{\partial y}(x_0, \bar{y})[y - y_0]. \qquad (15)$$

Portanto, o quociente do limite dado na equação (12) pode ser escrito como

$$\frac{\frac{\partial f}{\partial x}(\bar{x}, y)[x - x_0] + \frac{\partial f}{\partial y}(x_0, \bar{y})[y - y_0] - \frac{\partial f}{\partial x}(x_0, y_0)[x - x_0] - \frac{\partial f}{\partial y}(x_0, y_0)[y - y_0]}{\sqrt{(x - x_0)^2 + (y - y_0)^2}}$$

ou

$$\frac{\left[\frac{\partial f}{\partial x}(\bar{x}, y) - \frac{\partial f}{\partial x}(x_0, y_0)\right][x - x_0]}{\sqrt{(x - x_0)^2 + (y - y_0)^2}} + \frac{\left[\frac{\partial f}{\partial y}(x_0, \bar{y}) - \frac{\partial f}{\partial y}(x_0, y_0)\right][y - y_0]}{\sqrt{(x - x_0)^2 + (y - y_0)^2}}.$$

Agora, usando as propriedades de limite, vamos mostrar que o limite dado na expressão (11) é zero. Temos que

$$\left|\frac{x - x_0}{\sqrt{(x - x_0)^2 + (y - y_0)^2}}\right| \leq 1 \quad \text{e} \quad \left|\frac{y - y_0}{\sqrt{(x - x_0)^2 + (y - y_0)^2}}\right| \leq 1.$$

Por outro lado, como $\frac{\partial f}{\partial x}$ e $\frac{\partial f}{\partial y}$ são contínuas em (x_0, y_0) e $\bar{x}$ e $\bar{y}$ estão entre x_0 e x e y_0 e y, respectivamente, temos

$$\lim_{\substack{x \to x_0 \\ y \to y_0}} \left[\frac{\partial f}{\partial x}(\bar{x}, y) - \frac{\partial f}{\partial x}(x_0, y_0)\right] = 0 \quad \text{e} \quad \lim_{\substack{x \to x_0 \\ y \to y_0}} \left[\frac{\partial f}{\partial y}(x_0, \bar{y}) - \frac{\partial f}{\partial y}(x_0, y_0)\right] = 0$$

Portanto, usando as propriedades 3.3.6 e 3.3.2(a), concluímos que o limite dado pela expressão (11) é zero.
Logo, f é diferenciável no ponto (x_0, y_0).
A proposição 4.2.4 é muito útil para verificarmos que muitas das funções mais usadas no Cálculo são diferenciáveis. Isso é ilustrado nos exemplos que seguem.

4.2.5 Exemplos

Exemplo 1: Verificar que as funções a seguir são diferenciáveis em $\mathbb{R}^2$:

a) $f(x, y) = x^2 + y^2$
b) $f(x, y) = 3xy^2 + 4x^2y + 2xy$
c) $f(x, y) = \text{sen}(xy^2)$

Solução de (a): A função $f(x, y) = x^2 + y^2$ tem derivadas parciais em todos os pontos $(x, y) \in \mathbb{R}^2$, que são dadas por

$$\frac{\partial f}{\partial x} = 2x \quad \text{e} \quad \frac{\partial f}{\partial y} = 2y.$$

Como essas derivadas parciais são contínuas em $\mathbb{R}^2$, concluímos que f é diferenciável em $\mathbb{R}^2$.

Solução de (b): A função dada

$$f(x, y) = 3xy^2 + 4x^2y + 2xy$$

é uma função polinomial que possui derivadas parciais em todos os pontos de $\mathbb{R}^2$.
As suas derivadas parciais também são funções polinomiais e, portanto, são contínuas em $\mathbb{R}^2$.
Logo, f é diferenciável em $\mathbb{R}^2$.
Observamos que o raciocínio usado nesse exemplo pode ser generalizado para qualquer função polinomial. Concluímos, então, que as funções polinomiais são diferenciáveis em $\mathbb{R}^2$.

Solução de (c): A função
$$f(x, y) = \text{sen}\,(xy^2)$$
tem derivadas parciais em todos os pontos de $\mathbb{R}^2$, que são dadas por
$$\frac{\partial f}{\partial x} = y^2 \cos(xy^2) \quad \text{e} \quad \frac{\partial f}{\partial y} = 2xy\cos(xy^2).$$

Como essas derivadas são contínuas em $\mathbb{R}^2$, f é diferenciável em $\mathbb{R}^2$.

Exemplo 2: Verificar que as funções dadas são diferenciáveis em todos os pontos de $\mathbb{R}^2$, exceto na origem:

a) $f(x, y) = \dfrac{x}{x^2 + y^2}$

b) $f(x, y) = \sqrt{x^2 + y^2}$

Solução de (a): Em todos os pontos $(x, y) \in \mathbb{R}^2$, $(x, y) \neq (0, 0)$, a função
$$f(x, y) = \frac{x}{x^2 + y^2}$$
tem derivadas parciais, que são dadas por
$$\frac{\partial f}{\partial x} = \frac{-x^2 + y^2}{(x^2 + y^2)^2} \quad \text{e} \quad \frac{\partial f}{\partial y} = \frac{-2xy}{(x^2 + y^2)^2}.$$

Como essas derivadas são funções racionais cujo denominador se anula apenas na origem, elas são contínuas em $\mathbb{R}^2 - \{(0, 0)\}$.

Logo, $f(x, y)$ é diferenciável em todos os pontos de $\mathbb{R}^2$, exceto na origem.

Solução de (b): A função dada
$$f(x, y) = \sqrt{x^2 + y^2}$$
tem derivadas parciais em todos os pontos $(x, y) \in \mathbb{R}^2$, $(x, y) \neq (0, 0)$. Suas derivadas parciais são dadas por
$$\frac{\partial f}{\partial x} = \frac{x}{\sqrt{x^2 + y^2}} \quad \text{e} \quad \frac{\partial f}{\partial y} = \frac{y}{\sqrt{x^2 + y^2}}.$$

Essas derivadas parciais são contínuas em todos os pontos de $\mathbb{R}^2$, exceto na origem.
Logo, f é diferenciável em $\mathbb{R}^2 - \{(0, 0)\}$.

4.3 Plano Tangente e Vetor Gradiente

Na Seção 4.2 vimos que, quando existir, o plano tangente ao gráfico de uma função $f(x, y)$ será dado pela equação (9). No entanto, nem sempre o plano dado por essa equação existe e, mesmo se existir, poderá não ser tangente ao gráfico de f. Podemos visualizar isso, analisando os gráficos das figuras 4.8, 4.9 e 4.10.

Na Figura 4.8, temos o gráfico da função $f(x, y) = x^2 + y^2$. Esse gráfico representa uma superfície "suave", que possui plano tangente em todos os seus pontos. No Exemplo 1 da Subseção 4.2.3, vimos que essa função é diferenciável em todos os pontos de $\mathbb{R}^2$.

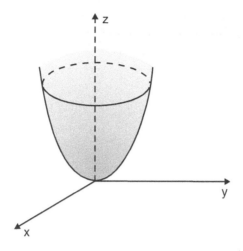

Figura 4.8

Na Figura 4.9, temos o gráfico da função $f(x, y) = \sqrt{x^2 + y^2}$, que apresenta um ponto anguloso na sua origem, não admitindo plano tangente nesse ponto. No Exemplo 2(a) da Subseção 4.2.3, vimos que essa função não tem derivadas parciais em (0, 0), não sendo diferenciável nesse ponto. Nesse exemplo, o plano dado pela expressão (9) não existe.

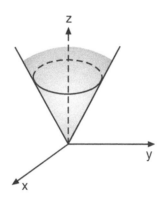

Figura 4.9

A Figura 4.10 mostra o gráfico da função

$$f(x, y) = \begin{cases} \dfrac{2y^3}{x^3 + y^2}, & (x, y) \neq (0, 0) \\ 0, & (x, y) = (0, 0) \end{cases}$$

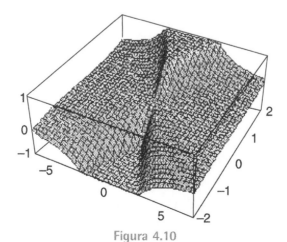

Figura 4.10

Nesse exemplo, no ponto (0, 0, 0), o plano da equação (9) existe, mas não é tangente ao gráfico de f. No Exemplo 2(c) da Subseção 4.2.3, vimos que essa função admite derivadas parciais, mas não é diferenciável na origem.

Temos a seguinte definição:

4.3.1 Definição

Seja $f: \mathrm{IR}^2 \to \mathrm{IR}$ diferenciável no ponto (x_0, y_0). Chamamos plano tangente ao gráfico de f no ponto $(x_0, y_0, f(x_0, y_0))$ ao plano dado pela equação

$$z - f(x_0, y_0) = \frac{\partial f}{\partial x}(x_0, y_0)(x - x_0) + \frac{\partial f}{\partial y}(x_0, y_0)(y - y_0). \qquad (1)$$

4.3.2 Exemplos

Determinar, se existir, o plano tangente ao gráfico das funções dadas nos pontos indicados.

a) $z = x^2 + y^2 \qquad P_1(0, 0, 0); P_2(1, 1, 2)$

b) $z = \sqrt{2x^2 + y^2} \qquad P_1(0, 0, 0); P_2(1, 1, \sqrt{3})$

Solução de (a): A função $z = x^2 + y^2$ é diferenciável em todos os pontos de IR^2. Suas derivadas parciais são dadas por

$$\frac{\partial z}{\partial x} = 2x \quad \text{e} \quad \frac{\partial z}{\partial y} = 2y.$$

Substituindo $P_1(0, 0, 0)$ na equação (1), obtemos

$$z - 0 = 2 \cdot 0 \cdot (x - 0) + 2 \cdot 0 \cdot (y - 0) \quad \text{ou} \quad z = 0,$$

que é a equação do plano tangente ao gráfico da função dada no ponto P_1. A Figura 4.11 ilustra esse exemplo.

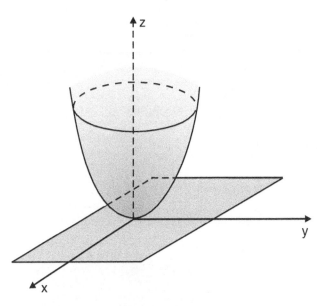

Figura 4.11

Substituindo o ponto $P_2(1, 1, 2)$ na equação (1), obtemos

$$z - 2 = 2 \cdot 1 \cdot (x - 1) + 2 \cdot 1 \cdot (y - 1) \quad \text{ou} \quad 2x + 2y - z = 2,$$

que é a equação do plano tangente no ponto P_2.

Solução de (b): A função dada não tem derivadas parciais em $(0, 0)$ (ver Exemplo 2 da Subseção 4.2.3). Portanto, não é diferenciável nesse ponto e seu gráfico não admite plano tangente em $P_1(0, 0, 0)$.

Fora da origem, a função dada é diferenciável. Suas derivadas parciais são dadas por

$$\frac{\partial z}{\partial x} = \frac{1}{2}(2x^2 + y^2)^{-1/2} \cdot 4x$$

$$= \frac{2x}{\sqrt{2x^2 + y^2}} \quad \text{e} \quad \frac{\partial z}{\partial y} = \frac{y}{\sqrt{2x^2 + y^2}}.$$

Substituindo $P_2(1, 1, \sqrt{3})$ na equação (1), obtemos a equação do plano tangente, que é dada por

$$z - \sqrt{3} = \frac{2}{\sqrt{3}}(x - 1) + \frac{1}{\sqrt{3}}(y - 1) \quad \text{ou} \quad 2x + y - \sqrt{3}z = 0.$$

Observamos que, usando o produto escalar de dois vetores, a equação do plano tangente pode ser reescrita como

$$z - f(x_0, y_0) = \left(\frac{\partial f}{\partial x}(x_0, y_0), \frac{\partial f}{\partial y}(x_0, y_0)\right) \cdot (x - x_0, y - y_0).$$

O vetor $\left(\frac{\partial f}{\partial x}(x_0, y_0), \frac{\partial f}{\partial y}(x_0, y_0)\right)$, formado pelas derivadas parciais de 1ª ordem de f, tem propriedades interessantes e aparece freqüentemente em um curso de Cálculo. Vamos explorá-lo detalhadamente no Capítulo 6, mas é interessante introduzi-lo neste momento. Temos a seguinte definição:

4.3.3 Definição

Seja $z = f(x, y)$ uma função que admite derivadas parciais de 1ª ordem no ponto (x_0, y_0). O *gradiente* de f no ponto (x_0, y_0), denotado por

$$\text{grad } f(x_0, y_0) \quad \text{ou} \quad \nabla f(x_0, y_0),$$

é um vetor cujas componentes são as derivadas parciais de 1ª ordem de f nesse ponto.

Ou seja,

$$\text{grad } f(x_0, y_0) = \left(\frac{\partial f}{\partial x}(x_0, y_0), \frac{\partial f}{\partial y}(x_0, y_0)\right).$$

Geometricamente, interpretamos $\nabla f(x_0, y_0)$ como um vetor aplicado no ponto (x_0, y_0), isto é, trasladado paralelamente da origem para o ponto (x_0, y_0).

Se estamos trabalhando com um ponto genérico (x, y), usualmente representamos o vetor gradiente por

$$\nabla f = \left(\frac{\partial f}{\partial x}, \frac{\partial f}{\partial y}\right).$$

Analogamente, definimos o vetor gradiente de funções de mais de duas variáveis. Por exemplo, para uma função de três variáveis $w = f(x, y, z)$, temos

$$\nabla w = \left(\frac{\partial f}{\partial x}, \frac{\partial f}{\partial y}, \frac{\partial f}{\partial z}\right).$$

4.3.4 Exemplos

Exemplo 1: Determinar o vetor gradiente das funções:

a) $z = 5x^2y + \frac{1}{x}y^2$

b) $w = xyz^2$.

Solução de (a): Temos

$$\nabla z = \left(10xy - \frac{y^2}{x^2}, 5x^2 + \frac{2y}{x}\right).$$

Solução de (b): Temos

$$\nabla w = (yz^2, xz^2, 2xyz).$$

Exemplo 2: Determinar o vetor gradiente da função $f(x, y) = x^2 + \frac{1}{2} y^2$ no ponto $(1, 3)$.

Temos

$$\nabla f = (2x, y); \quad \nabla f(1, 3) = (2, 3).$$

Exemplo 3: Determinar o vetor gradiente da função $g(x, y) = \sqrt{1 - x^2 - y^2}$ em $P_0(0, 0)$.
Temos

$$\nabla g = \left(\frac{1}{2} (1 - x^2 - y^2)^{-1/2} \cdot (-2x), \frac{1}{2} (1 - x^2 - y^2)^{-1/2} \cdot (-2y) \right)$$

$$= \left(\frac{-x}{\sqrt{1 - x^2 - y^2}}, \frac{-y}{\sqrt{1 - x^2 - y^2}} \right).$$

No ponto $P_0(0, 0)$, temos $\nabla g(0, 0) = (0, 0)$, ou seja, o vetor gradiente se anula no ponto $(0, 0)$.

Observando o gráfico da função dada na Figura 4.12, vemos que essa função apresenta um valor máximo na origem.

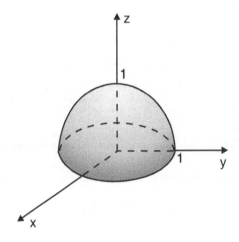

Figura 4.12

No Capítulo 5, veremos que os extremos relativos de uma função diferenciável $f(x, y)$ estão em pontos onde $\nabla f = 0$.

Uma das mais importantes propriedades do gradiente de $f(x, y)$ é que ele é perpendicular às curvas de nível de f. A seguir, enunciaremos essa propriedade e daremos exemplos. Na Seção 4.7, faremos sua demonstração, como uma aplicação da derivação implícita.

4.3.5 Proposição

Seja $f(x, y)$ uma função tal que, pelo ponto $P_0(x_0, y_0)$, passa uma curva de nível C_k de f. Se $\text{grad } f(x_0, y_0)$ não for nulo, então ele é perpendicular à curva C_k em (x_0, y_0), isto é, ele é perpendicular à reta tangente à curva C_k no ponto (x_0, y_0).

A Figura 4.13 ilustra geometricamente esse resultado.

É importante observar que o vetor gradiente está situado no plano xy, que é o domínio de definição da função dada. Além disso, ele está aplicado no ponto (x_0, y_0), ou seja, ele foi trasladado paralelamente da origem para esse ponto.

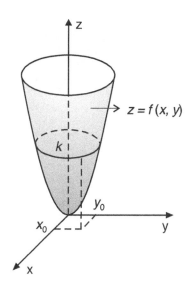
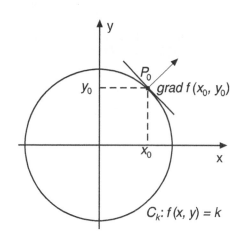

Figura 4.13

4.3.6 Exemplos

Exemplo 1: Verificar a proposição 4.3.5 para a função $f(x, y) = x^2 - y$, no ponto $P_0(2, 4)$.

Solução: Pelo ponto P_0 passa a curva de nível C_0, da função $f(x, y)$, dada por
$$C_0: f(x, y) = 0 \quad \text{ou} \quad x^2 - y = 0$$
ou, ainda, $y = x^2$.

Para verificarmos que $\nabla f(2, 4)$ é perpendicular à reta t, tangente à curva C_0 em $(2, 4)$, devemos lembrar que:
"No plano xy, um vetor (u_1, u_2) é perpendicular a uma reta t, se
$$k_1 \cdot k_2 = -1$$

onde k_1 é o coeficiente angular da reta t e $k_2 = \dfrac{u_2}{u_1}$ é o coeficiente angular do vetor (u_1, u_2)".

Da interpretação geométrica da derivada de funções de uma variável, temos que, no ponto $(2, 4)$, o coeficiente angular da reta tangente à curva C_0 é dado por
$$k_1 = y'(2) = 4.$$

Por outro lado, temos que
$$\nabla f = (2x, -1) \quad \text{e} \quad \nabla f(2, 4) = (4, -1).$$

Assim, o coeficiente angular de $\nabla f(2, 4)$ é dado por
$$k_2 = \frac{-1}{4}.$$

Temos, então,
$$k_1 \cdot k_2 = 4 \cdot \frac{-1}{4} = -1,$$

ou seja, o gradiente de $f(x, y)$ no ponto $(2, 4)$ é perpendicular à curva de nível de f, nesse ponto.

A Figura 4.14 ilustra esse exemplo.

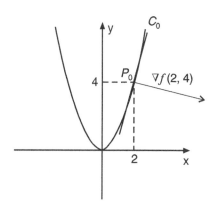

Figura 4.14

Exemplo 2: Encontrar a equação da reta perpendicular à curva $x^2 + y^2 = 4$, no ponto $P(1, \sqrt{3})$.

Solução: A curva dada é uma curva de nível da função $f(x, y) = x^2 + y^2$ e passa no ponto $P(1, \sqrt{3})$. Assim, o vetor ∇f é perpendicular à curva dada nesse ponto.

Temos

$$\nabla f = (2x, 2y); \nabla f(1, \sqrt{3}) = (2, 2\sqrt{3}).$$

A inclinação da reta t, perpendicular à curva dada no ponto P, coincide com o coeficiente angular, k_2, do vetor $\nabla f(1, \sqrt{3})$. Temos

$$k_2 = \frac{2\sqrt{3}}{2} = \sqrt{3}.$$

Conhecendo a inclinação da reta procurada e sabendo que ela passa no ponto P, podemos escrever sua equação, que é dada por

$$y - \sqrt{3} = \sqrt{3}(x - 1) \quad \text{ou} \quad y = \sqrt{3}\, x.$$

A Figura 4.15 ilustra esse exemplo.

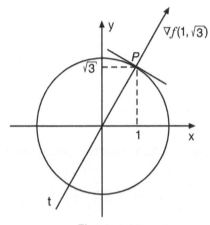

Figura 4.15

A proposição 4.3.5 pode ser generalizada para funções de três ou mais variáveis. Para funções de três variáveis, temos o seguinte enunciado:

Seja $f(x, y, z)$ uma função tal que, por um ponto P do espaço, passa uma superfície de nível S de f. Se $grad\ f$ for não-nulo em P, então $grad\ f$ é normal a S em P.

Essa propriedade do vetor gradiente é facilmente demonstrada no contexto do Cálculo Vetorial e pode ser encontrada na Seção 4.4, Capítulo 4, do livro "*Cálculo C – Funções Vetoriais, Integrais Curvilíneas, Integrais de Superfície*", de nossa autoria.

4.4 Diferencial

A diferencial de uma função de uma variável, $y = f(x)$, é aproximadamente igual ao acréscimo Δy da variável dependente y. De forma análoga, a diferencial de uma função de duas variáveis, $z = f(x, y)$, é uma função ou transformação linear que melhor aproxima o acréscimo Δz da variável dependente z.

Nas seções 4.2 e 4.3 discutimos que o plano tangente à superfície $z = f(x, y)$, no ponto (x_0, y_0), quando existe, é o plano que "melhor aproxima" a superfície perto do ponto (x_0, y_0).

Temos a seguinte definição:

4.4.1 Definição

Seja $z = f(x, y)$ uma função diferenciável no ponto (x_0, y_0). A diferencial de f em (x_0, y_0) é definida pela função ou transformação linear

$$T : \mathbb{R}^2 \to \mathbb{R}$$

$$T(x - x_0, y - y_0) = \frac{\partial f}{\partial x}(x_0, y_0)[x - x_0] + \frac{\partial f}{\partial y}(x_0, y_0)[y - y_0] \quad (1)$$

ou

$$T(h, k) = \frac{\partial f}{\partial x}(x_0, y_0)h + \frac{\partial f}{\partial y}(x_0, y_0)k$$

onde $h = x - x_0$ e $k = y - y_0$.

Observamos que:

- Comparando a equação (1) com a equação do plano tangente à superfície $z = f(x, y)$ (equação (1), Seção 4.3), podemos ver que a transformação linear T nos dá uma aproximação do acréscimo Δz, sofrido por f quando passamos de (x_0, y_0) para (x, y), ou seja,

$$\Delta z = f(x, y) - f(x_0, y_0)$$
$$\cong \frac{\partial f}{\partial x}(x_0, y_0)[x - x_0] + \frac{\partial f}{\partial y}(x_0, y_0)[y - y_0].$$

- É comum dizer que

$$\frac{\partial f}{\partial x}(x_0, y_0)[x - x_0] + \frac{\partial f}{\partial y}(x_0, y_0)[y - y_0]$$

é a diferencial de f em (x_0, y_0) relativa aos acréscimos Δx e Δy, onde

$$\Delta x = x - x_0 \quad \text{e} \quad \Delta y = y - y_0.$$

- Em uma notação clássica, definimos a diferencial das variáveis independentes x e y como os acréscimos Δx e Δy, respectivamente, isto é,

$$dx = \Delta x$$
$$dy = \Delta y.$$

Nesse contexto, a diferencial de f em (x, y), relativa aos acréscimos Δx e Δy, é indicada por dz ou df, onde

$$dz = \frac{\partial f}{\partial x}(x, y)dx + \frac{\partial f}{\partial y}(x, y)dy. \quad (2)$$

A expressão (2) também é denominada *diferencial total* de $f(x, y)$.

- Toda transformação linear de $\mathbb{R}^n \to \mathbb{R}$ pode ser identificada por uma matriz $1 \times n$ em relação à base canônica de $\mathbb{R}^n$. No caso da transformação linear definida em (1), temos a matriz 1×2:

$$\left[\frac{\partial f}{\partial x}(x_0, y_0) \quad \frac{\partial f}{\partial y}(x_0, y_0) \right].$$

Os elementos dessa matriz são as componentes do vetor gradiente e, em alguns contextos, ela aparece com a denominação de derivada da função f no ponto (x_0, y_0).

4.4.2 Exemplos

Exemplo 1: Calcular a diferencial de $f(x,y) = x + \sqrt{xy}$ no ponto $(1,1)$.

Solução: Usando (1) temos

$$T(x-1, y-1) = \frac{\partial f}{\partial x}(1,1)[x-1] + \frac{\partial f}{\partial y}(1,1)[y-1]$$

Como

$$\frac{\partial f}{\partial x} = 1 + \frac{y}{2\sqrt{xy}} \quad \text{e} \quad \frac{\partial f}{\partial y} = \frac{x}{2\sqrt{xy}}$$

podemos reescrever T como

$$T(x-1, y-1) = \left(1 + \frac{1}{2\sqrt{1 \cdot 1}}\right)[x-1] + \frac{1}{2\sqrt{1 \cdot 1}}[y-1] = \frac{3}{2}(x-1) + \frac{1}{2}(y-1).$$

Usando a notação clássica, temos

$$df(1,1) = \frac{3}{2}dx + \frac{1}{2}dy.$$

Exemplo 2: Dada a função $z = x^2 + y^2 - xy$

a) Determinar uma boa aproximação para o acréscimo da variável dependente quando (x, y) passa de $(1, 1)$ para $(1,001; 1,02)$.

b) Calcular Δz quando as variáveis independentes sofrem a variação dada em (a).

Solução de (a): Usando (1), temos

$$\Delta z \cong \frac{\partial f}{\partial x}(1,1)[1,001-1] + \frac{\partial f}{\partial y}(1,1)[1,02-1]$$

$$\cong (2 \cdot 1 - 1) \cdot 0,001 + (2 \cdot 1 - 1) \cdot 0,02 \cong 0,021.$$

Solução de (b): Para a função dada $z = x^2 + y^2 - xy$ podemos escrever

$$\Delta z = f(1,001; 1,02) - f(1,1) = 0,021381.$$

Observamos, diante dos resultados obtidos em (a) e (b), que o erro decorrente da aproximação nesse exemplo é de 0,000381.

Exemplo 3: Dada a função $z = xy - x^2$, mostrar que o erro obtido quando usamos dz como Δz tende para zero quando $\Delta x \to 0$ e $\Delta y \to 0$.

Usando a notação clássica, podemos escrever

$$dz = \frac{\partial f}{\partial x}dx + \frac{\partial f}{\partial y}dy$$

$$= (y - 2x)dx + x\,dy. \qquad (3)$$

O acréscimo Δz é calculado como

$$\Delta z = f(x + \Delta x, y + \Delta y) - f(x, y)$$

$$= (x + \Delta x)(y + \Delta y) - (x + \Delta x)^2 - (xy - x^2)$$

$$= (y - 2x) \cdot \Delta x + x \cdot \Delta y + \Delta x \cdot \Delta y - (\Delta x)^2 \qquad (4)$$

De (3) e (4) podemos escrever

$$\Delta z - dz = \Delta x \cdot \Delta y - (\Delta x)^2.$$

Portanto, o erro é dado por $R(\Delta x, \Delta y) = \Delta x \cdot \Delta y - (\Delta x)^2$ e

$$\lim_{\substack{\Delta x \to 0 \\ \Delta y \to 0}} R(\Delta x, \Delta y) = 0.$$

Exemplo 4: Calcular a diferencial das seguintes funções:

a) $z = \operatorname{sen}^2 xy$

b) $z = \ln(x + y^2)$

Solução de (a): Temos

$$dz = \frac{\partial f}{\partial x} dx + \frac{\partial f}{\partial y} dy$$
$$= 2(\operatorname{sen} xy)(\cos xy) y \, dx + 2(\operatorname{sen} xy)(\cos xy) x \, dy$$
$$= 2 \operatorname{sen} xy \cos xy \, (y \, dx + x \, dy).$$

Solução de (b): Para $z = \ln(x + y^2)$, temos

$$\frac{\partial z}{\partial x} = \frac{1}{x + y^2} \quad \text{e} \quad \frac{\partial z}{\partial y} = \frac{2y}{x + y^2}.$$

Logo,

$$dz = \frac{1}{x + y^2} dx + \frac{2y}{x + y^2} dy.$$

4.4.3 Diferencial de uma função de três variáveis

A definição 4.4.1 pode ser estendida para funções de três ou mais variáveis. Por exemplo, para o caso de três variáveis, podemos dizer que a diferencial de $w = f(x, y, z)$ em (x_0, y_0, z_0) é definida pela função ou transformação linear

$$T: \mathbb{R}^3 \to \mathbb{R}$$

$$T(x - x_0, y - y_0, z - z_0) = \frac{\partial f}{\partial x}(x_0, y_0, z_0)[x - x_0] + \frac{\partial f}{\partial y}(x_0, y_0, z_0)[y - y_0] + \frac{\partial f}{\partial z}(x_0, y_0, z_0)[z - z_0] \quad (5)$$

Na notação clássica, temos que a diferencial de f é dada por

$$dw = \frac{\partial f}{\partial x}(x, y, z) dx + \frac{\partial f}{\partial y}(x, y, z) dy + \frac{\partial f}{\partial z}(x, y, z) dz. \quad (6)$$

4.4.4 Exemplos

Exemplo 1: Calcular a diferencial da função $f(x, y, z) = x^2 yz + 2x - 2y$ no ponto $\left(1, 2, \frac{1}{2}\right)$.

Solução: Para aplicar (5), necessitamos das derivadas parciais de 1ª ordem de f. Temos

$$\frac{\partial f}{\partial x} = 2xyz + 2$$

$$\frac{\partial f}{\partial y} = x^2 z - 2$$

$$\frac{\partial f}{\partial z} = x^2 y.$$

Assim,

$$T\left(x-1, y-2, z-\frac{1}{2}\right) = \frac{\partial f}{\partial x}\left(1,2,\frac{1}{2}\right)[x-1] + \frac{\partial f}{\partial y}\left(1,2,\frac{1}{2}\right)[y-2] + \frac{\partial f}{\partial z}\left(1,2,\frac{1}{2}\right)\left[z-\frac{1}{2}\right]$$

$$= 4(x-1) - \frac{3}{2}(y-2) + 2\left(z-\frac{1}{2}\right).$$

Usando a notação clássica, temos

$$df\left(1,2,\frac{1}{2}\right) = 4dx - \frac{3}{2}dy + 2dz.$$

Exemplo 2: Calcular a diferencial total de
a) $w = x^2 + y^2 + e^{xyz}$
b) $z = x_1 x_2 - x_2 x_3 + x_3 x_4$

Solução de (a): Usando (6), temos
$$dw = (2x + yze^{xyz})\,dx + (2y + xze^{xyz})dy + xye^{xyz}\,dz.$$

Solução de (b): Nesse caso, temos uma função de quatro variáveis x_1, x_2, x_3 e x_4.

Podemos escrever

$$dz = \frac{\partial z}{\partial x_1}dx_1 + \frac{\partial z}{\partial x_2}dx_2 + \frac{\partial z}{\partial x_3}dx_3 + \frac{\partial z}{\partial x_4}dx_4$$
$$= x_2 dx_1 + (x_1 - x_3)dx_2 + (x_4 - x_2)dx_3 + x_3 dx_4.$$

4.4.5 Aplicações da diferencial

As diferenciais são usadas para o cálculo de valores aproximados. Os exemplos que seguem mostram algumas situações específicas.

Exemplo 1: Dadas as figuras 4.16 e 4.17, calcular um valor aproximado para a variação da área quando os lados são modificados de:
a) 4 cm e 2 cm para 4,01 cm e 2,001 cm, respectivamente, no caso do retângulo.
b) 2 cm para 2,01 cm, 1 cm para 0,5 cm, no caso do triângulo retângulo.

Solução de (a): No caso de um retângulo de dimensões x e y, podemos escrever a função de duas variáveis que nos dá a área.
Temos
$$A = xy.$$

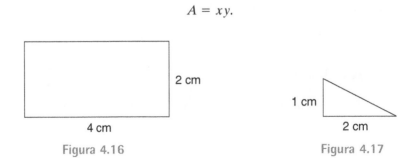

Figura 4.16   Figura 4.17

Para calcular um valor aproximado para a variação da área quando as dimensões são modificadas, vamos usar diferencial. Temos

$$dA = \frac{\partial A}{\partial x} dx + \frac{\partial A}{\partial y} dy = y\, dx + x\, dy$$

Para $x = 4$ cm e $\Delta x = 4{,}01 - 4 = 0{,}01$ cm
$y = 2$ cm e $\Delta y = 2{,}001 - 2 = 0{,}001$ cm

temos

$$dA = 2 \cdot 0{,}01 + 4 \cdot 0{,}001 = 0{,}024 \text{ cm}^2.$$

Portanto, quando x varia de 4 cm para 4,01 cm e y varia de 2 cm para 2,001 cm, a área do retângulo sofre um acréscimo de aproximadamente 0,024 cm².

Solução de (b): A área de um triângulo retângulo com catetos x e y pode ser escrita como

$$A = \frac{xy}{2}.$$

De maneira análoga ao item (a), temos

$$dA = \frac{y}{2} dx + \frac{x}{2} dy.$$

Assim, quando x varia de 2 cm para 2,01 cm e y varia de 1 cm para 0,5 cm, a área do triângulo retângulo sofre uma variação que pode ser calculada de forma aproximada por

$$dA = \frac{1}{2} \cdot 0{,}01 + \frac{2}{2}(-0{,}5) = 0{,}005 - 0{,}5 = -0{,}495.$$

O sinal negativo no resultado indica que a área sofre um decréscimo de 0,495 cm² aproximadamente.

Exemplo 2: Vamos considerar uma caixa, com tampa, de forma cilíndrica, com dimensões: raio $= 2$ cm e altura $= 5$ cm. O custo do material usado em sua confecção é de R\$ 0,81 por cm².

Se as dimensões sofrerem um acréscimo de 10% no raio e 2% na altura, pergunta-se:

a) Qual o valor aproximado do acréscimo no custo da caixa?
b) Qual o valor exato do acréscimo no custo da caixa?

Solução: A Figura 4.18 mostra a caixa e a sua planificação.

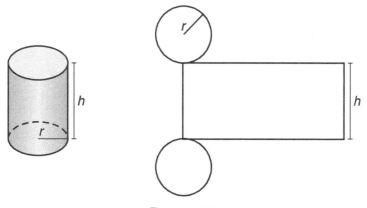

Figura 4.18

Podemos escrever a função custo como

$$C(r, h) = 0{,}81(2\pi r h + 2\pi r^2)$$

onde $2\pi r h$ representa a área lateral da caixa, e πr^2, a área da base ou tampa.

Quando o raio da base sofre um acréscimo de 10%, passa de 2 cm para 2,2 cm.
Quando a altura sofre um acréscimo de 2%, passa de 5 cm para 5,1 cm.
Vamos usar diferencial para encontrar o valor aproximado do acréscimo do custo. Temos

$$dC = 0{,}81(2\pi h + 4\pi r)dr + 0{,}81 \cdot 2\pi r dh.$$

Para $h = 5$; $r = 2$; $\Delta r = 2{,}2 - 2 = 0{,}2$ e $\Delta h = 5{,}1 - 5 = 0{,}1$, temos

$$dC = 0{,}81(2\pi \cdot 5 + 4\pi \cdot 2) \cdot 0{,}2 + 0{,}81 \cdot 2\pi \cdot 2 \cdot 0{,}1 \cong 10{,}17.$$

Portanto, o valor aproximado do acréscimo no custo da caixa quando as dimensões são modificadas é de R$ 10,17, ou um acréscimo de 14,28%.

Para saber o valor exato do acréscimo no custo da caixa, temos de calcular

$$\Delta C = C(2{,}2; 5{,}1) - C(2{,}5) = 10{,}47$$

Assim, o valor exato é de R$ 10,47, ou um acréscimo de 14,7%.
Observamos, assim, que o erro do cálculo aproximado foi de 0,42%.

Exemplo 3: Suponha que necessitamos encontrar um valor para a expressão

$$(1{,}001)^{3{,}02}$$

e não dispomos de ferramentas de cálculo (calculadora ou computador). Como podemos proceder?

Solução: Diante da expressão $(1{,}001)^{3{,}02}$, podemos usar diferencial para encontrar um valor aproximado.

A expressão é do tipo x^y e, assim, podemos escrever a função

$$f(x, y) = x^y.$$

Queremos encontrar $f(x + \Delta x, y + \Delta y) = (x + \Delta x)^{y + \Delta y}$, onde $x = 1$, $y = 3$, $\Delta x = 0{,}001$ e $\Delta y = 0{,}02$.
Sabemos que

$$df \cong \Delta f \quad \text{ou} \quad df \cong (x + \Delta x)^{y+\Delta y} - x^y.$$

Assim,

$$(x + \Delta x)^{y+\Delta y} \cong x^y + df. \qquad (7)$$

Como $df = y\, x^{y-1} dx + x^y \ln x\, dy$, substituindo em (7) temos que

$$(1{,}001)^{3{,}02} \cong 1 + 0{,}003 \cong 1{,}003.$$

4.5 Exercícios

Nos exercícios 1 a 5, calcular as derivadas parciais de 1ª ordem usando a definição:

1. $z = 5xy - x^2$.
2. $f(x, y) = x^2 + y^2 - 10$.
3. $z = 2x + 5y - 3$.
4. $z = \sqrt{xy}$.
5. $f(x, y) = x^2 y + 3y^2$.

6. Usando a definição 4.1.1, mostrar que $f(x, y) = x^{\frac{1}{5}} y^{\frac{1}{3}}$ tem derivadas parciais na origem, valendo $\dfrac{\partial f}{\partial x}(0, 0) = 0$ e $\dfrac{\partial f}{\partial y}(0, 0) = 0$.

7. Usando a definição, determinar, se existirem

$$\frac{\partial f}{\partial x}(0, 2) \quad \text{e} \quad \frac{\partial f}{\partial y}(0, 2)$$

sendo $f(x, y) = \begin{cases} x^2 y \operatorname{sen} \dfrac{1}{x}, & x \neq 0 \\ 0, & x = 0. \end{cases}$

Nos exercícios 8 a 27, calcular as derivadas parciais de 1ª ordem.

8. $f(x, y) = e^{x^2 y}$.
9. $f(x, y) = x \cos(y - x)$.
10. $f(x, y) = xy^2 + xy + x^2 y$.
11. $f(x, y) = y^2 \ln(x^2 + y^2)$.
12. $z = \sqrt{a^2 - x^2 - y^2}$.
13. $z = \sqrt{x^2 + y^2}$.
14. $z = \dfrac{x^2 - y^2}{x^2 + y^2}$.
15. $g(x, y) = \operatorname{arctg} \dfrac{y}{x}$.
16. $z = (x + y) e^{x + 2y}$.
17. $z = \dfrac{x^2 y}{x^2 + 2y^2}$.
18. $z = e^{x^2 + y^2 - 4}$.
19. $z = 2xy + \operatorname{sen}^2 xy$.
20. $z = \ln(x + y) - 5x$.
21. $z = \sqrt{x^2 + y^2 - 1}$.
22. $z = \sqrt{xy} - xy$.
23. $f(w, t) = w^2 t - \dfrac{1}{t}$.
24. $f(u, v) = uv - \ln(uv)$.
25. $z = x^2 y^2 - xy$.
26. $z = \sqrt{x^2 + y^2} - (x^2 + y^2)$.
27. $z = e^{x^2}(x^2 + y^2)$.

28. Seja $f(x, y) = \begin{cases} \dfrac{xy}{x^2 + y^2} & \text{se } (x, y) \neq (0, 0) \\ 0 & \text{se } (x, y) = (0, 0) \end{cases}$

Calcular $\dfrac{\partial f}{\partial x}$ e $\dfrac{\partial f}{\partial y}$.

29. Seja $f(x, y) = \begin{cases} \dfrac{5xy^2}{x^2 + y^2} & \text{se } (x, y) \neq (0, 0) \\ 0 & \text{se } (x, y) = (0, 0) \end{cases}$

Calcular

$f(1, 2) - \dfrac{\partial f}{\partial x}(1, 2) + \dfrac{\partial f}{\partial y}(1, 2) - \dfrac{\partial f}{\partial x}(0, 0)$.

30. Verificar se a função $z = x^3 y^2$ satisfaz a equação

$\dfrac{1}{x} \dfrac{\partial z}{\partial y} - \dfrac{2}{3y} \dfrac{\partial z}{\partial x} = 0$, para $x \neq 0$ e $y \neq 0$.

31. Verificar se $z = \operatorname{sen}(x + y)$ satisfaz a equação $\dfrac{\partial z}{\partial x} - \dfrac{\partial z}{\partial y} = 0$.

32. Uma placa de aço plana tem a forma de um círculo de raio a, como mostra a Figura 4.19. A temperatura em um ponto qualquer da chapa é proporcional ao quadrado da distância desse ponto ao centro da chapa, com uma constante de proporcionalidade $k > 0$.

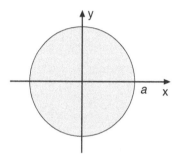

Figura 4.19

a) Se uma partícula localizada no ponto $\left(\dfrac{a}{2}, 0\right)$ se deslocar para a direita sobre o eixo dos x, sofrerá aumento ou diminuição de temperatura?

b) Qual a taxa de variação da temperatura em relação à variável y, no ponto $\left(\dfrac{a}{2}, 0\right)$?

33. A função $T(x, y) = 60 - 2x^2 - 3y^2$ representa a temperatura em qualquer ponto de uma chapa. Encontrar a razão de variação da temperatura em relação à distância percorrida ao longo da placa na direção dos eixos positivos x e y, no ponto $(1, 2)$. Considerar a temperatura medida em graus e a distância em cm.

34. Encontrar a inclinação da reta tangente à curva resultante da intersecção de $z = f(x, y)$ com o plano $x = x_0$ no ponto $P(x_0, y_0, z_0)$.

a) $z = 5x - 2y$; $P(3, -1, 17)$

b) $z = \sqrt{x^2 + y^2 - 1}$; $P(1, -1, 1)$

35. Seja $z = 3x^2 - 2y^2 - 5x + 2y + 3$. Encontrar a inclinação da reta tangente à curva resultante da intersecção de $z = f(x, y)$ com $y = 2$ no ponto $(1, 2, -3)$.

36. Dada a superfície $z = \sqrt{x^2 + y^2}$, determinar a reta tangente às curvas de intersecção da superfície com:
a) o plano $x = 2$
b) o plano $y = \sqrt{5}$

no ponto $P(2, \sqrt{5}, 3)$.

37. Seja $f(x, y) = \begin{cases} \sqrt{x^2 + y^2 + 1} & \text{se } x^2 + y^2 < 1 \\ 0 & \text{se } x^2 + y^2 \geq 1. \end{cases}$
a) Esboçar o gráfico de f
b) Calcular, se existirem, $\dfrac{\partial f}{\partial x}(0, 1)$, $\dfrac{\partial f}{\partial y}(1, 0)$ e $\dfrac{\partial f}{\partial y}(0, 0)$

Nos exercícios 38 a 47, calcular as derivadas parciais de 1ª ordem.

38. $w = x^2 y + xyz^2 + x^2 z$.

39. $w = \dfrac{1}{z} \ln(x^2 + y^2)$.

40. $f(x, y, z) = \dfrac{x^2 + y^2}{z}$.

41. $f(x, y, z) = 2xy^z$.

42. $f(x, y, z) = x \operatorname{sen} yz + y \operatorname{sen} xz$.

43. $f(x, y, z) = x^2 yz - xz$.

44. $g(w, t, z) = \sqrt{w^2 + t^2 + z^2}$.

45. $h(u, v, w, t) = u^2 + v^2 - \ln(wt)$.

46. $T(x, y, z) = \dfrac{xyz}{\sqrt{x^2 + y^2 + z^2}}$.

47. $f(x_1, x_2, x_3, x_4, x_5) = \dfrac{E}{x_1 - 2x_2 - 3x_3 + x_4 - x_5}$

48. Usando a definição, verificar que as funções dadas são diferenciáveis em $\mathbb{R}^2$:
a) $f(x, y) = 2x^2 - y^2$
b) $f(x, y) = 2xy$

49. Verificar se as funções dadas são diferenciáveis na origem:
a) $f(x, y) = \sqrt{x^{\frac{2}{3}} + y^{\frac{2}{3}}}$
b) $f(x, y) = \begin{cases} \dfrac{2x^5}{x^2 + y^2}, & (x, y) \neq (0, 0) \\ 0, & (x, y) = (0, 0) \end{cases}$
c) $f(x, y) = x + y$

d) $f(x, y) = \begin{cases} \dfrac{y^4 + 3x^2 y^2 + 2yx^3}{(x^2 + y^2)^2}, & (x, y) \neq (0, 0) \\ 0, & (x, y) = (0, 0) \end{cases}$

e) $f(x, y) = \begin{cases} \dfrac{1}{x^2 + y^2}, & (x, y) \neq (0, 0) \\ 0, & (x, y) = (0, 0) \end{cases}$

50. Identifique a região de $\mathbb{R}^2$ onde as funções dadas são diferenciáveis:
a) $f(x, y) = x^2 y + xy^2$
b) $z = e^{xy^2}$
c) $z = \dfrac{xy^2}{x^2 + y^2}$
d) $z = \ln(xy)$
e) $z = \operatorname{sen} \dfrac{2xy}{\sqrt{x^2 + y^2}}$
f) $f(x, y) = e^{x^2 - y^2}$
g) $f(x, y) = (x^2 + y^2) \operatorname{sen}(x^2 + y^2)$
h) $f(x, y) = \operatorname{arctg} 2xy$
i) $z = \dfrac{y}{x}$
j) $z = \dfrac{1}{(x - 1)^2 + (y - 1)^2}$
k) $f(x, y) = \begin{cases} \sqrt{x^2 + y^2 + 1}, & \text{se } x^2 + y^2 < 1 \\ 0, & \text{se } x^2 + y^2 \geq 1 \end{cases}$
l) $f(x, y) = \begin{cases} \dfrac{x^3 y}{x^2 + y^2}, & (x, y) \neq (0, 0) \\ 0, & (x, y) = (0, 0) \end{cases}$

51. Dada a função
$f(x, y) = \begin{cases} 2x + y - 3, & \text{se } x = 1 \text{ ou } y = 1 \\ 3, & \text{se } x \neq 1 \text{ e } y \neq 1 \end{cases}$
a) Calcular $\dfrac{\partial f}{\partial x}(1, 1)$.
b) Calcular $\dfrac{\partial f}{\partial y}(1, 1)$.
c) f é diferenciável em $(1, 1)$?

52. Determinar, se existir, o plano tangente ao gráfico das funções dadas, nos pontos indicados:
a) $f(x, y) = \sqrt{1 - x^2 - y^2}$; $P_1(0, 0, 1)$ e $P_2\left(\dfrac{1}{2}, \dfrac{1}{2}, \dfrac{\sqrt{2}}{2}\right)$
b) $f(x, y) = xy$; $P_1(0, 0, 0)$ e $P_2(1, 1, 1)$
c) $z = \sqrt{(x - 1)^2 + (y - 1)^2}$; $P_1(1, 1, 0)$ e $P_2(1, 2, 1)$
d) $z = 2x^2 - 3y^2$; $P_1(0, 0, 0)$ e $P_2(1, 1, -1)$

e) $z = \dfrac{1}{\sqrt{x^2 + y^2}}$; $P_1\left(1, 1, \dfrac{\sqrt{2}}{2}\right)$ e $P_2(0, 1, 1)$

f) $z = x\, e^{x+y}$; $P_1(1, 1, f(1, 1))$ e $P_2(1, 0, f(1, 0))$.

53. Determinar o vetor gradiente das funções dadas nos pontos indicados:

a) $z = x\sqrt{x^2 + y^2}$; $P(1, 1)$
b) $z = x^2 y + 3xy + y^2$; $P(0, 3)$
c) $z = \operatorname{sen}(3x + y)$; $P(0, \pi/2)$
d) $z = \sqrt{4 - x^2 - y^2}$; $P(0, 0)$
e) $z = x^2 + y^2 - 3$; $P(0, 0)$
f) $z = xy - \operatorname{sen}(x + y)$; $P(\pi/2, 0)$
g) $f(u, v, w) = u^2 + v^2 - w^2 + uvw$; $P(0, 1, 0)$
h) $z = (x^2 + y^2)\operatorname{sen}(x^2 + y^2)$; $P(0, 0)$
i) $f(x, t) = (x + 2t)\ln(x + 2t)$; $P(e, 1)$
j) $f(x_1, x_2, x_3, x_4) = x_1 x_2 - x_1 x_3 + x_4$; $P(2, 2, 1, 3)$.

54. Determinar o vetor gradiente das seguintes funções:

a) $z = \dfrac{x^3}{y}$
b) $z = 2\sqrt{x^2 + y^2}$
c) $w = 2x^2 y^5 z$
d) $z = \cos(xy) + 4$
e) $f(u, v, w) = u v w + u^2 - v^2 - w^2$
f) $f(x, y, z) = x^2 y^2 z^2 + \operatorname{sen} x$

55. Encontrar a equação da reta perpendicular à curva $y = \dfrac{1}{x}$, nos pontos $P_0(1, 1)$ e $P_1\left(2, \dfrac{1}{2}\right)$.

56. Determinar o plano que contém os pontos $(1, 1, 0)$ e $(2, 1, 4)$ e que seja tangente ao gráfico de $f(x, y) = x^2 + y^2$.

57. Dada a função $f(x, y) = x^2 + xy - y$, calcular

a) df
b) Δf

Mostrar que $\Delta f = df + R(\Delta x, \Delta y)$ e que $\lim\limits_{\substack{\Delta x \to 0 \\ \Delta y \to 0}} R(\Delta x, \Delta y) = 0$.

58. Calcular $df(1, 1)$ e $\Delta f(1, 1)$ da função $f(x, y) = x + y - xy^2$ considerando $\Delta x = 0{,}01$ e $\Delta y = 1$. Comparar os resultados obtidos.

Nos exercícios 59 a 62 calcular a diferencial das funções dadas nos pontos indicados:

59. $f(x, y) = e^x \cos y$; $P(1, \pi/4)$.
60. $z = \ln(x^2 + y^2)$; $P(1, 1)$.
61. $w = x \cdot e^{2z} + y$; $P(1, 2, 0)$.
62. $w = \sqrt{x^2 + y^2 + z^2}$; $P(2, 1, 2)$.

Nos exercícios 63 a 69, calcular a diferencial das funções dadas:

63. $z = \operatorname{sen}^2(x + y)$.
64. $z = x \cdot e^{x+y} - y$.
65. $f(u, v, w) = u^2 + \ln v - w^2$.
66. $f(x, y, z) = e^{xyz} - xy$.
67. $f(x_1, x_2, x_3) = \dfrac{x_1^2 + x_2^2 + x_3^2}{x_1 + x_2 + x_3}$.
68. $f(x, y, z) = e^{x+y-z^2}$.
69. $z = \operatorname{arctg} \dfrac{y}{x} - \operatorname{arctg} \dfrac{x}{y}$.

70. Determinar o erro decorrente de tomarmos a diferencial dz como uma aproximação do acréscimo Δz, para as seguintes situações:

a) $z = x^2 + y^2$; (x, y) passando de $(1, 2)$ para $(1{,}01;\ 2{,}01)$.
b) $z = \sqrt{x^2 + y^2}$; (x, y) passando de $(1, 2)$ para $(1{,}01;\ 2{,}01)$.
c) $z = x^2 y$; (x, y) passando de $(2, 4)$ para $(2{,}1;\ 4{,}2)$.

71. A energia consumida em um resistor elétrico é dada por $P = \dfrac{V^2}{R}$ watts. Se $V = 120$ volts e $R = 12$ ohms, calcular um valor aproximado para a variação de energia quando V decresce de $0{,}001$ volt e R aumenta de $0{,}02$ ohm.

72. Um terreno tem a forma retangular. Estima-se que seus lados medem 1.200 m e 1.800 m, com erro máximo de 10 m e 15 m, respectivamente. Determinar o possível erro no cálculo da área do terreno.

73. Usando diferencial, obter o aumento aproximado do volume de um cilindro circular reto, quando o raio da base varia de 3 cm para 3,1 cm e a altura varia de 21 cm até 21,5 cm.

74. Um material está sendo escoado de um recipiente, formando uma pilha cônica. Em um dado instante, o raio da base é de 12 cm e a altura é 8 cm. Usando diferencial, obter uma aproximação da variação do volume, se o raio da base varia para 12,5 cm e a altura para 7,8 cm. Comparar o resultado obtido com a variação exata do volume.

75. Considerar um retângulo com lados $a = 5$ cm e $b = 2$ cm. Como vai variar, aproximadamente, a diagonal desse retângulo se o lado a aumentar 0,002 cm e o lado b diminuir 0,1 cm?

76. Encontrar um valor aproximado para as seguintes expressões:
   a) $(1{,}01e^{0{,}015})^7$
   b) $(0{,}995)^4 + (2{,}001)^3$
   c) $\sqrt{(3{,}99)^2 + (4{,}01)^2}$
   d) $\sqrt{(3{,}99)^2 + (4{,}01)^2 + (1{,}99)^2}$
   e) $1{,}02^{3{,}001}$
   f) $\sqrt{(4{,}03)^2 + (2{,}9)^2}$.

4.6 Regra da Cadeia

No estudo de funções de uma variável usamos a regra da cadeia para calcular a derivada de uma função composta. Vamos, agora, usar a regra da cadeia para o caso de funções de várias variáveis.

Inicialmente, vamos trabalhar com dois casos específicos de composição.

4.6.1 Casos específicos de função composta

Caso I: Seja
$$f : \mathbb{R}^2 \to \mathbb{R}$$
$$z = z(x, y)$$
uma função de duas variáveis e sejam g_1 e g_2 funções de uma mesma variável:
$$g_1 : \mathbb{R} \to \mathbb{R} \quad \text{e} \quad g_2 : \mathbb{R} \to \mathbb{R}$$
$$t \to x = x(t) \quad t \to y = y(t).$$

Podemos considerar uma função g de $\mathbb{R}$ em $\mathbb{R}^2$ que associa a cada valor de t o vetor $(x(t), y(t))$. Isto é,
$$g : \mathbb{R} \to \mathbb{R}^2$$
$$t \to (x(t), y(t)).$$

Podemos, também, considerar a função composta
$$f \circ g : \mathbb{R} \to \mathbb{R}$$
$$t \to z = z(t)$$
onde $z(t) = (f \circ g)(t) = f(x(t), y(t))$.

A Figura 4.20 nos dá uma visualização dessa composição.

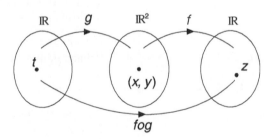

Figura 4.20

Por exemplo, para
$$z = 2xy + x^2 + y^2$$
$$x = t^2$$
$$y = t + 1$$

temos que
$$(f \circ g)(t) = f(x(t), y(t)) \quad \text{ou} \quad z(t) = 2t^2(t+1) + (t^2)^2 + (t+1)^2 = t^4 + 2t^3 + 3t^2 + 2t + 1.$$

Caso II: Sejam f, g_1 e g_2 funções de duas variáveis:

$f : \mathbb{R}^2 \to \mathbb{R}$ $\qquad g_1 : \mathbb{R}^2 \to \mathbb{R}$ $\qquad g_2 : \mathbb{R}^2 \to \mathbb{R}$

$(u, v) \to z = z(u, v)$ $\qquad (x, y) \to u = u(x, y)$ $\qquad (x, y) \to v = v(x, y)$.

Podemos considerar uma função g tal que

$$g : \mathbb{R}^2 \to \mathbb{R}^2$$
$$(x, y) \to (u, v)$$

Podemos, também, considerar a função composta

$$f \circ g : \mathbb{R}^2 \to \mathbb{R}^2$$
$$(x, y) \to z = z(x, y)$$

onde

$$z(x, y) = (f \circ g)(x, y) = f(u(x, y), v(x, y)).$$

Essa composição pode ser visualizada na Figura 4.21.

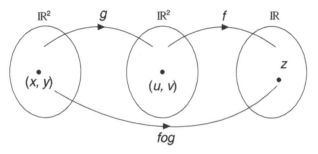

Figura 4.21

Por exemplo, para

$$z = 2uv + u^2$$
$$u = x^2 + y^2$$
$$v = 2xy$$

temos que

$$z(x, y) = z(u(x, y), v(x, y)) \quad \text{ou} \quad z(x, y) = 2(x^2 + y^2)2xy + (x^2 + y^2)^2$$

Vamos agora discutir como encontrar as derivadas de funções compostas dos casos I e II.

4.6.2 Proposição (regra da cadeia – caso I)

Sejam A e B conjuntos abertos em $\mathbb{R}^2$ e $\mathbb{R}$, respectivamente, e sejam $z = f(x, y)$ uma função que tem derivadas parciais de 1ª ordem contínuas em A, $x = x(t)$ e $y = y(t)$ funções diferenciáveis em B tais que, para todo $t \in B$, temos $(x(t), y(t)) \in A$.

Seja a função composta

$$h(t) = f(x(t), y(t)), t \in B.$$

Então, essa função composta é diferenciável para todo $t \in B$ e $\dfrac{dh}{dt}$ é dada por

$$\frac{dh}{dt} = \frac{\partial f}{\partial x} \cdot \frac{dx}{dt} + \frac{\partial f}{\partial y} \cdot \frac{dy}{dt}. \qquad (1)$$

Observamos que a expressão (1) pode ser reescrita como um produto escalar de dois vetores, isto é,

$$\frac{dh}{dt} = \nabla f(x,y) \cdot \vec{g}'(t), \text{ onde } \vec{g}'(t) = (x'(t), y'(t)).$$

Prova: Seja $t_0 \in B$. Usando a definição de derivada de função de uma variável, podemos escrever

$$\frac{dh}{dt}(t_0) = \lim_{t \to t_0} \frac{h(t) - h(t_0)}{t - t_0}.$$

O quociente $\dfrac{h(t) - h(t_0)}{t - t_0}$ pode ser reescrito como

$$\frac{h(t) - h(t_0)}{t - t_0} = \frac{f(x(t), y(t)) - f(x(t_0), y(t_0))}{t - t_0}$$

$$= \frac{f(x(t), y(t)) - f(x(t_0), y(t))}{t - t_0} + \frac{f(x(t_0), y(t)) - f(x(t_0), y(t_0))}{t - t_0}. \qquad (2)$$

No teorema do valor médio, do cálculo de funções de uma variável, temos que:
Se $g : [a, b] \to \mathbb{R}$ é contínua em $[a, b]$ e diferenciável em (a, b), então existe um ponto c entre a e b tal que

$$g(b) - g(a) = g'(c)(b - a).$$

Assim, aplicando esse teorema para f como uma função somente de x, podemos escrever que existe $\bar{x}$ entre $x_0 = x(t_0)$ e $x = x(t)$ tal que

$$f(x, y) - f(x_0, y) = \left[\frac{\partial f}{\partial x}(\bar{x}, y)\right](x - x_0). \qquad (3)$$

Quando consideramos f como uma função de y, podemos escrever que existe $\bar{y}$ entre $y_0 = y(t_0)$ e $y = y(t)$ tal que

$$f(x, y) - f(x, y_0) = \left[\frac{\partial f}{\partial y}(x, \bar{y})\right](y - y_0). \qquad (4)$$

Usando (3) e (4) em (2), temos

$$\frac{h(t) - h(t_0)}{t - t_0} = \left[\frac{\partial f}{\partial x}(\bar{x}, y(t))\right]\frac{x(t) - x(t_0)}{t - t_0} + \left[\frac{\partial f}{\partial y}(x(t_0), \bar{y})\right]\frac{y(t) - y(t_0)}{t - t_0}. \qquad (5)$$

Quando $t \to t_0$ temos que $\bar{x} \to x_0$ e $\bar{y} \to y_0$. Além disso, as derivadas parciais de f são contínuas em $(x_0, y_0) = (x(t_0), y(t_0)) \in A$. Assim, aplicando o limite quando $t \to t_0$ na expressão (5), obtemos

$$\lim_{t \to t_0} \frac{h(t) - h(t_0)}{t - t_0} = \lim_{t \to t_0}\left[\frac{\partial f}{\partial x}(\bar{x}, y(t))\right] \cdot \lim_{t \to t_0}\frac{[x(t) - x(t_0)]}{t - t_0} +$$

$$+ \lim_{t \to t_0}\left[\frac{\partial f}{\partial y}(x(t_0), \bar{y})\right] \cdot \lim_{t \to t_0}\frac{[y(t) - y(t_0)]}{t - t_0}$$

ou,

$$\frac{dh}{dt}(t_0) = \frac{\partial f}{\partial x}(x_0, y_0) \cdot \frac{dx}{dt}(t_0) + \frac{\partial f}{\partial y}(x_0, y_0) \cdot \frac{dy}{dt}(t_0)$$

Portanto, para todo $t \in B$, temos

$$\frac{dh}{dt} = \frac{\partial f}{\partial x} \cdot \frac{dx}{dt} + \frac{\partial f}{\partial y} \cdot \frac{dy}{dt}$$

4.6.3 Exemplos

Exemplo 1: Verificar a fórmula (1) da regra da cadeia para

$$f(x, y) = xy + x^2$$
$$x(t) = t + 1$$
$$y(t) = t + 4$$

Solução: Para verificar a fórmula (1), isto é,

$$\frac{dh}{dt} = \frac{\partial f}{\partial x} \cdot \frac{dx}{dt} + \frac{\partial f}{\partial y} \cdot \frac{dy}{dt}$$

vamos encontrar inicialmente a função composta h. Temos

$$h(t) = f(t+1, t+4) \quad \text{ou} \quad h(t) = (t+1)(t+4) + (t+1)^2 = 2t^2 + 7t + 5.$$

Assim,

$$\frac{dh}{dt} = \frac{d}{dt}(2t^2 + 7t + 5)$$

$$= 4t + 7 \qquad (6)$$

Por outro lado, temos que

$$\frac{\partial f}{\partial x} = y + 2x \qquad \frac{dx}{dt} = 1$$

$$\frac{\partial f}{\partial y} = x \qquad \frac{dy}{dt} = 1.$$

Assim,

$$\frac{\partial f}{\partial x} \cdot \frac{dx}{dt} + \frac{\partial f}{\partial y} \cdot \frac{dy}{dt} = y + 3x. \qquad (7)$$

Substituindo $x = t + 1$ e $y = t + 4$ em (7), temos

$$\frac{\partial f}{\partial x} \cdot \frac{dx}{dt} + \frac{\partial f}{\partial y} \cdot \frac{dy}{dt} = t + 4 + 3(t+1) = 4t + 7 \qquad (8)$$

Comparando (6) e (8), verificamos a validade da fórmula (1), para esse exemplo.

Exemplo 2: Dada $f(x,y) = x^2 y + \ln xy^2$, $x(t) = t^2$, $y(t) = t$, encontrar a derivada $\frac{dh}{dt}$ com $h(t) = f(x(t), y(t))$.

Solução: Usando a regra da cadeia, temos

$$\frac{dh}{dt} = \frac{\partial f}{\partial x} \cdot \frac{dx}{dt} + \frac{\partial f}{\partial y} \cdot \frac{dy}{dt}$$

$$= \left(2xy + \frac{y^2}{xy^2}\right) \cdot 2t + \left(x^2 + \frac{2xy}{xy^2}\right) \cdot 1 = \left(2 \cdot t^2 \cdot t + \frac{1}{t^2}\right) \cdot 2t + \left(t^4 + \frac{2}{t}\right) = 5t^4 + \frac{4}{t}.$$

4.6.4 Proposição (regra da cadeia – caso II)

Sejam A e B conjuntos abertos em $\mathbb{R}^2$ e sejam $z = f(u, v)$ uma função que tem derivadas parciais de 1ª ordem contínuas em A, $u = u(x, y)$ e $v = v(x, y)$ funções diferenciáveis em B tais que para todo $(x, y) \in B$ temos $(u(x, y), v(x, y)) \in A$.

Seja a função composta

$$h(x, y) = f(u(x, y), v(x, y)), (x, y) \in B.$$

Então, a função composta $h(x, y)$ é diferenciável para todo $(x, y) \in B$, valendo:

$$\frac{\partial h}{\partial x} = \frac{\partial f}{\partial u} \cdot \frac{\partial u}{\partial x} + \frac{\partial f}{\partial v} \cdot \frac{\partial v}{\partial x} \qquad (9)$$

$$\frac{\partial h}{\partial y} = \frac{\partial f}{\partial u} \cdot \frac{\partial u}{\partial y} + \frac{\partial f}{\partial v} \cdot \frac{\partial v}{\partial y} \qquad (10)$$

Observamos que (9) e (10) podem ser reescritas em uma forma matricial. Temos

$$\begin{bmatrix} \dfrac{\partial h}{\partial x} & \dfrac{\partial h}{\partial y} \end{bmatrix} = \begin{bmatrix} \dfrac{\partial f}{\partial u} & \dfrac{\partial f}{\partial v} \end{bmatrix} \cdot \begin{bmatrix} \dfrac{\partial u}{\partial x} & \dfrac{\partial u}{\partial y} \\ \dfrac{\partial v}{\partial x} & \dfrac{\partial v}{\partial y} \end{bmatrix}. \qquad (11)$$

Essa proposição é uma conseqüência da proposição 4.6.2, pois quando tomamos x ou y constante para calcular as derivadas parciais, estamos considerando $u(x, y)$ e $v(x, y)$ funções de uma variável.

4.6.5 Exemplos

Exemplo 1: Verificar as fórmulas (9) e (10), para

$$f(u, v) = u^2 - v + 4$$
$$u(x, y) = x + y$$
$$v(x, y) = x^2 y - 1.$$

Solução: Vamos inicialmente encontrar a função composta $h(x, y)$.

Temos

$$h(x, y) = f(x + y, x^2 y - 1)$$

ou
$$h(x, y) = (x + y)^2 - (x^2 y - 1) + 4$$
$$= x^2 + y^2 + 2xy - x^2 y + 5$$

Assim, as derivadas parciais de h são:

$$\frac{\partial h}{\partial x} = 2x + 2y - 2xy \qquad (12)$$

$$\frac{\partial h}{\partial y} = 2y + 2x - x^2. \qquad (13)$$

Por outro lado, temos que

$$\frac{\partial f}{\partial u} = 2u \qquad \frac{\partial u}{\partial x} = 1 \qquad \frac{\partial v}{\partial x} = 2xy$$

$$\frac{\partial f}{\partial v} = -1 \qquad \frac{\partial u}{\partial y} = 1 \qquad \frac{\partial v}{\partial y} = x^2.$$

Substituindo esses últimos resultados em (9) e (10), temos

$$\frac{\partial f}{\partial u} \cdot \frac{\partial u}{\partial x} + \frac{\partial f}{\partial v} \cdot \frac{\partial v}{\partial x} = 2u \cdot 1 + (-1) \cdot 2xy$$
$$= 2u - 2xy$$
$$= 2(x + y) - 2xy$$

$$\boxed{\frac{\partial f}{\partial u} \cdot \frac{\partial u}{\partial x} + \frac{\partial f}{\partial v} \cdot \frac{\partial v}{\partial x} = 2x + 2y - 2xy} \qquad (14)$$

e

$$\frac{\partial f}{\partial u} \cdot \frac{\partial u}{\partial y} + \frac{\partial f}{\partial v} \cdot \frac{\partial v}{\partial y} = 2u \cdot 1 + (-1) \cdot x^2$$
$$= 2u - x^2$$
$$= 2(x + y) - x^2$$

$$\boxed{\frac{\partial f}{\partial u} \cdot \frac{\partial u}{\partial y} + \frac{\partial f}{\partial v} \cdot \frac{\partial v}{\partial y} = 2x + 2y - x^2.} \qquad (15)$$

Comparando (12) com (14) e (13) com (15), verificamos as fórmulas (9) e (10), respectivamente, para o exemplo dado.

Observamos que, ao usar a notação de (9) e (10), devemos tomar alguns cuidados para não visualizar erroneamente simplificações. Por exemplo, o símbolo $\frac{\partial f}{\partial x}$ não pode ser visto como uma simplificação de $\frac{\partial f}{\partial u} \cdot \frac{\partial u}{\partial x}$.

Exemplo 2: Dada $f(x, y) = x^2 y - x^2 + y^2$

$$x = r \cos \theta$$
$$y = r \sen \theta$$

encontrar as derivadas parciais $\frac{\partial f}{\partial r}$ e $\frac{\partial f}{\partial \theta}$.

Solução: Usando a regra da cadeia (proposição 4.6.4), temos

$$\frac{\partial f}{\partial r} = \frac{\partial f}{\partial x} \cdot \frac{\partial x}{\partial r} + \frac{\partial f}{\partial y} \cdot \frac{\partial y}{\partial r}$$
$$= (2xy - 2x) \cdot \cos \theta + (x^2 + 2y) \cdot \sen \theta$$

$$\frac{\partial f}{\partial \theta} = \frac{\partial f}{\partial x} \cdot \frac{\partial x}{\partial \theta} + \frac{\partial f}{\partial y} \cdot \frac{\partial y}{\partial \theta}$$
$$= (2xy - 2x) \cdot (-r \sen \theta) + (x^2 + 2y) \cdot r \cos \theta.$$

4.6.6 Generalização da regra da cadeia

A regra da cadeia pode ser generalizada. Os exemplos que seguem mostram a sistemática usada.

Exemplo 1: Dada a função $w = x^2 + y^2 + z^2$ e sabendo que

$$x = r\cos\theta\,\text{sen}\,\gamma$$
$$y = r\,\text{sen}\,\theta\,\text{sen}\,\gamma$$
$$z = r\cos\gamma$$

calcular as derivadas parciais de 1ª ordem da função w em relação a r, θ e γ.

Solução: A regra da cadeia para esse caso pode ser escrita como

$$\frac{\partial w}{\partial r} = \frac{\partial w}{\partial x}\cdot\frac{\partial x}{\partial r} + \frac{\partial w}{\partial y}\cdot\frac{\partial y}{\partial r} + \frac{\partial w}{\partial z}\cdot\frac{\partial z}{\partial r}$$

$$\frac{\partial w}{\partial \theta} = \frac{\partial w}{\partial x}\cdot\frac{\partial x}{\partial \theta} + \frac{\partial w}{\partial y}\cdot\frac{\partial y}{\partial \theta} + \frac{\partial w}{\partial z}\cdot\frac{\partial z}{\partial \theta}$$

$$\frac{\partial w}{\partial \gamma} = \frac{\partial w}{\partial x}\cdot\frac{\partial x}{\partial \gamma} + \frac{\partial w}{\partial y}\cdot\frac{\partial y}{\partial \gamma} + \frac{\partial w}{\partial z}\cdot\frac{\partial z}{\partial \gamma}$$

ou, em forma matricial,

$$\begin{bmatrix}\dfrac{\partial w}{\partial r} & \dfrac{\partial w}{\partial \theta} & \dfrac{\partial w}{\partial \gamma}\end{bmatrix} = \begin{bmatrix}\dfrac{\partial w}{\partial x} & \dfrac{\partial w}{\partial y} & \dfrac{\partial w}{\partial z}\end{bmatrix} \cdot \begin{bmatrix}\dfrac{\partial x}{\partial r} & \dfrac{\partial x}{\partial \theta} & \dfrac{\partial x}{\partial \gamma} \\ \dfrac{\partial y}{\partial r} & \dfrac{\partial y}{\partial \theta} & \dfrac{\partial y}{\partial \gamma} \\ \dfrac{\partial z}{\partial r} & \dfrac{\partial z}{\partial \theta} & \dfrac{\partial z}{\partial \gamma}\end{bmatrix}$$

Portanto, para o exemplo dado, temos

$$\begin{bmatrix}\dfrac{\partial w}{\partial r} & \dfrac{\partial w}{\partial \theta} & \dfrac{\partial w}{\partial \gamma}\end{bmatrix} = \begin{bmatrix}2x & 2y & 2z\end{bmatrix} \cdot \begin{bmatrix}\cos\theta\,\text{sen}\,\gamma & -r\,\text{sen}\,\theta\,\text{sen}\,\gamma & r\cos\theta\cos\gamma \\ \text{sen}\,\theta\,\text{sen}\,\gamma & r\cos\theta\,\text{sen}\,\gamma & r\,\text{sen}\,\theta\cos\gamma \\ \cos\gamma & 0 & -r\,\text{sen}\,\gamma\end{bmatrix}$$

e

$$\frac{\partial w}{\partial r} = 2x\cos\theta\,\text{sen}\,\gamma + 2y\,\text{sen}\,\theta\,\text{sen}\,\gamma + 2z\cos\gamma$$
$$= 2r\cos^2\theta\,\text{sen}^2\gamma + 2r\,\text{sen}^2\theta\,\text{sen}^2\gamma + 2r\cos^2\gamma = 2r$$

$$\frac{\partial w}{\partial \theta} = -2xr\,\text{sen}\,\theta\,\text{sen}\,\gamma + 2yr\cos\theta\,\text{sen}\,\gamma$$
$$= -2r^2\cos\theta\,\text{sen}\,\theta\,\text{sen}^2\gamma + 2r^2\,\text{sen}\,\theta\cos\theta\,\text{sen}^2\gamma = 0$$

$$\frac{\partial w}{\partial \gamma} = 2zr\cos\theta\cos\gamma + 2zr\,\text{sen}\,\theta\cos\gamma - 2zr\,\text{sen}\,\gamma$$
$$= 2r^2\cos\theta\cos^2\gamma + 2r^2\,\text{sen}\,\theta\cos^2\gamma - 2r^2\cos\gamma\,\text{sen}\,\gamma.$$

Exemplo 2: Seja $z = f(r^2 + s^2 - t, rst)$, onde $f(x, y)$ é uma função diferenciável. Encontrar $\dfrac{\partial z}{\partial r}$, $\dfrac{\partial z}{\partial s}$ e $\dfrac{\partial z}{\partial t}$ em termos das derivadas parciais de f.

Solução: Temos

$$f : \mathbb{R}^2 \to \mathbb{R}$$
$$(x, y) \to z = z(x, y)$$

onde $x = x(r, s, t) = r^2 + s^2 - t$

$y = y(r, s, t) = rst$.

Assim,

$$z = f(x(r, s, t), y(r, s, t)).$$

Aplicando a regra da cadeia, temos

$$\frac{\partial z}{\partial r} = \frac{\partial f}{\partial x}(x, y) \cdot \frac{\partial x}{\partial r} + \frac{\partial f}{\partial y}(x, y) \cdot \frac{\partial y}{\partial r}$$

$$= \frac{\partial f}{\partial x}(x, y) \cdot 2r + \frac{\partial f}{\partial y}(x, y) \cdot st$$

$$\frac{\partial z}{\partial s} = \frac{\partial f}{\partial x}(x, y) \cdot \frac{\partial x}{\partial s} + \frac{\partial f}{\partial y}(x, y) \cdot \frac{\partial y}{\partial s}$$

$$= \frac{\partial f}{\partial x}(x, y) \cdot 2s + \frac{\partial f}{\partial y}(x, y) \cdot rt$$

e

$$\frac{\partial z}{\partial t} = \frac{\partial f}{\partial x}(x, y) \cdot \frac{\partial x}{\partial t} + \frac{\partial f}{\partial y}(x, y) \cdot \frac{\partial y}{\partial t}$$

$$= \frac{\partial f}{\partial x}(x, y) \cdot (-1) + \frac{\partial f}{\partial y}(x, y) \cdot rs$$

Observamos que, nas expressões obtidas, as derivadas parciais $\frac{\partial f}{\partial x}$ e $\frac{\partial f}{\partial y}$ devem ser calculadas no ponto $(x, y) = (r^2 + s^2 - t, rst)$.

4.7 Derivação Implícita

No estudo das funções de uma variável, vimos que uma função $y = f(x)$ é definida implicitamente pela equação

$$F(x, y) = 0 \tag{1}$$

se, ao substituirmos y por $f(x)$ em (1), essa equação se transforma em uma identidade. (Ver *Cálculo A*, Seção 4.18.)

Analogamente, dizemos que uma função $z = f(x, y)$ é definida implicitamente pela equação

$$F(x, y, z) = 0 \tag{2}$$

se, ao substituirmos z por $f(x, y)$ em (2), essa equação se reduz a uma identidade.

Por exemplo, $z = \sqrt{x^2 + y^2}$ é definida implicitamente pela equação $x^2 + y^2 - z^2 = 0$.

Uma outra situação em que podemos ter funções definidas implicitamente ocorre quando temos duas equações simultâneas.

Por exemplo, o sistema

$$\begin{cases} F(x, y, z) = 0 \\ G(x, y, z) = 0 \end{cases} \tag{3}$$

pode definir implicitamente duas funções de uma variável $y = y(x)$ e $z = z(x)$.
Já o sistema

$$\begin{cases} F(x, y, u, v) = 0 \\ G(x, y, u, v) = 0 \end{cases} \quad (4)$$

pode, por exemplo, definir implicitamente duas funções de duas variáveis $x = x(u, v)$, $y = y(u, v)$.

Nessas e em outras situações podemos ter, em alguns casos, a garantia de que uma função está definida implicitamente, mas não conseguimos explicitá-la. É conveniente, então, obtermos um procedimento para encontrar as derivadas de funções dadas na forma implícita.

A seguir, vamos explorar as quatro situações apresentadas, utilizando a regra da cadeia para encontrar as derivadas correspondentes, sem explicitar as funções envolvidas. O procedimento adotado pode ser estendido para situações mais gerais.

4.7.1 Derivada de uma função implícita $y = f(x)$ definida pela equação $F(x, y) = 0$

Suponhamos que a função $y = f(x)$ seja definida implicitamente pela equação

$$F(x, y) = 0. \quad (5)$$

Admitindo que f e F são funções diferenciáveis e que no ponto $(x, f(x))$ temos $\dfrac{\partial F}{\partial y} \neq 0$, podemos obter a derivada $\dfrac{dy}{dx}$, derivando (5) em relação a x, com o auxílio da regra da cadeia. Temos

$$\frac{\partial F}{\partial x} \cdot \frac{dx}{dx} + \frac{\partial F}{\partial y} \cdot \frac{dy}{dx} = 0$$

$$\frac{\partial F}{\partial x} + \frac{\partial F}{\partial y} \cdot \frac{dy}{dx} = 0$$

ou

$$\frac{dy}{dx} = \frac{-\dfrac{\partial F}{\partial x}}{\dfrac{\partial F}{\partial y}}. \quad (6)$$

4.7.2 Exemplos

Exemplo 1: Sabendo que a função diferenciável $y = f(x)$ é definida implicitamente pela equação $x^2 + y^2 = 1$, determinar sua derivada $\dfrac{dy}{dx}$.

Solução: A função dada é definida implicitamente pela equação $F(x, y) = 0$, onde

$$F(x, y) = x^2 + y^2 - 1.$$

Como $\dfrac{\partial F}{\partial x} = 2x$ e $\dfrac{\partial F}{\partial y} = 2y$, usando (6), temos

$$\frac{dy}{dx} = \frac{-2x}{2y} = \frac{-x}{y}; y \neq 0.$$

Como nesse exemplo podemos explicitar $y = f(x)$, é interessante compararmos esse resultado com o obtido pela derivação usual de uma função de uma variável. Para a função

$$y = \sqrt{1 - x^2},$$

obtemos

$$\frac{dy}{dx} = \frac{1}{2}(1-x^2)^{\frac{-1}{2}} \cdot (-2x)$$
$$= \frac{-x}{\sqrt{1-x^2}} = \frac{-x}{y}.$$

Analogamente, para a função

$$y = -\sqrt{1-x^2},$$

obtemos

$$\frac{dy}{dx} = \frac{x}{\sqrt{1-x^2}} = \frac{-x}{y}.$$

Exemplo 2: Seja $f(x, y)$ uma função que possui derivadas parciais contínuas em um conjunto aberto $U \subset \mathbb{R}^2$. Supondo que as derivadas parciais de f sejam diferentes de zero em $(x_0, y_0) \in U$, provar a proposição 4.3.5.

Solução: Suponhamos que $f(x, y)$ seja uma função tal que, pelo ponto (x_0, y_0), passe uma curva de nível C_k de f.

O coeficiente angular da reta tangente à curva C_k no ponto (x_0, y_0) é dado por $k_1 = y'(x_0)$, onde a função $y = y(x)$ é definida implicitamente pela equação

$$f(x, y) = k.$$

Assim, usando (6), temos que

$$k_1 = \frac{-\frac{\partial f}{\partial x}(x_0, y_0)}{\frac{\partial f}{\partial y}(x_0, y_0)}.$$

Por outro lado, conforme vimos no Exemplo 1 da Subseção 4.3.6, o coeficiente angular do vetor $\nabla f(x_0, y_0)$ é dado por

$$k_2 = \frac{\frac{\partial f}{\partial y}(x_0, y_0)}{\frac{\partial f}{\partial x}(x_0, y_0)}.$$

Temos, então,

$$k_1 \cdot k_2 = \frac{-\frac{\partial f}{\partial x}(x_0, y_0)}{\frac{\partial f}{\partial y}(x_0, y_0)} \cdot \frac{\frac{\partial f}{\partial y}(x_0, y_0)}{\frac{\partial f}{\partial x}(x_0, y_0)}$$

ou $k_1 \cdot k_2 = -1$ e, dessa forma, no ponto (x_0, y_0) o gradiente de $f(x, y)$ é perpendicular à curva de nível de f.

4.7.3 Derivadas parciais de uma função implícita $z = f(x, y)$ definida pela equação $F(x, y, z) = 0$.

Suponhamos que a função $z = f(x, y)$ seja dada implicitamente pela equação

$$F(x, y, z) = 0. \tag{7}$$

Admitindo que f e F são funções diferenciáveis e que no ponto $(x, y, f(x, y))$ temos $\frac{\partial F}{\partial z} \neq 0$, usando a regra da cadeia, podemos obter as derivadas parciais $\frac{\partial z}{\partial x}$ e $\frac{\partial z}{\partial y}$.

Derivando (7) em relação a x, vem

$$\frac{\partial F}{\partial x}\cdot\frac{\partial x}{\partial x}+\frac{\partial F}{\partial y}\cdot\frac{\partial y}{\partial x}+\frac{\partial F}{\partial z}\cdot\frac{\partial z}{\partial x}=0 \quad \text{ou} \quad \frac{\partial F}{\partial x}\cdot 1+\frac{\partial F}{\partial y}\cdot 0+\frac{\partial F}{\partial z}\cdot\frac{\partial z}{\partial x}=0$$

ou ainda

$$\frac{\partial z}{\partial x}=\frac{-\dfrac{\partial F}{\partial x}}{\dfrac{\partial F}{\partial z}}. \tag{8}$$

Analogamente, derivando (7) em relação a y, obtemos

$$\frac{\partial z}{\partial y}=\frac{-\dfrac{\partial F}{\partial y}}{\dfrac{\partial F}{\partial z}}. \tag{9}$$

4.7.4 Exemplo

Sabendo que a função diferenciável $z=f(x,y)$ é definida pela equação

$$x^4 y + y^3 + z^3 + z = 5$$

determinar $\dfrac{\partial z}{\partial x}$ e $\dfrac{\partial z}{\partial y}$.

Solução: Temos que $z=f(x,y)$ é definida pela equação $F(x,y,z)=0$, onde

$$F(x,y,z) = x^4 y + y^3 + z^3 + z - 5.$$

Como $\dfrac{\partial F}{\partial x}=4x^3 y$, $\dfrac{\partial F}{\partial y}=x^4+3y^2$ e $\dfrac{\partial F}{\partial z}=3z^2+1$, usando (8) e (9), temos

$$\frac{\partial z}{\partial x}=\frac{-4x^3 y}{3z^2+1} \quad \text{e} \quad \frac{\partial z}{\partial y}=\frac{-(x^4+3y^2)}{3z^2+1}.$$

4.7.5 Derivada das funções $y = y(x)$ e $z = z(x)$ definidas implicitamente por
$$\begin{cases} F(x,y,z)=0 \\ G(x,y,z)=0 \end{cases}$$

Suponhamos que as funções diferenciáveis $y=y(x)$ e $z=z(x)$ sejam definidas implicitamente pelo sistema

$$\begin{cases} F(x,y,z)=0 \\ G(x,y,z)=0 \end{cases} \tag{10}$$

onde F e G são funções diferenciáveis.

Para obter as derivadas $\dfrac{dy}{dx}$ e $\dfrac{dz}{dx}$ vamos derivar (10) em relação a x. Usando a regra da cadeia, temos

$$\begin{cases} \dfrac{\partial F}{\partial x}\cdot\dfrac{dx}{dx} + \dfrac{\partial F}{\partial y}\cdot\dfrac{dy}{dx} + \dfrac{\partial F}{\partial z}\cdot\dfrac{dz}{dx} = 0 \\ \dfrac{\partial G}{\partial x}\cdot\dfrac{dx}{dx} + \dfrac{\partial G}{\partial y}\cdot\dfrac{dy}{dx} + \dfrac{\partial G}{\partial z}\cdot\dfrac{dz}{dx} = 0 \end{cases}$$

ou

$$\begin{cases} \dfrac{\partial F}{\partial y}\cdot\dfrac{dy}{dx} + \dfrac{\partial F}{\partial z}\cdot\dfrac{dz}{dx} = -\dfrac{\partial F}{\partial x} \\ \dfrac{\partial G}{\partial y}\cdot\dfrac{dy}{dx} + \dfrac{\partial G}{\partial z}\cdot\dfrac{dz}{dx} = -\dfrac{\partial G}{\partial x} \end{cases} \qquad (11)$$

O sistema (11) é um sistema de equações lineares para as incógnitas $\dfrac{dy}{dx}$ e $\dfrac{dz}{dx}$. Assim, nos pontos em que o determinante do sistema é diferente de zero, ele tem solução única. Sua solução pode ser obtida por meio da regra de Cramer. Temos

$$\dfrac{dy}{dx} = \dfrac{\begin{vmatrix} -\dfrac{\partial F}{\partial x} & \dfrac{\partial F}{\partial z} \\ -\dfrac{\partial G}{\partial x} & \dfrac{\partial G}{\partial z} \end{vmatrix}}{\begin{vmatrix} \dfrac{\partial F}{\partial y} & \dfrac{\partial F}{\partial z} \\ \dfrac{\partial G}{\partial y} & \dfrac{\partial G}{\partial z} \end{vmatrix}} = -\dfrac{\begin{vmatrix} \dfrac{\partial F}{\partial x} & \dfrac{\partial F}{\partial z} \\ \dfrac{\partial G}{\partial x} & \dfrac{\partial G}{\partial z} \end{vmatrix}}{\begin{vmatrix} \dfrac{\partial F}{\partial y} & \dfrac{\partial F}{\partial z} \\ \dfrac{\partial G}{\partial y} & \dfrac{\partial G}{\partial z} \end{vmatrix}} \qquad (12)$$

e

$$\dfrac{dz}{dx} = \dfrac{\begin{vmatrix} \dfrac{\partial F}{\partial y} & -\dfrac{\partial F}{\partial x} \\ \dfrac{\partial G}{\partial y} & -\dfrac{\partial G}{\partial x} \end{vmatrix}}{\begin{vmatrix} \dfrac{\partial F}{\partial y} & \dfrac{\partial F}{\partial z} \\ \dfrac{\partial G}{\partial y} & \dfrac{\partial G}{\partial z} \end{vmatrix}} = -\dfrac{\begin{vmatrix} \dfrac{\partial F}{\partial y} & \dfrac{\partial F}{\partial x} \\ \dfrac{\partial G}{\partial y} & \dfrac{\partial G}{\partial x} \end{vmatrix}}{\begin{vmatrix} \dfrac{\partial F}{\partial y} & \dfrac{\partial F}{\partial z} \\ \dfrac{\partial G}{\partial y} & \dfrac{\partial G}{\partial z} \end{vmatrix}} \qquad (13)$$

Os determinantes que aparecem em (12) e (13) são conhecidos como determinantes jacobianos ou somente jacobianos. Eles aparecem em diversas situações dentro de um curso de Cálculo. No Capítulo 7 eles serão usados quando estudarmos mudanças de variáveis em integrais duplas.

De forma geral, se temos n funções de n variáveis,

$$f_1(x_1, x_2, \ldots, x_n)$$
$$f_2(x_1, x_2, \ldots, x_n)$$
$$- - - - - - - - - - - - -$$
$$f_n(x_1, x_2, \ldots, x_n)$$

o determinante jacobiano de $f_1, f_2, \ldots, f_n$ em relação a $x_1, x_2, \ldots, x_n$, que denotamos por $\dfrac{\partial(f_1, f_2, \ldots, f_n)}{\partial(x_1, x_2, \ldots, x_n)}$, é definido pela expressão

$$\frac{\partial(f_1, f_2, \ldots, f_n)}{\partial(x_1, x_2, \ldots, x_n)} = \det \begin{bmatrix} \dfrac{\partial f_1}{\partial x_1} & \dfrac{\partial f_1}{\partial x_2} & \cdots & \dfrac{\partial f_1}{\partial x_n} \\ \dfrac{\partial f_2}{\partial x_1} & \dfrac{\partial f_2}{\partial x_2} & \cdots & \dfrac{\partial f_2}{\partial x_n} \\ \vdots & & & \\ \dfrac{\partial f_n}{\partial x_1} & \dfrac{\partial f_n}{\partial x_2} & \cdots & \dfrac{\partial f_n}{\partial x_n} \end{bmatrix}. \tag{14}$$

Usando a notação introduzida em (14), podemos expressar as derivadas $\dfrac{dy}{dx}$ e $\dfrac{dz}{dx}$ das equações (12) e (13) como:

$$\frac{dy}{dx} = -\frac{\dfrac{\partial(F,G)}{\partial(x,z)}}{\dfrac{\partial(F,G)}{\partial(y,z)}} \quad \text{e} \quad \frac{dz}{dx} = -\frac{\dfrac{\partial(F,G)}{\partial(y,x)}}{\dfrac{\partial(F,G)}{\partial(y,z)}} \tag{15}$$

desde que $\dfrac{\partial(F,G)}{\partial(y,z)} \neq 0$.

4.7.6 Exemplo

Suponhamos que as funções diferenciáveis

$$y = y(x) \quad \text{e} \quad z = z(x), \ z > 0,$$

sejam definidas implicitamente pelo sistema

$$\begin{cases} x^2 + y^2 = z^2 \\ x + y = 2. \end{cases}$$

Determinar as derivadas $\dfrac{dy}{dx}$ e $\dfrac{dz}{dx}$.

Solução: As funções dadas são definidas pelo sistema

$$\begin{cases} F(x, y, z) = 0 \\ G(x, y, z) = 0 \end{cases}$$

onde $F(x, y, z) = x^2 + y^2 - z^2$ e $G(x, y, z) = x + y - 2$.

Podemos obter suas derivadas por meio das expressões dadas em (15). Temos

$$\frac{\partial(F,G)}{\partial(x,z)} = \begin{vmatrix} 2x & -2z \\ 1 & 0 \end{vmatrix} = 2z;$$

$$\frac{\partial(F,G)}{\partial(y,x)} = \begin{vmatrix} 2y & 2x \\ 1 & 1 \end{vmatrix} = 2y - 2x \quad \text{e} \quad \frac{\partial(F,G)}{\partial(y,z)} = \begin{vmatrix} 2y & -2z \\ 1 & 0 \end{vmatrix} = 2z.$$

Portanto,

$$\frac{dy}{dx} = -\frac{2z}{2z} = -1 \quad \text{e} \quad \frac{dz}{dx} = -\frac{2y - 2x}{2z} = \frac{x - y}{z}.$$

É interessante observar, nesse exemplo, que o sistema que define as funções y e z representa a intersecção do cone $x^2 + y^2 = z^2$, $z > 0$ com o plano $x + y = 2$. Assim, os pontos $(x, y(x), z(x))$ estão sobre a curva de intersecção dessas superfícies (ver Figura 4.22).

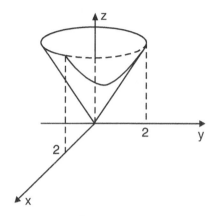

Figura 4.22

Também é interessante observar que nem sempre um sistema da forma (3) define implicitamente y e z como funções de x. Quando as duas superfícies não se interceptam, tais funções claramente não existem. É o caso, por exemplo, do sistema

$$\begin{cases} x^2 + y^2 + z^2 = 1 \\ z - 2 = 0. \end{cases}$$

ilustrado na Figura 4.23.

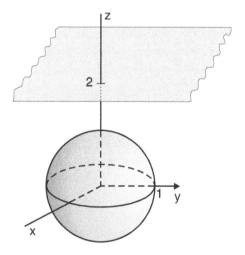

Figura 4.23

4.7.7 Derivada das funções $x = x(u, v)$ e $y = y(u, v)$ definidas implicitamente por
$$\begin{cases} F(x, y, u, v) = 0 \\ G(x, y, u, v) = 0 \end{cases}$$

Suponhamos que as funções diferenciáveis $x = x(u, v)$ e $y = y(u, v)$ sejam definidas implicitamente pelo sistema

$$\begin{cases} F(x, y, u, v) = 0 \\ G(x, y, u, v) = 0 \end{cases} \tag{16}$$

onde F e G são funções diferenciáveis.

Como nas situações anteriores, podemos determinar as derivadas parciais de x e y em relação a u e v, com o auxílio da regra da cadeia.

Mantendo v constante e derivando (16) em relação a u, obtemos

$$\begin{cases} \dfrac{\partial F}{\partial x} \cdot \dfrac{\partial x}{\partial u} + \dfrac{\partial F}{\partial y} \cdot \dfrac{\partial y}{\partial u} + \dfrac{\partial F}{\partial u} \cdot \dfrac{\partial u}{\partial u} + \dfrac{\partial F}{\partial v} \cdot \dfrac{\partial v}{\partial u} = 0 \\ \dfrac{\partial G}{\partial x} \cdot \dfrac{\partial x}{\partial u} + \dfrac{\partial G}{\partial y} \cdot \dfrac{\partial y}{\partial u} + \dfrac{\partial G}{\partial u} \cdot \dfrac{\partial u}{\partial u} + \dfrac{\partial G}{\partial v} \cdot \dfrac{\partial v}{\partial u} = 0 \end{cases}$$

Como $\dfrac{\partial u}{\partial u} = 1$ e $\dfrac{\partial v}{\partial u} = 0$, vem

$$\begin{cases} \dfrac{\partial F}{\partial x} \cdot \dfrac{\partial x}{\partial u} + \dfrac{\partial F}{\partial y} \cdot \dfrac{\partial y}{\partial u} = -\dfrac{\partial F}{\partial u} \\ \dfrac{\partial G}{\partial x} \cdot \dfrac{\partial x}{\partial u} + \dfrac{\partial G}{\partial y} \cdot \dfrac{\partial y}{\partial u} = -\dfrac{\partial G}{\partial u} \end{cases}$$

Utilizando a regra de Cramer para resolver o sistema, obtemos

$$\dfrac{\partial x}{\partial u} = -\dfrac{\begin{vmatrix} \dfrac{\partial F}{\partial u} & \dfrac{\partial F}{\partial y} \\ \dfrac{\partial G}{\partial u} & \dfrac{\partial G}{\partial y} \end{vmatrix}}{\begin{vmatrix} \dfrac{\partial F}{\partial x} & \dfrac{\partial F}{\partial y} \\ \dfrac{\partial G}{\partial x} & \dfrac{\partial G}{\partial y} \end{vmatrix}} \quad \text{e} \quad \dfrac{\partial y}{\partial u} = -\dfrac{\begin{vmatrix} \dfrac{\partial F}{\partial x} & \dfrac{\partial F}{\partial u} \\ \dfrac{\partial G}{\partial x} & \dfrac{\partial G}{\partial u} \end{vmatrix}}{\begin{vmatrix} \dfrac{\partial F}{\partial x} & \dfrac{\partial F}{\partial y} \\ \dfrac{\partial G}{\partial x} & \dfrac{\partial G}{\partial y} \end{vmatrix}}$$

desde que o determinante do denominador seja não nulo.

Usando a notação introduzida na subseção anterior para representar os jacobianos, vem

$$\dfrac{\partial x}{\partial u} = -\dfrac{\dfrac{\partial(F,G)}{\partial(u,y)}}{\dfrac{\partial(F,G)}{\partial(x,y)}} \quad \text{e} \quad \dfrac{\partial y}{\partial u} = -\dfrac{\dfrac{\partial(F,G)}{\partial(x,u)}}{\dfrac{\partial(F,G)}{\partial(x,y)}} \tag{17}$$

desde que $\dfrac{\partial(F,G)}{\partial(x,y)} \neq 0$.

Analogamente, mantendo u constante e derivando (16) em relação a v, obtemos

$$\dfrac{\partial x}{\partial v} = -\dfrac{\dfrac{\partial(F,G)}{\partial(v,y)}}{\dfrac{\partial(F,G)}{\partial(x,y)}} \quad \text{e} \quad \dfrac{\partial y}{\partial v} = -\dfrac{\dfrac{\partial(F,G)}{\partial(x,v)}}{\dfrac{\partial(F,G)}{\partial(x,y)}}. \tag{18}$$

desde que $\dfrac{\partial(F,G)}{\partial(x,y)} \neq 0$.

4.7.8 Exemplos

Exemplo 1: Sabendo que o sistema

$$\begin{cases} x - u + 2v = 0 \\ y - 2u - v + 0 \end{cases}$$

define as funções diferenciáveis $x = x(u, v)$ e $y = y(u, v)$, determinar as derivadas parciais de x e y em relação a u e v.

Solução: Utilizando (17) e (18), temos

$$\frac{\partial x}{\partial u} = -\frac{\begin{vmatrix} -1 & 0 \\ -2 & 1 \end{vmatrix}}{\begin{vmatrix} 1 & 0 \\ 0 & 1 \end{vmatrix}} = 1; \quad \frac{\partial y}{\partial u} = -\frac{\begin{vmatrix} 1 & -1 \\ 0 & -2 \end{vmatrix}}{\begin{vmatrix} 1 & 0 \\ 0 & 1 \end{vmatrix}} = 2;$$

$$\frac{\partial x}{\partial v} = -\frac{\begin{vmatrix} 2 & 0 \\ -1 & 1 \end{vmatrix}}{\begin{vmatrix} 1 & 0 \\ 0 & 1 \end{vmatrix}} = -2 \quad \text{e} \quad \frac{\partial y}{\partial v} = -\frac{\begin{vmatrix} 1 & 2 \\ 0 & -1 \end{vmatrix}}{\begin{vmatrix} 1 & 0 \\ 0 & 1 \end{vmatrix}} = 1.$$

Claramente nesse exemplo poderíamos calcular essas derivadas determinando as derivadas parciais das funções explícitas

$$\begin{cases} x = u - 2v \\ y = 2u + v \end{cases}$$

O exemplo apenas ilustra o procedimento proposto.

Exemplo 2: Dadas as funções $x = x(u, v)$ e $y = y(u, v)$ definidas implicitamente por

$$\begin{cases} u = x^2 + y^2 \\ v = 2xy \end{cases}$$

determinar:

(a) As derivadas parciais de x e y em relação a u e v.

(b) Um par de funções $x = x(u, v)$ e $y = y(u, v)$ que sejam definidas implicitamente pelo sistema dado.

Solução de (a): O sistema dado pode ser escrito como

$$\begin{cases} F(x, y, u, v) = 0 \\ G(x, y, u, v) = 0 \end{cases}$$

onde

$$\begin{cases} F(x, y, u, v) = u - x^2 - y^2 \\ G(x, y, u, v) = v - 2xy \end{cases}$$

Assim, aplicando (17), vem

$$\frac{\partial x}{\partial u} = \frac{-\begin{vmatrix} 1 & -2y \\ 0 & -2x \end{vmatrix}}{\begin{vmatrix} -2x & -2y \\ -2y & -2x \end{vmatrix}} = -\frac{-2x}{4x^2 - 4y^2} = \frac{x}{2x^2 - 2y^2}$$

$$\frac{\partial y}{\partial u} = \frac{-\begin{vmatrix} -2x & 1 \\ -2y & 0 \end{vmatrix}}{\begin{vmatrix} -2x & -2y \\ -2y & -2x \end{vmatrix}} = -\frac{-2y}{4x^2 - 4y^2} = \frac{-y}{2x^2 - 2y^2}$$

Analogamente, aplicando (18), obtemos

$$\frac{\partial x}{\partial v} = \frac{y}{2x^2 - 2y^2} \quad e \quad \frac{\partial y}{\partial v} = \frac{x}{2x^2 - 2y^2}.$$

Solução de (b): Adicionando as duas equações do sistema dado, temos

$$u + v = x^2 + y^2 + 2xy$$
$$= (x + y)^2.$$

Subtraindo a segunda equação da primeira, obtemos

$$u - v = x^2 + y^2 - 2xy$$
$$= (x - y)^2.$$

Supondo $u + v \geq 0$, $u - v \geq 0$, $x + y \geq 0$ e $x - y \geq 0$, podemos escrever

$$\begin{cases} x + y = \sqrt{u + v} \\ x - y = \sqrt{u - v}. \end{cases}$$

Resolvendo esse sistema para x e y como funções de u e v, obtemos as funções

$$x = \frac{1}{2}\left[\sqrt{u + v} + \sqrt{u - v}\right]$$

$$y = \frac{1}{2}\left[\sqrt{u + v} - \sqrt{u - v}\right].$$

As funções obtidas são definidas implicitamente pelo sistema dado. Seu domínio de definição pode ser visualizado na Figura 4.24.

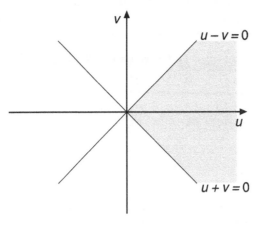

Figura 4.24

Em todas as situações analisadas partimos da premissa de que funções diferenciáveis eram definidas implicitamente e, então, determinávamos as derivadas correspondentes. Nem sempre as expressões (1) a (4) definem funções na forma implícita. Nesse caso, se adotarmos os procedimentos descritos podemos encontrar resultados totalmente desprovidos de um significado.

Por exemplo, se calcularmos, conforme visto na Subseção 4.7.1, a derivada $\dfrac{dy}{dx}$ de $y(x)$ definida implicitamente pela equação

$$x^2 + y^2 = -5,$$

encontramos $\dfrac{dy}{dx} = -\dfrac{x}{y}$.

Esse resultado é falso, pois a equação dada não tem solução real, não definindo implicitamente qualquer função $y = y(x)$.

É importante, portanto, saber quando as expressões (1) a (4) realmente definem funções na forma implícita.

O teorema da função implícita, considerado um dos principais teoremas da Análise Matemática, em suas várias formas, assegura condições suficientes para que os procedimentos descritos nas seções anteriores sejam consistentes.

4.7.9 Teorema da função implícita

Situação 1: $(F(x, y) = 0)$: Seja $F(x, y)$ uma função com derivadas parciais contínuas em um conjunto aberto $U \subset \mathbb{R}^2$. Seja $(x_0, y_0) \in U$ tal que $F(x_0, y_0) = 0$. Se $\dfrac{\partial F}{\partial y}(x_0, y_0) \neq 0$, então existem intervalos abertos I e J com $x_0 \in I$ e $y_0 \in J$, tais que, para cada $x \in I$, existe um único $y = f(x) \in J$, que satisfaz $F(x, f(x)) = 0$. A função $f : I \to J$ é diferenciável e, para qualquer $x \in I$, sua derivada pode ser obtida pela expressão (6).

Situação 2: $(F(x, y, z) = 0)$: Seja $F(x, y, z)$ uma função com derivadas parciais contínuas em um conjunto aberto $U \subset \mathbb{R}^3$. Seja $(x_0, y_0, z_0) \in U$ tal que $F(x_0, y_0, z_0) = 0$. Se $\dfrac{\partial F}{\partial z}(x_0, y_0, z_0) \neq 0$, então existe uma bola aberta B, com centro em (x_0, y_0) e um intervalo aberto J, com $z_0 \in J$, tais que, para cada $(x, y) \in B$, existe um único $z = g(x, y) \in J$, que satisfaz $F(x, y, g(x, y)) = 0$. A função $z = g(x, y)$, $(x, y) \in B$ é diferenciável e, para todo $(x, y) \in B$, suas derivadas parciais podem ser obtidas pelas expressões (8) e (9).

A consistência dos procedimentos obtidos nas demais situações exploradas também pode ser garantida pelo teorema da função implícita, em sua forma geral.

Por exemplo, para a situação explorada na Subseção 4.7.5, além das hipóteses adequadas de diferenciabilidade e continuidade, devemos ter a garantia de que o determinante do denominador de (15) seja diferente de zero no ponto considerado.

Para uma análise mais aprofundada das diversas situações e para a demonstração do teorema, o leitor interessado pode consultar um livro de Cálculo Avançado ou de Análise Matemática.

4.8 Derivadas Parciais Sucessivas

Se f é uma função de duas variáveis, então, em geral, suas derivadas parciais de 1ª ordem são, também, funções de duas variáveis. Se as derivadas dessas funções existem, elas são chamadas derivadas parciais de 2ª ordem de f.

Para uma função $z = f(x, y)$ temos quatro derivadas parciais de 2ª ordem. A partir da derivada de f em relação a x, $\dfrac{\partial f}{\partial x}$, obtemos as seguintes derivadas parciais de 2ª ordem:

$$\dfrac{\partial}{\partial x}\left(\dfrac{\partial f}{\partial x}\right) = \dfrac{\partial^2 f}{\partial x^2} \quad \text{e} \quad \dfrac{\partial}{\partial y}\left(\dfrac{\partial f}{\partial x}\right) = \dfrac{\partial^2 f}{\partial y \partial x}.$$

A partir da derivada $\dfrac{\partial f}{\partial y}$, obtemos:

$$\dfrac{\partial}{\partial x}\left(\dfrac{\partial f}{\partial y}\right) = \dfrac{\partial^2 f}{\partial x \partial y} \quad \text{e} \quad \dfrac{\partial}{\partial y}\left(\dfrac{\partial f}{\partial y}\right) = \dfrac{\partial^2 f}{\partial y^2}.$$

4.8.1 Exemplos

Exemplo 1: Dada a função $f(x, y) = x^3 y + x^2 y^4$, determinar suas derivadas parciais de 2ª ordem.

Solução: As derivadas parciais de 1ª ordem de f são:

$$\dfrac{\partial f}{\partial x} = 3x^2 y + 2xy^4 \quad \text{e} \quad \dfrac{\partial f}{\partial y} = x^3 + 4x^2 y^3$$

A partir de $\dfrac{\partial f}{\partial x}$, obtemos

$$\dfrac{\partial^2 f}{\partial x^2} = \dfrac{\partial}{\partial x}(3x^2 y + 2xy^4)$$
$$= 6xy + 2y^4;$$

$$\dfrac{\partial^2 f}{\partial y \partial x} = \dfrac{\partial}{\partial y}(3x^2 y + 2xy^4)$$
$$= 3x^2 + 8xy^3.$$

A partir de $\dfrac{\partial f}{\partial y}$, obtemos

$$\dfrac{\partial^2 f}{\partial x \partial y} = \dfrac{\partial}{\partial x}(x^3 + 4x^2 y^3)$$
$$= 3x^2 + 8xy^3;$$

$$\dfrac{\partial^2 f}{\partial y^2} = \dfrac{\partial}{\partial y}(x^3 + 4x^2 y^3)$$
$$= 12x^2 y^2.$$

Exemplo 2: Dada a função $f(x, y) = \text{sen}\,(2x + y)$, determinar $\dfrac{\partial^2 f}{\partial y \partial x}$ e $\dfrac{\partial^2 f}{\partial x \partial y}$.

Solução: Temos

$$\dfrac{\partial^2 f}{\partial y \partial x} = \dfrac{\partial}{\partial y}\left(\dfrac{\partial f}{\partial x}\right)$$
$$= \dfrac{\partial}{\partial y}(2\cos(2x + y))$$
$$= -2\text{sen}\,(2x + y);$$

$$\dfrac{\partial^2 f}{\partial x \partial y} = \dfrac{\partial}{\partial x}\left(\dfrac{\partial f}{\partial y}\right)$$
$$= \dfrac{\partial}{\partial x}(\cos(2x + y))$$
$$= -2\text{sen}\,(2x + y).$$

Observando os resultados obtidos nos exemplos 1 e 2, vemos que, em ambos os casos, as derivadas parciais mistas de 2ª ordem, $\dfrac{\partial^2 f}{\partial y \partial x}$ e $\dfrac{\partial^2 f}{\partial x \partial y}$, são iguais. Isso ocorre para a maioria das funções que aparecem freqüentemente na prática. Temos a seguinte proposição:

4.8.2 Proposição (teorema de Schwartz)

Seja $z = f(x, y)$ uma função com derivadas parciais de 2ª ordem contínuas em um conjunto aberto $A \subset \mathbb{R}^2$. Então,

$$\frac{\partial^2 f}{\partial x \partial y}(x_0, y_0) = \frac{\partial^2 f}{\partial y \partial x}(x_0, y_0)$$

para todo $(x_0, y_0) \in A$.

Prova: Seja B uma bola aberta de centro (x_0, y_0) e contida em A. Sejam $h \neq 0$ e $k \neq 0$ tais que $(x_0 + h, y_0 + k) \in B$. Vamos trabalhar com a função

$$F(h, k) = f(x_0 + h, y_0 + k) - f(x_0, y_0 + k) - f(x_0 + h, y_0 + k) + f(x_0, y_0) \tag{1}$$

Vamos considerar k fixo e definir a função

$$p(x) = f(x, y_0 + k) - f(x, y_0) \tag{2}$$

Temos, então,

$$F(h, k) = p(x_0 + h) - p(x_0)$$

Além disso, p satisfaz as hipóteses do teorema do valor médio para funções de uma variável no intervalo $[x_0, x_0 + h]$. Existe, então, um ponto c_1, entre x_0 e $x_0 + h$, tal que

$$p(x_0 + h) - p(x_0) = p'(c_1)h$$

e, portanto,

$$F(h, k) = p'(c_1)h.$$

Calculando a derivada $p'(c_1)$ por meio da expressão (2), vem

$$F(h, k) = \left[\frac{\partial f}{\partial x}(c_1, y_0 + k) - \frac{\partial f}{\partial x}(c_1, y_0)\right]h. \tag{3}$$

Vamos, agora, trabalhar com a função $\dfrac{\partial f}{\partial x}(c_1, y)$. Como f tem derivadas parciais de 2ª ordem em A, temos que $\dfrac{\partial f}{\partial x}(c_1, y)$ satisfaz as hipóteses de teorema do valor médio no intervalo $[y_0, y_0 + k]$. Existe, assim, um ponto d_1, entre y_0 e $y_0 + k$, tal que

$$\frac{\partial f}{\partial x}(c_1, y_0 + k) - \frac{\partial f}{\partial x}(c_1, y_0) = \frac{\partial^2 f}{\partial y \partial x}(c_1, d_1)k. \tag{4}$$

Substituindo (4) em (3), temos

$$F(h, k) = \frac{\partial^2 f}{\partial y \partial x}(c_1, d_1) \cdot hk \tag{5}$$

Vamos, agora, retornar à expressão (1) que define $F(h,k)$. Considerando h fixo, definimos a função

$$q(y) = f(x_0 + h, y) - f(x_0, y) \qquad (6)$$

Podemos escrever, então,

$$F(h,k) = q(y_0 + k) - q(y_0)$$

Aplicando o teorema do valor médio à função $q(y)$ no intervalo $[y_0, y_0 + k]$, temos que existe d_2, entre y_0 e $y_0 + k$, tal que

$$q(y_0 + k) - q(y_0) = q'(d_2)\, k$$

e, portanto,

$$F(h,k) = q'(d_2)\, k$$

Calculando a derivada $q'(d_2)$ por meio da expressão (6), obtemos

$$F(h,k) = \left[\frac{\partial f}{\partial y}(x_0 + h, d_2) - \frac{\partial f}{\partial y}(x_0, d_2)\right] k. \qquad (7)$$

Vamos, agora, aplicar o teorema do valor médio à função $\frac{\partial f}{\partial y}(x, d_2)$, no intervalo $[x_0, x_0 + h]$. Temos que existe c_2 entre x_0 e $x_0 + h$, tal que

$$\frac{\partial f}{\partial y}(x_0 + h, d_2) - \frac{\partial f}{\partial y}(x_0, d_2) = \frac{\partial^2 f}{\partial x \partial y}(c_2, d_2) h. \qquad (8)$$

Substituindo (8) em (7), vem

$$F(h,k) = \frac{\partial^2 f}{\partial x \partial y}(c_2, d_2) \cdot hk. \qquad (9)$$

Como h e k são diferentes de zero, das expressões (5) e (9) segue que

$$\frac{\partial^2 f}{\partial y \partial x}(c_1, d_1) = \frac{\partial^2 f}{\partial x \partial y}(c_2, d_2),$$

onde c_1 e c_2 estão entre x_0 e $x_0 + h$ e d_1 e d_2 estão entre y_0 e $y_0 + h$.

Fazendo $(h, k) \to (0, 0)$, temos que c_1 e c_2 tendem para x_0 e d_1 e d_2 tendem para y_0. Como as derivadas parciais de 2ª ordem de f são contínuas em (x_0, y_0), concluímos que

$$\frac{\partial^2 f}{\partial y \partial x}(x_0, y_0) = \frac{\partial^2 f}{\partial x \partial y}(x_0, y_0).$$

Assim como definimos as derivadas parciais de 2ª ordem, podemos definir derivadas parciais de ordem mais alta. Por exemplo,

$$\frac{\partial^3 f}{\partial x^3} = \frac{\partial}{\partial x}\left(\frac{\partial}{\partial x}\left(\frac{\partial f}{\partial x}\right)\right);$$

$$\frac{\partial^3 f}{\partial x \partial y^2} = \frac{\partial}{\partial x}\left(\frac{\partial}{\partial y}\left(\frac{\partial f}{\partial y}\right)\right) \quad \text{e} \quad \frac{\partial^3 f}{\partial y \partial x \partial y} = \frac{\partial}{\partial y}\left(\frac{\partial}{\partial x}\left(\frac{\partial f}{\partial y}\right)\right).$$

CAPÍTULO 4   Derivadas parciais e funções diferenciáveis   149

O teorema de Schwartz pode ser generalizado para essas situações. De forma geral, podemos dizer que: "Se todas as derivadas parciais em questão forem contínuas em um conjunto aberto A, então, para os pontos de A, a ordem da derivação parcial pode ser mudada sem alterar o resultado".

4.8.3 Exemplos

Exemplo 1: Dada a função $f(x, y) = e^{2x+3y}$:

(a) Calcular $\dfrac{\partial^3 f}{\partial x^3}$ e $\dfrac{\partial^3 f}{\partial y^3}$.

(b) Verificar que $\dfrac{\partial^3 f}{\partial y^2 \partial x} = \dfrac{\partial^3 f}{\partial x \partial y^2}$.

Solução de (a): Temos

$$\frac{\partial^3 f}{\partial x^3} = \frac{\partial}{\partial x}\left(\frac{\partial}{\partial x}\left(\frac{\partial f}{\partial x}\right)\right) \qquad \frac{\partial^3 f}{\partial y^3} = \frac{\partial}{\partial y}\left(\frac{\partial}{\partial y}\left(\frac{\partial f}{\partial y}\right)\right)$$

$$= \frac{\partial}{\partial x}\left(\frac{\partial}{\partial x}(2e^{2x+3y})\right) \quad \text{e} \quad = \frac{\partial}{\partial y}\left(\frac{\partial}{\partial y}(3e^{2x+3y})\right)$$

$$= \frac{\partial}{\partial x}(4e^{2x+3y}) \qquad = \frac{\partial}{\partial y}(9e^{2x+3y})$$

$$= 8e^{2x+3y} \qquad = 27e^{2x+3y}$$

Solução de (b): Temos

$$\frac{\partial^3 f}{\partial y^2 \partial x} = \frac{\partial}{\partial y}\left(\frac{\partial}{\partial y}\left(\frac{\partial f}{\partial x}\right)\right) \qquad \frac{\partial^3 f}{\partial x \partial y^2} = \frac{\partial}{\partial x}\left(\frac{\partial}{\partial y}\left(\frac{\partial f}{\partial y}\right)\right)$$

$$= \frac{\partial}{\partial y}\left(\frac{\partial}{\partial y}(2e^{2x+3y})\right) \quad \text{e} \quad = \frac{\partial}{\partial x}\left(\frac{\partial}{\partial y}(3e^{2x+3y})\right)$$

$$= \frac{\partial}{\partial y}(6e^{2x+3y}) \qquad = \frac{\partial}{\partial x}(9e^{2x+3y})$$

$$= 18e^{2x+3y} \qquad = 18e^{2x+3y}.$$

Nesse caso, todas as derivadas parciais em questão são contínuas. Assim, pelo teorema de Schwartz, temos a garantia dos resultados obtidos. O exemplo a seguir ilustra uma situação em que as derivadas parciais de 2ª ordem mistas são diferentes. Isso nos alerta para a necessidade de analisar bem cada situação particular, verificando se as hipóteses do teorema de Schwartz são satisfeitas.

Exemplo 2: Dada a função $f(x, y) = \begin{cases} \dfrac{x^3 y}{x^2 + y^2}, & (x, y) \neq (0, 0) \\ 0, & (x, y) = (0, 0) \end{cases}$ verificar que as derivadas parciais de 2ª ordem mistas são diferentes no ponto $(0, 0)$.

Solução: Devemos, inicialmente, determinar as derivadas parciais de 1ª ordem de f. Para $(x, y) \neq (0, 0)$, temos

$$\frac{\partial f}{\partial x} = \frac{(x^2 + y^2) \cdot 3x^2 y - x^3 \cdot y \cdot 2x}{(x^2 + y^2)^2}$$

$$= \frac{x^4 y + 3x^2 y^3}{(x^2 + y^2)^2};$$

$$\frac{\partial f}{\partial y} = \frac{(x^2 + y^2) \cdot x^3 - x^3 \cdot y \cdot 2y}{(x^2 + y^2)^2}$$

$$= \frac{x^5 - x^3 y^2}{(x^2 + y^2)^2}.$$

Para determinar as derivadas parciais no ponto (0, 0) usamos a definição 4.1.1. Temos

$$\frac{\partial f}{\partial x}(0,0) = \lim_{x \to 0} \frac{f(x,0) - f(0,0)}{x - 0}$$

$$= \lim_{x \to 0} \frac{0 - 0}{x}$$

$$= 0;$$

$$\frac{\partial f}{\partial y}(0,0) = \lim_{y \to 0} \frac{f(0,y) - f(0,0)}{y}$$

$$= \lim_{y \to 0} \frac{0 - 0}{y}$$

$$= 0.$$

Portanto,

$$\frac{\partial f}{\partial x} = \begin{cases} \dfrac{x^4 y + 3x^2 y^3}{(x^2 + y^2)^2}, & (x,y) \neq (0,0) \\ 0, & (x,y) = (0,0) \end{cases}$$

$$\frac{\partial f}{\partial y} = \begin{cases} \dfrac{x^5 - x^3 y^2}{(x^2 + y^2)^2}, & (x,y) \neq (0,0) \\ 0, & (x,y) = (0,0). \end{cases}$$

Usando novamente a definição 4.1.1, calculamos, agora, as derivadas parciais de 2ª ordem no ponto (0, 0). Temos

$$\frac{\partial^2 f}{\partial y \partial x}(0,0) = \lim_{y \to 0} \frac{\frac{\partial f}{\partial x}(0,y) - \frac{\partial f}{\partial x}(0,0)}{y - 0}$$

$$= \lim_{y \to 0} \frac{0 - 0}{y - 0}$$

$$= 0;$$

$$\frac{\partial^2 f}{\partial x \partial y}(0,0) = \lim_{x \to 0} \frac{\frac{\partial f}{\partial y}(x,0) - \frac{\partial f}{\partial y}(0,0)}{x - 0}$$

$$= \lim_{x \to 0} \frac{\frac{x^5 - 0}{(x^2 - 0)^2} - 0}{x - 0}$$

$$= \lim_{x \to 0} \frac{x}{x} = 1.$$

Portanto, $\dfrac{\partial^2 f}{\partial y \partial x}(0,0) \neq \dfrac{\partial^2 f}{\partial x \partial y}(0,0)$.

4.8.4 Outras notações usadas para representar as derivadas parciais de ordem superior

Na Seção 4.1, introduzimos as seguintes notações para representar as derivadas parciais de 1ª ordem de f:

$$\frac{\partial f}{\partial x} = D_x f = D_1 f = f_x \quad \text{e} \quad \frac{\partial f}{\partial y} = D_y f = D_2 f = f_y.$$

Essas notações dão origem às diversas formas usadas para representar as derivadas parciais de 2ª ordem. Temos

$$\frac{\partial^2 f}{\partial x^2} = D_{xx}f = D_{11}f = f_{xx};$$

$$\frac{\partial^2 f}{\partial y \partial x} = D_{xy}f = D_{12}f = f_{xy};$$

$$\frac{\partial^2 f}{\partial x \partial y} = D_{yx}f = D_{21}f = f_{yx} \quad \text{e} \quad \frac{\partial^2 f}{\partial y^2} = D_{yy}f = D_{22}f = f_{yy}.$$

É importante notar que, nas últimas notações introduzidas, a ordem de derivação é lida da esquerda para a direita, ao contrário da notação introduzida anteriormente. Podemos ver que isso é razoável, observando as expressões que originaram as correspondentes notações. Por exemplo,

$$\frac{\partial^2 f}{\partial y \, \partial x} = \frac{\partial}{\partial y}\left(\frac{\partial}{\partial x}\right)$$

enquanto

$$f_{xy} = (f_x)_y \quad \text{ou} \quad D_{xy}f = D_y(D_x f).$$

Para as derivadas de mais alta ordem, essas notações são estendidas de maneira natural. Por exemplo,

$$\frac{\partial^3 f}{\partial x \, \partial y \, \partial z} = \frac{\partial}{\partial x}\left(\frac{\partial^2 f}{\partial y \, \partial z}\right) = (f_{zy})_x = f_{zyx}.$$

4.9 Derivadas Parciais de Funções Vetorias

4.9.1 Definição

Seja $\vec{f} = \vec{f}(x, y, z)$ uma função vetorial. A derivada parcial de $\vec{f}$ em relação a x, que denotamos por $\dfrac{\partial \vec{f}}{\partial x}$, é definida por

$$\frac{\partial \vec{f}}{\partial x} = \lim_{\Delta x \to 0} \frac{\vec{f}(x + \Delta x, y, z) - \vec{f}(x, y, z)}{\Delta x}$$

para todo (x, y, z), tal que o limite existe.

Analogamente,

$$\frac{\partial \vec{f}}{\partial y} = \lim_{\Delta y \to 0} \frac{\vec{f}(x, y + \Delta y, z) - \vec{f}(x, y, z)}{\Delta y} \quad \text{e} \quad \frac{\partial \vec{f}}{\partial z} = \lim_{\Delta z \to 0} \frac{\vec{f}(x, y, z + \Delta z) - \vec{f}(x, y, z)}{\Delta z}.$$

Se $\vec{f}(x, y, z) = f_1(x, y, z)\vec{i} + f_2(x, y, z)\vec{j} + f_3(x, y, z)\vec{k}$, de maneira análoga à derivada de função vetorial de uma variável, temos

$$\frac{\partial \vec{f}}{\partial x} = \frac{\partial f_1}{\partial x}\vec{i} + \frac{\partial f_2}{\partial x}\vec{j} + \frac{\partial f_3}{\partial x}\vec{k};$$

$$\frac{\partial \vec{f}}{\partial y} = \frac{\partial f_1}{\partial y}\vec{i} + \frac{\partial f_2}{\partial y}\vec{j} + \frac{\partial f_3}{\partial y}\vec{k} \quad \text{e}$$

$$\frac{\partial \vec{f}}{\partial z} = \frac{\partial f_1}{\partial z}\vec{i} + \frac{\partial f_2}{\partial z}\vec{j} + \frac{\partial f_3}{\partial z}\vec{k}.$$

4.9.2 Exemplos

Exemplo 1: Dada a função vetorial $\vec{f}(x, y, z) = \sqrt{x}\,\vec{i} + xyz^2\,\vec{j} + 4e^{yz}\,\vec{k}$, determinar suas derivadas parciais.

Temos

$$\frac{\partial \vec{f}}{\partial x} = \frac{1}{2\sqrt{x}}\vec{i} + yz^2\vec{j};$$

$$\frac{\partial \vec{f}}{\partial y} = xz^2\vec{j} + 4ze^{yz}\vec{k};$$

$$\frac{\partial \vec{f}}{\partial z} = 2xyz\,\vec{j} + 4ye^{yz}\vec{k}.$$

Exemplo 2: Dada a função $\vec{f}(u, v) = (ue^v, u^2 v)$, determinar $\dfrac{\partial \vec{f}}{\partial u}$ no ponto $(2, 0)$ e $\dfrac{\partial \vec{f}}{\partial v}$ no ponto $(-1, 1)$.

Temos
$$\frac{\partial \vec{f}}{\partial u} = (e^v, 2uv);$$

$$\left.\frac{\partial \vec{f}}{\partial u}\right|_{(2,0)} = (e^0, 2 \cdot 2 \cdot 0) = (1, 0).$$

$$\frac{\partial \vec{f}}{\partial v} = (ue^v, u^2);$$

$$\left.\frac{\partial \vec{f}}{\partial v}\right|_{(-1,1)} = (-e, 1).$$

4.9.3 Interpretação geométrica

Seja $\vec{f} = \vec{f}(x, y, z)$ uma função vetorial contínua. Se todas as variáveis, exceto uma, que pode ser tomada como parâmetro, permanecem fixas, então $\vec{f}$ descreve uma curva no espaço.

A derivada parcial de $\vec{f}$ em relação a x no ponto $P_0(x_0, y_0, z_0)$ é derivada da função $\vec{g}(x) = \vec{f}(x, y_0, z_0)$ no ponto x_0. Portanto, como vimos na Subseção 2.9.3, se no ponto P_0, $\dfrac{\partial \vec{f}}{\partial x} \neq 0$, esse vetor é tangente à curva dada por $\vec{g}(x)$.

Analogamente, no ponto P_0, $\dfrac{\partial \vec{f}}{\partial y}$ é um vetor tangente à curva dada por $\vec{h}(y) = \vec{f}(x_0, y, z_0)$ e $\dfrac{\partial \vec{f}}{\partial z}$ é um vetor tangente à curva dada por $\vec{p}(z) = \vec{f}(x_0, y_0, z)$.

Na Figura 4.25 ilustramos a interpretação geométrica das derivadas parciais para uma função vetorial de duas variáveis $\vec{f} = \vec{f}(x, y)$. Denotamos por C_1 a curva dada por $\vec{g}(x) = \vec{f}(x, y_0)$ e por C_2 a curva dada por $\vec{h}(y) = \vec{f}(x_0, y)$. A derivada parcial $\dfrac{\partial \vec{f}}{\partial x}(x_0, y_0)$ é tangente à curva C_1 e a derivada parcial $\dfrac{\partial \vec{f}}{\partial y}(x_0, y_0)$ é tangente à curva C_2.

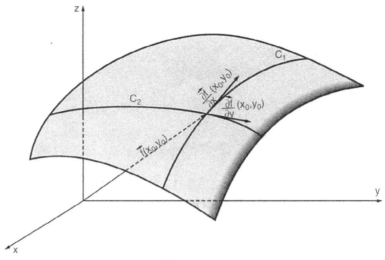

Figura 4.25

4.9.4 Exemplos

Exemplo 1: Seja $\vec{f}$ a função dada por

$$\vec{f}(x, y, z) = y^2 \vec{i} + z \cos x \vec{j} + z \operatorname{sen} x \vec{k}.$$

a) Descrever a curva obtida fazendo $y = 0$ e $z = 3$.

b) Representar nessa curva a derivada parcial $\dfrac{\partial \vec{f}}{\partial x}$ no ponto $P_0\left(\dfrac{\pi}{6}, 0, 3\right)$.

Solução de (a): Fixando $y = 0$ e $z = 3$, obtemos a função vetorial

$$\vec{g}(x) = \vec{f}(x, 0, 3) = 3 \cos x \vec{j} + 3 \operatorname{sen} x \vec{k},$$

que descreve uma circunferência no plano yz (ver Figura 4.26a). A variável x pode ser interpretada como o parâmetro t, conforme vimos na Subseção 2.7.7.

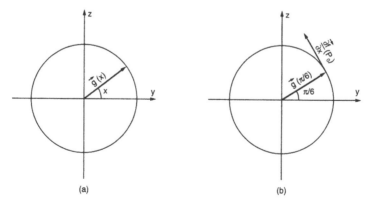

Figura 4.26

Solução de (b): A derivada parcial $\dfrac{\partial \vec{f}}{\partial x}$ é dada por

$$\frac{\partial \vec{f}}{\partial x} = -z \operatorname{sen} x \vec{j} + z \cos x \vec{k}.$$

No ponto $P_0\left(\dfrac{\pi}{6}, 0, 3\right)$, temos

$$\dfrac{\partial \vec{f}}{\partial x}(P_0) = -3\,\mathrm{sen}\,\dfrac{\pi}{6}\vec{j} + 3\cos\dfrac{\pi}{6}\vec{k}.$$

Essa derivada parcial é a derivada da função $\vec{g}(x) = 3\cos x\,\vec{j} + 3\,\mathrm{sen}\,x\,\vec{k}$, no ponto $x_0 = \dfrac{\pi}{6}$, e, geometricamente, está representada na Figura 4.26b.

Exemplo 2: Seja $\vec{f}$ a função vetorial definida por $\vec{f}(u,v) = (u\cos v, u\,\mathrm{sen}\,v, 4 - u^2)$, para $0 \le u \le 2, 0 \le v \le 2\pi$.

a) Determinar as curvas obtidas fazendo $u = \sqrt{2}$ e $v = \dfrac{\pi}{4}$, respectivamente.

b) Determinar $\dfrac{\partial \vec{f}}{\partial u}\left(\sqrt{2}, \dfrac{\pi}{4}\right)$ e $\dfrac{\partial \vec{f}}{\partial v}\left(\sqrt{2}, \dfrac{\pi}{4}\right)$ representando-os geometricamente.

Solução de (a): Fazendo $u = \sqrt{2}$, obtemos a curva C_1, dada por

$$\vec{h}(v) = \vec{f}(\sqrt{2}, v)$$
$$= (\sqrt{2}\cos v, \sqrt{2}\,\mathrm{sen}\,v, 2), 0 \le v \le 2\pi.$$

A curva C_1 é uma circunferência de centro $(0, 0, 2)$ e raio $\sqrt{2}$, localizada no plano $z = 2$, e está representada na Figura 4.27.

Fazendo $v = \dfrac{\pi}{4}$, obtemos a curva C_2, dada por

$$\vec{g}(u) = \vec{f}\left(u, \dfrac{\pi}{4}\right)$$
$$= \left(\dfrac{\sqrt{2}}{2}u, \dfrac{\sqrt{2}}{2}u, 4 - u^2\right), 0 \le u \le 2.$$

As equações paramétricas da curva C_2 são

$$x = \dfrac{\sqrt{2}}{2}u \qquad y = \dfrac{\sqrt{2}}{2}u \qquad z = 4 - u^2.$$

Eliminando o parâmetro u, temos $x = y, z = 4 - 2x^2$. Isso nos mostra que a curva C_2 é uma parábola contida no plano $x = y$ (ver Figura 4.27).

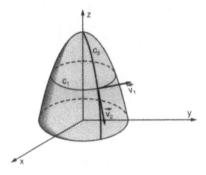

Figura 4.27

Solução de (b): Temos

$$\dfrac{\partial \vec{f}}{\partial u} = (\cos v, \mathrm{sen}\,v, -2u); \qquad \dfrac{\partial \vec{f}}{\partial v} = (-u\,\mathrm{sen}\,v, u\cos v, 0).$$

Portanto,

$$\frac{\partial \vec{f}}{\partial u}\left(\sqrt{2}, \frac{\pi}{4}\right) = \left(\frac{\sqrt{2}}{2}, \frac{\sqrt{2}}{2}, -2\sqrt{2}\right) \quad \text{e} \quad \frac{\partial \vec{f}}{\partial v}\left(\sqrt{2}, \frac{\pi}{4}\right) = (-1, 1, 0).$$

Na Figura 4.27, representamos os vetores $\vec{v}_1 = \dfrac{\partial \vec{f}}{\partial v}\left(\sqrt{2}, \dfrac{\pi}{4}\right)$ e $\vec{v}_2 = \dfrac{\partial \vec{f}}{\partial u}\left(\sqrt{2}, \dfrac{\pi}{4}\right)$ que são tangentes às curvas C_1 e C_2, respectivamente.

4.9.5 Derivadas parciais sucessivas

As derivadas parciais de uma função vetorial de várias variáveis $\vec{f}$ são também funções vetoriais de várias variáveis. Se as derivadas parciais dessas funções vetoriais existem, elas são chamadas derivadas parciais de 2ª ordem de $\vec{f}$.

Se $\vec{f} = \vec{f}(x, y)$, temos quatro derivadas parciais de 2ª ordem dadas por

$$\frac{\partial^2 \vec{f}}{\partial x^2} = \frac{\partial}{\partial x}\left(\frac{\partial \vec{f}}{\partial x}\right); \quad \frac{\partial^2 \vec{f}}{\partial y \partial x} = \frac{\partial}{\partial y}\left(\frac{\partial \vec{f}}{\partial x}\right); \quad \frac{\partial^2 \vec{f}}{\partial y \partial x} = \frac{\partial}{\partial x}\left(\frac{\partial \vec{f}}{\partial y}\right) \quad \text{e} \quad \frac{\partial^2 \vec{f}}{\partial y^2} = \frac{\partial}{\partial y}\left(\frac{\partial \vec{f}}{\partial y}\right).$$

Se $\vec{f} = \vec{f}(x, y, z)$, cada uma das três derivadas parciais de 1ª ordem origina três derivadas parciais de 2ª ordem. Analogamente, obtêm-se as derivadas parciais de ordem maior.

4.9.6 Exemplos

Exemplo 1: Dada a função

$$\vec{f}(x, y, z) = (\operatorname{sen}(xy + 2z), e^x \operatorname{sen} y, x \ln yz)$$

determinar $\dfrac{\partial^2 \vec{f}}{\partial z \, \partial x}$ e $\dfrac{\partial^3 \vec{f}}{\partial y \, \partial z \, \partial x}$.

Temos $\dfrac{\partial \vec{f}}{\partial x} = (y\cos(xy + 2z), e^x \operatorname{sen} y, \ln yz); \dfrac{\partial^2 \vec{f}}{\partial z \, \partial x} = \left(-2y \operatorname{sen}(xy + 2z), 0, \dfrac{1}{z}\right);$

$\dfrac{\partial^3 \vec{f}}{\partial y \, \partial z \, \partial x} = (-2yx \cos(xy + 2z) - 2 \operatorname{sen}(xy + 2z), 0, 0).$

Exemplo 2: Dada a função

$$\vec{f}(x, y, z) = (x^4 y^2, y^4 + z^4, xyz),$$

determinar $\dfrac{\partial^2 \vec{f}}{\partial y \partial x}$ e $\dfrac{\partial^2 \vec{f}}{\partial x \partial y}$ no ponto $P(2, 1, 4)$.

Temos $\dfrac{\partial \vec{f}}{\partial x} = (4x^3 y^2, 0, yz); \dfrac{\partial^2 \vec{f}}{\partial y \, \partial x} = (8x^3 y, 0, z); \dfrac{\partial^2 \vec{f}}{\partial y \, \partial x}(P) = (8 \cdot 2^3 \cdot 1, 0, 4) = (64, 0, 4);$

$\dfrac{\partial \vec{f}}{\partial y} = (2x^4 y, 4y^3, xz); \quad \dfrac{\partial^2 \vec{f}}{\partial x \partial y} = (8x^3 y, 0, z); \quad \dfrac{\partial^2 \vec{f}}{\partial x \partial y}(P) = (64, 0, 4).$

Nesse exemplo, podemos observar que $\dfrac{\partial^2 \vec{f}}{\partial y \partial x} = \dfrac{\partial^2 \vec{f}}{\partial x \partial y}$. Temos o seguinte teorema, cuja demonstração será omitida.

4.9.7 Teorema

Suponhamos que $\vec{f} = \vec{f}(x, y)$ seja obtida sobre uma bola aberta $B((x_0, y_0); r)$ e que $\dfrac{\partial \vec{f}}{\partial x}$, $\dfrac{\partial \vec{f}}{\partial y}$, $\dfrac{\partial^2 \vec{f}}{\partial y \partial x}$ e $\dfrac{\partial^2 \vec{f}}{\partial x \partial y}$ também sejam definidas em B. Então, se $\dfrac{\partial^2 \vec{f}}{\partial y \partial x}$ e $\dfrac{\partial^2 \vec{f}}{\partial x \partial y}$ são contínuas em B, temos $\dfrac{\partial^2 \vec{f}}{\partial y \partial x}(x_0, y_0) = \dfrac{\partial^2 \vec{f}}{\partial x \partial y}(x_0, y_0)$.

O teorema anterior é conhecido como teorema de Schwarz e também é válido, com as hipóteses adequadas, para funções de três ou mais variáveis.

4.10 Exercícios

1. Verificar a regra da cadeia
$$\frac{dh}{dt} = \frac{\partial f}{\partial x} \cdot \frac{dx}{dt} + \frac{\partial f}{\partial y} \cdot \frac{dy}{dt}$$
para as funções:

   a) $f(x, y) = \ln(x^2 + y^2)$
   $x = 2t + 1$
   $y = 4t^2 - 5$.

   b) $f(x, y) = \text{sen}(2x + 5y)$
   $x = \cos t$
   $y = \text{sen } t$.

   c) $f(x, y) = xe^{2xy^2}$
   $x = 2t$
   $y = 3t - 1$.

   d) $f(x, y) = 5xy + x^2 - y^2$
   $x = t^2 - 1$
   $y = t + 2$.

   e) $f(x, y) = \ln xy$
   $x = 2t^2$
   $y = t^2 + 2$.

Nos exercícios 2 a 7, determinar $\dfrac{dz}{dt}$, usando a regra da cadeia.

2. $z = \text{tg}(x^2 + y)$, $x = 2t$, $y = t^2$.

3. $z = x \cos y$, $x = \text{sen } t$, $y = t$.

4. $z = \text{arc tg } xy$, $x = 2t$, $y = 3t$.

5. $z = e^x(\cos x + \cos y)$, $x = t^3$, $y = t^2$.

6. $z = \dfrac{x}{y}$, $x = e^{-t}$, $y = \ln t$.

7. $z = xy$, $x = 2t^2 + 1$, $y = \text{sen } t$.

8. Dada a função $f(x, y) = \dfrac{x}{y} + e^{xy}$, com $x(t) = \dfrac{1}{t}$ e $y(t) = \sqrt{t}$, encontrar $\dfrac{dh}{dt}$ onde $h(t) = f(x(t), y(t))$.

9. Seja $h(t) = f(e^{2t}, \cos t)$, onde $f : \mathbb{R}^2 \to \mathbb{R}$ é uma função diferenciável.

   a) Determinar $h'(t)$ em função das derivadas parciais de f.

   b) Sabendo que $\dfrac{\partial f}{\partial x}(e^{2\pi}, -1) = \dfrac{1}{e^{2\pi}}$, determinar $h'(\pi)$.

10. Sejam $z = f(x, y)$, $x = x(t)$, $y = y(t)$. Obter a derivada $\dfrac{d^2 h}{dt^2}$, sendo h a função composta $h(t) = f(x(t), y(t))$.

11. Verificar a regra da cadeia para as funções:

    a) $z = u^2 - v^2$, $u = x + 1$, $v = xy$

    b) $z = f(e^x, -y^2)$, $f(u, v) = 2u + v^2$

    c) $z = \sqrt{u^2 + v^2 + 5}$, $u = \cos x$, $v = \text{sen } y$

    d) $f(u, v) = uv - v^2 + 2$, $u = x^2 + y^2$, $v = x - y + xy$

    e) $f(x, y) = \ln xy$, $x = 2u^2 + v^4$, $y = 3u^2 + v^2$.

Nos exercícios 12 a 16, determinar as derivadas parciais $\dfrac{\partial z}{\partial u}$ e $\dfrac{\partial z}{\partial v}$, usando a regra da cadeia.

12. $z = \sqrt{x^2 + y^3}$, $x = u^2 + 1$, $y = \sqrt[3]{v^2}$.

13. $z = \ln(x^2 + y^2)$, $x = \cos u \cos v$, $y = \text{sen } u \cos v$.

14. $z = xe^y$, $x = uv$, $y = u - v$.

15. $z = x^2 - y^2$, $x = u - 3v$, $y = u + 2v$.

16. $z = e^{x/y}$, $x = u \cos v$, $y = u \text{ sen } v$.

17. Dada a função $f(x, y) = \dfrac{x}{y} + x^2 + y^2$ com $x = r\cos\theta$ e $y = r\,\text{sen}\,\theta$, encontrar $\dfrac{\partial f}{\partial r}$ e $\dfrac{\partial f}{\partial \theta}$.

Nos exercícios 18 a 22, determinar as derivadas parciais $\dfrac{\partial z}{\partial x}$ e $\dfrac{\partial z}{\partial y}$.

18. $z = \dfrac{r^2 + s}{s}, r = 1 + x, s = x + y$.

19. $z = uv^2 + v \ln u, u = 2x - y, v = 2x + y$.

20. $z = l^2 + m^2, l = \cos xy, m = \text{sen}\,xy$.

21. $z = u^2 + v^2, u = x^2 - y^2, v = e^{2xy}$.

22. $z = uv + u^2, u = xy, v = x^2 + y^2 + \ln xy$.

23. Seja $z = f(x, y)$, $x = r\cos\theta$, $y = r\,\text{sen}\,\theta$. Mostrar que
$$\left(\dfrac{\partial z}{\partial x}\right)^2 + \left(\dfrac{\partial z}{\partial y}\right)^2 = \left(\dfrac{\partial z}{\partial r}\right)^2 + \dfrac{1}{r^2}\left(\dfrac{\partial z}{\partial \theta}\right)^2.$$

24. Seja $f : \mathbb{R}^2 \to \mathbb{R}$ uma função diferenciável. Mostrar que $z = f(x - y, y - x)$ satisfaz a equação
$$\dfrac{\partial z}{\partial x} + \dfrac{\partial z}{\partial y} = 0.$$

25. Dada $z = f(x^2 + y^2)$, f diferenciável, mostrar que
$$y\dfrac{\partial z}{\partial x} - x\dfrac{\partial z}{\partial y} = 0.$$

26. Supondo que $z = z(x, y)$ é definida implicitamente por $f\left(\dfrac{x}{z}, \dfrac{y}{z}\right) = 0$, mostrar que $x\dfrac{\partial z}{\partial x} + y\dfrac{\partial z}{\partial y} = z$.

27. Determinar as derivadas parciais $\dfrac{\partial w}{\partial u}$ e $\dfrac{\partial w}{\partial v}$.

    a) $w = x^2 + 2y^2 - z^2, x = 2uv, y = u + v$
    b) $w = xy + xz + yz, x = u^2 - v^2, y = uv, z = (u - v)^2$.

28. Se $z = f(x, y)$, $x = r\cos\theta$ e $y = r\,\text{sen}\,\theta$, onde f é uma função diferenciável, expressar $\dfrac{\partial z}{\partial x}$ e $\dfrac{\partial z}{\partial y}$ como funções de r e θ.

29. Supondo que a função diferenciável $y = f(x)$ é definida implicitamente pela equação dada, determinar sua derivada $\dfrac{dy}{dx}$:

    a) $9x^2 + 4y^2 = 36$
    b) $2x^2 - 3y^2 = 5xy$.

30. Supondo que a função diferenciável $z = f(x, y)$ é definida pela equação dada, determinar $\dfrac{\partial z}{\partial x}$ e $\dfrac{\partial z}{\partial y}$:

    a) $x^3y^2 + x^3 + z^3 - z = 1$
    b) $x^2 + y^2 - z^2 - xy = 0$
    c) $xyz - x - y + x^2 = 3$.

31. Supondo que as funções diferenciáveis $y = y(x)$ e $z = z(x)$, $z > 0$, sejam definidas implicitamente pelo sistema dado, determinar as derivadas $\dfrac{dy}{dx}$ e $\dfrac{dz}{dx}$:

    a) $\begin{cases} x^2 + y^2 + z^2 = 4 \\ x + y + z = 2 \end{cases}$

    b) $\begin{cases} 2x^2 - y^2 = z^2 \\ x + y = 2. \end{cases}$

32. Determinar as derivadas parciais de 1ª ordem das funções $x = x(u, v)$ e $y = y(u, v)$ definidas implicitamente pelo sistema dado:

    a) $\begin{cases} x^3 + u^2 + y^2 = 0 \\ x^2 + y^2 + v^2 = 0 \end{cases}$

    b) $\begin{cases} x + u - v = 3 \\ y - 3uv + v^2 = 0. \end{cases}$

33. Pode-se garantir que a equação
$$x^3 + 2xy + y^3 = 8$$
define implicitamente alguma função diferenciável $y = y(x)$? Em caso positivo, determinar $\dfrac{dy}{dx}$.

34. Verificar que a equação dada define implicitamente pelo menos uma função diferenciável $y = y(x)$. Determinar $\dfrac{dy}{dx}$.

    a) $e^{xy} = 4$
    b) $x^3 + y^3 + y + 1 = 0$.

35. Escrever a regra da cadeia para

    a) $h(x, y) = f(x, u(x, y))$
    b) $h(x) = f(x, u(x), v(x))$
    c) $h(u, v, w) = f(x(u, v, w), y(u, v), z(w))$.

36. Dadas as funções $x = x(u, v)$ e $y = y(u, v)$ definidas pelo sistema
$$\begin{cases} u = 2x^2 + y^2 \\ v = x - 2y \end{cases}$$
determinar as derivadas parciais de 1ª ordem de x e y em relação a u e v.

37. As equações

$$2u + v - x - y = 0 \text{ e}$$
$$xy + uv = 1$$

determinam u e v como funções de x e y. Determinar $\dfrac{\partial u}{\partial x}$, $\dfrac{\partial u}{\partial y}$, $\dfrac{\partial v}{\partial x}$ e $\dfrac{\partial v}{\partial y}$.

38. Calcular o jacobiano $\dfrac{\partial(x,y)}{\partial(u,v)}$, para

    a) $x = u\cos v$, $y = u\operatorname{sen} v$
    b) $x = u + v$, $y = \dfrac{v}{u}$
    c) $x = u^2 + v^2$, $y = uv$.

39. Supondo que as funções diferenciáveis $y = y(x)$ e $z = z(x)$ sejam definidas implicitamente pelo sistema

$$\begin{cases} x^2 + y^2 = z \\ x + y = 4. \end{cases}$$

    determinar:

    a) $\dfrac{dy}{dx}$ e $\dfrac{dz}{dx}$.
    b) Um par de funções $y = y(x)$ e $z = z(x)$ definidas implicitamente pelo sistema dado.

40. Encontrar as derivadas de 2ª ordem das seguintes funções:

    a) $z = x^2 - 3y^3 + 4x^2y^2$
    b) $z = x^2y^2 - xy$
    c) $z = \ln xy$
    d) $z = e^{xy}$.

41. Encontrar as derivadas parciais de 3ª ordem da função

$$z = x + y + x^3 - x^2 - y^2.$$

Nos exercícios 42 a 47, determinar as derivadas parciais indicadas

42. $f(x,y) = \dfrac{1}{\sqrt{x^2 + 4y^2}}$, $\dfrac{\partial^2 f}{\partial x^2}$, $\dfrac{\partial^2 f}{\partial x \partial y}$.

43. $z = x\cos xy$, $\dfrac{\partial^2 z}{\partial x^2}$, $\dfrac{\partial^2 z}{\partial x \partial y}$, $\dfrac{\partial^2 z}{\partial y \partial x}$.

44. $z = \ln(x^2 + y^2)$, $\dfrac{\partial^3 z}{\partial x \partial y^2}$.

45. $w = \sqrt{1 - x^2 - y^2 - z^2}$, $\dfrac{\partial^2 w}{\partial z^2}$, $\dfrac{\partial^2 w}{\partial x \partial y}$.

46. $w = x^2 + y^2 + 4z^2 + 1$, $\dfrac{\partial^3 w}{\partial x \partial y \partial z}$, $\dfrac{\partial^3 w}{\partial z \partial x \partial y}$.

47. $z = \sqrt{2xy + y^2}$, $\dfrac{\partial^2 z}{\partial x \partial y}$, $\dfrac{\partial^3 z}{\partial x^3}$.

48. Verificar o teorema de Schwartz para as funções:

    a) $z = \dfrac{y}{x^2 + y^2}$ \qquad b) $z = xe^{x+y^2}$

49. Se $z = f(x,y)$ tem derivadas parciais de 2ª ordem contínuas e satisfaz a equação

$$\dfrac{\partial^2 f}{\partial x^2} + \dfrac{\partial^2 f}{\partial y^2} = 0$$

ela é dita uma função harmônica. Verificar se as funções dadas são harmônicas.

    a) $z = e^x \operatorname{sen} y$ \qquad c) $z = y^3 - 3x^2 y$
    b) $z = e^x \cos y$ \qquad d) $z = x^2 + 2xy$.

50. Calcular as derivadas parciais de 1ª ordem das seguintes funções:

    a) $\vec{f}(x,y,z) = \sqrt{y}\,\vec{i} + x^2 y^2 z^2 \vec{j} + e^{xyz}\vec{k}$
    b) $\vec{g}(x,y,z) = \left(\dfrac{x-y}{x+y}, 2x, 3\right)$
    c) $\vec{h}(x,y,z) = (9 - z^2, 9 - y^2, 9 - x^2)$
    d) $\vec{p}(x,y) = (e^{2x}, xye^{3y})$
    e) $\vec{q}(x,y) = (x\sqrt{y}, (x-y)\ln y)$
    f) $\vec{u}(x,y,z) = e^{xy}\vec{i} + \ln xz\,\vec{j} + 2\vec{k}$.

51. Dada $\vec{f}(x,y,z) = (e^{xy}, e^{yz}, e^{xz})$, encontrar

$$\dfrac{\partial \vec{f}}{\partial x} + \dfrac{\partial \vec{f}}{\partial y} + \dfrac{\partial \vec{f}}{\partial z}.$$

52. Dada $\vec{f}(x,y,z) = (x^2 y, x + y, xz)$, verificar que

$$\dfrac{\partial \vec{f}}{\partial x}(1,0,1) + \dfrac{\partial \vec{f}}{\partial y}(1,0,1) = \vec{a},$$

onde $\vec{a} = \lim\limits_{(x,y,z)\to(1,1,1)} \vec{f}(x,y,z)$.

53. Seja $\vec{f}$ a função vetorial definida por

$$\vec{f}(x,y,z) = xz\vec{i} + y(1 + x^2)\vec{j} + z\vec{k}$$

    a) Descrever a curva obtida fazendo $y = 2$ e $z = 1$.
    b) Representar nessa curva a derivada parcial $\dfrac{\partial \vec{f}}{\partial x}$ no ponto $P_0(1,4,1)$.

54. Seja $\vec{f}$ a função vetorial definida por

$$\vec{f}(u,v) = (u\cos v, u\,\text{sen}\,v, 3+u^2)$$

para $0 \le u \le 3, 0 \le v \le 2\pi$.

a) Determinar as curvas obtidas fazendo $u = \sqrt{3}$ e $v = \dfrac{\pi}{2}$, respectivamente.

b) Determinar $\dfrac{\partial \vec{f}}{\partial u}\left(\sqrt{3}, \dfrac{\pi}{2}\right)$ e $\dfrac{\partial \vec{f}}{\partial v}\left(\sqrt{3}, \dfrac{\pi}{2}\right)$ representando-os geometricamente.

55. Dada a função $\vec{f}(x,y) = (xyz, xy, \sqrt{x^2+z^2})$, determinar $\dfrac{\partial^2 \vec{f}}{\partial x^2}, \dfrac{\partial^2 \vec{f}}{\partial y^2}$ e $\dfrac{\partial^2 \vec{f}}{\partial x \partial y}$.

56. Determinar $\dfrac{\partial^3 \vec{f}}{\partial x \partial y \partial z}$ e $\dfrac{\partial^4 \vec{f}}{\partial x \partial z^2 \partial y}$, sendo $\vec{f}(x,y,z) = (xy^4, xz^3+1, xe^{yz})$.

57. Encontrar

$$\dfrac{\partial^2 \vec{f}}{\partial x^2}, \dfrac{\partial^2 \vec{f}}{\partial y^2}, \dfrac{\partial^2 \vec{f}}{\partial x \partial y}, \dfrac{\partial^3 \vec{f}}{\partial x^2 \partial y} \text{ e } \dfrac{\partial^3 \vec{f}}{\partial z^3}$$

das seguintes funções:

a) $\vec{f}(x,y,z) = (xyz, \ln y, \ln z)$

b) $\vec{f}(x,y,z) = (e^y \,\text{sen}\, x, e^x \,\text{sen}\, y, z)$

c) $\vec{f}(x,y,z) = \left(\dfrac{1}{x}, \dfrac{1}{y^2}, xyz\right)$.

58. Encontrar $\dfrac{\partial^2 \vec{f}}{\partial x^2}(P_0) + \dfrac{\partial^2 \vec{f}}{\partial y^2}(P_0) - 4\dfrac{\partial^2 \vec{f}}{\partial z^2}(P_0)$, dados

$$\vec{f}(x,y,z) = (x+y+z, (x+y+z)^2, (x+y+z)^3)$$

e $P_0(1,0,1)$.

5 Máximos e Mínimos de Funções de Várias Variáveis

Neste capítulo, vamos analisar os máximos e mínimos de funções de várias variáveis.

O máximo ou mínimo de uma função de duas variáveis pode ocorrer na fronteira de uma região ou no seu interior.

Inicialmente, vamos analisar exemplos em que os máximos e mínimos encontram-se no interior de uma região. Posteriormente, mostraremos as técnicas para determinar máximos e mínimos na fronteira de um conjunto e também sobre uma curva. Diversos exemplos ilustram a aplicação de conceitos e proposições para a resolução de problemas práticos.

Alguns exemplos serão dados para visualizarmos o caso de funções com mais de duas variáveis.

5.1 Introdução

Consideremos os seguintes enunciados:

1º) Quais são as dimensões de uma caixa retangular sem tampa com volume a e com a menor área de superfície possível?

2º) Sejam (x_1, y_1), (x_2, y_2), (x_3, y_3) os vértices de um triângulo. Qual é o ponto (x, y) tal que a soma dos quadrados de suas distâncias aos vértices é a menor possível?

3º) A temperatura T em qualquer ponto (x, y) do plano é dada por $T = T(x, y)$. Como vamos determinar a temperatura máxima em um disco fechado de raio a centrado na origem? E a temperatura mínima?

Para resolver essas e outras questões, vamos pesquisar máximos e/ou mínimos de funções de duas ou mais variáveis. De maneira análoga ao que foi estudado para funções de uma variável, necessitamos usar definições e teoremas.

Nas seções seguintes, vamos analisar as definições e teoremas que vão fundamentar a análise do 1º, 2º e 3º enunciados.

5.2 Máximos e Mínimos de Funções de Duas Variáveis

Observando a Figura 5.1, podemos intuitivamente dizer que:
- os pontos P_1 e P_2 são pontos de mínimo da função $z = f(x, y)$ situados no interior de $A \subset D(f)$;
- o ponto P_3 é ponto de máximo situado na fronteira de $A \subset D(f)$.

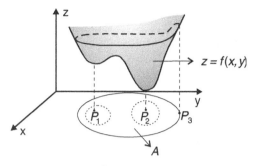

Figura 5.1

As definições que seguem formalizam essa observação.

5.2.1 Definição

Seja $z = f(x, y)$ uma função de duas variáveis. Dizemos que $(x_0, y_0) \in D(f)$ é *ponto de máximo absoluto ou global* de f se, para todo $(x, y) \in D(f)$, $f(x, y) \leq f(x_0, y_0)$.

Dizemos que $f(x_0, y_0)$ é o valor máximo de f.

5.2.2 Exemplo

A Figura 5.2 mostra a função $f(x, y) = 4 - x^2 - y^2$. O ponto $(0, 0)$ é um ponto de máximo absoluto ou global de f, pois, para todo

$$(x, y) \in D(f), \quad 4 - x^2 - y^2 \leq f(0, 0) \quad \text{ou} \quad 4 - x^2 - y^2 \leq 4 \quad \text{para todo } (x, y) \in \mathbb{R}^2.$$

O valor máximo de $f(x, y) = 4 - x^2 - y^2$ é $f(0, 0) = 4$.

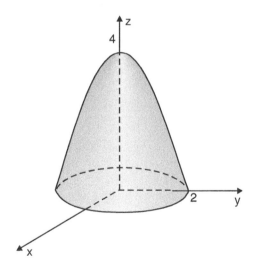

Figura 5.2

5.2.3 Definição

Seja $z = f(x, y)$ uma função de duas variáveis. Dizemos que $(x_0, y_0) \in D(f)$ é *ponto de mínimo absoluto ou global* de f se, para todo $(x, y) \in D(f)$, $f(x, y) \geq f(x_0, y_0)$.

Dizemos que $f(x_0, y_0)$ é o valor mínimo de f.

5.2.4 Exemplos

Exemplo 1: O ponto $P_2 \in D(f)$ da função $z = f(x, y)$ da Figura 5.1 é um ponto de mínimo absoluto ou global de f pois, para todo $(x, y) \in D(f)$, $f(x, y) \geq f(P_2)$.

Exemplo 2: A Figura 5.3 mostra o gráfico da função $z = 1 + x^2 + y^2$. O ponto $(0, 0)$ é um ponto de mínimo absoluto ou global dessa função, pois, para todo

$$(x, y) \in \mathbb{R}^2,\ 1 + x^2 + y^2 \geq f(0, 0) \quad \text{ou} \quad 1 + x^2 + y^2 \geq 1.$$

$f(0, 0) = 1$ é o valor mínimo dessa função.

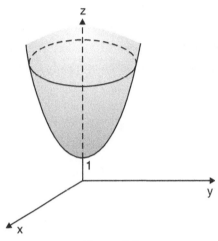

Figura 5.3

5.2.5 Definição

Seja $z = f(x, y)$ uma função de duas variáveis. Dizemos que:

a) $(x_0, y_0) \in D(f)$ é *ponto de máximo relativo ou local* de f se existir uma bola aberta $B((x_0, y_0); r)$ tal que $f(x, y) \leq f(x_0, y_0)$, para todo $(x, y) \in B \cap D(f)$.

b) $(x_0, y_0) \in D(f)$ é *ponto de mínimo relativo ou local* de f se existir uma bola aberta $B((x_0, y_0); r)$ tal que $f(x, y) \geq f(x_0, y_0)$, para todo $(x, y) \in B \cap D(f)$.

5.2.6 Exemplos

Exemplo 1: Os pontos P_1 e P_2 pertencentes ao domínio da função $z = f(x, y)$ da Figura 5.1 são pontos de mínimo locais. É fácil visualizar a existência da bola aberta:

$$B(P_1; r_1),\ \text{tal que}\ f(x, y) \geq f(P_1)\ \text{para todo}\ (x, y) \in B \cap \mathbb{R}^2.$$

$$C(P_2; r_2),\ \text{tal que}\ f(x, y) \geq f(P_2)\ \text{para todo}\ (x, y) \in C \cap \mathbb{R}^2.$$

Exemplo 2: O gráfico da função $z = \operatorname{sen}^2 x + \dfrac{1}{2} y^2$ pode ser visualizado na Figura 5.4. Nesse caso, verificamos a existência de infinitos pontos de mínimo locais no domínio de z, isto é, em $\mathbb{R}^2$.

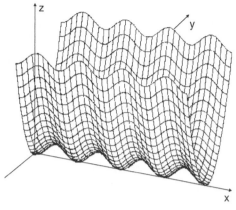

Figura 5.4

Analisando a expressão analítica, podemos facilmente concluir que o valor mínimo de z é encontrado quando

$$\text{sen}^2 x = 0 \quad \text{e} \quad \frac{1}{2} y^2 = 0,$$

ou seja, para $x = k\pi$, $k \in Z$ e $y = 0$.

Assim, os pontos $(k\pi, 0)$ para $k = 0, \pm 1, \pm 2, \ldots$ são pontos de mínimo locais da função

$$z = \text{sen}^2 x + \frac{1}{2} y^2.$$

O valor mínimo da função é zero.

É usual denominar os pontos de máximos e mínimos de uma função de *pontos extremantes* (locais ou globais).

Diante das definições 5.2.1, 5.2.3 e 5.2.5 e seus respectivos exemplos, podemos visualizar a necessidade de buscar métodos práticos para determinar os pontos extremantes de uma função $z = f(x, y)$. Para isso, necessitamos da definição de ponto crítico e das proposições que seguem.

5.3 Ponto Crítico de uma Função de Duas Variáveis

Seja $z = f(x, y)$ definida em um conjunto aberto $U \subset \mathbb{R}^2$. Um ponto $(x_0, y_0) \in U$ é um *ponto crítico* de f se as derivadas parciais $\frac{\partial f}{\partial x}(x_0, y_0)$ e $\frac{\partial f}{\partial y}(x_0, y_0)$ são iguais a zero ou se f não é diferenciável em $(x_0, y_0) \in U$.

Geometricamente, podemos pensar nos pontos críticos de uma função $z = f(x, y)$ como os pontos em que o seu gráfico não tem plano tangente ou o plano tangente é horizontal.

Vamos ver que os pontos extremantes de $z = f(x, y)$ estão entre os seus pontos críticos. No entanto, um ponto crítico nem sempre é um ponto extremante.

Um ponto crítico que não é um ponto extremante é chamado ponto de sela.

Uma visualização geométrica das diversas situações é apresentada no exemplo que segue.

5.3.1 Exemplo

Verificar que o ponto $(0, 0)$ é ponto crítico das funções:

a) $f(x, y) = x^2 + y^2$

b) $f(x, y) = \sqrt{2x^2 + y^2}$

c) $f(x, y) = x^2 - y^2$

d) $f(x, y) = \begin{cases} \dfrac{2y^3}{x^2 + y^2}, & (x, y) \neq (0, 0) \\ 0, & (x, y) = (0, 0) \end{cases}$

Solução:

a) O ponto $(0, 0)$ é um ponto crítico de $f(x, y) = x^2 + y^2$ pois

$$\frac{\partial f}{\partial x}(0, 0) = 0 \quad \text{e} \quad \frac{\partial f}{\partial y}(0, 0) = 0.$$

Como vimos na Figura 4.11 da Subseção 4.3.2(a), no ponto $(0, 0, 0)$, o gráfico de f admite um plano tangente horizontal, $z = 0$.

b) O ponto $(0, 0)$ é um ponto crítico de $f(x, y) = \sqrt{2x^2 + y^2}$ porque, nesse ponto, conforme vimos no exemplo (b) da Subseção 4.3.2, a função dada não possui derivadas parciais.

O gráfico de f não possui plano tangente em $(0, 0, 0)$.

c) O ponto $(0, 0)$ é um ponto crítico de $z = x^2 - y^2$ pois

$$\frac{\partial f}{\partial x}(0, 0) = 0 \quad \text{e} \quad \frac{\partial f}{\partial y}(0, 0) = 0.$$

Nesse caso, o plano tangente também é horizontal (ver Figura 5.5).

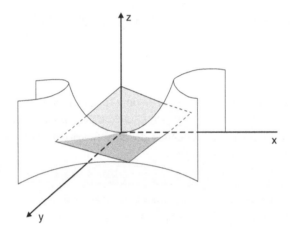

Figura 5.5

d) O ponto $(0, 0)$ é um ponto crítico de $f(x, y) = \begin{cases} \dfrac{2y^3}{x^2 + y^2}, & (x, y) \neq (0, 0) \\ 0, & (x, y) = (0, 0) \end{cases}$ pois, conforme vimos na Seção 4.3,

$f(x, y)$ não é diferenciável na origem. A Figura 4.10 mostra essa função, que não admite plano tangente na origem.

Observamos que o ponto $(0, 0)$ é:

- um ponto de mínimo global para a função $f(x, y) = x^2 + y^2$,

- um ponto de mínimo global para a função $f(x, y) = \sqrt{2x^2 + y^2}$,

- um ponto de sela para a função $f(x, y) = x^2 - y^2$,

- um ponto de sela para a função $f(x, y) = \begin{cases} \dfrac{2y^3}{x^2 + y^2}, & (x, y) \neq (0, 0) \\ 0, & (x, y) = (0, 0) \end{cases}$

5.4 Condição Necessária para a Existência de Pontos Extremantes

5.4.1 Proposição

Seja $z = f(x, y)$ uma função diferenciável em um conjunto aberto $U \subset \mathbb{R}^2$. Se $(x_0, y_0) \in U$ é um ponto extremante local (ponto de máximo ou de mínimo local), então

$$\frac{\partial f}{\partial x}(x_0, y_0) = 0 \quad \text{e} \quad \frac{\partial f}{\partial y}(x_0, y_0) = 0,$$

isto é, (x_0, y_0) é um ponto crítico de f.

Prova: Vamos supor que $(x_0, y_0) \in U$ é um ponto de máximo local de f. Existe, então, uma bola aberta $B = B((x_0, y_0), r)$, tal que, para todo $(x, y) \in B$,

$$f(x, y) \leq f(x_0, y_0).$$

Consideremos a função de uma variável, definida por

$$h : I \subset \mathbb{R} \to \mathbb{R}$$

$$h(x) = f(x, y_0)$$

onde I é um intervalo aberto que contém x_0 tal que, para todo $x \in I$, temos $(x, y_0) \in B$ (ver Figura 5.6).

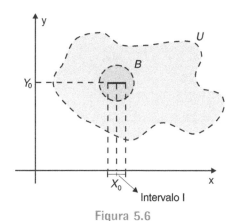

Figura 5.6

Temos que:

- $h(x)$ é derivável em x_0, e $h'(x_0) = \dfrac{\partial f}{\partial x}(x_0, y_0)$.
- x_0 é ponto interior de I e é um ponto de máximo local de $h(x)$.

Então, $h'(x_0) = 0$ ou $\dfrac{\partial f}{\partial x}(x_0, y_0) = 0$ (ver proposição 5.4.4, *Cálculo A*).

Analogamente, mostramos que $\dfrac{\partial f}{\partial y}(x_0, y_0) = 0$.

Usando essa proposição, podemos encontrar, em muitos exemplos, quais são os pontos candidatos a pontos extremantes de uma função, ou seja, podemos encontrar os pontos críticos tais que as derivadas parciais se anulam.

5.4.2 Exemplos

Exemplo 1: Determinar os pontos críticos de $f(x, y) = 3xy^2 + x^3 - 3x$.

Solução: Essa é uma função do tipo polinomial e, portanto, suas derivadas parciais existem para todo $(x, y) \in \mathbb{R}^2$.

Basta, então, resolver o sistema

$$\begin{cases} \dfrac{\partial f}{\partial x} = 0 \\ \dfrac{\partial f}{\partial y} = 0 \end{cases}$$

para identificar os pontos críticos.

Temos

$$\dfrac{\partial f}{\partial x} = 3y^2 + 3x^2 - 3$$

$$\dfrac{\partial f}{\partial y} = 6xy.$$

Vamos resolver o sistema

$$\begin{cases} 3y^2 + 3x^2 - 3 = 0 \\ 6xy = 0. \end{cases} \qquad (1)$$

Da equação $6xy = 0$ concluímos que $x = 0$ ou $y = 0$. Fazendo $x = 0$, na primeira equação de (1), vem

$$3y^2 - 3 = 0 \quad \text{ou} \quad y = \pm 1.$$

Portanto, temos os pontos $(0, 1)$ e $(0, -1)$.

Fazendo $y = 0$, na primeira equação de (1), vem

$$3x^2 - 3 = 0 \quad \text{ou} \quad x = \pm 1.$$

Obtemos, então, os pontos $(1, 0)$ e $(-1, 0)$.

Concluímos, então, que a função dada tem quatro pontos críticos

$$(0, 1),\ (0, -1),\ (1, 0)\ \text{e}\ (-1, 0).$$

Exemplo 2: Verificar que os pontos situados sobre a reta $y = x - k\pi$, com $k = 0, \pm 1, \pm 2, \ldots$ são pontos críticos da função

$$z = \cos(x - y).$$

Solução: Vamos encontrar as derivadas da função dada para estruturar o sistema cuja solução define os pontos críticos.

Temos

$$\dfrac{\partial z}{\partial x} = -\operatorname{sen}(x - y); \quad \dfrac{\partial z}{\partial y} = \operatorname{sen}(x - y).$$

O sistema

$$\begin{cases} -\operatorname{sen}(x - y) = 0 \\ \operatorname{sen}(x - y) = 0 \end{cases}$$

reduz-se à equação

$$\operatorname{sen}(x - y) = 0$$

cuja solução é

$$x - y = k\pi,\ k = 0, \pm 1, \pm 2, \ldots \quad \text{ou} \quad y = x - k\pi,\ k = 0, \pm 1, \pm 2, \ldots$$

Portanto, concluímos que os pontos situados sobre a reta $y = x - k\pi$, $k = 0, \pm 1, \pm 2, \ldots$ são pontos críticos da função $z = \cos(x - y)$.

5.5 Uma Interpretação Geométrica Envolvendo Pontos Críticos de uma Função $z = f(x, y)$

Já discutimos que podemos pensar nos pontos críticos de uma função $z = f(x, y)$ como os pontos em que o seu gráfico não tem plano tangente ou o plano tangente é horizontal. Vamos agora, intuitivamente, identificar qual é o tipo de paraboloide que melhor se aproxima do gráfico da função próximo de um ponto crítico (x_0, y_0).

Na Figura 5.7, temos um exemplo de uma função $z = f(x, y)$, em que o paraboloide que dá a melhor aproximação é um paraboloide elítico (uma curva de nível é uma elipse ou, em particular, uma circunferência) de concavidade voltada para cima. As seções retas verticais, mostradas na Figura 5.8, têm a concavidade voltada para cima. Temos, assim, um ponto de mínimo relativo ou local.

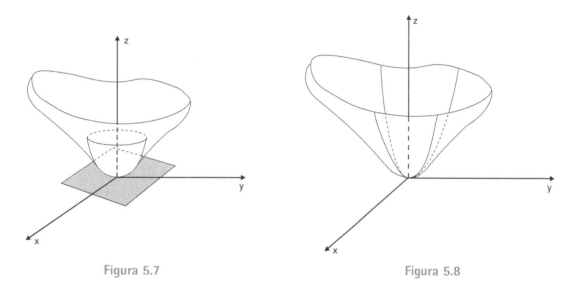

Figura 5.7   Figura 5.8

Na Figura 5.9, temos um exemplo de uma função $z = f(x, y)$, para a qual o paraboloide que dá a melhor aproximação é um paraboloide elítico voltado para baixo. As seções retas verticais, mostradas na Figura 5.10, têm a concavidade voltada para baixo. Temos, assim, um ponto de máximo relativo ou local.

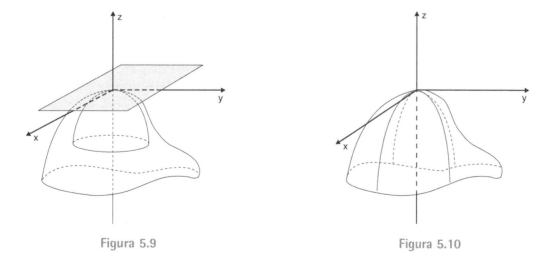

Figura 5.9   Figura 5.10

Na Figura 5.11, temos um exemplo de uma função $z = f(x, y)$, em que o parabolóide que dá a melhor aproximação é um parabolóide hiperbólico. Algumas seções retas verticais do gráfico, mostradas na Figura 5.12, têm a concavidade voltada para cima, e algumas têm a concavidade voltada para baixo.

Essa visualização geométrica vai possibilitar o entendimento da proposição a seguir, que nos dá uma condição suficiente para que um ponto crítico seja um ponto extremante local.

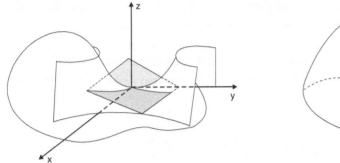
Figura 5.11

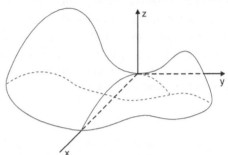
Figura 5.12

5.6 Condição Suficiente para um Ponto Crítico Ser Extremamente Local

5.6.1 Proposição

Seja $z = f(x, y)$ uma função cujas derivadas parciais de $1^{\underline{a}}$ e $2^{\underline{a}}$ ordem são contínuas em um conjunto aberto que contém (x_0, y_0) e suponhamos que (x_0, y_0) seja um ponto crítico de f. Seja $H(x, y)$ o determinante

$$H(x, y) = \begin{vmatrix} \dfrac{\partial^2 f}{\partial x^2}(x, y) & \dfrac{\partial^2 f}{\partial y \, \partial x}(x, y) \\ \dfrac{\partial^2 f}{\partial x \, \partial y}(x, y) & \dfrac{\partial^2 f}{\partial y^2}(x, y) \end{vmatrix}.$$

Temos

a) Se $H(x_0, y_0) > 0$ e $\dfrac{\partial^2 f}{\partial x^2}(x_0, y_0) > 0$, então (x_0, y_0) é um ponto de mínimo local de f.

b) Se $H(x_0, y_0) > 0$ e $\dfrac{\partial^2 f}{\partial x^2}(x_0, y_0) < 0$, então (x_0, y_0) é um ponto de máximo local de f.

c) Se $H(x_0, y_0) < 0$, então (x_0, y_0) não é extremante local. Nesse caso, (x_0, y_0) é um ponto de sela.

d) Se $H(x_0, y_0) = 0$, nada se pode afirmar.

Observamos que a matriz

$$\begin{bmatrix} \dfrac{\partial^2 f}{dx^2}(x, y) & \dfrac{\partial^2 f}{\partial y \, \partial x}(x, y) \\ \dfrac{\partial^2 f}{\partial x \, \partial y}(x, y) & \dfrac{\partial^2 f}{\partial y^2}(x, y) \end{bmatrix}$$

aparece em diversas situações em um curso de Cálculo e é conhecida como matriz hessiana. O seu determinante, $H(x, y)$, é chamado determinante hessiano da função $z = f(x, y)$.

Considerando a complexidade de uma prova completa, vamos apenas usar as idéias geométricas, da Seção 5.5, para justificar os diversos itens dessa proposição.

A idéia fundamental é usar as derivadas de 2ª ordem da função $f(x, y)$ para determinar o tipo de parabolóide que melhor se aproxima do gráfico da função próximo de um ponto crítico (x_0, y_0).

O parabolóide que melhor se aproxima do gráfico de $f(x, y)$, próximo ao ponto crítico (x_0, y_0), é o gráfico da função polinomial

$$P(x, y) = \frac{1}{2}Ax^2 + Bxy + \frac{1}{2}Cy^2 + Dx + Fy + G$$

com

$$\frac{\partial P}{\partial x}(x_0, y_0) = \frac{\partial f}{\partial x}(x_0, y_0) \tag{1}$$

$$\frac{\partial P}{\partial y}(x_0, y_0) = \frac{\partial f}{\partial y}(x_0, y_0) \tag{2}$$

$$\frac{\partial^2 P}{\partial x^2}(x_0, y_0) = \frac{\partial^2 f}{\partial x^2}(x_0, y_0) \tag{3}$$

$$\frac{\partial^2 P}{\partial y^2}(x_0, y_0) = \frac{\partial^2 f}{\partial y^2}(x_0, y_0) \tag{4}$$

$$\frac{\partial^2 P}{\partial x\, \partial y}(x_0, y_0) = \frac{\partial^2 f}{\partial x\, \partial y}(x_0, y_0). \tag{5}$$

O gráfico do parabolóide que satisfaz as condições (1) a (5) tem o mesmo plano tangente que o gráfico de f em (x_0, y_0).

Podemos reescrever as equações (1) a (5) como

$$Ax_0 + By_0 + D = \frac{\partial f}{\partial x}(x_0, y_0) \tag{6}$$

$$Bx_0 + Cy_0 + F = \frac{\partial f}{\partial y}(x_0, y_0) \tag{7}$$

$$A = \frac{\partial^2 f}{\partial x^2}(x_0, y_0) \tag{8}$$

$$C = \frac{\partial^2 f}{\partial y^2}(x_0, y_0) \tag{9}$$

$$B = \frac{\partial^2 f}{\partial x\, \partial y}(x_0, y_0) \tag{10}$$

Assim, A, B, C são iguais às derivadas de 2ª ordem de f, $\frac{\partial^2 f}{\partial x^2}$, $\frac{\partial^2 f}{\partial x \partial y}$, $\frac{\partial^2 f}{\partial y^2}$, respectivamente.

As curvas de nível de $P(x, y)$ são encontradas pela equação

$$\frac{1}{2}Ax^2 + Bxy + \frac{1}{2}Cy^2 + Dx + Fy + G = \text{constante} \tag{11}$$

Da geometria analítica, sabemos que a equação (11) representa as curvas:

- Hipérbole, quando $B^2 - 4\left(\frac{1}{2}A\right)\left(\frac{1}{2}C\right) = B^2 - AC > 0$.
- Elipse, quando $B^2 - AC < 0$.
- Parábola, quando $B^2 - AC = 0$.

Assim,

a) se $B^2 - AC > 0$, as curvas de nível de $P(x, y)$ são hipérboles, e o gráfico de $P(x, y)$ é um parabolóide hiperbólico. Portanto, nesse caso, f tem um ponto de sela, como é ilustrado nas figuras 5.11 e 5.12.

b) se $B^2 - AC < 0$, $A > 0$ e $C > 0$, as curvas de nível são elipses, e o gráfico de $P(x, y)$ é um parabolóide elítico para cima. Portanto, nesse caso, f tem um mínimo relativo em (x_0, y_0) (ver figuras 5.7 e 5.8).

c) se $B^2 - AC < 0$, $A < 0$ e $C < 0$, as curvas de nível são elipses, e o gráfico de $P(x, y)$ é um parabolóide elítico para baixo. Portanto, nesse caso, f tem um máximo relativo em (x_0, y_0) (ver figuras 5.9 e 5.10).

d) se $B^2 - AC = 0$, as curvas de nível de $P(x, y)$ são parábolas, e o seu gráfico é um cilindro parabólico, nada podendo ser concluído.

Quando $B^2 - AC < 0$, temos que A e C têm o mesmo sinal. Assim, substituindo A, B e C pelas derivadas conforme (8), (10) e (9), respectivamente, obtemos as expressões conclusivas do teorema.

5.6.2 Exemplos

Exemplo 1: Classificar os pontos críticos da função

$$f(x, y) = 3xy^2 + x^3 - 3x$$

discutida no Exemplo 1 da Subseção 5.4.2.

Solução: No Exemplo 1 da Subseção 5.4.2, encontramos os seguintes pontos críticos dessa função:

$$(0, 1), \ (0, -1), \ (1, 0) \ \text{e} \ (-1, 0).$$

Para classificá-los, vamos usar a proposição 5.6.1.
O determinante hessiano é dado por

$$H(x, y) = \begin{vmatrix} \frac{\partial^2 f}{\partial x^2}(x, y) & \frac{\partial^2 f}{\partial y \partial x}(x, y) \\ \frac{\partial^2 f}{\partial x \partial y}(x, y) & \frac{\partial^2 f}{\partial y^2}(x, y) \end{vmatrix} = \begin{vmatrix} 6x & 6y \\ 6y & 6x \end{vmatrix} = 36x^2 - 36y^2$$

Temos

1. Análise do ponto $(0, 1)$.
   Nesse caso,

$$H(0, 1) = \begin{vmatrix} 0 & 6 \\ 6 & 0 \end{vmatrix} = -36.$$

Assim, $H(0, 1) < 0$ e, então, $(0, 1)$ é ponto de sela.

2. Análise do ponto $(0, -1)$.
   Temos

$$H(0, -1) = \begin{vmatrix} 0 & -6 \\ -6 & 0 \end{vmatrix} = -36.$$

Assim, $H(0, -1) < 0$ e, então, $(0, -1)$ é ponto de sela.

3. Análise do ponto $(1, 0)$.
   Temos

$$H(1, 0) = \begin{vmatrix} 6 & 0 \\ 0 & 6 \end{vmatrix} = 36.$$

Como $H(1, 0) > 0$, devemos analisar o sinal de $\dfrac{\partial^2 f}{\partial x^2}(1, 0)$.

Temos $\dfrac{\partial^2 f}{\partial x^2}(1, 0) = 6$. Como $H(1, 0) > 0$ e $\dfrac{\partial^2 f}{\partial x^2}(1, 0) > 0$, concluímos que $(1, 0)$ é ponto de mínimo local de f.

4. Análise do ponto $(-1, 0)$.
   Temos

$$H(-1, 0) = \begin{vmatrix} -6 & 0 \\ 0 & -6 \end{vmatrix} = 36 > 0.$$

$$\frac{\partial^2 f}{\partial x^2}(-1, 0) = -6 < 0.$$

Assim, $H(-1, 0) < 0$ e $\dfrac{\partial^2 f}{\partial x^2}(-1, 0) < 0$ e, portanto, estamos diante de um ponto de máximo local da função.

Concluímos, então, usando a proposição 5.6.1, que os pontos críticos da função $f(x, y) = 3xy^2 + x^3 - 3x$ são classificados como:

- $(0, 1)$ e $(0, -1)$ pontos de sela;
- $(1, 0)$ ponto de mínimo local;
- $(-1, 0)$ ponto de máximo local.

A Figura 5.13 ilustra esse exemplo.

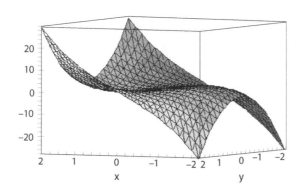

Figura 5.13

Exemplo 2: Mostrar que $f(x, y) = x^2 + xy + y^2 + \dfrac{3}{x} + \dfrac{3}{y} + 5$ tem mínimo local em $(1, 1)$.

Solução: Vamos, inicialmente, verificar se $(1, 1)$ é ponto crítico.
Temos

$$\frac{\partial f}{\partial x} = 2x + y - \frac{3}{x^2}$$

$$\frac{\partial f}{\partial y} = x + 2y - \frac{3}{y^2}.$$

Como $\dfrac{\partial f}{\partial x}(1, 1) = 0$ e $\dfrac{\partial f}{\partial y}(1, 1) = 0$, concluímos que $(1, 1)$ é ponto crítico de f.

Vamos agora calcular o hessiano

$$H(x, y) = \begin{vmatrix} 2 + \dfrac{6}{x^3} & 1 \\ 1 & 2 + \dfrac{6}{y^3} \end{vmatrix} = \left(2 + \frac{6}{x^3}\right)\left(2 + \frac{6}{y^3}\right) - 1.$$

Assim,

$$H(1, 1) = 63 > 0.$$

Temos também que

$$\frac{\partial^2 f}{\partial x^2}(1, 1) = 8 > 0.$$

Como $H(1, 1) > 0$ e $\dfrac{\partial^2 f}{\partial x^2}(1, 1) > 0$, concluímos, pela proposição 5.6.1, que $(1, 1)$ é um ponto de mínimo da função.

Exemplo 3: Seja $f(x, y) = 2x^3 + 2y^3 - 6x - 6y$. Analisar os pontos de máximo e mínimo de f no conjunto aberto A da Figura 5.14.

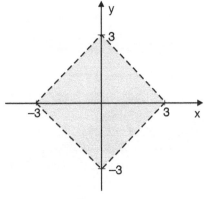

Figura 5.14

Solução: Para encontrar os pontos candidatos a pontos de máximo e mínimo, vamos usar a proposição 5.4.1. Temos que A é aberto e f é uma função do tipo polinomial, portanto diferenciável.

Temos

$$\frac{\partial f}{\partial x} = 6x^2 - 6 \qquad \frac{\partial f}{\partial y} = 6y^2 - 6.$$

Vamos resolver o sistema

$$\begin{cases} 6x^2 - 6 = 0 \\ 6y^2 - 6 = 0 \end{cases} \qquad (1)$$

A solução de (1) é constituída pelos pontos $(1, 1)$, $(1, -1)$, $(-1, 1)$ e $(-1, -1)$. Para classificar esses pontos, vamos usar a proposição 5.6.1. Temos

$$H(x, y) = \begin{vmatrix} \dfrac{\partial^2 f}{\partial x^2}(x, y) & \dfrac{\partial^2 f}{\partial y\, \partial x}(x, y) \\ \dfrac{\partial^2 f}{\partial x\, \partial y}(x, y) & \dfrac{\partial^2 f}{\partial y^2}(x, y) \end{vmatrix} = \begin{vmatrix} 12x & 0 \\ 0 & 12y \end{vmatrix} = 144xy$$

1. Análise do ponto $(1, 1)$.

    Temos

    $$H(1, 1) = \begin{vmatrix} 12 & 0 \\ 0 & 12 \end{vmatrix} = 144.$$

    Assim, $H(1, 1) > 0$. Vamos, então, analisar o sinal de $\dfrac{\partial^2 f}{\partial x^2}(1, 1)$. Temos $\dfrac{\partial^2 f}{\partial x^2}(1, 1) = 12$.

    Como $H(1, 1) > 0$ e $\dfrac{\partial^2 f}{\partial x^2}(1, 1) > 0$, concluímos que
    $(1, 1)$ é ponto de mínimo local de f.

2. Análise do ponto $(-1, -1)$.

    Temos

    $$H(-1, -1) = \begin{vmatrix} -12 & 0 \\ 0 & -12 \end{vmatrix} = 144.$$

    Como $H(-1, -1) > 0$ e $\dfrac{\partial^2 f}{\partial x^2}(-1, -1) < 0$, concluímos que $(-1, -1)$ é ponto de máximo local de f.

3. Análise dos pontos $(1, -1)$ e $(-1, 1)$.

    Temos

    $$H(1, -1) = H(-1, 1) = -144.$$

    Portanto, os pontos $(1, -1)$ e $(-1, 1)$ são pontos de sela.

Concluímos, então, que a função $f(x, y) = 2x^3 + 2y^3 - 6x - 6y$ possui um ponto de mínimo local e um ponto de máximo local, respectivamente $(1, 1)$ e $(-1, -1)$, pertencentes a A.

5.7 Teorema de Weierstrass

Seja
$$f : A \subset \mathbb{R}^2 \to \mathbb{R}$$
$$z = f(x, y)$$

uma função contínua no conjunto fechado e limitado A. Então existem P_1, $P_2 \in A$ tais que

$$f(P_1) \leq f(P) \leq f(P_2)$$

qualquer que seja $P \in A$.

A prova desse teorema pode ser encontrada em livros de Análise Matemática.

Salientamos que esse teorema é de grande valia para a resolução de problemas práticos em que necessitamos analisar pontos extremos pertencentes à fronteira de um conjunto. Ele garante a existência do ponto de máximo e do ponto de mínimo de uma função contínua com domínio fechado e limitado. O exemplo que segue ilustra sua aplicação.

5.7.1 Exemplo

Seja $f(x, y) = 2x^3 + 2y^3 - 6x - 6y$, a função analisada no Exemplo 3 da Subseção 5.6.2. Determinar o valor máximo e o valor mínimo de f no conjunto B delimitado pelo triângulo MNP da Figura 5.15.

Solução: Pelo teorema de Weierstrass sabemos que existem $P_1, P_2 \in B$ tais que

$$f(P_1) \leq f(P) \leq f(P_2)$$

para qualquer $P \in B$.

Portanto, a busca de P_1 e P_2 representa a busca dos pontos de mínimo e máximo absolutos, respectivamente, de f em B.

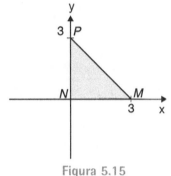

Figura 5.15

Vamos, inicialmente, analisar os pontos pertencentes ao interior de B.

Usando os resultados do Exemplo 3 da Subseção 5.6.2, temos que o ponto $(1, 1)$ é o único ponto crítico de f que está no interior de B. Sabemos também que $(1, 1)$ é um ponto de mínimo local de f.

Para analisar os pontos na fronteira de B, vamos dividi-la em três segmentos: $\overline{MN}$, $\overline{NP}$ e $\overline{PM}$. Temos:

1. Análise de $\overline{PM}$

   Os pontos pertencentes ao segmento $\overline{PM}$ são pontos tais que

   $$x + y = 3.$$

   Vamos analisar os valores da função nesse segmento. Temos, para $0 \leq x \leq 3$,

   $$f(x, 3 - x) = 2x^3 + 2(3 - x)^3 - 6x - 6(3 - x)$$
   $$= 18x^2 - 54x + 36.$$

   Nesse caso, podemos usar a análise de máximos e mínimos de funções de uma variável (ver Seção 5.7 do livro *Cálculo A*, sexta edição). Temos que:

   - $x = \dfrac{3}{2}$ é um ponto de mínimo em $(0, 3)$;
   - $x = 0$ e $x = 3$ são pontos de máximo em $[0, 3]$.

2. Análise de $\overline{MN}$

   Analogamente ao item 1, vamos analisar a função

   $$f(x, 0) = 2x^3 - 6x, \quad 0 \leq x \leq 3.$$

Temos que

- $x = 1$ é um ponto de mínimo de $f(x, 0)$ em $(0, 3)$;
- $x = 3$ é um ponto de máximo de $f(x, 0)$ em $[0, 3]$.

3. Análise de $\overline{NP}$

Temos, nesse caso, a função

$$f(0, y) = 2y^3 - 6y, \quad 0 \le y \le 3.$$

Assim,

- $y = 1$ é um ponto de mínimo de $f(0, y)$ em $(0, 3)$;
- $y = 3$ é um ponto de máximo de $f(0, y)$ em $[0, 3]$.

Para concluir esse exemplo, vamos observar o resumo que segue:

Pontos	Localização	Imagem do ponto
$(1, 1)$	Interior de B	-8
$\left(\dfrac{3}{2}, \dfrac{3}{2}\right)$	Fronteira de B	$-\dfrac{9}{2}$
$(0, 3)$	Fronteira de B	36
$(3, 0)$	Fronteira de B	36
$(1, 0)$	Fronteira de B	-4
$(0, 1)$	Fronteira de B	-4

Diante desse resumo, concluímos que o valor máximo da função $f(x, y)$ em B é

$$f(0, 3) = f(3, 0) = 36$$

e o valor mínimo de $f(x, y)$ em B é

$$f(1, 1) = -8.$$

5.8 Aplicações

A maximização e minimização de funções de várias variáveis é um problema que aparece em vários contextos práticos, como, por exemplo:

- problemas geométricos (ver o 1º e o 2º enunciado da Seção 5.1);
- problemas físicos (ver o 3º enunciado da Seção 5.1);
- problemas econômicos etc.

Os exemplos que seguem ilustram as situações enunciadas na Seção 5.1 e também outros enunciados práticos.

Exemplo 1: Quais as dimensões de uma caixa retangular sem tampa com volume 4 m³ e com a menor área de superfície possível?

Solução: Vamos considerar a caixa da Figura 5.16.

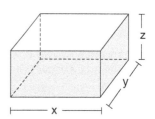

Figura 5.16

Da geometria elementar, temos que:

- volume da caixa: $V = xyz$;
- área da superfície total: $S = 2xz + 2yz + xy$.

Queremos minimizar $S = 2xz + 2yz + xy$ sabendo que $xyz = 4$ e $x, y, z > 0$.
Podemos simbolicamente escrever

$$\min S = 2xz + 2yz + xy \tag{1}$$

$$s.a \quad xyz = 4 \tag{2}$$

$$x, y, z > 0. \tag{3}$$

Costumamos, ao usar essa notação, chamar a função em (1) de *função objetivo* e as equações e/ou inequações de (2) de *restrições*. O símbolo *s.a* lê-se "sujeito a".

Como na equação (2) podemos explicitar z como função de x e y, esse problema de minimização pode ser transformado em um problema sem restrição. Temos, usando (2),

$$z = \frac{4}{xy}. \tag{4}$$

Substituindo (4) em (1), vem

$$S = 2x \cdot \frac{4}{xy} + 2y \cdot \frac{4}{xy} + xy = \frac{8}{y} + \frac{8}{x} + xy.$$

Assim, o problema pode ser reescrito como

$$\min S = \frac{8}{y} + \frac{8}{x} + xy$$

$$s.a \quad x, y, z > 0.$$

Para minimizar S, vamos usar a proposição 5.4.1 objetivando encontrar um ponto de mínimo. Temos

$$\frac{\partial S}{\partial x} = -\frac{8}{x^2} + y \quad \text{e} \quad \frac{\partial S}{\partial y} = -\frac{8}{y^2} + x.$$

Resolvendo o sistema

$$\begin{cases} -\dfrac{8}{x^2} + y = 0 \\ -\dfrac{8}{y^2} + x = 0 \end{cases}$$

obtemos como solução o ponto $(2, 2)$.

Vamos classificar esse ponto usando a proposição 5.6.1. Temos

$$H(x, y) = \begin{vmatrix} \dfrac{16}{x^3} & 1 \\ 1 & \dfrac{16}{y^3} \end{vmatrix} = \frac{256}{x^3 y^3} - 1;$$

$$H(2,2) = \frac{256}{2^3 \cdot 2^3} - 1 = 3 > 0 \quad \text{e} \quad \frac{\partial^2 S}{\partial x^2}(2,2) = 2 > 0$$

Assim, $(2, 2)$ é um ponto de mínimo.

Portanto, as dimensões da caixa são $x = 2$ metros $\quad y = 2$ metros $\quad$ e $\quad z = \dfrac{4}{xy} = \dfrac{4}{2 \cdot 2} = 1$ metro.

Exemplo 2: Sejam $(1, 1), (2, 3)$ e $(3, -1)$ os vértices de um triângulo. Qual é o ponto (x, y) tal que a soma dos quadrados de suas distâncias aos vértices é a menor possível?

Solução: Na Figura 5.17, temos a visualização do triângulo dado.

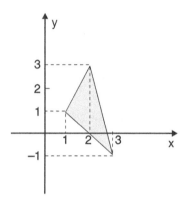

Figura 5.17

Da geometria analítica, sabemos que a distância entre dois pontos (x_1, y_1) e (x_2, y_2) é dada por

$$d = \sqrt{(x_2 - x_1)^2 + (y_2 - y_1)^2}.$$

Assim, a função objetivo desse problema é:

$$D(x, y) = (x - 1)^2 + (y - 1)^2 + (x - 2)^2 + (y - 3)^2 + (x - 3)^2 + (y + 1)^2$$

e podemos escrever o nosso problema sem restrições como

$$\min D(x, y) = (x - 1)^2 + (y - 1)^2 + (x - 2)^2 + (y - 3)^2 + (x - 3)^2 + (y + 1)^2.$$

Vamos, então, encontrar os pontos críticos de $D = D(x, y)$.
Temos:

$$\frac{\partial D}{\partial x} = 2(x - 1) + 2(x - 2) + 2(x - 3); \quad \frac{\partial D}{\partial y} = 2(y - 1) + 2(y - 3) + 2(y + 1).$$

Resolvendo o sistema

$$\begin{cases} 2(x - 1) + 2(x - 2) + 2(x - 3) = 0 \\ 2(y - 1) + 2(y - 3) + 2(y + 1) = 0 \end{cases}$$

obtemos como solução o ponto $(2, 1)$.

Vamos classificar esse ponto usando a proposição 5.6.1.
Temos

$$H(x, y) = \begin{vmatrix} 6 & 0 \\ 0 & 6 \end{vmatrix} = 36,$$

$$H(2,1) = 36 > 0 \quad \text{e} \quad \frac{\partial^2 D}{\partial x^2}(2,1) = 6 > 0.$$

Assim, $(2,1)$ é um ponto de mínimo de $D = D(x,y)$.

Portanto, o ponto (x, y) tal que a soma dos quadrados de suas distâncias aos vértices do triângulo da Figura 5.17 é a menor possível é o ponto $(2, 1)$.

Exemplo 3: A temperatura T em qualquer ponto (x, y) do plano é dada por $T = 3y^2 + x^2 - x$. Qual a temperatura máxima e a mínima em um disco fechado de raio 1 centrado na origem?

Solução: Diante do problema dado, temos que:

$$\begin{aligned} \max \; & T = 3y^2 + x^2 - x \\ \text{s.a} \; & x^2 + y^2 \le 1 \end{aligned} \qquad (5)$$

e

$$\begin{aligned} \min \; & T = 3y^2 + x^2 - x \\ \text{s.a} \; & x^2 + y^2 \le 1. \end{aligned} \qquad (6)$$

Do teorema de Weierstrass, obtemos a garantia da solução dos problemas (5) e (6), pois estamos diante da maximização e minimização, respectivamente, de uma função contínua em um domínio fechado e limitado.

Inicialmente, vamos encontrar os pontos críticos da função $T = 3y^2 + x^2 - x$ no domínio aberto

$$A = \{(x, y) \in \mathbb{R}^2 \mid x^2 + y^2 < 1\}.$$

Temos

$$\frac{\partial T}{\partial x} = 2x - 1 \quad \text{e} \quad \frac{\partial T}{\partial y} = 6y.$$

Resolvendo o sistema

$$\begin{cases} 2x - 1 = 0 \\ 6y = 0 \end{cases}$$

obtemos $(x, y) = \left(\dfrac{1}{2}, 0\right)$.

O ponto encontrado, $\left(\dfrac{1}{2}, 0\right)$, é um ponto pertencente ao interior de A. Para classificá-lo, vamos usar a proposição 5.6.1.

Temos

$$H(x, y) = \begin{vmatrix} 2 & 0 \\ 0 & 6 \end{vmatrix} = 12,$$

$$H\left(\frac{1}{2}, 0\right) = 12 > 0 \quad \text{e} \quad \frac{\partial^2 T}{\partial x^2} = 2 > 0.$$

Assim, $\left(\dfrac{1}{2}, 0\right)$ é um ponto de mínimo da função T no interior de A.

Vamos, agora, analisar o comportamento da função $T = 3y^2 + x^2 - x$ na fronteira de A, que é dada por

$$x^2 + y^2 = 1 \quad \text{ou} \quad y = \pm\sqrt{1 - x^2}.$$

Temos, então,

$$T(x, \pm\sqrt{1-x^2}) = 3(1-x^2) + x^2 - x$$
$$= 3 - 3x^2 + x^2 - x$$
$$= -2x^2 - x + 3, \quad -1 \le x \le 1.$$

Nesse caso, usando a análise de máximos e mínimos de funções de uma variável, concluímos que:

- $x = -\dfrac{1}{4}$ é um ponto de máximo em $(-1, 1)$;
- $x = 1$ é um ponto de mínimo em $[-1, 1]$.

Resumindo a análise, temos:

Pontos	Localização	Imagem do ponto
$\left(\dfrac{1}{2}, 0\right)$	Interior de A	$-\dfrac{1}{4}$
$\left(-\dfrac{1}{4}, \pm\dfrac{\sqrt{15}}{4}\right)$	Fronteira de A	$\dfrac{25}{8}$
$(1, 0)$	Fronteira de A	0

Portanto, a temperatura máxima é $\dfrac{25}{8}$ u.t. e a temperatura mínima é $-\dfrac{1}{4}$ u.t. ocorridas nos pontos $\left(-\dfrac{1}{4}, \pm\dfrac{\sqrt{15}}{4}\right)$ e $\left(\dfrac{1}{2}, 0\right)$, respectivamente.

Exemplo 4: Uma indústria produz dois produtos denotados por A e B. O lucro da indústria pela venda de x unidades do produto A e y unidades do produto B é dado por

$$L(x, y) = 60x + 100y - \frac{3}{2}x^2 - \frac{3}{2}y^2 - xy.$$

Supondo que toda a produção da indústria seja vendida, determinar a produção que maximiza o lucro.

Solução: Diante do problema apresentado, temos que

$$\max L(x, y) = 60x + 100y - \frac{3}{2}x^2 - \frac{3}{2}y^2 - xy$$

$$s.a \quad x, y \ge 0$$

Vamos encontrar os pontos críticos usando a proposição 5.4.1.
Temos

$$\frac{\partial L}{\partial x} = 60 - 3x - y; \quad \frac{\partial L}{\partial y} = 100 - 3y - x.$$

Resolvendo o sistema

$$\begin{cases} 60 - 3x - y = 0 \\ 100 - 3y - x = 0, \end{cases}$$

obtemos a solução $x = 10$ e $y = 30$.

Vamos, então, verificar se esse único ponto encontrado é um ponto de máximo. Temos

$$H(x, y) = \begin{vmatrix} -3 & -1 \\ -1 & -3 \end{vmatrix} = 8,$$

$$H(10, 30) = 8 > 0 \quad \text{e} \quad \frac{\partial^2 L}{\partial x^2}(10, 30) = -3 < 0.$$

Portanto, o ponto $(10, 30)$ é um ponto de máximo e representa a produção que maximiza o lucro da indústria.

5.8.1 Método dos mínimos quadrados (regressão linear)

É comum encontrarmos na Estatística, na Física e em outras ciências experimentos que envolvem duas variáveis x e y. Os resultados obtidos em n experiências, com $n \geq 3$, são tabulados formando uma lista de pares ordenados de números:

$$(x_1, y_1), (x_2, y_2), \ldots, (x_n, y_n).$$

Em alguns experimentos, podemos teoricamente supor que o relacionamento entre as variáveis x e y é do tipo $y = ax + b$ com $a, b \in \mathbb{R}$.

Geralmente, não existe $y = ax + b$ cujo gráfico passe por todos os n pares dados. Procuramos, então, encontrar uma reta r que melhor se ajusta ao conjunto de pontos dados. A Figura 5.18 ilustra essa situação.

A reta r é denominada *reta de regressão linear*.

O método usado para encontrar a reta r é conhecido como o *método dos mínimos quadrados*.

A idéia básica desse método é encontrar a reta r tal que a soma dos quadrados dos desvios verticais seja mínima. Estamos, assim, diante de um problema de minimização.

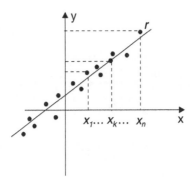

Figura 5.18

Dado o conjunto de pontos (x_k, y_k) $k = 1, \ldots, n$, encontrar a reta $y = ax + b$, $a, b \in \mathbb{R}$, tal que

$$\sum_{k=1}^{n} d_k^2, \text{ com } d_k = y_k - (ax_k + b) \quad k = 1, \ldots, n$$

seja o menor possível.

O problema apresentado pode ser escrito como

$$\min \sum_{k=1}^{n} (y_k - ax_k - b)^2.$$

Usando a proposição 5.4.1, temos que o ponto de mínimo da função

$$f(a, b) = \sum_{k=1}^{n} (y_k - ax_k - b)^2$$

deve satisfazer o sistema

$$\begin{cases} \sum_{k=1}^{n} 2(y_k - ax_k - b)(-x_k) = 0 \\ \sum_{k=1}^{n} 2(y_k - ax_k - b)(-1) = 0 \end{cases} \text{ou} \quad \begin{cases} a\sum_{k=1}^{n} x_k^2 + b\sum_{k=1}^{n} x_k = \sum_{k=1}^{n} x_k y_k \\ a\sum_{k=1}^{n} x_k + nb = \sum_{k=1}^{n} y_k. \end{cases} \quad (7)$$

O exemplo que segue ilustra essa questão.

Exemplo: Dados os pontos

X	0	1	1	2	3	4	5
Y	3	2	3	5	4	4	7

encontrar a reta que melhor se ajusta ao conjunto dado.

Solução: Para estruturar o sistema (7) vamos calcular

$$\sum_{k=1}^{n} x_k^2 = 0^2 + 1^2 + 1^2 + 2^2 + 3^2 + 4^2 + 5^2 = 56$$

$$\sum_{k=1}^{n} x_k = 0 + 1 + 1 + 2 + 3 + 4 + 5 = 16$$

$$\sum_{k=1}^{n} x_k y_k = 0 \cdot 3 + 1 \cdot 2 + 1 \cdot 3 + 2 \cdot 5 + 3 \cdot 4 + 4 \cdot 4 + 5 \cdot 7 = 78$$

$$\sum_{k=1}^{n} y_k = 3 + 2 + 3 + 5 + 4 + 4 + 7 = 28.$$

Temos, então, o sistema

$$\begin{cases} 56a + 16b = 78 \\ 16a + 7b = 28. \end{cases}$$

Resolvendo esse sistema, obtemos

$$a = \frac{49}{68} \quad \text{e} \quad b = \frac{40}{17}.$$

Assim, a reta que melhor aproxima o conjunto de pontos dados é a reta

$$y = \frac{49}{68} x + \frac{40}{17}.$$

A Figura 5.19 ilustra esse exemplo.

Observamos que o método dos mínimos quadrados pode ser generalizado para situações mais gerais de ajuste de curvas.

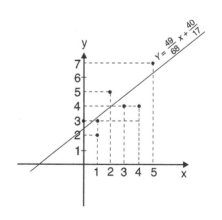

Figura 5.19

5.9 Máximos e Mínimos Condicionados

Consideremos os seguintes problemas:

(1) max $f(x, y) = 4 - x^2 - y^2$.

(2) max $f(x, y) = 4 - x^2 - y^2$

s.a $x + y = 2$.

O problema (1) é um problema de otimização irrestrita, e podemos solucioná-lo usando as proposições apresentadas nas seções anteriores.

No problema (2), temos a presença de uma restrição ou vínculo. Estamos diante de um problema de otimização restrita, em que queremos encontrar o maior valor da função em um subconjunto de seu domínio, nesse caso, o subconjunto do plano xy, dado pela reta $x + y = 2$.

Nesse contexto, a solução do problema (1) é chamada um ponto de máximo livre ou não-condicionado de f. A solução do problema (2) é dita um ponto de máximo condicionado de f.

Uma visualização da solução desses problemas é dada na Figura 5.20.

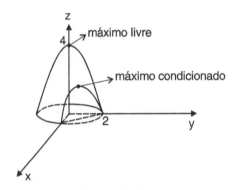

Figura 5.20

De forma geral, problemas de otimização restrita podem ser muito complexos, não havendo um método geral para encontrar a solução de todas as classes de problemas. Em algumas situações simples, podemos resolvê-los como foi feito no Exemplo 1 da seção anterior, isto é, explicitando uma variável em função das outras, na restrição, substituindo na função objetivo e resolvendo o problema de otimização irrestrita resultante. O método dos multiplicadores de Lagrange permite analisar situações mais gerais. Por meio desse método, um problema de otimização restrita com n variáveis e m restrições de igualdade é transformado em um problema de otimização irrestrita com $(n + m)$ variáveis. Algumas situações particulares são apresentadas a seguir.

5.9.1 Problemas envolvendo funções de duas variáveis e uma restrição

Consideremos o seguinte problema

$$\max f(x, y)$$
$$\text{s.a } g(x, y) = 0.$$

Usando as propriedades do vetor gradiente, vamos obter uma visualização geométrica do método de Lagrange, que nos permite determinar os candidatos a pontos de máximo e/ou mínimo condicionados de f.

Para isso, esboçamos o gráfico de $g(x, y) = 0$ e diversas curvas de nível $f(x, y) = k$ da função objetivo, observando os valores crescentes de k. O valor máximo de $f(x, y)$ sobre a curva $g(x, y) = 0$ coincide com o maior valor de k tal que a curva $f(x, y) = k$ intercepta a curva $g(x, y) = 0$. Isso ocorre em um ponto P_0. Nesse ponto, as duas curvas têm a mesma reta tangente t (ver Figura 5.21).

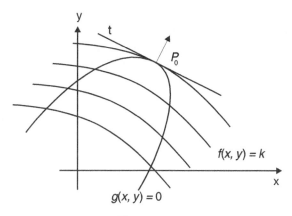

Figura 5.21

Como *grad f* e *grad g* são perpendiculares à reta *t* (ver proposição 4.3.5), eles têm a mesma direção no ponto P_0, ou seja,

$$grad\ f = \lambda\ grad\ g$$

para algum número real λ.

Claramente, nesse argumento geométrico, fizemos a suposição de que $\nabla g(x, y) \neq (0, 0)$ em P_0. Além disso, o mesmo argumento pode ser facilmente adaptado para problemas de minimização. Temos a seguinte proposição:

5.9.2 Proposição

Seja $f(x, y)$ diferenciável em um conjunto aberto U. Seja $g(x, y)$ uma função com derivadas parciais contínuas em U tal que $\nabla g(x, y) \neq (0, 0)$ para todo $(x, y) \in V$, onde $V = \{(x, y) \in U \mid g(x, y) = 0\}$. Uma condição necessária para que $(x_0, y_0) \in V$ seja extremante local de f em V é que

$$\nabla f(x_0, y_0) = \lambda \nabla g(x_0, y_0)$$

para algum número real λ.

Observamos que a demonstração dessa proposição será omitida porque exige alguns detalhes técnicos não introduzidos neste texto.

Usando a proposição 5.9.2, podemos dizer que os pontos de máximo e/ou mínimo condicionados de f devem satisfazer as equações

$$\frac{\partial f}{\partial x} = \lambda \frac{\partial g}{\partial x}, \quad \frac{\partial f}{\partial y} = \lambda \frac{\partial g}{\partial y} \text{ e } g(x, y) = 0 \qquad (1)$$

para algum número real λ.

O número real λ que torna compatível o sistema (1) é chamado multiplicador de Lagrange. O método proposto por Lagrange consiste, simplesmente, em definir a função de três variáveis

$$L(x, y, \lambda) = f(x, y) - \lambda g(x, y)$$

e observar que o sistema (1) é equivalente à equação

$$\nabla L = 0 \qquad (2)$$

ou

$$\frac{\partial L}{\partial x} = 0, \quad \frac{\partial L}{\partial y} = 0 \text{ e } \frac{\partial L}{\partial \lambda} = 0. \qquad (3)$$

Assim, os candidatos a extremantes locais de f sobre $g(x, y) = 0$ são pesquisados entre os pontos críticos de L. Os valores máximo e/ou mínimo de f sobre $g(x, y) = 0$ coincidem com os valores máximo e/ou mínimo livres de L.

É importante observar que o método só permite determinar potenciais pontos extremantes. A classificação desses pontos deve ser feita por outros meios, tais como argumentos geométricos etc.

5.9.3 Exemplos

Exemplo 1: Um galpão retangular deve ser construído em um terreno com a forma de um triângulo, conforme a Figura 5.22. Determinar a área máxima possível para o galpão.

Solução: Na Figura 5.23, representamos a situação a ser analisada em um sistema de coordenadas cartesianas, traçado convenientemente.

Observando a Figura 5.23, vemos que a área do galpão é dada por

$$A(x, y) = x \cdot y$$

e que o ponto $P(x, y)$ deve estar sobre a reta $x + 2y = 20$.

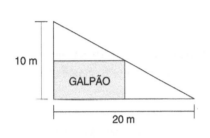

Figura 5.22   Figura 5.23

Temos, então, o seguinte problema:

$$\max \; xy$$
$$\text{s.a} \; x + 2y = 20.$$

Para resolver o problema pelo método dos multiplicadores de Lagrange, como apresentado, devemos escrever a restrição $x + 2y = 20$ na forma $x + 2y - 20 = 0$.

A função lagrangeana é dada por

$$L(x, y, \lambda) = xy - \lambda(x + 2y - 20).$$

Derivando L em relação às três variáveis x, y e λ, temos

$$\frac{\partial L}{\partial x} = y - \lambda, \qquad \frac{\partial L}{\partial y} = x - 2\lambda \quad \text{e} \quad \frac{\partial L}{\partial \lambda} = -x - 2y + 20.$$

Igualando essas derivadas a zero, obtemos o sistema de equações

$$\begin{cases} y - \lambda = 0 \\ x - 2\lambda = 0 \\ x + 2y - 20 = 0. \end{cases}$$

Resolvendo esse sistema, encontramos

$$x = 10, \; y = 5 \; \text{e} \; \lambda = 5.$$

O multiplicador de Lagrange λ desempenha um papel auxiliar, não sendo de interesse na solução final do problema.

As dimensões do galpão que fornecem um valor extremo para a sua área são $x = 10$ e $y = 5$. Com essas dimensões, a área do galpão será

$$A = 10 \cdot 5 = 50 \; \text{m}^2.$$

Embora o método não possibilite verificar se esse valor é um valor máximo ou mínimo, por meio de uma simples inspeção geométrica da Figura 5.23 vemos que, de fato, as dimensões encontradas fornecem a área máxima do galpão.

Exemplo 2: Determinar o ponto da curva $y^2 = 4x$, no $1^{\underline{o}}$ quadrante, cuja distância até o ponto $Q(4, 0)$ seja mínima.

Solução: Nesse exemplo, queremos minimizar a função

$$f(x, y) = \sqrt{(x - 4)^2 + (y - 0)^2}$$

que nos dá a distância de um ponto $P(x, y)$ até $Q(4, 0)$, sujeita à restrição $y^2 = 4x$.

Para simplificar os cálculos, podemos minimizar o quadrado da distância. Temos o seguinte problema:

$$\min g(x, y) = (x - 4)^2 + y^2$$
$$s.a \qquad y^2 - 4x = 0.$$

A função lagrangeana é dada por

$$L(x, y, \lambda) = (x - 4)^2 + y^2 - \lambda(y^2 - 4x).$$

Derivando L em relação às variáveis x, y e λ, temos

$$\frac{\partial L}{\partial x} = 2(x - 4) + 4\lambda, \qquad \frac{\partial L}{\partial y} = 2y - 2y\lambda \quad \text{e} \quad \frac{\partial L}{\partial \lambda} = -y^2 + 4x.$$

Igualando as derivadas parciais a zero, obtemos o sistema

$$\begin{cases} x + 2\lambda = 4 \\ y(1 - \lambda) = 0 \\ -y^2 + 4x = 0. \end{cases}$$

Isolando λ na primeira equação e substituindo na segunda, vem

$$y(x - 2) = 0,$$

de onde concluímos que

$$y = 0 \quad \text{ou} \quad x = 2.$$

Se $y = 0$, a terceira equação nos dá $x = 0$, e da primeira resulta que $\lambda = 2$.

Se $x = 2$, a terceira equação nos dá $y = 2\sqrt{2}$, e a primeira nos dá $\lambda = 1$.

Assim, os pontos $(0, 0, 2)$ e $(2, 2\sqrt{2}, 1)$ são pontos críticos de L e, portanto, os candidatos a extremantes condicionados de $g(x, y) = (x - 4)^2 + y^2$ são $(0, 0)$ e $(2, 2\sqrt{2})$.

Como $g(0, 0) = 16$ e $g(2, 2\sqrt{2}) = 12$, concluímos, auxiliados pela visualização geométrica da Figura 5.24, que o ponto $(2, 2\sqrt{2})$ é a solução do problema.

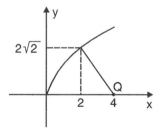

Figura 5.24

5.9.4 Problemas envolvendo funções de três variáveis e uma restrição

Nesse caso, podemos visualizar o método fazendo um esboço do gráfico de $g(x, y, z) = 0$ e de diversas superfícies de nível $f(x, y, z) = k$ da função objetivo, observando os valores crescentes de k.

Como podemos ver na Figura 5.25, no ponto extremante P_0, os vetores $grad\, f$ e $grad\, g$ são paralelos. Portanto, nesse ponto, devemos ter

$$\nabla f = \lambda \nabla g, \text{ para algum número real } \lambda.$$

O método dos multiplicadores de Lagrange para determinar os potenciais pontos extremantes de $W = f(x, y, z)$ sobre $g(x, y, z) = 0$ consiste em definir a função lagrangeana

$$L(x, y, z, \lambda) = f(x, y, z) - \lambda\, g(x, y, z)$$

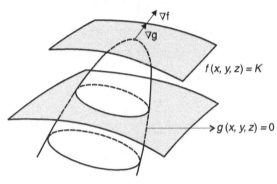

Figura 5.25

e determinar os pontos (x, y, z) tais que

$$\nabla L = 0$$

ou, de forma equivalente,

$$\frac{\partial L}{\partial x} = 0,\ \frac{\partial L}{\partial y} = 0,\ \frac{\partial L}{\partial z} = 0,\ g(x, y, z) = 0.$$

As hipóteses necessárias para a validade do método são análogas às da proposição 5.9.2.

5.9.5 Exemplos

Exemplo 1: Determinar o ponto do plano

$$2x + y + 3z = 6$$

mais próximo da origem.

Solução: Nesse caso, queremos minimizar a distância

$$\sqrt{x^2 + y^2 + z^2},$$

dos pontos do plano $2x + y + 3z = 6$ até a origem.

Como no Exemplo 2 da Subseção 5.9.3, vamos minimizar o quadrado da distância. Temos o seguinte problema de otimização:

$$\min\ (x^2 + y^2 + z^2)$$
$$s.a\ \ 2x + y + 3z = 6$$

Para esse problema, a função lagrangeana é dada por

$$L = x^2 + y^2 + z^2 - \lambda(2x + y + 3z - 6).$$

Derivando L em relação às variáveis x, y, z e λ e igualando essas derivadas a zero, obtemos o sistema

$$\begin{cases} 2x - 2\lambda = 0 \\ 2y - \lambda = 0 \\ 2z - 3\lambda = 0 \\ 2x + y + 3z - 6 = 0 \end{cases}$$

cuja solução é

$$x = \frac{6}{7}, \quad y = \frac{3}{7}, \quad z = \frac{9}{7}, \quad \lambda = \frac{6}{7}.$$

Geometricamente, é claro que o ponto $P\left(\frac{6}{7}, \frac{3}{7}, \frac{9}{7}\right)$ é um ponto de mínimo, como podemos visualizar na Figura 5.26.

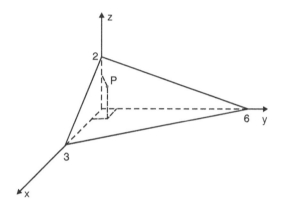

Figura 5.26

Exemplo 2: Um fabricante de embalagens deve fabricar um lote de caixas retangulares de volume $V = 64$ cm³. Se o custo do material usado na fabricação da caixa é de R$ 0,50 por centímetro quadrado, determinar as dimensões da caixa que tornem mínimo o custo do material usado em sua fabricação.

Solução: Sejam x, y e z as dimensões da caixa, conforme a Figura 5.27.

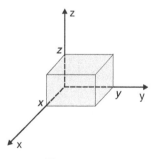

Figura 5.27

O volume da caixa é dado por

$$V = xyz$$

e sua área da superfície é

$$A = 2xy + 2xz + 2yz.$$

O custo do material usado para a fabricação da caixa é dado por

$$C(x, y, z) = 0{,}5\,[2xy + 2xz + 2yz]$$
$$= xy + xz + yz.$$

Estamos, assim, diante do seguinte problema de otimização:

$$\min C(x, y, z) = xy + xz + yz$$
$$\text{s.a} \quad xyz = 64.$$

A função lagrangeana, para esse problema, é dada por

$$L(x, y, z, \lambda) = xy + xz + yz - \lambda\,(xyz - 64).$$

Derivando L em relação às variáveis x, y, z e λ e igualando a zero as derivadas, obtemos o sistema

$$\begin{cases} y + z - \lambda yz = 0 \\ x + z - \lambda xz = 0 \\ x + y - \lambda xy = 0 \\ -xyz + 64 = 0 \end{cases} \quad \text{ou} \quad \begin{cases} y + z = \lambda yz \\ x + z = \lambda xz \\ x + y = \lambda xy \\ xyz = 64. \end{cases}$$

Da última equação, segue que $x \neq 0$, $y \neq 0$ e $z \neq 0$.

Das três primeiras equações, concluímos que $\lambda \neq 0$, pois em caso contrário teríamos $x = 0$, $y = 0$, $z = 0$. Sabendo que $\lambda \neq 0$ e isolando λ nas duas primeiras equações, obtemos as seguintes equações equivalentes

$$\frac{x + z}{xz} = \frac{y + z}{yz}$$
$$(x + z)yz = (y + z)xz$$
$$xyz + yz^2 = xyz + xz^2$$
$$yz^2 = xz^2$$
$$y = x.$$

Da mesma forma, trabalhando com a segunda e a terceira equação, temos que $y = z$.

Substituindo esses resultados na última equação, obtemos

$$x = y = z = \sqrt[3]{64} = 4.$$

Portanto, o único candidato a extremante condicionado da função custo $C(x, y, z)$ é o ponto $(4, 4, 4)$. O custo de material correspondente é

$$C(4, 4, 4) = 48 \text{ reais}.$$

5.9.6 Problemas envolvendo funções de três variáveis e duas restrições

Consideremos o seguinte problema de otimização

$$\max f(x, y, z)$$
$$\text{s.a} \quad g(x, y, z) = 0$$
$$h(x, y, z) = 0.$$

Para visualizarmos o método, nesse caso, vamos supor que a intersecção das superfícies $g(x, y, z) = 0$ e $h(x, y, z) = 0$ seja uma curva C. Queremos determinar, então, um ponto de máximo, P_0, de f sobre C. Como nos casos anteriores, traçamos diversas superfícies de nível $f(x, y, z) = k$ de f, observando os valores crescentes de k.

Observando a Figura 5.28, vemos que, no ponto P_0, a curva C tangencia a superfície de nível $f(x, y, z) = k$ de f. Assim, $\nabla f(P_0)$ deve ser normal à curva C.

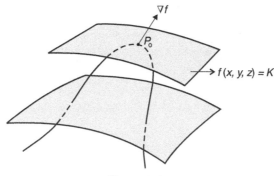

Figura 5.28

Temos também que $\nabla g(P_0)$ e $\nabla h(P_0)$ são normais à curva C. Portanto, no ponto P_0, os três vetores ∇f, ∇g e ∇h são coplanares e, então, existem números reais λ e μ tais que

$$\nabla f = \lambda \nabla g + \mu \nabla h.$$

Observamos que, nessa argumentação geométrica, estamos supondo que os vetores ∇g e ∇h são linearmente independentes.

Temos a seguinte proposição.

5.9.7 Proposição

Seja $A \subset \mathbb{R}^3$ um conjunto aberto. Suponhamos que $f(x, y, z)$ é diferenciável em A e que $g(x, y, z)$ e $h(x, y, z)$ têm derivadas parciais de 1ª ordem contínuas em A. Seja $B = \{(x, y, z) \in A \mid g(x, y, z) = 0 \text{ e } h(x, y, z) = 0\}$. Suponhamos, também, que ∇g e ∇h são linearmente independentes em B. Se P_0 é um ponto extremante local de f em B, então existem números reais λ e μ tais que

$$\nabla f(P_0) = \lambda \nabla g(P_0) + \mu \nabla h(P_0).$$

Com base nessa proposição, podemos dizer que os candidatos a extremantes condicionados de f devem satisfazer a equação

$$\nabla L = 0,$$

onde a função lagrangeana L, nesse caso, é uma função de cinco variáveis, dada por

$$L(x, y, z, \lambda, \mu) = f(x, y, z) - \lambda g(x, y, z) - \mu h(x, y, z).$$

5.9.8 Exemplo

Determinar o ponto da reta de intersecção dos planos $x + y + z = 2$ e $x + 3y + 2z = 12$ que esteja mais próximo da origem.

Solução: Como no Exemplo 2 da Subseção 5.9.3 e no Exemplo 1 da Subseção 5.9.5, vamos minimizar o quadrado da distância. Temos o seguinte problema de otimização

$$\min f(x, y, z) = x^2 + y^2 + z^2$$
$$\text{s.a } x + y + z = 2$$
$$x + 3y + 2z = 12.$$

A função lagrangeana L é dada por

$$L(x, y, z, \lambda, \mu) = x^2 + y^2 + z^2 - \lambda(x + y + z - 2) - \mu(x + 3y + 2z - 12).$$

Derivando L em relação às variáveis x, y, z, λ e μ, vem

$$\frac{\partial L}{\partial x} = 2x - \lambda - \mu$$

$$\frac{\partial L}{\partial y} = 2y - \lambda - 3\mu$$

$$\frac{\partial L}{\partial z} = 2z - \lambda - 2\mu$$

$$\frac{\partial L}{\partial \lambda} = -(x + y + z - 2)$$

$$\frac{\partial L}{\partial \mu} = -(x + 3y + 2z - 12).$$

Assim, a equação $\nabla L = 0$ nos dá o sistema de equações lineares

$$\begin{cases} 2x - \lambda - \mu = 0 \\ 2y - \lambda - 3\mu = 0 \\ 2z - \lambda - 2\mu = 0 \\ x + y + z = 2 \\ x + 3y + 2z = 12. \end{cases}$$

Resolvendo esse sistema, obtemos

$$x = -\frac{10}{3}, \quad y = \frac{14}{3}, \quad z = \frac{2}{3}, \quad \lambda = -\frac{44}{3}, \quad \mu = 8.$$

Portanto, o ponto $\left(-\frac{10}{3}, \frac{14}{3}, \frac{2}{3}\right)$ é o único candidato a extremante condicionado de f. Geometricamente, é fácil constatar que esse ponto constitui a solução do problema.

5.10 Exercícios

1. Encontrar, se existirem, os pontos de máximo e de mínimos globais das funções:

   a) $z = 4 - x^2 - y^2$
   b) $z = x^2 + y^2 - 5$
   c) $z = x + y + 4$
   d) $z = \sqrt{2x^2 + y^2}$
   e) $z = \operatorname{sen} x + \cos y$
   f) $f(x, y) = x^4 + y^4$
   g) $z = \sqrt{-x^2 + 2x - y^2 + 2y - 1}$.

2. Verificar se o ponto $(0, 0)$ é ponto crítico das funções:

   a) $z = 2x^2 + 2y^2$
   b) $z = \sqrt{4 - x^2 - y^2}$
   c) $f(x, y) = \begin{cases} \dfrac{3x^2}{4x^2 + 2y^2}, & (x, y) \neq (0, 0) \\ 0, & (x, y) = (0, 0). \end{cases}$

Nos exercícios 3 a 16, determinar os pontos críticos das funções dadas.

3. $z = x^4 - 2x^2 + y^2 - 9$.

4. $z = \sqrt{x^2 + y^2}$.

5. $z = 2x^4 - 2y^4 - x^2 + y^2 + 1$.

6. $f(x, y) = \cos^2 x + y^2$.

7. $f(x, y) = \cos x$.

8. $z = 2y^3 - 3x^4 - 6x^2 y + 5$.

9. $z = (x - 2)^2 + y^2$.

10. $z = e^{x-y}(y^2 - 2x^2)$.

11. $z = xe^{-x^2-y^2}$.

12. $z = y^3 - 3x^2y + 3y$.

13. $z = \cos(2x + y)$.

14. $z = y^4 + \dfrac{1}{2}x^2 - \dfrac{1}{2}y^2 - x$.

15. $z = x^2 + y^2 + 8x - 6y + 12$.

16. $f(x, y) = \dfrac{1}{y} - \dfrac{64}{x} + xy$.

Nos exercícios 17 a 34, determinar os pontos críticos das funções dadas, classificando-os, quando possível.

17. $z = 10 - x^2 - y^2$.

18. $z = 2x^2 + y^2 - 5$.

19. $z = 4 - 2x^2 - 3y^2$.

20. $z = x^2 + y^2 - 6x - 2y + 7$.

21. $z = y + x \operatorname{sen} y$.

22. $z = x \operatorname{sen} 2y$.

23. $z = e^{(x^2 + y^2)}$.

24. $z = 4xy$.

25. $z = 8x^3 + 2xy - 3x^2 + y^2 + 1$.

26. $f(x, y) = x^3 + 3xy^2 - 15x - 12y$.

27. $z = 4x^2 + 3xy + y^2 + 12x + 2y + 1$.

28. $z = x^4 + \dfrac{1}{4}y^5 + x + \dfrac{1}{3}y^3 + 15$.

29. $z = x^2 + y^2 - 2x - 8y + 7$.

30. $z = 4xy - x^4 - 2y^2$.

31. $z = \dfrac{x}{x^2 + y^2 + 4}$.

32. $z = y \cos x$.

33. $z = \dfrac{1}{3}y^3 + 4xy - 9y - x^2$.

34. $z = \dfrac{y}{x + y}$.

Nos exercícios 35 a 43, determinar os valores máximo e mínimo da função dada, na região indicada.

35. $f(x, y) = x + 2y$; no retângulo de vértices $(1, -2)$, $(1, 2)$, $(-1, 2)$ e $(-1, -2)$.

36. $f(x, y) = \sqrt{x^2 + y^2 + 1}$; no círculo $x^2 + y^2 \leq 1$.

37. $z = x^2 + y^2 - 2x - 2y$; no triângulo de vértices $(0, 0)$, $(3, 0)$ e $(0, 3)$.

38. $z = \operatorname{sen} x + \operatorname{sen} y + \operatorname{sen}(x + y)$; $0 \leq x \leq \pi$ e $0 \leq y \leq \pi$.

39. $z = xy$; no círculo $x^2 + y^2 \leq 1$.

40. $z = xy$; $-2 \leq x \leq 2$, $-2 \leq y \leq 2$.

41. $f(x, y) = 2 + x + 3y$; $x \geq 0$, $y \geq 0$ e $x + y \leq 1$.

42. $z = x^3 + y^3 - 3xy$; $0 \leq x \leq 3$ e $-1 \leq y \leq 3$.

43. $z = y^3 - x^3 - 3xy$; $-1 \leq x \leq 1$ e $-2 \leq y \leq 2$.

44. Dada a função $z = ax^2 + by^2 + c$, analisar os pontos críticos, considerando que:
    a) $a > 0$ e $b > 0$
    b) $a < 0$ e $b < 0$
    c) a e b têm sinais diferentes.

45. Um disco tem a forma do círculo $x^2 + y^2 \leq 1$. Supondo que a temperatura nos pontos do disco é dada por $T(x, y) = x^2 - x + 2y^2$, determinar os pontos mais quentes e mais frios do disco.

46. A distribuição de temperatura na chapa circular $x^2 + y^2 \leq 1$ é
$$T(x, y) = x^2 + y^2 - 2x + 5y - 10.$$
Encontrar as temperaturas máxima e mínima da chapa.

47. Encontrar as dimensões de uma caixa com base retangular, sem tampa, de volume máximo, com área lateral igual a 5 cm².

48. Entre todos os triângulos de perímetro igual a 10 cm, encontrar o que tem maior área.

49. Encontrar o ponto da esfera $x^2 + y^2 + z^2 = 4$ mais próximo do ponto $(3, 3, 3)$.

50. Em uma empresa que produz dois diferentes produtos, temos as funções de demanda
$$Q_1 = 40 - 2P_1 - P_2$$
$$Q_2 = 35 - P_1 - P_2$$

onde Q_i, $i = 1, 2$, representa o nível de produção do i-ésimo produto por unidade de tempo e P_i, $i = 1, 2$, os respectivos preços. A função custo é dada por

$$C = Q_1^2 + Q_2^2 + 10$$

e a função receita é dada por

$$R = P_1Q_1 + P_2Q_2.$$

a) Sabendo que lucro = receita − custo, encontrar a função lucro.

b) Encontrar os níveis de produção que maximizam o lucro.

c) Qual é o lucro máximo?

51. Determinar o ponto $P(x, y, z)$ do plano $x + 3y + 2z = 6$, cuja distância à origem seja mínima.

52. Determinar três números positivos cujo produto seja 100 e cuja soma seja mínima.

53. Uma firma de embalagem necessita fabricar caixas retangulares de 64 cm³ de volume. Se o material da parte lateral custa a metade do material a ser usado para a tampa e para o fundo da caixa, determinar as dimensões da caixa que minimizam o custo.

54. Determine, pelo método dos mínimos quadrados, a reta que melhor se ajusta aos dados:

a) $(1, 2)$; $(0, 0)$ e $(2, 3)$.

b) $(0, 1)$; $(1, 2)$; $(2, 3)$ e $(2, 4)$.

55. Determinar as dimensões do paralelepípedo de maior volume que pode ser inscrito no tetraedro formado pelos planos coordenados e pelo plano

$$x + \frac{1}{3}y + \frac{1}{2}z = 1.$$

56. Precisa-se construir um tanque com a forma de um paralelepípedo para estocar 270 m³ de combustível, gastando a menor quantidade de material em sua construção. Supondo que todas as paredes serão feitas com o mesmo material e terão a mesma espessura, determinar as dimensões do tanque.

Nos exercícios 57 a 61, determinar os pontos de máximo e/ou mínimo da função dada, sujeita às restrições indicadas:

57. $z = 4 - 2x - 3y$; $x^2 + y^2 = 1$.

58. $z = 2x + y$; $x^2 + y^2 = 4$.

59. $z = x^2 + y^2$; $x + y = 1$.

60. $z = xy$; $2x^2 + y^2 = 16$.

61. $f(x, y, z) = x^2 + y^2 + z^2$; $x + y + z = 9$.

62. Determinar o ponto do plano $3x + 2y + 4z = 12$ para o qual a função

$$f(x, y, z) = x^2 + 4y^2 + 5z^2$$

tenha um valor mínimo.

63. A reta t é dada pela intersecção dos planos

$$x + y + z = 1 \text{ e } 2x + 3y + z = 6.$$

Determinar o ponto de t cuja distância até a origem seja mínima.

64. Determinar a distância mínima entre o ponto $(0, 1)$ e a curva $x^2 = 4y$.

65. Encontrar os valores extremos de $z = 2xy$ sujeitos à condição $x + y = 2$.

66. Determinar o ponto do plano $x + y - z = 1$ cuja distância ao ponto $(1, 1, 1)$ seja mínima.

67. Mostrar que o paralelepípedo retângulo de maior volume que pode ser colocado dentro de uma esfera tem a forma de um cubo.

68. Calcular as dimensões de um retângulo de área máxima inscrito em uma semicircunferência de raio 2.

6 Derivada Direcional e Campos Gradientes

Neste capítulo apresentaremos a derivada direcional de uma função escalar e de uma função vetorial. O uso do gradiente é introduzido, facilitando o cálculo da derivada direcional e de suas aplicações.

Também analisaremos combinações especiais das derivadas parciais de uma função vetorial $\vec{f}(x, y, z)$. Surgem, então, o divergente e o rotacional de $\vec{f}(x, y, z)$.

Veremos que campos vetoriais podem ser definidos a partir de campos escalares e vice-versa.

6.1 Campos Escalares e Vetoriais

Dada uma região D do espaço, podemos associar a cada ponto de D uma grandeza escalar ou também uma grandeza vetorial. No mundo físico, fazemos isso freqüentemente. Por exemplo, dado um corpo sólido T, podemos associar a cada um de seus pontos a sua temperatura. Dizemos que um campo escalar está definido em T.

No caso de um fluido em movimento, a cada partícula corresponde um vetor velocidade $\vec{v}$. Nesse exemplo, vemos que um campo vetorial está definido em D.

Veremos a seguir que um campo escalar é definido por uma função escalar, e um campo vetorial, por uma função vetorial.

6.1.1 Definição

Seja D uma região no espaço tridimensional e seja f uma função escalar definida em D. Então, a cada ponto $P \in D$, f associa uma única grandeza escalar $f(P)$. A região D, juntamente com os valores de f em cada um de seus pontos, é chamada campo escalar. Dizemos também que f define um campo escalar sobre D.

6.1.2 Exemplos

Exemplo 1: Se D é um sólido no espaço e ρ a densidade em cada um de seus pontos, ρ define um campo escalar sobre D.

Exemplo 2: Seja D um sólido esférico de raio r cuja temperatura em cada um de seus pontos é proporcional à distância do ponto até o centro da esfera. Usando um sistema de coordenadas cartesianas adequado, descrever a função escalar T que define o campo de temperatura em D.

Solução: Traçamos um sistema de coordenadas cartesianas cuja origem coincide com o centro da esfera (ver Figura 6.1).

A distância de um ponto qualquer $P(x, y, z)$ do sólido esférico até o centro é dada por $d = \sqrt{x^2 + y^2 + z^2}$.

Como a temperatura em $P(x, y, z)$ é proporcional à distância de P até o centro, a função que define o campo de temperatura é dada por $T(x, y, z) = k\sqrt{x^2 + y^2 + z^2}$, onde k é uma constante.

Exemplo 3: Um tanque T tem a forma de um cilindro circular reto de raio 1 m e altura 3 m. O tanque está cheio de uma substância líquida. Cada partícula dessa substância está sujeita a uma pressão que é proporcional à distância da partícula até a superfície livre do líquido. Usando coordenadas cartesianas, definir uma função escalar que descreva o campo de pressão no interior de T.

Solução: A Figura 6.2 mostra o tanque T. O sistema de coordenadas cartesianas foi traçado de tal forma que sua origem coincide com o centro da base do tanque.

A distância de uma partícula qualquer $Q(x, y, z)$ até a superfície livre do líquido é dada por $d = 3 - z$.

Portanto, a função $P(x, y, z) = k(3 - z)$, onde k é uma constante de proporcionalidade, define o campo de pressão no interior de T.

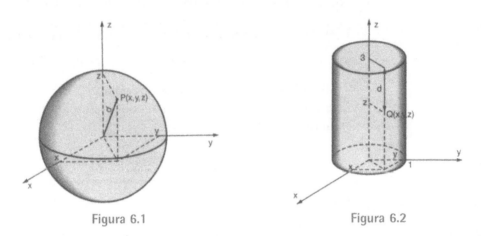

Figura 6.1   Figura 6.2

Exemplo 4: Um campo minado consiste de uma região de combate R, em que previamente são escolhidos pontos aleatórios, nos quais se colocam explosivos. Esse campo pode ser descrito pela função escalar que associa a cada ponto de R em que existe uma mina o valor 1 e aos demais pontos de R, o valor 0.

6.1.3 Definição

Seja D uma região no espaço e seja $\vec{f}$ uma função vetorial definida em D. Então, a cada ponto $P \in D$, $\vec{f}$ associa um único vetor $\vec{f}(P)$. A região D, juntamente com os correspondentes vetores $\vec{f}(P)$, constitui um campo vetorial. Dizemos também que $\vec{f}$ define um campo vetorial sobre D.

6.1.4 Exemplos

Exemplo 1: Seja D a atmosfera terrestre. A cada ponto $P \in D$ associamos o vetor $\vec{v}(P)$ que representa a velocidade do vento em P. Então $\vec{v}$ define um campo vetorial em D, chamado campo de velocidade.

Exemplo 2: $\vec{f}(x, y) = -y\vec{i} + x\vec{j}$ define um campo vetorial sobre $\mathbb{R}^2$.

Exemplo 3: $\vec{f}(x, y, z) = (x, y, -z)$ define um campo vetorial sobre $\mathbb{R}^3$.

Freqüentemente, identifica-se um campo escalar com a função escalar que o define. Da mesma forma, uma função vetorial é identificada com o campo vetorial definido por ela.

6.1.5 Representação geométrica de um campo vetorial

Podemos representar graficamente um campo vetorial $\vec{f}$ definido em uma região D.

Para isso, tomamos alguns pontos $P \in D$ e desenhamos o vetor $\vec{f}(P)$ como uma seta com a origem P (trasladada paralelamente da origem para P). Podemos visualizar o campo vetorial, imaginando a seta apropriada emanando de cada ponto da região D.

6.1.6 Exemplos

Seguem exemplos de campos vetoriais:

Exemplo 1: $\vec{f}(x, y) = x\vec{i}$

$\vec{f}$ define um campo vetorial em $\mathbb{R}^2$. A todos os pontos do eixo y, $\vec{f}$ associa o vetor nulo. Aos pontos que estão sobre a reta $x = 1$, $\vec{f}$ associa o vetor $\vec{i}$. De forma geral, $\vec{f}$ associa a todos os pontos que estão sobre uma reta vertical $x = a$, o vetor $a\vec{i}$. A Figura 6.3 mostra esse campo.

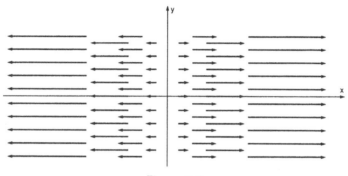

Figura 6.3

Exemplo 2: $\vec{f}(x, y) = x\vec{i} + y\vec{j}$.

A função vetorial $\vec{f}$ associa a cada ponto (x, y) do plano o seu vetor posição $\vec{r} = x\vec{i} + y\vec{j}$. Para representar o campo, traçamos algumas retas que passam pela origem e algumas circunferências com centro na origem. Desenhamos os vetores correspondentes aos pontos de intersecção das circunferências com as retas.

A Figura 6.4 mostra esse campo, que é denominado campo radial.

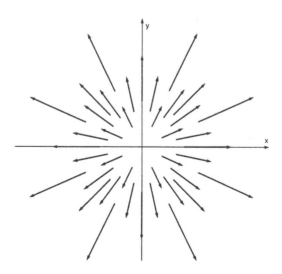

Figura 6.4

Exemplo 3: $\vec{f}(x, y) = \dfrac{-y}{\sqrt{x^2 + y^2}}\vec{i} + \dfrac{x}{\sqrt{x^2 + y^2}}\vec{j}$.

Nesse exemplo podemos observar que, para qualquer ponto (x, y), $\vec{f}(x, y)$ é um vetor unitário. Além disso, se $\vec{r} = x\vec{i} + y\vec{j}$ é o vetor posição do ponto (x, y), o produto escalar

$$\vec{r} \cdot \vec{f}(x, y) = 0.$$

Isso nos diz que o vetor $\vec{f}(x, y)$ é perpendicular ao vetor posição $\vec{r}$, sendo, portanto, tangente à circunferência de centro na origem e raio $|\vec{r}|$.

A Figura 6.5 mostra esse campo, que é chamado de campo tangencial. Fisicamente, ele pode representar um campo de velocidade em um movimento circular.

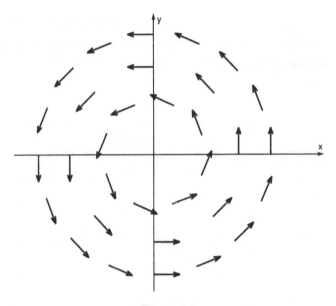

Figura 6.5

Exemplo 4: $\vec{f}(x, y, z) = -k\dfrac{\vec{r}}{|\vec{r}|^3}$, $\vec{r} = x\vec{i} + y\vec{j} + z\vec{k}$ e $k > 0$ constante.

Esse campo é chamado de campo radial de quadrado inverso e ocorre freqüentemente nas aplicações. Em Física, ele é usado para descrever a força de atração gravitacional de uma partícula de massa M, situada na origem, sobre uma outra partícula de massa m localizada no ponto $P(x, y, z)$.

Para ilustrar esse campo, observamos que:

a) $\vec{f}(x, y, z)$ não é definido na origem;

b) $|\vec{f}(x, y, z)| = k\dfrac{|\vec{r}|}{|\vec{r}|^3} = \dfrac{k}{|\vec{r}|^2}$, isto é, o módulo do vetor $\vec{f}(x, y, z)$ é inversamente proporcional ao quadrado da distância do ponto (x, y, z) até a origem;

c) $\vec{f}(x, y, z)$ é um múltiplo escalar negativo do vetor posição $\vec{r}$. Portanto, ele tem a mesma direção de $\vec{r}$ e aponta para a origem.

A Figura 6.6 mostra o campo.

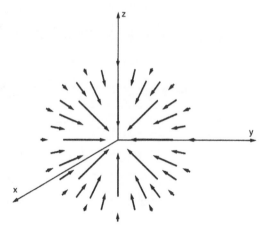

Figura 6.6

Exemplo 5: A Figura 6.7 mostra o esboço de diversos campos vetoriais que ocorrem nas aplicações. Na Figura 6.7a temos um campo de velocidade de um fluido em movimento e na Figura 6.7b temos um campo de força eletrostática, originário de duas cargas de sinais opostos.

A Figura 6.7c nos mostra um campo de velocidade em um volante em movimento circular uniforme. Na Figura 6.7d vemos o campo de velocidade de um redemoinho.

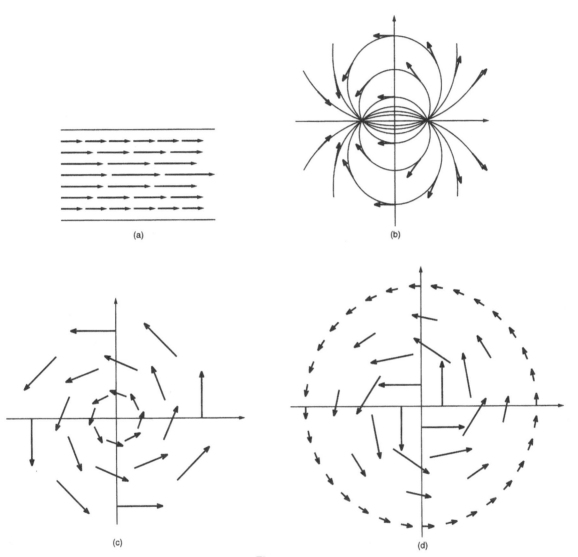

Figura 6.7

6.2 Exercícios

Nos exercícios 1 a 7, representar graficamente os seguintes campos vetoriais:

1. $\vec{f}(x, y) = -x\vec{i} - y\vec{j}$.
2. $\vec{f}(x, y, z) = x\vec{i} + y\vec{j} + z\vec{k}$.
3. $\vec{f}(x, y) = -y\vec{i} + x\vec{j}$.
4. $\vec{f}(x, y) = 2\vec{i}$.
5. $\vec{f}(x, y) = 2\vec{i} + \vec{j}$.
6. $\vec{f}(x, y, z) = \dfrac{x\vec{i} + y\vec{j} + z\vec{k}}{\sqrt{x^2 + y^2 + z^2}}$.
7. $\vec{f}(x, y) = \left(x, \dfrac{y}{2}\right)$.

8. Suponha que a temperatura em um ponto (x, y, z) do espaço é dada por $x^2 + y^2 + z^2$. Uma partícula P se move de modo que no tempo t a sua posição é dada por (t, t^2, t^3).

   a) Identificar a função escalar que nos dá a temperatura em um ponto qualquer do espaço.

   b) Identificar a função vetorial que descreverá o movimento da partícula P.

   c) Determinar a temperatura no ponto ocupado pela partícula em $t = \dfrac{1}{2}$.

9. O campo vetorial $\vec{f} = \dfrac{-y}{x^2 + y^2}\vec{i} + \dfrac{x}{x^2 + y^2}\vec{j}$ aproxima o campo de velocidade da água, que ocorre quando se puxa um tampão em uma canalização. Representar graficamente esse campo.

10. Seja D um sólido esférico de raio r. A temperatura em cada um de seus pontos é proporcional à distância do ponto até a superfície da esfera.

    a) Usando coordenadas cartesianas, determinar a função que define o campo de temperatura.

    b) Determinar as superfícies isotermas do campo de temperatura em D, isto é, determinar as superfícies em que a temperatura é constante.

11. As funções a seguir definem campos vetoriais sobre $\mathbb{R}^2$. Determinar e fazer os gráficos das curvas em que $|\vec{f}|$ é constante.

    a) $\vec{f} = x\vec{i} + y\vec{j}$

    b) $\vec{f} = x\vec{i} + 4y\vec{j}$

    c) $\vec{f} = 2\vec{i} + x\vec{j}$

    d) $\vec{f} = (x - 2)\vec{i} + (y - 4)\vec{j}$.

12. Um tanque tem a forma de um paralelepípedo retângulo cuja base tem dimensões 1 m e 2 m e cuja altura é 1,5 m. O tanque está cheio de uma substância com densidade variável. Em cada ponto, a densidade é proporcional à distância do ponto até a superfície superior do tanque.

    a) Determinar a função que define o campo de densidade.

    b) Determinar as superfícies em que a densidade é constante.

13. A temperatura nos pontos de um sólido esférico é dada pelo quadrado da distância do ponto até o centro da esfera. Usando coordenadas cartesianas, determinar o campo de temperatura.

14. Um campo minado tem a forma de um retângulo de lados a e b. O campo foi dividido em pequenos retângulos de lados a/m e b/n, m e n inteiros positivos. Os explosivos foram colocados nos vértices desses retângulos. Usando coordenadas cartesianas, descrever analiticamente esse campo.

15. As funções a seguir definem campos vetoriais em $\mathbb{R}^2$. Determinar e fazer os gráficos das curvas em que $\vec{f}$ tem direção constante.

    a) $\vec{f} = x\vec{i} + 2y\vec{j}$

    b) $\vec{f} = x^2\vec{i} + y\vec{j}$

    c) $\vec{f} = x\vec{i} + \vec{j}$

    d) $\vec{f} = x\vec{i} + y^2\vec{j}$.

16. O campo $\vec{f}(x, y) = y\vec{i} - x\vec{j}$ representa a velocidade de um volante em rotação rígida em torno do eixo z. Descrever graficamente o campo. Qual o sentido do movimento de rotação?

17. Um furacão se desloca na superfície terrestre, atingindo uma faixa retilínea de 20 km de largura. Na zona central da faixa (2 km de largura) a velocidade do vento é de 200 km/h. Nos demais pontos é dada por $\vec{v} = 200 - 14x$, onde x é a distância do ponto até o centro da faixa. Esboçar o campo.

18. Seja P_0 um ponto fixo no espaço e seja $d(P, P_0)$ a distância de um ponto qualquer P até P_0. Se P_0 tem coordenadas cartesianas (x_0, y_0, z_0) e $P = P(x, y, z)$, descrever analiticamente esse campo.

19. Uma cidade x está localizada a 1.100 m acima do nível do mar. O plano diretor da cidade prevê a construção de edifícios, desde que eles não ultrapassem a cota de 1.140 m. O relevo da cidade é bastante irregular, tendo partes altas e baixas. Definimos um campo escalar em x, associando a cada ponto P a altura máxima que poderá ter um edifício ali localizado. Descrever analiticamente esse campo.

20. a) Escrever uma função vetorial em duas dimensões que defina um campo radial, cuja intensidade é igual a 1.

    b) Escrever uma função vetorial em três dimensões que defina um campo radial, cuja intensidade é igual a 1.

    c) Escrever uma função vetorial em duas dimensões que defina um campo vetorial tangencial, cuja intensidade em cada ponto (x, y) é igual a distância desse ponto até a origem.

6.3 Derivada Direcional de um Campo Escalar

Vejamos os seguintes problemas:

Problema 1: Suponha que um pássaro esteja pousado em um ponto A de uma chapa R cuja temperatura T é função dos pontos dela. Se o pássaro se deslocar em uma determinada direção, ele vai 'sentir' aumento ou diminuição de temperatura? (Ver Figura 6.8.)

Problema 2: Suponha que, em outra situação, podemos conhecer a temperatura do ar nos pontos do espaço por meio de uma função $T(x, y, z)$. Um pássaro localizado em um ponto P deseja resfriar-se o mais rápido possível. Em que direção e sentido ele deve voar?

Essas e outras situações podem ser resolvidas tendo o conhecimento da derivada direcional.

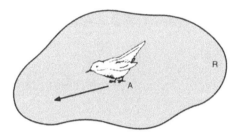

Figura 6.8

6.3.1 Definição

Consideremos um campo escalar $f(x, y, z)$. Escolhemos um ponto P no espaço e uma direção em P, dada por um vetor unitário $\vec{b}$. Seja C uma semi-reta cuja origem é P e possui a direção de $\vec{b}$ e seja Q um ponto sobre C cuja distância de P é s (ver Figura 6.9). Se existir o limite

$$\frac{\partial f}{\partial s}(P) = \lim_{s \to 0} \frac{f(Q) - f(P)}{s},$$

ele é chamado derivada direcional de f em P, na direção de $\vec{b}$.

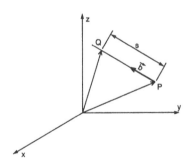

Figura 6.9

Observamos que:

1) O quociente $\dfrac{f(Q) - f(P)}{s}$ é a taxa média de variação do campo escalar f, por unidade de comprimento na direção escolhida. Assim, $\dfrac{\partial f}{\partial s}(P)$ é a taxa de variação da função f, na direção de $\vec{b}$, no ponto P.

Voltando ao Problema 1, podemos dizer que a resposta para a pergunta proposta será encontrada mediante a análise da taxa de variação da temperatura em relação à distância, no ponto A, quando o pássaro se move na direção dada. Logo, devemos encontrar a derivada direcional da função temperatura.

2) Existe um número infinito de derivadas direcionais de f em P.

3) As derivadas parciais de f, $\dfrac{\partial f}{\partial x}$, $\dfrac{\partial f}{\partial y}$ e $\dfrac{\partial f}{\partial z}$ em P, são as derivadas direcionais de f nas direções de $\vec{i}$, $\vec{j}$ e $\vec{k}$, respectivamente.

6.3.2 Exemplos

Exemplo 1: Calcular a derivada direcional do campo escalar $f(x, y) = x^2 + y^2$, em $P(2, 1)$, na direção de $\vec{v} = -\vec{i} + 2\vec{j}$.

O vetor unitário na direção de $\vec{v}$ é

$$\vec{b} = \frac{\vec{v}}{|\vec{v}|} = \frac{(-1, 2)}{\sqrt{1+4}} = \left(\frac{-1}{\sqrt{5}}, \frac{2}{\sqrt{5}}\right) \text{ (ver Figura 6.10).}$$

Do triângulo retângulo MNP temos que $\overline{PM} = 1$, $\overline{PN} = \dfrac{1}{\sqrt{5}}$ e $\overline{MN} = \dfrac{2}{\sqrt{5}}$. O triângulo QRP é semelhante ao triângulo MNP. Portanto, $\overline{PR} = \dfrac{s}{\sqrt{5}}$ e $\overline{QR} = \dfrac{2s}{\sqrt{5}}$, onde $s = \overline{PQ}$.

As coordenadas do ponto Q são $\left(2 - \dfrac{s}{\sqrt{5}}, 1 + \dfrac{2s}{\sqrt{5}}\right)$.

Aplicamos agora a definição 6.3.1. Temos

$$\frac{\partial f}{\partial s}(P) = \lim_{s \to 0} \frac{f(Q) - f(P)}{s} = \lim_{s \to 0} \frac{f\left(2 - \dfrac{s}{\sqrt{5}}, 1 + \dfrac{2s}{\sqrt{5}}\right) - f(2, 1)}{s}$$

$$= \lim_{s \to 0} \frac{\left(2 - \dfrac{s}{\sqrt{5}}\right)^2 + \left(1 + \dfrac{2s}{\sqrt{5}}\right)^2 - (2^2 + 1^2)}{s} = \lim_{s \to 0} \frac{s^2}{s} = \lim_{s \to 0} s = 0.$$

Exemplo 2: Determinar a derivada direcional do campo escalar $f(x, y, z) = x^2 + y^2 - 2z^2$, em $P(1, 2, 2)$, na direção do vetor $\vec{a} = \vec{i} + 2\vec{j} + 2\vec{k}$.

Nesse exemplo, ilustramos um procedimento alternativo para encontrar a derivada direcional, utilizando uma parametrização de C pelo comprimento de arco.

A Figura 6.11 mostra o ponto P e a semi-reta C, com origem em P, na direção de $\vec{a}$.

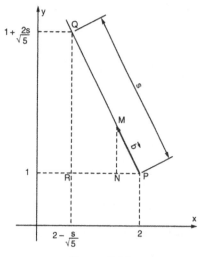

Figura 6.10

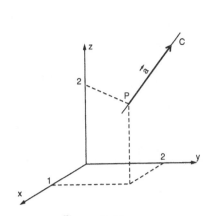

Figura 6.11

Uma parametrização de C é dada por $\vec{r}(t) = (1 + t, 2 + 2t, 2 + 2t), t \geq 0$.
Reparametrizando C pelo comprimento de arco a partir de P, obtemos

$$\vec{h}(s) = \left(1 + \frac{s}{3}, 2 + \frac{2s}{3}, 2 + \frac{2s}{3}\right), s \geq 0.$$

Como o ponto Q é um ponto de C, suas coordenadas são $\left(1 + \frac{s}{3}, 2 + \frac{2s}{3}, 2 + \frac{2s}{3}\right)$.
Portanto, aplicando a definição 6.3.1, vem

$$\frac{\partial f}{\partial s}(P) = \lim_{s \to 0} \frac{f(Q) - f(P)}{s} = \lim_{s \to 0} \frac{\left(1 + \frac{s}{3}\right)^2 + \left(2 + \frac{2s}{3}\right)^2 - 2\left(2 + \frac{2s}{3}\right)^2 - (1 + 4 - 8)}{s}$$

$$= \lim_{s \to 0} \frac{-2s - \frac{s^2}{3}}{s} = -2.$$

Exemplo 3: Supor que a derivada parcial de $f(x, y)$ em relação a x em um ponto P existe. Verificar que essa derivada é igual à derivada direcional de $f(x, y)$ em P, na direção $\vec{b} = \vec{i}$.

A Figura 6.12 nos auxilia nessa verificação.

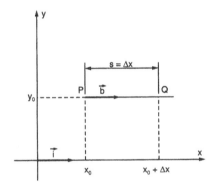

Figura 6.12

Temos $\dfrac{\partial f}{\partial s}(P) = \lim_{s \to 0} \dfrac{f(Q) - f(P)}{s} = \lim_{\Delta x \to 0^+} \dfrac{f(x_0 + \Delta x, y_0) - f(x_0, y_0)}{\Delta x} = \dfrac{\partial f}{\partial x}(P)$.

O cálculo de $\dfrac{\partial f}{\partial s}(P)$, usando a definição 6.3.1, é bastante trabalhoso. Podemos facilitá-lo, usando as derivadas parciais de 1ª ordem de f em P. Para isso, vamos utilizar o gradiente de f em um ponto P.

6.4 Gradiente de um Campo Escalar

Seja $f(x, y, z)$ um campo escalar definido em um certo domínio. Se existem as derivadas parciais de 1ª ordem de f nesse domínio, elas formam as componentes do vetor gradiente de f.

6.4.1 Definição

O gradiente da função escalar $f(x, y, z)$, denotado por grad f, é um vetor definido como

$$\operatorname{grad} f = \frac{\partial f}{\partial x}\vec{i} + \frac{\partial f}{\partial y}\vec{j} + \frac{\partial f}{\partial z}\vec{k}.$$

6.4.2 Exemplos

Exemplo 1: Encontrar o gradiente dos campos escalares:

a) $f(x, y, z) = 2(x^2 + y^2) - z^2$;
b) $g(x, y) = x + e^y$.

Usando a definição 6.4.1, temos

a) $\text{grad } f = 4x\vec{i} + 4y\vec{j} - 2z\vec{k}$;
b) $\text{grad } g = \vec{i} + e^y\vec{j}$.

Exemplo 2: O gradiente de um campo escalar $f(x, y, z)$ define um campo vetorial denominado campo gradiente. Esboçar o gráfico do campo gradiente gerado pela função

$$f(x, y, z) = \frac{1}{2}(x^2 + y^2 + z^2).$$

Temos que

$$\text{grad } f = x\vec{i} + y\vec{j} + z\vec{k}.$$

O gráfico desse campo pode ser visto na Figura 6.13.

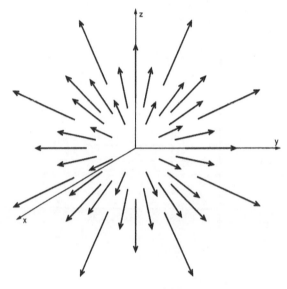

Figura 6.13

Exemplo 3: Calcular o gradiente de $f(x, y) = 2x^2 + y^2$, em $P(2, -1)$.

Temos $\text{grad } f = 4x\vec{i} + 2y\vec{j}$; $\text{grad } f(2, -1) = 8\vec{i} - 2\vec{j}$.

Exemplo 4: Em uma esfera metálica de raio 3 cm, a temperatura $T(x, y, z)$ em cada ponto é proporcional à distância do ponto até a superfície da esfera, sendo 1 o coeficiente de proporcionalidade. Representar geometricamente o campo gradiente gerado por $T(x, y, z)$.

A Figura 6.14a mostra a esfera metálica de raio 3 cm, centrada na origem.

A temperatura é dada por

$$T(x, y, z) = 3 - \sqrt{x^2 + y^2 + z^2}.$$

Portanto, $\text{grad } T = \left(\dfrac{-x}{\sqrt{x^2 + y^2 + z^2}}, \dfrac{-y}{\sqrt{x^2 + y^2 + z^2}}, \dfrac{-z}{\sqrt{x^2 + y^2 + z^2}} \right).$

O campo gradiente está representado na Figura 6.14b.

É comum denotarmos o grad f como ∇f, onde ∇ (lê-se nabla ou del) representa o operador diferencial

$$\nabla = \frac{\partial}{\partial x}\vec{i} + \frac{\partial}{\partial y}\vec{j} + \frac{\partial}{\partial z}\vec{k}.$$

Temos

$$\operatorname{grad} f = \nabla f = \left(\frac{\partial}{\partial x}\vec{i} + \frac{\partial}{\partial y}\vec{j} + \frac{\partial}{\partial z}\vec{k}\right)f = \frac{\partial f}{\partial x}\vec{i} + \frac{\partial f}{\partial y}\vec{j} + \frac{\partial f}{\partial z}\vec{k}.$$

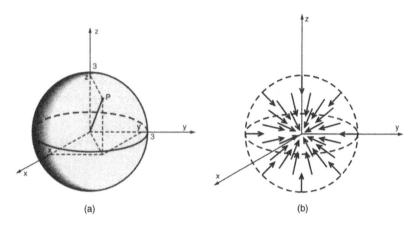

Figura 6.14

6.4.3 Propriedades

Sejam f e g funções escalares tais que existam grad f e grad g e seja c uma constante. Então:
a) grad $(cf) = c$ grad f
b) grad $(f + g) =$ grad $f +$ grad g
c) grad $(fg) = f$ grad $g + g$ grad f
d) grad $(f/g) = \dfrac{g \operatorname{grad} f - f \operatorname{grad} g}{g^2}$

Prova do item (c). Supondo $f = f(x, y, z)$ e $g = g(x, y, z)$, temos

$$\operatorname{grad}(fg) = \frac{\partial}{\partial x}(fg)\vec{i} + \frac{\partial}{\partial y}(fg)\vec{j} + \frac{\partial}{\partial z}(fg)\vec{k}$$

$$= \left(f \cdot \frac{\partial g}{\partial x} + g \cdot \frac{\partial f}{\partial x}\right)\vec{i} + \left(f \cdot \frac{\partial g}{\partial y} + g \cdot \frac{\partial f}{\partial y}\right)\vec{j} + \left(f \cdot \frac{\partial g}{\partial z} + g \cdot \frac{\partial f}{\partial z}\right)\vec{k}$$

$$= f\left(\frac{\partial g}{\partial x}\vec{i} + \frac{\partial g}{\partial y}\vec{j} + \frac{\partial g}{\partial z}\vec{k}\right) + g\left(\frac{\partial f}{\partial x}\vec{i} + \frac{\partial f}{\partial y}\vec{j} + \frac{\partial f}{\partial z}\vec{k}\right) = f \cdot \operatorname{grad} g + g \cdot \operatorname{grad} f.$$

Interpretação geométrica do gradiente

Consideremos uma função escalar $f(x, y, z)$ e suponhamos que, para cada constante k, em um intervalo I, a equação $f(x, y, z) = k$ representa uma superfície no espaço. Fazendo k tomar todos os valores, obtemos uma família de superfícies, que são as superfícies de nível da função f.

6.4.4 Proposição

Seja f uma função escalar tal que, por um ponto P do espaço, passa uma superfície de nível S de f. Se grad $f \neq 0$ em P, então grad f é normal a S em P.

Prova: Seja C uma curva no espaço que passa por P e esteja contida na superfície de nível S de f (ver Figura 6.15).

Representamos C por

$$\vec{r}(t) = x(t)\vec{i} + y(t)\vec{j} + z(t)\vec{k}.$$

Como C está contida em S, temos que

$$f(x(t), y(t), z(t)) = k.$$

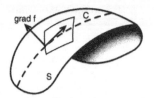

Figura 6.15

Derivando em relação a t, vem

$$\frac{\partial f}{\partial x}\frac{dx}{dt} + \frac{\partial f}{\partial y}\frac{dy}{dt} + \frac{\partial f}{\partial z}\frac{dz}{dt} = 0 \quad \text{ou} \quad \nabla f \cdot \frac{d\vec{r}}{dt} = 0.$$

Como $\dfrac{d\vec{r}}{dt}$ é tangente à curva C em P, segue que ∇f é normal à curva C em P.

Como C é uma curva qualquer de S, concluímos que grad f é normal à superfície S.

6.4.5 Exemplos

Exemplo 1: Determinar um vetor normal à superfície $z = x^2 + y^2$ no ponto $P(1, 0, 1)$.

A superfície $z = x^2 + y^2$ pode ser escrita como $f(x, y, z) = 0$, onde $f(x, y, z) = x^2 + y^2 - z$. Dessa forma, um vetor normal a $z = x^2 + y^2$ no ponto P é dado por grad $f(P)$.

Como

$$\text{grad } f = 2x\vec{i} + 2y\vec{j} - \vec{k},$$

em $P(1, 0, 1)$, temos grad $f(1, 0, 1) = 2\vec{i} - \vec{k}$.

Portanto, o vetor $2\vec{i} - \vec{k}$ é normal ao parabolóide $z = x^2 + y^2$ em $P(1, 0, 1)$, conforme ilustra a Figura 6.16.

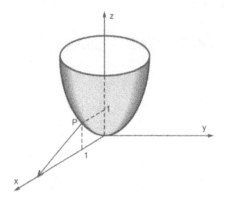

Figura 6.16

Exemplo 2: Determinar um vetor perpendicular à circunferência $x^2 + y^2 = 9$ no ponto $P(2, \sqrt{5})$.

Nesse exemplo, temos que $x^2 + y^2 = 9$ é uma curva de nível da função

$$f(x, y) = x^2 + y^2 - 9.$$

Portanto, se $\nabla f(P) \neq 0$, ele é perpendicular à circunferência dada. Temos

$$\text{grad } f = (2x, 2y); \quad \text{grad } f(P) = (4, 2\sqrt{5}).$$

Logo, no ponto $P(2, \sqrt{5})$, o vetor $4\vec{i} + 2\sqrt{5}\vec{j}$ é perpendicular à circunferência $x^2 + y^2 = 9$, conforme ilustra a Figura 6.17.

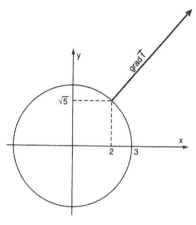

Figura 6.17

6.4.6 Cálculo da derivada direcional usando o gradiente

Seja $\vec{a}$ o vetor posição do ponto P. Então, $\vec{r}(s) = x(s)\vec{i} + y(s)\vec{j} + z(s)\vec{k} = \vec{a} + \vec{b}s$, onde $s \geq 0$ é o parâmetro comprimento de arco, é uma equação vetorial para a semi-reta C (ver Figura 6.18).

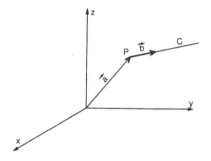

Figura 6.18

A derivada direcional $\dfrac{\partial f}{\partial s}(P)$, na direção $\vec{b}$, em P, é a derivada da função $f(x(s), y(s), z(s))$ em relação a s em P. Supondo que $f(x, y, z)$ possui derivadas parciais de 1ª ordem contínuas e aplicando a regra da cadeia, temos

$$\frac{\partial f}{\partial s}(P) = \left(\frac{\partial f}{\partial x}\frac{dx}{ds} + \frac{\partial f}{\partial y}\frac{dy}{ds} + \frac{\partial f}{\partial z}\frac{dz}{ds}\right)(P). \qquad (1)$$

Substituindo

$$\vec{r}'(s) = \left(\frac{dx}{ds}, \frac{dy}{ds}, \frac{dz}{ds}\right) = \vec{b}$$

e $\operatorname{grad} f = \dfrac{\partial f}{\partial x}\vec{i} + \dfrac{\partial f}{\partial y}\vec{j} + \dfrac{\partial f}{\partial z}\vec{k}$ em (1), vem

$$\frac{\partial f}{\partial s}(P) = \vec{b} \cdot \operatorname{grad} f(P). \qquad (2)$$

6.4.7 Exemplos

Exemplo 1: Determinar a derivada direcional de $f(x, y, z) = 5x^2 - 6xy + z$, no ponto $P(-1, 1, 0)$, na direção do vetor $2\vec{i} - 5\vec{j} + 2\vec{k}$.

Temos
$$\operatorname{grad} f = (10x - 6y)\vec{i} - 6x\vec{j} + \vec{k}; \qquad \operatorname{grad} f(-1,1,0) = -16\vec{i} + 6\vec{j} + \vec{k}.$$

O vetor unitário na direção dada é
$$\vec{b} = \frac{2\vec{i} - 5\vec{j} + 2\vec{k}}{|2\vec{i} - 5\vec{j} + 2\vec{k}|} = \frac{2\vec{i} - 5\vec{j} + 2\vec{k}}{\sqrt{4 + 25 + 4}} = \frac{2}{\sqrt{33}}\vec{i} - \frac{5}{\sqrt{33}}\vec{j} + \frac{2}{\sqrt{33}}\vec{k}.$$

Portanto, usando (2), temos
$$\frac{\partial f}{\partial s}(-1,1,0) = \left(\frac{2}{\sqrt{33}}, \frac{-5}{\sqrt{33}}, \frac{2}{\sqrt{33}}\right) \cdot (-16, 6, 1) = \frac{2 \cdot (-16)}{\sqrt{33}} + \frac{-5 \cdot 6}{\sqrt{33}} + \frac{2}{\sqrt{33}} = \frac{-20\sqrt{33}}{11}.$$

Exemplo 2: Determinar a derivada direcional de $f(x, y, z) = x^2 + y^2 + z^2$, no ponto $P\left(-1, 2, \frac{1}{2}\right)$, na direção do vetor que une P a $Q\left(-2, 0, \frac{1}{2}\right)$.

Temos
$$\operatorname{grad} f = 2x\vec{i} + 2y\vec{j} + 2z\vec{k}; \qquad \operatorname{grad} f\left(-1, 2, \frac{1}{2}\right) = -2\vec{i} + 4\vec{j} + \vec{k}.$$

O vetor unitário na direção dada é
$$\vec{b} = \frac{\vec{PQ}}{|\vec{PQ}|} = \frac{(-2+1)\vec{i} + (0-2)\vec{j} + \left(\frac{1}{2} - \frac{1}{2}\right)\vec{k}}{|-\vec{i} - 2\vec{j}|} = \frac{-\vec{i} - 2\vec{j}}{\sqrt{1+4}} = \frac{-1}{\sqrt{5}}\vec{i} - \frac{2}{\sqrt{5}}\vec{j}.$$

Portanto, usando (2), temos
$$\frac{\partial f}{\partial s}\left(-1, 2, \frac{1}{2}\right) = \left(\frac{-1}{\sqrt{5}}, \frac{-2}{\sqrt{5}}, 0\right) \cdot (-2, 4, 1) = \frac{-6}{\sqrt{5}}.$$

O gradiente como direção de máxima variação

6.4.8 Proposição

Seja $f(x, y, z)$ uma função escalar que possui derivadas parciais de 1ª ordem contínuas. Então, em cada ponto P para o qual $\nabla f \neq 0$, o vetor ∇f aponta na direção em que f cresce mais rapidamente. O comprimento do vetor ∇f é a taxa máxima de crescimento de f.

Prova: Como $\frac{\partial f}{\partial s}(P) = \vec{b} \cdot \nabla f$, usando a definição de produto escalar, temos

$$\frac{\partial f}{\partial s}(P) = |\vec{b}| \cdot |\nabla f| \cos \theta, \text{ onde } \theta \text{ é o ângulo entre os vetores } \nabla f \text{ e } \vec{b}.$$

Como $\vec{b}$ é unitário vem

$$\frac{\partial f}{\partial s}(P) = |\nabla f| \cos \theta.$$

O valor máximo de $\frac{\partial f}{\partial s}(P)$ é obtido quando escolhemos $\theta = 0$, isto é, quando escolhemos $\vec{b}$ com a mesma direção e sentido de ∇f.

Nesse caso, $\frac{\partial f}{\partial s}(P) = |\nabla f|$.

Assim, o vetor ∇f aponta na direção em que f cresce mais rapidamente e seu comprimento é a taxa máxima de crescimento de f.

6.4.9 Exemplos

Exemplo 1: No caso do Problema 2, apresentado no início da Seção 6.3, podemos dizer que, se grad $T \neq 0$ em P, para se resfriar o mais rápido possível, o pássaro deve voar na direção e sentido de $-\operatorname{grad} T(P)$.

Exemplo 2: Seja $f(x, y, z) = z - x^2 - y^2$.

a) Estando em $(1, 1, 2)$, que direção e sentido devem ser tomados para que f cresça mais rapidamente?

b) Qual é o valor máximo de $\dfrac{\partial f}{\partial s}(1, 1, 2)$?

Solução de (a): Estando em $(1, 1, 2)$, devemos tomar a direção e o sentido do vetor

$$\nabla f(1, 1, 2) = -2\vec{i} - 2\vec{j} + \vec{k}$$

para que f cresça mais rapidamente.

Solução de (b): O valor máximo de $\dfrac{\partial f}{\partial s}(1, 1, 2)$ é dado por $|\nabla f(1, 1, 2)| = 3$.

6.5 Exemplos de Aplicações do Gradiente

Exemplo 1: Seja $T(x, y, z) = 10 - x^2 - y^2 - z^2$ uma distribuição de temperatura em uma região do espaço. Uma partícula P_1 localizada em $P_1(2, 3, 5)$ necessita esquentar-se o mais rápido possível. Outra partícula P_2 localizada em $P_2(0, -1, 0)$ necessita resfriar-se o mais rápido possível. Pergunta-se:

a) Qual a direção e o sentido que P_1 deve tomar?

b) Qual a direção e o sentido que P_2 deve tomar?

c) Qual é a taxa máxima de crescimento da temperatura em P_1 e qual é a taxa máxima de decrescimento da temperatura em P_2?

Solução: Temos que

$$\operatorname{grad} T = (-2x, -2y, -2z).$$

a) Como P_1 necessita esquentar-se o mais rápido possível, deve tomar a direção e o sentido do grad $T(2, 3, 5) = (-4, -6, -10)$.

b) Como P_2 necessita resfriar-se o mais rápido possível, deve tomar a direção e o sentido do vetor $-\operatorname{grad} T(0, -1, 0) = -(0, 2, 0) = (0, -2, 0)$

c) A taxa máxima de crescimento da temperatura em P_1 é dada por

$$|\operatorname{grad} T(2, 3, 5)| = \sqrt{152}.$$

A taxa máxima de decrescimento da temperatura em P_2 é

$$|\operatorname{grad} T(0, -1, 0)| = 2$$

Exemplo 2: Um alpinista vai escalar uma montanha, cujo formato é aproximadamente o do gráfico de $z = 25 - x^2 - y^2, z \geq 0$. Se ele parte do ponto $P_0(4, 3, 0)$, determinar a trajetória a ser descrita, supondo que ele busque sempre a direção de maior aclive.

Solução: Seja $\vec{r}(t) = (x(t), y(t), z(t))$ a equação da trajetória do alpinista.

Inicialmente, vamos determinar a projeção $\vec{r}_1(t) = (x(t), y(t))$ de $\vec{r}(t)$ sobre o plano xy.

No plano xy, a direção de maior aclive da montanha é dada por ∇f, onde $f = 25 - x^2 - y^2$. Como o alpinista deve se deslocar na direção de maior aclive, o ∇f deve ser tangente à projeção $\vec{r}_1(t)$ da trajetória.

Fazemos, então,
$$\vec{r}_1'(t) = \operatorname{grad} f(\vec{r}_1(t))$$

ou
$$\left(\frac{dx}{dt}, \frac{dy}{dt}\right) = (-2x(t), -2y(t)). \tag{1}$$

Resolvendo (1), vem
$$\frac{dx}{dt} = -2x(t) \quad e \quad \frac{dy}{dt} = -2y(t)$$

ou
$$x(t) = C_1 e^{-2t} \quad e \quad y(t) = C_2 e^{-2t}.$$

Para particularizar as constantes C_1 e C_2, lembramos que o ponto de partida do alpinista, correspondente a $t = 0$, é $P_0(4, 3, 0)$.

Portanto, $x(0) = 4$ e $y(0) = 3$ e, dessa forma, $C_1 = 4$ e $C_2 = 3$. Logo, a projeção de $\vec{r}(t)$ é $\vec{r}_1(t) = (4e^{-2t}, 3e^{-2t})$ e a trajetória é dada por

$$\vec{r}(t) = (4e^{-2t}, 3e^{-2t}, 25 - (4e^{-2t})^2 - (3e^{-2t})^2) = (4e^{-2t}, 3e^{-2t}, 25 - 25e^{-4t^2}).$$

A Figura 6.19 ilustra esse exemplo.

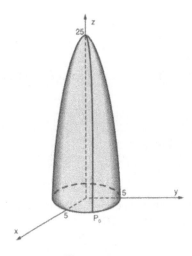

Figura 6.19

Exemplo 3: A Figura 6.20 mostra as curvas de nível da temperatura $T(x, y)$ da superfície do oceano de uma determinada região do globo terrestre. Supondo que $T(x, y)$ é aproximadamente igual a $x - \frac{1}{12}x^3 - \frac{1}{4}y^2 + \frac{1}{2}$, pergunta-se:

a) Qual é a taxa de variação da temperatura nos pontos $P_0(2, 3)$ e $P_1(4, 1)$, na direção nordeste?
b) Se não conhecermos a forma da função $T(x, y)$, como poderemos encontrar um valor aproximado para a taxa de variação do item (a)?
c) Qual é a taxa máxima de variação da temperatura em P_0?

Solução de (a): A taxa de variação da temperatura é dada pela derivada direcional. Considerando que um vetor unitário na direção nordeste é $\left(\frac{1}{\sqrt{2}}, \frac{1}{\sqrt{2}}\right)$ e que $\operatorname{grad} f = \left(1 - \frac{1}{4}x^2, \frac{-1}{2}y\right)$, vem

$$\frac{\partial f}{\partial s}(P_0) = \frac{\partial f}{\partial s}(2,3) = \nabla f(2,3) \cdot \left(\frac{1}{\sqrt{2}}, \frac{1}{\sqrt{2}}\right)$$

$$= \left(1 - \frac{1}{4} \cdot 4, \frac{-1}{2} \cdot 3\right) \cdot \left(\frac{1}{\sqrt{2}}, \frac{1}{\sqrt{2}}\right) = -\frac{3}{2\sqrt{2}};$$

$$\frac{\partial f}{\partial s}(P_1) = \frac{\partial f}{\partial s}(4,1) = \nabla f(4,1) \cdot \left(\frac{1}{\sqrt{2}}, \frac{1}{\sqrt{2}}\right) = \frac{-7}{2\sqrt{2}}.$$

Solução de (b): Se não conhecermos a forma da função $T(x,y)$, poderemos calcular a taxa de variação média da temperatura na direção nordeste no ponto P_0. Basta observar a Figura 6.20 e assinalar as temperaturas a nordeste: $-1°$, e a sudeste: $0°$. A seguir faz-se o quociente

$$\frac{-1° - 0°}{1 \text{ km}},$$

onde 1 km é a distância aproximada entre os dois pontos cujas temperaturas foram observadas.

Portanto, -1 grau/km é o valor aproximado da taxa de variação da temperatura, em P_0, na direção nordeste. Analogamente, temos que

$$\frac{-2° - (-1°)}{0,4 \text{ km}} = -2,5 \text{ grau/km}$$

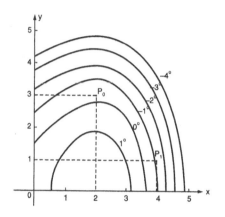

Figura 6.20

é o valor aproximado da taxa de variação da temperatura em P_1, na direção nordeste.

Observamos que os valores encontrados em (a) são aproximadamente os mesmos encontrados em (b).

Solução de (c): A taxa máxima de variação da temperatura em P_0 é dada por

$$|\text{grad } f(P_0)| = \sqrt{0 + \left(-\frac{3}{2}\right)^2} = \frac{3}{2}.$$

Exemplo 4: Encontrar a equação da reta tangente à curva $x^2 + y^2 = 4$ no ponto $(\sqrt{3}, 1)$, usando o gradiente.

Solução: Analisando a Figura 6.21, vemos que a equação da reta tangente a uma curva de nível $f(x,y) = k$, em um ponto $P_0(x_0, y_0)$, pode ser encontrada pela equação

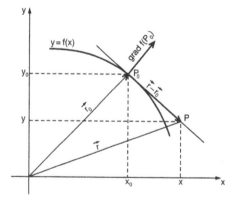

Figura 6.21

$$\nabla f(P_0) \cdot [\vec{r} - \vec{r_0}] = 0, \qquad (2)$$

onde $\vec{r} = x\vec{i} + y\vec{j}$ e $\vec{r_0} = x_0\vec{i} + y_0\vec{j}$.

Nesse exemplo, temos que $f(x,y) = x^2 + y^2$ e $P_0(\sqrt{3}, 1)$.

Usando (2), vem

$$\nabla f(\sqrt{3}, 1) \cdot [(x,y) - (\sqrt{3}, 1)] = 0$$

$$(2\sqrt{3}, 2) \cdot (x - \sqrt{3}, y - 1) = 0$$
$$2\sqrt{3}(x - \sqrt{3}) + 2(y - 1) = 0$$
$$2\sqrt{3}x + 2y - 8 = 0$$

Portanto, $2\sqrt{3}x + 2y - 8 = 0$ é a equação da reta tangente à curva $x^2 + y^2 = 4$, no ponto $(\sqrt{3}, 1)$.

Exemplo 5: Potencial de um campo elétrico.

Consideremos uma carga elétrica positiva Q, situada na origem do plano xy, conforme Figura 6.22.

Da Física, temos que o potencial V, a uma distância r da carga Q, é constante e é dado por $V = \dfrac{Q}{r}$.

Assim, as curvas equipotenciais no plano xy, isto é, as curvas de potencial constante, são as circunferências de equação

$$x^2 + y^2 = r^2, \quad r > 0$$

Seja $P(x, y)$ um ponto de uma curva equipotencial. Se colocamos em P uma carga unitária positiva q, esta

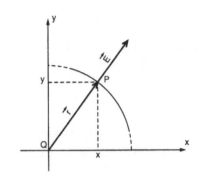

Figura 6.22

sofrerá, segundo a lei de Coulomb, uma repulsão. O campo elétrico $\vec{E}$, gerado por Q, no ponto P, tem a direção do vetor $\vec{r} = x\vec{i} + y\vec{j}$ e sua intensidade é dada por

$$E = \frac{Q}{r^2}.$$

Podemos então dizer que a carga q sofre a ação do campo elétrico $\vec{E}$, que é dado por

$$\vec{E} = \frac{Q}{r^2} \cdot \frac{\vec{r}}{|\vec{r}|} = \frac{Q\vec{r}}{r^3} = \frac{Qx}{(x^2 + y^2)^{3/2}}\vec{i} + \frac{Qy}{(x^2 + y^2)^{3/2}}\vec{j}. \tag{3}$$

Vamos agora determinar o gradiente do potencial V e compará-lo com (3).
Como o potencial V é

$$V = \frac{Q}{r} = \frac{Q}{\sqrt{(x^2 + y^2)}},$$

temos

$$\nabla V = \frac{\partial V}{\partial x}\vec{i} + \frac{\partial V}{\partial y}\vec{j} = \frac{-Qx}{(x^2 + y^2)^{3/2}}\vec{i} - \frac{Qy}{(x^2 + y^2)^{3/2}}\vec{j} = -\vec{E}$$

Segue que, se conhecermos o potencial V, podemos determinar o campo elétrico $\vec{E}$, pela fórmula

$$\vec{E} = -\nabla V.$$

Também podemos encontrar a taxa de variação do potencial V, na direção $\vec{r}$, no ponto P. Basta calcular a derivada direcional. Temos

$$\frac{\partial V}{\partial s}(P) = \nabla V(P) \cdot \frac{\vec{r}}{|\vec{r}|}$$

$$= \left(\frac{-Qx}{(x^2 + y^2)^{3/2}}, \frac{-Qy}{(x^2 + y^2)^{3/2}}\right) \cdot \left(\frac{x}{\sqrt{x^2 + y^2}}, \frac{y}{\sqrt{x^2 + y^2}}\right)$$

$$= \frac{-Qx^2}{(x^2 + y^2)^2} - \frac{Qy^2}{(x^2 + y^2)^2}$$

$$= \frac{-Q}{x^2 + y^2}$$

$$= \frac{-Q}{r^2}$$

$$= -|\vec{E}|.$$

A expressão $\frac{\partial V}{\partial s}(P) = -|\vec{E}|$ nos mostra que o potencial V decresce à medida que nos afastamos da carga Q na direção do vetor $\vec{r} = x\vec{i} + y\vec{j}$.

Visualizando o campo elétrico $\vec{E}$ representado na Figura 6.23, vemos que, para aumentar o potencial de uma carga positiva, é necessário deslocá-la em sentido contrário ao do campo elétrico.

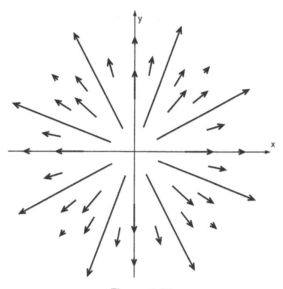

Figura 6.23

Exemplo 6: Um potencial elétrico é dado por $V = \frac{20}{x^2 + y^2}$. Encontrar a intensidade do campo elétrico no ponto $(1, 0)$.

Conforme o exemplo anterior, temos

$$\vec{E} = -\operatorname{grad} V$$

$$= \left(\frac{-20 \cdot 2x}{(x^2 + y^2)^2}, \frac{-20 \cdot 2y}{(x^2 + y^2)^2} \right)$$

$$= \left(\frac{-40x}{(x^2 + y^2)^2}, \frac{-40y}{(x^2 + y^2)^2} \right).$$

$$\vec{E}(1, 0) = \operatorname{grad} V(1, 0)$$

$$= (-40, 0)$$

$$= -40\vec{i}.$$

Portanto,

$$E = |\vec{E}| = |-40\vec{i}| = 40.$$

6.6 Exercícios

1. Calcular, usando a definição, a derivada direcional do campo escalar $f(x, y)$ no ponto indicado e na direção $\vec{v} = \vec{i} + \vec{j}$.

   a) $f(x, y) = 2x^2 + 2y^2$ em $P(1, 1)$.

   b) $f(x, y) = 2x + y$ em $P(-1, 2)$.

   c) $f(x, y) = e^{x+y}$ em $P(0, 1)$.

Nos exercícios 2 a 6, calcular, usando a definição, a derivada direcional no ponto e direção indicados:

2. $f(x, y) = x^2 - y^2$, $P(1, 2)$, na direção de $\vec{v} = 2\vec{i} + 2\vec{j}$.

3. $f(x, y, z) = xy + z$, $P(2, 1, 0)$, na direção do eixo positivo dos z.

4. $f(x, y) = 2x + 3y$, $P(-1, 2)$, na direção da reta $y = 2x$.

5. $f(x, y) = 2 - x^2 - y^2$, $P(1, 1)$, na direção do vetor tangente unitário à curva $C : \vec{r}(t) = (t, t^2)$ em $P(1, 1)$.

6. $f(x, y, z) = 2x + 3y - z$, $P(1, 1, -1)$, na direção do eixo positivo dos y.

Nos exercícios 7 a 17, calcular o gradiente do campo escalar dado.

7. $f(x, y, z) = xy + xz + yz$.

8. $f(x, y, z) = x^2 + 2y^2 + 4z^2$.

9. $f(x, y) = 3xy^3 - 2y$.

10. $f(x, y, z) = \sqrt{xyz}$.

11. $f(x, y, z) = z - \sqrt{x^2 + y^2}$.

12. $f(x, y) = e^{2x^2+y}$.

13. $f(x, y) = \text{arc tg } xy$.

14. $f(x, y) = \dfrac{2x}{x - y}$.

15. $f(x, y, z) = 2xy + yz^2 + \ln z$.

16. $f(x, y, z) = \sqrt{\dfrac{x + y}{z}}$.

17. $f(x, y, z) = ze^{x^2-y}$.

Nos exercícios 18 a 24, representar geometricamente o campo gradiente definido pela função dada:

18. $u(x, y, z) = -\dfrac{1}{6}(x^2 + y^2 + z^2)$.

19. $u(x, y) = 2x + 4y$.

20. $u(x, y) = \dfrac{1}{2\sqrt{x^2 + y^2}}$.

21. $u(x, y) = \dfrac{1}{2} x^2$.

22. $u(x, y) = x^2 + y^2$.

23. $u(x, y) = 2x - y$.

24. $u(x, y, z) = 2x^2 + 2y^2 + 2z^2$.

25. Seja $f(x, y) = 2x^2 + 5y^2$. Representar geometricamente $\nabla f(x_0, y_0)$, sendo (x_0, y_0) dado por

    a) $(1, 1)$ b $(-1, 1)$

    c) $\left(\dfrac{1}{2}, \sqrt{3}\right)$.

26. Dados $A\left(1, \dfrac{3}{2}\right)$ e $B\left(\dfrac{1}{2}, 2\right)$ e a função $f(x, y) = \ln xy$, determinar o ângulo formado pelos vetores $\nabla f(A)$ e $\nabla f(B)$.

27. Provar as propriedades (a), (b) e (d) da Subseção 6.4.3.

28. Determinar e representar graficamente um vetor normal à curva dada no ponto indicado:

    a) $2x^2 + 3y^2 = 8$; $P(1, \sqrt{2})$

    b) $y = 2x^2$; $P(-1, 2)$

    c) $x^2 + y^2 = 8$; $P(2, 2)$

    d) $y = 5x - 2$; $P\left(\dfrac{1}{2}, \dfrac{1}{2}\right)$.

29. Determinar um vetor normal à superfície dada no ponto indicado e representá-lo geometricamente:

    a) $2x + 5y + 3z = 10$; $P\left(1, 2, \dfrac{-2}{3}\right)$

    b) $z = 2x^2 + 4y^2$; $P(0, 0, 0)$

    c) $2z = x^2 + y^2$; $P(1, 1, 1)$.

30. Traçar as curvas de nível de $f(x, y) = \dfrac{1}{2}x^2 + \dfrac{1}{2}y^2$ que passem pelos pontos $(1, 1)$, $(1, -2)$ e $(-2, -1)$.

Traçar os vetores $\nabla f(1,1)$, $\nabla f(1,-2)$ e $\nabla f(-2,-1)$.

Nos exercícios 31 a 35, determinar uma equação para a reta normal à curva dada, nos pontos indicados:

31. $y = x^2$; $P_0(1,1)$, $P_1(2,4)$.

32. $x^2 - y^2 = 1$; $P_0(\sqrt{2}, 1)$.

33. $x - y^2 = -4$; $P_0(-3, 1)$.

34. $x + y = 4$; $P_0(3, 1)$.

35. $x^2 + y^2 = 4$; $P_0(2, 0)$.

Nos exercícios 36 a 40, determinar uma equação vetorial para a reta normal à superfície dada, nos pontos indicados:

36. $z = x^2 + y^2 - 1$, $P_0(1,1,1)$.

37. $x^2 + y^2 + z^2 = 4$, $P_0(1, 1, \sqrt{2})$, $P_1(1, 1, -\sqrt{2})$.

38. $x^2 + y^2 = z^2$, $P_0(3, 4, 5)$.

39. $x + \dfrac{1}{2}y + \dfrac{1}{3}z = 1$, $P_0(1, 2, -3)$.

40. $\dfrac{x^2}{4} + y^2 + \dfrac{z^2}{9} = 1$, $P_0\left(0, \dfrac{1}{2}, \dfrac{3\sqrt{3}}{2}\right)$.

41. Calcular $\dfrac{\partial f}{\partial s}(x_0, y_0)$ na direção $\vec{v} = 2\vec{i} - \vec{j}$:

   a) $f(x, y) = 3x^2 - 2y^2$; $(x_0, y_0) = (1, 2)$

   b) $f(x, y) = e^{xy}$; $(x_0, y_0) = (-1, 2)$

   c) $f(x, y) = \dfrac{x+y}{1-x}$; $(x_0, y_0) = \left(0, \dfrac{1}{2}\right)$.

42. Calcular as derivadas direcionais das seguintes funções nos pontos e direções indicados:

   a) $f(x, y) = e^{-x} \cos y$ em $(0, 0)$ na direção que forma um ângulo de $45°$ com o eixo positivo dos x, no sentido anti-horário.

   b) $f(x, y, z) = 4x^2 - 3y^2 + z$ em $(-1, 2, 3)$ na direção da normal exterior à superfície $x^2 + y^2 + z^2 = 4$, no ponto $P(1, 1, \sqrt{2})$.

Nos exercícios 43 a 47, determinar a derivada direcional da função dada:

43. $f(x, y, z) = 3x^2 + 4y^2 + z$, na direção do vetor $\vec{a} = \vec{i} + 2\vec{j} + 2\vec{k}$.

44. $f(x, y, z) = xy + xz + yz$, na direção de máximo crescimento de f.

45. $f(x, y) = x^2 + y^2$, na direção da semi-reta $y - x = 4, x \geq 0$.

46. $f(x, y) = 4 - x^2 - y^2$, na direção de máximo decrescimento de f.

47. $f(x, y, z) = \sqrt{1 - x^2 - y^2 - z^2}$, na direção do vetor $\vec{a} = \vec{i} + \vec{j} + \vec{k}$.

48. A derivada direcional da função $w = f(x, y)$ em $P_0(1, 1)$ na direção do vetor $\overrightarrow{P_0 P_1}$, $P_1(1, 2)$, é 2, e na direção do vetor $\overrightarrow{P_0 P_2}$, $P_2(2, 0)$, é 4. Quanto vale $\dfrac{\partial w}{\partial s}$ em P_0 na direção do vetor $\overrightarrow{P_0 0}$, onde 0 é a origem?

49. Em que direção devemos nos deslocar partindo de $Q(1, 1, 0)$ para obter a taxa de maior decréscimo da função $f(x, y) = (2x + y - 2)^2 + (5x - 2y)^2$?

50. Em que direção a derivada direcional de $f(x, y) = 2xy - x^2$ no ponto $(1, 1)$ é nula?

51. Em que direção e sentido a função dada cresce mais rapidamente no ponto dado? Em que direção e sentido decresce mais rapidamente?

   a) $f(x, y) = 2x^2 + xy + 2y^2$ em $(1, 1)$
   b) $f(x, y) = e^{xy}$ em $(2, -1)$.

52. Determinar os dois vetores unitários para os quais a derivada direcional de f no ponto dado é zero.

   a) $f(x, y) = x^3 y^3 - xy$, $P(10, 10)$
   b) $f(x, y) = \dfrac{x}{x+y}$, $P(3, 2)$
   c) $f(x, y) = e^{2x+y}$, $P(1, 0)$.

53. Uma função diferenciável $f(x, y)$ tem, no ponto $\left(0, \dfrac{\pi}{2}\right)$, derivada direcional igual a $\dfrac{2}{5}$ na direção $3\vec{i} + 4\vec{j}$ e igual a $\dfrac{11}{5}$ na direção $4\vec{i} - 3\vec{j}$. Calcular:

   a) $\nabla f\left(0, \dfrac{\pi}{2}\right)$

   b) $\dfrac{\partial f}{\partial s}\left(0, \dfrac{\pi}{2}\right)$ na direção $\vec{a} = \vec{i} + \vec{j}$.

54. Determinar a derivada direcional da função $z = \dfrac{(y-1)^2}{x}$ no ponto $P_0(1, \sqrt{2})$, na direção da normal exterior à elipse $2x^2 + 3y^2 = 8$ no ponto P_0.

Nos exercícios 55 a 58, encontrar o valor máximo da derivada direcional do campo escalar dado, nos pontos indicados:

55. $f(x, y) = xy^2 - (y - x)^2$; $P_0(1, 1)$

56. $f(x, y, z) = x^2 + 2xy + z^2$; $P_0(0, 0, 0)$ e $P_1(1, 2, 2)$

57. $f(x, y, z) = \cos x + \text{sen } y$; $P_0(x, y, z)$

58. $f(x, y) = \text{arc tg} \frac{y}{x}$, $P_0(-1, 1)$.

59. Dada a função $w = x^2 + y^2 + z^2$, determinar sua derivada direcional no ponto $P(1, 1, \sqrt{2})$, na direção da normal exterior à superfície $z^2 = x^2 + y^2$ em P.

60. Suponha que $T(x, y) = 4 - 2x^2 - 2y^2$ represente uma distribuição de temperatura no plano xy. Determinar uma parametrização para a trajetória descrita por um ponto P que se desloca, a partir de $(1, 2)$, sempre na direção e sentido de máximo crescimento de temperatura.

61. A Figura 6.24 mostra uma plataforma retangular cuja temperatura em cada ponto é dada por $T(x, y) = 2x + y$. Um indivíduo encontra-se no ponto P_0 dessa plataforma e necessita esquentar-se o mais rápido possível. Determinar a trajetória (obter uma equação) que o indivíduo deve seguir, esboçando-a sobre a plataforma.

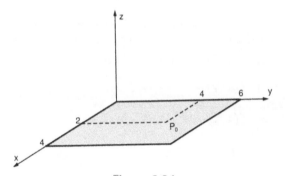

Figura 6.24

62. Uma plataforma retangular é representada no plano xy por

$$0 \leq x \leq 15 \quad \text{e} \quad 0 \leq y \leq 10$$

A temperatura nos pontos da plataforma é dada por $T(x, y) = x + 3y$. Suponha que duas partículas P_1 e P_2 estejam localizadas nos pontos $(1, 1)$ e $(3, 7)$, respectivamente.

a) Se a partícula P_1 se deslocar na direção em que se esquentará mais rapidamente e a partícula P_2 se deslocar na direção em que se resfriará mais rapidamente, elas se encontrarão?

b) Obter uma equação para a trajetória da partícula P_1 representando-a sobre a plataforma.

63. Resolver o Exercício 62 supondo que a temperatura seja dada por

$$T(x, y) = \frac{1}{2}(x^2 + y^2) - 100.$$

64. A densidade de uma distribuição de massa varia em relação a uma origem dada segundo a fórmula

$$\rho = \frac{4}{\sqrt{x^2 + y^2 + 2}}.$$

Encontrar a razão de variação da densidade no ponto $(1, 2)$ na direção que forma um ângulo de $45°$, no sentido anti-horário, com o eixo positivo dos x. Em que direção a razão de variação é máxima?

65. Usando o gradiente, encontrar uma equação para a reta tangente à curva $x^2 - y^2 = 1$, no ponto $(\sqrt{2}, 1)$.

66. Encontrar o vetor intensidade elétrica $\vec{E} = -\text{grad } V$ a partir da função potencial V, no ponto indicado.

a) $V = 2x^2 + 2y^2 - z^2$; $P(2, 2, 2)$

b) $V = e^y \cos x$; $P\left(\frac{\pi}{2}, 0, 0\right)$

c) $V = (x^2 + y^2 + z^2)^{-1/2}$, $P(1, 2, -2)$.

67. Um potencial elétrico é dado por $V = \frac{10}{x^2 + y^2 + z^2}$. Determinar o campo elétrico, representando-o graficamente.

6.7 Divergência de um Campo Vetorial

6.7.1 Definição

Seja $\vec{f}(x, y, z) = f_1(x, y, z)\vec{i} + f_2(x, y, z)\vec{j} + f_3(x, y, z)\vec{k}$ um campo vetorial definido em um domínio D. Se existem e são contínuas as derivadas $\frac{\partial f_1}{\partial x}, \frac{\partial f_2}{\partial y}, \frac{\partial f_3}{\partial z}$, definimos a divergência do campo vetorial $\vec{f}$, denotada por $\text{div} \vec{f}$, como a função escalar

$$\text{div } \vec{f} = \frac{\partial f_1}{\partial x} + \frac{\partial f_2}{\partial y} + \frac{\partial f_3}{\partial z}. \tag{1}$$

Podemos interpretar (1) como

$$\text{div } \vec{f} = \nabla \cdot \vec{f}$$
$$= \left(\frac{\partial}{\partial x}\vec{i} + \frac{\partial}{\partial y}\vec{j} + \frac{\partial}{\partial z}\vec{k}\right) \cdot (f_1\vec{i} + f_2\vec{j} + f_3\vec{k}).$$

Quando usamos essa simbologia, entendemos que o produto $\left(\frac{\partial}{\partial x}\right) \cdot f_1$ representa $\frac{\partial f_1}{\partial x}$. Analogamente, $\left(\frac{\partial}{\partial y}\right) \cdot f_2 = \frac{\partial f_2}{\partial y}$ e $\left(\frac{\partial}{\partial z}\right) \cdot f_3 = \frac{\partial f_3}{\partial z}$.

6.7.2 Exemplo

Dado o campo vetorial $\vec{f}(x, y, z) = 2x^4\vec{i} + e^{xy}\vec{j} + xyz\,\vec{k}$, calcular div $\vec{f}$.
Aplicando (1), temos

$$\text{div } \vec{f} = \frac{\partial}{\partial x}(2x^4) + \frac{\partial}{\partial y}(e^{xy}) + \frac{\partial}{\partial z}(xyz)$$
$$= 8x^3 + xe^{xy} + xy.$$

6.7.3 Propriedades

Sejam $\vec{f} = (f_1, f_2, f_3)$ e $\vec{g} = (g_1, g_2, g_3)$ funções vetoriais definidas em um domínio D e suponhamos que div $\vec{f}$ e div $\vec{g}$ existem. Então:

a) $\text{div }(\vec{f} \pm \vec{g}) = \text{div }\vec{f} \pm \text{div }\vec{g}$

b) $\text{div }(h\vec{f}) = h \text{ div }\vec{f} + \text{grad } h \cdot \vec{f}$, onde $h = h(x, y, z)$ é uma função escalar diferenciável em D.

Prova do item (b): Temos

$$\text{div }(h\vec{f}) = \text{div }(hf_1, hf_2, hf_3)$$
$$= \frac{\partial}{\partial x}(hf_1) + \frac{\partial}{\partial y}(hf_2) + \frac{\partial}{\partial z}(hf_3)$$
$$= \frac{\partial h}{\partial x}f_1 + h\frac{\partial f_1}{\partial x} + \frac{\partial h}{\partial y}f_2 + h\frac{\partial f_2}{\partial y} + \frac{\partial h}{\partial z}f_3 + h\frac{\partial f_3}{\partial z}$$
$$= h\left(\frac{\partial f_1}{\partial x} + \frac{\partial f_2}{\partial y} + \frac{\partial f_3}{\partial z}\right) + \left(\frac{\partial h}{\partial x}f_1 + \frac{\partial h}{\partial y}f_2 + \frac{\partial h}{\partial z}f_3\right)$$
$$= h \text{ div }\vec{f} + \text{grad } h \cdot \vec{f}$$

Supondo que existam as derivadas de 2ª ordem de f, podemos determinar div (grad f).
Como $\text{grad } f = \left(\frac{\partial f}{\partial x}, \frac{\partial f}{\partial y}, \frac{\partial f}{\partial z}\right)$,
temos

$$\text{div }(\text{grad } f) = \frac{\partial}{\partial x}\left(\frac{\partial f}{\partial x}\right) + \frac{\partial}{\partial y}\left(\frac{\partial f}{\partial y}\right) + \frac{\partial}{\partial z}\left(\frac{\partial f}{\partial z}\right),$$

ou
$$\text{div}(\text{grad } f) = \frac{\partial^2 f}{\partial x^2} + \frac{\partial^2 f}{\partial y^2} + \frac{\partial^2 f}{\partial z^2}. \tag{2}$$

Usando o operador ∇^2 na expressão (2), reescrevemos
$$\text{div}(\text{grad } f) = \nabla \cdot \nabla f$$
$$= \nabla^2 f,$$

onde $\nabla^2 = \frac{\partial^2}{\partial x^2} + \frac{\partial^2}{\partial y^2} + \frac{\partial^2}{\partial z^2}$.

O operador diferencial ∇^2 é chamado laplaciano e é muito usado na Física. A equação

$$\nabla^2 f = 0 \tag{3}$$

é chamada equação de Laplace.

6.7.4 Interpretação física da divergência

Na Mecânica dos Fluidos, encontramos a equação da continuidade

$$\text{div } \vec{u} + \frac{\partial \rho}{\partial t} = 0, \tag{4}$$

onde $\vec{u} = \rho \vec{v}$, sendo $\rho = \rho(x, y, z, t)$ a densidade do fluido e $\vec{v} = \vec{v}(x, y, z, t)$ o vetor velocidade.

Reescrevendo a equação (4) na forma $\frac{\partial \rho}{\partial t} = -\text{div } \vec{u}$, vemos que a divergência de um campo vetorial surge como uma medida da taxa de variação da densidade do fluido em um ponto.

Quando a divergência é positiva em um ponto do fluido, a sua densidade está diminuindo com o tempo. Nesse caso, dizemos que o fluido está se expandindo ou, ainda, que existe uma fonte de fluxo no ponto.

Quando a divergência é negativa, vale o oposto.

Se a divergência é zero em todos os pontos de uma região, o fluxo de entrada na região é exatamente equilibrado pelo fluxo de saída. O fluxo não é criado nem destruído, ou seja, não existe fonte nem sumidouro na região.

Se $\rho =$ constante, isto é, a densidade não é função das coordenadas x, y, z nem do tempo t, dizemos que o fluido é incompressível. Nesse caso, a equação da continuidade toma a forma div $\vec{v} = 0$, e o campo vetorial $\vec{v}$ é chamado solenoidal.

6.7.5 Exemplos

Exemplo 1: Um fluido escoa em movimento uniforme com velocidade $\vec{v} = x\vec{j}$. Mostrar que todas as partículas se deslocam em linha reta e que o campo de velocidade dado representa um possível escoamento incompressível.

Solução: Analisando a representação gráfica do campo vetorial $\vec{v}$ (ver Figura 6.25), concluímos que todas as partículas se deslocam em linha reta.

Para verificar que $\vec{v}$ representa um possível fluxo incompressível, devemos mostrar que o campo de velocidade $\vec{v}$ satisfaz a equação
$$\text{div } \vec{v} = 0.$$

Temos
$$\text{div } \vec{v} = \frac{\partial}{\partial x}(0) + \frac{\partial}{\partial y}(x) + \frac{\partial}{\partial z}(0) = 0.$$

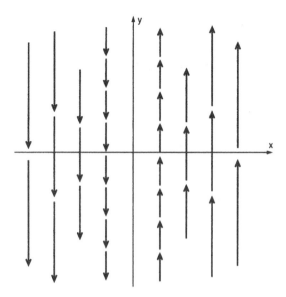

Figura 6.25

Exemplo 2: Um campo de escoamento compressível é descrito por

$$\vec{u} = \rho\vec{v} = 2xe^{-t}\vec{i} - xye^{-t}\vec{j},$$

onde x e y são coordenadas em metros, t é o tempo em segundos, ρ e $\vec{v}$ estão em kg/m³ e m/s, respectivamente. Calcular a taxa de variação da densidade ρ em relação ao tempo, no ponto $P(3, 2, 2)$, para $t = 0$.

Solução: Usando a equação (4), vem

$$\text{div}\,(2xe^{-t}\vec{i} - xye^{-t}\vec{j}) + \frac{\partial \rho}{\partial t} = 0$$

$$2e^{-t} - xe^{-t} + \frac{\partial \rho}{\partial t} = 0$$

$$\frac{\partial \rho}{\partial t} = xe^{-t} - 2e^{-t}.$$

Para $t = 0$, temos

$\frac{\partial \rho}{\partial t} = x - 2$ e, portanto, no ponto $P(3, 2, 2)$, $\frac{\partial \rho}{\partial t} = 1$ kg/m³ · s.

Exemplo 3: Quando uma função escalar $f(x, y, z)$ tem derivadas de 2ª ordem contínuas e div grad $f = 0$ em um domínio, ela é chamada harmônica nesse domínio. Verificar se as seguintes funções são harmônicas:

a) $f(x, y, z) = x^2 y + e^y - z$
b) $f(x, y, z) = 2xy + yz$.

Solução: De (3) e da definição de função harmônica, concluímos que uma função f é harmônica se, e somente se, f é solução da equação de Laplace.

Basta, portanto, fazer essa verificação.

a) Para $f(x, y, z) = x^2 y + e^y - z$, temos

$$\nabla f = (2xy, x^2 + e^y, -1);$$

$$\nabla^2 f = \frac{\partial}{\partial x}(2xy) + \frac{\partial}{\partial y}(x^2 + e^y) + \frac{\partial}{\partial z}(-1)$$

$$= 2y + e^y + 0$$
$$= 2y + e^y \neq 0.$$

Portanto, $f(x,y,z) = x^2y + e^y - z$ não é uma função harmônica.

b) Para $f(x,y,z) = 2xy + yz$, temos
$$\nabla f = (2y, 2x+z, y) \quad \text{e} \quad \nabla^2 f = 0.$$

Portanto, $f(x,y,z) = 2xy + yz$ é uma função harmônica.

Exemplo 4: Verificar que a equação da continuidade
$$\operatorname{div} \vec{u} + \frac{\partial \rho}{\partial t} = 0$$

pode ser escrita como
$$\frac{\partial \rho}{\partial t} + \operatorname{grad} \rho \cdot \vec{v} + \rho \operatorname{div} \vec{v} = 0.$$

Solução: Conforme vimos na Subseção 6.7.4, $\vec{u} = \rho \vec{v}$, onde $\rho = \rho(x,y,z,t)$ é a densidade de um fluido e $\vec{v} = \vec{v}(x,y,z,t)$ o vetor velocidade.

Considerando $\vec{v} = (v_1, v_2, v_3)$, temos
$$\operatorname{div} \vec{u} = \operatorname{div} \rho \vec{v}$$
$$= \operatorname{div} \rho(v_1, v_2, v_3)$$
$$= \frac{\partial}{\partial x}(\rho v_1) + \frac{\partial}{\partial y}(\rho v_2) + \frac{\partial}{\partial z}(\rho v_3)$$
$$= \rho \frac{\partial v_1}{\partial x} + v_1 \frac{\partial \rho}{\partial x} + \rho \frac{\partial v_2}{\partial y} + v_2 \frac{\partial \rho}{\partial y} + \rho \frac{\partial v_3}{\partial z} + v_3 \frac{\partial \rho}{\partial z}$$
$$= \rho \left(\frac{\partial v_1}{\partial x} + \frac{\partial v_2}{\partial y} + \frac{\partial v_3}{\partial z} \right) + \left(v_1 \frac{\partial \rho}{\partial x} + v_2 \frac{\partial \rho}{\partial y} + v_3 \frac{\partial \rho}{\partial z} \right)$$
$$= \rho \operatorname{div} \vec{v} + \operatorname{grad} \rho \cdot \vec{v}.$$

Portanto, a equação
$$\operatorname{div} \vec{u} + \frac{\partial \rho}{\partial t} = 0$$

pode ser reescrita como
$$\frac{\partial \rho}{\partial t} + \operatorname{grad} \rho \cdot \vec{v} + \rho \operatorname{div} \vec{v} = 0.$$

6.8 Rotacional de um Campo Vetorial

6.8.1 Definição

Seja $\vec{f}(x,y,z) = f_1(x,y,z)\vec{i} + f_2(x,y,z)\vec{j} + f_3(x,y,z)\vec{k}$ um campo vetorial definido em um domínio D, com derivadas de 1ª ordem contínuas em D. Definimos o rotacional de $\vec{f}$, denotado por rot $\vec{f}$, como
$$\operatorname{rot} \vec{f} = \nabla \times \vec{f}$$

$$= \begin{vmatrix} \vec{i} & \vec{j} & \vec{k} \\ \dfrac{\partial}{\partial x} & \dfrac{\partial}{\partial y} & \dfrac{\partial}{\partial z} \\ f_1 & f_2 & f_3 \end{vmatrix},$$

ou
$$\operatorname{rot} \vec{f} = \left(\dfrac{\partial f_3}{\partial y} - \dfrac{\partial f_2}{\partial z}\right)\vec{i} + \left(\dfrac{\partial f_1}{\partial z} - \dfrac{\partial f_3}{\partial x}\right)\vec{j} + \left(\dfrac{\partial f_2}{\partial x} - \dfrac{\partial f_1}{\partial y}\right)\vec{k}.$$

6.8.2 Exemplo

Determinar rot $\vec{f}$, sendo $\vec{f} = xzy^2\,\vec{i} + xyz\,\vec{j} + 3xy\,\vec{k}$.

Temos rot $\vec{f} = \nabla \times \vec{f}$

$$= \begin{vmatrix} \vec{i} & \vec{j} & \vec{k} \\ \dfrac{\partial}{\partial x} & \dfrac{\partial}{\partial y} & \dfrac{\partial}{\partial z} \\ xzy^2 & xyz & 3xy \end{vmatrix}$$

$$= (3x - xy)\vec{i} + (xy^2 - 3y)\vec{j} + (yz - 2xzy)\vec{k}.$$

6.8.3 Propriedades

Sejam $\vec{f}(x, y, z) = (f_1, f_2, f_3)$ e $\vec{g}(x, y, z) = (g_1, g_2, g_3)$ funções vetoriais definidas em um domínio D com derivadas parciais de 1ª ordem contínuas em D. Então:

a) $\operatorname{rot}(\vec{f} + \vec{g}) = \operatorname{rot} \vec{f} + \operatorname{rot} \vec{g}$

b) $\operatorname{rot}(h\vec{f}) = h \operatorname{rot}\vec{f} + \operatorname{grad} h \times \vec{f}$

onde $h = h(x, y, z)$ é uma função escalar diferenciável em D.

Prova do item b: Temos

$$\operatorname{rot}(h\vec{f}) = \begin{vmatrix} \vec{i} & \vec{j} & \vec{k} \\ \dfrac{\partial}{\partial x} & \dfrac{\partial}{\partial y} & \dfrac{\partial}{\partial z} \\ hf_1 & hf_2 & hf_3 \end{vmatrix}$$

$$= \left(\dfrac{\partial}{\partial y}(hf_3) - \dfrac{\partial}{\partial z}(hf_2)\right)\vec{i} + \left(\dfrac{\partial}{\partial z}(hf_1) - \dfrac{\partial}{\partial x}(hf_3)\right)\vec{j} + \left(\dfrac{\partial}{\partial x}(hf_2) - \dfrac{\partial}{\partial y}(hf_1)\right)\vec{k}.$$

$$= \left(\dfrac{\partial h}{\partial y}\cdot f_3 + h\dfrac{\partial f_3}{\partial y} - \dfrac{\partial h}{\partial z}\cdot f_2 - h\dfrac{\partial f_2}{\partial z}\right)\vec{i} + \left(\dfrac{\partial h}{\partial z}\cdot f_1 + h\dfrac{\partial f_1}{\partial z} - \dfrac{\partial h}{\partial x}\cdot f_3 - h\dfrac{\partial f_3}{\partial x}\right)\vec{j} +$$

$$\left(\dfrac{\partial h}{\partial x}\cdot f_2 + h\dfrac{\partial f_2}{\partial x} - \dfrac{\partial h}{\partial y}\cdot f_1 - h\dfrac{\partial f_1}{\partial y}\right)\vec{k}$$

$$= h\left(\dfrac{\partial f_3}{\partial y} - \dfrac{\partial f_2}{\partial z}\right)\vec{i} + \left(\dfrac{\partial h}{\partial y}f_3 - \dfrac{\partial h}{\partial z}f_2\right)\vec{i} + h\left(\dfrac{\partial f_1}{\partial z} - \dfrac{\partial f_3}{\partial x}\right)\vec{j} + \left(\dfrac{\partial h}{\partial z}f_1 - \dfrac{\partial h}{\partial x}f_3\right)\vec{j} +$$

$$h\left(\dfrac{\partial f_2}{\partial x} - \dfrac{\partial f_1}{\partial y}\right)\vec{k} + \left(\dfrac{\partial h}{\partial x}f_2 - \dfrac{\partial h}{\partial y}f_1\right)\vec{k}$$

$$= h \operatorname{rot} \vec{f} + \operatorname{grad} h \times \vec{f}.$$

6.8.4 Interpretação física do rotacional

O rotacional de um campo vetorial aparece em diversas situações da Física. Por exemplo:
a) Na análise de campos de velocidade na Mecânica dos Fluidos;
b) Na análise de campos de forças eletromagnéticos;
c) Pode ser interpretado como uma medida do movimento angular de um fluido, e a condição

$$\text{rot } \vec{v} = \vec{0},$$

para um campo de velocidade $\vec{v}$, caracteriza os chamados fluxos irrotacionais;

d) A equação rot $\vec{E} = \vec{0}$, onde $\vec{E}$ é a força elétrica, caracteriza que somente forças eletrostáticas estão presentes no campo elétrico.

Nos próximos capítulos, voltaremos a explorar essas idéias físicas.

6.8.5 Exemplos

Exemplo 1: Um corpo rígido gira em torno de um eixo que passa pela origem do sistema de coordenadas, com vetor velocidade angular $\vec{w}$ constante. Seja $\vec{v}$ o vetor velocidade em um ponto P do corpo. Calcular rot $\vec{v}$.

Solução: A Figura 6.26 ilustra esse exemplo.

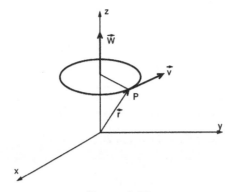

Figura 6.26

Da Física, sabemos que o vetor velocidade em um ponto P do corpo é dado por

$$\vec{v} = \vec{w} \times \vec{r},$$

onde $\vec{r}$ é o vetor posição do ponto P.

Fazendo $\vec{w} = (w_1, w_2, w_3)$ e $\vec{r} = (x, y, z)$, temos

$$\vec{v} = \begin{vmatrix} \vec{i} & \vec{j} & \vec{k} \\ w_1 & w_2 & w_3 \\ x & y & z \end{vmatrix}$$

$$= (w_2 z - w_3 y)\vec{i} + (w_3 x - w_1 z)\vec{j} + (w_1 y - w_2 x)\vec{k}.$$

Portanto,

$$\text{rot } \vec{v} = \begin{vmatrix} \vec{i} & \vec{j} & \vec{k} \\ \dfrac{\partial}{\partial x} & \dfrac{\partial}{\partial y} & \dfrac{\partial}{\partial z} \\ w_2 z - w_3 y & w_3 x - w_1 z & w_1 y - w_2 x \end{vmatrix}$$

$$= (w_1 + w_1)\vec{i} + (w_2 + w_2)\vec{j} + (w_3 + w_3)\vec{k}$$
$$= 2w_1\vec{i} + 2w_2\vec{j} + 2w_3\vec{k}$$
$$= 2\vec{w}.$$

Exemplo 2: Um escoamento é representado pelo campo de velocidade

$$\vec{v} = 10x\vec{i} - 10y\vec{j} + 30\vec{k}.$$

Verificar se o escoamento é:
a) um possível escoamento incompressível;
b) irrotacional.

Solução de (a): De acordo com a Subseção 6.7.4, devemos verificar se div $\vec{v} = 0$.

Temos

$$\text{div } \vec{v} = \frac{\partial}{\partial x}(10x) + \frac{\partial}{\partial y}(-10y) + \frac{\partial}{\partial z}(30)$$
$$= 10 - 10$$
$$= 0.$$

Logo, temos um possível escoamento incompressível.

Solução de (b): Devemos verificar se rot $\vec{v} = 0$.

Temos

$$\text{rot } \vec{v} = \begin{vmatrix} \vec{i} & \vec{j} & \vec{k} \\ \frac{\partial}{\partial x} & \frac{\partial}{\partial y} & \frac{\partial}{\partial z} \\ 10x & -10y & 30 \end{vmatrix} = \vec{0}.$$

Logo, o escoamento é irrotacional.

Exemplo 3: Para um escoamento no plano xy, a componente em y da velocidade é dada por $y^2 - 2x + 2y$. Determinar uma possível componente em x para um escoamento incompressível.

Solução: Para um escoamento no plano xy incompressível, devemos ter

$$\text{div } \vec{v} = 0, \text{ onde } \vec{v} = v_1\vec{i} + (y^2 - 2x + 2y)\vec{j}.$$

Temos

$$\text{div } \vec{v} = \frac{\partial v_1}{\partial x} + \frac{\partial}{\partial y}(y^2 - 2x + 2y)$$
$$= \frac{\partial v_1}{\partial x} + 2y + 2.$$

Resolvendo a equação $\frac{\partial v_1}{\partial x} + 2y + 2 = 0$ encontramos uma possível componente em x, isto é,

$$v_1 = \int(-2y - 2)dx + a(y)$$
$$= -2yx - 2x + a(y),$$

onde $a(y)$ é qualquer função em y.

Exemplo 4: No Exemplo 5 da Seção 6.5 vimos que o campo eletrostático associado a uma carga positiva Q é dado por $\vec{E} = -\nabla V$, onde $V = \dfrac{Q}{r}$, $r = \sqrt{x^2 + y^2}$. Verificar que rot $\vec{E} = 0$.

Solução: Podemos escrever

$$\vec{E} = \left(\frac{Qx}{(x^2 + y^2)^{3/2}}, \frac{Qy}{(x^2 + y^2)^{3/2}}, 0 \right) \text{ e, então,}$$

$$\operatorname{rot} \vec{E} = \begin{vmatrix} \vec{i} & \vec{j} & \vec{k} \\ \dfrac{\partial}{\partial x} & \dfrac{\partial}{\partial y} & \dfrac{\partial}{\partial z} \\ \dfrac{Qx}{(x^2 + y^2)^{3/2}} & \dfrac{Qy}{(x^2 + y^2)^{3/2}} & 0 \end{vmatrix}$$

$$= 0\vec{i} + 0\vec{j} + \left(\frac{-3Qxy}{(x^2 + y^2)^{5/2}} + \frac{3Qxy}{(x^2 + y^2)^{5/2}} \right)\vec{k}$$

$$= \vec{0}, \text{ em todos os pontos fora da origem.}$$

6.9 Campos Conservativos

6.9.1 Definição

Seja $\vec{f}$ um campo vetorial em um domínio U. Se $u = u(x, y, z)$ é uma função diferenciável em U tal que

$$\vec{f} = \operatorname{grad} u,$$

dizemos que $\vec{f}$ é um campo conservativo ou um campo gradiente em U. A função u é chamada função potencial de $\vec{f}$ em U.

6.9.2 Exemplo

O campo vetorial

$$\vec{f} = (4x + 5yz)\vec{i} + 5xz\vec{j} + 5xy\vec{k}$$

é um campo conservativo, pois a função $u = 2x^2 + 5xyz$ é diferenciável em $\mathbb{R}^3$ e o seu gradiente é $\vec{f}$. Portanto, u é uma função potencial para $\vec{f}$.

6.9.3 Teorema

Seja $\vec{f} = (f_1, f_2, f_3)$ um campo vetorial contínuo em um domínio U, com derivadas parciais de 1ª ordem contínuas em U. Se $\vec{f}$ admite uma função potencial u, então

$$\operatorname{rot} \vec{f} = \vec{0} \text{ para qualquer } (x, y, z) \in U. \tag{1}$$

Reciprocamente, se U for simplesmente conexo e (1) for verificada, então $\vec{f}$ admite uma função potencial $u = u(x, y, z)$ em U.

Observamos que (1) pode ser reescrita como

$$\frac{\partial f_1}{\partial y} = \frac{\partial f_2}{\partial x}, \quad \frac{\partial f_1}{\partial z} = \frac{\partial f_3}{\partial x} \quad \text{e} \quad \frac{\partial f_2}{\partial z} = \frac{\partial f_3}{\partial y}. \qquad (2)$$

Prova Parcial: Provaremos apenas a condição necessária. A prova da condição suficiente será omitida.

Seja $u = u(x, y, z)$ uma função potencial para $\vec{f}$, em U. Então u é diferenciável em U e

$$\vec{f} = \operatorname{grad} u,$$

isto é,

$$f_1\vec{i} + f_2\vec{j} + f_3\vec{k} = \frac{\partial u}{\partial x}\vec{i} + \frac{\partial u}{\partial y}\vec{j} + \frac{\partial u}{\partial z}\vec{k}.$$

Temos, então,

$$f_1 = \frac{\partial u}{\partial x}, \quad f_2 = \frac{\partial u}{\partial y} \quad \text{e} \quad f_3 = \frac{\partial u}{\partial z}. \qquad (3)$$

Derivando ambos os membros da primeira igualdade de (3) em relação a y, temos

$$\frac{\partial f_1}{\partial y} = \frac{\partial}{\partial y}\left(\frac{\partial u}{\partial x}\right) = \frac{\partial^2 u}{\partial y \partial x}.$$

Derivando ambos os membros da segunda igualdade de (3) em relação a x, temos

$$\frac{\partial f_2}{\partial x} = \frac{\partial}{\partial x}\left(\frac{\partial u}{\partial y}\right) = \frac{\partial^2 u}{\partial x \partial y}.$$

Como as derivadas de $\vec{f}$ são contínuas em U, usando o teorema de Schwarz concluímos que

$$\frac{\partial f_1}{\partial y} = \frac{\partial f_2}{\partial x}.$$

Analogamente, obtemos as demais igualdades de (2).

6.9.4 Exemplos

Usando o teorema 6.9.3, o que podemos afirmar a respeito dos seguintes campos vetoriais $\vec{f}$ em D?

a) $\vec{f} = 2x^2y\vec{i} + 5xz\vec{j} + x^2y^2\vec{k}$ em $D = \mathbb{R}^3$.

b) $\vec{f} = (4xy + z)\vec{i} + 2x^2\vec{j} + x\vec{k}$ em $D = \mathbb{R}^3$.

c) $\vec{f} = \frac{-y}{x^2 + y^2}\vec{i} + \frac{x}{x^2 + y^2}\vec{j}$ em $D_1 = \{(x, y) \mid (x-3)^2 + y^2 < 1\}$ e $D_2 = \{(x, y) \mid 1 < x^2 + y^2 < 16\}$.

Solução de (a): Calculando as derivadas parciais, temos

$$\frac{\partial f_1}{\partial y} = 2x^2, \quad \frac{\partial f_2}{\partial x} = 5z,$$

$$\frac{\partial f_1}{\partial z} = 0, \quad \frac{\partial f_3}{\partial x} = 2xy^2,$$

$$\frac{\partial f_2}{\partial z} = 5x \quad \text{e} \quad \frac{\partial f_3}{\partial y} = 2x^2y.$$

Portanto, rot $\vec{f} \neq 0$ e, dessa forma, $\vec{f}$ não é um campo gradiente em $\mathbb{R}^3$.

Solução de (b): Nesse exemplo, o campo dado é contínuo com derivadas parciais de 1ª ordem contínuas em $\mathbb{R}^3$. Além disso,

$$\operatorname{rot} \vec{f} = \begin{vmatrix} \vec{i} & \vec{j} & \vec{k} \\ \dfrac{\partial}{\partial x} & \dfrac{\partial}{\partial y} & \dfrac{\partial}{\partial z} \\ 4xy + z & 2x^2 & x \end{vmatrix}$$

$$= (0 - 0)\vec{i} + (1 - 1)\vec{j} + (4x - 4x)\vec{k}$$

$$= \vec{0}.$$

Portanto, $\vec{f}$ é um campo conservativo em $\mathbb{R}^3$.

Solução de (c): Calculando as derivadas parciais, temos

$$\frac{\partial f_1}{\partial y} = \frac{\partial f_2}{\partial x} = \frac{y^2 - x^2}{(x^2 + y^2)^2}.$$

Além disso, essas derivadas são contínuas em todos os pontos $(x, y) \neq (0, 0)$. Porém, como o campo $\vec{f}$ e suas derivadas não estão definidos na origem, devemos tomar muito cuidado ao analisar o domínio.

A Figura 6.27 mostra os domínios D_1 e D_2.

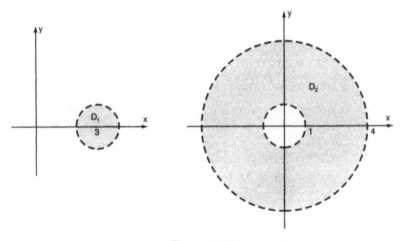

Figura 6.27

Podemos observar que D_1 é um domínio simplesmente conexo, que não contém a origem. Portanto, usando o teorema 6.9.3, concluímos que $\vec{f}$ é conservativo em D_1.

O domínio D_2 também não contém a origem. Mas ele apresenta um 'buraco'. Não é simplesmente conexo. Assim, usando o teorema 6.9.3, nada podemos concluir sobre a existência de uma função potencial para $\vec{f}$, em D_2. No Capítulo 9, veremos que $\vec{f}$ não é conservativo em D_2.

6.9.5 Cálculo de uma função potencial

Supondo que $\vec{f} = (f_1, f_2, f_3)$ é o gradiente de uma função potencial u em um domínio $U \subset \mathbb{R}^3$, podemos determinar u, usando as igualdades

$$\frac{\partial u}{\partial x} = f_1, \quad \frac{\partial u}{\partial y} = f_2 \quad \text{e} \quad \frac{\partial u}{\partial z} = f_3.$$

Os exemplos que seguem nos mostram o procedimento a ser adotado.

6.9.6 Exemplos

Exemplo 1: Verificar se o campo vetorial

$$\vec{f} = (yz + 2)\vec{i} + (xz + 1)\vec{j} + (xy + 2z)\vec{k}$$

é um campo gradiente em $\mathbb{R}^3$. Em caso afirmativo, encontrar uma função potencial u.

Solução: O campo vetorial $\vec{f}$ é um campo tal que f_1, f_2 e f_3 são funções contínuas que possuem derivadas parciais de 1ª ordem contínuas em $\mathbb{R}^3$.

Portanto, como

$$\frac{\partial f_1}{\partial y} = \frac{\partial f_2}{\partial x} = z \quad \frac{\partial f_1}{\partial z} = \frac{\partial f_3}{\partial x} = y \quad \text{e} \quad \frac{\partial f_2}{\partial z} = \frac{\partial f_3}{\partial y} = x,$$

concluímos que $\vec{f}$ admite uma função potencial u em $\mathbb{R}^3$.

Para determinar a função $u = u(x, y, z)$, vamos escrever

$$\frac{\partial u}{\partial x} = f_1 = yz + 2 \tag{4}$$

$$\frac{\partial u}{\partial y} = f_2 = xz + 1 \tag{5}$$

$$\frac{\partial u}{\partial z} = f_3 = xy + 2z \tag{6}$$

Integrando (4) em relação a x, vem

$$u = \int (yz + 2)dx = xyz + 2x + a(y, z). \tag{7}$$

Desse resultado e da relação (5), escrevemos

$$\frac{\partial u}{\partial y} = xy + \frac{\partial a}{\partial y} = xz + 1.$$

Logo, $\quad \dfrac{\partial a}{\partial y} = 1$ e, portanto

$$a = \int dy$$

$$= y + b(z).$$

Substituindo o valor de $a(y, z)$ na expressão (7), obtemos

$$u = xyz + 2x + y + b(z). \tag{8}$$

Desse resultado e de (6), vem

$$\frac{\partial u}{\partial y} = xy + \frac{db}{dz} = xy + 2z.$$

Logo, $\dfrac{\partial b}{\partial z} = 2z;$

$b = z^2 + c$, onde c é uma constante.

Finalmente, substituindo o valor de b em (8), obtemos

$$u = xyz + 2x + y + z^2 + c.$$

Essa expressão representa uma família de funções. Para cada valor atribuído à constante c, obtemos uma função potencial do campo $\vec{f}$.

Exemplo 2: A lei da gravitação de Newton estabelece que a força $\vec{f}$ de atração entre duas partículas de massa M e m é dada por

$$\vec{f} = -GmM\, r^{-3}\vec{r}$$

onde $\vec{r} = x\vec{i} + y\vec{j} + z\vec{k}$ e $r = |\vec{r}|$. Encontrar o potencial newtoniano u, tal que $\vec{f} = \operatorname{grad} u$.

Solução: Inicialmente, vamos reescrever $\vec{f}$,

$$\vec{f} = -GmM(x^2 + y^2 + z^2)^{-3/2}(x\vec{i} + y\vec{j} + z\vec{k}).$$

Calculando as derivadas parciais, temos

$$\frac{\partial f_1}{\partial y} = \frac{\partial f_2}{\partial x} = 3\,GmM xy\,(x^2 + y^2 + z^2)^{-5/2},$$

$$\frac{\partial f_1}{\partial z} = \frac{\partial f_3}{\partial x} = 3\,GmM xz\,(x^2 + y^2 + z^2)^{-5/2}$$

e $\quad \dfrac{\partial f_2}{\partial z} = \dfrac{\partial f_3}{\partial y} = 3\,GmM yz\,(x^2 + y^2 + z^2)^{-5/2}.$

Salientamos que o campo $\vec{f}$ está definido em $\mathbb{R}^3 - (0, 0, 0)$. Como o domínio de definição de $\vec{f}$ é simplesmente conexo e (2) é verificado, usando o teorema 6.9.3, podemos concluir que existe uma função potencial u.

Temos

$$\frac{\partial u}{\partial x} = -GmM x\,(x^2 + y^2 + z^2)^{-3/2} \tag{9}$$

$$\frac{\partial u}{\partial y} = -GmM y\,(x^2 + y^2 + z^2)^{-3/2} \tag{10}$$

$$\frac{\partial u}{\partial z} = -GmM z\,(x^2 + y^2 + z^2)^{-3/2}. \tag{11}$$

Integrando (9) em relação a x, obtemos

$$u = \int -GmM x\,(x^2 + y^2 + z^2)^{-3/2}\,dx$$

$$= GmM(x^2 + y^2 + z^2)^{-1/2} + a(y, z). \tag{12}$$

Derivando esse resultado em relação a y e usando (10), vem

$$\frac{\partial a}{\partial y} = 0 \text{ e então } a = b(z).$$

Logo, (12) pode ser reescrita como

$$u = GmM(x^2 + y^2 + z^2)^{-1/2} + b(z).$$

Derivando esse resultado em relação a z e usando (11), vem

$$\frac{db}{dz} = 0 \text{ e portanto } b \text{ é uma constante.}$$

Logo, o potencial de Newton é dado por

$$u = GmM(x^2 + y^2 + z^2)^{-1/2} + c.$$

6.10 Exercícios

1. Dado o campo vetorial $\vec{f}$, calcular div $\vec{f}$.
   a) $\vec{f}(x, y) = 2x^4 \vec{i} + e^{xy} \vec{j}$
   b) $\vec{f}(x, y) = \text{sen}^2 x \vec{i} + 2\cos x \vec{j}$
   c) $\vec{f}(x, y, z) = 2x^2 y^2 \vec{i} + 3xyz \vec{j} + y^2 z \vec{k}$
   d) $\vec{f}(x, y, z) = \ln xy \vec{i} + x \vec{j} + z \vec{k}$.

2. Um fluido escoa em movimento uniforme com velocidade $\vec{v}$ dada. Verificar se $\vec{v}$ representa um possível fluxo incompressível.
   a) $\vec{v} = z^2 \vec{i} + x \vec{j} + y^2 \vec{k}$
   b) $\vec{v} = 2 \vec{i} + x \vec{j} - \vec{k}$
   c) $\vec{v} = 2xy \vec{i} + x \vec{j}$.

3. Provar a propriedade (a) da Subseção 6.7.3.

4. Encontrar a divergência e o rotacional do campo vetorial dado.
   a) $\vec{f}(x, y, z) = (2x + 4z, y - z, 3x - yz)$
   b) $\vec{f}(x, y) = (x^2 + y^2, x^2 - y^2)$
   c) $\vec{f}(x, y, z) = (x^2, y^2, z^2)$
   d) $\vec{f}(x, y) = (e^x \cos y, e^x \, \text{sen} \, y)$
   e) $\vec{f}(x, y, z) = (xyz^3, 2xy^3, -x^2 yz)$
   f) $\vec{f}(x, y) = \left(\dfrac{-y}{\sqrt{x^2 + y^2}}, \dfrac{x}{\sqrt{x^2 + y^2}} \right),$
   $(x, y) \neq (0, 0)$
   g) $\vec{f}(x, y, z) = xy^2 z (\vec{i} + 2\vec{j} + 3\vec{k})$.

5. Determinar rot $\vec{f}$ sendo:
   a) $\vec{f} = \text{sen} \, xy \vec{i} + \cos xy \vec{j} + z \vec{k}$
   b) $\vec{f} = 2x^2 y \vec{i} + 3xz \vec{j} - y \vec{k}$
   c) $\vec{f} = (x + y) \vec{i} - \ln z \vec{k}$.

6. Provar a propriedade (a) da Subseção 6.8.3.

7. Sejam $\vec{f} = (xz, zy, xy)$ e $\vec{g} = (x^2, y^2, z^2)$. Determinar:
   a) $\nabla \cdot \vec{f}$
   b) $\nabla \cdot \vec{g}$
   c) $\nabla \times \vec{f}$
   d) $\nabla \times \vec{g}$
   e) $\nabla \times (\vec{f} \times \vec{g})$
   f) $(\nabla \times \vec{f}) \times \vec{g}$
   g) $(\nabla \times \vec{f}) \cdot (\nabla \times \vec{g})$.

8. Seja $\vec{u} = (x^2 - y^2) \cdot \nabla f$. Calcular div $\vec{u}$ no ponto $P(1, 2, 3)$ sendo:
   a) $f = \text{sen} \, xy + x$
   b) $f = xyz + 2xy$.

9. Se $f = 2x^3 yz$ e $v = x^3 \vec{i} + xz \vec{j} + \text{sen} \, x \vec{k}$, calcular:
   a) $(\nabla f) + \text{rot} \, \vec{v}$
   b) div $(f \vec{v})$
   c) rot $(f \vec{v})$.

10. Sendo $\vec{u} = 2xz \vec{i} + (x^2 - z^2) \vec{j} + (x^2 + 2z) \vec{k}$, calcular rot (rot $\vec{u}$).

11. Supondo que $\vec{v}$ representa a velocidade de um fluido em movimento, verificar se $\vec{v}$ representa um possível fluxo incompressível.
    a) $\vec{v}(x, y) = (2y - 3) \vec{i} + x^2 \vec{j}$
    b) $\vec{v}(x, y, z) = (x, y, z)$
    c) $\vec{v}(x, y, z) = (2x, -2y, 0)$
    d) $\vec{v}(x, y) = (-y, x)$
    e) $\vec{v}(x, y, z) = (2xz, -2yz, 2z)$.

12. Um fluido escoa em movimento uniforme no domínio $D = \{(x, y) \mid 0 \leq y \leq 8\}$. Se a velocidade em cada ponto é dada por $\vec{v} = (y + 1)\vec{i}$, verificar que todas as partículas se deslocam em linha reta e que $\vec{v}$ representa um possível fluxo incompressível.

13. Verificar se as seguintes funções são harmônicas em algum domínio.
    a) $f(x, y, z) = xz + \ln xy$
    b) $f(x, y) = 2(x^2 - y^2) + y + 10$
    c) $f(x, y) = \operatorname{sen} x \cosh y$
    d) $f(x, y, z) = x^2 + y^2 + z^2$
    e) $f(x, y, z) = x^2 - \dfrac{1}{2}y^2 - \dfrac{1}{2}z^2$
    f) $f(x, y, z) = x + y + z$
    g) $f(x, y) = e^x \cos y$.

14. Verificar se o campo dado é irrotacional.
    a) $\vec{f}(x, y, z) = (yz, xz, xy)$
    b) $\vec{f}(x, y, z) = (xyz, 2x - 1, x^2 z)$
    c) $\vec{f}(x, y, z) = (yze^{xyz}, xze^{xyz}, xye^{xyz})$
    d) $\vec{f}(x, y, z) = (2x + \cos yz, -xz \operatorname{sen} yz, -xy \operatorname{sen} yz)$
    e) $\vec{f}(x, y, z) = (x^2, y^2, z^2)$.

15. Um escoamento é representado pelo campo de velocidade
    $$\vec{v} = (y^2 + z^2)\vec{i} + xz\vec{j} + 2x^2 y^2 \vec{k}.$$
    Verificar se o escoamento é:
    a) um possível escoamento incompressível;
    b) irrotacional.

16. Para um escoamento no plano xy, a componente em x da velocidade é dada por $2xy + x^2 + y^2$. Determinar uma possível componente em y para escoamento incompressível.

17. Mostrar que, se $f(x, y, z)$ é solução da equação de Laplace, ∇f é um campo vetorial que é, ao mesmo tempo, solenoidal e irrotacional.

18. Usando o teorema 6.9.3, o que se pode afirmar sobre o campo vetorial dado?
    a) $\vec{f}(x, y) = (e^x \operatorname{sen} y, e^x \cos y)$ em $\mathbb{R}^2$
    b) $\vec{f}(x, y) = \left(\dfrac{x}{(x^2 + y^2)^{3/2}}, \dfrac{y}{(x^2 + y^2)^{3/2}}\right)$ em
    $D = \{(x, y) \mid (x - 3)^2 + (y - 5)^2 < 3\}$

    c) $\vec{f}(x, y) = \left(\dfrac{x}{(x^2 + y^2)^{3/2}}, \dfrac{y}{(x^2 + y^2)^{3/2}}\right)$
    em $D = \{(x, y) \mid x^2 + y^2 < 1\}$

    d) $\vec{f}(x, y, z) = \left(\dfrac{x}{(x^2 + y^2 + z^2)^{3/2}}, \dfrac{y}{(x^2 + y^2 + z^2)^{3/2}}, \dfrac{z}{(x^2 + y^2 + z^2)^{3/2}}\right)$ em
    $D = \{(x, y, z) \mid 0 < x^2 + y^2 + z^2 < 1\}$

    e) $\vec{f}(x, y, z) = (x^2 \operatorname{sen} y + z, y \cos y + 1, z^2 - xy)$ em $\mathbb{R}^3$
    f) $\vec{f}(x, y) = (x^2 + y, y^2 - x)$ em $\mathbb{R}^2$
    g) $\vec{f}(x, y, z) = (-\operatorname{sen} x + \cos x, z, y)$ em $\mathbb{R}^3$
    h) $\vec{f}(x, y) = (\operatorname{sen} x, \cos y)$ em $\mathbb{R}^2$.

19. Verificar se os seguintes campos vetoriais são conservativos em algum domínio. Em caso afirmativo, encontrar uma função potencial.
    a) $\vec{f} = 2x\vec{i} + 5yz\vec{j} + x^2 y^2 z^2 \vec{k}$
    b) $\vec{f} = (1 + y \operatorname{sen} x)\vec{i} + (1 - \cos x)\vec{j}$
    c) $\vec{f} = \ln xy \vec{i} + \ln yz \vec{j} + \ln zx \vec{k}$
    d) $\vec{f} = \left(y^2 - 3 - \dfrac{y}{x^2 + xy}\right)\vec{i} + \left(\dfrac{1}{x + y} + 2xy + 2y\right)\vec{j}$
    e) $\vec{f} = (10xz + y \operatorname{sen} xy)\vec{i} + x \operatorname{sen} xy \vec{j} + 5x^2 \vec{k}$
    f) $\vec{f} = e^x \vec{i} + 2e^y \vec{j} + 3e^z \vec{k}$.

20. Encontrar uma função potencial para o campo $\vec{f}$, no domínio especificado:
    a) $\vec{f}(x, y, z) = \left(\dfrac{x}{(x^2 + y^2 + z^2)^{3/2}}, \dfrac{y}{(x^2 + y^2 + z^2)^{3/2}}, \dfrac{z}{(x^2 + y^2 + z^2)^{3/2}}\right)$
    em qualquer domínio simplesmente conexo que não contém a origem.
    b) $\vec{f}(x, y, z) = \left(\dfrac{2x}{x^2 + y^2 + z^2}, \dfrac{2y}{x^2 + y^2 + z^2}, \dfrac{2z}{x^2 + y^2 + z^2}\right)$
    em qualquer domínio simplesmente conexo que não contém a origem.
    c) $\vec{f}(x, y, z) = (ye^z, xe^z, xye^z)$ em $\mathbb{R}^3$.

7 Integral Dupla

Neste capítulo, vamos estudar a integral dupla, que constitui uma extensão natural do conceito de integral definida para as funções de duas variáveis. Por meio dela, analisaremos diversas situações envolvendo cálculo de áreas e volumes e determinaremos algumas grandezas físicas, tais como massa e momento de inércia.

Devido à complexidade de um tratamento matemático rigoroso, procuraremos explorar as idéias de maneira mais informal e intuitiva, visando à compreensão dos conceitos e suas aplicações. Alguns resultados que não serão demonstrados poderão ser encontrados em textos mais avançados de Análise Matemática.

7.1 Definição

Vamos considerar uma função $z = f(x, y)$ definida em uma região fechada e limitada R do plano xy, como mostra a Figura 7.1.

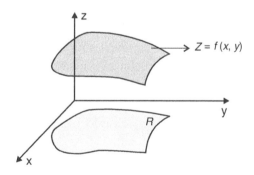

Figura 7.1

Traçando retas paralelas aos eixos dos x e dos y, respectivamente, recobrimos a região R por pequenos retângulos (ver Figura 7.2a).

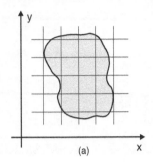
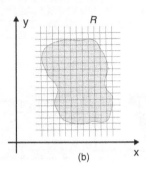

Figura 7.2

Consideremos somente os retângulos R_k que estão totalmente contidos em R, numerando-os de 1 até n.
Em cada retângulo R_k, escolhemos um ponto (x_k, y_k) e formamos a soma

$$\sum_{k=1}^{n} f(x_k, y_k)\, \Delta A_k, \qquad (1)$$

onde $\Delta A_k = \Delta x_k \cdot \Delta y_k$ é a área do retângulo R_k.

Suponhamos, agora, que mais retas paralelas aos eixos dos x e dos y são traçadas, tornando as dimensões dos retângulos cada vez menores, como mostra a Figura 7.2b. Fazemos isso de tal maneira que a diagonal máxima dos retângulos R_k tende a zero quando n tende ao infinito. Nessa situação, se

$$\lim_{n \to \infty} \sum_{k=1}^{n} f(x_k, y_k)\, \Delta A_k \qquad (2)$$

existe, ele é chamado integral dupla de $f(x, y)$ sobre a região R.

Denotamos

$$\iint_R f(x, y)\, dA \quad \text{ou} \quad \iint_R f(x, y)\, dx\, dy.$$

Observamos que:

a) A região R é denominada *região de integração*.
b) A soma (1) é chamada soma de Riemann de $z = f(x, y)$ sobre R.
c) O limite (2) deve ser independente da escolha das retas que subdividem a região R e dos pontos (x_k, y_k) tomados nos retângulos R_k.
d) A existência do limite (2) depende da função $z = f(x, y)$ e também da região R. Em nosso estudo, vamos supor que o contorno da região R é formado por um número finito de arcos de curvas 'suaves', isto é, de arcos de curvas que não contêm pontos angulosos. Nesse caso, se f é contínua sobre R, temos a garantia da existência da integral dupla.

Veremos agora que, quando $z = f(x, y) \geq 0$, a integral dupla pode ser interpretada como um volume.

7.2 Interpretação Geométrica da Integral Dupla

Suponhamos que $z = f(x, y)$ seja maior ou igual a zero sobre R. Observando a Figura 7.3, vemos que o produto

$$f(x_k, y_k)\, \Delta A_k$$

representa o volume de um prisma reto, cuja base é o retângulo R_k e cuja altura é $f(x_k, y_k)$.

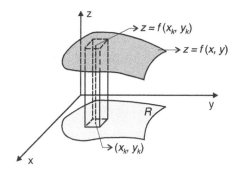

Figura 7.3

A soma de Riemann

$$\sum_{k=1}^{n} f(x_k, y_k)\, \Delta A_k$$

representa uma aproximação do volume da porção do espaço compreendida abaixo do gráfico de $z = f(x, y)$ e acima da região R do plano xy.

Assim, quando $f(x, y) \geq 0$, a $\iint_R f(x, y)\,dxdy$ nos dá o volume do sólido delimitado superiormente pelo gráfico de $z = f(x, y)$, inferiormente pela região R e lateralmente pelo 'cilindro' vertical cuja base é o contorno de R (ver Figura 7.4).

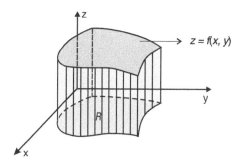

Figura 7.4

7.3 Propriedades da Integral Dupla

Para enunciar as propriedades que seguem, estamos supondo que a fronteira da região de integração R é formada por um número finito de arcos de curvas suaves e que as funções $f(x, y)$ e $g(x, y)$ são contínuas sobre a região R. Dessa forma, temos a garantia da existência das integrais duplas envolvidas.

7.3.1 Proposição

a) $\iint_R k\, f(x, y)\,dA = k \iint_R f(x, y)\,dA$, para todo k real.

b) $\iint_R [f(x, y) + g(x, y)]\,dA = \iint_R f(x, y)\,dA + \iint_R g(x, y)\,dA$.

c) Se $f(x, y) \geq g(x, y)$, para todo $(x, y) \in R$, então $\iint_R f(x, y)\,dA \geq \iint_R g(x, y)\,dA$.

d) Se $f(x, y) \geq 0$ para todo (x, y) pertencente à região R, então $\iint_R f(x, y)\,dA \geq 0$.

e) Se a região R é composta de duas sub-regiões R_1 e R_2 que não têm pontos em comum, exceto possivelmente os pontos de suas fronteiras (ver Figura 7.5), então

$$\iint_R f(x, y)\,dA = \iint_{R_1} f(x, y)\,dA + \iint_{R_2} f(x, y)\,dA.$$

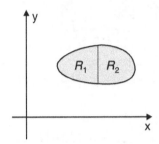

Figura 7.5

Para provar essas propriedades, usamos a definição da integral dupla e propriedades de limites. Para exemplificar, vamos provar o item (b).

Prova de (b)

Estamos supondo que as integrais $\iint_R f(x, y)\,dA$ e $\iint_R g(x, y)\,dA$ existem.

Portanto, existem, respectivamente, os limites

$$\lim_{n\to\infty} \sum_{k=1}^{n} f(x_k, y_k)\,\Delta A_k \quad \text{e} \quad \lim_{n\to\infty} \sum_{k=1}^{n} g(x_k, y_k)\,\Delta A_k.$$

Escrevemos, então,

$$\iint_R [f(x, y) + g(x, y)]\,dA = \lim_{n\to\infty} \sum_{k=1}^{n} [f(x_k, y_k) + g(x_k, y_k)]\,\Delta A_k$$

$$= \lim_{n\to\infty} \sum_{k=1}^{n} f(x_k, y_k)\,\Delta A_k + \lim_{n\to\infty} \sum_{k=1}^{n} g(x_k, y_k)\,\Delta A_k$$

$$= \iint_R f(x, y)\,dA + \iint_R g(x, y)\,dA.$$

Observamos que essa propriedade pode ser estendida para um número finito de funções,

$$\iint_R [f_1(x, y) + f_2(x, y) + \ldots + f_n(x, y)]\,dA = \iint_R f_1(x, y)\,dA + \iint_R f_2(x, y)\,dA + \ldots + \iint_R f_n(x, y)\,dA$$

Vale também

$$\iint_R [f(x, y) - g(x, y)]\,dA = \iint_R f(x, y)\,dA - \iint_R g(x, y)\,dA.$$

7.4 Cálculo das Integrais Duplas

Quando temos uma região de integração de um dos seguintes tipos:

Tipo I: $\begin{cases} f_1(x) \leq y \leq f_2(x) \\ a \leq x \leq b \end{cases}$, com $f_1(x)$ e $f_2(x)$ contínuas em $[a, b]$

Tipo II: $\begin{cases} g_1(y) \leq x \leq g_2(y) \\ c \leq y \leq d \end{cases}$, com $g_1(y)$ e $g_2(y)$ contínuas em $[c, d]$,

podemos calcular as integrais duplas de uma forma bastante simples, por meio de duas integrações sucessivas.

1º Caso: R é do Tipo I

A Figura 7.6 ilustra esse caso.

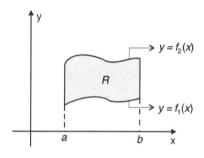

Figura 7.6

Nesse caso, a integral dupla

$$\iint_R f(x, y) \, dx \, dy$$

é calculada por meio da seguinte integral, dita *iterada*:

$$\int_a^b \left[\int_{f_1(x)}^{f_2(x)} f(x, y) \, dy \right] dx \qquad (1)$$

Vamos justificar a expressão (1) considerando a interpretação geométrica da integral dupla. Supondo que a função $f(x, y) \geq 0$ é contínua sobre R, para cada valor fixo de x a integral interna

$$\int_{f_1(x)}^{f_2(x)} f(x, y) \, dy$$

é uma integral definida, com relação a y, da função $f(x, y)$. Essa integral pode ser interpretada como a área de uma seção transversal, perpendicular ao eixo dos x, do sólido cujo volume está sendo calculado (ver Figura 7.7).

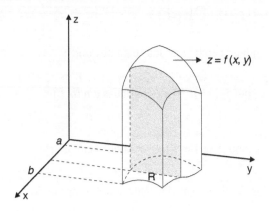

Figura 7.7

Indicando por $A(x)$ essa área, temos

$$A(x) = \int_{f_1(x)}^{f_2(x)} f(x, y)dy.$$

Assim, a integral iterada (1) pode ser reescrita como

$$\int_a^b A(x)dx. \qquad (2)$$

Finalmente, se escrevermos a integral (2) como o limite de uma soma de Riemann, isto é,

$$\int_a^b A(x)dx = \lim_{\max \Delta x_k \to 0} \sum_{k=1}^n A(x_k)\,\Delta x_k,$$

então, geometricamente, podemos ver que a integral (1) ou (2) representa o volume que está sendo calculado por

$$\iint_R f(x, y)dxdy.$$

2º Caso: R é do Tipo II

A Figura 7.8 ilustra esse caso.

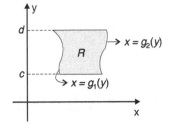

Figura 7.8

Nesse caso, de modo análogo ao 1º caso, temos

$$\iint_R f(x,y)dxdy = \int_c^d \left[\int_{g_1(y)}^{g_2(y)} f(x,y)dx \right] dy.$$

Observamos que:

a) Os resultados apresentados no 1º e 2º casos podem ser formalizados em um teorema, cuja demonstração pode ser encontrada em livros de Cálculo Avançado ou Análise Matemática.
b) Quando a região R não é exatamente do Tipo I ou II, em alguns casos podemos particioná-la convenientemente e calcular a integral dupla usando a propriedade 7.3.1(e).

Os exemplos que seguem ilustram o cálculo das integrais duplas através de integrais iteradas.

7.5 Exemplos

Exemplo 1: Calcular o volume do sólido delimitado superiormente pelo gráfico de $z = 4 - x - y$, inferiormente pela região R delimitada por $x = 0$, $x = 2$, $y = 0$ e $y = \dfrac{1}{4}x + \dfrac{1}{2}$ e lateralmente pelo cilindro vertical cuja base é o contorno de R.

Solução: A Figura 7.9 ilustra o sólido.

Como vimos na interpretação geométrica da integral dupla, o volume desse sólido é dado por

$$V = \iint_R (4 - x - y)dxdy.$$

A região R, que é ilustrada na Figura 7.10, é uma região do Tipo I, que pode ser descrita por

$$R: \begin{cases} 0 \leq y \leq \dfrac{1}{4}x + \dfrac{1}{2} \\ 0 \leq x \leq 2 \end{cases}$$

Temos, então,

$$V = \int_0^2 \left[\int_0^{\frac{1}{4}x + \frac{1}{2}} (4 - x - y)dy \right] dx.$$

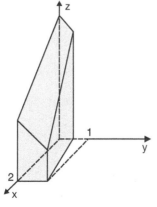

Figura 7.9

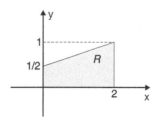

Figura 7.10

Vamos, primeiro, calcular a integral interna. Temos

$$\int_0^{\frac{1}{4}x+\frac{1}{2}} (4 - x - y)\,dy = 4y - xy - \frac{y^2}{2} \Big|_0^{\frac{1}{4}x+\frac{1}{2}}$$

$$= 4\left(\frac{1}{4}x + \frac{1}{2}\right) - x\left(\frac{1}{4}x + \frac{1}{2}\right) - \frac{\left(\frac{1}{4}x + \frac{1}{2}\right)^2}{2}$$

$$= \frac{-9}{32}x^2 + \frac{3}{8}x + \frac{15}{8}.$$

Assim, o volume V é dado por

$$V = \int_0^2 \left(\frac{-9}{32}x^2 + \frac{3}{8}x + \frac{15}{8}\right) dx = \frac{15}{4} \text{ unidades de volume.}$$

Exemplo 2: Calcular a integral

$$I = \iint_R (x + y)\, dA$$

onde R é a região limitada por $y = x^2$ e $y = 2x$.

Solução: A região de integração é apresentada na Figura 7.11.

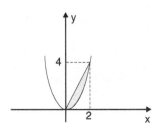

Figura 7.11

É fácil visualizar que a região R pode ser enquadrada nos dois tipos descritos na Seção 7.4. Temos

$$R: \begin{cases} x^2 \leq y \leq 2x \\ 0 \leq x \leq 2 \end{cases} \qquad (1)$$

ou

$$R: \begin{cases} \dfrac{y}{2} \leq x \leq \sqrt{y} \\ 0 \leq y \leq 4 \end{cases} \qquad (2)$$

Assim, a integral dada pode ser calculada de duas maneiras. A seguir, ilustramos as duas opções possíveis.

1ª maneira: Integrando primeiro em relação a y.
Usando (1), temos

$$\iint_R (x+y)\, dA = \int_0^2 \left[\int_{x^2}^{2x} (x+y)\, dy \right] dx$$

$$= \int_0^2 \left[\left(xy + \frac{y^2}{2}\right)\Big|_{x^2}^{2x} \right] dx$$

$$= \int_0^2 \left[x(2x - x^2) + \frac{1}{2}(4x^2 - x^4) \right] dx$$

$$= \frac{52}{15}.$$

2ª maneira: Integrando primeiro em relação a x.
Usando (2), escrevemos

$$\iint_R (x+y)\, dA = \int_0^4 \left[\int_{\frac{y}{2}}^{\sqrt{y}} (x+y)\, dx \right] dy$$

$$= \int_0^4 \left[\left(\frac{x^2}{2} + yx\right)\Big|_{\frac{y}{2}}^{\sqrt{y}} \right] dy$$

$$= \int_0^4 \left[\frac{1}{2}\left(y - \frac{y^2}{4}\right) + y\left(\sqrt{y} - \frac{y}{2}\right) \right] dy$$

$$= \frac{52}{15}.$$

Observamos que, nesse exemplo, as duas opções envolvem praticamente os mesmos cálculos. Em alguns casos, uma boa escolha da ordem de integração pode simplificar bastante o trabalho. Em outros, pode não ser possível calcular a integral dupla para uma escolha e ser possível para a outra. Os dois próximos exemplos ilustram essas situações.

Exemplo 3: Calcular $I = \iint_R y\, \text{sen}\, xy\, dx dy$, onde R é o retângulo de vértices $\left(0, \frac{\pi}{2}\right)$, $\left(1, \frac{\pi}{2}\right)$, $(1, \pi)$ e $(0, \pi)$.

Solução: Como a região R é um retângulo, ela pode ser enquadrada nos dois tipos descritos na Seção 7.4.
Integrando primeiro em relação à variável x, temos:

$$I = \int_{\frac{\pi}{2}}^{\pi} \left[\int_0^1 y\, \text{sen}\, xy\, dx \right] dy$$

$$= \int_{\frac{\pi}{2}}^{\pi} -\cos xy \Big|_0^1\, dy$$

$$= \int_{\frac{\pi}{2}}^{\pi} [-\cos y + \cos 0] \, dy$$

$$= (-\operatorname{sen} y + y)\Big|_{\frac{\pi}{2}}^{\pi}$$

$$= 1 + \frac{\pi}{2}.$$

Observamos que, se a escolha recaísse em integrar primeiro em relação à variável y, a integral interna seria

$$\int_{\frac{\pi}{2}}^{\pi} y \operatorname{sen} xy \, dy,$$

que exige integração por partes.

Assim, a escolha adequada da ordem de integração simplificou os cálculos.

Exemplo 4: Calcular a integral

$$I = \int_0^1 \int_{4x}^4 e^{-y^2} dy \, dx.$$

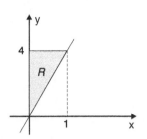

Solução: Nesse caso, não é possível calcular a integral com a ordem de integração dada, pois a função $f(y) = e^{-y^2}$ não possui primitiva entre as funções elementares do Cálculo.

A região R é dada por

$$R: \begin{cases} 4x \leq y \leq 4 \\ 0 \leq x \leq 1 \end{cases}$$

Figura 7.12

e é ilustrada na Figura 7.12.

Podemos observar que R também é uma região do Tipo II, podendo ser descrita por

$$R: \begin{cases} 0 \leq x \leq \dfrac{y}{4} \\ 0 \leq y \leq 4 \end{cases}$$

Temos, assim,

$$I = \int_0^1 \left[\int_{4x}^4 e^{-y^2} dy \right] dx$$

$$= \int_0^4 \left[\int_0^{\frac{1}{4}y} e^{-y^2} dx \right] dy$$

$$= \int_0^4 \left[e^{-y^2} x \Big|_0^{\frac{1}{4}y} \right] dy$$

$$= \int_0^4 e^{-y^2} \frac{1}{4} y \, dy$$

$$= \frac{1}{8}[1 - e^{-16}].$$

Exemplo 5: Calcular

$$\iint_R \sqrt{y}\,\text{sen}\,(x\sqrt{y})\,dA$$

onde R é a região delimitada por $x = 0$, $y = \dfrac{\pi}{2}$ e $x = \sqrt{y}$.

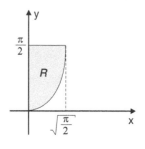

Figura 7.13

Solução: A região R está ilustrada na Figura 7.13.

Nesse exemplo, a região R também pode ser descrita de duas maneiras. No entanto, é conveniente usar

$$R:\begin{cases} 0 \le x \le \sqrt{y} \\ 0 \le y \le \dfrac{\pi}{2} \end{cases}$$

Temos

$$\iint_R \sqrt{y}\,\text{sen}\,(x\sqrt{y})\,dA = \int_0^{\frac{\pi}{2}} \int_0^{\sqrt{y}} \sqrt{y}\,\text{sen}\,(x\sqrt{y})\,dxdy$$

$$= \int_0^{\frac{\pi}{2}} -\cos(x\sqrt{y})\bigg|_0^{\sqrt{y}} dy$$

$$= \int_0^{\frac{\pi}{2}} [-\cos(\sqrt{y}\sqrt{y}) + \cos 0]\,dy$$

$$= \int_0^{\frac{\pi}{2}} [-\cos y + 1]\,dy$$

$$= \frac{\pi - 2}{2}.$$

Exemplo 6: Descrever a região de integração da integral

$$\int_{-2}^{2} \int_{-\sqrt{4-x^2}}^{\sqrt{4-x^2}} f(x, y)\,dydx$$

e inverter a ordem de integração.

Solução: Podemos descrever a região de integração gráfica e analiticamente.

Analiticamente, temos

$$R: \begin{cases} -\sqrt{4-x^2} \le y \le \sqrt{4-x^2} \\ -2 \le x \le 2 \end{cases}$$

Essa região pode ser visualizada na Figura 7.14.

Portanto, a região de integração está delimitada pela circunferência $x^2 + y^2 = 4$.

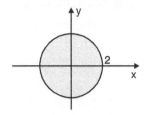

Figura 7.14

Vamos inverter a ordem de integração. Temos a região descrita como

$$R: \begin{cases} -\sqrt{4-y^2} \le x \le \sqrt{4-y^2} \\ -2 \le y \le 2 \end{cases}$$

e, assim,

$$\int_{-2}^{2} \int_{-\sqrt{4-x^2}}^{\sqrt{4-x^2}} f(x,y)\, dy dx = \int_{-2}^{2} \int_{-\sqrt{4-y^2}}^{\sqrt{4-y^2}} f(x,y)\, dx dy.$$

Exemplo 7: Calcular $\iint_R xy\, dA$, onde R é o triângulo OAB da Figura 7.15.

Solução: Para desenvolver esse exemplo, é necessário conhecer as equações das retas que delimitam o triângulo OAB. Temos:

a) A reta que passa por $O = (0,0)$ e $A = (2,1)$ é dada por $y = \dfrac{1}{2}x$.

b) A reta que passa por $O = (0,0)$ e $B = (1,2)$ é dada por $y = 2x$.

c) A reta que passa por $A = (2,1)$ e $B = (1,2)$ é dada por $y = -x + 3$.

Assim, a região R é delimitada por $y = \dfrac{1}{2}x$, $y = 2x$ e $y = -x + 3$.

Observando a Figura 7.15, vemos que a região R não se enquadra nos dois tipos vistos anteriormente. Vamos, então, particionar a região R em duas regiões convenientes, como mostra a Figura 7.16.

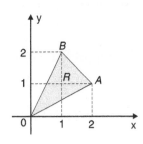
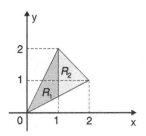

Figura 7.15   Figura 7.16

Temos que:

A região R_1 é delimitada por $x = 1$, $y = \dfrac{1}{2}x$ e $y = 2x$.

A região R_2 é delimitada por $x = 1$, $y = \dfrac{1}{2}x$ e $y = -x + 3$.

Usando a propriedade 7.3.1(e), temos

$$\iint_R xy\, dA = \iint_{R_1} xy\, dA + \iint_{R_2} xy\, dA.$$

Resolvendo as integrais, obtemos

$$\iint_{R_1} xy\, dA = \int_0^1 \int_{\frac{1}{2}x}^{2x} xy\, dy\, dx$$

$$= \int_0^1 x \cdot \frac{y^2}{2} \Big|_{\frac{1}{2}x}^{2x} dx$$

$$= \int_0^1 \frac{x}{2} \cdot \left(4x^2 - \frac{x^2}{4}\right) dx$$

$$= \int_0^1 \frac{15}{8} x^3 dx$$

$$= \frac{15}{32}.$$

$$\iint_{R_2} xy\, dA = \int_1^2 \int_{\frac{1}{2}x}^{-x+3} xy\, dy\, dx$$

$$= \int_1^2 \frac{x}{2} \cdot \left((-x+3)^2 - \frac{x^2}{4}\right) dx$$

$$= \frac{37}{32}.$$

Portanto,

$$\iint_R xy\, dA = \frac{15}{32} + \frac{37}{32}$$

$$= \frac{13}{8}.$$

7.6 Exercícios

1. Calcular $\iint_R f(x, y)\, dx\, dy$, onde:

a) $f(x, y) = xe^{xy}$; R é o retângulo $1 \leq x \leq 3$, $0 \leq y \leq 1$

b) $f(x, y) = ye^{xy}$; R é o retângulo $0 \leq x \leq 3$, $0 \leq y \leq 1$

c) $f(x, y) = x\cos xy$; R é o retângulo $0 \leq x \leq 2$, $0 \leq y \leq \frac{\pi}{2}$

d) $f(x, y) = y\ln x$; R é o retângulo $2 \leq x \leq 3$, $1 \leq y \leq 2$

e) $f(x, y) = \dfrac{1}{x + y}$; R é o quadrado $1 \leq x \leq 2$, $1 \leq y \leq 2$.

2. Esboçar a região de integração e calcular as integrais iteradas seguintes:

a) $\displaystyle\int_0^1 \int_x^{2x} (2x + 4y)\, dy dx$

b) $\displaystyle\int_0^2 \int_{-y}^{y} (xy^2 + x)\, dx dy$

c) $\displaystyle\int_1^e \int_{\ln x}^{1} x\, dy dx$

d) $\displaystyle\int_1^e \int_0^{\ln x} \dfrac{1}{e - e^y}\, dy dx$

e) $\displaystyle\int_0^{\pi} \int_0^{\operatorname{sen} x} y\, dy dx$

f) $\displaystyle\int_0^1 \int_0^{\sqrt{1-y^2}} x\, dx dy$

g) $\displaystyle\int_{-1}^1 \int_{\sqrt{1-x^2}}^{\sqrt{4-x^2}} x\, dy dx$

h) $\displaystyle\int_0^1 \int_{x^2}^{\sqrt{x}} 2xy\, dy dx$

i) $\displaystyle\int_1^2 \int_0^x y \ln x\, dy dx$

j) $\displaystyle\int_0^1 \int_0^y \sqrt{x + y}\, dx dy$

k) $\displaystyle\int_0^1 \int_0^1 \sec^3 x\, dy dx$

l) $\displaystyle\int_0^1 \int_{-1}^1 |x + y|\, dx dy$

m) $\displaystyle\int_{-1}^1 \int_{-1}^{|x|} (x^2 - 2y^2)\, dy dx$

n) $\displaystyle\int_{-1}^2 \int_0^{x+1} x^2\, dy dx$

3. Inverter a ordem de integração

a) $\displaystyle\int_0^4 \int_0^{y/2} f(x, y)\, dx dy$

b) $\displaystyle\int_0^1 \int_{x^3}^{x^2} f(x, y)\, dy dx$

c) $\displaystyle\int_1^2 \int_0^{e^x} f(x, y)\, dy dx$

d) $\displaystyle\int_{-1}^3 \int_0^{-x^2+2x+3} f(x, y)\, dy dx$

e) $\displaystyle\int_0^{\pi/4} \int_{\frac{2\sqrt{2}}{\pi}x}^{\operatorname{sen} x} f(x, y)\, dy dx$

f) $\displaystyle\int_0^2 \int_0^{y^2} f(x, y)\, dx dy$

g) $\displaystyle\int_0^1 \int_{2x}^{3x} f(x, y)\, dy dx$.

4. Calcular $\displaystyle\iint_R (x + 4)\, dx dy$, onde R é o retângulo $0 \leq x \leq 2$, $0 \leq y \leq 6$. Interpretar geometricamente.

5. Calcular $\displaystyle\iint_R (8 - x - y)\, dx dy$, onde R é a região delimitada por $y = x^2$ e $y = 4$.

6. Calcular $\displaystyle\iint_R \sqrt{x}\, \operatorname{sen}(\sqrt{xy})\, dx dy$, onde R é a região delimitada por $y = 0$, $x = \dfrac{\pi}{2}$ e $y = \sqrt{x}$.

7. Calcular $\iint\limits_R \text{sen } x \text{ sen } y \, dxdy$, onde R é o retângulo $0 \leq x \leq \frac{\pi}{2}, 0 \leq y \leq \frac{\pi}{2}$.

8. Calcular $\iint\limits_R \frac{y \ln x}{x} \, dydx$, onde R é o retângulo $1 \leq x \leq 2, -1 \leq y \leq 1$.

9. Calcular $\iint\limits_R (x^2 + y^2) \, dxdy$, onde R é a região delimitada por $y = \sqrt{x}, x = 4$ e $y = 0$.

10. Calcular $\iint\limits_R \frac{dydx}{(x+y)^2}$, onde R é o retângulo $3 \leq x \leq 4, 1 \leq y \leq 2$.

11. Calcular $\iint\limits_R (2x + y) \, dxdy$, onde R é a região delimitada por $x = y^2 - 1; x = 5; y = -1$ e $y = 2$.

12. Calcular $\iint\limits_R \frac{x^2}{y^2} \, dxdy$, onde R é a região delimitada por $y = x; y = \frac{1}{x}$ e $x = 2$.

13. Calcular $\iint\limits_R (x + y) \, dxdy$, onde R é a região delimitada por $y = x^2 + 1; y = -1 - x^2; x = -1$ e $x = 1$.

14. Calcular $\iint\limits_R e^{-x^2} \, dxdy$, sendo R a região delimitada por $x = 4y, y = 0$ e $x = 4$.

15. Calcular $\iint\limits_R (x + 1) \, dxdy$, sendo R a região delimitada por $|x| + |y| = 1$.

16. Calcular $\iint\limits_R 2y \, dxdy$, sendo R a região delimitada por $y = x^2$ e $y = 3x - 2$.

17. Calcular $\iint\limits_R x \, dxdy$, sendo R a região delimitada por $y = -x, y = 4x$ e $y = \frac{3}{2}x + \frac{5}{2}$.

18. Calcular $\iint\limits_R y \, dxdy$, sendo R a região delimitada por $x = 0, x = y^2 + 1, y = 2$ e $y = -2$.

19. Sejam $p(x)$ e $q(y)$ funções contínuas. Se R é o retângulo $[a, b] \times [c, d]$, verificar que
$$\iint\limits_R p(x) \, q(y) \, dxdy = \int_a^b p(x) \, dx \cdot \int_c^d q(y) \, dy.$$

20. Calcular $\iint\limits_R (x + y) \, dxdy$, onde R é a região descrita na Figura 7.17.

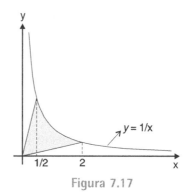

Figura 7.17

21. Calcular $\iint\limits_R (1 + x + y) \, dxdy$, onde R é delimitada pelo triângulo $(1, 1), (1, 2)$ e $(2, -1)$.

22. Calcular $\iint\limits_R x \, dxdy$, onde R é a região descrita na Figura 7.18.

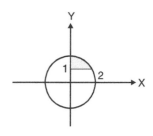

Figura 7.18

23. Calcular $\iint\limits_R \dfrac{dx\,dy}{\sqrt{1-x+y}}$, onde R é a região descrita na Figura 7.19.

24. Calcular $\iint\limits_R e^{x^2}\,dy\,dx$, onde R é a região descrita na Figura 7.20.

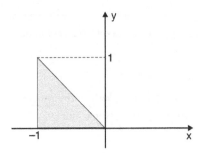

Figura 7.19

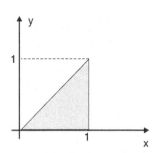

Figura 7.20

7.7 Mudança de Variáveis em Integrais Duplas

Na integração de funções de uma variável, a fórmula de mudança de variável ou substituição é usada para transformar uma integral dada em outra mais simples. Temos

$$\int_a^b f(x)\,dx = \int_c^d f(g(t))g'(t)\,dt,$$

onde $a = g(c)$ e $b = g(d)$.

Quando utilizamos essa fórmula para calcular uma integral definida, a mudança de variável vem acompanhada por uma correspondente mudança nos limites de integração.

Para as integrais duplas, podemos utilizar um procedimento análogo. Por meio de uma mudança de variáveis

$$x = x(u,v) \quad y = y(u,v) \tag{1}$$

uma integral dupla sobre uma região R do plano xy pode ser transformada em uma integral dupla sobre uma região R' do plano uv.

Geometricamente, podemos dizer que as equações (1) definem uma *aplicação* ou *transformação* que faz corresponder pontos (u, v) do plano uv a pontos (x, y) do plano xy. Por meio dessa aplicação, a região R' do plano uv é aplicada *sobre* a região R do plano xy (ver Figura 7.21).

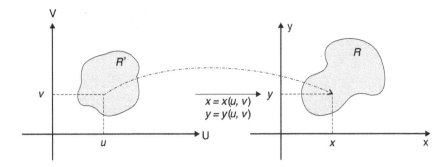

Figura 7.21

Se a transformação leva pontos distintos de R' a pontos distintos de R, dizemos que ela é uma aplicação um por um. Nesse caso, a correspondência entre as regiões R e R' é bijetora, e podemos retornar de R para R' pela transformação inversa

$$u = u(x, y) \quad v = v(x, y). \tag{2}$$

Considerando que as funções em (1) e (2) são contínuas, com derivadas parciais contínuas em R' e R, respectivamente, temos

$$\iint_R f(x, y) dx dy = \iint_{R'} f(x(u, v), y(u, v)) \left| \frac{\partial(x, y)}{\partial(u, v)} \right| du dv \tag{3}$$

onde $\dfrac{\partial(x, y)}{\partial(u, v)}$ é o determinante jacobiano de x e y em relação a u e v, dado por

$$\frac{\partial(x, y)}{\partial(u, v)} = \begin{vmatrix} \dfrac{\partial x}{\partial u} & \dfrac{\partial x}{\partial v} \\ \dfrac{\partial y}{\partial u} & \dfrac{\partial y}{\partial v} \end{vmatrix}.$$

Observamos que:

a) Uma discussão das condições gerais sob as quais a fórmula (3) é válida é bastante complexa, sendo própria de um curso de Cálculo Avançado ou Análise Matemática. Por isso, não será apresentada neste texto.

b) Se valem as condições:

- f é contínua;
- as regiões R e R' são formadas por um número finito de sub-regiões do Tipo I ou II; e
- o jacobiano $\dfrac{\partial(x, y)}{\partial(u, v)} \neq 0$ em R' ou se anula em um número finito de pontos de R',

temos a garantia da validade de (3).

c) O jacobiano que aparece em (3) pode ser interpretado como uma medida de quanto a transformação (1) modifica a área de uma região. Esse fato será ilustrado na subseção seguinte, para o caso particular das coordenadas polares.

7.7.1 Coordenadas polares

As equações

$$x = r \cos \theta \quad y = r \operatorname{sen} \theta, \tag{4}$$

que nos dão as coordenadas cartesianas de um dado ponto em termos de suas coordenadas polares, podem ser vistas como uma transformação que leva pontos (r, θ) do plano $r\theta$ a pontos (x, y) do plano xy.

O determinante jacobiano, nesse caso, é dado por

$$\frac{\partial(x, y)}{\partial(r, \theta)} = \begin{vmatrix} \cos \theta & -r \operatorname{sen} \theta \\ \operatorname{sen} \theta & r \cos \theta \end{vmatrix} = r$$

e a fórmula (3) pode ser expressa por

$$\iint_R f(x, y) dx dy = \iint_{R'} f(r \cos \theta, r \operatorname{sen} \theta) \, r \, dr \, d\theta. \tag{5}$$

Observamos que, para fazer com que a transformação (4) seja um por um, consideram-se, em geral, apenas regiões do plano $r\theta$ para as quais r e θ satisfazem:

$$r \geq 0 \quad \text{e} \quad 0 \leq \theta < 2\pi \quad \text{ou} \quad r \geq 0 \quad \text{e} \quad -\pi < \theta \leq \pi.$$

No entanto, para o cálculo das integrais, podemos considerar, sem problema,

$$r \geq 0 \quad \text{e} \quad 0 \leq \theta \leq 2\pi \quad \text{ou} \quad r \geq 0 \quad \text{e} \quad -\pi \leq \theta \leq \pi.$$

A seguir, daremos uma interpretação geométrica que permite visualizar a expressão (5) para o caso de uma função contínua $f(x, y)$.

Vamos considerar duas regiões R e R' dos planos xy e $r\theta$, respectivamente, que se relacionam pelas equações (4).

Dividindo a região R' em pequenos retângulos por meio de retas $r =$ constante e $\theta =$ constante, a região R fica dividida em pequenas regiões, como mostra a Figura 7.22, que usualmente são chamadas retângulos polares.

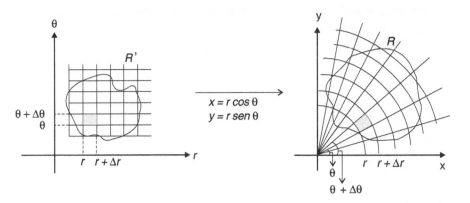

Figura 7.22

O retângulo de área $\Delta A' = \Delta r \, \Delta \theta$, evidenciado na região R', está em correspondência com o 'retângulo polar' de área ΔA, demarcado na região R. Da geometria elementar, temos que ΔA é dado por:

$$\begin{aligned}
\Delta A &= \frac{1}{2}(r + \Delta r)^2 \Delta \theta - \frac{1}{2} r^2 \Delta \theta \\
&= \frac{1}{2}\left[(r + \Delta r)^2 - r^2\right]\Delta \theta \\
&= \frac{r + (r + \Delta r)}{2} \Delta r \, \Delta \theta \\
&= \bar{r} \, \Delta r \, \Delta \theta \\
&= \bar{r} \, \Delta A',
\end{aligned} \qquad (6)$$

onde $\bar{r}$ é o raio médio entre r e $r + \Delta r$.

Essa expressão permite visualizar o papel do jacobiano, que no caso é r, como um fator de ampliação (ou redução) local para áreas.

Numeramos, agora, os 'retângulos polares' no interior de R de 1 a n e tomamos um ponto arbitrário (x_k, y_k) no k-ésimo retângulo. Esse ponto pode ser escrito como

$$(r_k \cos \theta_k, r_k \operatorname{sen} \theta_k) \qquad (7)$$

onde (r_k, θ_k) é um ponto do retângulo correspondente em R'.

Intuitivamente, podemos perceber que a soma

$$S = \sum_{k=1}^{n} f(x_k, y_k)\, \Delta A_k$$

pode ser interpretada como uma soma de Riemann de $f(x, y)$ sobre R.

Por outro lado, usando (6) e (7), vemos que, para Δr pequeno,

$$S \cong \sum_{k=1}^{n} f(r_k \cos \theta_k, r_k \operatorname{sen} \theta_k)\, r_k\, \Delta r_k\, \Delta \theta_k,$$

que é uma soma de Riemann da função

$$h(r, \theta) = f(r \cos \theta, r \operatorname{sen} \theta)\, r,$$

sobre a região R'.

Fazendo o limite quando $n \to \infty$ e a diagonal máxima dos retângulos tende a zero, obtemos o resultado expresso em (5).

A seguir, apresentamos diversos exemplos que ilustram o uso de coordenadas polares e outras transformações no cálculo das integrais duplas.

7.7.2 Exemplos

Exemplo 1: Calcular $I = \iint_R \sqrt{x^2 + y^2}\, dxdy$, sendo R o círculo de centro na origem e raio 2.

Solução: Para resolver a integral I, vamos utilizar as coordenadas polares. Para isso, devemos identificar a região R', no plano $r\theta$, que está em correspondência com a região R, no plano xy.

Na Figura 7.23a, visualizamos a região R. O contorno de R é a circunferência

$$x^2 + y^2 = 4$$

que, em coordenadas polares, tem equação $r = 2$.

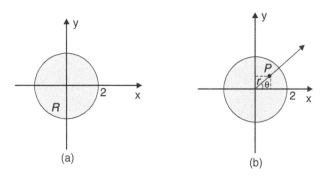

Figura 7.23

Para identificar a região R', podemos desenhá-la em um plano $r\theta$ ou, simplesmente, descrevê-la analiticamente, a partir da visualização da região R no plano xy.

Observando a Figura 7.23b, vemos que a região R' é dada por

$$R': \begin{cases} 0 \le \theta \le 2\pi \\ 0 \le r \le 2 \end{cases}$$

que, nesse caso, é um retângulo no plano $r\theta$ (ver Figura 7.24).

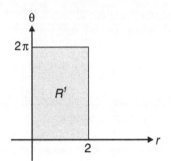

Figura 7.24

Utilizando (5), vem

$$I = \iint_{R'} \sqrt{r^2\cos^2\theta + r^2\sin^2\theta}\; r\; dr\; d\theta$$

$$= \int_0^{2\pi} \left[\int_0^2 r^2 dr\right] d\theta$$

$$= \int_0^{2\pi} \left.\frac{r^3}{3}\right|_0^2 d\theta$$

$$= \frac{8}{3}\int_0^{2\pi} d\theta$$

$$= \frac{16\pi}{3}.$$

Exemplo 2: Calcular $I = \iint_R e^{x^2+y^2} dx dy$, onde R é a região do plano xy delimitada por

$$x^2 + y^2 = 4 \quad \text{e} \quad x^2 + y^2 = 9.$$

Na Figura 7.25, visualizamos a região de integração R.

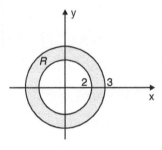

Figura 7.25

Em coordenadas polares, as equações das circunferências que delimitam R são dadas por $r = 2$ e $r = 3$, respectivamente.

Temos, então,

$$R': \begin{cases} 0 \leq \theta \leq 2\pi \\ 2 \leq r \leq 3 \end{cases}$$

Portanto,

$$I = \iint_{R'} e^{r^2 \cos^2\theta + r^2 \sin^2\theta} \cdot r\, dr d\theta$$

$$= \int_0^{2\pi} \int_2^3 e^{r^2} r\, dr d\theta$$

$$= \frac{1}{2} \int_0^{2\pi} e^{r^2}\Big|_2^3 d\theta$$

$$= \frac{1}{2}[e^9 - e^4]\theta\Big|_0^{2\pi}$$

$$= \pi[e^9 - e^4].$$

É interessante observar que a utilização das coordenadas polares viabilizou o cálculo da integral dada pois, como foi comentado no Exemplo 4 da Seção 7.5, a função $f(t) = e^{t^2}$ não possui primitiva entre as funções elementares do Cálculo.

Exemplo 3: Usando coordenadas polares, escrever, na forma de uma integral iterada, a integral

$$I = \iint_R f(x, y) dx dy$$

onde R é a região delimitada por $x^2 + y^2 - ay = 0$, $a > 0$.

Solução: Nesse caso, a região R é o círculo de centro em $\left(0, \dfrac{a}{2}\right)$ e raio $\dfrac{a}{2}$.

Em coordenadas polares, a circunferência que delimita R tem equação

$$r = a \sin\theta.$$

Observando a Tabela 7.1 e a Figura 7.26, vemos que

$$R': \begin{cases} 0 \le \theta \le \pi \\ 0 \le r \le a \sin\theta \end{cases}$$

Tabela 7.1

θ	$r = a \sin\theta$
0	0
$\dfrac{\pi}{4}$	$\dfrac{a\sqrt{2}}{2}$
$\dfrac{\pi}{2}$	a
$\dfrac{3\pi}{4}$	$\dfrac{a\sqrt{2}}{2}$
π	0

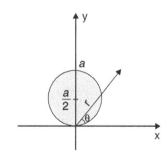

Figura 7.26

Portanto,

$$I = \int_0^\pi \int_0^{a\,\text{sen}\,\theta} f(r\cos\theta, r\,\text{sen}\,\theta)\, r\, dr\, d\theta.$$

Exemplo 4: Calcular $I = \iint_R y\, dxdy$, sendo R a região delimitada por

$$x^2 + y^2 - ax = 0,\ a > 0.$$

Solução: Nesse exemplo, a região R é o círculo de centro em $\left(\dfrac{a}{2}, 0\right)$ e raio $\dfrac{a}{2}$.

Em coordenadas polares, a equação da circunferência que delimita R é dada por

$$r = a\cos\theta.$$

A Tabela 7.2 mostra alguns pontos da circunferência, permitindo visualizar a variação do ângulo θ. A região R é mostrada na Figura 7.27.

Tabela 7.2

θ	$r = a\cos\theta$
$-\dfrac{\pi}{2}$	0
$-\dfrac{\pi}{4}$	$\dfrac{a\sqrt{2}}{2}$
0	a
$\dfrac{\pi}{4}$	$\dfrac{a\sqrt{2}}{2}$
$\dfrac{\pi}{2}$	0

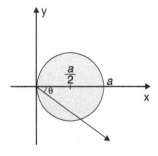

Figura 7.27

Observando a Tabela 7.2 e a Figura 7.27, vemos que a região de integração R, em coordenadas polares, pode ser descrita por

$$R': \begin{cases} \dfrac{-\pi}{2} \leq \theta \leq \dfrac{\pi}{2} \\ 0 \leq r \leq a\cos\theta \end{cases}$$

Portanto,

$$I = \iint_{R'} r\,\text{sen}\,\theta \cdot r\, drd\theta$$

$$= \int_{-\pi/2}^{\pi/2} \int_0^{a\cos\theta} r^2\,\text{sen}\,\theta\, drd\theta$$

$$= \int_{-\frac{\pi}{2}}^{\frac{\pi}{2}} \left(\frac{r^3}{3}\operatorname{sen}\theta\right)\bigg|_0^{a\cos\theta} d\theta$$

$$= \int_{-\frac{\pi}{2}}^{\frac{\pi}{2}} \frac{a^3}{3}\cos^3\theta\operatorname{sen}\theta\, d\theta$$

$$= \frac{-a^3}{3}\cdot\frac{\cos^4\theta}{4}\bigg|_{-\frac{\pi}{2}}^{\frac{\pi}{2}}$$

$$= 0.$$

Exemplo 5: Calcular $I = \iint_R \sqrt{x^2+y^2}\, dxdy$, sendo R a região limitada pelas curvas $x^2+y^2=2x$, $x^2+y^2=4x$, $y=x$ e $y=\frac{\sqrt{3}}{3}x$.

Solução: A região de integração R pode ser visualizada na Figura 7.28.

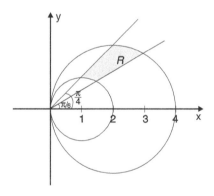

Figura 7.28

Passando para coordenadas polares as equações das curvas que delimitam R, temos

$$x^2+y^2 = 2x \rightarrow r = 2\cos\theta$$
$$x^2+y^2 = 4x \rightarrow r = 4\cos\theta$$
$$y = x \rightarrow \theta = \frac{\pi}{4}$$
$$y = \frac{\sqrt{3}}{3}x \rightarrow \theta = \frac{\pi}{6}.$$

Portanto, a região de integração R, em coordenadas polares, pode ser descrita por

$$R'\begin{cases}\dfrac{\pi}{6} \le \theta \le \dfrac{\pi}{4}\\ 2\cos\theta \le r \le 4\cos\theta\end{cases}$$

Temos, então,

$$I = \iint_{R'} \sqrt{r^2 \cos^2 \theta + r^2 \sen^2 \theta} \cdot r \, dr d\theta$$

$$= \int_{\pi/6}^{\pi/4} \int_{2\cos\theta}^{4\cos\theta} r^2 \, dr d\theta$$

$$= \int_{\pi/6}^{\pi/4} \left. \frac{r^3}{3} \right|_{2\cos\theta}^{4\cos\theta} d\theta$$

$$= \frac{56}{3} \int_{\pi/6}^{\pi/4} \cos^3 \theta \, d\theta$$

$$= \frac{56}{3} \left[\frac{1}{3} \cos^2 \theta \sen \theta + \frac{2}{3} \sen \theta \right]_{\pi/6}^{\pi/4}$$

$$= \frac{7}{9} \left[10\sqrt{2} - 11 \right].$$

Exemplo 6: Calcular $I = \iint_R (x - y) \, dx dy$, sendo R o paralelogramo limitado pelas retas $x - y = 0$, $x - y = 1$, $y = 2x$ e $y = 2x - 4$.

Solução: A Figura 7.29 mostra a região de integração R. Observando essa figura, vemos que, para calcular a integral dada diretamente usando as variáveis x e y, necessitamos dividir R em três sub-regiões e usar a proposição 7.3.1(e).

Esse trabalho pode ser evitado por meio de uma mudança de variáveis adequada. Fazendo

$$u = x - y, \quad v = 2x, \qquad (8)$$

a região R, que é um paralelogramo inclinado em relação a ambos os eixos x e y, transforma-se em um paralelogramo R' com dois lados paralelos ao eixo v. O paralelogramo R', que pode ser visualizado na Figura 7.30, é delimitado pelas retas

$$u = 0, \quad u = 1, \quad v = -2u \quad \text{e} \quad v = -2u + 8.$$

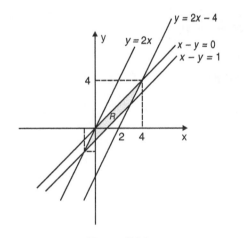

Figura 7.29

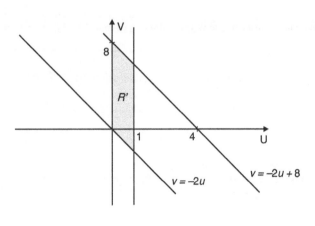

Figura 7.30

Temos

$$R': \begin{cases} 0 \leq u \leq 1 \\ -2u \leq v \leq -2u + 8 \end{cases}$$

Precisamos também do jacobiano de x, y em relação a u e v. Das equações (8), vem que

$$x = \frac{v}{2} \quad \text{e} \quad y = \frac{v}{2} - u.$$

Assim,

$$\frac{\partial(x, y)}{\partial(u, v)} = \begin{vmatrix} 0 & \frac{1}{2} \\ -1 & \frac{1}{2} \end{vmatrix} = \frac{1}{2}.$$

Utilizando a fórmula (3), obtemos

$$I = \iint_R (x - y)\, dx dy$$

$$= \iint_{R'} (u) \cdot \frac{1}{2} \cdot du dv$$

$$= \frac{1}{2} \int_0^1 \int_{-2u}^{-2u+8} u\, dv du$$

$$= \frac{1}{2} \int_0^1 uv \Big|_{-2u}^{-2u+8} du$$

$$= \frac{1}{2} \int_0^1 u(-2u + 8 + 2u)\, du$$

$$= 2.$$

Exemplo 7: Calcular $I = \iint_R [(x-2)^2 + (y-2)^2]\, dx dy$, onde R é a região delimitada pela circunferência $(x-2)^2 + (y-2)^2 = 4$.

Solução: Nesse exemplo, vamos ilustrar a utilização de duas transformações sucessivas para o cálculo da integral. Inicialmente, vamos transformar a região dada em um círculo com centro na origem. Fazemos

$$x - 2 = u, \quad y - 2 = v.$$

Temos, então,

$$x = u + 2, \quad y = v + 2.$$

A região R' do plano uv em correspondência com a região R é delimitada pela circunferência

$$u^2 + v^2 = 4.$$

As regiões R e R' estão ilustradas na Figura 7.31.

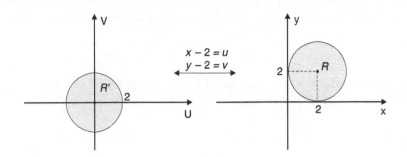

Figura 7.31

O jacobiano de xy em relação a u e v é

$$\frac{\partial(x,y)}{\partial(u,v)} = \begin{vmatrix} 1 & 0 \\ 0 & 1 \end{vmatrix} = 1.$$

Portanto, usando (3), vem

$$I = \iint_{R'} (u^2 + v^2)\, du dv.$$

Podemos agora resolver a integral I com o auxílio das coordenadas polares. Procedendo de forma análoga ao Exemplo 1 da Subseção 7.7.2, temos

$$I = \int_0^{2\pi} \int_0^2 (r^2 \cos^2\theta + r^2 \operatorname{sen}^2\theta) \cdot r\, drd\theta$$

$$= 8\pi.$$

7.8 Exercícios

1. Calcular $\iint_R (x^2 + y^2)^2\, dxdy$, onde R é a região da Figura 7.32.

2. Calcular $\iint_R \operatorname{sen}(x^2 + y^2)\, dxdy$, onde R é a região da Figura 7.33.

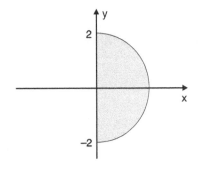

Figura 7.32

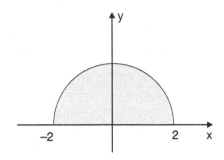

Figura 7.33

3. Calcular $\iint_R \dfrac{dxdy}{1+x^2+y^2}$, onde R é a região da Figura 7.34.

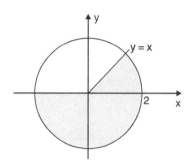

Figura 7.34

4. Calcular $\iint_R \dfrac{dxdy}{(1+x^2+y^2)^{\frac{3}{2}}}$, onde R é a região da Figura 7.35.

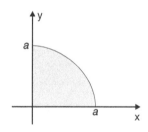

Figura 7.35

5. Usando coordenadas polares, calcular

a) $\displaystyle\int_0^4 \int_0^{\sqrt{4y-y^2}} (x^2+y^2)\,dxdy$

b) $\displaystyle\int_{-2}^{2} \int_{-\sqrt{4-x^2}}^{\sqrt{4-x^2}} y\,dydx$

c) $\displaystyle\int_{-1}^{1} \int_0^{\sqrt{1-x^2}} y\,dydx$

d) $\displaystyle\int_0^1 \int_0^{\sqrt{y-y^2}} y\,dxdy$

e) $\displaystyle\int_{-1}^{1} \int_{-\sqrt{1-x^2}}^{\sqrt{1-x^2}} \sqrt{1-x^2-y^2}\,dydx$

f) $\displaystyle\int_0^{\sqrt{2}} \int_y^{\sqrt{4-y^2}} x\,dxdy$

g) $\displaystyle\int_0^2 \int_0^y x\,dxdy$

h) $\displaystyle\int_0^a \int_0^{\sqrt{a^2-x^2}} \sqrt{x^2+y^2}\,dydx$

i) $\displaystyle\int_0^2 \int_0^{\sqrt{2x-x^2}} x\,dydx$.

6. Calcular $\iint_R \sqrt{x^2+y^2}\,dxdy$, sendo R a região delimitada por $x^2+y^2=1$ e $x^2+y^2=9$.

7. Calcular $\iint_R e^{2(x^2+y^2)}\,dxdy$, sendo R o círculo $x^2+y^2 \leq 4$.

8. Calcular $\iint_R x\,dxdy$, sendo R a região delimitada por $x^2+y^2-4x=0$.

9. Calcular $\iint_R (x^2+y^2)\,dxdy$, sendo R a região interna à circunferência $x^2+y^2=4y$ e externa à circunferência $x^2+y^2=2y$.

10. Calcular $\iint_R y\,dxdy$, sendo R a região delimitada por $y=x$, $y=2x$ e $y=\sqrt{4-x^2}$.

11. Calcular $\iint_R xy\,dxdy$, onde R é delimitada por $\dfrac{x^2}{4}+\dfrac{y^2}{9}=1$.

12. Calcular $\iint_R \sqrt{(x-1)^2+(y-2)^2}\,dxdy$, onde R é a região delimitada por $(x-1)^2+(y-2)^2=1$.

13. Calcular $\iint_R dxdy$, sendo R a região delimitada pela elipse $4(x-3)^2+(y-2)^2=4$. Interpretar geometricamente.

14. Calcular $\iint_R (8 - x - y)\, dxdy$, sendo R delimitada por $x^2 + y^2 = 1$. Interpretar geometricamente.

15. Calcular $\iint_R \cos(x^2 + 9y^2)\, dxdy$, sendo R dada por $x^2 + 9y^2 \leq 1$ e $x \geq 0$.

16. Calcular $\iint_R \ln(x^2 + y^2)\, dxdy$, sendo R o anel delimitado por $x^2 + y^2 = 16$ e $x^2 + y^2 = 25$.

17. Calcular $\iint_R y\, dxdy$, sendo R o círculo $x^2 + y^2 - 4y \leq 0$.

18. Calcular $\iint_R (x^2 + y^2)\, dxdy$, onde R é dada por:

    a) Círculo centrado na origem de raio a.
    b) Círculo centrado em $(a, 0)$ de raio a.
    c) Círculo centrado em $(0, a)$ de raio a.

19. Calcular $\iint_R x\, dydx$, onde R é a região do primeiro quadrante delimitada por $x^2 + y^2 = 4$, $x^2 + y^2 = 1$, $y = x$ e $y = 0$.

20. Calcular $\iint_R (36 - 4x^2 - 9y^2)\, dxdy$, onde R é a região delimitada pela elipse $\dfrac{x^2}{9} + \dfrac{y^2}{4} = 1$.

21. Calcular $\displaystyle\int_0^4 \int_0^{\frac{1}{4}\sqrt{144 - 9y^2}} (144 - 16x^2 - 9y^2)\, dx\, dy$.

22. Calcular $\iint_R (x + y)\, dxdy$, sendo R a região delimitada por $x + y = 4$, $x + y = 0$, $y - x = 0$ e $y - x = -1$.

23. Calcular $\iint_R (x + y)\, dxdy$, onde R é a região do primeiro quadrante delimitada por $xy = 1$, $xy = 2$, $y = x$ e $y = 4 + x$.

7.9 Aplicações

Nesta seção, vamos discutir algumas aplicações geométricas e físicas das integrais duplas.

7.9.1 Cálculo de volume

Na Seção 7.2, discutimos a interpretação geométrica da integral dupla. Vimos que, para $f(x, y) \geq 0$, a integral

$$V = \iint_R f(x, y)\, dA \qquad (1)$$

nos dá o volume do sólido delimitado superiormente pelo gráfico de $z = f(x, y)$, inferiormente pela região R e lateralmente pelo cilindro vertical cuja base é o contorno de R.

Os exemplos que seguem ilustram o cálculo de volume para diversas situações.

7.9.2 Exemplos

Exemplo 1: Calcular o volume do sólido acima do plano xy delimitado por $z = 4 - 2x^2 - 2y^2$.

Solução: A Figura 7.36 mostra um esboço do sólido.

Usando (1), podemos calcular o volume do sólido dado, onde

$$f(x, y) = 4 - 2x^2 - 2y^2$$

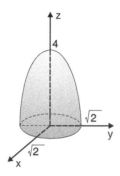

Figura 7.36

e R é a região do plano xy delimitada por $x^2 + y^2 = 2$.

Temos

$$V = \iint_R (4 - 2x^2 - 2y^2)\ dxdy.$$

Considerando a forma circular da região R, vamos usar coordenadas polares para calcular essa integral. Assim,

$$V = \int_0^{2\pi} \int_0^{\sqrt{2}} (4 - 2r^2)\ r\ drd\theta$$

$$= \int_0^{2\pi} \left(4\frac{r^2}{2} - 2\frac{r^4}{4}\right)\bigg|_0^{\sqrt{2}} d\theta$$

$$= \int_0^{2\pi} 2\ d\theta$$

$$= 4\pi \text{ unidades de volume.}$$

Exemplo 2: Calcular o volume do sólido no primeiro octante delimitado por $y + z = 2$ e pelo cilindro que contorna a região delimitada por $y = x^2$ e $x = y^2$.

Solução: O sólido em análise pode ser visualizado na Figura 7.37.

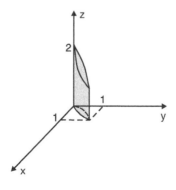

Figura 7.37

Usando (1), escrevemos

$$V = \iint_R (2 - y)\, dxdy$$

onde R é a região mostrada na Figura 7.38.

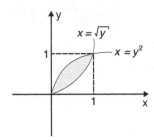

Figura 7.38

Portanto,

$$V = \int_0^1 \int_{y^2}^{\sqrt{y}} (2 - y)\, dxdy$$

$$= \int_0^1 (2 - y)x \Big|_{y^2}^{\sqrt{y}}\, dy$$

$$= \int_0^1 (2\sqrt{y} - 2y^2 - y\sqrt{y} + y^3)\, dy$$

$$= \frac{31}{60} \text{ unidades de volume.}$$

Exemplo 3: Calcular o volume do sólido abaixo do plano xy delimitado por $z = x^2 + y^2 - 9$.

Solução: A Figura 7.39 mostra o sólido e a região R de integração.

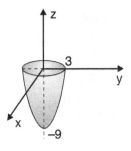

Figura 7.39

Observamos, nesse exemplo, que $z = x^2 + y^2 - 9 \leq 0$ para $x^2 + y^2 \leq 9$. Portanto, para encontrar o volume, vamos considerar o módulo da integral dada em (1).

Temos

$$V = \left| \iint_R (x^2 + y^2 - 9)\, dxdy \right|.$$

Como R é uma região circular, vamos usar coordenadas polares. Assim,

$$V = \left| \int_0^{2\pi} \int_0^3 (r^2 - 9) r\, dr d\theta \right|$$

$$= \left| \int_0^{2\pi} \left(\frac{r^4}{4} - 9\frac{r^2}{2} \right) \Big|_0^3 d\theta \right|$$

$$= \left| \int_0^{2\pi} \left(-\frac{81}{4} \right) d\theta \right|$$

$$= \frac{81}{2}\pi \text{ unidades de volume.}$$

Exemplo 4: Calcular o volume do sólido delimitado por $z = 2x^2 + y^2$ e $z = 4 - 2x^2 - y^2$.

Solução: A Figura 7.40 mostra o sólido.

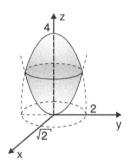

Figura 7.40

Para calcular o volume desse sólido, devemos observar que:

a) Inferiormente, o sólido está delimitado por $z = 2x^2 + y^2$ e não pela região R de integração, como nos exemplos anteriores.

b) A região R de integração é encontrada pela projeção da intersecção das duas superfícies que delimitam o sólido. Isto é,

$$\begin{cases} z = 2x^2 + y^2 \\ z = 4 - 2x^2 - y^2 \end{cases} \text{ou} \quad \begin{array}{l} 2x^2 + y^2 = 4 - 2x^2 - y^2 \\ x^2 + \dfrac{y^2}{2} = 1. \end{array}$$

Portanto, a região R é contornada pela elipse $x^2 + \dfrac{y^2}{2} = 1$, que pode ser visualizada na Figura 7.41.

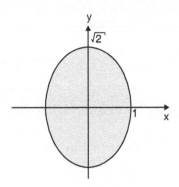

Figura 7.41

Diante das observações, podemos concluir que o volume do sólido dado pode ser determinado pela diferença de duas integrais sobre a região R encontrada:

$$V = \iint_R (4 - 2x^2 - y^2)\, dxdy - \iint_R (2x^2 + y^2)\, dxdy \quad \text{ou} \quad V = \iint_R (4 - 4x^2 - 2y^2)\, dxdy.$$

Para resolver essa integral, vamos fazer uma dupla transformação de variáveis.

Inicialmente, vamos fazer $x = u$ e $y = \sqrt{2}v$. Nesse caso, a região R, que é delimitada por uma elipse, transforma-se em uma região circular de raio 1, denotada por R'.

O determinante jacobiano de x e y em relação a u e v é dado por

$$\frac{\partial(x, y)}{\partial(u, v)} = \begin{vmatrix} 1 & 0 \\ 0 & \sqrt{2} \end{vmatrix} = \sqrt{2}.$$

Aplicando (3) da Seção 7.7, temos

$$V = \iint_{R'} (4 - 4u^2 - 4v^2)\, \sqrt{2}\, dudv,$$

onde R' é o círculo de raio 1.

Vamos agora utilizar as coordenadas polares. Temos

$$V = \sqrt{2} \int_0^{2\pi} \int_0^1 (4 - 4r^2)\, r\, drd\theta$$

$$= \sqrt{2} \int_0^{2\pi} d\theta$$

$$= 2\sqrt{2}\pi \text{ unidades de volume.}$$

Observamos que, em situações semelhantes a esse exemplo, em que o sólido é delimitado por duas superfícies $z_1 = f(x, y)$ e $z_2 = g(x, y)$ com $z_1 \geq z_2$, o volume é dado por

$$V = \iint_R [f(x, y) - g(x, y)]\, dxdy$$

onde R é a projeção do sólido sobre o plano xy.

Exemplo 5: Calcular o volume do sólido no primeiro octante, delimitado pelos cilindros $x^2 + y^2 = 16$ e $x^2 + z^2 = 16$.

Solução: A Figura 7.42 mostra um esboço do sólido.

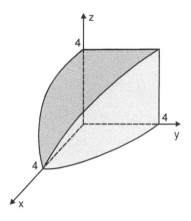

Figura 7.42

Nesse exemplo, a base do sólido está no plano xy, definindo a região R de integração, que é delimitada por $x^2 + y^2 = 16$ no primeiro quadrante e pode ser visualizada na Figura 7.43. Podemos também escrever

$$R: \begin{cases} 0 \leq y \leq \sqrt{16 - x^2} \\ 0 \leq x \leq 4 \end{cases}$$

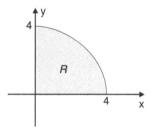

Figura 7.43

O sólido está delimitado superiormente pelo cilindro $x^2 + z^2 = 16$. Assim, usando (1), temos

$$V = \int_0^4 \int_0^{\sqrt{16-x^2}} \sqrt{16 - x^2} \, dy \, dx$$

$$= \int_0^4 \sqrt{16 - x^2} \, y \, \Big|_0^{\sqrt{16-x^2}} dx$$

$$= \int_0^4 (16 - x^2) \, dx$$

$$= \frac{128}{3} \text{ unidades de volume.}$$

Exemplo 6: Calcular o volume do tetraedro dado na Figura 7.44.

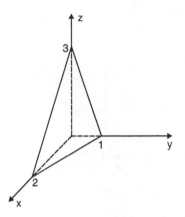

Figura 7.44

Solução: O sólido dado está delimitado pelos planos coordenados e pelo plano que corta os eixos coordenados nos pontos $(2, 0, 0)$, $(0, 1, 0)$ e $(0, 0, 3)$, isto é, pelo plano $\dfrac{x}{2} + \dfrac{y}{1} + \dfrac{z}{3} = 1$.

Para calcular o volume, usamos (1). Temos

$$V = \iint_R \left(3 - \frac{3}{2}x - 3y\right) dx dy,$$

onde R é a região delimitada pelo triângulo cujos vértices são $(0, 0)$, $(2, 0)$ e $(0, 1)$ (ver Figura 7.45).

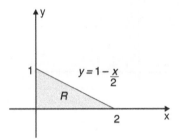

Figura 7.45

Temos, então,

$$V = \int_0^2 \int_0^{1-\frac{x}{2}} \left(3 - \frac{3}{2}x - 3y\right) dy dx = \int_0^2 \left(\frac{3x^2}{8} - \frac{3}{2}x + \frac{3}{2}\right) dx = 1 \text{ unidade de volume.}$$

7.9.3 Cálculo de áreas de regiões planas

Se na expressão (1) fazemos $f(x, y) = 1$, obtemos

$$\iint_R dA, \qquad (2)$$

que nos dá a área da região de integração R.

Se temos uma região R do Tipo I, como mostra a Figura 7.46, podemos escrever

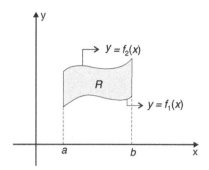

Figura 7.46

$$A = \iint_R dA = \int_a^b \int_{f_1(x)}^{f_2(x)} dy\,dx$$

$$= \int_a^b y\Big|_{f_1(x)}^{f_2(x)} dx$$

$$= \int_a^b (f_2(x) - f_1(x))\,dx. \qquad (3)$$

Lembrando das aplicações da integral definida no 1º curso de Cálculo, podemos observar que esse resultado coincide com o cálculo de área entre duas curvas, usando a integral definida (ver Subseção 6.11.5 do livro *Cálculo A, 6ª edição*).

7.9.4 Exemplos

Exemplo 1: Calcular a área da região R delimitada por $x = y^2 + 1$ e $x + y = 3$.

Solução: A região R pode ser visualizada na Figura 7.47.

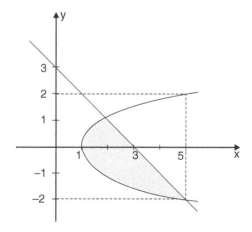

Figura 7.47

Aplicando (2), podemos escrever

$$A = \iint_R dA$$

ou

$$A = \int_{-2}^{1} \int_{y^2+1}^{3-y} dx\,dy$$

$$= \frac{9}{2} \text{ unidades de área.}$$

Exemplo 2: Calcular a área da região delimitada por $y = x^3$; $y = -x$ e $y = \frac{2}{3}x + \frac{20}{3}$.

Solução: A Figura 7.48 mostra a região em análise.

Observando a região R, verificamos que estamos diante de uma região que deve ser particionada em duas sub-regiões, R_1 e R_2. Por exemplo, podemos escolher o eixo dos y como fronteira dessas regiões. Temos, então,

$$R_1 : \begin{cases} -x \le y \le \frac{2}{3}x + \frac{20}{3} \\ -4 \le x \le 0 \end{cases} \qquad R_2 : \begin{cases} x^3 \le y \le \frac{2}{3}x + \frac{20}{3} \\ 0 \le x \le 2 \end{cases}$$

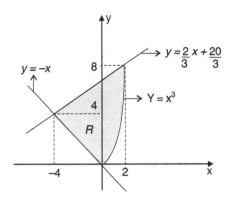

Figura 7.48

Assim, aplicando (7), temos

$$A = \iint_R dA = \iint_{R_1} dA + \iint_{R_2} dA$$

$$= \int_{-4}^{0} \int_{-x}^{2/3x + 20/3} dy\,dx + \int_{0}^{2} \int_{x^3}^{2/3x + 20/3} dy\,dx$$

$$= 72 \text{ unidades de área.}$$

Exemplo 3: Mostrar, usando integral dupla, que a área delimitada por uma elipse com semi-eixos a e b é $ab\pi$ unidades de área.

Solução: Vamos alocar a elipse dada em um sistema de eixos conveniente, como mostra a Figura 7.49.

Assim, a curva pode ser escrita pela equação

$$\frac{x^2}{a^2} + \frac{y^2}{b^2} = 1$$

e a área da região R é dada por

$$A = \iint\limits_{R} dA.$$

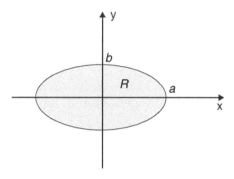

Figura 7.49

Nesse exemplo, vamos usar uma dupla transformação para facilitar o cálculo da integral dupla.

Na primeira transformação, a região R, delimitada pela elipse, transforma-se em uma região circular de raio 1, denotada por R'.

Na segunda transformação, a região R' é descrita em coordenadas polares.

Geometricamente, essas transformações podem ser visualizadas na Figura 7.50.

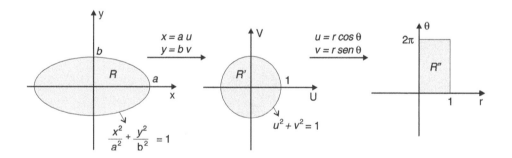

Figura 7.50

O jacobiano de x e y em relação a u e v é dado por

$$\frac{\partial(x, y)}{\partial(u, v)} = \begin{vmatrix} a & 0 \\ 0 & b \end{vmatrix} = ab.$$

Dessa forma,

$$A = \iint\limits_{R} dx dy$$

$$= \iint\limits_{R'} ab \, du dv$$

$$= ab \iint_{R''} r\,dr\,d\theta$$

$$= ab \int_0^{2\pi} \int_0^1 r\,dr\,d\theta$$

$$= ab\pi \text{ unidades de área.}$$

7.9.5 Aplicações físicas

Usando a integral definida, discutimos como calcular a massa, o centro de massa e o momento de inércia de uma barra horizontal não homogênea com densidade linear $\rho = \rho(x)$.

Agora, usando as integrais duplas, de modo bastante similar, podemos encontrar a massa, o centro de massa e o momento de inércia de uma lâmina plana não homogênea, com a forma de uma região R e com densidade de área em um ponto (x, y) de R dada pela função contínua $\rho = \rho(x, y)$.

Para encontrar a *massa total da lâmina*, vamos fazer uma partição na região R como na Seção 7.1. Seja R_k um retângulo genérico dessa partição com área ΔA_k. Um valor aproximado da massa desse retângulo pode ser expresso por

$$\rho(x_k, y_k)\,\Delta A_k,$$

onde (x_k, y_k) é um ponto qualquer do retângulo R_k.

Um valor aproximado da massa total da lâmina pode ser expresso pela soma de Riemann da função $\rho = \rho(x, y)$ sobre R:

$$\sum_{k=1}^n \rho(x_k, y_k)\,\Delta A_k. \qquad (4)$$

A *massa total da lâmina* é definida pelo limite da soma (4) quando $n \to \infty$ e a diagonal máxima dos R_k tende a zero:

$$M = \lim_{n\to\infty} \sum_{k=1}^n \rho(x_k, y_k)\,\Delta A_k$$

ou

$$M = \iint_R \rho(x, y)\,dA. \qquad (5)$$

O momento de massa do k-ésimo retângulo em relação ao eixo x é dado por $y_k\,\rho(x_k, y_k)\,\Delta A_k$.

Assim, o *momento de massa em relação ao eixo x* é dado por

$$M_x = \lim_{n\to\infty} \sum_{k=1}^n y_k\,\rho(x_k, y_k)\,\Delta A_k$$

ou

$$M_x = \iint_R y\rho(x, y)\,dA. \qquad (6)$$

Analogamente, obtém-se o *momento de massa em relação ao eixo y*.

$$M_y = \iint_R x\rho(x, y)\,dA. \qquad (7)$$

O centro de massa, denotado por $(\bar{x}, \bar{y})$ é definido por

$$\bar{x} = \frac{M_y}{M} \quad \text{e} \quad \bar{y} = \frac{M_x}{M}. \tag{8}$$

Outro conceito muito usado nas aplicações físicas é o de momento de inércia, que pode ser interpretado como uma medida da capacidade do corpo de resistir à aceleração angular em torno de um eixo L.

Temos:

Momento de inércia em relação ao eixo x

$$I_x = \iint_R y^2 \rho(x, y) \, dA. \tag{9}$$

Momento de inércia em relação ao eixo y

$$I_y = \iint_R x^2 \rho(x, y) \, dA. \tag{10}$$

Momento de inércia polar

$$I_o = \iint_R (x^2 + y^2) \rho(x, y) \, dA. \tag{11}$$

Observamos que:

a) Os valores y^2, x^2 e $x^2 + y^2$ que aparecem nas integrais (9), (10) e (11) são 'distâncias ao quadrado', como mostra a Figura 7.51.

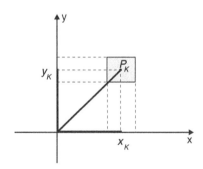

Figura 7.51

Podemos observar o retângulo genérico R_k e o ponto $(x_k, y_k) \in R_k$. Temos

$x_k^2 = $ quadrado da distância de P_k ao eixo y.

$y_k^2 = $ quadrado da distância de P_k ao eixo x.

$x_k^2 + y_k^2 = $ quadrado da distância de P_k à origem.

b) Um exemplo de aplicação do momento de inércia é na teoria de deflexão de vigas sob a ação de carga transversa. O fator de rigidez é calculado pelo produto EI, onde E é o módulo de Young e I, o momento de inércia. Quanto maior o momento de inércia, mais rígida será a viga e menor a deflexão.

7.9.6 Exemplos

Exemplo 1: Determinar o centro de massa de uma chapa homogênea formada por um quadrado de lado $2a$, encimado por um triângulo isósceles que tem por base o lado $2a$ do quadrado e por altura a.

Solução: Vamos desenhar a chapa alocada em um sistema de coordenadas, como mostra a Figura 7.52.

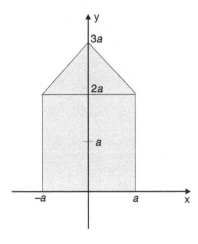

Figura 7.52

Como a chapa é homogênea e está alocada simetricamente em relação ao eixo dos y, vamos trabalhar somente com a metade da região descrita.

A Figura 7.53 mostra essa região, que é denotada por R e descrita por

$$R: \begin{cases} 0 \le y \le 3a - x \\ 0 \le x \le a \end{cases}$$

Vamos inicialmente calcular a massa total da chapa, usando a fórmula dada em (5) e considerando a densidade linear $\rho(x, y) = k$, pois a chapa é homogênea.

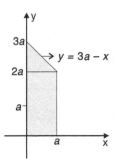

Figura 7.53

Temos

$$M = 2k \int_0^a \int_0^{3a-x} dy\,dx$$

$$= 2k \int_0^a y \Big|_0^{3a-x} dx$$

$$= 2k \int_0^a (3a - x)\, dx$$

$$= 5a^2 k \text{ unidades de massa.}$$

Para achar o centro de massa, necessitamos encontrar os momentos de massa em relação aos eixos coordenados.
Pela simetria em relação ao eixo dos y, podemos afirmar que $M_y = 0$.
Calculando M_x usando a fórmula (6), temos

$$M_x = k \int_{-a}^0 \int_0^{x+3a} y\, dy\, dx + k \int_0^a \int_0^{3a-x} y\, dy\, dx$$

ou

$$M_x = 2k \int_0^a \int_0^{3a-x} y\, dy\, dx$$

$$= 2k \int_0^a \left.\frac{y^2}{2}\right|_0^{3a-x} dx$$

$$= 2k \int_0^a \frac{(3a-x)^2}{2}\, dx$$

$$= \frac{19 a^3 k}{3}.$$

Portanto,

$$\bar{x} = \frac{M_y}{M} = 0.$$

$$\bar{y} = \frac{M_x}{M} = \frac{\frac{19a^3 k}{3}}{5a^2 k} = \frac{19a}{15}.$$

Exemplo 2: Calcular o momento de inércia em relação ao eixo dos y da chapa desenhada na Figura 7.54, sabendo que a densidade de massa é igual a xy kg/m².

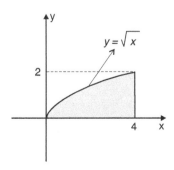

Figura 7.54

Solução: Vamos usar a fórmula (10). Temos

$$I_y = \iint_R x^2 \rho(x,y)\, dA.$$

Nesse exemplo, temos $\rho(x,y) = xy$ e R descrita por

$$R: \begin{cases} 0 \leq y \leq \sqrt{x} \\ 0 \leq x \leq 4 \end{cases}$$

Assim,

$$I_y = \int_0^4 \int_0^{\sqrt{x}} x^2 xy\, dy\, dx$$

$$= \int_0^4 x^3 \frac{y^2}{2}\Big|_0^{\sqrt{x}} dx$$

$$= 32 \text{ kg.m}^2.$$

7.10 Exercícios

Nos exercícios 1 a 12, calcular o volume dos sólidos delimitados pelas superfícies dadas.

1. $y = x^2$, $y = 4$, $z = 0$ e $z = 4$.

2. $z = 4x^2$, $z = 0$, $x = 0$, $x = 2$, $y = 0$ e $y = 4$.

3. $z = 1 - x^2$, $z = 0$, $x + y = 4$ e $y = 0$.

4. $x^2 + y^2 = 1$, $z = 0$ e $z = x^2 + y^2$.

5. $x^2 + y^2 = 4$, $y + z = 8$ e $z = 0$.

6. $z = x^2 + 1$, $z = 0$, $y = 0$, $x = 0$, $x = 4$ e $y = 5$.

7. $z = 9 - x^2 - y^2$ e $z = x^2 + y^2$.

8. $z = 16 - 2x^2 - y^2$ e $z = x^2 + 2y^2$.

9. $x^2 + y^2 = 4$ e $z^2 + x^2 = 4$.

10. $z = 0$, $x^2 + y^2 = 16$ e $z = 10 + x$.

11. $x^2 + y^2 - 4x - 6y + 4 = 0$, $z = 0$, $z = 5y$.

12. $z = 16 - x^2 - 3y^2$, $z = 4$.

13. Calcular o volume da parte da esfera $x^2 + y^2 + z^2 = 9$, que está entre os planos $z = 0$ e $z = 2$.

14. Calcular o volume do sólido com uma base triangular no plano xy de vértices $O(0,0)$, $A(1,1)$ e $B(0,2)$, limitado superiormente por $z = 2x$ e lateralmente pelo contorno da base dada.

15. Calcular o volume do sólido no 1º octante, delimitado por $z = 1 - 2x - 3y$ e os planos coordenados.

Nos exercícios 16 a 19, a integral iterada representa o volume de um sólido. Descrever o sólido.

16. $\displaystyle\int_{-1}^{1} \int_{-\sqrt{1-x^2}}^{\sqrt{1-x^2}} \sqrt{1 - x^2 - y^2}\, dy\, dx.$

17. $\displaystyle\int_0^2 \int_0^{3-\frac{3}{2}x} \left(1 - \frac{1}{2}x - \frac{1}{3}y\right) dy\, dx.$

18. $\int_0^1 \int_0^2 dx\, dy$.

19. $\int_0^4 \int_{-2}^2 \sqrt{4 - x^2}\, dx\, dy$.

20. Determinar a área da região R delimitada pelas curvas $y = x^3$, $x + y = 2$ e $y = 0$.

21. Calcular a área da elipse $x^2 + 4y^2 - 4x = 0$.

22. Calcular a área da região do 1º quadrante delimitada pelas curvas $y^2 = 8ax$, $x + y = 6a$, $y = 0$, sendo a uma constante positiva.

23. Calcular a área da região delimitada pela curva
$$x^{\frac{2}{3}} + y^{\frac{2}{3}} = 1.$$

24. Calcular a área da região delimitada por
$$y = \sqrt{4 - x^2},\ y = x \text{ e } y = 2x.$$

25. Calcular a área da região delimitada por
$$y = 2 - (x - 2)^2 \text{ e } y = x^2/4.$$

26. Calcular a área da região delimitada por $y = e^{x-1}$, $y = x$ e $x = 0$.

27. Calcular a área da região R mostrada na Figura 7.55.

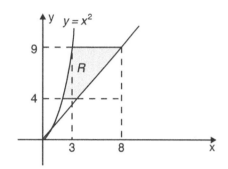

Figura 7.55

28. Mostrar que as regiões R_1 e R_2, representadas na Figura 7.56, têm a mesma área.

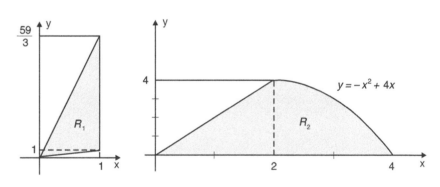

Figura 7.56

29. Uma lâmina tem a forma do triângulo de vértices $(-1, 0)$, $(1, 1)$ e $(1, -1)$. Determinar a massa e o centro de massa da lâmina se:
   a) sua densidade de massa é constante.
   b) sua densidade de massa no ponto $P(x, y)$ é proporcional à distância desse ponto à reta $x = -2$.

30. Uma lâmina tem a forma da região plana R delimitada pelas curvas $x = y^2$ e $x = 4$. Sua densidade de massa é constante. Determinar:
   a) o momento de inércia da lâmina em relação ao eixo dos x;
   b) o momento de inércia da lâmina em relação ao eixo dos y.

31. Calcular a massa de uma lâmina com a forma de um círculo de raio 3 cm, se a sua densidade de massa em um ponto $P(x, y)$ é proporcional ao quadrado da distância desse ponto ao centro do círculo acrescida de uma unidade.

32. Calcular o centro de massa de uma lâmina plana quadrada de 4 cm de lado, com densidade de massa constante.

33. Uma lâmina plana tem a forma da região delimitada pelas curvas $y = x^2 + 1$ e $y = x + 3$. Sua densidade de massa no ponto $P(x, y)$ é proporcional à distância desse ponto ao eixo dos x. Calcular:
   a) a massa da lâmina;

b) o centro de massa e

c) o momento de inércia em relação ao eixo dos x.

34. Calcular a massa e o centro de massa da chapa da Figura 7.57, considerando a densidade igual a x.

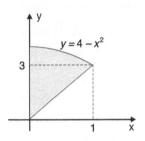

Figura 7.57

35. Calcular a massa e o centro de massa de uma chapa com o formato de um triângulo isósceles com base 10 cm e altura 5 cm. Considerar a densidade constante.

36. Calcular o momento de inércia em relação ao eixo dos x de uma chapa delimitada por $x + y = 4$, $x = 4$ e $y = 4$. Considerar a densidade igual a uma constante k.

37. Calcular o momento de inércia de um disco circular de diâmetro 10 cm:
    a) em relação ao seu próprio centro;
    b) em relação a seu diâmetro.

    Considerar a densidade igual a uma constante k.

38. Calcular o momento de inércia de um quadrado de lado igual a 4 cm em relação ao eixo que passa por uma diagonal. Considerar a densidade constante.

8 Integrais Triplas

Neste capítulo, apresentaremos as integrais triplas. A função integrando, nesse caso, é uma função de três variáveis $w = f(x, y, z)$ definida sobre uma região T do espaço tridimensional.

As idéias que usaremos são as mesmas empregadas no capítulo anterior, quando estudamos a integral dupla. Assim, faremos apenas uma breve explanação e apontaremos os principais resultados, dando ênfase especial aos exemplos e aplicações.

8.1 Definição

Seja $w = f(x, y, z)$ uma função definida e contínua em uma região fechada e limitada T do espaço. Subdividimos T em pequenas sub-regiões traçando planos paralelos aos planos coordenados (ver Figura 8.1).

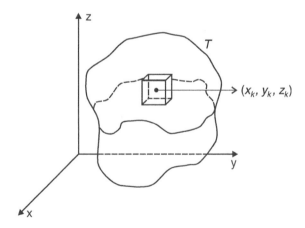

Figura 8.1

Numeramos os paralelepípedos no interior de T de 1 até n. Em cada um dos pequenos paralelepípedos T_k, escolhemos um ponto arbitrário (x_k, y_k, z_k).

Formamos a soma

$$\sum_{k=1}^{n} f(x_k, y_k, z_k) \Delta V_k,$$

onde ΔV_k é o volume do paralelepípedo T_k.

Fazemos isso de maneira arbitrária, mas de tal forma que a maior aresta dos paralelepípedos T_k tende a zero quando $n \to \infty$.

Se existir

$$\lim_{n \to \infty} \sum_{k=1}^{n} f(x_k, y_k, z_k) \Delta V_k,$$

ele é chamado integral tripla da função $f(x, y, z)$ sobre a região T e o representamos por

$$\iiint_T f \, dV \quad \text{ou} \quad \iiint_T f(x, y, z) \, dx\,dy\,dz.$$

8.2 Propriedades

De forma análoga à integral dupla, temos

a) $\iiint_T k f \, dV = k \iiint_T f \, dV.$

b) $\iiint_T (f_1 + f_2) \, dV = \iiint_T f_1 \, dV + \iiint_T f_2 \, dV.$

c) $\iiint_T f \, dV = \iiint_{T_1} f \, dV + \iiint_{T_2} f \, dV,$

onde $T = T_1 \cup T_2$, como mostra a Figura 8.2.

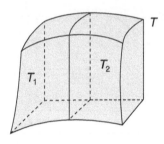

Figura 8.2

8.3 Cálculo da Integral Tripla

As integrais triplas podem ser calculadas de forma análoga às integrais duplas, por meio de integrações sucessivas.
Podemos utilizar os conhecimentos adquiridos no capítulo anterior, reduzindo, inicialmente, a sua resolução ao cálculo de uma integral dupla. A seguir, apresentamos as diversas situações.

1º caso: A região T é delimitada inferiormente pelo gráfico da função $z = h_1(x, y)$ e superiormente pelo gráfico de $z = h_2(x, y)$, onde h_1 e h_2 são funções contínuas sobre a região R do plano xy, como mostra a Figura 8.3.

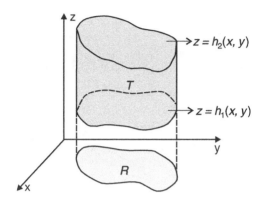

Figura 8.3

Nesse caso, temos

$$\iiint_T f(x,y,z)\, dV = \iint_R \left[\int_{h_1(x,y)}^{h_2(x,y)} f(x,y,z)\, dz \right] dx\, dy \qquad (1)$$

Assim, se, por exemplo, a região R for do Tipo I, isto é,

$$R: \begin{cases} f_1(x) \leq y \leq f_2(x) \\ a \leq x \leq b \end{cases} \qquad \text{(ver Seção 7.4)}$$

a integral tripla será dada pela seguinte integral iterada tripla:

$$\iiint_T f(x,y,z)\, dV = \int_a^b \int_{f_1(x)}^{f_2(x)} \int_{h_1(x,y)}^{h_2(x,y)} f(x,y,z)\, dz\, dy\, dx.$$

2º caso: A região T é delimitada à esquerda pelo gráfico de $y = p_1(x,z)$ e à direita pelo gráfico de $y = p_2(x,z)$, onde p_1 e p_2 são funções contínuas sobre a região R' do plano xz, como mostra a Figura 8.4.

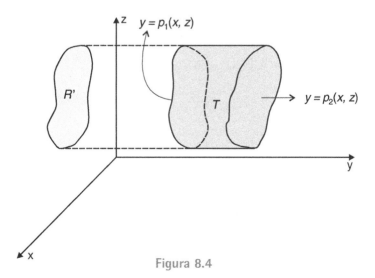

Figura 8.4

Nesse caso, temos

$$\iiint_T f(x, y, z)\, dV = \iint_{R'} \left[\int_{p_1(x,z)}^{p_2(x,z)} f(x, y, z)\, dy \right] dxdz. \tag{2}$$

3º caso: A região T é delimitada na parte de trás pelo gráfico da função $x = q_1(y, z)$ e na frente pelo gráfico de $x = q_2(y, z)$, onde q_1 e q_2 são funções contínuas sobre a região R'' do plano yz, como mostra a Figura 8.5.

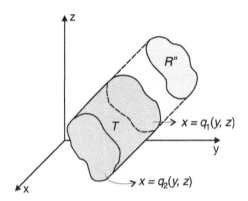

Figura 8.5

Nesse caso, temos

$$\iiint_T f(x, y, z)\, dV = \iint_{R''} \left[\int_{q_1(y,z)}^{q_2(y,z)} f(x, y, z)\, dx \right] dydz. \tag{3}$$

Nos exemplos que seguem, as diversas situações são exploradas.

8.4 Exemplos

Exemplo 1: Calcular $I = \iiint_T x\, dV$, onde T é o sólido delimitado pelo cilindro $x^2 + y^2 = 25$, pelo plano $x + y + z = 8$ e pelo plano xy.

Solução: O sólido T pode ser visualizado na Figura 8.6a.

Observando essa figura, vemos que T é delimitado superiormente pelo gráfico de $z = 8 - x - y$ e inferiormente por $z = 0$.

A projeção de T sobre o plano xy é o círculo $x^2 + y^2 = 25$ (ver Figura 8.6b).

Assim, usando (1), temos

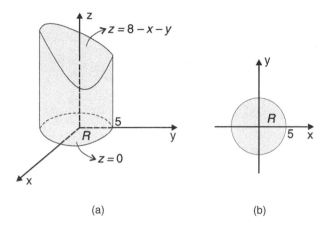

Figura 8.6

$$I = \iint_R \left[\int_0^{8-x-y} x\, dz \right] dxdy$$

$$= \iint_R xz \Big|_0^{8-x-y} dxdy$$

$$= \iint_R x(8 - x - y)\, dxdy.$$

Para calcular essa integral dupla, podemos usar as coordenadas polares, conforme vimos na Seção 7.6. Temos

$$I = \int_0^{2\pi} \int_0^5 r\cos\theta(8 - r\cos\theta - r\,\text{sen}\,\theta) \cdot r\, drd\theta$$

$$= \int_0^{2\pi} \int_0^5 (8\cos\theta\, r^2 - (\cos^2\theta + \text{sen}\,\theta\cos\theta)\, r^3)\, drd\theta$$

$$= \int_0^{2\pi} \left(8\cos\theta\, \frac{r^3}{3} - (\cos^2\theta + \text{sen}\,\theta\cos\theta) \frac{r^4}{4} \right) \Big|_0^5 d\theta$$

$$= \int_0^{2\pi} \left[\frac{1000}{3} \cos\theta - \frac{625}{4}(\cos^2\theta + \text{sen}\,\theta\cos\theta) \right] d\theta$$

$$= -\frac{625}{4}\pi.$$

Exemplo 2: Calcular $I = \iiint_T y\, dV$, onde T é a região delimitada pelos planos coordenados e pelo plano

$$\frac{x}{3} + \frac{y}{2} + z = 1.$$

Solução: A região T é o tetraedro apresentado na Figura 8.7.

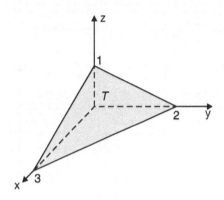

Figura 8.7

Nesse caso, T se enquadra em qualquer um dos casos 1, 2 ou 3. Para visualizarmos bem os três casos, vamos exemplificar os três procedimentos correspondentes.

Procedimento 1: Observando a Figura 8.8a, vemos que T é delimitada superiormente pelo gráfico da função $z = 1 - \dfrac{x}{3} - \dfrac{y}{2}$ e inferiormente por $z = 0$.

A projeção de T sobre o plano xy é o triângulo representado na Figura 8.8b.

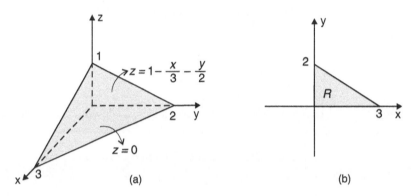

Figura 8.8

Assim, usando (1), temos

$$I = \iint_R \left[\int_0^{1-\frac{x}{3}-\frac{y}{2}} y\,dz \right] dx\,dy$$

$$= \iint_R yz \Big|_0^{1-\frac{x}{3}-\frac{y}{2}} dx\,dy$$

$$= \iint_R y\left(1 - \frac{x}{3} - \frac{y}{2}\right) dx\,dy$$

$$= \int_0^3 \int_0^{2-\frac{2}{3}x} \left(y - \frac{x}{3}y - \frac{1}{2}y^2\right) dy\,dx$$

$$= \frac{1}{2}.$$

Procedimento 2: Observando a Figura 8.9a, vemos que T é delimitada à esquerda por $y = 0$ e à direita por $y = 2\left(1 - \dfrac{x}{3} - z\right)$.

A projeção de T sobre o plano xz é o triângulo representado na Figura 8.9b.

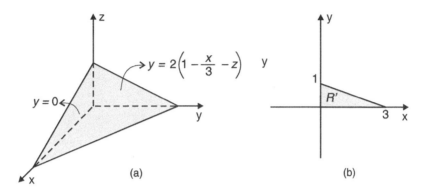

Figura 8.9

Assim, usando (2), vem

$$I = \iint_{R'} \left[\int_0^{2(1-\frac{x}{3}-z)} y\,dy \right] dx\,dz$$

$$= \iint_{R'} \left[\dfrac{1}{2} y^2 \Big|_0^{2\left(1-\frac{x}{3}-z\right)} \right] dx\,dz$$

$$= \iint_{R'} 2\left(1 - \dfrac{x}{3} - z\right)^2 dx\,dz$$

$$= \dfrac{1}{2}.$$

Procedimento 3: De maneira análoga, podemos visualizar na Figura 8.10a que T é delimitada atrás por $x = 0$ e na frente por $x = 3\left(1 - \dfrac{y}{2} - z\right)$.

A projeção de T sobre o plano yz é o triângulo representado na Figura 8.10b.

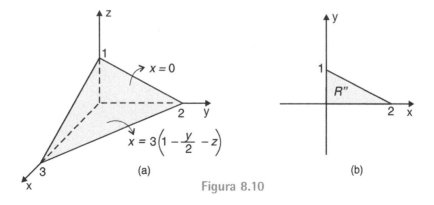

Figura 8.10

Usando (3), temos

$$I = \iint_{R''} \left[\int_0^{3\left(1-\frac{y}{2}-z\right)} y \, dx \right] dydz$$

$$= \iint_{R''} \left[y \cdot x \Big|_0^{3\left(1-\frac{y}{2}-z\right)} \right] dydz$$

$$= \iint_{R''} 3y\left(1 - \frac{y}{2} - z\right) dydz$$

$$= \frac{1}{2}.$$

Exemplo 3: Expressar na forma de uma integral iterada tripla a integral $I = \iiint_T dV$, onde T é a região delimitada por $x^2 + y^2 + z^2 = 4$ e $x^2 + y^2 = 3z$.

Solução: A equação $x^2 + y^2 + z^2 = 4$ representa uma esfera de centro na origem e raio 2. A equação $x^2 + y^2 = 3z$ é a equação de um parabolóide de vértice na origem e concavidade voltada para cima.

Na Figura 8.11a, representamos a região T, delimitada por essas duas superfícies.

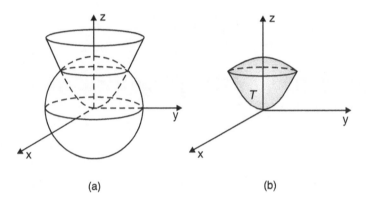

Figura 8.11

Observando as figura 8.11a e b, vemos que T é delimitada inferiormente pelo parabolóide $z = \frac{1}{3}(x^2 + y^2)$ e superiormente pelo hemisfério $z = \sqrt{4 - x^2 - y^2}$. Vamos, então, utilizar (1). Temos

$$I = \iint_R \left[\int_{\frac{1}{3}(x^2+y^2)}^{\sqrt{4-x^2-y^2}} dz \right] dxdy,$$

onde R é a projeção de T sobre o plano xy.

Para obter a região R, que pode ser visualizada na Figura 8.12, necessitamos encontrar a intersecção das duas superfícies que delimitam T.

Substituindo $x^2 + y^2 = 3z$ na equação $x^2 + y^2 + z^2 = 4$, vem

$$3z + z^2 = 4,$$

de onde concluímos que $z = 1$. Portanto, R é delimitada pela circunferência $x^2 + y^2 = 3$, como mostra a Figura 8.12.

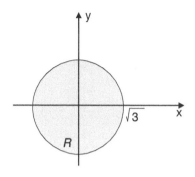

Figura 8.12

Temos

$$R: \begin{cases} -\sqrt{3} \le x \le \sqrt{3} \\ -\sqrt{3-x^2} \le y \le \sqrt{3-x^2} \end{cases}$$

e, assim,

$$I = \int_{-\sqrt{3}}^{\sqrt{3}} \int_{-\sqrt{3-x^2}}^{\sqrt{3-x^2}} \int_{\frac{1}{3}(x^2+y^2)}^{\sqrt{4-x^2-y^2}} dz\, dy\, dx.$$

Observamos que, para resolver completamente esse exemplo, poderíamos usar as coordenadas polares para o cálculo da integral dupla. Na seção que segue, veremos que a utilização das coordenadas cilíndricas, que constituem uma extensão das coordenadas polares para o espaço, simplificará bastante os cálculos.

Exemplo 4: Calcular $I = \iiint_T (x - 1)\, dV$, sendo T a região do espaço delimitada pelos planos $y = 0$, $z = 0$, $y + z = 5$

e pelo cilindro parabólico $z = 4 - x^2$.

Solução: Na Figura 8.13 apresentamos a região T. Podemos observar, nesse caso, que é conveniente projetarmos T sobre o plano xz ou o plano yz.

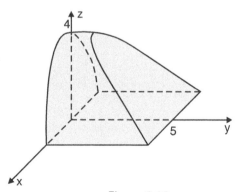

Figura 8.13

Vamos projetar T sobre o plano xz e usar (2) para resolver a integral.

Observando a Figura 8.14a, vemos que T é delimitada à esquerda por $y = 0$ e à direita por $y = 5 - z$. A região R', que é a projeção de T sobre o plano xz, pode ser visualizada na Figura 8.14b.

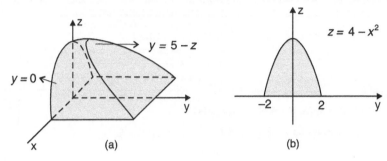

Figura 8.14

Temos

$$I = \iint_{R'} \left[\int_0^{5-z} (x-1)\,dy\right] dxdz$$

$$= \iint_{R'} (x-1)\, y \Big|_0^{5-z} dx\, dz$$

$$= \iint_{R'} (x-1)(5-z)\, dxdz.$$

A região R' é dada por

$$R': \begin{cases} -2 \leq x \leq 2 \\ 0 \leq z \leq 4 - x^2 \end{cases}$$

Portanto,

$$I = \int_{-2}^{2} \left[\int_0^{4-x^2} (x-1)(5-z)\, dz\right] dx$$

$$= \int_{-2}^{2} (x-1)\left(5z - \frac{z^2}{2}\right)\Big|_0^{4-x^2} dx$$

$$= \int_{-2}^{2} (x-1)\left(5(4-x^2) - \frac{1}{2}(4-x^2)^2\right) dx$$

$$= \frac{-544}{15}.$$

8.5 Exercícios

Nos exercícios 1 a 16, calcular a integral tripla dada sobre a região indicada.

1. $\iiint_T xyz^2 dV$, onde T é o paralelepípedo retângulo $[0, 1] \times [0, 2] \times [1, 3]$.

2. $\iiint_T x\, dV$, onde T é o tetraedro limitado pelos planos coordenados e pelo plano $x + \frac{y}{2} + z = 4$.

3. $\iiint_T (x^2 + y^2)\, dV$, onde T é o cilindro $x^2 + y^2 \leq 1$, $0 \leq z \leq 4$.

4. $\iiint_T dV$, onde T é a região do primeiro octante limitada por $x = 4 - y^2$, $y = z$, $x = 0$ e $z = 0$.

5. $\iiint_T xy\, dV$, sendo T a região acima do plano xy delimitada por $z = 4 - x^2$, $y = 0$ e $y = 4$.

6. $\iiint_T xy\, dV$, onde T é a região delimitada por $y = 0$, $x = 0$, $z = 0$, $z = 4 - x^2$ e $y + z = 8$.

7. $\iiint_T dV$, onde T é o hemisfério da frente da esfera $x^2 + y^2 + z^2 = 4$.

8. $\iiint_T (x - 1)\, dV$, onde T é o sólido delimitado pelos planos $y + z = 8$, $-y + z = 8$, $x = 0$, $x = 4$, $z = 0$, $y = -2$ e $y = 2$.

9. $\iiint_T dV$, onde T é a região delimitada por $y = x^2$, $x = y^2$, $z = 2y$ e $z = -2y$.

10. $\iiint_T dV$, onde T é a região delimitada por $x = 0$, $y = 0$, $y + x = 2$, $z = x^2 + y^2$ e $z = 0$.

11. $\iiint_T \dfrac{dx\, dy\, dz}{(x + y + z + 1)^2}$, sendo T o sólido delimitado pelos planos coordenados e pelo plano $x + y + z = 2$.

12. $\iiint_S 2y\, \text{sen}\, yz\, dV$, onde S é o paralelepípedo limitado por $x = \pi$, $y = \dfrac{\pi}{2}$, $z = \dfrac{\pi}{3}$ e os planos coordenados.

13. $\iiint_G z\, dV$, onde G é a região do primeiro octante limitada por $y^2 + z^2 = 2$, $y = 2x$ e $x = 0$.

14. $\iiint_S (y + x^2)\, z\, dV$, onde S é o paralelepípedo retângulo $1 \leq x \leq 2$, $0 \leq y \leq 1$, $-3 \leq z \leq 5$.

15. $\iiint_S xy\, dV$, onde S é o sólido no primeiro octante delimitado por $z = 4 - x^2$, $z = 0$, $y = x$ e $y = 0$.

16. $\iiint_T z\, dV$, onde T é o sólido limitado por $z = y$, o plano xy e $y = 2 - x^2$.

17. Escrever na forma de uma integral tripla iterada:

a) $\iiint_T f\, dV$, onde T é a região delimitada por $z = x^2 + y^2 - 4$ e $z = 4 - x^2 - y^2$

b) $\iiint_T f\, dV$, onde T é delimitada por
$$x^2 + y^2 + z^2 = a^2$$

c) $\iiint_T f\, dV$, onde T é delimitada por $x^2 + z^2 = a^2$ e $y^2 + z^2 = a^2$

d) $\iiint_T f\, dV$, onde T é delimitada por $z = 8 - x^2 - y^2$ e $z = 3x^2 + y^2$

e) $\iiint_T f\, dV$, onde T é delimitada por
$$z = \sqrt{x^2 + y^2} \text{ e } z = 2$$

f) $\iiint_T f\, dV$, onde T é a região interior ao cilindro $x^2 - x + y^2 = 0$ e à esfera $x^2 + y^2 + z^2 = 1$

g) $\iiint_T f\, dV$, onde T é a região delimitada por $z = 16 - x^2$, $z = 0$, $y = -2$ e $y = 2$.

18. Esboçar a região de integração e calcular as integrais:

a) $\int_0^1 \int_0^{1-y} \int_0^{1-x-y} dz\, dx\, dy$

b) $\int_0^1 \int_{x^2}^{x} \int_0^{2+x+y} x\, dz\, dy\, dx$

c) $\int_0^2 \int_0^{x^2} \int_0^{y} y\, dz\, dy\, dx$

d) $\int_0^4 \int_{\sqrt{y}}^{2} \int_0^{y} y\, dz\, dx\, dy$

e) $\int_1^2 \int_x^{2x} \int_0^{x+y} z\, dz\, dy\, dx$

f) $\int_1^2 \int_0^{x^2} \int_0^{1/x} x^2 y^2 z\, dz\, dy\, dx$

g) $\int_0^2 \int_0^{\frac{1}{2}\sqrt{4-x^2}} \int_0^{x^2+4y^2} dz\, dy\, dx$

h) $\int_{-3}^{3} \int_{-\sqrt{9-y^2}}^{\sqrt{9-y^2}} \int_{4x^2+4y^2-9}^{3x^2+3y^2} dz\, dx\, dy$.

8.6 Mudança de Variáveis em Integrais Triplas

De forma análoga à apresentada para as integrais duplas na Seção 7.7, podemos introduzir novas variáveis de integração na integral tripla

$$I = \iiint_T f(x, y, z)\, dxdydz. \tag{1}$$

Introduzindo novas variáveis de integração u, v, w por meio das equações

$$x = x(u, v, w), \quad y = y(u, v, w), \quad z = z(u, v, w),$$

a integral (1) pode ser expressa por

$$I = \iiint_{T'} f(x(u, v, w), y(u, v, w), z(u, v, w)) \left|\frac{\partial(x, y, z)}{\partial(u, v, w)}\right| dudvdw \tag{2}$$

onde T' é a correspondente região no espaço u, v, w e $\dfrac{\partial(x, y, z)}{\partial(u, v, w)}$ é o determinante jacobiano de x, y, z em relação a u, v e w.

Observamos que as condições gerais sob as quais (2) é válida são análogas às condições sob as quais é válida a fórmula correspondente para integrais duplas.

A seguir, exploraremos os casos particulares das coordenadas cilíndricas e esféricas, que simplificarão bastante o cálculo das integrais triplas em diversas situações.

8.6.1 Cálculo de uma integral tripla em coordenadas cilíndricas

As coordenadas cilíndricas de um ponto P no espaço, de coordenadas cartesianas (x, y, z), são determinadas pelos números

$$r, \quad \theta \quad e \quad z,$$

onde r e θ são as coordenadas polares da projeção de P sobre o plano xy (ver Figura 8.15).

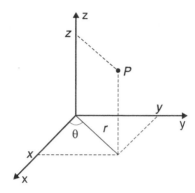

Figura 8.15

A relação entre as coordenadas cilíndricas e cartesianas é dada pelas equações

$$x = r \cos \theta \quad y = r \, \text{sen} \, \theta \quad z = z.$$

O jacobiano de x, y, z em relação às novas variáveis r, θ e z é:

$$\frac{\partial(x, y, z)}{\partial(r, \theta, z)} = \begin{vmatrix} \cos \theta & -r \, \text{sen} \, \theta & 0 \\ \text{sen} \, \theta & r \cos \theta & 0 \\ 0 & 0 & 1 \end{vmatrix} = r.$$

Assim, usando (2), vem

$$\iiint_T f(x, y, z) \, dV = \iiint_{T'} f(r \cos \theta, r \, \text{sen} \, \theta, z) \, r \, dr \, d\theta \, dz \qquad (3)$$

onde T' é a região T descrita em coordenadas cilíndricas.

Se a região T se enquadra no 1º caso visto na Seção 8.3 (ver Figura 8.3), podemos escrever

$$I = \iint_{R'} \left[\int_{g_1(r,\theta)}^{g_2(r,\theta)} f(r \cos \theta, r \, \text{sen} \, \theta, z) \, dz \right] r \, dr \, d\theta \qquad (4)$$

onde:
- $g_1(r, \theta)$ e $g_2(r, \theta)$ são as superfícies que delimitam T inferior e superiormente, respectivamente.
- R' é a projeção de T sobre o plano xy descrita em coordenadas polares.

8.6.2 Exemplos

Exemplo 1: Calcular $I = \iiint_T (x^2 + y^2) \, dV$, onde T é a região delimitada pelo plano xy, pelo parabolóide $z = x^2 + y^2$ e pelo cilindro $x^2 + y^2 = a^2$.

Solução: Na Figura 8.16a apresentamos a região T e, na Figura 8.16b, a sua projeção sobre o plano xy.

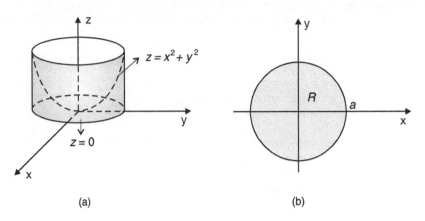

Figura 8.16

Observando a Figura 8.16a, vemos que a região T é limitada inferiormente por $z = 0$ e superiormente pelo parabolóide $z = x^2 + y^2$ que, em coordenadas cilíndricas, tem equação

$$z = r^2.$$

Portanto, usando (4), temos

$$I = \iiint_T (x^2 + y^2)\, dV$$

$$= \iint_{R'} \left[\int_0^{r^2} r^2\, dz \right] r\, dr\, d\theta,$$

onde

$$R': \begin{cases} 0 \le r \le a \\ 0 \le \theta \le 2\pi \end{cases}$$

Logo,

$$I = \int_0^a \int_0^{2\pi} \frac{r^6}{3} r\, d\theta\, dr$$

$$= \frac{\pi a^8}{12}.$$

Exemplo 2: Calcular $I = \iiint_T dV$, sendo T a porção da esfera $x^2 + y^2 + z^2 = a^2$ que está dentro do cilindro $x^2 + y^2 = ay$.

Solução: Na Figura 8.17a podemos visualizar a região T e, na Figura 8.17b, a sua projeção sobre o plano xy. Podemos observar que T é delimitada inferior e superiormente pelos respectivos hemisférios inferior e superior da esfera $x^2 + y^2 + z^2 = a^2$, os quais em coordenadas cilíndricas, são dados por

$$z = -\sqrt{a^2 - r^2} \quad \text{e} \quad z = \sqrt{a^2 - r^2}.$$

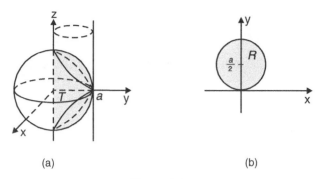

Figura 8.17

Assim,

$$I = \iint_{R'} \int_{-\sqrt{a^2-r^2}}^{\sqrt{a^2-r^2}} dz\, r\, dr\, d\theta,$$

onde R' é a região R, visualizada na Figura 8.17b, descrita em coordenadas polares. Temos

$$R': \begin{cases} 0 \leq \theta \leq \pi \\ 0 \leq r \leq a\,\text{sen}\,\theta \end{cases}$$

Portanto,

$$I = \int_0^\pi \left[\int_0^{a\,\text{sen}\,\theta} 2\sqrt{a^2 - r^2}\, r\, dr \right] d\theta$$

$$= \int_0^\pi \left[\frac{-2}{3}(a^2 - r^2)^{\frac{3}{2}} \Big|_0^{a\,\text{sen}\,\theta} \right] d\theta$$

$$= \frac{-2}{3} \int_0^\pi \left[(a^2 - a^2\,\text{sen}^2\,\theta)^{\frac{3}{2}} - a^3 \right] d\theta$$

$$= \frac{-2}{3} a^3 \left[\int_0^\pi ((1 - \text{sen}^2\,\theta)\cos\theta - 1)\, d\theta \right]$$

$$= \frac{-2}{3} a^3 \left[\text{sen}\,\theta - \frac{\text{sen}^3\,\theta}{3} - \theta \right]\Big|_0^\pi$$

$$= \frac{2}{3}\pi a^3.$$

Exemplo 3: Calcular a integral tripla do Exemplo 3 da Seção 8.4.

Solução: Na Figura 8.11, foi apresentada a região de integração T e, na Figura 8.12, a sua projeção, R, sobre o plano xy.

A região T é delimitada inferiormente pelo parabolóide $z = \frac{1}{3}(x^2 + y^2)$ que, em coordenadas cilíndricas, é dado por

$$z = \frac{1}{3}r^2.$$

Superiormente, a região T é delimitada pelo hemisfério $z = \sqrt{4 - x^2 - y^2}$ ou, em coordenadas cilíndricas,

$$z = \sqrt{4 - r^2}.$$

Em coordenadas polares, a região R, que é delimitada pela circunferência $x^2 + y^2 = 3$, é descrita por

$$R': \begin{cases} 0 \leq r \leq \sqrt{3} \\ 0 \leq \theta \leq 2\pi \end{cases}$$

Portanto,

$$I = \iint_{R'} \int_{\frac{1}{3}r^2}^{\sqrt{4-r^2}} r \, dz \, dr \, d\theta$$

$$= \iint_{R'} \left(\sqrt{4 - r^2} - \frac{1}{3}r^2 \right) r \, d\theta \, dr$$

$$= \int_0^{\sqrt{3}} \int_0^{2\pi} (\sqrt{4 - r^2} - \frac{1}{3}r^2) r \, d\theta \, dr$$

$$= 2\pi \int_0^{\sqrt{3}} \left(((\sqrt{4 - r^2})^{\frac{1}{2}} - \frac{1}{3}r^2 \right) r \, dr$$

$$= \frac{19\pi}{6}.$$

Exemplo 4: Escrever, na forma de uma soma de integrais iteradas duplas, a integral $I = \iiint_T dV$, onde T é a região interior à esfera $x^2 + y^2 + z^2 = 1$ e exterior ao cone $z^2 = x^2 + y^2$.

Solução: Na Figura 8.18, apresentamos a região de integração T. Podemos observar que uma parte de T é delimitada inferior e superiormente pelo cone e outra parte é delimitada superior e inferiormente pela esfera.

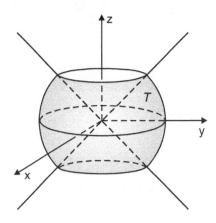

Figura 8.18

Na Figura 8.19, apresentamos a projeção de T sobre o plano xy, decomposta em duas sub-regiões, R_1 e R_2. A região R_1 corresponde à parte de T que é delimitada inferior e superiormente pelo cone. R_2 corresponde à parte que é delimitada inferior e superiormente pela esfera.

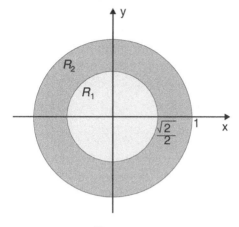

Figura 8.19

Como, em coordenadas cilíndricas, a equação do cone é $z^2 = r^2$ e a da esfera é $z^2 = 1 - r^2$, utilizando (4) temos

$$I = \iint_{R_1'} \left[\int_{-r}^{r} dz \right] r\, dr\, d\theta + \iint_{R_2'} \left[\int_{-\sqrt{1-r^2}}^{\sqrt{1-r^2}} dz \right] r\, dr\, d\theta$$

$$= 2 \iint_{R_1'} r^2\, dr\, d\theta + 2 \iint_{R_2'} \sqrt{1-r^2}\, r\, dr\, d\theta,$$

onde:

$$R_1': \begin{cases} 0 \leq r \leq \dfrac{\sqrt{2}}{2} \\ 0 \leq \theta \leq 2\pi \end{cases} \quad \text{e} \quad R_2': \begin{cases} \dfrac{\sqrt{2}}{2} \leq r \leq 1 \\ 0 \leq \theta \leq 2\pi \end{cases}$$

Portanto,

$$I = 2 \int_0^{2\pi} \int_0^{\frac{\sqrt{2}}{2}} r^2\, dr\, d\theta + 2 \int_0^{2\pi} \int_{\frac{\sqrt{2}}{2}}^{1} \sqrt{1-r^2}\, r\, dr\, d\theta.$$

Observamos que a integral tripla desse exemplo pode ser resolvida de forma mais simples usando as coordenadas esféricas, que serão introduzidas a seguir.

8.6.3 Cálculo de uma integral tripla em coordenadas esféricas

As coordenadas esféricas (ρ, θ, ϕ) de um ponto $P(x, y, z)$ no espaço são ilustradas na Figura 8.20.

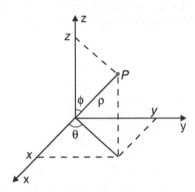

Figura 8.20

A coordenada ρ é a distância do ponto P até a origem. A coordenada θ é a mesma que em coordenadas cilíndricas, e a coordenada ϕ é o ângulo formado pelo eixo positivo dos z e o segmento que une o ponto P à origem.

Como ρ é a distância de P até a origem, temos $\rho \geq 0$. Como θ coincide com o ângulo polar, utiliza-se a mesma variação usada no cálculo de integrais duplas, ou seja,

$$-\pi \leq \theta \leq \pi \quad \text{ou} \quad 0 \leq \theta \leq 2\pi.$$

Quanto à coordenada ϕ, subentende-se que $0 \leq \phi \leq \pi$. Quando $\phi = 0$, o ponto P estará sobre o eixo positivo dos z e, quando $\phi = \pi$, sobre o eixo negativo dos z.

Comparando as figuras 8.15 e 8.20, podemos observar que as coordenadas cilíndricas e esféricas se relacionam pelas equações

$$r = \rho \operatorname{sen} \phi, \quad \theta = \theta, \quad z = \rho \cos \phi.$$

Combinando essas equações com as equações

$$x = r \cos \theta, \quad y = r \operatorname{sen} \theta, \quad z = z,$$

obtemos

$$x = \rho \operatorname{sen} \phi \cos \theta, \quad y = \rho \operatorname{sen} \phi \operatorname{sen} \theta, \quad z = \rho \cos \phi, \tag{5}$$

que são as equações que relacionam as coordenadas esféricas com as coordenadas cartesianas.

Podemos usar as equações (5) para transformar uma integral tripla em coordenadas cartesianas em uma integral tripla em coordenadas esféricas. Para isso, vamos utilizar a fórmula de mudança de variáveis para integrais triplas dada pela equação (2).

Devemos, então, calcular o jacobiano $\dfrac{\partial(x, y, z)}{\partial(\rho, \theta, \phi)}$. Temos

$$\frac{\partial(x, y, z)}{\partial(\rho, \theta, \phi)} = \begin{vmatrix} \operatorname{sen} \phi \cos \theta & -\rho \operatorname{sen} \phi \operatorname{sen} \theta & \rho \cos \phi \cos \theta \\ \operatorname{sen} \phi \cos \theta & \rho \operatorname{sen} \phi \cos \theta & \rho \cos \phi \operatorname{sen} \theta \\ \cos \phi & 0 & -\rho \operatorname{sen} \phi \end{vmatrix} = \rho^2 \operatorname{sen} \phi.$$

Portanto,

$$\iiint_T f(x, y, z)\,dV = \iiint_{T'} f(\rho \operatorname{sen} \phi \cos \theta, \rho \operatorname{sen} \phi \operatorname{sen} \theta, \rho \cos \phi)\rho^2 \operatorname{sen} \phi\, d\rho\, d\phi\, d\theta \tag{6}$$

onde T' é a região de integração T descrita em coordenadas esféricas.

Os exemplos a seguir nos mostram que as coordenadas esféricas são particularmente úteis para situações que envolvem esferas, cones e outras superfícies cujas equações tornam-se mais simples nesse sistema de coordenadas.

8.6.4 Exemplos

Exemplo 1: Calcular $I = \iiint_T x\, dx\, dy\, dz$, onde T é a esfera sólida $x^2 + y^2 + z^2 \leq a^2$.

Solução: A equação da esfera $x^2 + y^2 + z^2 = a^2$ em coordenadas esféricas é dada por

$$\rho = a.$$

A região de integração T, que pode ser visualizada na Figura 8.21, em coordenadas esféricas pode ser descrita por

$$T': \begin{cases} 0 \leq \rho \leq a \\ 0 \leq \theta \leq 2\pi \\ 0 \leq \phi \leq \pi \end{cases}$$

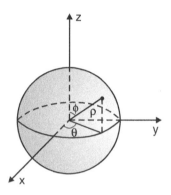

Figura 8.21

Portanto, usando (6), temos

$$I = \iiint_{T'} \rho\, \text{sen}\, \phi \cos \theta \cdot \rho^2 \text{sen}\, \phi\, d\rho\, d\theta\, d\phi$$

$$= \int_0^\pi \int_0^{2\pi} \int_0^a \rho^3 \text{sen}^2 \phi \cos \theta\, d\rho\, d\theta\, d\phi$$

$$= \int_0^\pi \int_0^{2\pi} \frac{a^4}{4} \text{sen}^2 \phi \cos \theta\, d\theta\, d\phi$$

$$= 0.$$

Podemos observar, nesse exemplo, que o procedimento para o cálculo da integral tripla em coordenadas esféricas é ligeiramente diferente do utilizado para as coordenadas cartesianas e cilíndricas. Nos casos anteriores, usualmente transformamos primeiro a integral tripla em uma integral dupla. Para as coordenadas esféricas, escrevemos diretamente a integral tripla na forma de uma integral iterada tripla.

Exemplo 2: Calcular $I = \iiint_T z\, dx\, dy\, dz$, onde T é a região limitada superiormente pela esfera $x^2 + y^2 + z^2 = 16$ e inferiormente pelo cone $z = \sqrt{x^2 + y^2}$.

Solução: Na Figura 8.22, podemos visualizar a região de integração T.

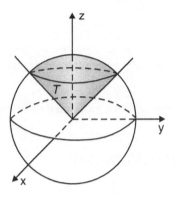

Figura 8.22

Em coordenadas esféricas, a esfera $x^2 + y^2 + z^2 = 16$ tem equação $\rho = 4$, e o cone $z = \sqrt{x^2 + y^2}$ tem equação $\phi = \dfrac{\pi}{4}$.

Assim, observando a Figura 8.22, vemos que, em coordenadas esféricas, a região T pode ser descrita como

$$T': \begin{cases} 0 \leq \rho \leq 4 \\ 0 \leq \theta \leq 2\pi \\ 0 \leq \phi \leq \dfrac{\pi}{4} \end{cases}$$

Portanto,

$$I = \iiint_{T'} \rho \cos\phi \, \rho^2 \operatorname{sen} \phi \, d\rho \, d\theta \, d\phi$$

$$= \int_0^{2\pi} \int_0^{\pi/4} \int_0^4 \operatorname{sen}\phi \cos\phi \, \rho^3 \, d\rho \, d\phi \, d\theta$$

$$= \int_0^{2\pi} \int_0^{\pi/4} 64 \operatorname{sen}\phi \cos\phi \, d\phi \, d\theta$$

$$= 64 \int_0^{2\pi} \dfrac{\operatorname{sen}^2 \phi}{2} \Big|_0^{\pi/4} d\theta$$

$$= 32\pi.$$

Exemplo 3: Calcular $I = \iiint_T \sqrt{x^2 + y^2 + z^2}\, dx\, dy\, dz$, onde T é a coroa esférica limitada por $x^2 + y^2 + z^2 = 1$ e $x^2 + y^2 + z^2 = 4$.

Solução: A região T é apresentada na Figura 8.23.

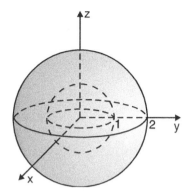

Figura 8.23

Nesse caso, em coordenadas esféricas a região T é descrita por

$$T': \begin{cases} 1 \le \rho \le 2 \\ 0 \le \theta \le 2\pi \\ 0 \le \phi \le \pi \end{cases}$$

Temos, então,

$$I = \int_0^\pi \int_0^{2\pi} \int_1^2 \rho \cdot \rho^2 \operatorname{sen} \phi \, d\rho \, d\theta \, d\phi$$

$$= \int_0^\pi \int_0^{2\pi} \frac{15}{4} \operatorname{sen} \phi \, d\theta \, d\phi$$

$$= \frac{15\pi}{2} \int_0^\pi \operatorname{sen} \phi \, d\phi$$

$$= \frac{15\pi}{2} (-\cos \phi) \Big|_0^\pi$$

$$= 15\pi.$$

Exemplo 4: Calcular a integral tripla do Exemplo 3 da Subseção 8.6.2 usando as coordenadas esféricas.

Solução: A região de integração T foi apresentada na Figura 8.19. Em coordenadas esféricas, T pode ser descrita por

$$T': \begin{cases} 0 \le \rho \le 1 \\ 0 \le \theta \le 2\pi \\ \dfrac{\pi}{4} \le \phi \le \dfrac{3\pi}{4} \end{cases}$$

Portanto,

$$I = \iiint_T dV$$

$$= \int_0^1 \int_0^{2\pi} \int_{\pi/4}^{3\pi/4} \rho^2 \operatorname{sen} \phi \, d\phi \, d\theta \, d\rho$$

$$= \int_0^1 \int_0^{2\pi} \rho^2(-\cos\phi)\Big|_{\frac{\pi}{4}}^{\frac{3\pi}{4}} d\theta\, d\rho$$

$$= \sqrt{2} \int_0^1 \int_0^{2\pi} \rho^2\, d\theta\, d\rho$$

$$= 2\sqrt{2}\pi \int_0^1 \rho^2\, d\rho$$

$$= \frac{2\sqrt{2}\pi}{3}.$$

Exemplo 5: Descrever, em coordenadas esféricas, o sólido T limitado inferiormente pelo plano xy, superiormente pelo cone $\phi = \frac{\pi}{6}$ e lateralmente pelo cilindro $x^2 + y^2 = a^2$. Escrever na forma de uma integral iterada tripla

$$I = \iiint_T (x^2 + y^2 + z^2)\, dV.$$

Solução: Na Figura 8.24, podemos visualizar o sólido T.

Transformando a equação do cilindro $x^2 + y^2 = a^2$ para coordenadas esféricas, obtemos

$$\rho \operatorname{sen} \phi = a \quad \text{ou} \quad \rho = \frac{a}{\operatorname{sen} \phi}.$$

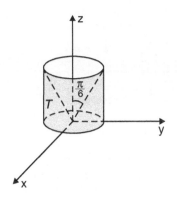

Figura 8.24

Observando a Figura 8.24, vemos que o sólido T pode ser descrito por

$$T': \begin{cases} 0 \leq \rho \leq \dfrac{a}{\operatorname{sen} \phi} \\ \dfrac{\pi}{6} \leq \phi \leq \dfrac{\pi}{2} \\ 0 \leq \theta \leq 2\pi \end{cases}$$

Portanto,

$$I = \int_0^{2\pi} \int_{\frac{\pi}{6}}^{\frac{\pi}{2}} \int_0^{\frac{a}{\operatorname{sen}\phi}} \rho^4 \operatorname{sen} \phi\, d\rho\, d\phi\, d\theta.$$

Observamos que nos exemplos 1 a 4 poderíamos ter escolhido qualquer outra ordem de integração, já que todos os limites de integração são constantes. Nesse exemplo, isso não pode ser feito em relação às variáveis ρ e ϕ. Como ρ é função de ϕ, a integral na variável ρ deve ser resolvida primeiro, ou seja, ela deve ser interna à integral na variável ϕ.

8.7 Exercícios

1. Calcular $\iiint_T (x^2 + y^2)\, dV$, onde T é a região interior ao cilindro $x^2 + y^2 = 1$ e à esfera $x^2 + y^2 + z^2 = 4$.

2. Calcular $\iiint_T \sqrt{x^2 + y^2}\, dV$, onde T é a região limitada por $z = x^2 + y^2 - 4$ e $z = 4 - x^2 - y^2$.

3. Calcular $\iiint_T dV$, onde T é a região limitada por $x^2 + y^2 = 4$ e $y^2 + z^2 = 4$.

4. Calcular $\iiint_T dV$, onde T é a região interior ao cilindro $x^2 - x + y^2 = 0$ e à esfera $x^2 + y^2 + z^2 = 1$.

5. Calcular $\iiint_T x\, dV$, onde T é a região interior às superfícies $z = \frac{1}{4}(x^2 + y^2)$ e $x^2 + y^2 + z^2 = 5$.

6. Calcular $\iiint_T z\, dV$, onde T é a região interior às superfícies $z = -\frac{1}{4}(x^2 + y^2)$ e $x^2 + y^2 + z^2 = 5$.

7. Calcular $\iiint_T y\, dV$, onde T é a região interior às superfícies $z = \frac{1}{4}(x^2 + y^2)$ e $x^2 + y^2 + z^2 = 5$.

8. Calcular $\iiint_T z\, dV$, onde T é a região interior às superfícies $z = \frac{1}{4}(x^2 + y^2)$ e $x^2 + y^2 + z^2 = 5$.

9. Calcular $\iiint_T (x^2 + y^2 + z^2)\, dV$, onde T é a esfera $x^2 + y^2 + z^2 \leq 9$.

10. Calcular $\iiint_T (x^2 + y^2 + z^2)\, dV$, sendo T a região interior à esfera $x^2 + y^2 + z^2 = 9$ e exterior ao cone $z = \sqrt{x^2 + y^2}$.

11. Calcular $\iiint_T (x^2 + y^2 + z^2)\, dV$, sendo T a região interior ao cone $z = \sqrt{x^2 + y^2}$ e à esfera $x^2 + y^2 + z^2 = 9$.

12. Calcular $\iiint_T (x^2 + y^2 + z^2)\, dV$, sendo T a região interior à esfera $x^2 + y^2 + z^2 = 9$ e exterior ao cone $x^2 + y^2 = z^2$.

13. Calcular $\iiint_T z\, dV$, sendo T o sólido delimitado por $z = 0$ e $z = 4 - x^2 - y^2$, interior ao cilindro $x^2 + y^2 = 1$.

14. Calcular $\iiint_T dV$, sendo T a casca esférica delimitada por $x^2 + y^2 + z^2 = 9$ e $x^2 + y^2 + z^2 = 16$.

15. Calcular $\iiint_T (x^2 + y^2)\, dV$, sendo T a região delimitada por $x^2 + y^2 = 1$, $x^2 + y^2 = 4$, $x^2 + y^2 + z^2 = 9$ e $z = 0$.

16. Calcular $\iiint_T dV$, sendo T a região delimitada por $x^2 + y^2 + z^2 = a^2$, $z = 0$ e $z = \dfrac{\sqrt{3}}{3} a$.

17. Calcular $\iiint_T x\, dV$, sendo T a região delimitada por $x^2 + (y - 3)^2 + (z - 2)^2 = 9$.

18. Calcular $\iiint_T dV$, sendo T o elipsóide
$$\frac{x^2}{a^2} + \frac{y^2}{b^2} + \frac{z^2}{c^2} = 1.$$

19. Calcular $\iiint_T (x + y)\, dV$, sendo T a região delimitada por
$x + y = 9$, $x + y = 1$, $y - x = 0$, $y - x = 3$, $z = 0$ e $x + y + z = 27$.

20. Calcular $\iiint_T (x - 2y)\, dV$, sendo T a região delimitada por $(x - 1)^2 + (y - 2)^2 = 1$, $z = 0$ e $z = x + y$.

21. Calcular $\iiint_T (x^2 + y^2)\, dV$, onde T é o sólido delimitado por $4 \le x^2 + y^2 + z^2 \le 9$.

22. Calcular $\iiint_T \sqrt{x^2 + y^2 + z^2}\, dx\, dy\, dz$, onde T é a região delimitada por $x^2 + y^2 + z^2 = 1$ e $x^2 + y^2 + z^2 = 4$.

23. Calcular as seguintes integrais

a) $\displaystyle\int_{-1}^{1} \int_{0}^{\sqrt{1-x^2}} \int_{0}^{\sqrt{1-x^2-y^2}} e^{(x^2+y^2+z^2)^{\frac{3}{2}}}\, dz\, dy\, dx$

b) $\displaystyle\int_{0}^{2} \int_{0}^{\sqrt{4-x^2}} \int_{0}^{4-x^2-y^2} x^2\, dz\, dy\, dx$

c) $\displaystyle\int_{0}^{a} \int_{-\sqrt{a^2-x^2}}^{\sqrt{a^2-x^2}} \int_{0}^{4} dz\, dy\, dx$

d) $\displaystyle\int_{-1}^{1} \int_{-\sqrt{1-x^2}}^{\sqrt{1-x^2}} \int_{(x^2+y^2)^2}^{1} x^2\, dz\, dy\, dx$

e) $\displaystyle\int_{0}^{\sqrt{2}} \int_{0}^{\sqrt{2-x^2}} \int_{0}^{\sqrt{2-x^2-y^2}} \frac{1}{2 + x^2 + y^2 + z^2}\, dz\, dy\, dx$

f) $\displaystyle\int_{0}^{3} \int_{0}^{\sqrt{9-x^2}} \int_{0}^{\sqrt{9-x^2-y^2}} dz\, dy\, dx$

8.8 Aplicações

As integrais triplas têm aplicações geométricas e físicas. Vamos discutir alguns exemplos de aplicação no cálculo de volume, massa, centro de massa e momento de inércia de sólidos.

8.8.1 Cálculo de volume

Seja T um corpo ou sólido delimitado por uma região fechada e limitada no espaço.

Para encontrar o volume desse corpo, vamos subdividir T por planos paralelos aos planos coordenados, como foi feito na Seção 8.1. Seja T_k um paralelepípedo genérico dessa subdivisão, com volume ΔV_k. Um valor aproximado para o volume total do sólido é dado por

$$\sum_{k=1}^{n} \Delta V_k. \qquad (1)$$

O volume do corpo é definido pelo limite da soma (1) quando $n \to \infty$ e a maior aresta dos paralelepípedos T_k tende a zero se esse limite existir.

Temos

$$V = \lim_{n \to \infty} \sum_{k=1}^{n} \Delta V_k \quad \text{ou} \quad V = \iiint_T dV. \tag{2}$$

8.8.2 Exemplos

Exemplo 1: Calcular o volume do sólido delimitado inferiormente por $z = 3 - \dfrac{y}{2}$, superiormente por $z = 6$ e lateralmente pelo cilindro vertical que contorna a região R delimitada por $y = x^2$ e $y = 4$.

Solução: O sólido T pode ser visualizado na Figura 8.25.

A projeção de T sobre o plano xy é a região R visualizada na Figura 8.26.

Temos

$$V = \iiint_T dV = \iint_R \int_{3-\frac{y}{2}}^{6} dz\, dx\, dy \quad \text{ou}$$

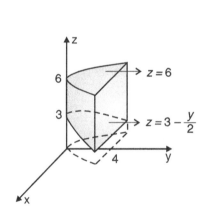

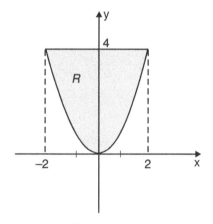

Figura 8.25   Figura 8.26

$$V = \int_{-2}^{2} \int_{x^2}^{4} \int_{3-\frac{y}{2}}^{6} dz\, dy\, dx$$

$$= \int_{-2}^{2} \int_{x^2}^{4} \left(3 - \frac{y}{2}\right) dy\, dx$$

$$= \int_{-2}^{2} \left(\frac{1}{4} x^4 - 3x^2 + 8\right) dx$$

$$= \frac{192}{10} \text{ unidades de volume.}$$

Exemplo 2: Calcular o volume do sólido T delimitado por $y = 0$, $z = 0$, $y + z = 5$ e $z = 4 - x^2$.

Solução: O sólido T, desse exemplo, foi analisado no Exemplo 4 da Seção 8.4, no qual salientamos a conveniência de projetar T sobre o plano xz ou sobre o plano yz (ver Figura 8.13).

Temos

$$V = \iiint_T dV$$

$$= \iint_{R'} \int_0^{5-z} dy\, dx\, dz$$

$$= \iint_R (5 - z)\, dx\, dz$$

$$= \int_{-2}^{2} \int_0^{4-x^2} (5 - z)\, dz\, dx$$

$$= \int_{-2}^{2} \left(-\frac{x^4}{2} - x^2 + 12\right) dx$$

$$= -\frac{x^5}{10} - \frac{x^3}{3} + 12x \Big|_{-2}^{2}$$

$$= \frac{544}{15} \text{ unidades de volume.}$$

Exemplo 3: Mostrar que o volume de uma esfera de raio a é $\frac{4}{3}\pi a^3$ unidades de volume, usando integral tripla.

Solução: Na Subseção 8.5.3 vimos a conveniência de usar coordenadas esféricas para esse caso.

Temos

$$V = \iiint_T dV$$

$$= \int_0^{2\pi} \int_0^{\pi} \int_0^{a} \rho^2 \operatorname{sen} \phi\, d\rho\, d\phi\, d\theta$$

$$= \int_0^{2\pi} \int_0^{\pi} \operatorname{sen} \phi \, \frac{\rho^3}{3}\Big|_0^a d\phi\, d\theta$$

$$= \int_0^{2\pi} \int_0^{\pi} \frac{a^3}{3} \operatorname{sen} \phi\, d\phi\, d\theta$$

$$= \int_0^{2\pi} \frac{a^3}{3} (-\cos \phi)\Big|_0^{\pi} d\theta$$

$$= \int_0^{2\pi} \frac{2a^3}{3} d\theta$$

$$= \frac{4}{3} \pi a^3 \text{ unidades de volume.}$$

Exemplo 4: Encontrar o volume do sólido limitado acima pela esfera $x^2 + y^2 + z^2 = 16$ e abaixo pelo cone $3z^2 = x^2 + y^2$.

Solução: O sólido pode ser visualizado na Figura 8.27.

A projeção do sólido sobre o plano xy é a região R mostrada na Figura 8.28. Para obter a equação da circunferência que delimita R, necessitamos encontrar a intersecção das superfícies

$$x^2 + y^2 + z^2 = 16 \tag{3}$$

$$3z^2 = x^2 + y^2 \tag{4}$$

que delimitam o sólido.

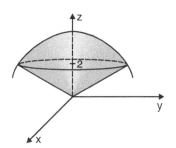

Figura 8.27

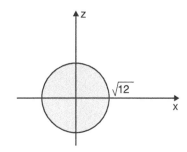

Figura 8.28

Temos

$$3z^2 + z^2 = 16 \quad \text{ou} \quad z = \pm 2.$$

Substituindo o valor de $z = 2$ em (3) ou (4), obtemos

$$x^2 + y^2 = 12, \tag{5}$$

que é a equação da circunferência que delimita R.

Vamos agora calcular o volume usando coordenadas cilíndricas.
Temos

$$V = \iiint_T dV \tag{6}$$

$$= \iint_R \int_{\sqrt{\frac{x^2+y^2}{3}}}^{\sqrt{6-x^2-y^2}} dz\, dx\, dy$$

$$= \int_0^{2\pi} \int_0^{\sqrt{12}} \int_{\frac{r}{\sqrt{3}}}^{\sqrt{16-r^2}} r \, dz \, dr \, d\theta$$

$$= \int_0^{2\pi} \int_0^{\sqrt{12}} r z \bigg|_{\frac{r}{\sqrt{3}}}^{\sqrt{16-r^2}} dr \, d\theta$$

$$= \int_0^{2\pi} \int_0^{\sqrt{12}} r \left(\sqrt{16-r^2} - \frac{r}{\sqrt{3}} \right) dr \, d\theta$$

$$= \int_0^{2\pi} \int_0^{\sqrt{12}} \left(r\sqrt{16-r^2} - \frac{r^2}{\sqrt{3}} \right) dr \, d\theta$$

$$= \int_0^{2\pi} \frac{32}{3} \, d\theta$$

$$= \frac{64}{3} \pi \text{ unidades de volume.}$$

Observamos que a integral (6) pode também ser calculada usando as coordenadas esféricas de forma similar ao Exemplo 2 da Subseção 8.6.4.

Temos

$$V = \int_0^{2\pi} \int_0^{\frac{\pi}{3}} \int_0^4 \rho^2 \, \text{sen} \, \phi \, d\rho \, d\phi \, d\theta$$

ou

$$V = \int_0^{2\pi} \int_0^{\frac{\pi}{3}} \text{sen} \, \phi \, \frac{\rho^3}{3} \bigg|_0^4 d\phi \, d\theta$$

$$= \int_0^{2\pi} \int_0^{\frac{\pi}{3}} \frac{64}{3} \, \text{sen} \, \phi \, d\phi \, d\theta$$

$$= \int_0^{2\pi} \frac{32}{3} \, d\theta$$

$$= \frac{64}{3} \pi \text{ unidades de volume.}$$

8.8.3 Aplicações físicas

De maneira análoga ao que foi feito na Subseção 7.9.5, vamos analisar o uso das integrais triplas para calcular a massa de um corpo, as coordenadas do seu centro de massa e o momento de inércia em relação a um eixo L.

Seja T um corpo ou sólido delimitado por uma região fechada e limitada do espaço. Vamos supor que a densidade de massa (massa por unidade de volume) em um ponto (x, y, z) é dada pela função $\delta = \delta(x, y, z)$, contínua em T.

Para encontrar a massa total desse corpo, vamos subdividir T por planos paralelos aos planos coordenados, como foi feito na Seção 8.1. Seja T_k um paralelepípedo genérico, dessa subdivisão, com volume ΔV_k. Um valor aproximado da massa de T_k pode ser escrito por

$$\delta(x_k, y_k, z_k)\Delta V_k,$$

onde (x_k, y_k, z_k) é um ponto genérico de T_k.

Um valor aproximado da massa total do corpo ou sólido é dado por

$$\sum_{k=1}^{n} \delta(x_k, y_k, z_k)\, \Delta V_k. \tag{7}$$

A *massa total* do corpo ou sólido é definida pelo limite da soma em (7) quando $n \to \infty$ e a maior aresta dos paralelepípedos T_k tende a zero, se esse limite existir.

Temos

$$M = \lim_{n\to\infty} \sum_{k=1}^{n} \delta(x_k, y_k, z_k)\, \Delta V_k$$

ou

$$M = \iiint_T \delta(x, y, z)\, dV. \tag{8}$$

O momento de massa em relação ao plano xy, da parte do sólido que corresponde a T_k, é aproximadamente igual a

$$z_k\delta(x_k, y_k, z_k)\Delta V_k.$$

O *momento de massa em relação ao plano* xy do sólido T é dado por

$$M_{xy} = \lim_{n\to\infty} \sum_{k=1}^{n} z_k\delta(x_k, y_k, z_k)\, \Delta V_k$$

ou

$$M_{xy} = \iiint_T z\delta(x, y, z)\, dV. \tag{9}$$

Analogamente, obtêm-se:

o *momento de massa em relação ao plano* xz,

$$M_{xz} = \iiint_T y\delta(x, y, z)\, dV; \tag{10}$$

o *momento de massa em relação ao plano yz*,

$$M_{yz} = \iiint_T x\delta(x, y, z)\, dV. \qquad (11)$$

As *coordenadas do centro de massa*, denotadas por $(\overline{x}, \overline{y}, \overline{z})$, são definidas por

$$\overline{x} = \frac{M_{yz}}{M};\ \overline{y} = \frac{M_{xz}}{M}\ \text{e}\ \overline{z} = \frac{M_{xy}}{M}. \qquad (12)$$

Outro conceito, já discutido na Subseção 7.9.5, é o de momento de inércia em relação a um eixo L. No caso de sólidos, temos que a distância de uma partícula, com massa concentrada em (x_k, y_k, z_k), até:

- o eixo z é $d_{xy} = (x_k^2 + y_k^2)^{\frac{1}{2}}$;

- o eixo y é $d_{xz} = (x_k^2 + z_k^2)^{\frac{1}{2}}$;

- o eixo x é $d_{yz} = (y_k^2 + z_k^2)^{\frac{1}{2}}$.

Os momentos de inércia correspondentes são dados por:

Momento de inércia, I_z, em relação ao eixo z,

$$I_z = \iiint_T (x^2 + y^2)\,\delta(x, y, z)\, dV; \qquad (13)$$

Momento de inércia, I_x, em relação ao eixo x,

$$I_x = \iiint_T (y^2 + z^2)\,\delta(x, y, z)\, dV;\ \text{e} \qquad (14)$$

Momento de inércia, I_y, em relação ao eixo y,

$$I_y = \iiint_T (x^2 + z^2)\,\delta(x, y, z)\, dV. \qquad (15)$$

8.8.4 Exemplos

Exemplo 1: Calcular a massa e o centro de massa do sólido T, delimitado por $2x + y + z = 1$ e os planos coordenados, sabendo que a densidade de massa em $P(x, y, z)$ é proporcional à distância até o plano xy.

Solução. O sólido T pode ser visualizado na Figura 8.29.

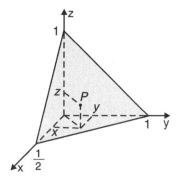

Figura 8.29

A densidade de massa é dada por $\delta(x, y, z) = kz$, onde k é uma constante de proporcionalidade. Vamos encontrar a massa total desse sólido usando (8).
Temos

$$M = \iiint_T k\,z\,dV \quad \text{ou}$$

$$M = k \int_0^1 \int_0^{\frac{1}{2}(1-y)} \int_0^{1-2x-y} z\,dz\,dx\,dy$$

$$= k \int_0^1 \int_0^{\frac{1}{2}(1-y)} \frac{z^2}{2}\bigg|_0^{1-2x-y} dx\,dy$$

$$= \frac{k}{2} \int_0^1 \int_0^{\frac{1}{2}(1-y)} (1-2x-y)^2\,dx\,dy$$

$$= \frac{k}{2} \int_0^1 -\frac{1}{2}\,\frac{(1-2x-y)^3}{3}\bigg|_0^{\frac{1}{2}(1-y)} dy$$

$$= \frac{k}{12} \int_0^1 (1-y)^3 dy$$

$$= \frac{k}{48} \quad \text{unidades de massa.}$$

Vamos agora calcular os momentos de massa M_{xy}, M_{xz}, M_{yz}, definidos em (9), (10) e (11), respectivamente.

Temos

$$M_{xy} = \iiint_T z \cdot k\, z\, dV$$

$$= k \int_0^1 \int_0^{\frac{1}{2}(1-y)} \int_0^{1-2x-y} z^2\, dz\, dx\, dy \; ; \tag{16}$$

$$M_{xz} = \iiint_T y \cdot k\, z\, dV$$

$$= k \int_0^1 \int_0^{\frac{1}{2}(1-y)} \int_0^{1-2x-y} y\, z\, dz\, dx\, dy \tag{17}$$

e

$$M_{yz} = \iiint_T x \cdot k\, z\, dV$$

$$= k \int_0^1 \int_0^{\frac{1}{2}(1-y)} \int_0^{1-2x-y} x\, z\, dz\, dx\, dy \tag{18}$$

Resolvendo as integrais (16), (17) e (18), obtemos

$$M_{xy} = \frac{k}{120}$$

$$M_{xz} = \frac{k}{240}$$

$$M_{yz} = \frac{k}{480}.$$

Portanto, as coordenadas do centro de massa são

$$\bar{x} = \frac{M_{yz}}{M} = \frac{1}{10}$$

$$\bar{y} = \frac{M_{xz}}{M} = \frac{1}{5}$$

$$\bar{z} = \frac{M_{xy}}{M} = \frac{6}{15}.$$

Exemplo 2: Um sólido tem a forma da região delimitada pelo parabolóide $z = 1 - x^2 - y^2$ e o plano xy. A densidade em $P(x, y, z)$ é proporcional à distância de P até a origem. Escrever as integrais usadas para calcular as coordenadas do centro de massa.

Solução: O sólido pode ser visualizado na Figura 8.30.

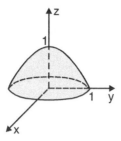

Figura 8.30

A densidade de massa é

$$\delta(x, y, z) = k(x^2 + y^2 + z^2)^{\frac{1}{2}}$$

onde k é uma constante de proporcionalidade.

Para calcular a massa total desse sólido, vamos usar (8). Temos

$$M = \iiint_T k(x^2 + y^2 + z^2)^{\frac{1}{2}} \, dV. \tag{19}$$

Considerando que a projeção do sólido sobre o plano xy é circular, vamos escrever (19) em coordenadas cilíndricas.

Temos

$$M = \int_0^{2\pi} \int_0^1 \int_0^{1-r^2} k(r^2 + z^2)^{\frac{1}{2}} \, r \, dz \, dr \, d\theta. \tag{20}$$

Usando (9), (10) e (11), podemos escrever as integrais para calcular os momentos de massa:

$$M_{xy} = \iiint_T zk(x^2 + y^2 + z^2)^{\frac{1}{2}} \, dV$$

$$= k \int_0^{2\pi} \int_0^1 \int_0^{1-r^2} z(r^2 + z^2)^{\frac{1}{2}} \, r \, dz \, dr \, d\theta; \tag{21}$$

$$M_{xz} = \iiint_T yk(x^2 + y^2 + z^2)^{\frac{1}{2}} \, dV$$

$$= k \int_0^{2\pi} \int_0^1 \int_0^{1-r^2} r^2 \operatorname{sen} \theta (r^2 + z^2)^{\frac{1}{2}} \, dz \, dr \, d\theta \text{ e} \tag{22}$$

$$M_{yz} = \iiint_T xk(x^2 + y^2 + z^2)^{\frac{1}{2}} dV$$

$$= k \int_0^{2\pi} \int_0^1 \int_0^{1-r^2} r^2 \cos\theta (r^2 + z^2)^{\frac{1}{2}} \, dz \, dr \, d\theta. \tag{23}$$

Dessa forma, a coordenada $\bar{x}$ do centro de massa é obtida pelo quociente das integrais (23) e (20); a coordenada $\bar{y}$, pelo quociente das integrais (22) e (20), e $\bar{z}$, pelo quociente das integrais (21) e (20).

Exemplo 3: Encontrar o momento de inércia em relação ao eixo z do sólido delimitado pelo cilindro $x^2 + y^2 = 9$ e pelos planos $z = 2$ e $z = 4$, sabendo que a densidade de massa é igual a $(x^2 + y^2)$ kg/m³.

Solução: O sólido pode ser visualizado na Figura 8.31.

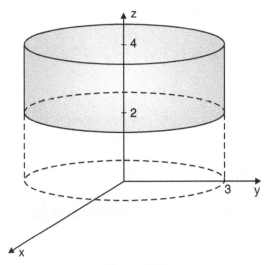

Figura 8.31

Usando (13), temos

$$I_z = \iiint_T (x^2 + y^2)(x^2 + y^2) \, dV$$

$$= \iiint_T (x^2 + y^2)^2 \, dV. \tag{24}$$

Como a projeção de T sobre o plano xy é circular, vamos calcular (24) usando coordenadas cilíndricas. Temos

$$I_z = \int_0^{2\pi} \int_0^3 \int_2^4 r^4 \cdot r \, dz \, dr \, d\theta$$

$$= \int_0^{2\pi} \int_0^3 r^5 z \bigg|_2^4 \, dr \, d\theta$$

$$= \int_0^{2\pi} \int_0^3 2r^5 \, dr \, d\theta$$

$$= \int_0^{2\pi} 2\frac{r^6}{6} \bigg|_0^3 \, d\theta$$

$$= \int_0^{2\pi} 243 \, d\theta$$

$$= 486\pi \ \text{kg} \cdot \text{m}^2.$$

8.9 Exercícios

1. Calcular o volume do tetraedro da Figura 8.32.

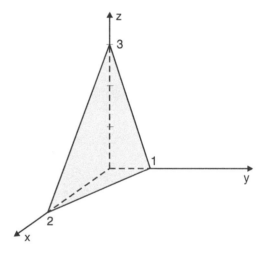

Figura 8.32

2. Calcular o volume da parte do tetraedro da Figura 8.32:
   - entre os planos $z = 1$ e $z = 2$;
   - acima do plano $z = 1$;
   - abaixo do plano $z = 2$.

3. Calcular o volume do sólido delimitado por $x^2 + y^2 = 4$, $z = 0$ e $4x + 2y + z = 16$.

4. Calcular o volume do sólido limitado por $z = 8 - x^2 - 2y^2$, no primeiro octante.

5. Calcular o volume do sólido acima do plano xy delimitado por $z = x^2 + y^2$ e $x^2 + y^2 = 16$.

6. Calcular o volume do sólido acima do parabolóide $z = x^2 + y^2$ e abaixo do cone $z = \sqrt{x^2 + y^2}$.

7. Calcular o volume do sólido acima do plano xy e interior às superfícies $z = \sqrt{9 - x^2 - y^2}$ e $x^2 + y^2 = 1$.

8. Calcular o volume do sólido delimitado pelos planos $y = 0$, $z = 0$, $x + y = 4$ e pelo cilindro parabólico $z = 1 - x^2$.

9. Calcular o volume do tetraedro delimitado pelos planos coordenados e pelo plano $\frac{x}{a} + \frac{y}{b} + \frac{z}{c} = 1$, onde a, b, c são constantes positivas.

10. Calcular o volume da parte da esfera $x^2 + y^2 + z^2 = 9$ entre os planos $z = 1$ e $z = 2$.

Nos exercícios 11 a 19, calcular o volume do sólido delimitado pelas superfícies dadas.

11. $x^2 + y^2 = 16$; $z = 2$ e $x + z = 9$.

12. $x^2 + 2y^2 = 2$; $z = x + 4$ e $z = 0$.

13. $z = 2x^2 + y^2$ e $z = 4 - 3x^2 - y^2$.

14. $z = x^2 + y^2$ e $z = 4 - 2y^2 - x^2$.

15. $x^2 + y^2 = 81$; $z = 2$ e $z = 100$.

16. $y = \sqrt{x^2 + z^2}$ e $y = 4$.

17. $x^2 + y^2 + 2y = 0$; $z = 0$ e $z = 4 + y$.

18. $x + y + z = 4$; $x = 1$; $y = 2$ e os planos coordenados.

19. $x^2 + z^2 = 4$ e $y^2 + z^2 = 4$.

20. Calcular a massa dos sólidos limitados pelas superfícies dadas, considerando a densidade de massa igual a 4 kg/m³.

    a) $z = \sqrt{x^2 + y^2}$ $\quad z = \sqrt{9 - x^2 - y^2}$

    b) $z = 4 - x^2 - y^2$ $\quad z = x^2 + y^2$

21. Calcular a massa e o centro de massa do sólido delimitado por $y = x^2$, $y = 9$, $z = 0$ e $y + z = 9$, considerando a densidade de massa igual a $|x|$ kg/m³.

22. Verificar que o centro de massa de uma esfera de raio 1 coincide com o seu centro, sabendo que a sua distribuição de massa é homogênea.

23. Calcular o momento de inércia em relação aos eixos coordenados do sólido delimitado por $z = 4 - x^2 - y^2$ e $z = 0$, sabendo que a densidade de massa em um ponto P é proporcional à distância de P ao plano xy.

24. Calcular o momento de inércia em relação ao eixo dos x do sólido delimitado por $z = \sqrt{x^2 + y^2}$ e $z = 4$. A densidade de massa em um ponto $P(x, y, z)$ é dada por x^2 kg/m³.

25. Calcular a massa e as coordenadas do centro de massa dos sólidos delimitados pelas superfícies dadas, supondo a densidade de massa constante.

    a) $x^2 + y^2 + z^2 - 2z = 0$

    b) $x + y = 2$, $z = 2 + y$ e os planos coordenados.

26. Determinar a massa do sólido acima do plano xy, delimitado pelo cone $9x^2 + z^2 = y^2$ e o plano $y = 9$. A densidade no ponto (x, y, z) é proporcional à distância do ponto ao plano xy.

27. Um sólido tem a forma de um cilindro circular reto de raio de base a e altura h. Determinar o momento de inércia do sólido em relação ao eixo de simetria, se a densidade no ponto P é proporcional à distância de P até a base do sólido.

28. Calcular o momento de inércia do hemisfério $x^2 + y^2 + z^2 \leq 1$, $x \geq 0$ em relação ao eixo y. A densidade no ponto $P(x, y, z)$ é proporcional à distância de P ao plano yz.

9 Integrais Curvilíneas

Neste capítulo estudaremos as integrais curvilíneas, também chamadas integrais de linha. Inicialmente apresentaremos os conceitos de curva suave, orientação de uma curva, comprimento de arco e reparametrização de uma curva pelo comprimento de arco, necessários para o estudo dessas integrais. A seguir, exploraremos as integrais de linha de campos escalares, ilustrando sua utilização em diversas aplicações.

As integrais de linha de campos vetoriais serão introduzidas por meio do conceito de trabalho realizado por uma força.

Finalmente, veremos as integrais curvilíneas independentes do caminho de integração e o teorema de Green, que relaciona uma integral de linha ao longo de uma curva fechada no plano com uma integral dupla sobre a região limitada pela curva.

9.1 Integrais de Linha de Campos Escalares

Nesta seção introduziremos o conceito de integral de linha de um campo escalar. Veremos que ela constitui uma generalização simples e natural do conceito de integral definida.

9.1.1 Definição

Seja C uma curva suave, orientada, com ponto inicial A e o ponto terminal B. Seja $f(x, y, z)$ um campo escalar definido em cada ponto de C. Dividimos a curva C em n pequenos arcos pelos pontos

$$A = P_0, P_1, P_2, \ldots, P_{i-1}, P_i, \ldots, P_n = B.$$

Denotamos por Δs_i o comprimento do arco $\widehat{P_{i-1}P_i}$. Em cada arco $\widehat{P_{i-1}P_i}$, escolhemos um ponto Q_i (ver Figura 9.1).

Calculamos o valor de f no ponto Q_i, multiplicamos esse valor por Δs_i e formamos a soma $\sum_{i=1}^{n} f(Q_i) \Delta s_i$.

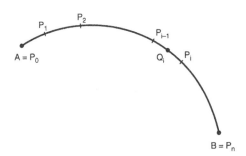

Figura 9.1

A integral de linha de f ao longo de C, de A até B, que denotamos $\int_C f(x, y, z)ds$, é definida por

$$\int_C f(x, y, z)ds = \lim_{\max \Delta s_i \to 0} \sum_{i=1}^{n} f(Q_i)\Delta s_i, \tag{1}$$

quando o limite à direita existe

A curva C é também chamada CAMINHO DE INTEGRAÇÃO.

Se a curva C é suave por partes, a integral de linha sobre C é definida como a soma das integrais sobre cada parte suave de C.

A $\int_C f(x, y, z)ds$ também é denominada integral do campo escalar f com respeito ao comprimento de arco de C.

9.1.2 Cálculo da integral de linha

Para calcular a integral de linha, necessitamos da equação que representa a curva C.

1º Caso: Representamos C por $\vec{h}(s) = x(s)\vec{i} + y(s)\vec{j} + z(s)\vec{k}$, $s \in [a, b]$, onde s é o parâmetro comprimento de arco de C.

Nesse caso, a divisão da curva C pelos pontos $P_0, P_1, \ldots, P_{i-1}, P_i, \ldots, P_n$ origina uma partição no intervalo $[a, b]$, dada pelos pontos

$$a = s_0 < s_1 < s_2 < \ldots < s_{i-1} < s_i < \ldots < s_n = b$$

(ver Figura 9.2).

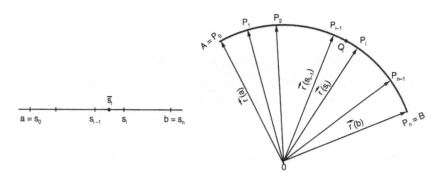

Figura 9.2

O ponto Q_i em (1) tem coordenadas $(x(\bar{s}_i), y(\bar{s}_i), z(\bar{s}_i))$, onde $\bar{s}_i$ é algum ponto do intervalo $[s_{i-1}, s_i]$. A soma que aparece em (1) pode ser reescrita como

$$\sum_{i=1}^{n} f(x(\bar{s}_i), y(\bar{s}_i), z(\bar{s}_i))\Delta s_i.$$

Essa soma é uma soma de Riemann da função $f(x(s), y(s), z(s))$. Assim, o limite em (1) é a integral definida dessa função. Temos, então,

$$\int_C f(x, y, z)\,ds = \int_a^b f(x(s), y(s), z(s))\,ds \tag{2}$$

Exemplo 1: Calcular $\int_C (x + 2y)\,ds$, onde C é a semicircunferência dada na Figura 9.3.

Solução: Conforme vimos no Exemplo 1 da Subseção 2.12.6, a curva dada pode ser representada por

$$\vec{h}(s) = 3\cos\frac{s}{3}\vec{i} + 3\,\text{sen}\,\frac{s}{3}\vec{j}, \quad 0 \le s \le 3\pi.$$

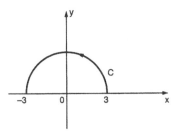

Figura 9.3

Portanto,
$$\int_C (x + 2y)\,ds = \int_0^{3\pi} \left(3\cos\frac{s}{3} + 6\,\text{sen}\,\frac{s}{3}\right) ds$$

$$= \left.\left(9\,\text{sen}\,\frac{s}{3} - 18\cos\frac{s}{3}\right)\right|_0^{3\pi} = 36$$

Exemplo 2: Calcular $\int_C (x^2 + y^2 - z)\,ds$, onde C é a hélice circular dada por

$$\vec{r}(t) = \cos t\,\vec{i} + \text{sen}\,t\,\vec{j} + t\vec{k},\text{ do ponto } P(1, 0, 0) \text{ até } Q(1, 0, 2\pi).$$

Solução: A função comprimento de arco de $\vec{r}(t)$ é dada por

$$s(t) = \int_0^t |\vec{r}\,'(t^*)|\,dt^*$$

$$= \int_0^t \sqrt{2}\,dt^*$$

$$= \sqrt{2}\,t.$$

Encontrando t como função de s, obtemos $t = \dfrac{s}{\sqrt{2}}$. Logo, C pode ser reparametrizada por

$$\vec{h}(s) = \cos\frac{s}{\sqrt{2}}\vec{i} + \text{sen}\,\frac{s}{\sqrt{2}}\vec{j} + \frac{s}{\sqrt{2}}\vec{k}.$$

O ponto $P(1, 0, 0)$ corresponde a $s = 0$ e $Q(1, 0, 2\pi)$ corresponde a $s = 2\sqrt{2}\pi$. Portanto,

$$\int_C (x^2 + y^2 - z)\,ds = \int_0^{2\sqrt{2}\pi} \left(\cos^2\frac{s}{\sqrt{2}} + \text{sen}^2\frac{s}{\sqrt{2}} - \frac{s}{\sqrt{2}}\right) ds$$

$$= \left.\left(s - \frac{s^2}{2\sqrt{2}}\right)\right|_0^{2\sqrt{2}\pi}$$

$$= 2\sqrt{2}\pi\,(1 - \pi).$$

2º Caso: Representamos C por

$$\vec{r}(t) = x(t)\vec{i} + y(t)\vec{j} + z(t)\vec{k}, t \in [t_0, t_1],$$ onde t é um parâmetro qualquer.

Para calcular a integral de linha nesse caso, fazemos uma mudança de variáveis em (2). Temos

$$\int_C f(x,y,z)ds = \int_a^b f(x(s), y(s), z(s))ds = \int_{t_0}^{t_1} f(x(t), y(t), z(t)) \frac{ds}{dt} dt.$$

Como $\frac{ds}{dt} = |\vec{r}'(t)|$, temos

$$\int_C f(x,y,z)ds = \int_{t_0}^{t_1} f(x(t), y(t), z(t))|\vec{r}'(t)|dt \qquad (3)$$

Exemplo 3: Podemos resolver o Exemplo 2 do 1º caso, desta seção, usando a fórmula (3). Temos

$$\vec{r}(t) = \cos t\,\vec{i} + \sen t\,\vec{j} + t\vec{k};$$
$$\vec{r}'(t) = -\sen t\,\vec{i} + \cos t\,\vec{j} + \vec{k};$$
$$|\vec{r}'(t)| = \sqrt{2}.$$

Ao ponto $P(1, 0, 0)$ corresponde $t = 0$ e ao ponto $Q(1, 0, 2\pi)$ corresponde $t = 2\pi$. Logo,

$$\int_C (x^2 + y^2 - z)ds = \int_0^{2\pi} (\cos^2 t + \sen^2 t - t) \cdot \sqrt{2}\, dt = 2\sqrt{2}\pi(1 - \pi).$$

Exemplo 4: Calcular $\int_C xy\,ds$, onde C é a intersecção das superfícies $x^2 + y^2 = 4$ e $y + z = 8$.

Solução: A Figura 9.4 mostra um esboço da curva C. Para parametrizá-la, observamos que x e y devem satisfazer a equação da circunferência $x^2 + y^2 = 4$, que é a projeção de C sobre o plano xy. Fazemos, então,

$$x = 2\cos t;\, y = 2\sen t;\, t \in [0, 2\pi].$$

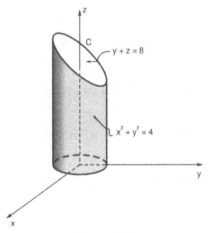

Figura 9.4

Substituindo o valor de y na equação $y + z = 8$, obtemos
$$z = 8 - 2\operatorname{sen} t.$$
Portanto,
$$\vec{r}(t) = 2\cos t\,\vec{i} + 2\operatorname{sen} t\,\vec{j} + (8 - 2\operatorname{sen} t)\vec{k},\ t \in [0, 2\pi].$$
Usando (3), temos
$$\int_C xy\,ds = \int_0^{2\pi} 2\cos t \cdot 2\operatorname{sen} t \cdot 2\sqrt{1+\cos^2 t}\,dt$$
$$= 4\int_0^{2\pi}(1+\cos^2 t)^{1/2} \cdot 2\cos t\operatorname{sen} t\,dt$$
$$= -4 \cdot \frac{2}{3}(1+\cos^2 t)^{3/2}\Big|_0^{2\pi} = 0.$$

Exemplo 5: Calcular $\int_C (x+y)\,ds$, onde C é a intersecção das superfícies $x + y = 2$ e $x^2 + y^2 + z^2 = 2(x+y)$.

Conforme Exemplo 3 da Subseção 2.7.18, uma equação vetorial de C é dada por
$$\vec{r}(t) = (1-\cos t)\vec{i} + (1+\cos t)\vec{j} + \sqrt{2}\operatorname{sen} t\,\vec{k};\ t\in[0,2\pi].$$
Logo,
$$\int_C (x+y)\,ds = \int_0^{2\pi}[(1-\cos t) + (1+\cos t)]\sqrt{2}\,dt$$
$$= 2\sqrt{2}\int_0^{2\pi} dt$$
$$= 4\sqrt{2}\pi.$$

9.1.3 Propriedades

As propriedades das integrais de linha são análogas às propriedades das integrais definidas.

Nas propriedades que seguem estamos supondo que C é uma curva suave ou suave por partes e que $f(x, y, z)$ e $g(x, y, z)$ são funções contínuas em cada ponto de C.

Temos

a) $\int_C k f(x,y,z)\,ds = k\int_C f(x,y,z)\,ds$, onde k é uma constante.

b) $\int_C [f(x,y,z) + g(x,y,z)]\,ds = \int_C f(x,y,z)\,ds + \int_C g(x,y,z)\,ds.$

c) Se C é uma curva com ponto inicial A e ponto terminal B; P um ponto de C entre A e B; C_1 a parte de C de A até P e C_2 a parte de C de P até B (ver Figura 9.5), então
$$\int_C f(x,y,z)\,ds = \int_{C_1} f(x,y,z)\,ds + \int_{C_2} f(x,y,z)\,ds$$

d) $\int_C f(x,y,z)\,ds = \int_{-C} f(x,y,z)\,ds$, onde $-C$ representa a curva C orientada no sentido oposto.

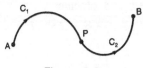

Figura 9.5

9.1.4 Exemplos

Exemplo 1: Calcular $\int_C 3xy\, ds$, sendo C o triângulo de vértices $A(0, 0)$, $B(1, 0)$ e $C(1, 2)$, no sentido anti-horário.

Solução: Para calcular a integral, devemos dividir a curva C em três partes suaves, conforme a Figura 9.6.

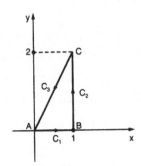

Figura 9.6

Uma parametrização de C_1 é $\vec{r}(t) = t\vec{i}$, $t \in [0, 1]$.
Portanto,

$$\int_{C_1} 3xy\, ds = \int_0^1 3t \cdot 0 \cdot 1\, dt = 0$$

C_2 pode ser parametrizada por $\vec{r}(t) = \vec{i} + t\vec{j}$, $t \in [0, 2]$.
Assim,

$$\int_{C_2} 3xy\, ds = \int_0^2 3 \cdot 1 \cdot t \cdot 1\, dt = 3 \cdot \frac{t^2}{2}\bigg|_0^2 = 6.$$

O caminho C_3 pode ser representado por

$$\vec{r}(t) = (1 - t)\vec{i} + (2 - 2t)\vec{j}, \quad t \in [0, 1].$$

Portanto,

$$\int_{C_3} 3xy\, ds = \int_0^1 3(1 - t)(2 - 2t) \cdot \sqrt{5}\, dt$$

$$= 3\sqrt{5} \int_0^1 (2 - 4t + 2t^2)\, dt$$

$$= 2\sqrt{5}.$$

Logo,

$$\int_C 3xy\,ds = \int_{C_1} 3xy\,ds + \int_{C_2} 3xy\,ds + \int_{C_3} 3xy\,ds$$
$$= 0 + 6 + 2\sqrt{5}$$
$$= 6 + 2\sqrt{5}.$$

Exemplo 2: Calcular $\int_C (|x| + |y|)\,ds$ e $\int_{-C} (|x| + |y|)\,ds$, onde C é o segmento de reta $\overline{AB}$, com $A(-2, 0)$ e $B(2, 2)$.

Uma equação vetorial de C é dada por

$$\vec{r}(t) = (-2 + 4t)\vec{i} + 2t\vec{j}, \quad t \in [0, 1].$$

Portanto,

$$\int_C (|x| + |y|)\,ds = \int_0^1 (|-2 + 4t| + |2t|)\, 2\sqrt{5}\,dt$$

$$= 2\sqrt{5}\left[\int_0^{1/2} (2 - 4t + 2t)\,dt + \int_{1/2}^1 (-2 + 4t + 2t)\,dt\right]$$

$$= 2\sqrt{5}\left[(2t - t^2)\Big|_0^{1/2} + (-2 + 3t^2)\Big|_{1/2}^1\right]$$

$$= 4\sqrt{5}.$$

Conforme vimos na Subseção 2.11, a curva $-C$ é dada por

$$\vec{r}^-(t) = \vec{r}(a + b - t), \quad t \in [a, b].$$

Como $\vec{r}(t) = (-2 + 4t)\vec{i} + 2t\vec{j}, \ t \in [0, 1]$, temos

$$\vec{r}^-(t) = \vec{r}(1 - t)$$
$$= (2 - 4t)\vec{i} + (2 - 2t)\vec{j}, \quad t \in [0, 1].$$

Portanto,

$$\int_{-C} (|x| + |y|)\,ds = \int_0^1 (|2 - 4t| + |2 - 2t|)\, 2\sqrt{5}\,dt = 4\sqrt{5}.$$

Aplicações

A seguir, desenvolveremos algumas aplicações das integrais curvilíneas de função escalar.

9.1.5 Massa e centro de massa de um fio delgado

Consideremos um fio delgado de densidade variável, com a forma de uma curva C, como na Figura 9.7.

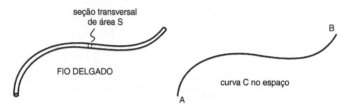

Figura 9.7

Vamos supor que sua densidade de massa $\rho(x, y, z)$ seja constante sobre qualquer seção transversal de área S. Então o fio pode ser identificado com a curva C.

A função $f(x, y, z) = \rho(x, y, z)\, S$ é chamada densidade linear de massa ou massa por unidade de comprimento.

Se o fio é representado pela curva C da Figura 9.8 e se a densidade no ponto (x, y, z) é dada por $f(x, y, z)$, então uma aproximação da massa da parte do fio entre P_{i-1} e P_i é dada por

$$f(Q_i)\Delta s_i.$$

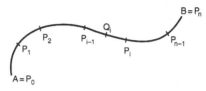

Figura 9.8

A massa total M do fio é aproximadamente igual à soma

$$\sum_{i=1}^{n} f(Q_i)\Delta s_i.$$

Portanto, pela definição 9.1.1, obtém-se

$$M = \int_C f(x, y, z)\, ds.$$

O centro de massa $(\overline{x}, \overline{y}, \overline{z})$ é dado por

$$\overline{x} = \frac{1}{M}\int_C x\, f(x, y, z)\, ds$$

$$\overline{y} = \frac{1}{M}\int_C y\, f(x, y, z)\, ds$$

$$\overline{z} = \frac{1}{M}\int_C z\, f(x, y, z)\, ds.$$

O ponto $(\overline{x}, \overline{y}, \overline{z})$ é também chamado centro de gravidade. A coincidência do centro de gravidade com o centro de massa vem da hipótese de que o campo gravitacional da Terra é uniforme. Algumas experiências nos mostram que essa hipótese não é inteiramente correta. No entanto, para quase todos os problemas de Mecânica, ela é usada.

9.1.6 Exemplos

Exemplo 1: Calcular a massa de um fio delgado com forma de um semicírculo de raio a, considerando que a densidade em um ponto P é diretamente proporcional à sua distância à reta que passa pelos pontos extremos.

Solução: O fio tem a forma da curva C representada na Figura 9.9.

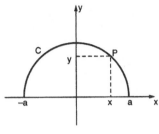

Figura 9.9

Uma parametrização de C é dada por

$$\vec{r}(t) = a\cos t\,\vec{i} + a\,\text{sen}\,t\,\vec{j}, \quad t \in [0, \pi].$$

Como a densidade $f(x, y)$ no ponto (x, y) é diretamente proporcional à sua distância à reta que passa pelos pontos extremos do fio, analisando a Figura 9.9 concluímos que $f(x, y) = ky$, k constante.

Então,

$$M = \int_C f(x, y)\,ds$$
$$= \int_C ky\,ds$$
$$= \int_0^\pi k \cdot a\,\text{sen}\,t \cdot \sqrt{(-a\,\text{sen}\,t)^2 + (a\cos t)^2}\,dt$$
$$= 2k\,a^2 \text{ unidades de massa.}$$

Exemplo 2: Calcular as coordenadas do centro de massa de um fio delgado que tem a forma da hélice

$$\vec{r}(t) = 2\cos t\,\vec{i} + 2\,\text{sen}\,t\,\vec{j} + 5t\,\vec{k}, \quad t \in [0, 2\pi],$$

se a densidade no ponto (x, y, z) é $x^2 + y^2 + z^2$.

Solução: Inicialmente, vamos calcular a massa M do fio. Temos

$$M = \int_C (x^2 + y^2 + z^2)\,ds$$
$$= \int_0^{2\pi} (4\cos^2 t + 4\,\text{sen}^2 t + 25t^2) \cdot \sqrt{(-2\,\text{sen}\,t)^2 + (2\cos t)^2 + 25}\,dt$$
$$= \int_0^{2\pi} (4 + 25t^2) \cdot \sqrt{29}\,dt$$
$$= \sqrt{29}\left(8\pi + \frac{200}{3}\pi^3\right) \text{ unidades de massa.}$$

A coordenada $\bar{x}$ é dada por

$$\bar{x} = \frac{1}{M}\int_C x(x^2 + y^2 + z^2)\,ds$$
$$= \frac{1}{M}\int_0^{2\pi} 2\cos t(4 + 25t^2)\sqrt{29}\,dt$$

$$= \frac{8\sqrt{29}}{M} \int_0^{2\pi} \cos t \, dt + \frac{50\sqrt{29}}{M} \int_0^{2\pi} t^2 \cos t \, dt$$

$$= \frac{8\sqrt{29}}{M} \operatorname{sen} t \Big|_0^{2\pi} + \frac{50\sqrt{29}}{M} (t^2 \operatorname{sen} t + 2t \cos t - 2 \operatorname{sen} t) \Big|_0^{2\pi}$$

$$= \frac{200\sqrt{29}\pi}{M}.$$

Portanto, $\overline{x} = \dfrac{200\sqrt{29}\,\pi}{\sqrt{29}\left(8\pi + \dfrac{200}{3}\pi^3\right)} = \dfrac{75}{3 + 25\pi^2}.$

Analogamente, calcula-se $\overline{y}$. Temos

$$\overline{y} = \frac{1}{M} \int_C y(x^2 + y^2 + z^2) \, ds$$

$$= \frac{1}{M} \int_0^{2\pi} 2 \operatorname{sen} t (4 + 25t^2) \sqrt{29} \, dt$$

$$= \frac{-200\sqrt{29}\pi^2}{M}.$$

Substituindo o valor de M, já encontrado, vem

$$\overline{y} = \frac{-75\pi}{3 + 25\pi^2}.$$

Finalmente, calculamos $\overline{z}$, que é dado por

$$\overline{z} = \frac{1}{M} \int_C z(x^2 + y^2 + z^2) \, ds$$

$$= \frac{1}{M} \int_0^{2\pi} 5t(4 + 25t^2) \sqrt{29} \, dt$$

$$= \frac{5\sqrt{29}}{M} (8\pi^2 + 100\pi^4)$$

Portanto, $\overline{z} = \dfrac{15(2\pi + 25\pi^3)}{6 + 50\pi^2}.$

9.1.7 Momento de inércia

Cada ponto material em um corpo em rotação tem uma certa quantidade de energia cinética. Um ponto material P, de massa m, a uma distância r do eixo de rotação, tem uma velocidade $v = wr$, sendo w a velocidade angular do ponto P (ver Figura 9.10). A energia cinética de P é dada por $\frac{1}{2} m \, r^2 w^2$.

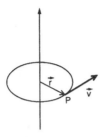

Figura 9.10

Para um corpo composto de massa puntiforme discreta, a energia cinética total é dada por

$$K = \frac{1}{2}(m_1 r_1^2 + m_2 r_2^2 + \ldots)w^2 \qquad (4)$$

O somatório que aparece em (4) define o momento de inércia do corpo em relação ao eixo de rotação considerado.
Se o fio delgado tem densidade variável $f(x, y, z)$, fazendo considerações análogas às que foram feitas na Subseção 9.1.5, concluímos que o momento de inércia do fio em relação a um eixo L é dado por

$$I_L = \int_C \delta^2(x, y, z) f(x, y, z) ds, \qquad (5)$$

sendo $\delta(x, y, z)$ a distância do ponto (x, y, z) de C ao eixo L.

9.5.8 Exemplo

Um arame tem a forma de um semicírculo de raio 4, conforme a Figura 9.11. Determinar seu momento de inércia em relação ao diâmetro que passa pelos extremos do arame, se a densidade no ponto (x, y) é $x + y$.

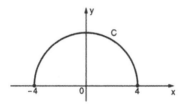

Figura 9.11

Solução: Uma equação vetorial de C é dada por

$$\vec{r}(t) = 4\cos t \vec{i} + 4\operatorname{sen} t \vec{j}, \quad t \in [0, \pi].$$

Para usarmos (5) necessitamos encontrar $\delta(x, y, z)$. Como o eixo L coincide com o eixo dos x, temos $\delta(x, y, z) = y$.
Então,

$$I_L = \int_C y^2(x + y) ds$$

$$= \int_0^\pi 16 \operatorname{sen}^2 t \, (4\cos t + 4\operatorname{sen} t) \, 4 dt$$

$$= 256 \int_0^\pi (\operatorname{sen}^2 t \cos t + \operatorname{sen}^3 t) dt$$

$$= 256\left(\frac{\operatorname{sen}^3 t}{3} - \cos t + \frac{\cos^3 t}{3}\right)\Big|_0^\pi$$

$$= \frac{1024}{3} \text{ unidades de momento de inércia.}$$

9.1.9 Lei de Biot-Savart

A Figura 9.12 mostra uma carga puntiforme positiva q, movendo-se com uma velocidade $\vec{v}$. Essa carga em movimento origina um campo magnético, cuja intensidade, em um ponto qualquer P, é dada por

$$B_q = \frac{k\, q\, v\, \operatorname{sen}\theta}{r^2}$$

sendo que k é uma constante, r é a distância de P a q e θ é o ângulo formado por $\vec{v}$ e $\vec{r}$.

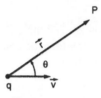

Figura 9.12

Veremos agora como determinar a intensidade, em um ponto qualquer P, do campo magnético $\vec{B}$, produzido por todas as cargas em movimento em um circuito.

Suponhamos que uma corrente elétrica de intensidade i circula um condutor com a forma de uma curva C, conforme a Figura 9.13. Dividimos o condutor em pequenos elementos de comprimento ds. O volume de cada elemento é dado por $A\, ds$, onde A é a área de sua seção reta. Se existirem n portadores de carga por unidade de volume, cada um de carga q, a carga total dQ, em movimento no elemento, é

$$dQ = n\, q\, A\, ds. \tag{6}$$

O conjunto de cargas em movimento, no elemento, é equivalente a uma única carga dQ, movendo-se com velocidade $\vec{v}$. Portanto, em um ponto qualquer P, o campo magnético $d\vec{B}$ produzido por essas cargas tem intensidade dB dada por

$$dB = \frac{k\, dQ\, v\, \operatorname{sen}\theta}{r^2} \tag{7}$$

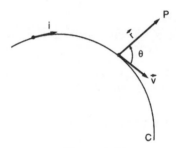

Figura 9.13

Substituindo (6) em (7), obtemos $dB = \dfrac{k\, n\, q\, A\, ds\, v\, \operatorname{sen}\theta}{r^2}$. Mas $n\, q\, v\, A$ é a intensidade i da corrente do elemento, de modo que

$$dB = k\, \frac{i\, ds\, \operatorname{sen}\theta}{r^2} \tag{8}$$

A expressão (8) é chamada Lei de Biot-Savart. Ela nos dá a intensidade, em um ponto qualquer P, do campo magnético $d\vec{B}$, produzido pelo conjunto de cargas em movimento no elemento ds.

A intensidade em um ponto qualquer P do campo magnético resultante $\vec{B}$, devido ao circuito completo, é dada pela integral

$$B = k \int_C \frac{i \operatorname{sen} \theta}{r^2} ds.$$

9.1.10 Exemplos

Exemplo 1: Seja um condutor da forma de uma espira circular de raio 2, percorrido por uma corrente de intensidade i, como mostra a Figura 9.14. Encontrar a intensidade do campo magnético $\vec{B}$, no centro da espira.

Nesse caso, r e θ são constantes: $r = 2$ e $\theta = 90°$. Então, $B = k \int_C \frac{i}{4} ds$.

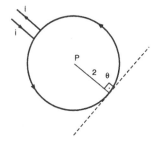

Figura 9.14

Resolvendo a integral, temos

$$B = k \int_0^{2\pi} \frac{i}{4} \sqrt{(-2 \operatorname{sen} t)^2 + (2 \cos t)^2}\, dt = k \int_0^{2\pi} \frac{i}{4} 2\, dt = k \pi i.$$

Exemplo 2: Um condutor tem a forma de um triângulo retângulo de lados 3, 4 e 5. Uma corrente de intensidade i circula o condutor. Determinar a intensidade do campo magnético resultante $\vec{B}$ no vértice de menor ângulo.

A Figura 9.15 mostra o condutor que é formado por três segmentos retilíneos C_1, C_2 e C_3.

A intensidade do campo magnético $\vec{B}$ no ponto P é dada por

$$B = k \int_{C_1} \frac{i \operatorname{sen} \theta}{r^2} ds + k \int_{C_2} \frac{i \operatorname{sen} \theta}{r^2} ds + k \int_{C_3} \frac{i \operatorname{sen} \theta}{r^2} ds.$$

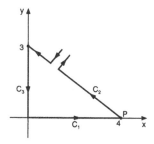

Figura 9.15

Devemos calcular as integrais ao longo de C_1, C_2 e C_3.

Temos

a) Ao longo de C_1: Nesse caso, $r = 4 - x$ e sen $\theta = 0$. Portanto,

$$\int_{C_1} \frac{i \operatorname{sen} \theta}{r^2} ds = \int_{C_1} 0 \, ds = 0.$$

b) Ao longo de C_2: Também, nesse caso, sen $\theta = 0$ e, dessa forma,

$$\int_{C_2} \frac{i \operatorname{sen} \theta}{r^2} ds = 0.$$

c) Ao longo de C_3: Conforme Figura 9.16, temos $r = \sqrt{4^2 + y^2}$ e sen $\theta = \dfrac{4}{\sqrt{4^2 + y^2}}$.
O segmento C_3 pode ser parametrizado por

$$\vec{r}(t) = (3 - 3t)\vec{j}, \quad t \in [0, 1].$$

Portanto,

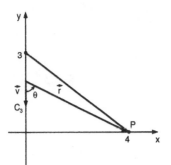

Figura 9.16

$$\int_{C_3} \frac{i \operatorname{sen} \theta}{r^2} ds = i \int \frac{\frac{4}{\sqrt{16 + y^2}}}{16 + y^2} ds$$

$$= i \int_0^1 \frac{4}{\sqrt{16 + (3 - 3t)^2}\, [16 + (3 - 3t)^2]} 3 dt$$

$$= 12i \int_0^1 [16 + (3 - 3t)^2]^{-3/2} dt.$$

A integral $\int [16 + (3 - 3t)^2]^{-3/2} dt$ é resolvida pela substituição trigonométrica $3 - 3t = 4 \operatorname{tg} \theta$. Temos

$$\int_{C_3} \frac{i \operatorname{sen} \theta}{r^2} d\theta = 12i \left(\frac{-1}{48} \frac{(3 - 3t)}{\sqrt{16 + (3 - 3t)^2}} \right) \bigg|_0^1$$

$$= -\frac{12i}{48} \left(\frac{(3 - 3)}{\sqrt{16 + (3 - 3)^2}} - \frac{3}{\sqrt{16 + 9}} \right)$$

$$= \frac{3i}{20}.$$

Portanto, $B = \dfrac{3 k i}{20}$.

9.2 Exercícios

Nos exercícios 1 a 19, calcular as integrais curvilíneas.

1. $\int_C (2x - y + z) \, ds$, onde C é o segmento de reta que liga $A(1, 2, 3)$ a $B(2, 0, 1)$.

2. $\int_C (3y - \sqrt{z}) \, ds$, onde C é o arco de parábola $z = y^2, x = 1$ de $A(1, 0, 0)$ a $B(1, 2, 4)$.

3. $\int_C xz \, ds$, onde C é a intersecção da esfera $x^2 + y^2 + z^2 = 4$ com o plano $x = y$.

4. $\int_C |y| \, ds$, onde C é a curva dada por $y = x^3$ de $(-1, -1)$ a $(1, 1)$.

5. $\int_C y(x - z) \, ds$, onde C é a intersecção das superfícies $x^2 + y^2 + z^2 = 9$ e $x + z = 3$.

6. $\int_C (x + y) \, ds$, onde C é a intersecção das superfícies $z = x^2 + y^2$ e $z = 4$.

7. $\int_C 2xy \, ds$, onde C é o arco da circunferência $x^2 + y^2 = 4$ de $(2, 0)$ a $(1, \sqrt{3})$.

8. $\int_C x^2 \, ds$, onde C é o arco da hipociclóide $x^{2/3} + y^{2/3} = a^{2/3}$, $a > 0$, 1º quadrante.

9. $\int_C y^2 \, ds$, onde C é o 1º arco da ciclóide
$$\vec{r}(t) = 2(t - \operatorname{sen} t)\vec{i} + 2(1 - \cos t)\vec{j}.$$

10. $\int_C (x^2 + y^2 + z^2) \, ds$, onde C é a intersecção das superfícies $\dfrac{x^2}{16} + \dfrac{y^2}{9} + \dfrac{z^2}{16} = 1$ e $y = 2$.

11. $\int_C (x + y + z) \, ds$, onde C é o quadrado de vértices $(1, 0, 1)$, $(1, 1, 1)$, $(0, 1, 1)$ e $(0, 0, 1)$.

12. $\int_C xy \, ds$, onde C é a elipse $\dfrac{x^2}{a^2} + \dfrac{y^2}{b^2} = 1$.

13. $\int_C xy^2 (1 - 2x^2) \, ds$, onde C é a parte da curva de Gauss, $y = e^{-x^2}$, $A(0, 1)$ até $B\left(\dfrac{1}{\sqrt{2}}, \dfrac{1}{\sqrt{e}}\right)$.

14. $\int_C \dfrac{xy^2}{\sqrt{1 + 4x^2 y^4}} \, ds$, onde C é a curva dada por $y = \dfrac{1}{1 + x^2}$, de $(0, 1)$ a $(1, 1/2)$.

15. $\int_C (|x| + |y|) \, ds$, onde C é o retângulo formado pelas retas $x = 0, x = 4, y = -1$ e $y = 1$.

16. $\int_C (x + y - 1) \, ds$, onde C é a parte da intersecção das superfícies $z = x^2 + y^2$ e $y = 1$ que está abaixo do plano $z = 5$.

17. $\int_C (x^2 + y^2 - z) \, ds$, onde C é a intersecção das superfícies $x^2 + y^2 + z^2 = 8z$ e $z = 4$.

18. $\int_C (x - y) \, ds$, onde C é o triângulo da Figura 9.17.

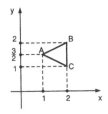

Figura 9.17

19. $\int_C y^2 \, ds$, onde C é a semicircunferência da Figura 9.18.

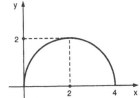

Figura 9.18

20. Um fio delgado é preso em dois suportes fixos de mesma altura, tomando a forma da catenária $y = \cosh x$, $-2 \leq x \leq 2$. Supondo que a densidade do fio seja a mesma em todos os pontos, calcular a massa do fio.

21. Dado um arame semicircular uniforme de raio 4 cm:
    a) Mostrar que o centro de massa está situado no eixo de simetria a uma distância de $\frac{8}{\pi}$ cm do centro.
    b) Mostrar que o momento de inércia em relação ao diâmetro que passa pelos extremos do arame é $8M$, sendo M a massa do arame.

22. Calcular a massa de arame cujo formato é definido pela intersecção do plano $2x + y + z = 4$ com os planos coordenados, se a densidade do arame em um ponto (x, y, z) é $2x + 1$.

23. Determinar a massa de um fino anel circular de raio 2 cm, sabendo que sua densidade é constante.

24. Calcular o momento de inércia em relação ao eixo dos z de uma espira da hélice circular uniforme
$$\vec{r}(t) = 2\cos t\,\vec{i} + 2\,\text{sen}\,t\,\vec{j} + t\vec{k}.$$

25. Um fio delgado tem a forma do segmento de reta que une os pontos $(1, 1)$ e $(2, 4)$. Determinar o momento de inércia do fio em relação ao eixo $y = -1$, supondo que a densidade no ponto (x, y) é proporcional à distância desse ponto até o eixo dos y.

26. Calcular o centro de massa de um arame com forma de um quadrado de vértices $(0, -1)$, $(2, -1)$, $(2, 1)$ e $(0, 1)$ sabendo que a densidade no ponto (x, y) é proporcional ao quadrado da distância desse ponto até a origem.

27. Dá-se a um arame a forma de um arco de parábola, conforme a Figura 9.19. Se a densidade no ponto (x, y) é proporcional à sua distância ao eixo de simetria, calcular a massa e o centro de massa do arame.

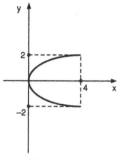

Figura 9.19

28. Calcular a massa de um fio delgado reto de 2 m de comprimento se a densidade em cada ponto é proporcional à distância desse ponto à extremidade mais próxima.

29. A Figura 9.20 mostra um fio delgado C e um eixo L. Calcular o momento de inércia do fio em relação ao eixo L, supondo a densidade constante.

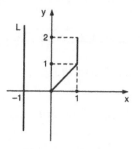

Figura 9.20

30. Um segmento retilíneo de fio, de comprimento ℓ, conduz uma corrente i. Mostrar que a intensidade do campo magnético $\vec{B}$, associado a esse segmento, a uma distância R, tomada sobre a sua mediatriz (ver Figura 9.21), é dada por
$$B = \frac{2\,k\,i\,\ell}{R(\ell^2 + 4R^2)^{1/2}}.$$

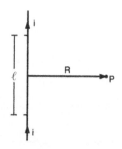

Figura 9.21

31. O fio mostrado na Figura 9.22 conduz uma corrente i. Determinar a intensidade do campo magnético $\vec{B}$ no centro C do semicírculo, produzido:
    a) por um dos segmentos de reta de comprimento ℓ;
    b) pelo segmento semicircular de raio R;
    c) pelo fio todo.

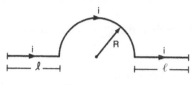

Figura 9.22

32. Uma espira quadrada de lado a conduz uma corrente i. Mostrar que a intensidade do campo magnético $\vec{B}$, no seu centro, é dada por
$$B = \frac{8\sqrt{2}\,k\,i}{a}.$$

9.3 Integrais de Linha de Campo Vetoriais

A integral de linha ou curvilínea de um campo vetorial também pode ser considerada como uma generalização natural do conceito de integral definida. Para compreender sua origem e utilidade, iniciamos explorando intuitivamente o conceito físico de trabalho.

Trabalho realizado por uma força

Na Física, o trabalho realizado por uma força constante $\vec{f}$, para deslocar uma partícula em linha reta, é definido como o produto da componente da força da direção do deslocamento pelo deslocamento.

Então, conforme a Figura 9.23, se denotamos por w o trabalho realizado por $\vec{f}$ para mover uma partícula de A até B, temos

$$w = (|\vec{f}|\cos\alpha)|\vec{AB}| = |\vec{f}||\vec{AB}|\cos\alpha = \vec{f} \cdot \vec{AB}.$$

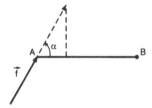

Figura 9.23

Vamos analisar agora, a noção mais geral de trabalho, supondo que uma partícula se move ao longo de uma curva C, sujeita à ação de um campo de forças variável $\vec{f}$.

Suponhamos que a curva C: $\vec{r}(t) = (x(t), y(t), z(t))$, $t \in [a, b]$, seja suave e que $\vec{f} = \vec{f}(x, y, z)$ seja contínua nos pontos de C. Dividimos C em pequenos arcos e aproximamos cada arco por um segmento retilíneo tangente à curva, como mostra a Figura 9.24.

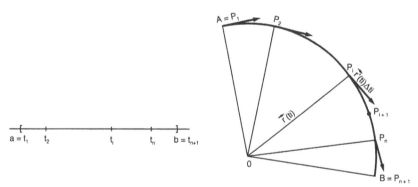

Figura 9.24

Além disso, aproximamos a força variável $\vec{f}$ que atua em arco genérico $\widehat{P_iP_{i+1}}$ pela força constante $\vec{f}(P_i)$.

O trabalho realizado pela força constante $\vec{f}(P_i)$, ao longo do segmento retilíneo tangente à curva no ponto P_i, é dado por

$$\vec{f}(P_i) \cdot \vec{r}'(t_i)\Delta t_i$$

e constitui uma aproximação do trabalho realizado por $\vec{f}$ ao longo de $\widehat{P_iP_{i+1}}$. Assim,

$$\sum_{i=1}^{n} \vec{f}(P_i) \cdot \vec{r}'(t_i)\Delta t_i$$

nos dá uma aproximação do trabalho total w, realizado por $\vec{f}$ ao longo de C.

9.3.1 Definição

Sejam $C: \vec{r}(t) = (x(t), y(t), z(t)), t \in [a, b]$, uma curva suave e $\vec{f} = \vec{f}(x, y, z)$ um campo de forças contínuo sobre C. O trabalho realizado por $\vec{f}$ para deslocar uma partícula ao longo de C, de A até B, é definido como

$$w = \lim_{max \, \Delta t_i \to 0} \sum_{i=1}^{n} \vec{f}(\vec{r}(t_i)) \cdot \vec{r}'(t_i) \Delta t_i \qquad (1)$$

Podemos observar que o somatório da expressão (1) é uma soma de Riemann da função de uma variável $\vec{f}(\vec{r}(t)) \cdot \vec{r}'(t)$ sobre $[a, b]$. Portanto,

$$w = \int_a^b \vec{f}(\vec{r}(t)) \cdot \vec{r}'(t) \, dt \qquad (2)$$

9.3.2 Exemplos

Exemplo 1: Calcular o trabalho realizado pela força $\vec{f} = \left(\dfrac{1}{x}, \dfrac{1}{y}\right)$, para deslocar uma partícula, em linha reta, do ponto $P(1, 2)$ até $Q(3, 4)$.

Solução: Para calcular o trabalho, necessitamos de uma parametrização da trajetória C da partícula, que, nesse exemplo, é o segmento de reta que une $P(1, 2)$ a $Q(3, 4)$, conforme a Figura 9.25.

Uma parametrização de C é dada por

$$\vec{r}(t) = (1, 2) + (3 - 1, 4 - 2)t = (1 + 2t, 2 + 2t), t \in [0, 1].$$

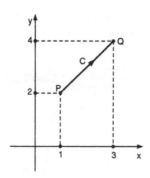

Figura 9.25

Portanto,

$$w = \int_0^1 \left(\frac{1}{1 + 2t}, \frac{1}{2 + 2t}\right) \cdot (2, 2) \, dt$$

$$= \int_0^1 \left(\frac{2}{1 + 2t} + \frac{2}{2 + 2t}\right) dt$$

$$= \left(\ln(1 + 2t) + \ln(2 + 2t)\right)\Big|_0^1$$

$$= \ln 3 + \ln 4 - \ln 2$$

$$= \ln 6 \text{ unidades de trabalho.}$$

Exemplo 2: Uma partícula move-se ao longo da circunferência $x^2 + y^2 = 4$, $z = 2$ sob a ação do campo de forças

$$\vec{f}(x, y, z) = \frac{-\vec{r}}{|\vec{r}|^3}, \text{ onde } \vec{r} = x\vec{i} + y\vec{j} + z\vec{k}.$$

Determinar o trabalho realizado por $\vec{f}$, se a posição inicial da partícula é $P(2, 0, 2)$ e ela se move no sentido anti-horário, completando uma volta.

Solução: A Figura 9.26 mostra a trajetória C da partícula. De acordo com a Subseção 2.7.7, C pode ser representada pela equação vetorial

$$\vec{r}(t) = (2\cos t, 2\sen t, 2), \quad 0 \le t \le 2\pi.$$

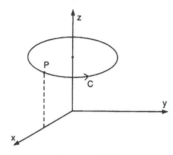

Figura 9.26

A função $\vec{f}$ que define o campo de forças é

$$\vec{f}(x, y, z) = \frac{-\vec{r}}{|\vec{r}|^3} = \frac{-1}{(x^2 + y^2 + z^2)^{3/2}} (x, y, z).$$

Portanto,

$$w = \int_a^b \vec{f}(\vec{r}(t)) \cdot \vec{r}\,'(t)\, dt$$

$$= \int_0^{2\pi} \frac{-1}{(4\cos^2 t + 4\sen^2 t + 4)^{3/2}} (2\cos t, 2\sen t, 2) \cdot (-2\sen t, 2\cos t, 0)\, dt$$

$$= \frac{-1}{16\sqrt{2}} \int_0^{2\pi} (-4\cos t \sen t + 4\cos t \sen t)\, dt$$

$$= 0 \text{ unidade de trabalho.}$$

A integral sobre uma curva C, como surgiu na definição de trabalho, pode ocorrer em outras situações e é denominada integral curvilínea do campo $\vec{f}$ ao longo de C.

9.2.3 Definição

Seja C uma curva suave dada por $\vec{r}(t)$, $t \in [a, b]$. Seja $\vec{f} = \vec{f}(x, y, z)$ um campo vetorial definido e limitado sobre C. A integral curvilínea de $\vec{f}$, ao longo de C, que denotamos $\int_C \vec{f} \cdot d\vec{r}$, é definida por

$$\int_C \vec{f} \cdot d\vec{r} = \int_a^b \vec{f}(\vec{r}(t)) \cdot \vec{r}\,'(t)\, dt, \tag{3}$$

sempre que a integral à direita existe.

Quando a curva C é suave por partes, definimos $\int_C \vec{f} \cdot d\vec{r}$ como a soma das integrais sobre cada parte suave de C.

Se o campo $\vec{f}$ tem componentes f_1, f_2 e f_3 e $\vec{r}(t) = (x(t), y(t), z(t))$, $t \in [a,b]$, a integral curvilínea de $\vec{f}$ ao longo de C pode ser reescrita como

$$\int_C \vec{f} \cdot d\vec{r} = \int_a^b [f_1(x(t), y(t), z(t))\, x'(t) + f_2(x(t), y(t), z(t))\, y'(t) + f_3(x(t), y(t), z(t))\, z'(t)]\, dt. \quad (4)$$

A equação (4) nos sugere a notação

$$\int_C \vec{f} \cdot d\vec{r} = \int_C (f_1 dx + f_2 dy + f_3 dz),$$

tradicionalmente usada para representar a integral curvilínea de um campo vetorial.

9.3.4 Propriedades

Na subseção 9.1.3 vimos as propriedades da integral de linha de campo escalar f. As propriedades (a), (b) e (c) permanecem válidas para a integral de linha de um campo vetorial $\vec{f}$. A propriedade (d) é substituída por:

$$\int_{-C} \vec{f} \cdot d\vec{r} = -\int_C \vec{f} \cdot d\vec{r}.$$

Além dessas propriedades, convém destacar a relação existente entre a integral de um campo vetorial e a integral de um campo escalar. Temos a seguinte proposição:

9.3.5 Proposição

Seja $\vec{f}$ um campo vetorial contínuo, definido sobre uma curva suave $C: \vec{r}(t) = (x(t), y(t), z(t))$, $t \in [a,b]$. Se T é a componente tangencial de $\vec{f}$ sobre C, isto é, T é a componente de $\vec{f}$ na direção do vetor tangente unitário de C, temos $\int_C \vec{f} \cdot d\vec{r} = \int_C T\, ds$.

Prova: Seja $\vec{u}(t) = \dfrac{\vec{r}\,'(t)}{|\vec{r}\,'(t)|}$ o vetor tangente unitário de C. A componente tangencial de $\vec{f}$, que pode ser visualizada na Figura 9.27, é dada por $T = |\vec{f}|\cos\theta$.

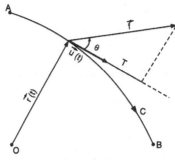

Figura 9.27

Como o vetor $\vec{u}$ é unitário, podemos escrever $T = |\vec{f}||\vec{u}|\cos\theta = \vec{f} \cdot \vec{u}$.

Portanto, usando a fórmula da Seção 9.1, temos

$$\int_C T \, dS = \int_a^b T(x(t), y(t), z(t)) \, |\vec{r}'(t)| \, dt$$

$$= \int_a^b \left[\vec{f}(x(t), y(t), z(t)) \cdot \vec{u}(t) \right] |\vec{r}'(t)|$$

$$= \int_a^b \left[\vec{f}(x(t), y(t), z(t)) \cdot \frac{\vec{r}'(t)}{|\vec{r}'(t)|} \right] |\vec{r}'(t)| \, dt$$

$$= \int_a^b \vec{f}(x(t), y(t), z(t)) \cdot \vec{r}'(t) \, dt$$

$$= \int_C \vec{f} \cdot d\vec{r}$$

Essa proposição nos permite fazer uma análise da integral de linha de um campo vetorial em diversas situações práticas, como segue:

1) Se, em cada ponto P da curva C, o campo $\vec{f}$ é perpendicular a um vetor tangente a C em P, a integral de $\vec{f}$ ao longo de C será nula. Em particular, se $\vec{f}$ é um campo de forças, será nulo o trabalho realizado por $\vec{f}$ ao longo de C.

2) Se o campo $\vec{f}$ é o campo de velocidade de um fluido em movimento, a componente tangencial de $\vec{f}$ determina um fluxo ao longo de C. Se a curva C é fechada, a integral de linha de $\vec{f}$ ao longo de C, que denotamos $\oint_C \vec{f} \cdot d\vec{r}$, mede a tendência do fluido de circular em torno de C e é chamada circulação de $\vec{f}$ sobre C. Em particular, se C é uma curva plana e o campo de velocidade é perpendicular ao plano que contém C, a circulação será nula.

9.3.6 Exemplos

Exemplo 1: Calcular $\int_C (2x\,dx + yz\,dy + 3z\,dz)$ ao longo da:

a) parábola $z = x^2$, $y = 2$, do ponto $A(0, 2, 0)$ ao ponto $B(2, 2, 4)$;
b) linha poligonal $A\,O\,B$, onde O é a origem.

Solução de (a): A Figura 9.28 mostra o caminho C de integração. Fazendo $x = t$, obtemos as equações paramétricas de C, dadas por

$$x = t \quad y = 2 \quad z = t^2, \quad t \in [0, 2].$$

Utilizando a equação (4), vem

$$\int_C \vec{f} \cdot d\vec{r} = \int_0^2 (2t \cdot 1 + 2t^2 \cdot 0 + 3t^2 \cdot 2t) \, dt = 28.$$

Observamos que, nesse item, poderíamos ter usado como parâmetro a variável x, já que para parametrizar C fizemos $x = t$.

Solução de (b): A Figura 9.29 mostra o caminho C de integração. Como o caminho não é suave, vamos dividi-lo em dois pedaços suaves C_1 e C_2.

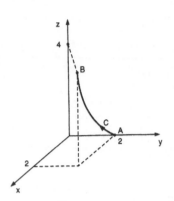

Figura 9.28

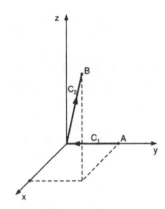

Figura 9.29

O caminho C_1 tem equação vetorial $\vec{r}(t) = (2 - 2t)\vec{j}$, $t \in [0, 1]$.
Portanto, utilizando a equação (4), temos

$$\int_{C_1} \vec{f} \cdot d\vec{r} = \int_0^1 [2 \cdot 0 \cdot 0 + (2 - 2t) \cdot 0 \cdot 0 + 3 \cdot 0 \cdot 0] \, dt = 0.$$

O caminho C_2 tem equação vetorial

$$\vec{r}(t) = 2t\vec{i} + 2t\vec{j} + 4t\vec{k}, \quad t \in [0, 1].$$

Portanto, utilizando a equação (4), temos

$$\int_{C_2} \vec{f} \cdot d\vec{r} = \int_0^1 [2 \cdot 2t \cdot 2 + 2t \cdot 4t \cdot 2 + 3 \cdot 4t \cdot 4] \, dt = \frac{100}{3}$$

Logo,

$$\int_C [2xdx + yzdy + 3zdz] = \int_{C_1} [2xdx + yzdy + 3zdz] + \int_{C_2} [2xdx + yzdy + 3zdz] = \frac{100}{3}$$

Exemplo 2: Calcular $\int_C \vec{f} \cdot d\vec{r}$, sendo $\vec{f} = (xz, xy, yz)$ e C o caminho poligonal que une o ponto $A(1, 0, 0)$ ao ponto $B(0, 2, 2)$, passando por $D(1, 1, 0)$.

Solução: Para calcular a integral, dividimos C em dois caminhos C_1 e C_2, conforme a Figura 9.30.

O caminho C_1 tem equação vetorial

$$\vec{r}(t) = \vec{i} + t\vec{j}, \quad t \in [0, 1].$$

Portanto, utilizando a equação (3), temos

$$\int_{C_1} \vec{f} \cdot d\vec{r} = \int_0^1 (1 \cdot 0, 1 \cdot t, t \cdot 0) \cdot (0, 1, 0) dt = \int_0^1 t \, dt = \frac{1}{2}.$$

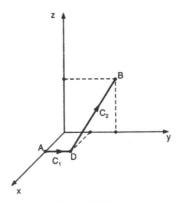

Figura 9.30

O caminho C_2 pode ser representado pela equação vetorial

$$\vec{r}(t) = (1-t)\vec{i} + (1+t)\vec{j} + 2t\vec{k},\ t \in [0,1].$$

Portanto, utilizando a equação (3), vem

$$\int_{C_2} \vec{f} \cdot d\vec{r} = \int_0^1 [(1-t)2t,\ (1-t)(1+t),\ (1+t)2t] \cdot (-1,1,2)\,dt$$

$$= \int_0^1 [(2t - 2t^2)(-1) + (1 - t^2) \cdot 1 + (2t + 2t^2) \cdot 2]\,dt = \frac{11}{3}$$

Logo,

$$\int_C \vec{f} \cdot d\vec{r} = \int_{C_1} \vec{f} \cdot d\vec{r} + \int_{C_2} \vec{f} \cdot d\vec{r} = \frac{1}{2} + \frac{11}{3} = \frac{25}{6}.$$

Exemplo 3: Calcular o trabalho realizado pelo campo $\vec{f} = \left(\dfrac{-x}{x^2 + y^2},\ \dfrac{-y}{x^2 + y^2}\right)$ para deslocar uma partícula ao longo da semicircunferência $x^2 + y^2 = 4$, $y \geq 0$, no sentido anti-horário.

Solução: Nesse exemplo, podemos verificar que, em cada ponto de C, o campo $\vec{f}$ é perpendicular ao vetor tangente unitário de C (ver Figura 9.31). Portanto, a componente tangencial de $\vec{f}$ sobre C é nula e, dessa forma, pela proposição 9.3.5, concluímos que

$$w = \int_C \vec{f} \cdot d\vec{r} = 0.$$

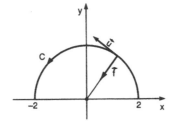

Figura 9.31

Exemplo 4: O campo de velocidade de um fluido em movimento é dado por
$$\vec{v} = (-y, x).$$
Calcular a circulação do fluido ao redor da curva fechada $C = C_1 \cup C_2 \cup C_3$, vista na Figura 9.32.

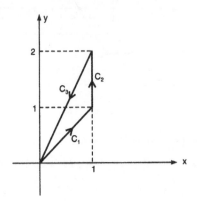

Figura 9.32

Solução: A circulação do fluido ao redor de C é dada por
$$\int_C \vec{v} \cdot d\vec{r} = \int_{C_1} \vec{v} \cdot d\vec{r} + \int_{C_2} \vec{v} \cdot d\vec{r} + \int_{C_3} \vec{v} \cdot d\vec{r}.$$

Antes de passarmos ao cálculo dessas integrais, é interessante analisar a representação geométrica do campo vetorial $\vec{v}$ (ver Figura 9.33). Podemos observar que, em todos os pontos dos caminhos C_1 e C_3, o campo $\vec{v}$ é normal a C. Portanto, para esses caminhos, a componente tangencial de $\vec{f}$ é nula. Da proposição 9.3.5, segue que
$$\int_{C_1} \vec{v} \cdot d\vec{r} = 0 \quad \text{e} \quad \int_{C_3} \vec{v} \cdot d\vec{r} = 0.$$

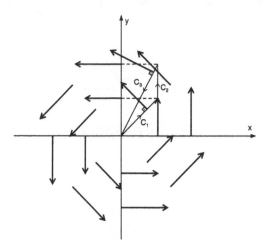

Figura 9.33

Basta, então, calcular $\int_{C_2} \vec{v} \cdot d\vec{r}$.

Como uma parametrização de C_2 é dada por $\vec{r}(t) = (1, t), t \in [1, 2]$, usando a equação (3), temos

$$\int_{C_2} \vec{v} \cdot d\vec{r} = \int_1^2 (-t, 1) \cdot (0, 1)\, dt = \int_1^2 dt = 1$$

Logo, a circulação do fluido em torno de C é igual a 1.

9.4 Exercícios

1. Calcular o trabalho realizado pela força
$$\vec{f} = \left(\frac{1}{x+2}, \frac{1}{y+3}\right)$$
para deslocar uma partícula em linha reta do ponto $P(3, 4)$ até $Q(-1, 0)$.

2. Determinar o trabalho realizado pela força
$$\vec{f}(x, y) = \left(\frac{1}{x}, \frac{1}{y}\right)$$
para deslocar uma partícula ao longo da curva $y = 1/x$ do ponto $(1, 1)$ ao ponto $(2, 1/2)$.

3. Determinar o trabalho realizado pela força
$$\vec{f}(x, y, z) = (x, 0, 2z)$$
para deslocar uma partícula ao longo da poligonal que une os pontos $A(0, 0, 0)$, $B(0, 1, 0)$, $C(0, 1, 1)$ e $D(1, 1, 1)$ no sentido de A para D.

4. Determinar o trabalho realizado pela força constante $\vec{f} = \vec{i} + \vec{j}$ para deslocar uma partícula ao longo da reta $x + y = 1$ do ponto $A(0, 1)$ a $B(1, 0)$.

5. Calcular o trabalho realizado pela força $\vec{f} = (y, z, x)$ para deslocar uma partícula ao longo da hélice $\vec{r}(t) = (\cos t, \operatorname{sen} t, 2t)$ de $t = 0$ a $t = 2\pi$.

6. Calcular o trabalho realizado pela força $\vec{f} = 2\vec{i} + x\vec{j} + z\vec{k}$ sobre uma partícula ao longo de C, que é mostrado na Figura 9.34.

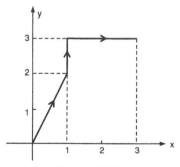

Figura 9.34

7. Determinar o trabalho realizado pela força $\vec{f}(x, y, z) = (y, x, z^2)$ para deslocar uma partícula ao longo da hélice dada por $\vec{r}(t) = (2\cos t, 2\operatorname{sen} t, 2t)$ do ponto $A(2, 0, 0)$ ao ponto $B(2, 0, 4\pi)$.

8. Um campo de forças é dado por
$$\vec{f}(x, y) = \frac{-\vec{r}}{|\vec{r}|^3},$$
onde $\vec{r} = (x, y)$. Sob a ação desse campo, uma partícula desloca-se sobre a curva $x^2 + 4y^2 = 16$, no sentido anti-horário, do ponto $A(4, 0)$ ao ponto $B(0, 2)$. Determinar o trabalho realizado por $\vec{f}$ nesse deslocamento.

9. Um campo é formado por uma força $\vec{f}$, de módulo igual a 4 unidades de força, que tem a direção do semi-eixo positivo dos x. Encontrar o trabalho desse campo, quando um ponto material descreve, no sentido horário, a quarta parte do círculo $x^2 + y^2 = 4$, que está no 1º quadrante.

10. Encontrar o trabalho de uma força variável, dirigida à origem das coordenadas, cuja grandeza é proporcional ao afastamento do ponto em relação à origem das coordenadas, se o ponto de aplicação dessa força descreve, no sentido anti-horário, a parte da elipse $\frac{x^2}{4} + \frac{y^2}{16} = 1$ no 1º quadrante.

Nos exercícios 11 a 17, determinar a integral curvilínea do campo vetorial $\vec{f}$, ao longo da curva C dada.

11. $\vec{f}(x, y) = (|x|, y)$; C é o quadrado de vértices $(-1, -1)$, $(-1, 1)$, $(1, 1)$, $(1, -1)$ no sentido anti-horário.

12. $\vec{f}(x, y, z) = (x^2, 1/y, xz)$; C é o segmento de reta que une o ponto $A(2, 1, 0)$ ao ponto $B(0, 2, 2)$.

13. $\vec{f}(x, y) = (x^2 y, xy)$; C é o arco da parábola $x = y^2$, do ponto $(0, 0)$ ao ponto $(4, 2)$.

14. $\vec{f}(x, y) = (x^2 y, xy)$; C é o segmento de reta que une o ponto $(0, 0)$ ao ponto $(4, 2)$.

15. $\vec{f}(x, y, z) = (x, y, z)$; C é a intersecção das superfícies $x^2 + y^2 - 2y = 0$ e $z = y$ orientada no sentido anti-horário.

16. $\vec{f}(x, y) = (|x|, |y|)$; C é a curva dada por $\vec{r}(t) = t^2 i + t^3 j$, $t \in [-1, 1]$.

17. $\vec{f}(x, y, z) = (-yz, xz, xy)$; C é a elipse $x^2 + 9y^2 = 36$ no ponto $z = 2$, orientada no sentido anti-horário.

Nos exercícios 18 a 25, calcular as integrais curvilíneas dadas:

18. $\int_C [x dx + y dy]$, onde C é o triângulo de vértices $(0, 0)$, $(0, 1)$ e $(1, 1)$ no sentido anti-horário.

19. $\int_C |x| dy$, onde C é o segmento de reta $x = 2y - 1$ do ponto $A(-3, -1)$ ao ponto $B(1, 1)$.

20. $\int_C [x^2 dx + y^2 dy + z^2 dz]$, onde C é o arco de hélice circular dado por $\vec{r}(t) = (4 \cos t, 4 \sen t, 8t)$, $t \in [0, 2\pi]$.

21. $\int_C [z dx + y dy - x dz]$, onde C é a intersecção das superfícies $y + z = 8$ e $x^2 + y^2 + z^2 - 8z = 0$. Considerar os dois possíveis sentidos de percurso.

22. $\int_C [dx + dy + dz]$, onde C é a intersecção das superfícies $y + z = 5$ e $z = 4 - x^2$ do ponto $A(2, 5, 0)$ ao ponto $B(-2, 5, 0)$.

23. $\int_C [x dx + y dy + x dz]$, onde C é a intersecção das superfícies $z = \sqrt{x^2 + y^2}$ e $x = 2$ do ponto $A(2, -\sqrt{12}, 4)$ ao ponto $B(2, \sqrt{12}, 4)$.

24. $\int_C [y dx + z dy - xy dz]$, onde C é dado por $y = \sen x$; $z = 4$; $x \in [0, 2\pi]$.

25. $\int_C y e^{xy} dx$, onde C é dado por $y = x^2$, $x \in [-1, 0]$.

26. Calcular a integral $I = \int_C [xe^x dx - (x + 2y) dy]$, onde C é:

a) o segmento de reta de $(0, 0)$ a $(-1, -2)$;

b) a trajetória parabólica $y = -2x^2$ de $(0, 0)$ a $(-1, -2)$;

c) a poligonal de $(0, 0)$ a $(0, 1)$ a $(-1, -2)$.

27. Calcular a integral do campo vetorial $\vec{f} = (2xy, x^2, 3z)$, do ponto $A(0, 0, 0)$ ao ponto $B(1, 1, 2)$, ao longo dos seguintes caminhos:

a) segmento de reta que une os pontos dados;

b) intersecção das superfícies $z = x^2 + y^2$ e $x = y$;

c) poligonal $A C B$, onde $C = (3, 3, 1)$.

28. Resolver o Exercício 27 para $\vec{f} = (3xz, 4yz, 2xy)$.

29. Calcular a integral do campo vetorial $\vec{f} = (-y, x)$ ao longo dos seguintes caminhos fechados, no sentido anti-horário:

a) circunferência de centro na origem e raio 2;

b) elipse $x^2 + 36y^2 = 36$;

c) triângulo de vértices $(1, 1)$, $(-1, 1)$ e $(0, -1)$.

30. Resolver o Exercício 29 para $\vec{f} = (xy^2, x^2 y)$.

31. Calcular a integral $I = \int_C (e^x dx + z dy + \cos y \, dz)$ ao longo de C, que é mostrado nas figuras 9.35, 9.36 e 9.37.

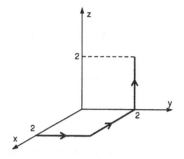

Figura 9.35

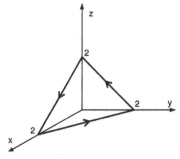

Figura 9.36

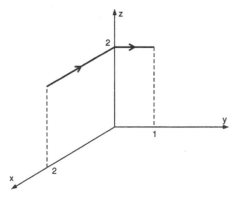

Figura 9.37

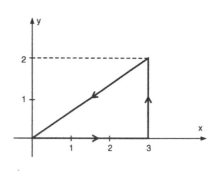

Figura 9.38

32. O campo de velocidade de um fluido em movimento é dado por $\vec{v} = (x, -y)$. Calcular a circulação do fluido ao redor da curva fechada $C = C_1 \cup C_2 \cup C_3$, onde

C_1: segmento de reta de $A(0, 0)$ e $B(1, 1)$;

C_2: parte da curva $4x^2 - 12x + 4y^2 - 8y + 12 = 0$ do ponto $B(1, 1)$ a $C(2, 1)$;

C_3: segmento de reta CA.

33. O campo de velocidade de um fluido em movimento é dado por $\vec{v} = (2x, 2y, -z)$. Calcular a circulação do fluido ao redor da curva fechada C, sendo C dada por $\vec{r}(t) = \cos t \vec{i} + \operatorname{sen} t \vec{j} + 2\vec{k}, t \in [0, 2\pi]$.

34. O campo de velocidade de um fluido em movimento é dado por $\vec{v} = (2x, -y)$. Calcular a circulação do fluido ao redor da curva fechada $C = C_1 \cup C_2 \cup C_3$ representada na Figura 9.38.

35. O campo de velocidade de um fluido em movimento é dado por $\vec{v} = (y, -x)$. Determinar a circulação do fluido ao redor do triângulo de vértices $A(0, 0)$, $B(2, 0)$ e $C(2, 2)$. Qual o sentido em que o fluido gira ao redor da curva dada?

36. O campo de velocidade de um fluido em movimento é dado por $\vec{v} = \dfrac{\vec{r}}{|\vec{r}|^2}$, onde $\vec{r} = (x, y)$. Determinar a circulação do fluido ao redor da curva fechada formada pelos segmentos $\overline{AB}$ e $\overline{BC}$, $A(2, 0)$, $B(0, 1)$ e $C(-2, 0)$ e a semicircunferência $y = -\sqrt{4 - x^2}$.

37. O campo de velocidade de um fluido em movimento é dado por $\vec{v} = 3\vec{j} + \vec{k}$. Determinar a circulação do fluido ao redor do quadrado de vértices $A(0, 0, 0)$, $B(2, 0, 0)$, $C(2, 0, 2)$ e $D(0, 0, 2)$.

9.5 Integrais Curvilíneas Independentes do Caminho de Integração

Para introduzir as integrais curvilíneas independentes do caminho de integração, vamos analisar o Exemplo 1 da Subseção 9.3.6 e o exemplo que segue.

9.5.1 Exemplo

Calcular $\int_C [\operatorname{sen} x dx - 2yz dy - y^2 dz]$ ao longo de C, de $A(0, 2, 0)$ até $B(2, 2, 4)$, onde C:

a) é a parábola $z = x^2$, $y = 2$.
b) é a poligonal AMB, $M(1, 0, 0)$.

Solução de (a): A Figura 9.39 mostra o caminho C de integração. Usando x como parâmetro, temos

$$\int_C [\operatorname{sen} x dx - 2yz\, dy - y^2 dz] = \int_0^2 [\operatorname{sen} x \cdot 1 - 2 \cdot 2 \cdot x^2 \cdot 0 - 2^2 \cdot 2x] dx = -15 - \cos 2.$$

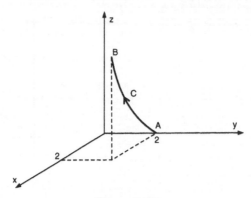

Figura 9.39

Solução de (b): O caminho C de integração pode ser visto na Figura 9.40.

Para calcular a integral, dividimos C em dois caminhos, C_1 e C_2. O caminho C_1 tem equação vetorial

$$\vec{r}(t) = t\vec{i} + (2 - 2t)\vec{j}, \quad t \in [0, 1].$$

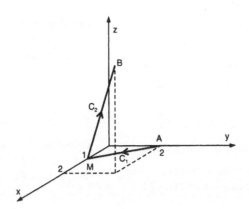

Figura 9.40

Temos, então,

$$\int_{C_1} (\operatorname{sen} x \, dx - 2yz \, dy - y^2 dz) =$$

$$= \int_0^1 [\operatorname{sen} t - 2(2 - 2t) \cdot 0 \cdot (-2) - (2 - 2t)^2 \cdot 0] \, dt$$

$$= \int_0^1 \operatorname{sen} t \, dt$$

$$= -\cos 1 + 1.$$

O caminho C_2 tem equação vetorial

$$\vec{r}(t) = (1 + t)\vec{i} + 2t\vec{j} + 4t\vec{k}, \quad t \in [0, 1].$$

Logo,

$$\int_{C_2} (\operatorname{sen} x\, dx - 2yz dy - y^2 dz) =$$

$$= \int_0^1 [\operatorname{sen}(1+t) - 2 \cdot 2t \cdot 4t \cdot 2 - (2t)^2 \cdot 4]\, dt$$

$$= -\cos 2 + \cos 1 - 16.$$

Portanto,

$$\int_C (\operatorname{sen} x\, dx - 2yz dy - y^2 dz) = \int_{C_1} (\operatorname{sen} x\, dx - 2yz dy - y^2 dz) + \int_{C_2} (\operatorname{sen} x\, dx - 2yz dy - y^2 dz)$$

$$= -\cos 1 + 1 - \cos 2 + \cos 1 - 16$$

$$= -\cos 2 - 15.$$

Observando os dois exemplos citados, vemos que, no primeiro, a integral $\int_C \vec{f} \cdot d\vec{r}$ foi calculada de A até B ao longo de dois caminhos distintos e os resultados encontrados foram diferentes. No segundo exemplo, a integral dada foi calculada, de A até B, ao longo de caminhos distintos, no entanto os resultados encontrados foram iguais. Temos a seguinte definição:

9.5.2 Definição

Seja $\vec{f}$ um campo vetorial contínuo em um domínio D do espaço. A integral

$$\int_C \vec{f} \cdot d\vec{r}$$

é dita independente do caminho de integração em D se, para qualquer par de pontos A e B em D, o valor da integral é o mesmo para todos os caminhos em D, que iniciam em A e terminam em B.

Pode nos ocorrer uma série de perguntas:

a) Como identificar uma integral de linha independente do caminho de integração?
b) Podemos calculá-la conhecendo apenas os pontos A e B?
c) O que acontecerá se o caminho de integração for fechado?

Essas perguntas são respondidas com auxílio da definição 6.9.1, teorema 6.9.3 e os teoremas que seguem.

9.5.3 Teorema

Seja $u = u(x, y, z)$ uma função diferenciável em um domínio conexo $U \subset \mathbb{R}^3$ tal que $\vec{f} = \nabla u$ é contínuo em U. Então,

$$\int_C \vec{f} \cdot d\vec{r} = u(B) - u(A),$$

para qualquer caminho C em U, unindo o ponto A ao ponto B.

Prova: Sejam A e B dois pontos quaisquer em U. Vamos unir A e B por meio de um caminho suave C. Seja $\vec{r}(t) = (x(t), y(t), z(t))$, $t \in [a, b]$, uma parametrização de C. Então,

$$\int_C \vec{f} \cdot d\vec{r} = \int_C \nabla u \cdot d\vec{r} = \int_a^b \nabla u[\vec{r}(t)] \cdot \vec{r}'(t)\, dt.$$

Seja $g(t) = u[\vec{r}(t)]$, $t \in [a, b]$. Pela regra da cadeia, temos

$$g'(t) = \frac{\partial u}{\partial x} \cdot \frac{dx}{dt} + \frac{\partial u}{\partial y} \cdot \frac{dy}{dt} + \frac{\partial u}{\partial z} \cdot \frac{dz}{dt},$$

sendo que as derivadas parciais de u são calculadas no ponto $(x(t), y(t), z(t))$. Portanto, $g'(t) = \nabla u[\vec{r}(t)] \cdot \vec{r}'(t)$.

Como $\vec{f} = \nabla u$ é contínuo e C é suave, $g'(t)$ é contínua em $[a, b]$. Podemos, então, aplicar o teorema fundamental do cálculo e escrever

$$\int_C \vec{f} \cdot d\vec{r} = \int_a^b g'(t)\, dt$$
$$= g(t)\Big|_a^b$$
$$= u[\vec{r}(t)]\Big|_a^b$$
$$= u[\vec{r}(b)] - u[\vec{r}(a)]$$
$$= u(B) - u(A),$$

Observamos que, se o caminho entre A e B fosse suave por partes, faríamos a mesma demonstração sobre cada parte suave.

9.5.4 Exemplos

Exemplo 1: Calcular a integral $\int_C \vec{f} \cdot d\vec{r}$, onde $\vec{f}$ é o campo vetorial do Exemplo 1 da Subseção 6.9.6, ao longo de qualquer caminho que une o ponto $A(0, 0, 1)$ a $B(1, 2, 1)$.

Solução: No Exemplo 1 da Subseção 6.9.6, verificamos que

$$\vec{f} = (yz + 2)\vec{i} + (xz + 1)\vec{j} + (xy + 2z)\vec{k}$$

é o gradiente da função $u = xyz + 2x + y + z^2 + C$.

Usando o teorema 9.5.3, escrevemos

$$\int_C \vec{f} \cdot d\vec{r} = \int_C [(yz + 2)dx + (xz + 1)dy + (xy + 2z)dz] = u(1, 2, 1) - u(0, 0, 1) = 6.$$

Exemplo 2: Verificar que o campo vetorial $\vec{f} = \text{sen } x\, \vec{i} - 2yz\vec{j} - y^2\vec{k}$, do exemplo da Subseção 9.5.1, é um campo conservativo em $\mathbb{R}^3$. Calcular $\int_C \vec{f} \cdot d\vec{r}$ ao longo de qualquer caminho C de $A(0, 2, 0)$ até $B(2, 2, 4)$.

Solução: O campo vetorial $\vec{f}$ é um campo tal que f_1, f_2 e f_3 são funções contínuas que possuem derivadas parciais de 1ª ordem contínuas em $\mathbb{R}^3$. Como

$$\frac{\partial f_1}{\partial y} = \frac{\partial f_2}{\partial x} = 0, \frac{\partial f_1}{\partial z} = \frac{\partial f_3}{\partial x} = 0 \text{ e } \frac{\partial f_2}{\partial z} = \frac{\partial f_3}{\partial y} = -2y,$$

$\vec{f}$ admite uma função potencial u, ou seja, $\vec{f}$ é um campo conservativo.

Para calcular a integral dada, vamos determinar uma função potencial $u = u(x, y, z)$ de $\vec{f}$. Para isso, procedemos de forma análoga aos exemplos vistos na Subseção 6.9.6.

Temos

$$\frac{\partial u}{\partial x} = \operatorname{sen} x, \frac{\partial u}{\partial y} = -2yz \text{ e } \frac{\partial u}{\partial z} = -y^2.$$

Integrando a primeira equação em relação a x, obtemos

$$u = \int \operatorname{sen} x\, dx = -\cos x + a(y, z).$$

Derivando esse resultado em relação a y e usando a igualdade $\frac{\partial u}{\partial y} = -2yz$, vem $\frac{\partial u}{\partial y} = \frac{\partial a}{\partial y} = -2yz$.
Portanto,

$$a = \int -2yz\, dy = -zy^2 + b(z).$$

Substituindo esse resultado na expressão de u, obtemos

$$u = -\cos x - zy^2 + b(z).$$

Derivando esse resultado em relação a z e usando $\frac{\partial u}{\partial z} = -y^2$, vem

$$\frac{\partial u}{\partial z} = -y^2 + \frac{db}{dz} = -y^2$$

$$\frac{db}{dz} = 0, b = C, C \text{ constante}.$$

Finalmente, obtemos $u = -\cos x - zy^2 + C$.
Logo,

$$\int_C \vec{f} \cdot d\vec{r} = \int_C (\operatorname{sen} x\, dx - 2yz\, dy - y^2 dz) = u(2, 2, 4) - u(0, 2, 0) = -\cos 2 - 15.$$

9.5.5 Teorema

Se $\vec{f} = (f_1, f_2, f_3)$ é um campo vetorial contínuo em um domínio conexo $U \subset \mathbb{R}^3$, são equivalentes as três afirmações seguintes:

a) $\vec{f}$ é o gradiente de uma função potencial u em U, ou seja, $\vec{f}$ é conservativo em U.

b) A integral de linha de $\vec{f}$ é independente do caminho de integração em U.

c) A integral de linha de $\vec{f}$ ao redor de todo caminho fechado simples em U é igual a zero.

Prova parcial: Vamos demonstrar que (b) implica (c), (c) implica (b) e (a) implica (c).

(b) $\Rightarrow$ (c).
Vamos supor que a integral

$$\int_C [f_1 dx + f_2 dy + f_3 dz]$$

é independente do caminho de interpretação em U.

Seja C um caminho fechado simples em U. Dividimos C em dois pedaços C_1 e C_2, conforme a figura 9.41.

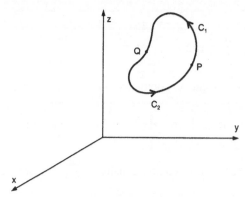

Figura 9.41

Então,

$$\int_C [f_1 dx + f_2 dy + f_3 dz] = \int_{C_1} [f_1 dx + f_2 dy + f_3 dz] + \int_{C_2} [f_1 dx + f_2 dy + f_3 dz].$$

Como a integral é independente do caminho de integração, usando a propriedade (d) da subseção 9.3.4, podemos escrever

$$\int_{C_2} [f_1 dx + f_2 dy + f_3 dz] = \int_{-C_1} [f_1 dx + f_2 dy + f_3 dz] = -\int_{C_1} [f_1 dx + f_2 dy + f_3 dz].$$

Portanto, segue que

$$\int_C [f_1 dx + f_2 dy + f_3 dz] = 0$$

(c) $\Rightarrow$ (b).

Vamos supor que $\int_C [f_1 dx + f_2 dy + f_3 dz] = 0$ ao longo de qualquer caminho fechado em U.

Sejam P e Q dois pontos quaisquer de U e C_1 e C_2 dois caminhos em U que unem P e Q e não se interceptam (ver Figura 9.42). Então, $C = C_1 \cup -C_2$ é um caminho fechado simples.

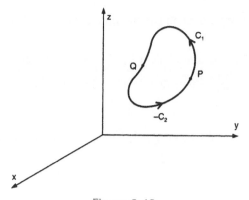

Figura 9.42

Temos

$$\int_{C_1} [f_1 dx + f_2 dy + f_3 dz] + \int_{-C_2} [f_1 dx + f_2 dy + f_3 dz] = \oint_C [f_1 dx + f_2 dy + f_3 dz] = 0.$$

Portanto,

$$\int_{C_1} [f_1 dx + f_2 dy + f_3 dz] = -\int_{-C_2} [f_1 dx + f_2 dy + f_3 dz] = \int_{C_2} [f_1 dx + f_2 dy + f_3 dz].$$

Se os caminhos se interceptam em um ponto M (ver Figura 9.43), podemos dividir os caminhos C_1 e C_2, aplicar a propriedade (c) da Subseção 9.1.3 e usar o raciocínio anterior sobre cada parte. O mesmo raciocínio é válido para um número finito de intersecções.

Logo,

$$\int_C [f_1 dx + f_2 dy + f_3 dz] \text{ é independente do caminho de integração em } U.$$

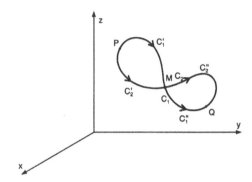

Figura 9.43

(a) $\Rightarrow$ (c).

Se $\vec{f}$ é o gradiente de uma função potencial u em U, pelo teorema 9.5.3, temos

$$\int_C \vec{f} \cdot d\vec{r} = u(B) - u(A),$$

para qualquer caminho C em U de A até B.

Se o caminho C for fechado, o ponto A coincide com B e portanto,

$$\oint_C \vec{f} \cdot d\vec{r} = 0$$

9.5.6 Exemplos

Exemplo 1: Verificar se $\vec{f} = (e^{x+y} + 1)\vec{i} + e^{x+y}\vec{j}$ é um caminho conservativo em $\mathbb{R}^2$. Em caso afirmativo, calcular

$$\int_{(1,0)}^{(1,1)} \vec{f} \cdot d\vec{r}$$

sendo que a notação $\int_{(1,0)}^{(1,1)}$ significa integral de linha ao longo de qualquer caminho de $(1, 0)$ a $(1, 1)$.

Solução: O campo vetorial $\vec{f}$ é um campo tal que f_1 e f_2 são funções contínuas e possuem derivadas parciais de 1ª ordem contínuas em $\mathbb{R}^2$.

Como

$\dfrac{\partial f_1}{\partial y} = \dfrac{\partial f_2}{\partial x} = e^{x+y}$, $\vec{f}$ admite uma função potencial u, ou seja, $\vec{f}$ é um campo conservativo.

Portanto, pelo teorema 9.5.5, $\int_{(1,0)}^{(1,1)} \vec{f} \cdot d\vec{r}$ é independente do caminho de integração em $\mathbb{R}^2$. Para calcular a integral, vamos encontrar a função potencial u e usar o teorema 9.5.3.

Temos

$$\frac{\partial u}{\partial x} = e^{x+y} + 1 \quad \text{e} \quad \frac{\partial u}{\partial y} = e^{x+y}.$$

Integrando $\frac{\partial u}{\partial x} = e^{x+y} + 1$, em relação a x, vem

$$u = \int (e^{x+y} + 1)\, dx = e^{x+y} + x + a(y).$$

Derivando esse resultado em relação a y e usando a igualdade $\frac{\partial u}{\partial y} = e^{x+y}$, vem

$$\frac{\partial u}{\partial y} = e^{x+y} + 0 + \frac{da}{dy} = e^{x+y}$$

$$\frac{da}{dy} = 0,\, a = C,\, C \text{ constante}.$$

Obtemos, então,

$$u = e^{x+y} + x + C.$$

Logo,

$$\int_{(1,0)}^{(1,1)} \vec{f} \cdot d\vec{r} = \int_{(1,0)}^{(1,1)} [(e^{x+y} + 1)\, dx + e^{x+y}\, dy]$$
$$= u(1,1) - u(1,0)$$
$$= e^2 - e.$$

Exemplo 2: Determinar o trabalho realizado pela força

$$\vec{f} = (yz + 1)\vec{i} + (xz + 1)\vec{j} + (xy + 1)\vec{k}, \text{ no deslocamento:}$$

a) ao longo da poligonal $ABCDE$ da Figura 9.44a;
b) ao longo do caminho fechado da Figura 9.44b.

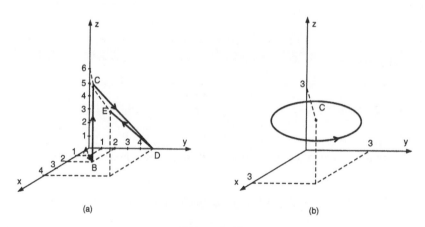

Figura 9.44

Solução: É conveniente verificar, inicialmente, se $\vec{f}$ é conservativo. Em caso afirmativo, podemos usar os teoremas 9.5.3 e 9.5.5.

O campo de forças $\vec{f}$ é tal que f_1, f_2 e f_3 são funções contínuas que possuem derivadas parciais de 1ª ordem contínuas em $\mathbb{R}^3$. Como

$$\frac{\partial f_1}{\partial y} = \frac{\partial f_2}{\partial x} = z, \quad \frac{\partial f_1}{\partial z} = \frac{\partial f_3}{\partial x} = y \quad \text{e} \quad \frac{\partial f_2}{\partial z} = \frac{\partial f_3}{\partial y} = x,$$

$\vec{f}$ admite uma função potencial u, isto é, $\vec{f}$ é um campo de forças conservativo.

a) Para resolver esse item, vamos encontrar uma função potencial u de $\vec{f}$. Temos

$$\frac{\partial u}{\partial x} = yz + 1, \quad \frac{\partial u}{\partial y} = xz + 1 \quad \text{e} \quad \frac{\partial u}{\partial z} = xy + 1.$$

Integrando $\dfrac{\partial u}{\partial x} = yz + 1$ em relação a x, obtemos

$$u = \int (yz + 1)\, dx = yzx + x + a(y, z).$$

Derivando esse resultado em relação a y e usando $\dfrac{\partial u}{\partial y} = xz + 1$, vem

$$\frac{\partial u}{\partial y} = xz + 0 + \frac{\partial a}{\partial y} = xz + 1$$

$$\frac{\partial a}{\partial y} = 1$$

$$a = \int dy = y + b(z).$$

Substituindo esse valor na expressão de u, temos

$$u = xyz + x + y + b(z).$$

Derivando esse resultado em relação a z e usando $\dfrac{\partial u}{\partial z} = xy + 1$, vem

$$\frac{\partial u}{\partial z} = xy + 0 + 0 + \frac{db}{dz} = xy + 1,$$

$$\frac{db}{dz} = 1$$

$$b = \int dz = z + C, \ C \text{ constante.}$$

Logo, a função potencial é dada por

$$u = xyz + x + y + z + C.$$

Usando o teorema 9.5.3, vem

$$w = \int_C \vec{f} \cdot d\vec{r}$$

$$= \int_{(1,1,0)}^{(4,5,5)} \vec{f} \cdot d\vec{r}$$

$$= u(4, 5, 5) - u(1, 1, 0)$$

$$= 112 \text{ unidades de trabalho.}$$

Observamos que o trabalho poderia ser calculado diretamente, usando a expressão (2) da Subseção 9.3.1, ao longo de qualquer caminho de A até E. Poderíamos tomar, por exemplo, o segmento de reta $\overline{AE}$.

b) $\quad w = \oint_C \vec{f} \cdot d\vec{r}$

$\quad\quad = 0$ unidade de trabalho, já que a curva C é fechada.

Exemplo 3: Calcular $\displaystyle\int_C \left[\frac{-y}{x^2 + y^2} dx + \frac{x}{x^2 + y^2} dy \right]$ sendo que C é dado na Figura 9.45.

Solução: O campo vetorial $\vec{f} = \dfrac{-y}{x^2 + y^2}\vec{i} + \dfrac{x}{x^2 + y^2}\vec{j}$ já foi analisado no item (c) do exemplo da Subseção 6.9.4. Esse campo é conservativo em qualquer domínio simplesmente conexo que não contém a origem.

a) Para a curva C dada na Figura 9.45a não encontramos dificuldades, pois C está contida em um domínio simplesmente conexo que não contém a origem.

Portanto, pelo teorema 9.5.5, temos que

$$\oint_C \left[\frac{-y}{x^2 + y^2} dx + \frac{x}{x^2 + y^2} dy \right] = 0.$$

b) Para a curva C dada na Figura 9.45b não podemos aplicar o teorema 9.5.5. Nesse caso, para resolver a integral, vamos parametrizar a curva C e usar a Equação (4) da Subseção 9.3.3.

Temos

$$C: \vec{r}(t) = 2\cos t\, \vec{i} + 2\,\text{sen}\, t\, \vec{j},\quad t \in [0, 2\pi].$$

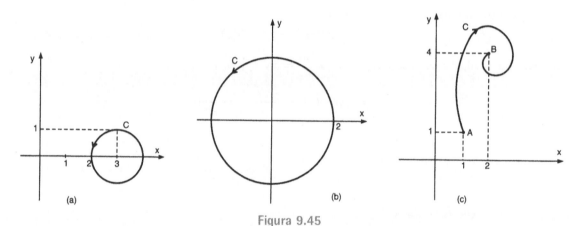

Figura 9.45

Então,

$$\oint_C \left[\frac{-y}{x^2 + y^2} dx + \frac{x}{x^2 + y^2} dy \right] = \int_0^{2\pi} \left[\frac{-2\,\text{sen}\, t}{4}(-2\,\text{sen}\, t) + \frac{2\cos t}{4}(2\cos t) \right] dt = \int_0^{2\pi} dt = 2\pi.$$

Como o resultado dessa integral foi diferente de zero, a integral de $\vec{f}$ em um domínio U que contém C depende do caminho de integração.

Voltando ao item (c) do exemplo da Subseção 6.9.4, podemos afirmar que $\vec{f}$ não é conservativo no domínio $D_2 = \{(x, y)\, |\, 1 < x^2 + y^2 < 16\}$.

c) A Figura 9.46 mostra um domínio simplesmente conexo U, que contém C da Figura 9.45c e não contém a origem.

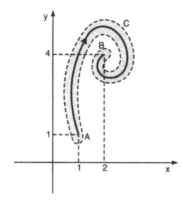

Figura 9.46

Então, para calcular a integral ao longo de C, podemos encontrar uma função potencial u de $\vec{f}$ em U e usar o teorema 9.5.3.

Temos

$$\frac{\partial u}{\partial x} = \frac{-y}{x^2 + y^2} \tag{1}$$

e

$$\frac{\partial u}{\partial y} = \frac{x}{x^2 + y^2}. \tag{2}$$

Integrando (1) em relação a x, obtemos

$$u = \int \frac{-y}{x^2 + y^2} dx = -\text{arc tg}\frac{x}{y} + a(y).$$

Derivando esse resultado em relação a y e usando (2), vem

$$\frac{\partial u}{\partial y} = \frac{x}{x^2 + y^2} + \frac{da}{dy} = \frac{x}{x^2 + y^2}$$

$$\frac{da}{dy} = 0, a = C, C \text{ constante.}$$

Obtemos, então,

$$u = -\text{arc tg}\frac{x}{y} + C = \text{arc tg}\frac{y}{x} + C.$$

Logo,

$$\int_C \left[\frac{-y}{x^2+y^2}dx + \frac{x}{x^2+y^2}dy \right] = u(B) - u(A) = \text{arc tg } 2 - \frac{\pi}{4}.$$

9.6 Exercícios

1. Verificar se o campo de forças $\vec{f}$ é conservativo. Em caso afirmativo, determinar uma função potencial para esse campo e calcular o trabalho que ele faz sobre uma partícula que se desloca de $A(1, -1, 0)$ a $B(2, 3, 1)$.

   a) $\vec{f} = (2y^2x^2z, 3y^2x^2z, y^3x^2 + y)$

   b) $\vec{f} = (y\cos xy + ye^{xy})\vec{i} + (x\cos xy + xe^{xy})\vec{j} + \vec{k}$

   c) $\vec{f} = (yz + \cos x)\vec{i} + (xz - \text{sen } y)\vec{j} + xy\vec{k}$.

2. Verificar se o campo vetorial dado é conservativo. Em caso positivo, determinar uma função potencial para $\vec{f}$ e o valor da integral $\int_{(0,0,0)}^{(a,b,c)} \vec{f} \cdot d\vec{r}$, onde $a, b, c \in \mathbb{R}$.

   a) $\vec{f}(x, y, z) = (yz, xz + 8y, xy)$

   b) $\vec{f}(x, y, z) = ((x + y + z)^{4/3},$
      $(x + y + z)^{4/3}, (x + y + z)^{4/3})$

   c) $\vec{f}(x, y, z) = (3x^2 + y, 4y^2 + 2x, 8xy)$

   d) $\vec{f}(x, y, z) = (e^x(\cos y + \operatorname{sen} z),$
      $- e^x \operatorname{sen} y, e^x \cos z)$

   e) $\vec{f}(x, y, z) = (2x, 2y, 2z)$.

3. Calcular a integral $\int_C \vec{f} \cdot d\vec{r}$, onde $\vec{f}$ é o campo vetorial dado, ao longo de qualquer caminho que une o ponto $A(1, 1, 0)$ a $B(1, 2, -1)$.

   a) $\vec{f} = (\operatorname{sen} x + 2y)\vec{i} + (2x + \cos z)\vec{j}$
      $(z - y \operatorname{sen} z)\vec{k}$

   b) $\vec{f} = (e^x + e^{z^2})\vec{i} + (e^y + z)\vec{j} +$
      $(2xze^{z^2} + y)\vec{k}$

   c) $\vec{f} = (2x^2y + y^2 + z)\vec{i} +$
      $\left(\dfrac{2}{3}x^3 + 2xy + z^2\right)\vec{j} + (x + 2yz)\vec{k}$

4. Verificar que as integrais são independentes do caminho de integração e determinar seus valores.

   a) $\displaystyle\int_{(1,1)}^{(5,3)} (xdx + ydy)$

   b) $\displaystyle\int_{(0,0)}^{(2,1)} (-e^x \cos y\, dx + e^x \operatorname{sen} y\, dy)$

   c) $\displaystyle\int_{(0,1,1)}^{(1,0,1)} (2xy\, dx + x^2 dy + 2 dz)$

   d) $\displaystyle\int_{(-1,0,0)}^{(2,2,3)} (dy + dz)$

   e) $\displaystyle\int_{(1,1,1)}^{(1,2,3)} [2x \operatorname{sen} z\, dx + (z^3 - e^y) dy +$
      $(x^2 \cos z + 3yz^2) dz]$

   f) $\displaystyle\int_{(-1,0,0)}^{(1,1,1)} [e^y dx + (xe^y + e^z)\, dy +$
      $(ye^z - 2e^{-2z})\, dz]$

   g) $\displaystyle\int_{(0,0)}^{(\pi,1)} (e^y \cos x\, dx + e^y \operatorname{sen} x\, dy)$.

5. Calcular $\displaystyle\int_C \vec{f} \cdot d\vec{r}$, onde $\vec{f} = \left(\dfrac{y}{x^2 + y^2}, \dfrac{-x}{x^2 + y^2}\right)$, ao longo dos seguintes caminhos:

   a) circunferência de centro em (4, 4) e raio 2, no sentido anti-horário;

   b) poligonal $ABCD$, com $A(1, 0)$, $B(1, 1)$, $C(2, 1)$ e $D(2, 2)$, de A até D;

   c) quadrado de vértices $A(1, 0)$, $B(2, 0)$, $C(1, -1)$ e $D(2, -1)$ no sentido anti-horário;

   d) circunferência de centro na origem e raio 4, no sentido anti-horário.

6. Calcular $\displaystyle\int_C [(2xz + y^2) dx + 2xy dy + x^2 dz]$, onde C é a intersecção das superfícies $z = x^2 + y^2$ e $x + y = 2$ do ponto $A(2, 0, 4)$ a $B(0, 2, 4)$.

7. Determinar o trabalho realizado pela força conservativa $\vec{f} = (yz, xz, xy + 1)$ nos seguintes deslocamentos:

   a) ao longo da elipse $x^2 + y^2/4 = 9$, no sentido anti-horário, do ponto $A(3, 0)$ a $B(0, 6)$;

   b) ao longo do arco de parábola $x = y^2 - 1$, $z = 2$, do ponto $A(-1, 0, 2)$ ao ponto $B(3, -2, 2)$;

   c) ao longo do caminho fechado formado pelas curvas $y = x^2$ e $x = y^2$, no sentido anti-horário.

8. Calcular $\displaystyle\int_C \left[\dfrac{x}{\sqrt{x^2 + y^2}} dx + \dfrac{y}{\sqrt{x^2 + y^2}} dy\right]$, ao longo dos seguintes caminhos:

   a) circunferência de centro (2, 0) e raio 1 no sentido anti-horário;

   b) $\vec{r}(t) = (t, 1/t), t \in [1, 4]$;

c) poligonal ABC com $A(1, 1)$, $B(3, 3)$ e $C(4, 1/4)$;
d) circunferência de centro na origem e raio 1, no sentido anti-horário.

9. Calcular $\int_C \vec{f} \cdot d\vec{r}$, onde $\vec{f} = \dfrac{\vec{r}}{|\vec{r}|^3}$, $\vec{r} = (x, y, z)$, ao longo dos seguintes caminhos:

a) elipse $x^2/4 + y^2 = 4$, $z = 2$, uma volta completa no sentido anti-horário;
b) quadrado $|x| + |y| = 1$, $z = 0$, no sentido anti-horário;
c) segmento de reta que une o ponto $A(0, 1, 0)$ ao ponto $B(1, 0, \sqrt{3})$;
d) intersecção das superfícies $z = \sqrt{x^2 + y^2}$, $x = 2$, do ponto $A(2, 0, 2)$ a $B(2, 4, 2\sqrt{5})$.

10. Uma partícula de massa m move-se no plano xy sob a influência da força gravitacional $\vec{F} = -mg\vec{j}$. Se a partícula move-se de $(0, 0)$ a $(-2, 1)$ ao longo de um caminho C, mostrar que o trabalho realizado por $\vec{F}$ é $w = -mg$ e é independente do caminho.

11. Determinar as seguintes integrais ao longo dos caminhos fechados:

a) $\oint_C [(2xy + 4)dx + (x^2 + z^2)dy + 2zy dz]$
   $C: \vec{r}(t) = (\operatorname{sen} t, \cos t, \pi), t \in [0, 2\pi]$

b) $\oint_C [(xy + z)dx + (x - y)dy + 4z dz]$
   $C: \vec{r}(t) = (\operatorname{sen} t, \cos t, \pi), t \in [0, 2\pi]$.

12. Determinar o trabalho realizado pela força $\vec{f} = (yze^{xz}, e^{xz}, xye^{xz} + 1)$ para deslocar uma partícula ao longo da curva $y = \dfrac{2}{x}$, do ponto $A(-1, -2, 0)$ ao ponto $B(-2, -1, 0)$. Esse trabalho é maior, menor ou igual ao trabalho realizado pela mesma força $\vec{f}$ para deslocar uma partícula em linha reta de A até B?

13. Determinar o trabalho realizado pela força $\vec{f} = (e^x + yz, xz, xy)$ para deslocar uma partícula ao longo da intersecção das superfícies $x^2 + y^2 + z^2 = 4$ e $z = \sqrt{x^2 + y^2}$, do ponto $A(1, 1, \sqrt{2})$ a $B(\sqrt{2}, 0, \sqrt{2})$.

14. Calcular $\int_C \left[\dfrac{-y}{x^2 + y^2} dx + \dfrac{x}{x^2 + y^2} dy \right]$, onde C é dada nas figuras 9.47, 9.48 e 9.49.

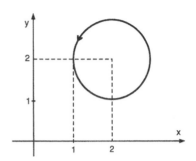

Figura 9.47

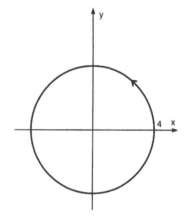

Figura 9.48

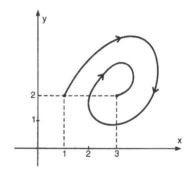

Figura 9.49

15. Calcular o trabalho realizado pela força
$\vec{f} = (2x + z + 4)\vec{i} + (y^2 - 3z - 1)\vec{j} + (x - 3y + z)\vec{k}$ sobre uma partícula, ao longo de C, de $A(2, 4, 2)$ a $B(2, 0, 0)$, onde C é:
a) o segmento de reta AB;
b) a parábola $y = z^2$ no plano $x = 2$.

9.7 Teorema de Green

Esse teorema expressa uma integral curvilínea ao longo de uma curva fechada no plano como uma integral dupla sobre a região limitada pela curva.

9.7.1 Teorema

Sejam C uma curva fechada simples, suave por partes, orientada no sentido anti-horário, e R a região fechada delimitada por C. Se $\vec{f} = (f_1, f_2)$ é um campo vetorial contínuo com derivadas parciais de 1ª ordem contínuas em um domínio D que contém R, então

$$\oint_C f_1 dx + f_2 dy = \iint_R \left(\frac{\partial f_2}{\partial x} - \frac{\partial f_1}{\partial y} \right) dx\, dy. \tag{1}$$

Prova Parcial: Faremos a prova do teorema para o caso em que a curva C é suave e a região R pode ser descrita, simultaneamente, como indicado na Figura 9.50a e b. Isto é,

$R = \{(x, y) | a \leq x \leq b \text{ e } g_1(x) \leq y \leq g_2(x)\}$ e $R = \{(x, y) | c \leq y \leq d \text{ e } h_1(y) \leq x \leq h_2(y)\}$.

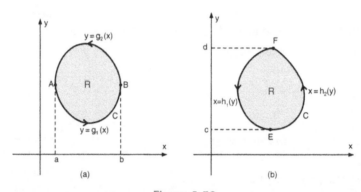

Figura 9.50

Para provar (1), basta mostrar que

$$\oint_C f_1 dx = -\iint_R \frac{\partial f_1}{\partial y} dx dy \tag{2}$$

e

$$\oint_C f_2 dy = \iint_R \frac{\partial f_2}{\partial x} dx\, dy. \tag{3}$$

Vamos mostrar (2).

Observando a Figura 9.50a, podemos ver que a curva C pode ser dividida em duas curvas C_1 e C_2, de equações $y = g_1(x)$ e $y = g_2(x)$, respectivamente.

Usando x como parâmetro, obtemos uma parametrização de C_1, dada por

$$C_1: \vec{r}_1(x) = (x, g_1(x)), \quad x \in [a, b].$$

Para a curva C_2 não podemos proceder da mesma forma, pois o sentido positivo determinado pelos valores crescentes de x em $[a, b]$ nos dá a orientação sobre C_2, no sentido oposto ao desejado. Podemos, porém, parametrizar $-C_2$ e usar a propriedade (d) da Subseção 9.3.4. Temos

$$-C_2: \vec{r}_2(x) = (x, g_2(x)), \quad x \in [a, b].$$

Portanto,

$$\oint_C f_1 dx = \int_{C_1} f_1 dx + \int_{C_2} f_1 dx$$

$$= \int_{C_1} f_1 dx - \int_{-C_2} f_1 dx$$

$$= \int_a^b f_1(x, g_1(x)) dx - \int_a^b f_1(x, g_2(x)) dx. \qquad (4)$$

Por outro lado, como $\dfrac{\partial f_1}{\partial y}$ é contínua, desenvolvendo o 2º membro de (2) temos

$$\iint_R \frac{\partial f_1}{\partial y} dx\, dy = \int_a^b \left[\int_{g_1(x)}^{g_2(x)} \frac{\partial f_1}{\partial y} dy \right] dx$$

$$= \int_a^b \left[f_1(x, y) \Big|_{g_1(x)}^{g_2(x)} \right] dx$$

$$= \int_a^b [f_1(x, g_2(x)) - f_1(x, g_1(x))] dx$$

$$= -\int_a^b [f_1(x, g_1(x)) - f_1(x, g_2(x))] dx \qquad (5)$$

A partir das expressões (4) e (5), obtemos

$$\oint_C f_1 dx = -\iint_R \frac{\partial f_1}{\partial y} dx dy.$$

Para mostrar (3) procede-se de forma análoga, utilizando

$$R = \{(x, y) \mid c \le y \le d \ \text{ e }\ h_1(y) \le x \le h_2(y)\}.$$

Observamos que o teorema de Green também é válido para uma região R que contenha buracos. Nesse caso, o caminho de integração C é todo o contorno de R, orientado de maneira que a região R se encontre à esquerda, como mostra a Figura 9.51.

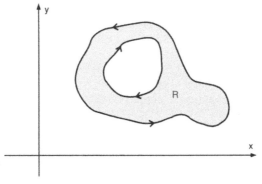

Figura 9.51

9.7.2 Exemplos

Exemplo 1: Usando o teorema de Green, calcular $\oint_C [y^2 dx + 2x^2 dy]$, sendo C o triângulo de vértices $(0, 0)$, $(1, 2)$ e $(0, 2)$, no sentido anti-horário.

Solução: A Figura 9.52 mostra o caminho C de integração e a região R delimitada por C.

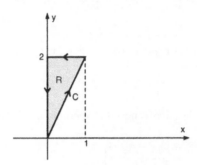

Figura 9.52

Como R é dada por
$$0 \leq x \leq 1$$
$$2x \leq y \leq 2,$$
usando o teorema de Green, temos

$$\oint_C [y^2 dx + 2x^2 dy] = \iint_R (4x - 2y)\, dxdy$$

$$= \int_0^1 \left[\int_{2x}^2 (4x - 2y)\, dy \right] dx$$

$$= \int_0^1 (4xy - y^2) \Big|_{2x}^2 dx$$

$$= \int_0^1 [(8x - 4) - (8x^2 - 4x^2)]\, dx$$

$$= -4/3.$$

Observamos que, nesse exemplo, para calcular a integral curvilínea diretamente, teríamos de dividir a curva C em três partes suaves, calculando a integral sobre cada parte. A utilização do teorema de Green simplificou os cálculos.

Exemplo 2: Calcular $\oint_C \vec{f} \cdot d\vec{r}$, ao longo da circunferência $x^2 + (y - 1)^2 = 1$, no sentido horário, sendo $\vec{f} = (4x^2 - 9y, 9xy + \sqrt{y^2 + 1})$.

Solução: A Figura 9.53 mostra a curva C. Como C está orientada no sentido horário, não podemos aplicar o Teorema de Green diretamente. No entanto, podemos aplicar o teorema de Green para calcular a integral sobre a curva $-C$ e depois usar a propriedade da Subseção 9.3.4 (d).

Temos

$$\int_{-C} \vec{f} \cdot d\vec{r} = \iint_R (9y + 9)\, dxdy = 9 \iint_R (y + 1)\, dxdy.$$

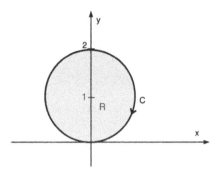

Figura 9.53

Passando para coordenadas polares, vem

$$\int_{-C} \vec{f} \cdot d\vec{r} = 9\int_0^\pi \left[\int_0^{2\,\text{sen}\,\theta} (r\,\text{sen}\,\theta + 1)r\,dr\right]d\theta$$

$$= 9\int_0^\pi \left(\frac{r^3}{3}\,\text{sen}\,\theta + \frac{r^2}{2}\right)\bigg|_0^{2\,\text{sen}\,\theta} d\theta$$

$$= 9\int_0^\pi \left(\frac{8}{3}\,\text{sen}^4\,\theta + 2\,\text{sen}^2\,\theta\right) d\theta$$

$$= 18\pi.$$

Logo, $\int_C \vec{f} \cdot d\vec{r} = -18\pi$.

Exemplo 3: Área de uma região plana como uma integral curvilínea ao longo de seu contorno

Usando o teorema de Green, podemos expressar a área de uma região plana R como uma integral curvilínea ao longo de seu contorno.

Sejam R e C como no teorema de Green. Sejam $\vec{f} = x\vec{j}$ e $\vec{g} = -y\vec{i}$. Os campos vetoriais $\vec{f}$ e $\vec{g}$ são contínuos com derivadas parciais contínuas em $\mathbb{R}^2$.

Aplicando (1) ao campo $\vec{f}$, obtemos

$$\oint_C x\,dy = \iint_R dxdy.$$

Da mesma forma, aplicando (1) ao campo $\vec{g}$, vem

$$\oint_C -y\,dy = \iint_R dxdy.$$

Portanto, se denotamos por A a área de R, temos

$$A = \oint_C x\,dy \qquad (6)$$

ou

$$A = \oint_C -y\,dx. \qquad (7)$$

Combinando (6) e (7), obtemos uma terceira fórmula para a área de R, dada por

$$A = \frac{1}{2} \oint_C (x\,dy - y\,dx). \qquad (8)$$

Eventualmente, outras fórmulas para a área podem ser encontradas, aplicando o teorema de Green a outros vetoriais convenientes.

Exemplo 4: Calcular a área delimitada pela elipse $\dfrac{x^2}{4} + \dfrac{y^2}{9} = 1$.

Solução: A elipse dada tem equação vetorial
$$\vec{r}(t) = (2\cos t, 3\,\text{sen}\, t), \quad 0 \le t \le 2\pi.$$

Usando (6), vem

$$A = \oint_C x\,dy$$

$$= \int_0^{2\pi} 2\cos t \cdot 3\cos t\, dt$$

$$= 6\int_0^{2\pi} \cos^2 t\, dt$$

$$= 6\int_0^{2\pi} \left(\frac{1}{2} + \frac{1}{2}\cos 2t\right) dt$$

$$= 6\pi \text{ unidades de área.}$$

Exemplo 5: Seja $D = \{(x, y)\,|\,x^2 + y^2 < 4\}$. Dado o campo vetorial

$$\vec{f} = \left(\frac{-y}{x^2 + y^2}, \frac{x}{x^2 + y^2}\right),$$

mostrar que $\displaystyle\int_C \vec{f} \cdot d\vec{r} = 2\pi$ para toda curva fechada simples $C_1 \subset D$, suave por partes, orientada no sentido anti-horário e que circunda a origem.

Solução: Para resolver esse exemplo, devemos voltar aos exemplos (c) da Subseção 6.9.4 e 3 da Subseção 9.5.6.

Seja $C_1 \subset D$ uma curva fechada simples, suave por partes, orientada no sentido anti-horário, que circunda a origem (ver Figura 9.54).

Sejam C_2 a curva que delimita D, orientada no sentido anti-horário, e R a região compreendida entre as curvas C_1 e C_2. O contorno de R, orientado de maneira que R fique à esquerda, é formado pelas curvas $-C_1$ e C_2 (ver Figura 9.55).

Aplicando o teorema de Green, vem

$$\iint_R \left(\frac{\partial f_2}{\partial x} - \frac{\partial f_1}{\partial y}\right) dx\,dy = \int_{-C_1} \vec{f} \cdot d\vec{r} + \int_{C_2} \vec{f} \cdot d\vec{r} = -\int_{C_1} \vec{f} \cdot d\vec{r} + \int_{C_2} \vec{f} \cdot d\vec{r}.$$

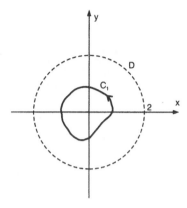
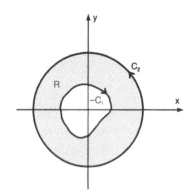

Figura 9.54   Figura 9.55

Como $\dfrac{\partial f_2}{\partial x} = \dfrac{\partial f_1}{\partial y}$, $\forall (x, y) \in R$ (ver item (c) da Subseção 6.9.4), obtemos

$$\int_{C_1} \vec{f} \cdot d\vec{r} = \int_{C_2} \vec{f} \cdot d\vec{r}.$$

Como $\int_{C_2} \vec{f} \cdot d\vec{r} = 2\pi$ (ver Exemplo 3 da Subseção 9.5.6), segue que

$$\int_{C_1} \vec{f} \cdot d\vec{r} = 2\pi.$$

Observamos que, usando esse resultado e o teorema 9.5.5, podemos concluir que a integral curvilínea do campo $\vec{f}$ depende do caminho de integração em qualquer domínio que contém a origem.

9.8 Exercícios

Nos exercícios 1 a 11, calcular as integrais curvilíneas dadas usando o teorema de Green.

1. $\oint_C [x^2 dx + (4x + y)dy]$, ao longo do triângulo de vértices $(0, 0)$, $(1, 2)$ e $(2, 0)$, no sentido anti-horário.

2. $\oint_C [(\ln x - 2y)dx + (2x + e^y)dy]$ ao longo da elipse $x^2 + y^2/9 = 1$, no sentido horário.

3. $\oint_C [(y^2 + \sqrt{4 - x^2})dx + (\ln y - 4x)] dx$ ao longo do retângulo de vértices $(0, 0)$, $(3, 0)$, $(3, 2)$ e $(0, 2)$, no sentido anti-horário.

4. $\oint_C (-2x^2 y\, dx + \sqrt{8 - \ln(y + 2)}\, dy)$ ao longo do paralelogramo de vértices $A(0, 0)$, $B(2, 0)$, $C(3, 2)$ e $D(1, 2)$, no sentido horário.

5. $\oint_C (xdx + xy\, dy)$, ao longo do paralelogramo de vértices $A(1, 1)$, $B(3, 2)$, $C(4, 4)$ e $D(2, 3)$, no sentido anti-horário.

6. $\oint_C \vec{f} \cdot d\vec{r}$, onde $\vec{f} = (-3x^2 y, 3xy^2)$ e C é a circunferência $x^2 + y^2 + 4y = 0$, no sentido anti-horário.

7. $\oint_C \vec{f} \cdot d\vec{r}$, onde $\vec{f} = (y, 0)$ e C é o triângulo de vértices $A(0, 1)$, $B(3, 1)$ e $C(2, 2)$, no sentido horário.

8. $\oint_C \vec{f} \cdot d\vec{r}$, onde $\vec{f} = (x^2 + 4xy, 2x^2 + 2x + y^2)$ e C é a elipse $x^2 + 4y^2 = 16$, no sentido anti-horário.

9. $\oint_C (\sqrt{y}\, dx + \sqrt{x}\, dy)$, onde C é o contorno formado pelas retas $y = 0$, $x = 1$ e a parábola $y = x^2$, no sentido anti-horário.

10. $\oint_C [e^x dx + (e^y + 1) dy]$, onde C é o triângulo de vértices $A(-1, 2)$, $B(-3, 1)$ e $C(1, 0)$, no sentido anti-horário.

11. $\oint_C [(e^{x^3} + y^2)dx + (x + \sqrt{1 + y^2})dy]$, onde C é o quadrado de vértices $(0, 0)$, $(1, 0)$, $(1, 1)$ e $(0, 1)$, no sentido horário.

12. Calcular a área da elipse $x = 6\cos\theta$, $y = 2\,\mathrm{sen}\,\theta$.

13. Calcular a área da Figura 9.56.

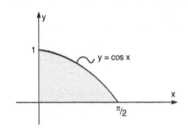

Figura 9.56

14. Determinar a área entre as elipses:
   a) $4x^2 + y^2 = 4$ e $x^2/9 + y^2/4 = 1$
   b) $x^2 + 9y^2 - 2x - 18y + 1 = 0$ e
      $x^2 - 2x + 4y^2 - 8y + 4 = 0$.

15. Dado o campo vetorial $\vec{f} = \left(\dfrac{x}{x^2 + y^2}, \dfrac{y}{x^2 + y^2}\right)$, mostrar que $\oint_C \vec{f} \cdot d\vec{r} = 0$ para toda curva fechada simples C, suave por partes, que circunda a origem.

16. Dado o campo vetorial $\vec{f} = \left(\dfrac{y}{x^2 + y^2}, \dfrac{-x}{x^2 + y^2}\right)$, mostrar que $\oint_C \vec{f} \cdot d\vec{r} = -2\pi$ para toda curva fechada simples, suave por partes, orientada no sentido anti-horário que circunda a origem.

17. Calcular $\int_C \vec{f} \cdot d\vec{r}$, onde
$$\vec{f} = ((x^3 + 2)\sqrt{x^4 + 8x} + y, 4x^2 y)$$
e C é a poligonal de vértices $A(1, 0)$, $B(3, 2)$, $C(0, 2)$, $D(0, 0)$, de A para D.

18. Calcular $\int_C \vec{f} \cdot d\vec{r}$, onde
$$\vec{f} = (2xy + xe^{3x^2+2}, 4x^2 + \ln(y^2 + 4y + 2))$$
e C é a poligonal de vértices $A(0, 0)$, $B(2, 0)$, $C(2, 2)$ e $D(-1, 0)$, de A para D.

10 Integrais de Superfície

Neste capítulo apresentaremos as integrais de superfície. Inicialmente, veremos alguns aspectos elementares da teoria de superfícies. O cálculo da área de uma superfície e outras aplicações serão analisados no decorrer do capítulo.

10.1 Representação de uma Superfície

Em geral, uma superfície S em $\mathbb{R}^3$ pode ser descrita como um conjunto de pontos (x, y, z), que satisfazem uma equação da forma

$$f(x, y, z) = 0, \tag{1}$$

sendo que f é uma função contínua.

A equação (1) é chamada *representação implícita* de S.

Se for possível resolver a equação (1) para uma das variáveis em função das outras, obtemos uma *representação explícita* de S ou de parte de S.

10.1.1 Exemplos

Exemplo 1: A equação

$$x^2 + y^2 + z^2 = a^2 \tag{2}$$

é uma representação implícita da esfera de centro na origem e raio a.

Resolvendo essa equação para z em função de x e y, obtemos duas soluções dadas por

$$z = \sqrt{a^2 - x^2 - y^2} \quad \text{e} \quad z = -\sqrt{a^2 - x^2 - y^2}.$$

Cada uma das equações anteriores constitui uma representação explícita de parte da esfera. A primeira representa o hemisfério superior e a segunda, o hemisfério inferior (ver Figura 10.1).

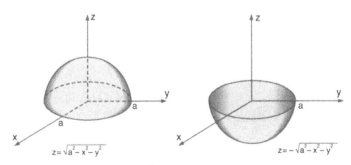

Figura 10.1

Resolvendo a equação (2) para x em função de y e z, obtemos as equações
$$x = \sqrt{a^2 - y^2 - z^2} \quad \text{e} \quad x = -\sqrt{a^2 - y^2 - z^2},$$
que constituem outras representações explícitas de partes da esfera. A primeira equação representa o hemisfério da frente e a segunda, o hemisfério de trás (ver Figura 10.2).

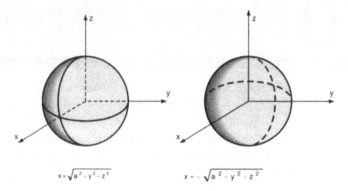

Figura 10.2

Analogamente, resolvendo a equação (2) para y em função de x e z, obtemos
$$y = \sqrt{a^2 - x^2 - z^2} \quad \text{e} \quad y = -\sqrt{a^2 - x^2 - z^2}.$$

Nesse caso, a primeira equação representa o hemisfério à direita e a segunda, o hemisfério à esquerda (ver Figura 10.3).

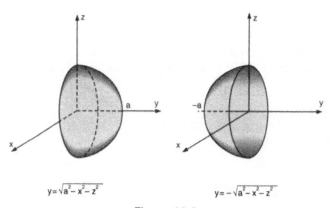

Figura 10.3

Exemplo 2: A equação $x + \dfrac{1}{2}y + \dfrac{1}{3}z = a$, $a > 0$, é uma representação implícita do plano inclinado que corta os eixos coordenados x, y e z nos pontos $(a, 0, 0)$, $(0, 2a, 0)$ e $(0, 0, 3a)$, respectivamente (ver Figura 10.4).

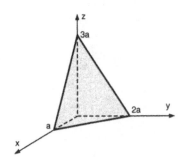

Figura 10.4

As equações

$$x = a - \frac{1}{2}y - \frac{1}{3}z,$$

$$y = 2\left(a - x - \frac{1}{3}z\right) \quad \text{e} \quad z = 3\left(a - x - \frac{1}{2}y\right)$$

constituem representações explícitas deste plano.

De maneira análoga à feita para curvas no espaço, podemos considerar representações paramétricas de uma superfície S.

10.1.2 Equações paramétricas

Seja S uma superfície no espaço. Se os pontos de S são determinados pelas equações

$$\begin{aligned} x &= x(u,v) \\ y &= y(u,v) \\ z &= z(u,v) \end{aligned} \qquad (3)$$

sendo que x, y, z são funções contínuas das variáveis u e v, definidas em uma região conexa R do plano uv, as equações (3) são chamadas equações paramétricas de S.

Se denotamos por $\vec{r}(u,v)$ o vetor posição de um ponto qualquer $(x(u,v), y(u,v), z(u,v))$ da superfície, temos

$$\vec{r}(u,v) = x(u,v)\vec{i} + y(u,v)\vec{j} + z(u,v)\vec{k}$$

(ver Figura 10.5).

Dessa forma, a superfície S, parametrizada pelas equações (3), pode ser representada pela equação vetorial

$$\vec{r}(u,v) = x(u,v)\vec{i} + y(u,v)\vec{j} + z(u,v)\vec{k}, (u,v) \in R. \qquad (4)$$

A equação (4) é chamada *representação vetorial* da superfície S.

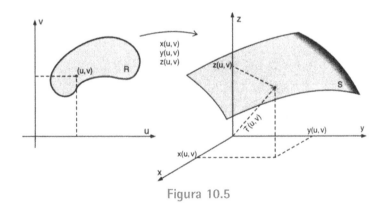

Figura 10.5

10.1.3 Exemplo

A equação vetorial

$$\vec{r}(u,v) = u\vec{i} + v\vec{j} + (u^2 + 1)\vec{k},$$

sendo que $-2 \leq u \leq 2$ e $0 \leq v \leq 5$, representa uma superfície parametrizada em $\mathbb{R}^3$.

Eliminando os parâmetros u e v das equações paramétricas

$$x = u \quad y = v \quad z = u^2 + 1$$

obtemos a equação cartesiana $z = x^2 + 1$.

Como $x = u$ e $y = v$, a superfície está definida para $-2 \leq x \leq 2$, $0 \leq y \leq 5$.
A Figura 10.6 mostra a superfície S, que é chamada cilindro parabólico.

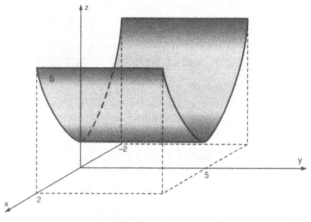

Figura 10.6

10.2 Representação Paramétrica de Algumas Superfícies

10.2.1 Parametrização da esfera

A Figura 10.7 mostra uma esfera de raio a, centrada na origem, em que marcamos um ponto $P(x, y, z)$ e dois ângulos u e v. O ângulo u é o mesmo que em coordenadas polares, e o ângulo v é formado pelos segmentos $\overline{OP}$ e $\overline{OP_0}$.

Do triângulo retângulo P_0OP, temos que

$$\overline{OP_0} = a\cos v \quad \text{e} \quad z = a\,\text{sen}\,v.$$

Do triângulo retângulo P_0OP_1, temos que

$$x = \overline{OP_0} \cos u \quad \text{e} \quad y = \overline{OP_0}\,\text{sen}\,u.$$

Substituindo $\overline{OP_0}$, nas duas últimas equações, obtemos $x = a\cos v \cos u$ e $y = a\cos v\,\text{sen}\,u$.

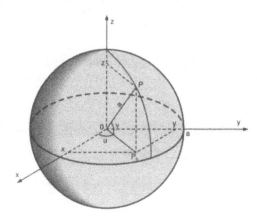

Figura 10.7

As equações

$$x = a\cos v \cos u$$
$$y = a\cos v\,\text{sen}\,u \qquad (1)$$
$$z = a\,\text{sen}\,v$$

constituem uma parametrização da esfera.

A equação vetorial correspondente é dada por

$$\vec{r}(u,v) = a\cos v \cos u\, \vec{i} + a\cos v \operatorname{sen} u\, \vec{j} + a\operatorname{sen} v\, \vec{k}. \tag{2}$$

Fazendo $0 \le u \le 2\pi$ e $-\dfrac{\pi}{2} \le v \le \dfrac{\pi}{2}$, as equações (1) descrevem toda a esfera.

Para obter uma parametrização de uma parte da esfera, devemos determinar os correspondentes valores de u e v. Por exemplo, uma parametrização do hemisfério superior é dada pelas equações (1), onde $0 \le u \le 2\pi$ e $0 \le v \le \dfrac{\pi}{2}$.

Observamos que a parametrização da esfera dada pelas equações (1) não é única.

Uma outra parametrização muito usada é dada por

$$\vec{r}(u,v) = (a\operatorname{sen} v \cos u, a\operatorname{sen} v \operatorname{sen} u, a \cos v), \tag{3}$$

onde $0 \le u \le 2\pi$ e $0 \le v \le \pi$.

Nessa parametrização, os parâmetros u e v coincidem com os ângulos θ e ϕ das coordenadas esféricas (ver Figura 10.8).

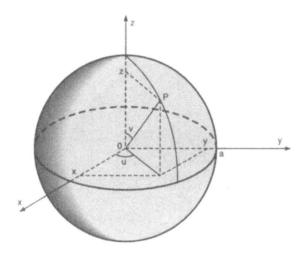

Figura 10.8

10.2.2 Exemplos

Exemplo 1: Obter uma parametrização da parte da esfera $x^2 + y^2 + z^2 = a^2$, que está no 1º octante.

Podemos usar a parametrização da esfera dada pela equação (2) e determinar os correspondentes valores dos parâmetros u e v.

Analisando geometricamente a Figura 10.9, podemos observar que ambos os parâmetros u e v variam de 0 a $\dfrac{\pi}{2}$.

Portanto,

$$\vec{r}(u,v) = a\cos v \cos u\, \vec{i} + a\cos v \operatorname{sen} u\, \vec{j} + a\operatorname{sen} v\, \vec{k},$$

sendo que $0 \le u \le \dfrac{\pi}{2}$ e $0 \le v \le \dfrac{\pi}{2}$.

Exemplo 2: Determinar uma parametrização da parte da esfera

$$x^2 + y^2 + z^2 = 16, \text{ acima do plano } z = 2.$$

Vamos usar a parametrização da esfera dada pela equação (2) e determinar os valores de u e v, de modo a obter os pontos da esfera que satisfazem $2 \le z \le 4$.

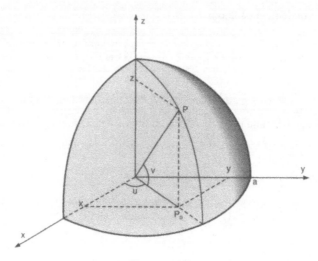

Figura 10.9

Como $z = 4 \operatorname{sen} v$, temos $2 \leq 4 \operatorname{sen} v \leq 4$ ou $\dfrac{1}{2} \leq \operatorname{sen} v \leq 1$.
Segue que $\dfrac{\pi}{6} \leq v \leq \dfrac{\pi}{2}$.
Analisando a Figura 10.10, observamos que $0 \leq u \leq 2\pi$.

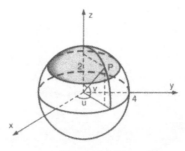

Figura 10.10

Portanto,
$$\vec{r}(u,v) = 4\cos v \cos u \,\vec{i} + 4\cos v \operatorname{sen} u \,\vec{j} + 4\operatorname{sen} v \,\vec{k},$$
sendo $\dfrac{\pi}{6} \leq v \leq \dfrac{\pi}{2}$ e $0 \leq u \leq 2\pi$.

Exemplo 3: Obter uma parametrização da esfera
$$x^2 - 2x + y^2 - 4y + 4 + z^2 + 1 = 0.$$
Necessitamos completar os quadrados para encontrar o centro e o raio da esfera. Temos
$$x^2 - 2x + 1 + y^2 - 4y + 4 + z^2 + 1 = 5 \quad \text{ou} \quad (x-1)^2 + (y-2)^2 + z^2 = 4.$$
Portanto, a esfera dada tem centro no ponto $(1, 2, 0)$ e raio 2.
Sejam $\vec{r_0} = \vec{i} + 2\vec{j}$ e
$$\vec{r_1}(u,v) = 2\cos u \cos v \,\vec{i} + 2\operatorname{sen} u \cos v \,\vec{j} + 2\operatorname{sen} v \,\vec{k}, \quad 0 \leq u \leq 2\pi \quad \text{e} \quad -\dfrac{\pi}{2} \leq v \leq \dfrac{\pi}{2}.$$
Observando a Figura 10.11, vemos que o vetor posição de um ponto P da esfera é dado por
$$\vec{r}(u,v) = \vec{r_0} + \vec{r_1}(u,v).$$

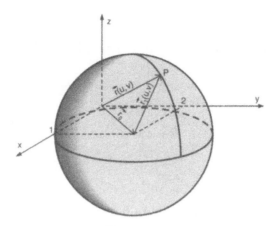

Figura 10.11

Portanto,
$$\vec{r}(u,v) = (1 + 2\cos u \cos v)\vec{i} + (2 + 2\operatorname{sen} u \cos v)\vec{j} + 2\operatorname{sen} v\,\vec{k},$$

com $0 \le u \le 2\pi$ e $-\dfrac{\pi}{2} \le v \le \dfrac{\pi}{2}$, é uma parametrização da esfera dada.

10.2.3 Parametrização de um cilindro

Consideremos um cilindro vertical, dado pela equação $x^2 + y^2 = a^2$.

Seja $P(x, y, z)$ um ponto qualquer sobre o cilindro. Devemos introduzir dois parâmetros u e v e obter as coordenadas de P como funções de u e v.

No Figura 10.12, representamos o cilindro, em que visualizamos geometricamente os parâmetros u e v. O parâmetro u é o mesmo que em coordenadas polares e v coincide com z.

Podemos observar que
$$x = a\cos u, \quad y = a\operatorname{sen} u \quad \text{e} \quad z = v.$$

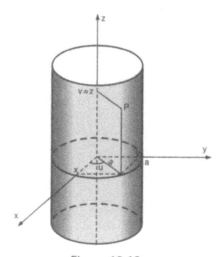

Figura 10.12

Portanto, uma parametrização do cilindro é dada por

$$\vec{r}(u,v) = a\cos u\,\vec{i} + a\operatorname{sen} u\,\vec{j} + v\,\vec{k}, \qquad (4)$$

com $0 \le u \le 2\pi$ e $-\infty < v < +\infty$.

10.2.4 Exemplos

Exemplo 1: Obter uma parametrização da parte do cilindro $x^2 + y^2 = 4$, $0 \leq z \leq 5$, delimitada pelos semiplanos $y = x$ e $y = 2x$, com $x \geq 0$.

Vamos usar a equação (4) e determinar os correspondentes valores de u e v.

Como $z = v$, temos $0 \leq v \leq 5$. Para determinar os valores de u, precisamos dos ângulos u_1 e u_2 indicados na Figura 10.13.

Usando a equação do semiplano $x = y$, $x \geq 0$ e as equações paramétricas $x = 2\cos u$, $y = 2\,\text{sen}\,u$, vem que

$$2\cos u_1 = 2\,\text{sen}\,u_1 \quad \text{ou} \quad \text{tg}\,u_1 = 1.$$

Segue que $u_1 = \dfrac{\pi}{4}$.

De forma análoga, de $y = 2x$, $x \geq 0$, vem que

$$2\,\text{sen}\,u_2 = 4\cos u_2 \quad \text{ou} \quad \text{tg}\,u_2 = 2.$$

Logo, $u_2 = \text{arc tg}\,2$.

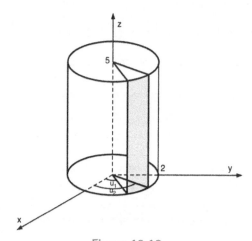

Figura 10.13

Portanto,

$$\vec{r}(u,v) = 2\cos u\,\vec{i} + 2\,\text{sen}\,u\,\vec{j} + v\,\vec{k}$$

com $0 \leq v \leq 5$ e $\dfrac{\pi}{4} \leq u \leq \text{arc tg}\,2$.

Exemplo 2: Obter uma parametrização do cilindro $x^2 + z^2 = a^2$.

O cilindro dado é mostrado na Figura 10.14, no qual introduzimos geometricamente os parâmetros u e v. Podemos observar que

$$x = a\cos u, \quad y = v \quad \text{e} \quad z = a\,\text{sen}\,u.$$

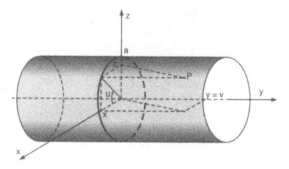

Figura 10.14

Portanto,

$$\vec{r}(u,v) = a\cos u\,\vec{i} + v\vec{j} + a\,\text{sen}\,u\,\vec{k}, \quad 0 \leq u \leq 2\pi \quad \text{e} \quad -\infty < v < +\infty$$

é uma parametrização do cilindro dado.

10.2.5 Parametrização de um cone

A Figura 10.15 mostra um cone circular, no qual denotamos por α o ângulo formado pelo eixo positivo dos z e uma geratriz do cone.

Dado um ponto qualquer $P(x, y, z)$ do cone, sejam u o ângulo polar e v a distância de P até a origem.

Do triângulo retângulo POP_2, temos $z = v\cos\alpha$ e $\overline{OP_0} = v\,\text{sen}\,\alpha$.

Do triângulo retângulo P_0OP_1, vem $x = \overline{OP_0}\cos u$ e $y = \overline{OP_0}\,\text{sen}\,u$.

Substituindo $\overline{OP_0}$ nas equações, obtemos

$$x = v\,\text{sen}\,\alpha\cos u \quad \text{e} \quad y = v\,\text{sen}\,\alpha\,\text{sen}\,u.$$

Portanto, uma parametrização do cone da Figura 10.15 é dada por

$$\vec{r}(u,v) = v\,\text{sen}\,\alpha\cos u\,\vec{i} + v\,\text{sen}\,\alpha\,\text{sen}\,u\,\vec{j} + v\cos\alpha\vec{k}. \tag{5}$$

Fazendo $0 \leq u \leq 2\pi$ e $0 \leq v \leq h$, a equação (5) descreve um cone de altura $h\cos\alpha$.

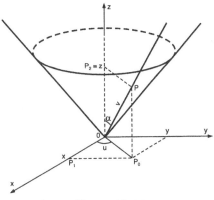

Figura 10.15

10.2.6 Exemplos

Exemplo 1: Obter uma parametrização do cone gerado pela semi-reta $z = \sqrt{3}y$, $y \geq 0$ quando esta gira em torno do eixo positivo dos z.

Vamos determinar o ângulo α, formado pelo eixo positivo dos z e a geratriz do cone, e usar a equação (5).

Seja $P(0, y, z)$ um ponto qualquer sobre a semi-reta dada. Observando a Figura 10.16a, vemos que

$$y = \overline{OP}\,\text{sen}\,\alpha \quad \text{e} \quad z = \overline{OP}\cos\alpha.$$

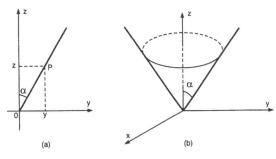

Figura 10.16

Como $z = \sqrt{3}\,y$, segue que $\cos\alpha = \sqrt{3}\,\text{sen}\,\alpha$ ou $\text{tg}\,\alpha = 1/\sqrt{3}$. Portanto, $\alpha = \dfrac{\pi}{6}$.

Logo, $\vec{r}(u,v) = \dfrac{1}{2}v\cos u\,\vec{i} + \dfrac{1}{2}v\,\text{sen}\,u\,\vec{j} + \dfrac{\sqrt{3}}{2}v\,\vec{k}$, com $0 \le u \le 2\pi$ e $0 \le v < +\infty$.

Exemplo 2: Obter uma parametrização do cone $z = -\sqrt{x^2 + y^2}$.

A Figura 10.17 mostra o cone dado, que está representado na forma explícita.

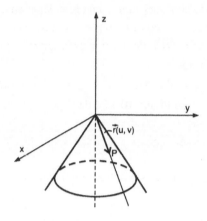

Figura 10.17

Podemos parametrizá-lo, fazendo
$$x = u \quad y = v \quad z = -\sqrt{u^2 + v^2}.$$

Nesse caso, sua equação vetorial é dada por
$$\vec{r}(u,v) = u\,\vec{i} + v\,\vec{j} - \sqrt{u^2 + v^2}\,\vec{k}, \text{ com } -\infty < u < +\infty \text{ e } -\infty < v < +\infty.$$

10.2.7 Parametrização de um parabolóide

A Figura 10.18 mostra um parabolóide $z = a^2(x^2 + y^2)$. Esse parabolóide pode ser parametrizado fazendo
$$x = u, \quad y = v \quad \text{e} \quad z = a^2(u^2 + v^2).$$

Nesse caso, a equação vetorial será dada por

$$\vec{r}(u,v) = u\,\vec{i} + v\,\vec{j} + a^2(u^2 + v^2)\,\vec{k}, \qquad (6)$$

sendo que u e v podem assumir quaisquer valores reais.

Observamos que, muitas vezes, as próprias variáveis x e y são usadas como parâmetros.

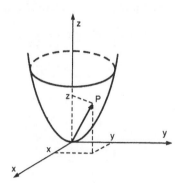

Figura 10.18

Nesse caso, a equação (6) é reescrita como

$$\vec{r}(x,y) = x\vec{i} + y\vec{j} + a^2(x^2 + y^2)\vec{k}. \tag{7}$$

Uma outra parametrização do parabolóide $z = a^2(x^2 + y^2)$ é dada por

$$\vec{r}(u,v) = (u\cos v, u\,\text{sen}\,v, a^2 u^2), \tag{8}$$

com $0 \le v \le 2\pi$ e $0 \le u < +\infty$.

Nessa parametrização, os parâmetros u e v coincidem com as coordenadas r e θ das coordenadas polares (ver Figura 10.19).

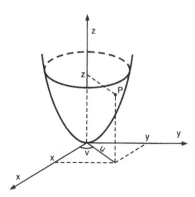

Figura 10.19

10.2.8 Exemplo

Obter uma parametrização da parte do parabolóide $z = 2(x^2 + y^2)$ abaixo do plano $z = 8$.

Usando x e y como parâmetros, uma equação vetorial do parabolóide é dada por

$$\vec{r}(x,y) = (x, y, 2(x^2 + y^2)).$$

Como queremos a parte do parabolóide abaixo do plano $z = 8$, os parâmetros x e y devem satisfazer

$$2(x^2 + y^2) \le 8 \quad \text{ou} \quad x^2 + y^2 \le 4.$$

Podemos observar que, nesse exemplo, a região $R = \{(x,y)|x^2 + y^2 \le 4\}$ é a projeção da superfície S sobre o plano xy (ver Figura 10.20).

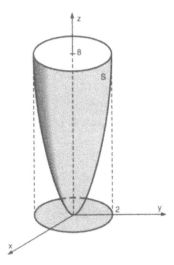

Figura 10.20

10.2.9 Parametrização de outras superfícies

De maneira geral, dada uma superfície S, sempre procuramos parametrizá-la da forma mais natural possível.

Por exemplo, quando S for o gráfico de uma função $z = z(x, y)$, definida em uma região R do plano xy, as variáveis x e y sempre podem ser tomadas como parâmetros.

Uma parametrização de S será dada por

$$\vec{r}(x, y) = (x, y, z(x, y)),$$

com $(x, y) \in R$ (ver Figura 10.21).

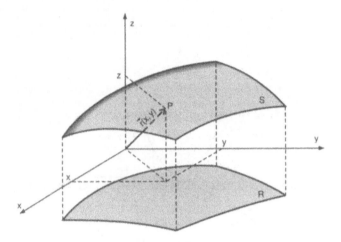

Figura 10.21

A região R é a projeção de S sobre o plano xy.

10.2.10 Exemplos

Exemplo 1: Parametrizar o hemisfério $x^2 + y^2 + z^2 = 4$, $z \geq 0$.

A Figura 10.22 mostra a superfície S, que é o gráfico da função $z = \sqrt{4 - x^2 - y^2}$ definida para $x^2 + y^2 \leq 4$.

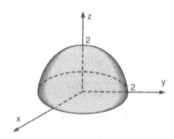

Figura 10.22

Uma parametrização de S é dada por

$$\vec{r}(x, y) = x\vec{i} + y\vec{j} + \sqrt{4 - x^2 - y^2}\,\vec{k}, (x, y) \in R,$$

sendo que R é o círculo $x^2 + y^2 \leq 4$.

Exemplo 2: Parametrizar a superfície S dada por $y = x^2 + z^2$, $y \leq 4$.

A Figura 10.23 mostra a superfície S. Nesse caso, S é o gráfico de uma função $y = y(x, z)$, definida em uma região R' do plano xz.

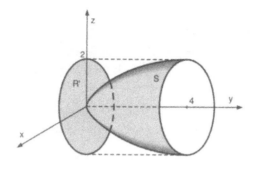

Figura 10.23

Tomando x e z como parâmetros, obtemos uma parametrização de S, dada por

$$\vec{r}(x, z) = x\vec{i} + (x^2 + z^2)\vec{j} + z\vec{k},$$

sendo que x e z satisfazem $x^2 + z^2 \leq 4$.

Observamos que, nesse exemplo, a região R' é a projeção de S sobre o plano xy.

Exemplo 3: Obter uma parametrização da parte do cone $x^2 = y^2 + z^2$ que está entre os planos $x = 1$ e $x = 4$.

A Figura 10.24 mostra a superfície S e a sua projeção R'' sobre o plano yz.

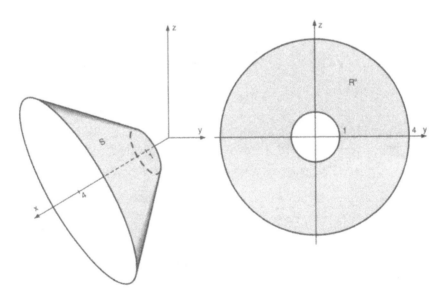

Figura 10.24

Podemos observar que S é o gráfico da função

$$x = \sqrt{y^2 + z^2},\, (y, z) \in R''.$$

Tomando y e z como parâmetros, obtemos uma parametrização de S, dada por

$$\vec{r}(y, z) = \sqrt{y^2 + x^2}\,\vec{i} + y\vec{j} + z\vec{k}, \text{com } (y, z) \in R''.$$

A região R'' é o anel circular delimitado pelas circunferências $y^2 + z^2 = 1$ e $y^2 + z^2 = 16$.

10.3 Exercícios

Nos exercícios 1 a 7, a equação dada é uma representação implícita de uma superfície S.
a) Identificar a superfície.
b) Escrever algumas representações explícitas de partes de S, representando-as graficamente.

1. $2x^2 + 3y^2 + 4z^2 = 24$.
2. $x^2 + y^2 + z^2 = 16$.
3. $x^2 - 4x + y^2 - 2y + z^2 = 11$.
4. $2x^2 - 4x + y^2 - 2y + z^2 - 2z + 3 = 0$.
5. $2x + \sqrt{2}\,y - z = 10$.
6. $z - x^2 = 0$.
7. $x^2 + y^2 - z^2 = 0$.

Nos exercícios 8 a 14, obter uma equação cartesiana para a superfície dada. Representá-la graficamente.

8. $\vec{r}(u,v) = (u^2 + v^2 - 1)\vec{i} + u\vec{j} + v\vec{k}$.
9. $\vec{r}(u,v) = u\vec{i} + v\vec{j} + 2\sqrt{u^2 + v^2}\,\vec{k}$.
10. $\vec{r}(u,v) = u\vec{i} + u^2\vec{j} + v\vec{k}$, $-2 \le u \le 2$, $0 \le v \le 4$.
11. $\vec{r}(u,v) = (u, v, \sqrt{4 - u^2 - v^2})$.
12. $\vec{r}(u,v) = (u, \sqrt{4 - u^2 - v^2}, v)$.
13. $\vec{r}(u,v) = (\sqrt{4 - u^2 - v^2}, u, v)$.
14. $\vec{r}(u,v) = (2\cos u, 3\,\text{sen}\,u, v)$, $0 \le u \le \frac{\pi}{2}$, $0 \le v \le 4$.

Nos exercícios 15 a 20, parametrizar as seguintes superfícies, dadas implicitamente:

15. $x^2 + y^2 + z^2 - 2x - 4y = 4$.
16. $x^2 + y^2 - z = 1$.
17. $x + y + z = 8$.
18. $x^2 + z^2 = 4$, $-\infty < y < \infty$.
19. $x^2 - 4x + y^2 + 2y + z^2 + 1 = 0$.
20. $x^2 + y^2 + z^2 - 2y = 0$.

Nos exercícios 21 a 45, escrever uma representação paramétrica para a superfície dada.

21. Esfera centrada na origem e raio $\sqrt{2}$.
22. Esfera centrada em $(2, -1, 3)$ e raio 4.
23. Parte da esfera $x^2 + y^2 + z^2 = 8$ que está no 2º octante.
24. Parte da esfera $x^2 + y^2 + z^2 = 1$ acima do plano $z = \frac{1}{2}$.
25. $x^2 + y^2 = 3$.
26. Parte do cilindro $x^2 + y^2 = 16$, $-2 \le z \le 2$ delimitado por $x = y$, $y \ge 0$ e $x = \frac{y}{2}$.
27. $x^2 + z^2 = 10$.
28. Cone gerado pela semi-reta $z = 2y$, $y \ge 0$ quando esta gira em torno do eixo positivo dos z.
29. $z = 2\sqrt{x^2 + y^2}$.
30. $z = -2\sqrt{x^2 + y^2}$.
31. $2x^2 + 2y^2 - 3z = 0$.
32. $4z - 3x^2 - 3y^2 = 0$.
33. $2x^2 + 2z^2 - y = 0$, $y \le 8$.
34. $x^2 + y^2 + z^2 - 16 = 0$, $z \ge 0$.
35. Parte da esfera $x^2 + y^2 + z^2 - 4z = 0$, que está acima do plano $z = 2$.
36. Parte da esfera $x^2 + y^2 + z^2 = 36$, tal que $x \ge 0$ e $y \le 0$.
37. Parte da esfera $x^2 + y^2 + z^2 = 1$ que está entre os semiplanos $y = x$ e $y = 2x$, $x \ge 0$.
38. Cilindro $y^2 + z^2 = 9$, $0 \le x \le 4$.
39. Cilindro $x^2 - 2x + y^2 - 6y = 3$.
40. Cone gerado pela semi-reta $y = \sqrt{3}x$, $x \ge 0$, quando esta gira em torno do eixo positivo dos y.
41. Parte do cone $y = 1 - \sqrt{x^2 + z^2}$ tal que $y \ge -3$.
42. Parte do parabolóide $z = x^2 + y^2 - 1$, que está entre os planos $z = 0$ e $z = 3$.
43. Parte do plano $x + y + z = 4$ que está no 1º octante.
44. Parte do plano $2x + 3y = 9$, delimitada pelos planos coordenados $x = 0$ e $y = 0$.
45. Parte do plano $y + z = 8$, delimitada pelo cilindro $x^2 + y^2 = 4$.

10.4 Curvas Coordenadas

Seja S uma superfície paramétrica representada por

$$\vec{r}(u,v) = x(u,v)\vec{i} + y(u,v)\vec{j} + z(u,v)\vec{k}, \quad (u,v) \in R. \qquad (1)$$

Se fixamos o parâmetro v, a equação (1) descreve uma curva. Tal curva está contida em S e é chamada u–curva. Analogamente, fixando o parâmetro u, obtemos uma v–curva sobre S.

Dado um ponto P sobre S, de vetor posição $\vec{r}(u_0, v_0)$, a u–curva $\vec{r}(u, v_0)$ e a v–curva $\vec{r}(u_0, v)$ são chamadas *curvas coordenadas* de S em P.

A Figura 10.25 mostra as curvas coordenadas em um ponto P de uma superfície S. Salientamos que a u–curva é a imagem de um segmento horizontal $v = v_0$ contido em R e a v–curva é a imagem de um segmento vertical $u = u_0$.

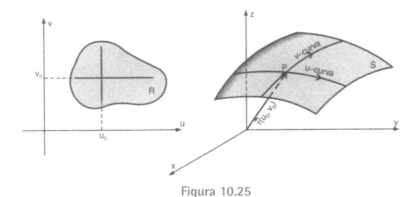

Figura 10.25

Observamos que uma curva coordenada pode degenerar-se em um ponto.

10.4.1 Exemplo

Determinar as curvas coordenadas da esfera $x^2 + y^2 + z^2 = 4$, no ponto $P(2, 0, 0)$.
Usando a parametrização da esfera vista na equação (2) da Subseção 10.2.1, vem

$$\vec{r}(u,v) = (2\cos u \cos v, 2\,\text{sen}\,u \cos v, 2\,\text{sen}\,v), \text{ onde } 0 \leq u \leq 2\pi \text{ e } -\frac{\pi}{2} \leq v \leq \frac{\pi}{2}.$$

No ponto $P(2, 0, 0)$, temos $u = 0$ e $v = 0$.
Portanto, a u–curva em P tem equação

$$\vec{r}(u, 0) = (2\cos u, 2\,\text{sen}\,u, 0), 0 \leq u \leq 2\pi.$$

A v–curva em P é dada por

$$\vec{r}(0, v) = (2\cos v, 0, 2\,\text{sen}\,v), -\frac{\pi}{2} \leq v \leq \frac{\pi}{2}.$$

A Figura 10.26 ilustra esse exemplo.

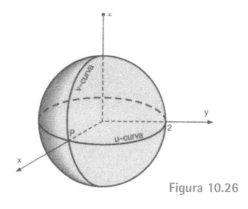

Figura 10.26

10.5 Plano Tangente e Reta Normal

Seja P um ponto de uma superfície S, representada por

$$\vec{r}(u,v),\ (u,v) \in R.$$

Suponhamos que P tem vetor posição $\vec{r}(u_0, v_0)$ e que as curvas coordenadas de S em P sejam suaves. Então, conforme vimos na Subseção 4.9.3, no ponto P, o vetor $\dfrac{\partial \vec{r}}{\partial u} = \dfrac{d(\vec{r}(u, v_0))}{du}$ é tangente à u–curva $\vec{r}(u, v_0)$ e o vetor $\dfrac{\partial \vec{r}}{\partial v} = \dfrac{d(\vec{r}(u_0, v))}{dv}$ é tangente à v–curva $\vec{r}(u_0, v)$ (ver Figura 10.27).

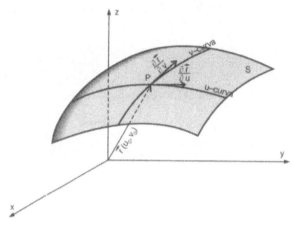

Figura 10.27

Se os vetores $\dfrac{\partial \vec{r}}{\partial u}$ e $\dfrac{\partial \vec{r}}{\partial v}$ são linearmente independentes, eles determinam um plano. Esse plano é chamado plano tangente à superfície no ponto P.

O vetor $\dfrac{\partial \vec{r}}{\partial u} \times \dfrac{\partial \vec{r}}{\partial v}$ é perpendicular ao plano tangente e é denominado vetor normal à superfície S (ver Figura 10.28).

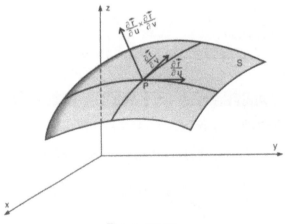

Figura 10.28

10.5.1 Exemplo

Uma superfície S é descrita pela equação

$$\vec{r}(u,v) = (u\cos v, u\,\mathrm{sen}\,v, u^2 - 1), \text{ com } 0 \le u \le 4,\ 0 \le v \le 2\pi.$$

a) Representar graficamente a superfície S.

b) Dar a equação e desenhar a v–curva correspondente a $u = 2$ e a u–curva correspondente a $v = \dfrac{\pi}{4}$, sobre a superfície S.

c) Determinar os vetores $\dfrac{\partial \vec{r}}{\partial u}$, $\dfrac{\partial \vec{r}}{\partial v}$, $\dfrac{\partial \vec{r}}{\partial u} \times \dfrac{\partial \vec{r}}{\partial v}$ para $u = 2$ e $v = \dfrac{\pi}{4}$ e representá-los no ponto correspondente sobre o gráfico de S.

Solução de (a): Para representar graficamente a superfície S, vamos encontrar sua equação cartesiana. Eliminando os parâmetros u e v das equações paramétricas

$$x = u \cos v \quad y = u \operatorname{sen} v \quad z = u^2 - 1,$$

obtemos $z = x^2 + y^2 - 1$, sendo que z está definida na região $R = \{(x, y) \mid x^2 + y^2 \leq 16\}$.

A Figura 10.29 mostra a superfície S, que é um parabolóide.

Solução de (b): Fazendo $u = 2$ na equação da superfície S, obtemos a v–curva

$$\vec{r}(2, v) = (2 \cos v, 2 \operatorname{sen} v, 3), \, 0 \leq v \leq 2\pi,$$

que é uma circunferência no plano $z = 3$.

Fazendo $v = \dfrac{\pi}{4}$, obtemos a u–curva

$$\vec{r}\left(u, \dfrac{\pi}{4}\right) = \left(\dfrac{\sqrt{2}}{2} u, \dfrac{\sqrt{2}}{2} u, u^2 - 1\right), \, 0 \leq u \leq 4,$$

que é um arco de parábola no plano $x = y$.

A u–curva e a v–curva obtidas estão representadas na Figura 10.29.

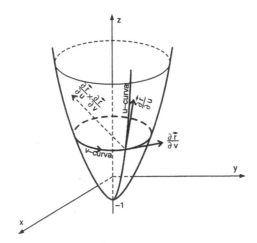

Figura 10.29

Solução de (c): Temos

$$\dfrac{\partial \vec{r}}{\partial u} = (\cos v, \operatorname{sen} v, 2u);$$

$$\dfrac{\partial \vec{r}}{\partial v} = (-u \operatorname{sen} v, u \cos v, 0);$$

$$\dfrac{\partial \vec{r}}{\partial u} \times \dfrac{\partial \vec{r}}{\partial v} = \begin{vmatrix} \vec{i} & \vec{j} & \vec{k} \\ \cos v & \operatorname{sen} v & 2u \\ -u \operatorname{sen} v & u \cos v & 0 \end{vmatrix}$$

$$= -2u^2 \cos v \, \vec{i} - 2u^2 \operatorname{sen} v \, \vec{j} + u \vec{k}.$$

Para $u = 2$ e $v = \dfrac{\pi}{4}$, vem

$$\frac{\partial \vec{r}}{\partial u} = \left(\frac{\sqrt{2}}{2}, \frac{\sqrt{2}}{2}, 4\right);$$

$$\frac{\partial \vec{r}}{\partial v} = (-\sqrt{2}, \sqrt{2}, 0) \quad \text{e} \quad \frac{\partial \vec{r}}{\partial u} \times \frac{\partial \vec{r}}{\partial v} = (-4\sqrt{2}, -4\sqrt{2}, 2).$$

Os vetores encontrados estão representados na Figura 10.29, com origem no ponto $P(\sqrt{2}, \sqrt{2}, 3)$, que é o ponto de S correspondente aos valores dados de u e v. Podemos observar que:

a) $\dfrac{\partial \vec{r}}{\partial u}$ e $\dfrac{\partial \vec{r}}{\partial v}$ são linearmente independentes e, portanto, determinam o plano tangente a S, no ponto P.

b) $\dfrac{\partial \vec{r}}{\partial u} \times \dfrac{\partial \vec{r}}{\partial v}$ é normal à superfície S.

10.5.2 Equação da reta normal

Conforme vimos na Subseção 2.7.5, uma equação vetorial de uma reta é dada por

$$\vec{r}(t) = \vec{a} + \vec{b}t,$$

sendo que o vetor $\vec{a}$ é o vetor posição de um ponto da reta e o vetor $\vec{b}$ nos dá a direção da reta.

Queremos a equação da reta normal à superfície S em um ponto P de S. Se $\vec{r}(u_0, v_0)$ é o vetor posição do ponto P, podemos tomar

$$\vec{a} = \vec{r}(u_0, v_0) \quad \text{e} \quad \vec{b} = \left(\frac{\partial \vec{r}}{\partial u} \times \frac{\partial \vec{r}}{\partial v}\right)(u_0, v_0) \quad \text{(ver Figura 10.30)}$$

Uma equação da reta normal n é dada por

$$\vec{r}(t) = \vec{r}(u_0, v_0) + t\left(\frac{\partial \vec{r}}{\partial u} \times \frac{\partial \vec{r}}{\partial v}\right)(u_0, v_0). \tag{1}$$

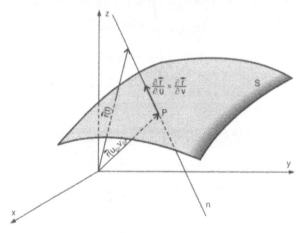

Figura 10.30

10.5.3 Exemplo

Determinar a equação da reta normal à superfície S do exemplo da Subseção 10.5.1, no ponto
$$P(\sqrt{2}, \sqrt{2}, 3).$$

O vetor posição do ponto P é

$$\vec{r}\left(2, \frac{\pi}{4}\right) = (\sqrt{2}, \sqrt{2}, 3).$$

No exemplo da Subseção 10.5.1, calculamos o vetor

$$\left(\frac{\partial \vec{r}}{\partial u} \times \frac{\partial \vec{r}}{\partial v}\right)\left(2, \frac{\pi}{4}\right) = (-4\sqrt{2}, -4\sqrt{2}, 2).$$

Portanto, uma equação da reta normal é dada por

$$\vec{r}(t) = (\sqrt{2}, \sqrt{2}, 3) + t(-4\sqrt{2}, -4\sqrt{2}, 2) = (\sqrt{2} - 4\sqrt{2}\,t, \sqrt{2} - 4\sqrt{2}\,t, 3 + 2t).$$

A Figura 10.31 ilustra esse exemplo.

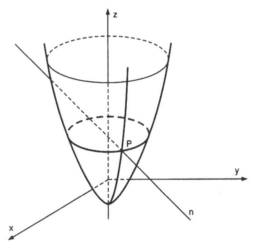

Figura 10.31

10.5.4 Equação do plano tangente

Queremos determinar a equação do plano tangente à superfície S, no ponto $P(x_0, y_0, z_0)$.

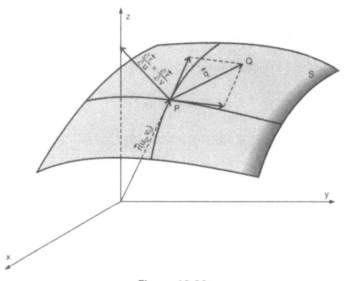

Figura 10.32

Seja $Q(x, y, z)$ um ponto qualquer do plano tangente. Analisando a Figura 10.32, vemos que a equação do plano tangente é dada por

$$\vec{q} \cdot \left(\frac{\partial \vec{r}}{\partial u} \times \frac{\partial \vec{r}}{\partial v}\right)(u_0, v_0) = 0 \qquad (2)$$

com $\vec{q} = (x - x_0, y - y_0, z - z_0)$.

10.5.5 Exemplos

Exemplo 1: Determinar a equação do plano tangente à superfície S do exemplo da Subseção 10.5.1, no ponto $P(\sqrt{2}, \sqrt{2}, 3)$.

Do exemplo da Subseção 10.5.1, temos que

$$(u_0, v_0) = \left(2, \frac{\pi}{4}\right); \; \vec{r}(u_0, v_0) = (\sqrt{2}, \sqrt{2}, 3); \; \frac{\partial \vec{r}}{\partial u} \times \frac{\partial \vec{r}}{\partial v}(u_0, v_0) = (-4\sqrt{2}, -4\sqrt{2}, 2).$$

Portanto, a equação do plano tangente a S em P é dada por $(x - \sqrt{2}, y - \sqrt{2}, z - 3) \cdot (-4\sqrt{2}, -4\sqrt{2}, 2) = 0$
ou $-4\sqrt{2}(x - \sqrt{2}) - 4\sqrt{2}(y - \sqrt{2}) + 2(z - 3) = 0$
ou ainda $2\sqrt{2}x + 2\sqrt{2}y - z = 5$.

Exemplo 2: Determinar a equação do plano tangente à superfície S dada por

$$x^2 + y^2 + z^2 = 4, \text{ no ponto } P(1, 1, \sqrt{2}).$$

Utilizando a equação vetorial da esfera, dada na equação (2) da Subseção 10.2.1, temos

$$\vec{r}(u, v) = (2\cos u \cos v, 2 \operatorname{sen} u \cos v, 2 \operatorname{sen} v), \text{ com } 0 \leq u \leq 2\pi \text{ e } -\frac{\pi}{2} \leq v \leq \frac{\pi}{2}.$$

Temos também $\dfrac{\partial \vec{r}}{\partial u} \times \dfrac{\partial \vec{r}}{\partial v} = (4\cos u \cos^2 v, 4 \operatorname{sen} u \cos^2 v, 4\cos v \operatorname{sen} v)$.

Os valores de u e v correspondentes ao ponto $P(1, 1, \sqrt{2})$ são $u = \dfrac{\pi}{4}$ e $v = \dfrac{\pi}{4}$, respectivamente.
Temos, então,

$$(u_0, v_0) = \left(\frac{\pi}{4}, \frac{\pi}{4}\right); \; \vec{r}(u_0, v_0) = (1, 1, \sqrt{2}) \text{ e } \frac{\partial \vec{r}}{\partial u} \times \frac{\partial \vec{r}}{\partial v}(u_0, v_0) = (\sqrt{2}, \sqrt{2}, 2).$$

Portanto, a equação do plano tangente a S em P é dada por

$$(x - 1, y - 1, z - \sqrt{2}) \cdot (\sqrt{2}, \sqrt{2}, 2) = 0$$

ou $(x - 1)\sqrt{2} + (y - 1)\sqrt{2} + (z - \sqrt{2}) \cdot 2 = 0$ ou ainda $x + y + \sqrt{2}z = 4$.

Na Figura 10.33, representamos a superfície S, o plano tangente a S em P e o vetor $\dfrac{\partial \vec{r}}{\partial u} \times \dfrac{\partial \vec{r}}{\partial v}$ no ponto P.

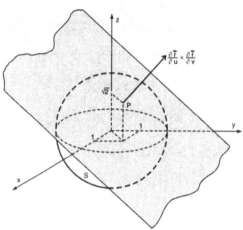

Figura 10.33

Exemplo 3: Determinar a equação do plano tangente à superfície S do exemplo anterior, no ponto $P_0(0,0,2)$.

Este exemplo não pode ser resolvido, utilizando a equação vetorial

$$\vec{r}(u,v) = (2\cos u \cos v, 2\operatorname{sen} u \cos v, 2\operatorname{sen} v)$$

pois, no ponto $P_0(0,0,2)$, o vetor $\dfrac{\partial \vec{r}}{\partial u} \times \dfrac{\partial \vec{r}}{\partial v}$ se anula.

No entanto, podemos resolvê-lo com o auxílio do gradiente, como segue.

A esfera dada é uma superfície de nível S, da função $f(x,y,z) = x^2 + y^2 + z^2$ e passa pelo ponto $P_0(0,0,2)$. Logo, conforme a Figura 10.34, a equação do plano tangente a S em P_0 é dada por

$$\nabla f(P_0) \cdot [\vec{r} - \vec{r}_0] = 0,$$

onde $\vec{r} = x\vec{i} + y\vec{j} + z\vec{k}$ e $\vec{r}_0 = 2\vec{k}$.

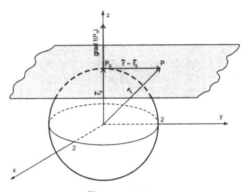

Figura 10.34

Temos grad $f(P_0) = (0,0,4)$ e $\vec{r} - \vec{r}_0 = (x-0, y-0, z-2)$.
Portanto, a equação do plano tangente a S em P é dada por

$$(0,0,4) \cdot (x,y,z-2) = 0 \quad \text{ou} \quad z = 2.$$

10.6 Superfícies Suaves e Orientação

Na Seção 2.10 vimos que uma curva suave não possui pontos angulosos. Analogamente, uma superfície suave ou regular é caracterizada pela ausência de arestas.

Podemos dizer que, em cada ponto P de uma superfície suave S, existe um único plano tangente a S em P.

As equações paramétricas podem ajudar na formalização da idéia de suavidade de uma superfície. Uma maneira conveniente de descrever a noção de suavidade de uma superfície S é dizer que S pode ser dividida em partes e cada uma dessas partes admite uma parametrização $\vec{r}(u,v) = (x(u,v), y(u,v), z(u,v))$, onde $x = x(u,v)$, $y = y(u,v)$ e $z = z(u,v)$ admitem derivadas contínuas de todas as ordens, e que, para todo $(u_0, v_0) \in R$, as derivadas primeiras satisfazem a condição

$$\dfrac{\partial \vec{r}}{\partial u}(u_0, v_0) \quad \text{e} \quad \dfrac{\partial \vec{r}}{\partial v}(u_0, v_0) \text{ são linearmente independentes.} \tag{1}$$

A condição (1) é conhecida como *condição de suavidade* ou *regularidade*.

Os pontos de S em que falha a condição de suavidade para qualquer parametrização são chamados *pontos singulares*.

Observamos que uma má escolha de parametrização pode nos levar a pontos em que a condição de suavidade não é verificada, mesmo que a superfície seja suave. Esses pontos são chamados *pontos singulares falsos*.

10.6.1 Exemplo

O ponto $P(0,0,2)$ da esfera $x^2 + y^2 + z^2 = 4$ é um ponto singular da parametrização

$$\vec{r}(u,v) = (2\cos u \cos v, 2\operatorname{sen} u \cos v, 2\operatorname{sen} v), \tag{2}$$

já que no ponto $P(0, 0, 2)$ temos que $\dfrac{\partial \vec{r}}{\partial u} \times \dfrac{\partial \vec{r}}{\partial v} = \vec{0}$, e então $\dfrac{\partial \vec{r}}{\partial u}$ e $\dfrac{\partial \vec{r}}{\partial v}$ não são linearmente independentes em P. Logo, no ponto $P(0, 0, 2)$, falha a condição de suavidade para a parametrização (2).

No entanto, $P(0, 0, 2)$ é uma singularidade falsa, pois S é uma superfície suave. De fato, usando a parametrização

$$\vec{r}(u,v) = u\vec{i} + v\vec{j} + \sqrt{4 - u^2 - v^2}\,\vec{k} \qquad (3)$$

obtemos

$$\dfrac{\partial \vec{r}}{\partial u}(P) = (1, 0, 0) \quad \text{e} \quad \dfrac{\partial \vec{r}}{\partial v}(P) = (0, 1, 0).$$

Como $\dfrac{\partial \vec{r}}{\partial u}(P)$ e $\dfrac{\partial \vec{r}}{\partial v}(P)$ são linearmente independentes, para a parametrização (3) a condição de suavidade é satisfeita.

10.6.2 Superfícies suaves por partes

Dizemos que uma superfície S é suave por partes se S pode ser dividida em um número finito de partes suaves.

10.6.3 Exemplos

a) Planos, parabolóides, cilindros e esferas são superfícies suaves.

b) O cone não é uma superfície suave.

c) A superfície de um cubo é uma superfície suave por partes, pois pode ser dividida em seis partes suaves. Cada parte corresponde a uma face do cubo.

d) A Figura 10.35a mostra esboços de superfícies suaves e a Figura 10.35b mostra algumas superfícies suaves por partes.

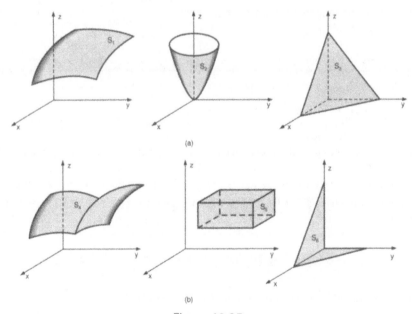

Figura 10.35

10.6.4 Orientação de uma superfície

Dada uma superfície suave S, em cada ponto $P \in S$, temos dois vetores unitários normais a S (ver Figura 10.36). Se for possível escolher um desses vetores de maneira contínua em toda a superfície, dizemos que S é *orientável*.

Uma superfície S *está orientada* quando escolhemos em cada ponto $P \in S$ um vetor unitário $\vec{n}(P)$, normal a S, que varia continuamente com P. O campo de vetores $\vec{n}$ é chamado campo normal unitário.

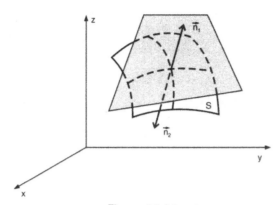

Figura 10.36

Observamos que, se S é representada por $\vec{r}(u, v)$, $(u, v) \in R$, nos pontos, em que a condição de suavidade é satisfeita, os vetores

$$\vec{n}_1 = \frac{\dfrac{\partial \vec{r}}{\partial u} \times \dfrac{\partial \vec{r}}{\partial v}}{\left|\dfrac{\partial \vec{r}}{\partial u} \times \dfrac{\partial \vec{r}}{\partial v}\right|} \quad \text{e} \quad \vec{n}_2 = -\vec{n}_1 \text{ são vetores unitários normais a } S.$$

10.6.5 Exemplos

Exemplo 1: Determinar um campo normal unitário da esfera $x^2 + y^2 + z^2 = a^2$, representando graficamente o vetor normal unitário encontrado em alguns pontos da esfera.

Solução: Vamos usar a representação paramétrica da esfera dada por

$$\vec{r}(u, v) = (a \cos u \cos v, a \operatorname{sen} u \cos v, a \operatorname{sen} v), \, 0 \leq u \leq 2\pi, \, -\frac{\pi}{2} \leq v \leq \frac{\pi}{2},$$

e determinar o vetor

$$\vec{n}_1 = \frac{\dfrac{\partial \vec{r}}{\partial u} \times \dfrac{\partial \vec{r}}{\partial v}}{\left|\dfrac{\partial \vec{r}}{\partial u} \times \dfrac{\partial \vec{r}}{\partial v}\right|}.$$

Temos,

$$\frac{\partial \vec{r}}{\partial u} \times \frac{\partial \vec{r}}{\partial v} = (a^2 \cos u \cos^2 v, a^2 \operatorname{sen} u \cos^2 v, a^2 \operatorname{sen} v \cos v) \quad \text{e} \quad \left|\frac{\partial \vec{r}}{\partial u} \times \frac{\partial \vec{r}}{\partial v}\right| = a^2 \cos v,$$

sendo que $\dfrac{\partial \vec{r}}{\partial u} \times \dfrac{\partial \vec{r}}{\partial v} = 0$ nos pontos em que $v = \pm \dfrac{\pi}{2}$.

Portanto, para $v \neq \pm \dfrac{\pi}{2}$, um vetor normal unitário é dado por

$$\vec{n}_1 = (\cos u \cos v, \operatorname{sen} u \cos v, \operatorname{sen} v).$$

Nos pontos onde $v = \pm \dfrac{\pi}{2}$, podemos obter um vetor normal unitário tomando o limite, como segue:

Para $v = \dfrac{\pi}{2}$, temos

$$\lim_{v \to \frac{\pi}{2}} (\cos u \cos v, \operatorname{sen} u \cos v, \operatorname{sen} v) = (0, 0, 1)$$

e para $v = -\dfrac{\pi}{2}$, temos

$$\lim_{v \to -\frac{\pi}{2}} (\cos u \cos v, \operatorname{sen} u \cos v, \operatorname{sen} v) = (0, 0, -1).$$

O campo $\vec{n}_1$ definido por

$$\vec{n}_1 = \begin{cases} (\cos u \cos v, \operatorname{sen} u \cos v, \operatorname{sen} v), \text{ para } v \neq \pm \dfrac{\pi}{2} \\ (0, 0, 1), \text{ para } v = \dfrac{\pi}{2} \\ (0, 0, -1), \text{ para } v = -\dfrac{\pi}{2}, \end{cases}$$

é um campo normal unitário da esfera dada.

Na Figura 10.37, representamos o vetor $\vec{n}_1$ em alguns pontos da esfera. Observamos que ele aponta para fora e que varia continuamente ao deslocar-se sobre a esfera.

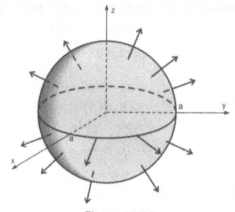

Figura 10.37

Exemplo 2: Determinar um campo normal unitário do parabolóide S, dado por

$$\vec{r}(x, y) = (x, y, x^2 + y^2), \text{ onde } x^2 + y^2 \leq 4.$$

Solução: Um vetor normal unitário do parabolóide é dado por

$$\vec{n}_1 = \dfrac{\dfrac{\partial \vec{r}}{\partial x} \times \dfrac{\partial \vec{r}}{\partial y}}{\left| \dfrac{\partial \vec{r}}{\partial x} \times \dfrac{\partial \vec{r}}{\partial y} \right|} = \left(\dfrac{-2x}{\sqrt{4x^2 + 4y^2 + 1}}, \dfrac{-2y}{\sqrt{4x^2 + 4y^2 + 1}}, \dfrac{1}{\sqrt{4x^2 + 4y^2 + 1}} \right).$$

O campo normal unitário definido por $\vec{n}_1$ está representado na Figura 10.38. Podemos observar que o vetor $\vec{n}_1$ aponta para o interior do parabolóide.

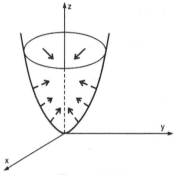

Figura 10.38

Freqüentemente, uma superfície orientável é denominada superfície bilateral. As superfícies que usualmente encontramos no Cálculo são todas bilaterais. No entanto, existem superfícies unilaterais, como mostra o exemplo a seguir.

10.6.6 Exemplo

A Figura 10.39, mostra a fita de Möbius, que é um exemplo clássico de superfície unilateral. Ela pode ser obtida a partir de um longo retângulo $ABCD$, em que os lados AC e BD são unidos de tal forma que A coincida com D e B com C.

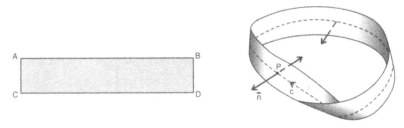

Figura 10.39

Observamos que, dado um ponto P da fita de Möbius, podemos escolher um vetor normal unitário $\vec{n}$. No entanto, quando $\vec{n}$ se desloca continuamente sobre a curva C e retorna a P, seu sentido se inverte.

10.6.7 Orientação de uma superfície suave por partes

Se uma superfície suave e orientada S é limitada por uma curva fechada simples C, podemos associar à orientação de S um sentido positivo sobre C, conforme ilustra a Figura 10.40.

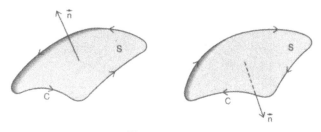

Figura 10.40

Usando essa convenção, podemos orientar uma superfície suave por partes. Vamos exemplificar, supondo que S é formada por duas partes suaves, orientáveis, S_1 e S_2, conforme a Figura 10.41. Se C é o contorno comum de S_1 e S_2, escolhemos um vetor normal unitário de S_1 e S_2 de tal maneira que o sentido positivo de C em relação a S_1 é o sentido oposto do sentido positivo de C em relação a S_2.

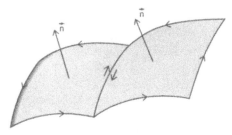

Figura 10.41

Se a superfície S é formada por mais de duas partes suaves, procedemos de forma análoga.

10.6.8 Exemplo

A Figura 10.42 mostra uma possível orientação da superfície S de um cubo. Com essa orientação, S é denominada superfície exterior do cubo dado.

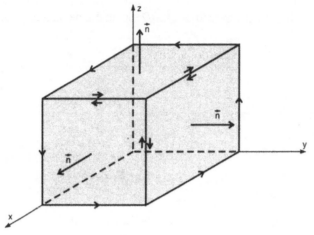

Figura 10.42

10.7 Exercícios

1. Determinar as curvas coordenadas das superfícies dadas, nos pontos indicados:

   a) Esfera
   $$\vec{r}(u,v) = (\cos u \cos v, \operatorname{sen} u \cos v, \operatorname{sen} v)$$
   $0 \leq u \leq 2\pi, -\dfrac{\pi}{2} \leq v \leq \dfrac{\pi}{2}$ no ponto $P\left(\dfrac{1}{2}, \dfrac{1}{2}, \dfrac{\sqrt{2}}{2}\right)$.

   b) Parabolóide $\vec{r}(u,v) = (u \cos v, u \operatorname{sen} v, u^2)$
   $0 \leq v \leq 2\pi, 0 \leq u \leq 2; P(1, 1, 2)$.

   c) Parabolóide $\vec{r}(u,v) = (u, v, u^2 + v^2)$; $P(1, 1, 2)$.

   d) Hemisfério $\vec{r}(u,v) = (u, v, \sqrt{1 - u^2 - v^2})$;
   $P\left(\dfrac{1}{2}, \dfrac{1}{2}, \dfrac{\sqrt{2}}{2}\right)$.

2. Parametrizar as seguintes superfícies, determinando as curvas coordenadas, nos pontos indicados:

   a) Plano $x + \dfrac{1}{2} y + \dfrac{1}{3} z = 1; P\left(\dfrac{1}{4}, \dfrac{1}{2}, \dfrac{3}{2}\right)$

   b) Cilindro $x^2 + y^2 = 9; P(3, 0, 4)$

   c) Cone $x^2 + z^2 - y^2 = 0; y \geq 0; P(2, \sqrt{13}, 3)$.

3. Seja S uma superfície descrita pela equação $\vec{r}(u,v) = (u \cos v, 2u^2, u \operatorname{sen} v)$, onde $0 \leq u \leq 2$ e $0 \leq v \leq 2\pi$.

   a) Representar graficamente a superfície S.

   b) Encontrar as curvas coordenadas no ponto $P\left(\dfrac{\sqrt{2}}{2}, 2, \dfrac{\sqrt{2}}{2}\right)$ e representá-las graficamente.

   c) Determinar os vetores
   $$\dfrac{\partial \vec{r}}{\partial u}(P), \dfrac{\partial \vec{r}}{\partial v}(P), \dfrac{\partial \vec{r}}{\partial u}(P) \times \dfrac{\partial \vec{r}}{\partial v}(P)$$
   e representá-los graficamente.

4. Dada a superfície parametrizada
   $$S: \vec{r}(u,v) = (2 \cos u \cos v, 2 \operatorname{sen} u \cos v, 2 \operatorname{sen} v)$$
   onde $0 \leq u \leq \dfrac{\pi}{2}, 0 \leq v \leq \dfrac{\pi}{2}$:

   a) Representar S graficamente.

   b) Esboçar u-curva correspondente a $v = \dfrac{\pi}{3}$ e a v-curva correspondente a $u = \dfrac{\pi}{4}$.

   c) Determinar os valores $\dfrac{\partial \vec{r}}{\partial u}, \dfrac{\partial \vec{r}}{\partial v}, \dfrac{\partial \vec{r}}{\partial u} \times \dfrac{\partial \vec{r}}{\partial v}$ para $u = \dfrac{\pi}{4}$ e $v = \dfrac{\pi}{3}$, representado-os no ponto correspondente sobre o gráfico de S.

   d) Determinar as equações da reta normal e do plano tangente à superfície S, no ponto em que $u = \dfrac{\pi}{4}$ e $v = \dfrac{\pi}{3}$.

5. Determinar uma equação vetorial da reta normal às seguintes superfícies nos pontos indicados.

   a) $\vec{r}(u,v) = (u^2 + v^2 - 1, u, v); P(4, 1, 2)$
   b) $\vec{r}(u,v) = (u^2 - 1, u\cos v, u\,\text{sen}\,v); P(4, 1, 2)$
   c) $\vec{r}(u,v) = (u^2 - 1, u, v); P(3, 2, 4)$
   d) $\vec{r}(u,v) = (u, v, 1 - u - v); P\left(\frac{1}{4}, \frac{1}{4}, \frac{1}{2}\right)$
   e) $\vec{r}(u,v) = (u, v, -u^2 - v^2); P(1, 1, -2)$
   f) $\vec{r}(u,v) = (u, v, \sqrt{4 - u^2 - v^2}); P(1, 1, \sqrt{2})$
   g) $\vec{r}(u,v) = \left(u, v, \frac{5v + 2u - 10}{3}\right); P\left(1, 2, \frac{2}{3}\right)$

6. Escrever uma equação vetorial para a superfície dada e determinar as equação do plano tangente e da reta normal, nos pontos indicados:

   a) $z = 3x^2 y; P_0(1, 1, 3); P_1(-1, 1, 3)$
   b) $z = x^2 + y^2; P_0(0, 1, 1); P_1(-1, -1, 2)$
   c) $z = xy; P_0\left(1, \frac{1}{2}, \frac{1}{2}\right); P_1(0, \sqrt{2}, 0)$
   d) $x + 2y + z = 4; P_0\left(1, \frac{1}{2}, 2\right); P_1(0, 1, 2)$

   e) $x^2 + y^2 + z^2 = 9; P_0(3, 0, 0); P_1(0, 3, 0); P_2(0, 0, 3); P_3(1, 2, 2)$
   f) $x^2 + y^2 = 4; P_0(\sqrt{2}, \sqrt{2}, 2); P_1(0, 2, 2)$

7. Determinar a equação do plano tangente à superfície S dada, no ponto indicado:

   a) $\vec{r}(u,v) = (u\cos v, u\,\text{sen}\,v, -2u^2); P(1, 1, -4)$.
   b) $\vec{r}(u,v) = u\vec{i} + v\vec{j} + (u^2 + 2v^2)\vec{k}; P(0, 1, 2)$.

8. Encontrar a equação de uma reta que passa na origem e é normal à superfície $x + 2y + z = 4$.

9. Determinar um campo normal unitário do parabolóide

   $$\vec{r}(u,v) = (u\cos v, u\,\text{sen}\,v, u^2 - 1)$$

   representando-o graficamente sobre a superfície.

10. Determinar um campo normal unitário do plano que passa nos pontos (1, 0, 0), (0, 1, 0) e (0, 0, 1), usando as seguintes parametrizações:

    a) $\vec{r}(u,v) = (u + v)\vec{i} + (u - v)\vec{j} + (1 - 2u)\vec{k}$
    b) $\vec{r}(u,v) = u\vec{i} + v\vec{j} + (1 - u - v)\vec{k}$.

    Representar geometricamente, comparando os resultados.

10.8 Área de uma Superfície

Seja S uma superfície paramétrica suave, representada por

$$\vec{r}(u,v) = x(u,v)\vec{i} + y(u,v)\vec{j} + z(u,v)\vec{k}, (u,v) \in R.$$

Na Seção 10.4, definimos as curvas coordenadas de S em um ponto P. Podemos considerar que, na u–curva $\vec{r}(u, v_0)$, o parâmetro u representa o tempo. Dessa forma, $\frac{\partial \vec{r}}{\partial u}$ representa o vetor velocidade de uma partícula que se desloca ao longo da u–curva.

Quando u sofre um acréscimo Δu, a partícula move-se uma distância aproximadamente igual a $\left|\frac{\partial \vec{r}}{\partial u}\right|\Delta u$ sobre a u-curva.

Analogamente, para u fixo, a partícula move-se a uma distância $\left|\frac{\partial \vec{r}}{\partial v}\right|\Delta v$, no tempo Δv, ao longo da v-curva $\vec{r}(u_0, v)$

Os vetores $\left|\frac{\partial \vec{r}}{\partial u}\right|\Delta u$ e $\left|\frac{\partial \vec{r}}{\partial v}\right|\Delta v$ determinam um paralelogramo (ver Figura 10.43), cuja área é dada por:

$$\Delta S = \left|\frac{\partial \vec{r}}{\partial u}\Delta u \times \frac{\partial \vec{r}}{\partial v}\Delta v\right| = \left|\frac{\partial \vec{r}}{\partial u} \times \frac{\partial \vec{r}}{\partial v}\right|\Delta u \Delta v$$

A parte de S, correspondente ao retângulo de área $\Delta u \Delta v$ em R, é aproximada por esse paralelogramo de área ΔS

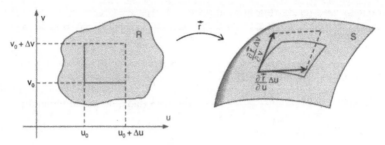

Figura 10.43

10.8.1 Definição

A área de S, denotada por $a(S)$, é definida pela equação

$$a(S) = \iint_R \left| \frac{\partial \vec{r}}{\partial u} \times \frac{\partial \vec{r}}{\partial v} \right| du dv \qquad (1)$$

quando a integral à direita existe.

Se S é suave por partes, a área de S é definida como a soma das áreas sobre cada pedaço suave de S.

10.8.2 Exemplos

Exemplo 1: Determinar a área do parabolóide $z = 2(x^2 + y^2)$, abaixo do plano $z = 8$.

Solução: Conforme o exemplo da Subseção 10.2.8, tomando u e v como parâmetros, uma equação vetorial desse parabolóide é:

$$\vec{r}(u,v) = u\vec{i} + v\vec{j} + 2(u^2 + v^2)\vec{k}, (u,v) \in R, R = \{(u,v) \mid u^2 + v^2 \le 4\}.$$

Usando a definição 10.8.1, vem

$$a(S) = \iint_R |(1,0,4u) \times (0,1,4v)| \, du dv = \iint_R |(-4u, -4v, 1)| \, du dv = \iint_R \sqrt{1 + 16(u^2 + v^2)} \, du dv.$$

Passando para coordenadas polares, temos

$$a(S) = \int_0^{2\pi} \int_0^2 \sqrt{1 + 16r^2} \, r \, dr d\theta = \int_0^{2\pi} \frac{1}{48}(1 + 16r^2)^{3/2} \bigg|_0^2 d\theta = \int_0^{2\pi} \frac{1}{48}(65\sqrt{65} - 1) d\theta$$

$$= \frac{65\sqrt{65} - 1}{48} \theta \bigg|_0^{2\pi} = \frac{(65\sqrt{65} - 1)\pi}{24} \text{ unidades de área.}$$

Exemplo 2: Determinar a área da esfera de raio a.

Solução: Vamos utilizar a equação vetorial da esfera de raio a determinada na Subseção 10.2.1, isto é,

$$\vec{r}(u,v) = a\cos v \cos u \, \vec{i} + a\cos v \sen u \, \vec{j} + a \sen v \, \vec{k}, 0 \le u \le 2\pi \text{ e } -\frac{\pi}{2} \le v \le \frac{\pi}{2}$$

Usando a definição 10.8.1, vem

$$a(S) = \iint_R |(a^2 \cos^2 v \cos u, a^2 \cos^2 v \sen u, a^2 \cos v \sen v)| \, du dv = \iint_R a^2 \cos v \, du dv$$

$$= \int_{-\pi/2}^{\pi/2} \int_0^{2\pi} a^2 \cos v \, du dv = \int_{-\pi/2}^{\pi/2} a^2 \cos v \, u \bigg|_0^{2\pi} dv = \int_{-\pi/2}^{\pi/2} 2\pi a^2 \cos v \, dv = 4\pi a^2 \text{ unidades de área.}$$

Exemplo 3: Seja S uma superfície representada na forma explícita por $z = z(x, y)$. Usando x e y como parâmetros, escrever a integral que define a área de S.

Solução: Usando x e y como parâmetros, podemos representar S por

$$\vec{r}(x, y) = x\vec{i} + y\vec{j} + z(x, y)\vec{k}, (x, y) \in R,$$

sendo que R é a projeção de S sobre o plano xy (ver Figura 10.44).

Assim,

$$\frac{\partial \vec{r}}{\partial x} = \left(1, 0, \frac{\partial z}{\partial x}\right), \frac{\partial \vec{r}}{\partial y} = \left(0, 1, \frac{\partial z}{\partial y}\right) \quad \text{e} \quad \frac{\partial \vec{r}}{\partial x} \times \frac{\partial \vec{r}}{\partial y} = -\frac{\partial z}{\partial x}\vec{i} - \frac{\partial z}{\partial y}\vec{j} + \vec{k}.$$

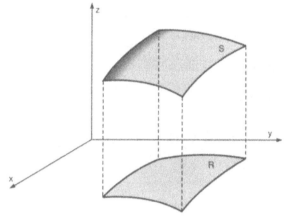

Figura 10.44

Logo, usando a definição 10.8.1, vem

$$a(S) = \iint_R \sqrt{1 + \left(\frac{\partial z}{\partial x}\right)^2 + \left(\frac{\partial z}{\partial y}\right)^2} dx dy. \tag{2}$$

Exemplo 4: Determinar a área do hemisfério de raio a, usando a representação explícita $z = \sqrt{a^2 - x^2 - y^2}$.

Solução: A Figura 10.45 mostra o hemisfério e a sua projeção R sobre o plano xy.

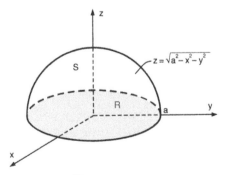

Figura 10.45

Temos

$$\frac{\partial z}{\partial x} = -x(a^2 - x^2 - y^2)^{-1/2} \quad \text{e} \quad \frac{\partial z}{\partial y} = -y(a^2 - x^2 - y^2)^{-1/2}.$$

Usando o resultado do exemplo anterior, vem

$$a(S) = \iint_R \sqrt{1 + \left(\frac{-x}{\sqrt{a^2 - x^2 - y^2}}\right)^2 + \left(\frac{-y}{\sqrt{a^2 - x^2 - y^2}}\right)^2} \, dxdy = \iint_R \frac{a}{\sqrt{a^2 - x^2 - y^2}} \, dxdy.$$

Passando para coordenadas polares, temos

$$a(S) = \iint_{R'} \frac{a}{\sqrt{a^2 - r^2}} \, r \, drd\theta,$$

sendo $R' = \{(r, \theta) \mid 0 \le r \le a, 0 \le \theta \le 2\pi\}$.

Essa integral é uma integral imprópria, que pode ser resolvida como segue:

$$a(S) = \lim_{t \to a} \int_0^t \left[\int_0^{2\pi} \frac{ar}{\sqrt{a^2 - r^2}} \, d\theta\right] dr$$

$$= \lim_{t \to a} \int_0^t ar \, (a^2 - r^2)^{-1/2} \, 2\pi \, dr = \lim_{t \to a} (2\pi a^2 - 2\pi a(a^2 - t^2)^{1/2}) = 2\pi a^2 \text{ unidades de área.}$$

Exemplo 5: Encontrar a área da superfície cônica $x^2 = y^2 + z^2$ que está entre os planos $x = 1$ e $x = 4$.

Solução: Conforme vimos no Exemplo 3 da Subseção 10.2.10, uma parametrização da superfície cônica é dada por

$$\vec{r}(y, z) = \sqrt{y^2 + z^2} \, \vec{i} + y\vec{j} + z\vec{k}, (y, z) \in R,$$

sendo R o anel circular no plano yz, delimitado pelas circunferências $y^2 + z^2 = 1$ e $y^2 + z^2 = 4$.

Usando a definição 10.8.1, temos

$$a(S) = \iint_R \sqrt{1 + \left(\frac{y}{\sqrt{y^2 + z^2}}\right)^2 + \left(\frac{z}{\sqrt{y^2 + z^2}}\right)^2} \, dydz = \iint_R \sqrt{2} \, dydz.$$

Passando para coordenadas polares, vem

$$a(S) = \int_0^{2\pi} \int_1^4 \sqrt{2} \, r \, drd\theta = \int_0^{2\pi} \sqrt{2} \frac{r^2}{2} \bigg|_1^4 d\theta = \int_0^{2\pi} \frac{15\sqrt{2}}{2} \, d\theta = 15\sqrt{2}\,\pi \text{ unidades de área.}$$

10.9 Integral de Superfície de um Campo Escalar

De certa forma, as integrais de superfície são análogas às integrais curvilíneas. Definimos as integrais curvilíneas usando uma representação paramétrica de uma curva. Definiremos as integrais de superfície usando uma representação paramétrica da superfície.

10.9.1 Definição

Seja S uma superfície suave, representada por $\vec{r}(u, v)$, $(u, v) \in R$. Seja f um campo escalar definido e limitado sobre S. A integral de superfície de f sobre S, denotada por $\iint_S f dS$, é definida pela equação

$$\iint_S f dS = \iint_R f(\vec{r}(u, v)) \left|\frac{\partial \vec{r}}{\partial u} \times \frac{\partial \vec{r}}{\partial v}\right| dudv, \tag{1}$$

quando a integral dupla à direita existe.

Se S é suave por partes, $\iint_S f dS$ é definida como a soma das integrais sobre cada pedaço suave de S.

Se S é dada na forma explícita por $z = z(x, y)$, então

$$\iint_S f dS = \iint_R f(x, y, z(x, y))\sqrt{1 + \left(\frac{\partial z}{\partial x}\right)^2 + \left(\frac{\partial z}{\partial y}\right)^2} dxdy, \qquad (2)$$

sendo que R é a projeção de S sobre o plano xy.

10.9.2 Exemplos

Exemplo 1: Calcular $I = \iint_S (z - x^2 + xy^2 - 1) dS$, onde S é a superfície

$$\vec{r}(u, v) = u\vec{i} + v\vec{j} + (u^2 + 1)\vec{k}, 0 \le u \le 2 \text{ e } 0 \le v \le 5.$$

Solução: A superfície desse exemplo é a parte da frente da calha que pode ser visualizada na Figura 10.6 do exemplo da Subseção 10.1.3.

Usando a equação (1), temos

$$I = \iint_S (z - x^2 + xy^2 - 1) dS = \iint_R (u^2 + 1 - u^2 + uv^2 - 1)\sqrt{4u^2 + 1}\, dudv = \int_0^5 \int_0^2 uv^2 \sqrt{4u^2 + 1}\, dudv$$

$$= \int_0^5 v^2 \frac{1}{8} \frac{(4u^2 + 1)^{3/2}}{3/2}\bigg|_0^2 dv = \frac{1}{12} (17\sqrt{17} - 1) \int_0^5 v^2\, dv = \frac{125(17\sqrt{17} - 1)}{36}.$$

Exemplo 2: Calcular $I = \iint_S x^2 z\, dS$, onde S é a porção do cone $z^2 = x^2 + y^2$ que está entre os planos $z = 1$ e $z = 4$

Solução: A Figura 10.46 mostra a superfície S e a sua projeção R sobre o plano xy.

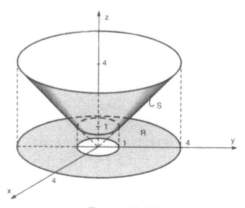

Figura 10.46

Usando a equação (2), temos

$$I = \iint_S x^2 z\, dS = \iint_R x^2 \sqrt{x^2 + y^2} \sqrt{1 + \frac{x^2}{x^2 + y^2} + \frac{y^2}{x^2 + y^2}}\, dxdy = \sqrt{2} \iint_R x^2 \sqrt{x^2 + y^2}\, dxdy.$$

Passando para coordenadas polares, vem

$$I = \sqrt{2}\int_0^{2\pi}\int_1^4 r^4 \cos^2\theta\, dr d\theta = \sqrt{2}\int_0^{2\pi} \cos^2\theta \left.\frac{r^5}{5}\right|_1^4 d\theta = \frac{\sqrt{2}\cdot 1023}{5}\int_0^{2\pi}\cos^2\theta\, d\theta$$

$$= \frac{1023\sqrt{2}}{5}\int_0^{2\pi}\left(\frac{1}{2}+\frac{1}{2}\cos 2\theta\right)d\theta = \frac{1023\sqrt{2}}{5}\left.\left(\frac{1}{2}\theta+\frac{1}{4}\operatorname{sen} 2\theta\right)\right|_0^{2\pi} = \frac{1023\sqrt{2}}{5}\pi.$$

Exemplo 3: Calcular $I = \iint_S (x+y+z)dS$, onde $S = S_1 \cup S_2$ é a superfície representada na Figura 10.47.

Solução: A superfície S é uma superfície suave por partes. Aplicando a definição 10.9.1 sobre cada parte suave, vem

$$I = \iint_S (x+y+z)dS = \iint_{S_1}(x+y+z)dS + \iint_{S_2}(x+y+z)dS.$$

Para calcular $\iint_{S_1}(x+y+z)dS$ usamos a equação (2).

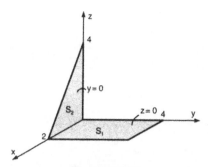

Figura 10.47

Temos

$$\iint_{S_1}(x+y+z)dS = \int_0^4\int_0^2 (x+y+0)\sqrt{1+0+0}\,dxdy = \int_0^4\int_0^2 (x+y)\,dxdy = \int_0^4\left.\left(\frac{x^2}{2}+yx\right)\right|_0^2 dy$$

$$= \int_0^4 (2+2y)dy = 24.$$

Para calcular $\iint_{S_2}(x+y+z)dS$ não podemos usar a equação (2), pois a superfície S_2 é representada explicitamente como $y = y(x,z)$. No entanto, podemos reescrever (2) como

$$\iint_S f dS = \iint_{R'} f(x,y(x,z),z)\sqrt{1+\left(\frac{\partial y}{\partial x}\right)^2+\left(\frac{\partial y}{\partial z}\right)^2}\,dxdz, \qquad (3)$$

sendo que R' é a projeção de S sobre o plano xz.

Usando (3), vem

$$\iint_{S_2}(x+y+z)dS = \iint_{R'}(x+0+z)\sqrt{1+0+0}\,dxdz = \int_0^2\int_0^{4-2x}(x+z)\,dzdx = 8.$$

Portanto, $I = 24 + 8 = 32$.

10.10 Centro de Massa e Momento de Inércia

O centro de massa e o momento de inércia de uma lâmina delgada podem ser calculados usando-se integrais de superfície.

Suponhamos que S represente a lâmina e que o campo escalar $f(x, y, z)$ represente a densidade (massa por unidade de área) no ponto (x, y, z). Então, a *massa m* da lâmina é dada por

$$m = \iint_S f(x, y, z)dS. \quad (1)$$

O *centro de massa* $(\bar{x}, \bar{y}, \bar{z})$ é dado por

$$\bar{x} = \frac{1}{m}\iint_S xf(x, y, z)dS \quad (2)$$

$$\bar{y} = \frac{1}{m}\iint_S yf(x, y, z)dS \quad (3)$$

$$\bar{z} = \frac{1}{m}\iint_S zf(x, y, z)dS. \quad (4)$$

O *momento de inércia* I_L de S em relação a um eixo L é dado por

$$I_L = \iint_S [\delta(x, y, z)]^2 f(x, y, z)dS, \quad (5)$$

onde $\delta(x, y, z)$ é a distância do ponto (x, y, z) de S até o eixo L.

10.10.1 Exemplos

Exemplo 1: Uma lâmina tem a forma da parte do plano $z = y$ recortada pelo cilindro $x^2 + (y - 1)^2 = 1$. Determinar a massa dessa lâmina se a densidade no ponto (x, y, z) é proporcional à distância desse ponto ao plano xy.

Solução: A Figura 10.48 mostra a superfície S que representa a lâmina e a sua projeção R no plano xy.

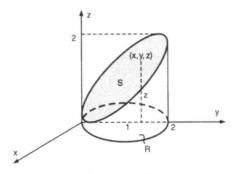

Figura 10.48

Como a densidade no ponto (x, y, z) é proporcional à distância desse ponto ao plano xy, temos

$f(x, y, z) = kz$, onde k é uma constante de proporcionalidade.

Usando a equação (1) da seção 10.10, vem

$$m = \iint_S f(x,y,z)dS = \iint_S kz\, dS = k\iint_R y\sqrt{1+0+1}\, dxdy = \sqrt{2}\, k\iint_R y\, dxdy.$$

Passando para coordenadas polares, temos

$$m = \sqrt{2}\, k\int_0^\pi \int_0^{2\sen\theta} r^2 \sen\theta\, drd\theta = \sqrt{2}\, k\int_0^\pi \sen\theta\, \frac{r^3}{3}\Big|_0^{2\sen\theta} d\theta = \frac{8\sqrt{2}k}{3}\int_0^\pi \sen^4\theta\, d\theta = \sqrt{2}\, k\pi \text{ unidade de massa.}$$

Exemplo 2: Determinar o centro de massa do hemisfério $z = \sqrt{1-x^2-y^2}$ com densidade $f(x,y,z) = 0{,}3$ unidade de massa/unidade de área.

Solução: Vamos, nesse exemplo, usar uma representação paramétrica para o hemisfério superior S:

$$\vec{r}(u,v) = \cos u \cos v\, \vec{i} + \sen u \cos v\, \vec{j} + \sen v\, \vec{k},\ 0 \le u \le 2\pi,\ 0 \le v \le \frac{\pi}{2}.$$

Como a densidade é constante, podemos dizer que

$$\text{massa} = \text{área de } S \times \text{densidade constante.}$$

Portanto,

$$m = 2\pi \cdot 1^2 \cdot 0{,}3 = 0{,}6\,\pi \text{ unidade de massa.}$$

Ainda, devido à simetria de S, as coordenadas $\overline{x}$ e $\overline{y}$ do centro de massa são nulas.
Falta-nos, portanto, calcular $\overline{z}$. Temos

$$\overline{z} = \frac{1}{m}\iint_S zf(x,y,z)dS.$$

Usando a equação (4) da Seção 10.10, vem

$$\overline{z} = \frac{1}{0{,}6\pi}\iint_R \sen v \cdot 0{,}3 \cdot \cos v\, dudv = \frac{1}{2\pi}\int_0^{\pi/2}\int_0^{2\pi} \sen v \cos v\, dudv = \frac{1}{2}.$$

Portanto, $(\overline{x}, \overline{y}, \overline{z}) = \left(0, 0, \frac{1}{2}\right)$.

Exemplo 3: Uma lâmina tem a forma de um hemisfério unitário. Encontrar o momento de inércia dessa lâmina em relação a um eixo que passa pelo pólo e é perpendicular ao plano que delimita o hemisfério. Considerar a densidade no ponto P da lâmina proporcional à distância desse ponto ao plano que delimita o hemisfério.

Solução: Podemos representar a lâmina como mostra a Figura 10.49. Nesse caso, o eixo que passa pelo pólo e é perpendicular ao plano que delimita o hemisfério é o eixo dos z.

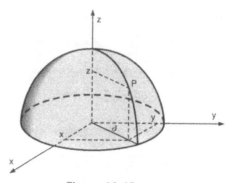

Figura 10.49

A densidade é $f(x,y,z) = kz$.

Usando a equação (5) da Seção 10.10, vem

$$I_z = \iint_S (x^2 + y^2) kz \, dS,$$

sendo $\delta^2(x, y, z) = x^2 + y^2$ (ver Figura 10.49).

Aplicando a equação (2) da Seção 10.9 (2), temos

$$I_z = k \iint_R (x^2 + y^2)\sqrt{1 - x^2 - y^2} \sqrt{1 + \frac{x^2}{1 - x^2 - y^2} + \frac{y^2}{1 - x^2 - y^2}} \, dxdy$$

Passando para coordenadas polares, temos

$$I_z = k \iint_{R'} r^2 \sqrt{1 - r^2} \sqrt{1 + \frac{r^2 \cos^2\theta}{1 - r^2} + \frac{r^2 \operatorname{sen}^2\theta}{1 - r^2}} \, rdrd\theta,$$

sendo $R' = \{(r, \theta) \mid 0 \le r \le 1, 0 \le \theta \le 2\pi\}$.

Resolvendo essa integral imprópria, obtemos

$$I_z = \lim_{t \to 1} \int_0^t \int_0^{2\pi} r^3 d\theta \, dr = \frac{k\pi}{2} \text{ unidades de momento de inércia.}$$

10.11 Exercícios

1. Calcular a área da superfície plana $2x + 2y + 3z = 6$, tomada no 1º octante.

2. Calcular a área da superfície do parabolóide $y = 3 - (x^2 + z^2)$ interceptado pelo plano $y = 0$.

3. Encontrar a área da superfície do cilindro $x^2 + z^2 = 25$ limitada pelos planos $x = 0$, $x = 2$, $y = 0$ e $y = 3$.

4. Encontrar a área do parabolóide $z = x^2 + y^2$ limitado superiormente pelo plano $z = 2$.

5. Encontrar a área da superfície do plano $2x + y + 2z = 16$, interceptado por
   a) $x = 0$, $y = 0$, $x = 2$ e $y = 3$;
   b) $x = 0$, $y = 0$ e $x^2 + y^2 = 36$, no 1º octante.

6. Encontrar a área da superfície do cone $z^2 = 3(x^2 + y^2)$ interceptado pelo parabolóide $z = x^2 + y^2$.

7. Determinar a área da superfície esférica $x^2 + y^2 + z^2 = 9$ que está no interior do cilindro $x^2 + y^2 = 3x$.

8. Calcular a área da parte da esfera $x^2 + y^2 + z^2 = 16$ interior ao cilindro $y^2 + z^2 = 4z$.

9. Calcular a área da parte da esfera $x^2 + y^2 + z^2 = 9$, interior ao cilindro $x^2 + y^2 = 4$.

10. Calcular a área da parte do parabolóide $x = y^2 + z^2$ delimitada pelos planos $x = 4$ e $x = 9$.

11. Determinar a área da porção esférica $x^2 + y^2 + z^2 = 4$, cortada pela parte superior do cone $x^2 + y^2 = z^2$.

12. Determinar a área da porção do plano $z = 4x$, cortada pelo cilindro $x^2 + y^2 = 4$.

13. Determinar a área da superfície plana $x + y + z = 8$ delimitada pelo cilindro $x^2 + y^2 = 4$.

14. Calcular a área da parte do parabolóide $z = 4 - (x^2 + y^2)$ acima do plano xy.

15. Calcular a área da parte do cone $z^2 = x^2 + y^2$ que está no interior do parabolóide $z = 2x^2 + 2y^2$.

16. Determinar a área da superfície do parabolóide $z = x^2 + y^2$ exterior ao cone $z = \sqrt{x^2 + y^2}$.

17. Calcular a área da parte do plano $2x + 2y + z = 4$ compreendida no interior da superfície prismática $1 \le x \le 2, 1 \le y \le 2$.

18. Calcular a área total da superfície cuja lateral é parte do cilindro $x^2 + y^2 = 4$; cuja parte superior é uma porção do hemisfério $z = \sqrt{16 - x^2 - y^2}$ e cuja parte inferior é a porção do plano $z = 0$.

19. Calcular a área da superfície plana $\frac{1}{2}x + z = 4$ recortada pelo cone $z = \sqrt{x^2 + y^2}$.

20. Calcular a área da superfície do tetraedro cujas faces são partes dos planos $z = 0$, $y = 0$, $x + 4y + 2z = 8$ e $-2x + 4y + 2z = 8$.

21. Seja S a face da frente do tetraedro limitado pelos planos coordenados e pelo plano
$$\frac{x}{a} + \frac{y}{b} + \frac{z}{c} = 1, a, b, c > 0.$$
Mostrar que a área de S é dada por
$$A_S = \sqrt{A_1^2 + A_2^2 + A_3^2},$$
onde A_1, A_2 e A_3 são as áreas das outras faces do tetraedro.

22. Uma superfície S é representada pela equação vetorial
$$\vec{r}(u, v) = \cos v \, \vec{i} + \operatorname{sen} v \, \vec{j} + u \, \vec{k}, 0 \le u \le 4, 0 \le v \le 2\pi.$$
a) Mostrar que S é uma parte de uma superfície de revolução.
b) Determinar a área de S.

23. Dada a equação vetorial
$$\vec{r}(u, v) = (u \cos v, u \operatorname{sen} v, u^2):$$
a) eliminar os parâmetros u e v determinando a equação cartesiana da superfície;
b) fazer um esboço e indicar o significado geométrico dos parâmetros u e v;
c) determinar a área da parte da superfície que está entre os planos $z = 0$ e $z = 4$.

24. Mostrar que:
a) Se S é uma superfície dada na forma explícita pela equação $y = y(x, z)$, então
$$\iint_S f \, dS = \iint_R f(x, y(x, z), z) \sqrt{1 + \left(\frac{\partial y}{\partial x}\right)^2 + \left(\frac{\partial y}{\partial z}\right)^2} \, dx \, dz,$$
onde R é a projeção de S sobre o plano xz.
b) Se S é dada por $x = x(y, z)$, então
$$\iint_S f \, dS = \iint_{R'} f(x(y, z), y, z) \sqrt{1 + \left(\frac{\partial x}{\partial y}\right)^2 + \left(\frac{\partial x}{\partial z}\right)^2} \, dy \, dz,$$
onde R' é a projeção de S sobre o plano yz.

25. Calcular $\iint_S (x + y + z) \, dS$, onde:
a) S é a face superior do cubo $0 \le x \le 1$, $0 \le y \le 1, 0 \le z \le 1$.
b) S é a face da frente do cubo do item (a).

26. Calcular $\iint_S x(z^2 + y^2) \, dS$, onde S é o hemisfério da frente da esfera $x^2 + y^2 + z^2 = 9$.

27. Calcular $\iint_S x^2 z \, dS$, onde S é a superfície cilíndrica $x^2 + y^2 = 1; 0 \le z \le 1$.

28. Calcular $\iint_S (x + z) \, dS$, onde S é a superfície plana $2x + 2y + z = 6$, tomada no 1º octante.

29. Calcular $\iint_S xyz \, dS$, sendo S a superfície plana $3x + 2y + z = 12$, delimitada pelos planos $y = 0$, $y = 2$, $x = 1$ e $x = 0$.

30. Calcular $\iint_S (x^2 + y^2) \, dS$, onde S é a superfície esférica $x^2 + y^2 + z^2 = 16$.

31. Calcular $\iint_S \sqrt{x^2 + y^2} \, dS$, onde S é a superfície lateral do cone $\frac{x^2}{4} + \frac{y^2}{4} - \frac{z^2}{9} = 0, 0 \le z \le 16$.

32. Calcular $\iint_S xz \, dS$, sendo S a parte da superfície $y = x^2$, delimitada pelos planos $z = 0$, $z = 4$, $x = 0$ e $x = 2$.

33. Calcular $\iint_S 2z \, dS$, sendo S a parte do parabolóide $z = x^2 + y^2 - 2$ abaixo do plano xy.

34. Calcular $\iint_S x \, dS$, sendo S a superfície plana $z - x = 2$ recortada pela esfera $x^2 + y^2 + z^2 = 2z$.

35. Calcular $\iint_S y \, dS$, sendo S a parte do plano $x = 2$, recortada pelo cone $z = \sqrt{x^2 + y^2}$ e pelo plano $z = 4$.

36. Calcular $I = \iint_S \frac{1}{x} dS$, onde S é a superfície

$$\vec{r}(u,v) = u\vec{i} + v\vec{j} + (v+1)\vec{k};$$
$$1 \le u \le 2 \text{ e } -1 \le v \le 1.$$

37. Uma lâmina tem a forma da superfície lateral do cone $z^2 = 4(x^2 + y^2)$, $0 \le z \le 2$. Calcular a massa da lâmina se a densidade no ponto (x, y, z) é proporcional à distância desse ponto ao eixo dos z.

38. Uma lâmina tem a forma da superfície do cone $z^2 = 3(x^2 + y^2)$ limitado por $z = 0$ e $z = 3$. Determinar o momento de inércia da lâmina em relação ao eixo dos z se a densidade é $f(x, y, z) = 1$.

39. Uma lâmina tem a forma da parte do plano $z = 2y + 1$ recortada pelo cilindro $x^2 + (y - 2)^2 = 4$. Determinar a massa dessa lâmina se a densidade no ponto (x, y, z) é proporcional à distância desse ponto ao plano xy.

40. Calcular o centro de massa da parte da superfície esférica $x^2 + y^2 + z^2 = 16$, que está abaixo do plano $z = 2$ e acima do plano xy, supondo a densidade constante.

41. Uma superfície S é representada pela equação vetorial

$$\vec{r}(u,v) = (4\cos u, 4\operatorname{sen} u, 4v), \ 0 \le u \le 2\pi,$$
$$0 \le v \le 2.$$

   a) Determinar a equação cartesiana de S.

   b) Desenhar sobre a superfície S as curvas coordenadas obtidas fixando $u = \frac{\pi}{3}$ e $v = 1$, respectivamente.

   c) Determinar o vetor $\frac{\partial \vec{r}}{\partial u} \times \frac{\partial \vec{r}}{\partial v}$ no ponto em que $u = \frac{\pi}{3}$ e $v = 1$, representando-o no correspondente ponto P de S.

   d) Supondo que uma lâmina de densidade constante é representada por $\vec{r}(u, v)$, determinar o momento de inércia da lâmina em relação ao eixo dos z.

42. Uma lâmina esférica é representada pela equação vetorial

$$\vec{r}(u,v) = (a\cos u \cos v, a\operatorname{sen} u \cos v, a\operatorname{sen} v),$$
$$0 \le u \le 2\pi \text{ e } -\frac{\pi}{2} \le v \le \frac{\pi}{2}.$$

   a) Supondo $a = 4$, representar sobre a esfera as curvas coordenadas obtidas fixando $u = \frac{\pi}{4}$ e $v = \frac{\pi}{6}$, respectivamente.

   b) Determinar os vetores tangentes $\frac{\partial \vec{r}}{\partial u}\left(\frac{\pi}{4}, \frac{\pi}{6}\right)$ e $\frac{\partial \vec{r}}{\partial v}\left(\frac{\pi}{4}, \frac{\pi}{6}\right)$, representando-os sobre a esfera.

   c) Determinar o vetor $\frac{\partial \vec{r}}{\partial u} \times \frac{\partial \vec{r}}{\partial v}\left(\frac{\pi}{4}, \frac{\pi}{6}\right)$ representando-o no correspondente ponto P.

   d) Supondo que a densidade da esfera é constante, calcular o momento de inércia da esfera com relação ao eixo dos y.

10.12 Integral de Superfície de um Campo Vetorial

No Capítulo 9, vimos que a integral curvilínea de um campo vetorial depende do sentido de percurso sobre C, isto é, depende da orientação da curva. Analogamente, veremos que a integral da superfície de um campo vetorial dependerá do lado da superfície escolhido para a integração. Todas as superfícies consideradas serão superfícies orientáveis.

10.12.1 Definição

Sejam S uma superfície suave, representada por $\vec{r}(u, v) = x(u, v)\vec{i} + y(u, v)\vec{j} + z(u, v)\vec{k}$, $(u, v) \in R$, e $\vec{n} = \vec{n}(u, v)$ um vetor unitário, normal a S. Seja $\vec{f}$ um campo vetorial definido sobre S. A integral de superfície de $\vec{f}$ sobre S, denotada por $\iint_S \vec{f} \cdot \vec{n} \, dS$, é definida pela equação

$$\iint_S \vec{f} \cdot \vec{n} \, dS = \iint_R \vec{f}(\vec{r}(u,v)) \cdot \vec{n}(u,v) \left| \frac{\partial \vec{r}}{\partial u} \times \frac{\partial \vec{r}}{\partial v} \right| du\,dv, \quad (1)$$

quando a integral à direita existe.

Se a superfície S é suave por partes, a integral é definida como a soma das integrais sobre cada pedaço suave de S.

10.12.2 Cálculo de integral $\iint_S \vec{f} \cdot \vec{n}\, dS$

Seja $\vec{n}_1$ o vetor normal unitário de S, dado por $\vec{n}_1 = \dfrac{\dfrac{\partial \vec{r}}{\partial u} \times \dfrac{\partial \vec{r}}{\partial v}}{\left|\dfrac{\partial \vec{r}}{\partial u} \times \dfrac{\partial \vec{r}}{\partial v}\right|}$.

Podemos ter $\vec{n} = \vec{n}_1$ ou $\vec{n} = -\vec{n}_1$. Portanto, substituindo em (1), vem

$$\iint_S \vec{f} \cdot \vec{n}\, dS = \pm \iint_R \vec{f}(\vec{r}(u,v)) \cdot \left(\dfrac{\partial \vec{r}}{\partial u} \times \dfrac{\partial \vec{r}}{\partial v}\right) du\, dv \tag{2}$$

Teremos o sinal positivo em frente à integral dupla quando o lado de S escolhido para a integração for o lado do qual emana o vetor normal unitário $\vec{n}_1$. Em caso contrário, teremos o sinal negativo em frente à integral dupla.

10.12.3 Exemplos

Exemplo 1: Calcular $\iint_S \vec{f} \cdot \vec{n}\, dS$, sendo $\vec{f} = x\vec{i} + y\vec{j} + z\vec{k}$ e S a superfície exterior da esfera representada por

$$\vec{r}(u,v) = (a\cos u \cos v, a\,\mathrm{sen}\, u \cos v, a\,\mathrm{sen}\, v),\ 0 \le u \le 2\pi,\ -\dfrac{\pi}{2} \le v \le \dfrac{\pi}{2}.$$

Solução: No Exemplo 1 da Subseção 10.6.5, calculamos $\dfrac{\partial \vec{r}}{\partial u} \times \dfrac{\partial \vec{r}}{\partial v}$, obtendo

$$\dfrac{\partial \vec{r}}{\partial u} \times \dfrac{\partial \vec{r}}{\partial v} = (a^2 \cos u \cos^2 v, a^2\,\mathrm{sen}\, u \cos^2 v, a^2\,\mathrm{sen}\, v \cos v).$$

Vimos também que esse vetor aponta para o exterior da esfera (ver Figura 10.37).
Como o lado escolhido para a integração é o lado exterior de S, teremos o sinal (+) em frente à integral dupla. Usando a equação (2), vem

$$\iint_S \vec{f} \cdot \vec{n}\, dS = \iint_R (a\cos u \cos v, a\,\mathrm{sen}\, u \cos v, a\,\mathrm{sen}\, v) \cdot (a^2 \cos u \cos^2 v, a^2\,\mathrm{sen}\, u \cos^2 v, a^2\,\mathrm{sen}\, v \cos v)\, du\, dv$$

$$= \iint_R (a^3 \cos^2 u \cos^3 v + a^3 \,\mathrm{sen}^2 u \cos^3 v + a^3 \,\mathrm{sen}^2 v \cos v)\, du\, dv$$

$$= \iint_R (a^3 \cos^3 v + a^3 \,\mathrm{sen}^2 v \cos v)\, du\, dv = \iint_R a^3 \cos v\, du\, dv = a^3 \int_0^{2\pi} \int_{-\pi/2}^{\pi/2} \cos v\, dv\, du = 4\pi a^3.$$

Exemplo 2: Seja S a superfície exterior do parabolóide $\vec{r}(x,y) = (x, y, x^2 + y^2)$, $(x,y) \in R$, onde $R = \{(x,y) \mid x^2 + y^2 \le 4\}$. Determinar $\iint_S \vec{f} \cdot \vec{n}\, dS$, sendo $\vec{f}$ o campo vetorial dado por $\vec{f} = (3x, 3y, -3z)$.

Solução: No Exemplo 2 da Subseção 10.6.5, vimos que o vetor normal unitário

$$\vec{n}_1 = \dfrac{\dfrac{\partial \vec{r}}{\partial x} \times \dfrac{\partial \vec{r}}{\partial y}}{\left|\dfrac{\partial \vec{r}}{\partial x} \times \dfrac{\partial \vec{r}}{\partial y}\right|}$$

aponta para o interior do parabolóide dado (ver Figura 10.38). Como o lado escolhido para a integração é o lado exterior de S, teremos o sinal (–) em frente à integração dupla.

Como $\dfrac{\partial \vec{r}}{\partial u} \times \dfrac{\partial \vec{r}}{\partial y} = (-2x, -2y, 1)$, usando a equação (2), vem

$$\iint_S \vec{f} \cdot \vec{n}\, dS = -\iint_R (3x, 3y, -3(x^2+y^2)) \cdot (-2x, -2y, 1)\, dxdy$$

$$= -\iint_R (-6x^2 - 6y^2 - 3x^2 - 3y^2)\, dxdy$$

$$= 9\iint_R (x^2 + y^2)\, dxdy.$$

Passando para coordenadas polares, temos

$$\iint_S \vec{f} \cdot \vec{n}\, dS = 9\int_0^2 \int_0^{2\pi} r^3\, d\theta dr = 72\pi.$$

10.12.4 A notação $\iint_S (f_1\, dydz + f_2\, dzdx + f_3\, dxdy)$

Se a superfície S é representada por $\vec{r}(u,v) = x(u,v)\vec{i} + y(u,v)\vec{j} + z(u,v)\vec{k}$, $(u,v) \in R$, o vetor $\dfrac{\partial \vec{r}}{\partial u} \times \dfrac{\partial \vec{r}}{\partial v}$ pode ser escrito na forma

$$\frac{\partial \vec{r}}{\partial u} \times \frac{\partial \vec{r}}{\partial v} = \frac{\partial(y,z)}{\partial(u,v)}\vec{i} + \frac{\partial(z,x)}{\partial(u,v)}\vec{j} + \frac{\partial(x,y)}{\partial(u,v)}\vec{k}.$$

Assim, se o campo vetorial $\vec{f}$ é dado por $\vec{f} = f_1\vec{i} + f_2\vec{j} + f_3\vec{k}$, usando a equação (2), podemos escrever

$$\iint_S \vec{f} \cdot \vec{n}\, dS = \pm\iint_R f_1(\vec{r}(u,v)) \frac{\partial(y,z)}{\partial(u,v)}\, dudv \pm \iint_R f_2(\vec{r}(u,v)) \frac{\partial(z,x)}{\partial(u,v)}\, dudv \pm \iint_R f_3(\vec{r}(u,v)) \frac{\partial(x,y)}{\partial(u,v)}\, dudv.$$

Essas integrais lembram a fórmula de mudança de variáveis para integrais duplas e sugerem a notação tradicional.

$$\iint_S \vec{f} \cdot \vec{n}\, dS = \iint_S (f_1\, dydz + f_2\, dzdx + f_3\, dxdy). \tag{3}$$

10.12.5 Interpretação física da integral $\iint_S \vec{f} \cdot \vec{n}\, dS$

Consideremos um fluido em movimento em um domínio D do espaço. Sejam $\vec{v}(x,y,z)$ o vetor velocidade do fluido no ponto (x,y,z) e $\rho(x,y,z)$ a sua densidade. Seja $\vec{f}$ o campo vetorial dado por

$$\vec{f}(x,y,z) = \rho(x,y,z)\,\vec{v}(x,y,z).$$

O vetor $\vec{f}$ tem a mesma direção da velocidade e seu comprimento tem dimensões

$$\frac{\text{massa}}{\text{unid. vol.}} \cdot \frac{\text{distância}}{\text{unid. tempo}} = \frac{\text{massa}}{(\text{unid. área})(\text{unid. tempo})}.$$

Assim, podemos dizer que $\vec{f}$ representa a quantidade de massa de fluido, por unidade de área e por unidade de tempo, que escoa na direção de $\vec{v}$, em um ponto qualquer $(x, y, z) \in D$.

Sejam S: $\vec{r}(u, v)$, $(u, v) \in R$, uma superfície paramétrica suave, contida em D, e $\vec{n}$ um vetor unitário, normal a S. A componente de $\vec{f}$, na direção de $\vec{n}$ (ver Figura 10.50), é dada por

$$|\vec{f}|\cos\alpha = |\vec{f}||\vec{n}|\cos\alpha = \vec{f} \cdot \vec{n}$$

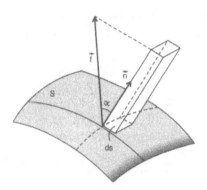

Figura 10.50

Portanto, se dS é o elemento de área de superfície de S, o produto $(\vec{f} \cdot \vec{n})dS$ representa o volume de um prisma cuja área da base é dS e cuja altura é a componente de $\vec{f}$ na direção de $\vec{n}$. Podemos, então, dizer que $(\vec{f} \cdot \vec{n})dS$ nos dá a quantidade de massa de fluido que atravessa dS, na direção de $\vec{n}$, em uma unidade de tempo.

A quantidade total de massa de fluido que atravessa a superfície S, na direção de $\vec{n}$, em uma unidade de tempo, será dada por

$$\phi = \iint_S \vec{f} \cdot \vec{n}\, dS \tag{4}$$

e é chamada *fluxo do campo vetorial* $\vec{f}$, através da superfície S.

10.12.6 Exemplos

Exemplo 1: Um fluido de densidade constante, com velocidade $\vec{v} = (-2x, -2y, z)$, escoa através da superfície S dada por $\vec{r}(u, v) = (u\cos v, u\,\text{sen}\, v, u^2 - 1)$, $0 \le u \le 4$, $0 \le v \le 2\pi$, na direção do vetor $\dfrac{\partial \vec{r}}{\partial u} \times \dfrac{\partial \vec{r}}{\partial v}$.

Determinar a massa de fluido que atravessa S em uma unidade de tempo.

Solução: Devemos calcular

$$\phi = \iint_S \vec{f} \cdot \vec{n}\, dS$$

sendo $\vec{f} = \rho_0(-2x, -2y, z)$ e ρ_0 uma constante.

Como queremos o fluxo na direção de $\dfrac{\partial \vec{r}}{\partial u} \times \dfrac{\partial \vec{r}}{\partial v}$, teremos o sinal (+) em frente à integral dupla.

Como

$$\frac{\partial \vec{r}}{\partial u} \times \frac{\partial \vec{r}}{\partial v} = \begin{vmatrix} \vec{i} & \vec{j} & \vec{k} \\ \cos v & \text{sen } v & 2u \\ -u \text{ sen } v & u \cos v & 0 \end{vmatrix} = (-2u^2 \cos v, -2u^2 \text{ sen } v, u),$$

usando a equação (2), vem

$$\phi = \iint_S \vec{f} \cdot \vec{n} \, dS = + \iint_R \rho_0(-2u \cos v, -2u \text{ sen } v, u^2 - 1) \cdot (-2u^2 \cos v, -2u^2 \text{ sen } v, u) \, dudv$$

$$= \rho_0 \int_0^4 \int_0^{2\pi} (4u^3 \cos^2 v + 4u^3 \text{ sen}^2 v + u^3 - u) \, dv \, du = 624\pi \, \rho_0 \text{ unidades de fluxo.}$$

Exemplo 2: Sejam S a superfície plana limitada pelo triângulo de vértices $(4, 0, 0)$, $(0, 4, 0)$ e $(0, 0, 4)$ e $\vec{n}$ um vetor unitário, normal a S, com componente z não negativa. Usando a representação vetorial de S dada por

$$\vec{r}(u, v) = (u + 2v, u - 2v, 4 - 2u),$$

determinar o fluxo do campo vetorial $\vec{f} = x\vec{i} + y\vec{j} + z\vec{k}$, através da superfície S, na direção de $\vec{n}$.

Solução: A Figura 10.51 mostra a superfície S e o vetor $\vec{n}$.

Usando a representação vetorial dada, temos

$$\frac{\partial \vec{r}}{\partial u} \times \frac{\partial \vec{r}}{\partial v} = \begin{vmatrix} \vec{i} & \vec{j} & \vec{k} \\ 1 & 1 & -2 \\ 2 & -2 & 0 \end{vmatrix} = -4\vec{i} - 4\vec{j} - 4\vec{k}.$$

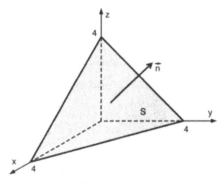

Figura 10.51

Como o vetor normal unitário escolhido para integração tem componente z não negativa e a componente z do vetor $\frac{\partial \vec{r}}{\partial u} \times \frac{\partial \vec{r}}{\partial v}$ é negativa, teremos o sinal negativo em frente à integral dupla.

Usando a equação (2), vem

$$\phi = \iint_S \vec{f} \cdot \vec{n} \, dS = -\iint_R (u + 2v, u - 2v, 4 - 2u) \cdot (-4, -4, -4) \, dudv$$

$$= -\iint_R [-4(u + 2v) - 4(u - 2v) - 4(4 - 2u)] \, dudv = 16 \iint_R du \, dv = 16 A_R.$$

Para determinar a região R, devemos resolver o sistema de inequações

$$\begin{cases} 0 \le u + 2v \le 4 \\ 0 \le u - 2v \le 4 \\ 0 \le 4 - 2u \le 4. \end{cases}$$

Esse sistema pode ser resolvido geometricamente (ver Figura 10.52).

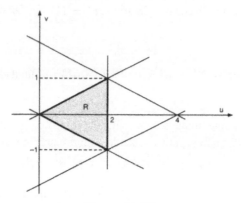

Figura 10.52

Temos, então, $\phi = 16 \cdot \dfrac{2 \cdot 2}{2} = 32$ unidades de fluxo.

Exemplo 3: Seja S uma superfície suave representada na forma explícita por $z = z(x, y)$. Usando x e y como parâmetros, determinar uma equação para calcular $\iint\limits_S \vec{f} \cdot \vec{n}\, dS$.

Solução: Usando x e y como parâmetros, podemos representar S por

$$\vec{r}(x, y) = x\vec{i} + y\vec{j} + z(x, y)\vec{k},\ (x, y) \in R,$$

sendo que R é a projeção de S sobre o plano xy.

Analisando o vetor

$$\frac{\partial \vec{r}}{\partial x} \times \frac{\partial \vec{r}}{\partial y} = -\frac{\partial z}{\partial x}\vec{i} - \frac{\partial z}{\partial y}\vec{j} + \vec{k},$$

vemos que ele tem componente z positiva.

Portanto, se $\vec{n}$ é um vetor unitário, normal a S, com componente z positiva, usando a equação (2), temos

$$\iint\limits_S \vec{f} \cdot \vec{n}\, dS = +\iint\limits_R \vec{f}(\vec{r}(x, y)) \cdot \left(\frac{\partial \vec{r}}{\partial x} \times \frac{\partial \vec{r}}{\partial y}\right) dx\,dy$$

$$= \iint\limits_R \left[-f_1(x, y, z(x, y))\frac{\partial z}{\partial x} - f_2(x, y, z(x, y))\frac{\partial z}{\partial y} + f_3(x, y, z(x, y)) \right] dx\,dy.$$

Se a componente z do vetor $\vec{n}$ for negativa, teremos o sinal $(-)$ em frente à integral dupla.
Portanto, simplificando a notação, podemos escrever

$$\iint\limits_S \vec{f} \cdot \vec{n}\, dS = \pm \iint\limits_R \left[-f_1 \frac{\partial z}{\partial x} - f_2 \frac{\partial z}{\partial y} + f_3 \right] dx\,dy \tag{5}$$

Exemplo 4: Resolver o Exemplo 2, usando a forma explícita $z = 4 - x - y$.

Solução: Como o vetor $\vec{n}$, dado no Exemplo 2, tem componente z positiva, usando a equação (5) temos

$$\iint_S \vec{f} \cdot \vec{n}\, dS = \iint_R [-x(-1) - y(-1) + 4 - x - y]\, dxdy = \iint_R 4\, dxdy = 4A_R.$$

Nesse caso, a região R é a projeção de S sobre o plano xy, que pode ser vista na Figura 10.53. Portanto,

$$\phi = 4 \cdot \frac{4 \cdot 4}{2} = 32 \text{ unidades de fluxo.}$$

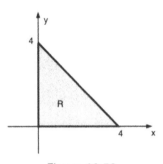

Figura 10.53

Exemplo 5: Seja S a parte do cone $z = (x^2 + y^2)^{1/2}$, delimitada pelo cilindro $x^2 + y^2 = 1$, com a normal apontando para fora. Calcular $\iint_S (2dydz + 5dzdx + 3dxdy)$.

Solução: Na Figura 10.54a, representamos a superfície S e a normal dada, em alguns pontos de S. A Figura 10.54b, mostra a região R, que é a projeção de S sobre o plano xy.

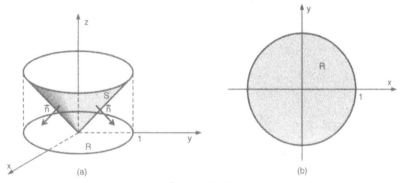

Figura 10.54

Observando a Figura 10.54a, vemos que o vetor normal $\vec{n}$ tem componente z negativa. Portanto, usando a equação (5), temos

$$\iint_S \vec{f} \cdot \vec{n}\, dS = \iint_S (2dydz + 5dzdx + 3dxdy) = -\iint_R \left(-2\frac{x}{\sqrt{x^2+y^2}} - 5\frac{y}{\sqrt{x^2+y^2}} + 3\right) dxdy.$$

Essa integral é uma integral imprópria. Passando para coordenadas polares, temos

$$\iint_S \vec{f} \cdot \vec{n}\, dS = -\int_0^{2\pi}\int_0^1 \left[\frac{-2r\cos\theta}{r} - \frac{5r\,\text{sen}\,\theta}{r} + 3\right] r\,drd\theta = -\int_0^{2\pi}\left[\lim_{h\to 0^+}\int_h^1 (-2\cos\theta - 5\,\text{sen}\,\theta + 3)\,rdr\right]d\theta$$

$$= -\frac{1}{2}\int_0^{2\pi} (-2\cos\theta - 5\,\text{sen}\,\theta + 3)\,d\theta = -3\pi.$$

Observamos que a superfície dada nesse exemplo não é suave na região de integração, pois ela apresenta problemas na origem. No entanto, foi possível calcular a integral dada, através de uma integral imprópria. Sempre que a superfície apresenta problemas em um ponto, podemos adotar esse procedimento. Nesse caso, a integral de superfície existe quando a integral imprópria converge.

Exemplo 6: Sejam S uma superfície paramétrica suave, representada por $\vec{r}(u,v)$, $(u,v) \in R$ e $\vec{n} = \vec{n}(u,v)$ um vetor unitário, normal a S. Se $\vec{f}$ é um campo vetorial contínuo definido sobre S e T é a componente de $\vec{f}$ na direção de $\vec{n}$, mostrar que

$$\iint_S \vec{f} \cdot \vec{n}\, dS = \iint_S T\, dS.$$

Solução: Pela definição 10.12.1, temos

$$\iint_S \vec{f} \cdot \vec{n}\, dS = \iint_R \vec{f}(\vec{r}(u,v)) \cdot \vec{n}(u,v)\left|\frac{\partial \vec{r}}{\partial u} \times \frac{\partial \vec{r}}{\partial v}\right| du\,dv.$$

A componente de $\vec{f}$ na direção de $\vec{n}$ é dada por

$$T = |\vec{f}|\cos\alpha,$$

sendo que α é o ângulo entre $\vec{f}$ e $\vec{n}$ (ver Figura 10.55).

Como $\vec{n}$ é unitário, temos

$$T = |\vec{f}||\vec{n}|\cos\alpha = \vec{f} \cdot \vec{n}.$$

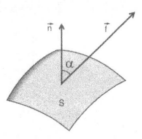

Figura 10.55

Portanto,

$$\iint_S \vec{f} \cdot \vec{n}\, dS = \iint_R T(u,v)\left|\frac{\partial \vec{r}}{\partial u} \times \frac{\partial \vec{r}}{\partial v}\right| du\,dv,$$

e assim, pela definição 10.9.1, temos

$$\iint_S \vec{f} \cdot \vec{n}\, dS = \iint_S T\, dS.$$

Esse resultado nos permite fazer uma análise da integral de superfície de um campo vetorial em diversas situações práticas, como segue:

a) Se, em cada ponto da superfície S, o campo vetorial $\vec{f}$ for perpendicular ao vetor $\vec{n}$, a integral de $\vec{f}$ sobre S será nula. Em particular, se $\vec{f}$ representa a densidade de fluxo de um fluido em movimento, será nulo o fluxo através da superfície S.

b) Se o ângulo entre $\vec{f}$ e $\vec{n}$ for agudo, a componente de $\vec{f}$ na direção de $\vec{n}$ será positiva e, dessa forma, teremos um fluxo positivo através de S.

c) Se o ângulo entre $\vec{f}$ e $\vec{n}$ for obtuso, a componente de $\vec{f}$ na direção de $\vec{n}$ será negativa. Nesse caso, teremos um fluxo negativo através de S. Na prática, isso significa que o fluido estará atravessando a superfície S no sentido contrário ao do vetor $\vec{n}$.

A Figura 10.56 esquematiza as três situações descritas.

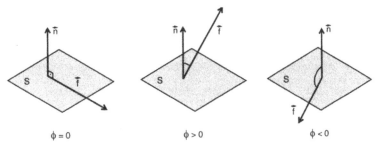

Figura 10.56

Exemplo 7: Determinar o fluxo do campo vetorial $\vec{f} = (x, y, 0)$ através da superfície exterior do sólido $x^2 + y^2 \leq 9$, $0 \leq z \leq 4$.

Solução: Como a superfície dada é formada por três partes suaves, S_1, S_2 e S_3 (ver Figura 10.57), temos

$$\phi = \iint_{S_1} \vec{f} \cdot \vec{n}\, dS + \iint_{S_2} \vec{f} \cdot \vec{n}\, dS + \iint_{S_3} \vec{f} \cdot \vec{n}\, dS.$$

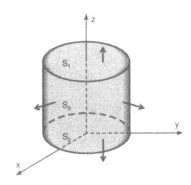

Figura 10.57

Para as superfícies S_1 e S_2, temos $\vec{n} = \vec{k}$ e $\vec{n} = -\vec{k}$, respectivamente. Como $\vec{f} = (x, y, 0)$, em ambos os casos, a componente de $\vec{f}$ na direção de $\vec{n}$ é nula.

Portanto, usando o exemplo anterior, concluímos que

$$\iint_{S_1} \vec{f} \cdot \vec{n}\, dS = \iint_{S_2} \vec{f} \cdot \vec{n}\, dS = 0.$$

Para calcular $\iint_{S_3} \vec{f} \cdot \vec{n}\, dS$, precisamos de uma parametrização de S_3. Conforme vimos na Subseção 10.2.3, S_3 pode ser representada por $\vec{r}(u, v) = (3\cos u, 3\operatorname{sen} u, v)$, onde $0 \leq u \leq 2\pi$ e $0 \leq v \leq 4$.

Como $\dfrac{\partial \vec{r}}{\partial u} \times \dfrac{\partial \vec{r}}{\partial v} = (3\cos u, 3\operatorname{sen} u, 0)$, usando a equação (2) temos,

$$\iint_{S_3} \vec{f} \cdot \vec{n}\, dS = \iint_R (3\cos u, 3\operatorname{sen} u, 0) \cdot (3\cos u, 3\operatorname{sen} u, 0)\, dudv = \int_0^{2\pi}\!\!\int_0^4 9(\cos^2 u + \operatorname{sen}^2 u)\, dudv = 72\pi.$$

Logo,

$$\phi = \iint_{S_1} \vec{f} \cdot \vec{n}\, dS + \iint_{S_2} \vec{f} \cdot \vec{n}\, dS + \iint_{S_3} \vec{f} \cdot \vec{n}\, dS = 0 + 0 + 72\pi = 72\pi \text{ unidades de fluxo.}$$

10.13 Exercícios

1. Provar que:

   a) Se a superfície S é dada na forma explícita por $y = y(x, y)$, $(x, z) \in R'$, onde R' é a projeção de S sobre o plano xz e $\vec{n}$ denota a normal unitária de S com componente y não negativa, obtemos:

   $$\iint_S \vec{f} \cdot \vec{n}\, dS = \iint_S f_1\, dydz + f_2\, dzdx + f_3\, dxdy$$
   $$= \iint_{R'}\left(-f_1 \frac{\partial y}{\partial x} + f_2 - f_3 \frac{\partial y}{\partial z}\right) dxdz.$$

   b) De maneira análoga, se S é dada por $x = x(y, z)$, $(y, z) \in R''$, onde R'' é a projeção de S sobre o plano yz e $\vec{n}$ denota a normal unitária de S com componente x não negativa, temos:

   $$\iint_S \vec{f} \cdot \vec{n}\, dS = \iint_S f_1\, dydz + f_2\, dzdx + f_3\, dxdy$$
   $$= \iint_{R''}\left(f_1 - f_2 \frac{\partial x}{\partial y} - f_3 \frac{\partial x}{\partial z}\right) dydz.$$

2. Seja T a superfície exterior do tetraedro limitado pelos planos coordenados e o plano $x + y + z = 4$. Calcular

   $$I = \iint_S (yz\, dydz + xz\, dzdx + xy\, dxdy),$$

   onde:

   a) S é a face da frente de T;
   b) S é a face de T que está no plano xz;
   c) S é a face de T que está no plano yz;
   d) S é a face de T que está no plano xy;
   e) Some os resultados dos itens (a), (b), (c) e (d). Interprete fisicamente.

3. Um fluido tem vetor densidade de fluxo $\vec{f} = x\vec{i} - (2x + y)\vec{j} + \vec{k}$. Sejam S o hemisfério $x^2 + y^2 + z^2 = 4$, $z \geq 0$, e $\vec{n}$ a normal que aponta para fora. Calcular a massa de fluido que atravessa S na direção de $\vec{n}$ em uma unidade de tempo.

4. Calcular $\iint_S \vec{f} \cdot \vec{n}\, dS$, sendo $\vec{f} = y\vec{i} - x\vec{j}$ e S a parte da esfera $x^2 + y^2 + z^2 = a^2$ no 1º octante com a normal apontando para fora.

5. Calcular $\iint_S \vec{f} \cdot \vec{n}\, dS$, sendo $\vec{f} = x\vec{i} + y\vec{j} + z\vec{k}$, S a parte do plano $2x + 3y + 4z = 12$ cortada pelos planos $x = 0$, $y = 0$, $x = 1$ e $y = 2$ e $\vec{n}$ a normal com componente z não negativa.

6. Calcular $I = \iint_S x^2\, dydz + y^2\, dzdx + z^2\, dxdy$, onde S é a superfície exterior da semi-esfera $x^2 + y^2 + z^2 = a^2$, $z \geq 0$.

7. Calcular $\iint_S x\, dydz + y\, dzdx + z\, dxdy$, onde S é a superfície exterior do cilindro $x^2 + z^2 = a^2$ limitada pelos planos $y = -4$ e $y = 4$.

Nos exercícios 8 a 11, calcular a integral de superfície dada.

8. $\iint_S x\,dydz + 2y\,dzdx + 3z\,dxdy$, onde S é a superfície plana delimitada pelo triângulo de vértices $(3, 0, 0)$, $(0, 2, 0)$ e $(0, 0, 3)$ e a normal afasta-se da origem.

9. $\iint_S dydz + dzdx + dxdy$, onde S é a superfície exterior do cone $z = \sqrt{x^2 + y^2}$ delimitado pelos planos $z = 1$ e $z = 4$.

10. $\iint_S x^2\,dydz + y^2\,dzdx + z^2\,dxdy$, onde S é a superfície plana $x + y = 2$, delimitada pelos planos coordenados e pelo plano $z = 4$ e a normal se afasta da origem.

11. $\iint_S x\,dydz + y\,dzdx + z\,dxdy$, onde S é a superfície plana $x = u + v$, $y = u - v$, $z = 1 - 2u$, tomada no 1º octante, e a normal afasta-se da origem.

12. Calcular
$$I = \iint_S \vec{f} \cdot \vec{n}\,dS, \text{ sendo } \vec{f} = x\vec{i} + 2\vec{j} + 3\vec{k}$$
e S a superfície exterior da esfera
$$\vec{r}(u, v) = (2\cos u \cos v, 2\,\text{sen}\,u \cos v, 2\,\text{sen}\,v),$$
$$0 \le u \le 2\pi \text{ e } -\frac{\pi}{2} \le v \le \frac{\pi}{2}.$$

13. Sejam S a superfície plana limitada pelo triângulo de vértices $(2, 0, 0)$, $(0, 2, 0)$ e $(0, 0, 2)$ e $\vec{n}$ um vetor unitário normal a S, com componente z não negativa. Determinar o fluxo do campo vetorial
$$\vec{f} = y\vec{i} + x\vec{j} + 2\vec{k},$$
através da superfície S, na direção de $\vec{n}$.

14. Determinar o fluxo do campo vetorial $\vec{f} = (0{,}2x, 2y)$ através da superfície exterior do sólido $x^2 + y^2 \le 16$, $0 \le z \le 4$.

15. Calcular $I = \iint_S \vec{f} \cdot \vec{n}\,dS$, sendo
$$\vec{f} = (x + 1)\vec{i} + y\vec{j} + 2\vec{k}$$
e S a superfície exterior de $z = y^2 + 1$ delimitada por $x = 0$, $x = 1$ e $z = 17$.

16. Determinar o fluxo do campo vetorial
$$\vec{f} = (2x, 2y, 2z),$$
através da superfície esférica $x^2 + y^2 + z^2 = a^2$ interior ao cone $z = \sqrt{x^2 + y^2}$ com normal exterior.

17. Sejam S_1 a superfície paramétrica dada por
$$\vec{r}_1(u, v) = (u, v, \sqrt{u^2 + v^2}),\ u^2 + v^2 \le 36,\ \text{e}\ S_2\ \text{a}$$
superfície dada por
$$\vec{r}_2(u, v) = (u, v, -\sqrt{u^2 + v^2}),\ u^2 + v^2 \le 36.$$

a) Calcular o fluxo do campo vetorial
$$\vec{f} = (x, y, z)$$
através de S_1, na direção do vetor normal unitário exterior a S_1.

b) Calcular o fluxo de $\vec{f}$ através de S_2 na direção do vetor normal unitário exterior a S_2.

c) Comentar os resultados obtidos em (a) e (b), interpretando-os fisicamente.

18. Calcular $I_1 = \iint_S \vec{f} \cdot \vec{n}_1\,dS$, onde $\vec{n}_1$ é o vetor normal unitário superior de S, e $I_2 = \iint_S \vec{f} \cdot \vec{n}_2\,dS$, onde $\vec{n}_2$ é o vetor normal unitário inferior de S, sendo $\vec{f} = x\vec{i} + y\vec{j} + z\vec{k}$ e S a parte do plano $3x + 2y + z = 12$ cortada pelos planos $x = 0$, $y = 0$, $x = 1$ e $y = 2$.

Por que o resultado de I_2 é negativo?

19. Seja S a superfície paramétrica dada por
$$\vec{r}(u, v) = (u, v, \sqrt{u^2 + v^2}),\ \text{com}\ u^2 + v^2 \le 36.$$

a) Determinar o vetor normal $\dfrac{\partial \vec{r}}{\partial u} \times \dfrac{\partial \vec{r}}{\partial v}$ no ponto $P(3, 4, 5)$.

b) Calcular o fluxo através de S, do campo vetorial $\vec{f} = (x, y, -z)$, na direção do vetor $\dfrac{\partial \vec{r}}{\partial u} \times \dfrac{\partial \vec{r}}{\partial v}$.

c) Como se explica o sinal negativo que ocorreu em (b)?

20. Calcular $I_1 = \iint_S \vec{f} \cdot \vec{n}_1\,dS$, onde $\vec{n}_1$ é o vetor normal unitário superior de S, e $I_2 = \iint_S \vec{f} \cdot \vec{n}_2\,dS$, onde $\vec{n}_2$ é

o vetor normal inferior de S, sendo

$$\vec{f} = 2\vec{i} + 5\vec{j} + 3\vec{k}$$

e S a parte do cone $z = (x^2 + y^2)^{1/2}$ interior ao cilindro $x^2 + y^2 = 1$. Por que o resultado de I_1 é positivo?

21. Seja T a região limitada pelos gráficos de $x^2 + y^2 = 4$, $z = 0$ e $z = 3$. Seja S a superfície de T, com a normal exterior. Calcular $\iint_S \vec{f} \cdot \vec{n}\, dS$, sendo $\vec{f} = (x^3, y^3, z^3)$.

10.14 Teorema de Stokes

No Capítulo 9, vimos que, sob certas condições, uma integral curvilínea no plano pode ser transformada em uma integral dupla, pelo teorema de Green.

O teorema de Stokes constitui uma generalização do teorema de Green para o espaço tridimensional e pode ser utilizado para transformar determinadas integrais curvilíneas em integrais de superfície, ou vice-versa.

Além disso, ele é de grande importância em aplicações físicas.

10.14.1 Teorema

Seja S uma superfície orientável, suave por partes, delimitada por uma curva fechada, simples, suave por partes, C. Então, se $\vec{g}$ é um campo vetorial contínuo, com derivadas parciais de 1ª ordem contínuas em um domínio que contém $S \cup C$, temos

$$\iint_S \operatorname{rot} \vec{g} \cdot \vec{n}\, dS = \oint_C \vec{g} \cdot d\vec{r}, \tag{1}$$

onde a integração ao longo de C é efetuada no sentido positivo determinado pela orientação de S, como mostra a Figura 10.58.

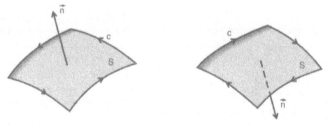

Figura 10.58

Se o campo $\vec{g}$ tem componentes g_1, g_2 e g_3, (1) pode ser reescrita como

$$\oint_C (g_1 dx + g_2 dy + g_3 dz) = \iint_S \left[\left(\frac{\partial g_3}{\partial y} - \frac{\partial g_2}{\partial z} \right) dy dz + \left(\frac{\partial g_1}{\partial z} - \frac{\partial g_3}{\partial x} \right) dz dx + \left(\frac{\partial g_2}{\partial x} - \frac{\partial g_1}{\partial y} \right) dx dy \right]. \tag{2}$$

Prova Parcial: Vamos fazer a demonstração para uma superfície S parametrizada por

$$\vec{r}(u, v) = x(u, v)\vec{i} + y(u, v)\vec{j} + z(u, v)\vec{k},\ (u, v) \in R,$$

supondo que as derivadas parciais de 2ª ordem de $\vec{r}$ são contínuas e R é uma região em que podemos aplicar o teorema de Green. O vetor $\vec{n}$ considerado será o vetor

$$\vec{n} = \frac{\dfrac{\partial \vec{r}}{\partial u} \times \dfrac{\partial \vec{r}}{\partial v}}{\left|\dfrac{\partial \vec{r}}{\partial u} \times \dfrac{\partial \vec{r}}{\partial v}\right|}.$$

Para obtermos (2), basta mostrar que

$$\oint_C g_1 dx = \iint_S \left(\frac{\partial g_1}{\partial z} dzdx - \frac{\partial g_1}{\partial y} dxdy\right), \tag{3}$$

$$\oint_C g_2 dy = \iint_S \left(-\frac{\partial g_2}{\partial z} dydz + \frac{\partial g_2}{\partial x} dxdy\right), \tag{4}$$

$$\oint_C g_3 dz = \iint_S \left(\frac{\partial g_3}{\partial y} dydz - \frac{\partial g_3}{\partial x} dzdx\right). \tag{5}$$

Vamos provar a equação (3).

Seja C_1 a curva que delimita a região R. Suponhamos que C_1 é orientada no sentido anti-horário e que o sentido positivo sobre C, determinado pela orientação de S, corresponde ao sentido positivo de C_1 (ver Figura 10.59).

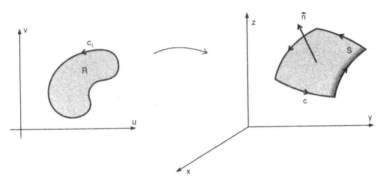

Figura 10.59

Seja $\vec{h}(t) = (u(t), v(t)), t \in [a,b]$ uma parametrização de C_1. Então,
$$\vec{r}((u(t), \quad v(t)), \quad t \in [a,b]$$
é uma parametrização da curva C.

Portanto, escrevendo $u = u(t)$, $v = v(t)$, temos

$$\oint_C g_1 dx = \int_a^b g_1(\vec{r}(u,v)) \frac{dx(u,v)}{dt} dt.$$

Usando a regra da cadeia, vem

$$\oint_C g_1 dx = \int_a^b g_1(\vec{r}(u,v))\left(\frac{\partial x}{\partial u}\frac{du}{dt} + \frac{\partial x}{\partial v}\frac{dv}{dt}\right) dt = \int_a^b \left(g_1(\vec{r}(u,v))\frac{\partial x}{\partial u}, g_1(\vec{r}(u,v))\frac{\partial x}{\partial v}\right) \cdot \left(\frac{du}{dt}, \frac{dv}{dt}\right) dt$$

$$= \oint_{C_1} \vec{f} \cdot d\vec{r}, \text{ onde } \vec{f} \text{ é o campo vetorial dado por}$$

$$\vec{f} = \left(g_1(\vec{r}(u,v))\frac{\partial x}{\partial u}, g_1(\vec{r}(u,v))\frac{\partial x}{\partial v}\right).$$

Aplicando o teorema de Green, obtemos

$$\oint_C g_1 dx = \iint_R \left\{ \frac{\partial}{\partial u}\left[g_1(\vec{r}(u,v))\frac{\partial x}{\partial v} \right] - \frac{\partial}{\partial v}\left[g_1(\vec{r}(u,v))\frac{\partial x}{\partial u} \right] \right\} du dv.$$

Como $\vec{r}(u,v)$ tem derivadas parciais de 2ª ordem contínuas, a integração à direita existe. Desenvolvendo as derivadas parciais do integrando com o auxílio da regra da cadeia temos

$$\oint_C g_1 dx = \iint_R \left\{ \frac{\partial}{\partial u}\left[g_1(\vec{r}(u,v))\frac{\partial x}{\partial v} \right] - \frac{\partial}{\partial v}\left[g_1(\vec{r}(u,v))\frac{\partial x}{\partial u} \right] \right\} du dv$$

$$= \iint_R \left\{ \frac{\partial}{\partial u}\left[g_1(x(u,v), y(u,v), z(u,v))\frac{\partial x}{\partial v} \right] - \frac{\partial}{\partial v}\left[g_1(x(u,v), y(u,v), z(u,v))\frac{\partial x}{\partial u} \right] \right\} du dv$$

$$= \iint_R \left\{ g_1(x(u,v), y(u,v), z(u,z)) \frac{\partial^2 x}{\partial u \partial v} + \left(\frac{\partial g_1}{\partial x}\frac{\partial x}{\partial u} + \frac{\partial g_1}{\partial y}\frac{\partial y}{\partial u} + \frac{\partial g_1}{\partial z}\frac{\partial z}{\partial u} \right)\frac{\partial x}{\partial v} \right.$$

$$- g_1(x(u,v), y(u,v), z(u,v)) \frac{\partial^2 x}{\partial v \partial u}$$

$$\left. - \left(\frac{\partial g_1}{\partial x}\frac{\partial x}{\partial v} + \frac{\partial g_1}{\partial y}\frac{\partial y}{\partial v} + \frac{\partial g_1}{\partial z}\frac{\partial z}{\partial v} \right)\frac{\partial x}{\partial u} \right\} du dv.$$

Aplicando o teorema de Schwarz e agrupando convenientemente, vem

$$\oint_C g_1 dx = \iint_R \left[\frac{\partial g_1}{\partial z}\left(\frac{\partial z}{\partial u}\frac{\partial x}{\partial v} - \frac{\partial z}{\partial v}\frac{\partial x}{\partial u} \right) - \frac{\partial g_1}{\partial y}\left(\frac{\partial y}{\partial v}\frac{\partial x}{\partial u} - \frac{\partial y}{\partial u}\frac{\partial x}{\partial v} \right) \right] du dv$$

$$= \iint_R \left[\frac{\partial g_1}{\partial z}\frac{\partial(z,x)}{\partial(u,v)} - \frac{\partial g_1}{\partial y}\frac{\partial(x,y)}{\partial(u,v)} \right] du dv = \iint_S \left(\frac{\partial g_1}{\partial z} dz dx - \frac{\partial g_1}{\partial y} dx dy \right).$$

De forma análoga, podemos provar as equações (4) e (5).

Observamos que a demonstração do teorema de Stokes no caso geral é bastante elaborada e foge aos objetivos deste texto.

10.14.2 Exemplos

Exemplo 1: Usando o teorema de Stokes, calcular $I = \int_C (y^2 dx + z^2 dy + x^2 dz)$, onde C é o contorno da parte do plano $x + y + z = a$, $a > 0$ que está no 1º octante, no sentido anti-horário.

Solução: A Figura 10.60 mostra o caminho C de integração. Como C é formado por três partes suaves, para obtermos a integral dada usando a definição 9.3.3, devemos calcular três integrais curvilíneas. Pelo teorema de Stokes, podemos transformá-la em uma única integral de superfície.

Vamos escolher uma superfície S que seja delimitada pela curva C e orientar S de forma a ser possível a aplicação do teorema.

Como a curva dada é plana, escolhemos para S o próprio plano que contém a curva. Em nosso exemplo, o vetor $\vec{n}$ será o vetor normal superior de S (ver Figura 10.60).

Usando a equação (2), obtemos

$$I = \iint_S [-2z dy dz - 2x dz dx - 2y dx dy].$$

Para calcular essa integral de superfície, vamos usar a forma explícita e aplicar a equação (5) da Seção 10.12. Temos

$$I = \iint_R \{-[(-2)(a-x-y)(-1)] - (-2x)(-1) - 2y\}\,dxdy$$

$$= -2a \iint_R dxdy, \text{ onde } R \text{ é a projeção de } S \text{ sobre o plano } xy \text{ (ver Figura 10.61).}$$

Logo, $I = -2a \cdot \dfrac{a^2}{2} = -a^3$.

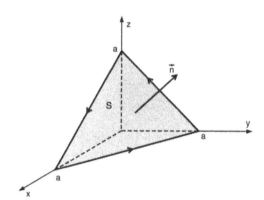
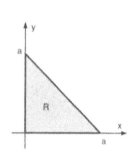

Figura 10.60 Figura 10.61

Exemplo 2: Seja S a parte do gráfico de $z = 9 - x^2 - y^2$, $z \geq 0$ com normal exterior. Determinar

$$\iint_S \text{rot } \vec{g} \cdot \vec{n}\,dS, \text{ sendo } \vec{g} = (3z, 4x, 2y).$$

Solução: A Figura 10.62 mostra a superfície S e a curva C que delimita S. Como a normal considerada é a normal exterior, podemos observar que a curva C deve ser orientada no sentido anti-horário.

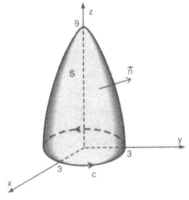

Figura 10.62

Usando a representação vetorial de C dada por
$\vec{r}(t) = (3\cos t, 3\,\text{sen}\,t, 0)$, $0 \leq t \leq 2\pi$, e aplicando (1), obtemos

$$\iint_S \text{rot } \vec{g} \cdot \vec{n}\,dS = \oint_C \vec{g} \cdot d\vec{r} = \int_0^{2\pi} (3 \cdot 0, 4 \cdot 3\cos t, 2 \cdot 3\,\text{sen}\,t) \cdot (-3\,\text{sen}\,t, 3\cos t, 0)\,dt$$

$$= \int_0^{2\pi} 36\cos^2 t\,dt = 36\int_0^{2\pi} \left(\frac{1}{2} + \frac{1}{2}\cos 2t\right)dt = 36\pi.$$

Exemplo 3: Sejam S_1 a superfície parabólica $z = x^2 + y^2$, $0 \leq z \leq 4$, com normal exterior e S_2 parte do plano $z = 4$ delimitada pelo cilindro $x^2 + y^2 = 4$, com normal inferior. Mostrar que

$$\iint_{S_1} \text{rot } \vec{g} \cdot \vec{n} \, dS = \iint_{S_2} \text{rot } \vec{g} \cdot \vec{n} \, dS,$$

sendo $\vec{g}$ um campo vetorial com derivadas parciais de 1ª ordem contínuas.

Solução: A Figura 10.63 mostra as superfícies S_1 e S_2. Podemos observar que as duas superfícies são delimitadas pela mesma curva C e que, para aplicar o teorema de Stokes, em ambos os casos, C deve ser orientada no sentido horário.

Portanto, usando a equação (1), obtemos

$$\iint_{S_1} \text{rot } \vec{g} \cdot \vec{n} \, dS = \oint_C \vec{g} \cdot d\vec{r} \quad \text{e} \quad \iint_{S_2} \text{rot } \vec{g} \cdot \vec{n} \, dS = \oint_C \vec{g} \cdot d\vec{r}$$

concluindo, dessa forma, que

$$\iint_{S_1} \text{rot } \vec{g} \cdot \vec{n} \, dS = \iint_{S_2} \text{rot } \vec{g} \cdot \vec{n} \, dS$$

Esse resultado pode ser generalizado. Se $\vec{g}$ é um campo vetorial contínuo com derivadas parciais de 1ª ordem contínuas, a integral de superfície do rotacional de $\vec{g}$ depende apenas da curva que delimita a superfície. Isto é, se S_1 e S_2 são delimitadas pela mesma curva C e determinam a mesma orientação em C (ver Figura 10.64), temos

$$\iint_{S_1} \text{rot } \vec{g} \cdot \vec{n} \, dS = \iint_{S_2} \text{rot } \vec{g} \cdot \vec{n} \, dS$$

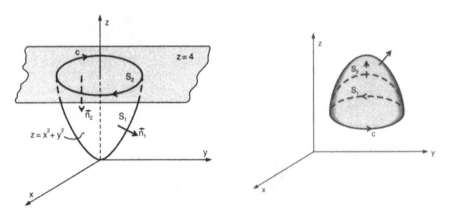

Figura 10.63   Figura 10.64

Exemplo 4: Calcular $I = \int_C (\text{sen } z \, dx - \cos x \, dy + \text{sen } z \, dz)$, onde C é o perímetro do retângulo $0 \leq x \leq \pi$, $0 \leq y \leq 1$, $z = 3$ no sentido horário.

Solução: A curva C, que é formada por quatro pedaços suaves, pode ser vista na Figura 10.65. Nesse exemplo, a superfície S é dada na forma explícita pela equação $z = 3$ e o vetor $\vec{n}$ tem componente z negativa. A projeção de S sobre o plano xy é o retângulo $0 \leq x \leq \pi$, $0 \leq y \leq 1$.

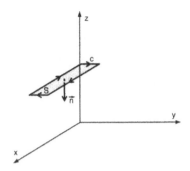

Figura 10.65

Portanto, usando (2) e a equação (5) da Seção 10.12, temos

$$I = \iint_S [(0-0)\,dydz + (\cos z - 0)\,dzdx + (\operatorname{sen} x - 0)\,dxdy] = \iint_S [\cos z\,dzdx + \operatorname{sen} x\,dxdy]$$

$$= -\iint_R (-0 \cdot 0 - \cos z \cdot 0 + \operatorname{sen} x)\,dxdy = -\int_0^\pi \int_0^1 \operatorname{sen} x\,dydx = -2.$$

Exemplo 5: Uma interpretação física do rotacional

Se $\vec{v}$ é um campo de velocidade de um fluido em movimento, usando o teorema de Stokes podemos obter uma interpretação física para o rotacional de $\vec{v}$.

Dado um ponto P no domínio de $\vec{v}$, sejam S_r a superfície de um disco de raio r, centrado em P, e C_r a circunferência que delimita esse disco. Escolhemos um vetor unitário, normal a S_r, e determinamos a correspondente orientação de C_r (ver Figura 10.66). Então, supondo que $\vec{v}$ satisfaz as hipóteses do teorema de Stokes, temos

$$\oint_{C_r} \vec{v} \cdot d\vec{r} = \iint_{S_r} \operatorname{rot} \vec{v} \cdot \vec{n}\,dS. \tag{6}$$

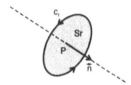

Figura 10.66

Conforme vimos na Subseção 9.3.5, a integral curvilínea $\oint_{C_r} \vec{v} \cdot d\vec{r}$ nos dá a circulação de $\vec{v}$ ao redor de C_r, a qual representa a tendência do fluido em girar em torno de C_r.

Para r suficientemente pequeno, podemos dizer que $\oint_{C_r} \vec{v} \cdot d\vec{r}$ descreve o comportamento do fluido nas proximidades de P, fornecendo uma medida da tendência do fluido em girar em torno do eixo determinado por $\vec{n}$. Por outro lado, nos pontos de S_r, podemos aproximar $\operatorname{rot} \vec{v} \cdot \vec{n}$ pelo valor constante $\operatorname{rot} \vec{v}(P) \cdot \vec{n}$. Então, se representarmos por A_r a área do disco S_r, a integral do segundo membro de (6) é aproximadamente dada por

$$\iint_{S_r} \operatorname{rot} \vec{v} \cdot \vec{n}\,dS \cong A_r [\operatorname{rot} \vec{v}(P) \cdot \vec{n}].$$

Substituindo esse valor em (6), obtemos

$$\oint_{C_r} \vec{v} \cdot d\vec{r} \cong A_r [\text{rot } \vec{v}(P) \cdot \vec{n}]. \tag{7}$$

A expressão (7) nos diz que a circulação em torno de C_r será maior quando o vetor $\vec{n}$ tiver a mesma direção do vetor rot $\vec{v}(P)$. Podemos, então, dizer que rot $\vec{v}(P)$ determina o eixo em torno do qual a circulação é máxima nas proximidades do ponto P. Em Dinâmica do Fluidos, o vetor rot $\vec{v}$ é chamado vórtice do escoamento.

Usando a equação (7), também podemos dar uma definição alternativa do rotacional de um campo vetorial $\vec{f}$, como segue:

$$\text{rot } \vec{f} \cdot \vec{n} = \lim_{r \to 0} \frac{1}{A_r} \oint_{C_r} \vec{f} \cdot d\vec{r}. \tag{8}$$

A equação (8) define a componente de rot $\vec{f}$ na direção de um vetor $\vec{n}$ perpendicular ao disco S_r. Se tomamos, sucessivamente, o disco S_r contido em cada um dos planos coordenados, com uma orientação conveniente, obtemos as componentes do rot $\vec{f}$ nas direções $\vec{i}$, $\vec{j}$ e $\vec{k}$, isto é, obtemos as componentes cartesianas de rot $\vec{f}$.

Fisicamente, essa definição nos diz que a componente de rot $\vec{f}$ em uma dada direção $\vec{n}$ é a densidade de circulação (circulação por unidade de área) de $\vec{f}$ em torno de $\vec{n}$.

10.15 Teorema da Divergência

O teorema da divergência expressa uma relação entre uma integral tripla sobre um sólido e uma integral de superfície sobre a fronteira desse sólido.

Esse teorema também é conhecido como teorema de Gauss e é de grande importância em aplicações físicas.

10.15.1 Teorema

Seja T um sólido no espaço, limitado por uma superfície orientável S. Se $\vec{n}$ é a normal unitária exterior a S e se $\vec{f}(x, y, z) = f_1(x, y, z)\vec{i} + f_2(x, y, z)\vec{j} + f_3(x, y, z)\vec{k}$ é uma função vetorial contínua que possui derivadas parciais de 1ª ordem contínuas em um domínio que contém T, então

$$\iint_S \vec{f} \cdot \vec{n} \, dS = \iiint_T \text{div } \vec{f} \, dV \tag{1}$$

ou

$$\iint_S [f_1 dydz + f_2 dzdx + f_3 dxdy] = \iiint_T \left[\frac{\partial f_1}{\partial x} + \frac{\partial f_2}{\partial y} + \frac{\partial f_3}{\partial z} \right] dxdydz. \tag{2}$$

Prova parcial: Para mostrar (2), basta mostrar as três equações:

$$\iint_S f_1 dydz = \iiint_T \frac{\partial f_1}{\partial x} dxdydz \tag{3}$$

$$\iint_S f_2 dz dx = \iiint_T \frac{\partial f_2}{\partial y} dx dy dz \qquad (4)$$

$$\iint_S f_3 dx dy = \iiint_T \frac{\partial f_3}{\partial z} dx dy dz. \qquad (5)$$

Vamos provar a equação (5).

Suponhamos que o sólido T é um conjunto de pontos (x, y, z) que satisfazem a relação $g(x, y) \leq z \leq f(x, y)$, para $(x, y) \in R$, onde R é a projeção de T sobre o plano xy, limitada por uma curva suave fechada simples C.

As funções f e g são contínuas em R com $g(x, y) \leq f(x, y)$ para cada ponto $(x, y) \in R$ (ver Figura 10.67).

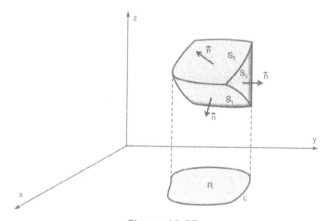

Figura 10.67

Então, a superfície S é composta por três partes:

$$S_1 : z = g(x, y), (x, y) \in R$$
$$S_2 : z = f(x, y), (x, y) \in R$$
$$S_3 : g(x, y) \leq z \leq f(x, y), (x, y) \in C.$$

Podemos dizer que S_1 é a 'base' do sólido, S_2 é a 'tampa' e S_3, a 'parte lateral'. Pode ocorrer que S_3 degenere em um curva, por exemplo, se S é uma esfera.

Analisando a integral tripla de (5), temos

$$\iiint_T \frac{\partial f_3}{\partial z} dx dy dz = \iint_R \left[\int_{g(x,y)}^{f(x,y)} \frac{\partial f_3}{\partial z} dz \right] dx dy = \iint_R f_3(x, y, z) \Big|_{g(x,y)}^{f(x,y)} dx dy$$

$$= \iint_R [f_3(x, y, f(x, y)) - f_3(x, y, g(x, y))] dx dy \qquad (6)$$

Analisando a integral de superfície de (5), temos

$$\iint_S f_3 dx dy = \iint_{S_1} f_3 dx dy + \iint_{S_2} f_3 dx dy + \iint_{S_3} f_3 dx dy.$$

A integral $\iint_{S_3} f_3 dx dy$ é nula pois sobre S_3, a normal $\vec{n}$ é paralela ao plano xy e o campo vetorial $(0, 0, f_3)$ é perpendicular a $\vec{n}$ (ver item (a) do Exemplo 6 da Subseção 10.12.6).

Logo,

$$\iint_S f_3 dxdy = \iint_{S_1} f_3 dxdy + \iint_{S_2} f_3 dxdy.$$

Sobre S_2, a normal $\vec{n}$ tem a componente z positiva e, sobre S_1, a normal $\vec{n}$ tem a componente z negativa. Usando a equação (5) da Seção 10.12, temos

$$\iint_S f_3 dxdy = -\iint_R f_3(x,y,g(x,y))\,dxdy + \iint_R f_3(x,y,f(x,y))\,dxdy$$

$$= \iint_R [f_3(x,y,f(x,y)) - f_3(x,y,g(x,y))]\,dxdy. \qquad (7)$$

De (6) e (7) vem

$$\iint_S f_3\,dxdy = \iiint_T \frac{\partial f_3}{\partial z}\,dxdydz,$$

que é o resultado que queríamos mostrar.

Analogamente, supondo que T é projetado sobre o plano yz, mostramos a equação (3) e, supondo que T é projetado sobre o plano xz, mostramos (4).

Concluímos a demonstração para o caso em que o sólido T pode ser projetado sobre os planos coordenados.

Se T não satisfaz as nossas hipóteses, mas em particular pode ser dividido em um número finito de sólidos do tipo descrito, então o teorema também pode ser facilmente verificado. Basta obter os resultados sobre cada parte e depois somá-los.

Para o caso mais geral, a demonstração foge aos objetivos deste texto.

10.15.2 Exemplos

Exemplo 1: Calcular $I = \iint_S [(2x-z)dydz + x^2 dzdx - xz^2 dxdy]$, onde S é a superfície exterior do cubo limitado pelos planos coordenados e pelos planos $x=1$, $y=1$ e $z=1$.

Solução: A Figura 10.68 mostra o sólido T limitado pela superfície S dada.

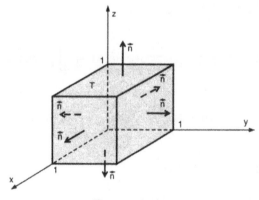

Figura 10.68

Como S é formada por seis partes suaves, para obtermos I usando a definição devemos calcular seis integrais de superfície. Pelo teorema da divergência, podemos transformá-la em uma única integral tripla.

Seja $\vec{n}$ o vetor normal unitário exterior a S.

Como $\vec{f} = (2x - z)\vec{i} + x^2\vec{j} - xz^2\vec{k}$ é uma função vetorial contínua que possui derivadas parciais contínuas em $\mathbb{R}^3$, temos

$$\iint_S [(2x - z)dydz + x^2dzdx - xz^2dxdy] = \iiint_T [2 + 0 - 2xz]dxdydz = \int_0^1\int_0^1\int_0^1 (2 - 2xz)dxdydz = \frac{3}{2}.$$

Exemplo 2: Calcular a integral do exemplo anterior sobre S', sendo S' a superfície exterior do cubo, exceto a face que está no plano $z = 1$.

Solução: Para resolver esse exemplo, vamos utilizar o resultado já obtido no exemplo anterior.
Temos

$$I = \iint_{S_1} \vec{f} \cdot \vec{n}\, dS + \iint_{S_2} \vec{f} \cdot \vec{n}\, dS + \ldots + \iint_{S_6} \vec{f} \cdot \vec{n}\, dS = \frac{3}{2},$$

onde $S_1, S_2, \ldots, S_6$ são as faces do cubo.

Queremos calcular $I_1 = I - \iint_{S_1} \vec{f} \cdot \vec{n}\, dS$, onde S_1 é a face que está no plano $z = 1$.

Logo,

$$I_1 = \frac{3}{2} - \iint_{S_1} [(2x - z)dydz + x^2dzdx - xz^2dxdy] = \frac{3}{2} - \iint_R [-(2x - 1) \cdot 0 - x^2 \cdot 0 - x \cdot 1^2]\,dxdy$$

$$= \frac{3}{2} + \int_0^1\int_0^1 x\, dxdy = \frac{3}{2} + \frac{1}{2} = 2.$$

Exemplo 3: Usando o teorema da divergência, dar uma definição alternativa para a divergência de um campo vetorial.

Solução: Seja $\vec{f}(x, y, z)$ um campo vetorial contínuo que possui derivadas parciais de 1ª ordem contínuas em uma região esférica T. Existe um ponto $A(u, v, w)$ no interior de T, tal que

$$\iiint_T \operatorname{div} \vec{f}(x, y, z)dV = \operatorname{div} \vec{f}(u, v, w) \cdot V, \tag{8}$$

onde V é o volume de T. Esse resultado decorre do teorema do valor médio para integrais triplas.
Pelo teorema da divergência, vem

$$\operatorname{div} \vec{f}(u, v, w) = \frac{\iint_S \vec{f} \cdot \vec{n}\, dS}{V}, \tag{9}$$

onde S é a superfície exterior de T. A razão à direita de (9) é interpretada como o fluxo do campo vetorial $\vec{f}$ por S, por unidade de volume, sobre a esfera T (ver a Subseção 10.12.5).

Seja P um ponto arbitrário. Suponhamos que $\vec{f}$ seja contínua em um domínio contendo P em seu interior. Seja S_r a superfície de uma esfera de raio r e centro P. Então, para cada r, existe um ponto P_r dentro de S_r, tal que

$$\operatorname{div} \vec{f}(P_r) = \frac{\iint_{S_r} \vec{f} \cdot \vec{n}\, dS}{V_r}, \text{ onde } V_r \text{ é o volume da esfera (ver Figura 10.69).}$$

Fazendo $r \to 0$, $P_r \to P$ e, então, podemos escrever

$$\text{div } \vec{f}(P) = \lim_{r \to 0} \frac{\iint_{S_r} \vec{f} \cdot \vec{n} \, dS}{V_r}, \tag{10}$$

isto é, a divergência de $\vec{f}$ em P é o valor limite do fluxo por unidade de volume, sobre uma esfera de centro em P, quando o raio dessa esfera tende para zero.

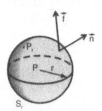

Figura 10.69

10.16 Exercícios

Nos exercícios 1 a 9, usar o teorema de Stokes para determinar a integral de linha dada:

1. $\oint_C (y^2 dx + x^2 dz)$, onde C é o contorno da parte do plano $2x + y + z = 4$ que está no 1º octante, no sentido anti-horário.

2. $\oint_C [(y + 2z)dx + (2z + x)dy + (x + y)dz]$, onde C é a intersecção das superfícies $x^2 + y^2 + z^2 = a^2$ e $x = \dfrac{a}{2}$. Considerar os dois sentidos de percurso.

3. $\oint_C (xdx + ydy + z^2 dz)$, onde C é o perímetro do retângulo $0 \le x \le 2$, $0 \le y \le 4$, $z = 4$, no sentido anti-horário.

4. $\oint_C (e^{x^2} dx + (x + z)dy + (2x - z)dz)$, onde C é o contorno da parte do plano $x + 2y + z = 4$ que está no 1º octante, no sentido anti-horário.

5. $\oint_C \vec{f} \cdot d\vec{r}$, onde
$\vec{f} = (y^3 \cos xz, 2x^2 + z^2, y(x - z))$
e C é o retângulo $0 \le x \le 4$, $0 \le z \le 1$, no plano $y = 2$. Considerar os dois sentidos do percurso.

6. $\oint_C [ydx + (x + y + 2z)dy + (x + 2y)dz]$, onde C é a intersecção do cilindro $x^2 + y^2 = 1$ com o plano $z = y$, orientada no sentido anti-horário.

7. $\oint_C [(y - x)dx + (x - z)dy + (x - y)dz]$, onde C é o retângulo de vértices $(0, 0, 5)$, $(0, 2, 5)$, $(-1, 0, 5)$ e $(-1, 2, 5)$, no sentido horário.

8. $\oint_C \vec{f} \cdot d\vec{r}$, sendo $\vec{f} = (e^{x^2} + 2y, e^{y^2} + x, e^{z^2})$ e C a elipse $x = \cos t$, $y = 2 \operatorname{sen} t$, $z = 2$, $0 \le t \le 2\pi$.

9. $\oint_C [(x^2 + 2y^3)dx + xy^2 dy + \sqrt[3]{z^2 + 1} \, dz]$, sendo C a circunferência $x = a\cos t$, $y = a \operatorname{sen} t$, $z = 2$, $0 \le t \le 2\pi$.

10. Seja S a parte do gráfico $z = 16 - x^2 - y^2$, $z \ge 0$ com normal exterior. Determinar $\iint_S \text{rot } \vec{g} \cdot \vec{n} dS$, sendo $\vec{g} = (2y, y + z, z)$.

11. Calcular $\iint_S \text{rot } \vec{g} \cdot \vec{n} dS$, sendo $\vec{g} = (xy^2, x, z^3)$ e S qualquer superfície suave delimitada pela curva $\vec{r}(t) = (2\cos t, 3 \operatorname{sen} t, 1)$, $0 \le t \le 2\pi$, com a normal apontando para cima.

Nos exercícios 12 a 19, usar o teorema da divergência para calcular a integral da superfície dada.

12. $\iint_S [x^2 dydz + y^2 dzdx + z^2 dxdy]$, sendo S a superfície exterior do tetraedro delimitado pelos planos coordenados e pelo plano $x + y + z = 1$.

13. $\iint_S \vec{f} \cdot \vec{n} dS$, sendo $\vec{f} = (x^2 y, 2xz, z^2)$ e S a superfície exterior do paralelepípedo retângulo delimitado pelos planos coordenados e pelos planos $x = 1$, $y = 2, z = 3$.

14. $\iint_S \vec{f} \cdot \vec{n} dS$, sendo $\vec{f} = 2x\vec{i} + 3y\vec{j} + 4z\vec{k}$ e S a superfície exterior do sólido delimitado pelos paraboloides
$$z = x^2 + y^2 - 9 \text{ e } z = -2x^2 - 2y^2 + 9.$$

15. $\iint_S \vec{f} \cdot \vec{n} dS$, sendo $\vec{f} = (2x, 2y, 0)$ e S a superfície do Exercício 13, exceto a face superior.

16. $\iint_S \vec{f} \cdot \vec{n} dS$, sendo $\vec{f} = (0, 0, 2z)$ e S a superfície do Exercício 13, exceto a face superior.

17. $\iint_S [x \, dydz + y \, dzdx + z \, dxdy]$, sendo S a parte da esfera $x^2 + y^2 + z^2 = 1$ abaixo do plano $z = \dfrac{1}{2}$, com normal exterior.

18. Calcular
$$I = \iint_S [(4x - y)dydz + y^2 dzdx - xy \, dxdy],$$
onde S é a superfície exterior do cubo limitado pelos planos coordenados e pelos planos $x = 2$, $y = 2$ e $z = 2$.

19. $\iint_S (2dydz + 3dzdx - 5dxdy)$, onde S é a superfície do paraboloide $z = 9 - x^2 - y^2$ acima do plano $z = 0$.

20. Usar o teorema da divergência para calcular o fluxo do campo vetorial $\vec{f}$, através da superfície do sólido T, sendo:

    a) $\vec{f} = -y\vec{j} + z\vec{k}$, e T o cilindro $x^2 + y^2 \leq 16$, $-2 \leq z \leq 2$.

    b) $\vec{f} = xy\vec{i} + yz\vec{j} + xz\vec{k}$ e T o cone $z \geq \sqrt{x^2 + y^2}, z \leq 4$.

    c) $\vec{f} = 2\vec{i} + 2\vec{j} + 2\vec{k}$ e T a esfera $x^2 + y^2 + z^2 \leq 4$.

21. Verificar o teorema de Stokes para
$$\vec{g} = 4y\vec{i} - xz\vec{j} + yz^2\vec{k},$$
onde S é a superfície do paraboloide $2z = x^2 + y^2$ limitado por $z = 8$ e C é o seu contorno percorrido no sentido anti-horário.

22. Verificar o teorema da divergência para
$$\vec{f} = (2xy + z)\vec{i} + y^2\vec{j} - (x + 3y)\vec{k}$$
tomado no sólido limitado por $x + y + 2z = 6$, $x = 0, y = 0$ e $z = 0$.

Apêndice A
Tabelas

Identidades Trigonométricas

(1) $\operatorname{sen}^2 x + \cos^2 x = 1$

(2) $1 + \operatorname{tg}^2 x = \sec^2 x$

(3) $1 + \operatorname{cotg}^2 x = \operatorname{cosec}^2 x$

(4) $\operatorname{sen}^2 x = 1/2\,(1 - \cos 2x)$

(5) $\cos^2 x = 1/2\,(1 + \cos 2x)$

(6) $\operatorname{sen} 2x = 2\operatorname{sen} x \cos x$

(7) $\cos 2x = \cos^2 x - \operatorname{sen}^2 x$

(8) $\operatorname{sen} x \cos y = 1/2[\operatorname{sen}(x - y) + \operatorname{sen}(x + y)]$

(9) $\operatorname{sen} x \operatorname{sen} y = 1/2[\cos(x - y) - \cos(x + y)]$

(10) $\cos x \cos y = 1/2[\cos(x - y) - \cos(x + y)]$

Tabela de Derivadas

Nesta tabela, u e v são funções deriváveis de x, e c, α e a são constantes.

(1) $y = c \Rightarrow y' = 0$

(2) $y = x \Rightarrow y' = 1$

(3) $y = c \cdot u \Rightarrow y' = c \cdot u'$

(4) $y = u + v \Rightarrow y' = u' + v'$

(5) $y = u \cdot v \Rightarrow y' = u' \cdot v + v \cdot u'$

(6) $y = \dfrac{u}{v} \Rightarrow y' = \dfrac{v \cdot u' - u \cdot v'}{v^2}$

(7) $y = u^\alpha,\ (\alpha \neq 0) \Rightarrow y' = \alpha \cdot u^{\alpha-1} \cdot u'$

(8) $y = a^u,\ (a > 0, a \neq 1) \Rightarrow y' = a^u \cdot \ln a \cdot u'$

(9) $y = e^u \Rightarrow y' = e^u \cdot u'$

(10) $y = \log_a u \Rightarrow y' = \dfrac{u'}{u} \log_a e$

(11) $y = \ln u \Rightarrow y' = \dfrac{u'}{u}$

(12) $y = u^v \Rightarrow y' = v \cdot u^{v-1} \cdot u' + u^v \cdot \ln u \cdot v'\ (u > 0)$

(13) $y = \operatorname{sen} u \Rightarrow y' = \cos u \cdot u'$

(14) $y = \cos u \Rightarrow y' = -\operatorname{sen} u \cdot u'$

(9) $\int \operatorname{cotg} u \, du = \ln |\operatorname{sen} u| + C$

(10) $\int \operatorname{cosec} u \, du = \ln |\operatorname{cosec} u - \operatorname{cotg} u| + C$

(11) $\int \sec u \, du = \ln |\sec u + \operatorname{tg} u| + C$

(12) $\int \sec^2 u \, du = \operatorname{tg} u + C$

(13) $\int \operatorname{cosec}^2 u \, du = -\operatorname{cotg} u + C$

(14) $\int \sec u \cdot \operatorname{tg} u \, du = \sec u + C$

(15) $\int \operatorname{cosec} u \cdot \operatorname{cotg} u \, du = -\operatorname{cosec} u + C$

(16) $\int \dfrac{du}{\sqrt{a^2 - u^2}} = \operatorname{arc\,sen} \dfrac{u}{a} + C$

(17) $\int \dfrac{du}{a^2 + u^2} = \dfrac{1}{a} \operatorname{arc\,tg} \dfrac{u}{a} + C$

(18) $\int \dfrac{du}{u\sqrt{u^2 - a^2}} = \dfrac{1}{a} \operatorname{arc\,sec} \left|\dfrac{u}{a}\right| + C$

(19) $\int \operatorname{senh} u \, du = \cosh u + C$

(20) $\int \cosh u \, du = \operatorname{senh} u + C$

(21) $\int \operatorname{sech}^2 u \, du = \operatorname{tgh} u + C$

(22) $\int \operatorname{cosech}^2 u \, du = -\operatorname{cotgh} u + C$

(23) $\int \operatorname{sech} u \cdot \operatorname{tgh} u \, du = -\operatorname{sech} u + C$

(24) $\int \operatorname{cosech} u \cdot \operatorname{cotgh} u \, du = -\operatorname{cosech} u + C$

(25) $\int \dfrac{du}{\sqrt{u^2 \pm a^2}} = \ln |u + \sqrt{u^2 \pm a^2}| + C$

(26) $\int \dfrac{du}{a^2 - u^2} = \dfrac{1}{2a} \ln \left|\dfrac{u + a}{u - a}\right| + C$

(27) $\int \dfrac{du}{u\sqrt{a^2 \pm u^2}} = -\dfrac{1}{a} \ln \left|\dfrac{a + \sqrt{a^2 \pm u^2}}{u}\right| + C$

Fórmulas de Recorrência

(1) $\int \operatorname{sen}^n u \, du = -\dfrac{1}{n} \operatorname{sen}^{n-1} u \cos u + \dfrac{n-1}{n} \int \operatorname{sen}^{n-2} u \, du$

(2) $\int \cos^n u \, du = \dfrac{1}{n} \cos^{n-1} u \operatorname{sen} u + \dfrac{n-1}{n} \int \cos^{n-2} u \, du$

(3) $\int \operatorname{tg}^n u \, du = \dfrac{1}{n-1} \operatorname{tg}^{n-1} u - \int \operatorname{tg}^{n-2} u \, du$

(4) $\int \operatorname{cotg}^n u \, du = -\dfrac{1}{n-1} \operatorname{cotg}^{n-1} u - \int \operatorname{cotg}^{n-2} u \, du$

(5) $\int \sec^n u \, du = \dfrac{1}{n-1} \sec^{n-2} u \operatorname{tg} u + \dfrac{n-2}{n-1} \int \sec^{n-2} u \, du$

(6) $\int \operatorname{cosec}^n u \, du = -\dfrac{1}{n-1} \operatorname{cosec}^{n-2} u \, \operatorname{cotg} u + \dfrac{n-2}{n-1} \int \operatorname{cosec}^{n-2} u \, du$

(7) $\int \dfrac{du}{(u^2+a^2)^n} = \dfrac{u(u^2+a^2)^{1-n}}{2a^2(n-1)} + \dfrac{2n-3}{2a^2(n-1)} \int \dfrac{du}{(u^2+a^2)^{n-1}}$

Apêndice B
Respostas dos Exercícios

Capítulo 1

Seção 1.4

1. a) $C(h, l) = \sqrt{h^2 + l^2}$ b) $V(x, y) = \pi x^2 y$ c) $f(a, b) = 2a + 2b$
   d) $f(x, y, z) = 2xz + 2yz$ e) $V(x, y, z) = xyz$ f) $d(P, Q) = \sqrt{(x - u)^2 + (y - v)^2 + (z - w)^2}$
   g) $T(x, y, z) = \sqrt{(x - x_0)^2 + (y - y_0)^2 + (z - z_0)^2}$, onde (x_0, y_0, z_0) é o centro da esfera.

2. $R(x, y) = 1300x + 1700y + 32xy - 50x^2 - 20y^2$

3. a) $D(z) = \mathbb{R}^2, Im(z) = \mathbb{R}$ b) $D(f) = \mathbb{R}^2, Im(f) = [1, +\infty)$
   c) $D(z) = \{(x, y) \in \mathbb{R}^2 \mid x^2 + y^2 \leq 9\}, Im(z) = [0, 3]$ d) $D(w) = \mathbb{R}^3, Im(w) = [1, +\infty)$
   e) $D(f) = \mathbb{R}^3, Im(f) = [0, +\infty)$ f) $D(f) = \mathbb{R}^2, Im(f) = \mathbb{R}$
   g) $D(z) = \mathbb{R}^2, Im(z) = [-2, +\infty)$ h) $D(f) = \mathbb{R}^2, Im(f) = \mathbb{R}$
   i) $D(w) = \mathbb{R}^2, Im(w) = [4, +\infty)$ j) $D(f) = \mathbb{R}^2, Im(f) = (-\infty, 4]$

4. a) $D(z) = \mathbb{R}^2$ b) $D(z) = \mathbb{R}^3 - \{(0, 0, 0)\}$ c) $D(z) = \{(x, y) \in \mathbb{R}^2 \mid |x| > |y|\}$
   d) $D(z) = \mathbb{R}^2$ e) $D(z) = \{(x, y) \in \mathbb{R}^2 \mid x^2 + y^2 \geq 1\}$ f) $D(z) = \{(x, y) \in \mathbb{R}^2 \mid x^2 + y^2 < 16\}$
   g) $D(z) = \{(x, y) \in \mathbb{R}^2 \mid y \neq 0\}$
   h) $D(z) = \{(x, y) \in \mathbb{R}^2 \mid y \neq 0\}$ i) $D(y) = \{(x, z) \in \mathbb{R}^2 \mid x \geq -1 \text{ e } z > -1 \text{ ou } x \leq -1 \text{ e } z < -1\}$
   j) $D(w) = \{(x, y, z) \in \mathbb{R}^3 \mid x^2 + y^2 + z^2 < 9\}$ k) $D(z) = \{(x, y) \in \mathbb{R}^2 \mid y \neq -x\}$
   l) $D(z) = \{(u, v, w) \in \mathbb{R}^3 \mid u^2 + v^2 + w^2 \leq 5\}$ m) $D(f) = \mathbb{R}^2$
   n) $D(z) = \{(x, y) \in \mathbb{R}^2 \mid x + y > 3\}$ o) $D(z) = \{(x, y) \in \mathbb{R}^2 \mid x \geq -4 \text{ e } y > 1\}$
   p) $D(f) = \{(x, y, z) \in \mathbb{R}^3 \mid -1 \leq x \leq 1, -1 \leq y \leq 1, -1 \leq z \leq 1\}$
   q) $D(z) = \{(x, y) \in \mathbb{R}^2 \mid 5x - 2y + 4 > 0\}$ r) $D(z) = \{(x, y) \in \mathbb{R}^2 \mid |x| + |y| \geq 1\}$

5. Observação: Existem outras soluções.
   a) $y_1 = \sqrt{x^2(9 - x^2) + z}$ $y_2 = -\sqrt{x^2(9 - x^2) + z}$ $D(y_1) = D(y_2) = \{(x, y) \in \mathbb{R}^2 \mid z \geq x^2(x^2 - 9)\}$
   b) $z_1 = \sqrt{9 - x^2 - (y - 3)^2}$ $z_2 = -\sqrt{9 - x^2 - (y - 3)^2}$ $D(z_1) = D(z_2) = \{(x, y) \in \mathbb{R}^2 \mid x^2 + (y - 3)^2 \leq 9\}$
   c) $l_1 = \sqrt{m^2 + n^2}$ $l_2 = -\sqrt{m^2 + n^2}$ $D(l_1) = D(l_2) = \mathbb{R}^2$

6. a) $D(z) = \{(x, y) \in \mathbb{R}^2 \mid 2x + y \neq 0\}$ b) $\dfrac{x + \Delta x + y}{2x + 2\Delta x + y}$ c) $\dfrac{1}{2}$

8. Circunferências concêntricas: $x^2 + y^2 = k$, $0 \leq k \leq 16$

9. Segmentos de retas verticais: $x = \sqrt{4 - k}$, $-12 \leq k \leq 4$

10. Circunferências concêntricas: $x^2 + y^2 = 4 - \frac{k}{2}, -42 \leq k \leq 8$

12. a) $z = \frac{4}{9}(x^2 + y^2)$ $z = 4 - \frac{4}{9}(x^2 + y^2)$ $z = \frac{3}{2} + \frac{5}{18}(x^2 + y^2)$

14. a) $\begin{cases} x^2 + y^2 = 1; \\ z = 1 \end{cases}$ $\begin{cases} z = 1 + y^2; \\ x = 1 \end{cases}$ $\begin{cases} z = 1 + x^2 \\ y = 1 \end{cases}$

b) $\begin{cases} x^2 + y^2 = 1 \\ z = 1 \end{cases}$ $\begin{cases} z = |y|; \\ x = 0 \end{cases}$ $\begin{cases} z = \sqrt{2} \cdot |x| \\ y = x \end{cases}$

c) $\begin{cases} x^2 + y^2 = 3 \\ z = 1 \end{cases}$ $\begin{cases} z = \sqrt{4 - x^2}; \\ y = 0 \end{cases}$ $\begin{cases} z = \sqrt{4 - 2x^2} \\ y = x \end{cases}$

16. a) na origem   b) diminuição   c) sobre a superfície do elipsóide

17. Os valores da função crescem à medida que nos afastamos da origem.

Capítulo 2

Obs.: muitos dos exercícios podem apresentar respostas diferentes das listadas aqui. Isso ocorrerá principalmente nos exercícios que envolvem parametrizações de curvas e superfícies.

Seção 2.8

1. a) $\vec{f}(t) = e^t \vec{i} + te^t \vec{j}$ b) $(1, 0); (e^2, 2e^2)$

2. $\vec{r}(0) = \vec{0}; \vec{r}(\pi) = \frac{2}{m}\vec{i} + \left(2\pi + \frac{\pi}{m}\right)\vec{j}$

4. a) $2(t^2 + t)\vec{i} + (t - t^2 + \operatorname{sen} t)\vec{j} + \cos t \vec{k}, \ 0 \leq t \leq 2\pi$ b) $t^2 + 2t^3 + (t - t^2)\operatorname{sen} t, \ 0 \leq t \leq 2\pi$

c) $t \cos t(1 - t)\vec{i} - t \cos t(1 + 2t)\vec{j} + (t^3 - t^2 + 2t^2 \operatorname{sen} t + t \operatorname{sen} t)\vec{k}, \ 0 \leq t \leq 2\pi$

d) $t^2 + 4t - \operatorname{sen} t, \ 0 \leq t \leq 2\pi$

e) $(2t^2 - 2t + 2)\vec{i} + (-t^2 + 3t - 2 + \operatorname{sen}(t + 1))\vec{j} + \cos(t + 1)\vec{k}, \ 0 \leq t \leq 2\pi$

5. a) $(0, -1/2, 1), (1, -1, 1)$ c) A partícula tende para uma posição infinita.

6. a) $3\vec{i} + 3\vec{j}$ b) $-\vec{i} + \vec{j} + 6\vec{k}$ c) $2\vec{i} + \frac{11}{2}\vec{j} + \frac{21}{2}\vec{k}$

d) -5 e) $-9\vec{i} + 9\vec{j} - 3\vec{k}$ f) $2\vec{i} + 4\vec{j} + 6\vec{k}$ g) $\vec{0}$

7. a) $\vec{j} + 2\vec{k}$ b) O limite não existe

8. a) $-\vec{i} + \pi^2 \vec{j} - 5\vec{k}$ b) $\vec{j}$ c) $4\vec{i} + \vec{j}$ d) $\frac{1}{2}\vec{i} + 2\vec{k}$ e) $\ln 2 \vec{i}$

11. a) $-\vec{i}$, é contínua em $t = 0$; não existe, não é contínua em $t = 3$

b) $\vec{j}$, é contínua em $t = 0$ c) $\frac{\sqrt{2}}{4}\vec{j}$, não é contínua em $t = 0$ d) $-\vec{j} + \vec{k}$, é contínua em $t = 0$

e) não existe, não é contínua em $t = 1$ e não existe, não é contínua em $t = 2$

12. a) $[0, 2\pi]$ b) $(-\infty, 0) \cup (0, +\infty)$ c) $(0, +\infty)$ d) $(-1, 0) \cup (0, +\infty)$ e) $\bigcup_{n \in z}\left(\frac{\pi}{2} + n\pi, \frac{\pi}{2} + (n + 1)\pi\right)$

f) $(-1, 1) \cup (1, +\infty)$ g) $(-\infty, -2) \cup (-2, -1) \cup (-1, 1) \cup (1, 2) \cup (2, +\infty)$ h) $(0, 1) \cup (1, +\infty)$

15. a) $x^2 + y^2 = 4$ b) $x^2 + y^2 = 16; z = 2$ c) $\frac{(x - 2)^2}{16} + \frac{(y - 3)^2}{4} = 1$ d) $y = x^2 - 2x + 5; z = 2$

16. a) $y = 6x + 5$ b) $y = x^2 + 1$ c) $y = x + 2; z = 2; x \geq -1$

17. a) $(1, -5/2); \frac{\sqrt{41}}{2}; \left(1 + \frac{\sqrt{41}}{2}\cos t, \frac{-5}{2} + \frac{\sqrt{41}}{2}\operatorname{sen} t\right)$ b) $(3, -4); 5; (3 + 5\cos t, -4 + 5\operatorname{sen} t)$

c) $(0, -5/2); \frac{\sqrt{33}}{2}; \left(\frac{\sqrt{33}}{2}\cos t, \frac{-5}{2} + \frac{\sqrt{33}}{2}\operatorname{sen} t\right)$

18. a) é uma circunferência de centro $(-5/4, -1/2)$ e raio $\dfrac{\sqrt{53}}{4}$; $x = -\dfrac{5}{4} + \dfrac{\sqrt{53}}{4}\cos t$; $y = -\dfrac{1}{2} + \dfrac{\sqrt{53}}{4}\sen t$; $0 \le t \le 2\pi$

b) uma elipse: $x = \dfrac{3}{2} + \sqrt{\dfrac{7}{20}}\cos t$; $y = \dfrac{1}{5} + \sqrt{\dfrac{7}{50}}\sen t$; $0 \le t \le 2\pi$

c) uma elipse: $x = 2 + \dfrac{3\sqrt{2}}{2}\cos t$; $y = \dfrac{1}{2} + \dfrac{3}{2}\sen t$; $0 \le t \le 2\pi$

d) uma parábola: $x = t$; $y = \dfrac{t^2 + 4}{8}$
e) uma hipérbole: $x = t$; $y = \dfrac{1}{t - 1}$; $t > 1$

19. $\dfrac{x^2}{9} - \dfrac{y^2}{25} = 1$; $x \ge 3$

20. a) $(1 + 2t)\vec{i} + \left(\dfrac{1}{2} - t\right)\vec{j} + 2\vec{k}$ b) $5t\vec{i} + (2 - t)\vec{j}$ c) $(-1 + 5t)\vec{i} + (2 - 2t)\vec{j} + 5t\vec{k}$
d) $(\sqrt{2} + 5t)\vec{i} + 2\vec{j} + (\sqrt{3} - 3t)\vec{k}$

21. a) $(2 - 5t)\vec{i} + 4t\vec{j} + (1 - t)\vec{k}$ b) $(5 - 5t)\vec{i} + (-1 + t)\vec{j} + (-2 + 4t)\vec{k}$
c) $(\sqrt{2} - (7 + \sqrt{2})t)\vec{i} + (1 + t)\vec{j} + \left(\dfrac{1}{3} + \dfrac{26}{3}t\right)\vec{k}$ d) $\pi\vec{i} + \left(\dfrac{\pi}{2} - \left(1 + \dfrac{\pi}{2}\right)t\right)\vec{j} + (3 - t)\vec{k}$

22. a) $t\vec{i} + (5t - 1)\vec{j} + 2\vec{k}$ b) $t\vec{i} + \dfrac{22t - 9}{33}\vec{j} + \dfrac{11t - 3}{33}\vec{k}$ c) $t\vec{i} + (4 + t)\vec{j} + (3t + 24)\vec{k}$

23. a) $(2\cos t, 2\sen t, 4)$; $t \in [0, 2\pi]$ b) $(t, 2t^2, t^3)$ c) $(-1 + \sqrt{5}\cos t, \sqrt{10}\sen t, 2)$; $t \in [0, 2\pi]$
d) $(t, t^{1/2}, 2)$; $t \ge 0$ e) $(t, \ln t, e^t)$; $t > 0$ f) $(t, t, 2t^2)$ g) $(2 - 3t, 1, 2 + t)$; $t \in [0, 1]$
h) $(2 + 2\cos t, 2 + 2\sen t, 0)$; $0 \le t \le 2\pi$ i) $(2 + 2\cos t, 2 - 2\sen t, 0)$; $0 \le t \le 2\pi$
j) $(t, 0, 1 - t)$; $t \in [0, 1]$ k) $(t^2, t, 0)$; $t \in [-1, 1]$ l) $(1 - 2t, -2 + 2t, 3 - 4t)$; $t \in [0, 1]$
m) $(t, t^3 - 7t^2 + 3t - 2, 0)$; $0 \le t \le 3$ n) $(t, 2t - 1, -3t + 2)$ o) $(\cos t, \sen t, 2\cos t - 2\sen t)$; $0 \le t \le 2\pi$
p) $\left(\dfrac{\sqrt{2}}{2}\cos t, \dfrac{1}{2} + \dfrac{1}{2}\sen t, \dfrac{1}{2} + \dfrac{1}{2}\sen t\right)$; $0 \le t \le 2\pi$ q) $(3 + t, 3 + 2t, -2)$; $t \in [0, 1]$.

Seção 2.14

1. a) $-3\cos^2 t \sen t\,\vec{i} + \sec^2 t\,\vec{j} + 2\sen t\cos t\,\vec{k}$ b) $(\cos^2 t - \sen^2 t)\vec{i} - 2e^{-2t}\vec{j}$
c) $-\vec{i} + 3t^2\vec{j} + \dfrac{1}{t^2}\vec{k}$ d) $-e^{-t}\vec{i} - 2e^{-2t}\vec{j}$ e) $\dfrac{1}{t}\vec{i} + \vec{j} + \vec{k}$ f) $\dfrac{9}{(2t+1)^2}\vec{i} - \dfrac{2t}{1 - t^2}\vec{j}$

2. a) $(1, -2, 3)$ b) $(1, e)$ c) $(0, -1, 1)$ d) $(-1, 1)$ e) $(2, 1, 0)$

3. $\left(\dfrac{1}{2}, 0, 0\right)$

4. a) $\pm\left(\dfrac{\sqrt{2}}{2}, \dfrac{-\sqrt{2}}{2}, 0\right)$ b) $\pm(-1, 0, 0)$ c) $\pm\left(\dfrac{\sqrt{3}}{4}, \dfrac{1}{4}, \dfrac{\sqrt{3}}{2}\right)$ d) $\pm\left(\dfrac{\pi}{\sqrt{\pi^2 + 8}}, \dfrac{-2}{\sqrt{\pi^2 + 8}}, \dfrac{-2}{\sqrt{\pi^2 + 8}}\right)$

5. a) $\vec{v}(t) = -2\sen t\,\vec{i} + 5\cos t\,\vec{j}$; $\vec{a}(t) = -2\cos t\,\vec{i} - 5\sen t\,\vec{j}$; $\left|\vec{v}\left(\dfrac{\pi}{4}\right)\right| = \sqrt{\dfrac{29}{2}}$; $\left|\vec{a}\left(\dfrac{\pi}{4}\right)\right| = \sqrt{\dfrac{29}{2}}$

b) $\vec{v}(t) = e^t\vec{i} - 2e^{-2t}\vec{j}$; $\vec{a}(t) = e^t\vec{i} + 4e^{-2t}\vec{j}$; $|\vec{v}(\ln 2)| = \dfrac{\sqrt{17}}{2}$; $|\vec{a}(\ln 2)| = \sqrt{5}$.

c) $\vec{v}(t) = \senh t\,\vec{i} + 3\cosh t\,\vec{j}$; $\vec{a}(t) = \cosh t\,\vec{i} + 3\senh t\,\vec{j}$; $|\vec{v}(0)| = 3$; $|\vec{a}(0)| = 1$

6. a) $\frac{1}{2}(t-1)\vec{i} + \frac{1}{4}(t^2 - 2t + 1)\vec{j}$ b) $\vec{v}(t) = \left(\frac{1}{2}, \frac{1}{2}(t-1)\right); \vec{a}(t) = \left(0, \frac{1}{2}\right)$
   c) $\vec{v}(5) = \left(\frac{1}{2}, 2\right); \vec{a}(5) = \left(0, \frac{1}{2}\right)$

7. a) $t^2\vec{i} + 2\sqrt{t}\vec{j} + 4\sqrt{t^3}\vec{k}$ b) $(2, 1, 6)$ c) $(16, 4, 32);$ $\left(8, \frac{1}{2}, 12\right);$ $\left(2, \frac{-1}{16}, \frac{3}{2}\right)$

8. a) $\vec{v}(t) = \vec{i} - 2t\vec{k}; \vec{a}(t) = -2\vec{k}; \vec{v}(0) = \vec{i}; \vec{a}(0) = -2\vec{k}; \vec{v}(2) = \vec{i} - 4\vec{k}; \vec{a}(2) = -2\vec{k}$
   b) $\vec{v}(t) = \frac{-1}{(1+t)^2}\vec{i} + \vec{j}; \vec{a}(t) = \frac{2}{(1+t)^3}\vec{i}; \vec{v}(1) = \left(-\frac{1}{4}, 1\right)$
   $\vec{v}(2) = \left(-\frac{1}{9}, 1\right); \vec{a}(1) = \left(\frac{1}{4}, 0\right); \vec{a}(2) = \left(\frac{2}{27}, 0\right)$
   c) $\vec{v}(t) = 2t\vec{j} + 6t^5\vec{k}; \vec{a}(t) = 2\vec{j} + 30t^4\vec{k}; \vec{v}(0) = \vec{0}; \vec{v}(1) = 2\vec{j} + 6\vec{k}; \vec{a}(0) = 2\vec{j}; \vec{a}(1) = 2\vec{j} + 30\vec{k}$
   d) $\vec{v}(t) = -\vec{i} + \vec{j}; \vec{a}(t) = \vec{0}; \vec{v}(1) = \vec{v}(2) = -\vec{i} + \vec{j}; \vec{a}(1) = \vec{a}(2) = \vec{0}$

9. a) $\vec{b}$ b) $2t\vec{a} + \vec{b}$

15. a) $(-2t - 4t^3)\vec{i}$ b) 0 c) $\vec{0}$ d) $4t^3 + 2t$

16. $\frac{-1}{(t-1)^2}\vec{i} + \frac{t^2 - 2t}{(t-1)^2}\vec{j}$

19. a) $(2 + 3\cos t, 1 - 4\operatorname{sen} t); t \in [0, 2\pi]$ b) $(1 - t, 3 - t, 3 - 2t); t \in [0, 1]$
   c) $(5 - 2t, 7 - 2t, -2 + 2t); t \in [1, 2]$
   d) $(-t, t^2); t \in [-1, 2]$ e) $(2\pi - t + \operatorname{sen} t, 1 - \cos t); t \in [0, 2\pi]$ f) $(1 + \cos t, 1 - \operatorname{sen} t, 8\pi - 2t); t \in [0, 4\pi]$
   g) $\left(2\cos^3\left(\frac{\pi}{2} - t\right), 2\operatorname{sen}^3\left(\frac{\pi}{2} - t\right)\right); t \in \left[0, \frac{\pi}{2}\right]$

20. $\left(\frac{1}{2}, \frac{1}{4}, \frac{1}{8}\right)$; não existe   22. a) não é suave   b) é suave   c) não é suave   d) é suave   e) é suave

24. a) $\sqrt{3}(e - 1)$ b) 60 c) $2\sqrt{2}\pi$ d) $\frac{8}{27}(10\sqrt{10} - 1)$ e) $\frac{1}{27}(85\sqrt{85} - 13\sqrt{13})$ f) $\sqrt{5}\pi$ g) 16 h) 2π
   i) $\frac{\pi}{2}\sqrt{1 + \pi^2} + \frac{1}{2}\ln(\pi + \sqrt{1 + \pi^2})$ j) $2\sqrt{10}$ k) $e - \frac{1}{e}$

25. a) $s(t) = \frac{\sqrt{17}}{2}t$ b) $s(t) = 2t$ c) $s(t) = \frac{1}{2}\left(t\sqrt{1 + 4t^2} + \frac{1}{2}\ln\left|2t + \sqrt{1 + 4t^2}\right|\right)$ d) $s(t) = \frac{3\sqrt{2}}{2}\operatorname{sen}^2 t$
   e) $s(t) = 2t, t \in [0, \pi]$ f) $s(t) = \frac{3a\operatorname{sen}^2 t}{2}; t \in \left[0, \frac{\pi}{2}\right]$

26. a) $\left(\sqrt{2}\cos\frac{s}{\sqrt{2}}, \sqrt{2}\operatorname{sen}\frac{s}{\sqrt{2}}\right), s \in [0, 2\sqrt{2}\pi]$ b) $\left(\frac{3s}{\sqrt{10}} - 1, \frac{s}{\sqrt{10}} + 2\right)$ c) $\left(\cos\frac{s}{\sqrt{2}}, \operatorname{sen}\frac{s}{\sqrt{2}}, \frac{s}{\sqrt{2}}\right)$
   d) $\left(2(-1 + \sqrt{1+s}), \frac{2}{3}\sqrt{8}(-1 + \sqrt{1+s})^{3/2}, (-1 + \sqrt{1+s})^2\right); s \in [0, 15]$
   e) $\left(\frac{s + \sqrt{3}}{\sqrt{3}}\cos\left(\ln\frac{s + \sqrt{3}}{\sqrt{3}}\right), \frac{s + \sqrt{3}}{\sqrt{3}}\operatorname{sen}\left(\ln\frac{s + \sqrt{3}}{\sqrt{3}}\right), \frac{s + \sqrt{3}}{\sqrt{3}}\right)$ f) $(\cos s, \operatorname{sen} s), s \in [0, 2\pi]$
   g) $\left(a\left(1 - \frac{2s}{3a}\right)^{3/2}, a\left(\frac{2s}{3a}\right)^{3/2}\right), 0 \le s \le \frac{3a}{2}$ h) $\left(2\cos\frac{s}{2\sqrt{5}}, \frac{2s}{\sqrt{5}}, 2\operatorname{sen}\frac{s}{2\sqrt{5}}\right), 0 \le s \le \sqrt{5}\pi$
   i) $\left(1 - \frac{s}{\sqrt{14}}, 2 + \frac{2s}{\sqrt{14}}, \frac{3s}{\sqrt{14}}\right), 0 \le s \le \sqrt{14}$

27. a) sim   b) sim   c) não   d) sim   e) não   f) sim   g) não   h) sim   28. a) $\left(-\operatorname{sen}\frac{t}{2}, \cos\frac{t}{2}\right)$

29. $3x\vec{i} + 3y\vec{j}$

30. $\dfrac{-x}{\sqrt{x^2+y^2+z^2}}\vec{i} - \dfrac{y}{\sqrt{x^2+y^2+z^2}}\vec{j} - \dfrac{z}{\sqrt{x^2+y^2+z^2}}\vec{k}$

31. a) $\{(x, y) \in \mathbb{R}^2 | x^2 + y^2 \leq 4\}$ b) $\{(x, y) \in \mathbb{R}^2 | x \neq 0\}$ c) $\{(x, y) \in \mathbb{R}^2 | y \geq 0\}$
  d) $\{(x, y, z) \in \mathbb{R}^3 | x \neq 0, y \neq 0 \text{ e } z \neq 0\}$ e) $\{(x, y) \in \mathbb{R}^2 | xy > 0\}$ f) $\{(x, y, z) \in \mathbb{R}^3 | z \geq 0\}$
  g) $\{(x, y, z) \in \mathbb{R}^3 | x + z \geq 0\}$ h) $\{(x, y, z) \in \mathbb{R}^3 | x^2 + y^2 < 1\}$.

Capítulo 3

Seção 3.7

1. a) é uma bola aberta em $\mathbb{R}^2$, centrada em $(0, 1)$ com raio 2
  b) é uma bola aberta em $\mathbb{R}^3$, centrada em $(0, 0, -3)$, com raio 3
  c) não é bola aberta   d) não é bola aberta   e) não é uma bola
  f) bola aberta de centro $(-2, 0)$ e raio 3   g) não é uma bola

2. a) A é aberto   b) A fronteira de A é o retângulo de vértices $(2, 1), (3, 1), (3, -1)$ e $(2, -1)$

3. a) B é aberto
  b) A fronteira de B é formada pelas faces do cubo de vértices $(1, -1, 1), (1, 1, 1), (-1, -1, -1), (-1, -1, 1), (-1, 1, 1),$ $(1, -1, -1), (1, 1, -1)$ e $(-1, 1, -1)$

4. São verdadeiras (b), (d) e (e)

5. São conexos os conjuntos A, B e C

6. a) circunferência de raio 2, centrada em $(0, 0)$ b) circunferência de raio 2, centrada em $(0, 0)$
  c) elipse centrada em $(0, 0)$ e semi-eixos 1 e 2 paralelos aos eixos coordenados x e y, respectivamente
  d) gráfico da hipérbole $y = \dfrac{1}{x}$ unido com o eixo dos y

7. a) A é aberto   b) B não é aberto   c) C é aberto   d) D não é aberto   e) E não é aberto

8. (a), (b), (c) e (e) são pontos de acumulação de A (d) e (f) não são pontos de acumulação de A

9. A não tem ponto de acumulação

10. a) V b) F c) V d) V e) V f) V g) F h) F i) V j) V

14. a) não existe b) 0 c) não existe d) não existe e) 0

15. a) 0 b) não existe c) 0 d) não existe e) não existe

17. a) $\dfrac{9}{2}$ b) $-\dfrac{1}{5}$ c) 1 d) 1 e) -10 f) $-\dfrac{4}{3}$

18. a) $\ln 12$ b) 1 c) $-\dfrac{1}{\pi}$ d) $\ln \dfrac{20}{3}$

19. a) 0 b) 0 c) 0

20. a) 0 b) $\dfrac{1}{2}$ c) $\dfrac{\sqrt{3}}{6}$ d) $\dfrac{2}{3}$ e) $\dfrac{1}{3}$ f) e g) 1

21. a) 1 b) 0 c) -14 d) 10 e) $\dfrac{-16}{3}$ f) 0 g) $\dfrac{1}{2}$ h) $-\ln 8$
  i) 0 j) 0 k) 1 l) 2 m) 0 n) 2 o) 0 p) 1

22. a) sim b) sim c) sim d) não e) não f) não g) não h) sim i) sim em $P(1, 1)$ e não em $Q(0, 0)$

23. a) $\mathbb{R}^2$ b) $\{(x, y) \in \mathbb{R}^2 | x \neq 1, y \neq 2 \text{ e } y \neq -1\}$ c) $\{(x, y) \in \mathbb{R}^2 | x > y \text{ e } x \neq -y\}$ d) $\mathbb{R}^2$

24. a) $a = 0$ b) $a = 4$

26. a) $\left(5, 2, \dfrac{1}{4}\right)$ b) $\left(e, 1, \dfrac{3}{2}\right)$ c) $(3, 4, 2)$

27. a) $\left(\dfrac{1}{2}, \sqrt{2}\right)$ b) $(0, 1, 1)$ c) $\left(6, \dfrac{3}{2}, 0\right)$

28. a) é contínua em $\mathbb{R}^2$ b) é contínua em $\mathbb{R}^3$
c) é contínua em $\{(x, y) \in \mathbb{R}^2 | x, y > 0\}$ d) é contínua em $\{(x, y, z) \in \mathbb{R}^3 | xz > 0\}$
e) é contínua em $\{(x, y, z) \in \mathbb{R}^3 | x \neq 0 \text{ e } x \neq y\}$ f) é contínua em $\mathbb{R}^3 - \{(0, 0, 0)\}$
g) é contínua em $\mathbb{R}^3$

Capítulo 4

Seção 4.5

1. $\dfrac{\partial z}{\partial x} = 5y - 2x, \dfrac{\partial z}{\partial y} = 5x$ **2.** $\dfrac{\partial f}{\partial x} = 2x, \dfrac{\partial f}{\partial y} = 2y$ **3.** $2, 5$ **4.** $\dfrac{y}{2\sqrt{xy}}, \dfrac{x}{2\sqrt{xy}}$

5. $2xy, x^2 + 6y$ **7.** $0, 0$ **8.** $2xye^{x^2y}, x^2 e^{x^2 y}$

9. $x\operatorname{sen}(y - x) + \cos(y - x), -x\operatorname{sen}(y - x)$ **10.** $y^2 + y + 2xy, 2xy + x + x^2$

11. $\dfrac{2xy^2}{x^2 + y^2}, \dfrac{2y^3}{x^2 + y^2} + 2y \ln(x^2 + y^2)$ **12.** $\dfrac{-x}{\sqrt{a^2 - x^2 - y^2}}, \dfrac{-y}{\sqrt{a^2 - x^2 - y^2}}$ **13.** $\dfrac{x}{\sqrt{x^2 + y^2}}, \dfrac{y}{\sqrt{x^2 + y^2}}$

14. $\dfrac{4xy^2}{(x^2 + y^2)^2}, \dfrac{-4x^2 y}{(x^2 + y^2)^2}$ **15.** $\dfrac{-y}{x^2 + y^2}, \dfrac{x}{x^2 + y^2}$ **16.** $(x + y + 1)e^{x+2y}, (2x + 2y + 1)e^{x+2y}$

17. $\dfrac{4xy^3}{(x^2 + 2y^2)^2}, \dfrac{x^4 - 2x^2 y^2}{(x^2 + 2y^2)^2}$ **18.** $2xe^{x^2+y^2-4}, 2ye^{x^2+y^2-4}$ **19.** $2y + 2y \operatorname{sen} xy \cos xy, 2x + 2x \operatorname{sen} xy \cos xy$

20. $\dfrac{1}{x+y} - 5, \dfrac{1}{x+y}$ **21.** $\dfrac{x}{\sqrt{x^2+y^2-1}}, \dfrac{y}{\sqrt{x^2+y^2-1}}$

22. $\dfrac{y}{2\sqrt{xy}} - y, \dfrac{x}{2\sqrt{xy}} - x$ **23.** $2wt, w^2 + \dfrac{1}{t^2}$ **24.** $v - \dfrac{1}{u}, u - \dfrac{1}{v}$

25. $2xy^2 - y, 2yx^2 - x$ **26.** $\dfrac{x}{\sqrt{x^2+y^2}} - 2x, \dfrac{y}{\sqrt{x^2+y^2}} - 2y$ **27.** $2xe^{x^2}[1 + x^2 + y^2], 2ye^{x^2}$

28. $\dfrac{\partial f}{\partial x} = \begin{cases} \dfrac{y^3 - x^2 y}{(x^2+y^2)^2}, & (x, y) \neq (0, 0) \\ 0, & (x, y) = (0, 0) \end{cases}$ $\dfrac{\partial f}{\partial y} = \begin{cases} \dfrac{x^3 - xy^2}{(x^2+y^2)^2}, & (x, y) \neq (0, 0) \\ 0, & (x, y) = (0, 0) \end{cases}$ **29.** $\dfrac{12}{5}$ **30.** satisfaz   **31.** satisfaz

32. a) aumento   b) 0   **33.** $-4\,°/\text{cm}, -12\,°/\text{cm}$ **34.** a) -2 b) -1 **35.** 1

36. a) $\begin{cases} z = \dfrac{\sqrt{5}}{3}y + \dfrac{4}{3} \\ x = 2 \end{cases}$ b) $\begin{cases} z = \dfrac{2}{3}x + \dfrac{5}{3} \\ y = \sqrt{5} \end{cases}$ **37.** $0, 0, 0$ **38.** $2xy + yz^2 + 2xz, x^2 + xz^2, 2xyz + x^2$

39. $\dfrac{2x}{z(x^2+y^2)}, \dfrac{2y}{z(x^2+y^2)}, \dfrac{-1}{z^2}\ln(x^2+y^2)$ **40.** $\dfrac{2x}{z}, \dfrac{2y}{z}, \dfrac{-1}{z^2}(x^2+y^2)$ **41.** $2y^z, 2xzy^{z-1}, 2xy^z \ln y$

42. $\operatorname{sen} yz + yz \cos xz, xz \cos yz + \operatorname{sen} xz, xy \cos yz + xy \cos xz$ **43.** $2xyz - z, x^2 z, x^2 y - x$

44. $\dfrac{w}{\sqrt{w^2+t^2+z^2}}, \dfrac{t}{\sqrt{w^2+t^2+z^2}}, \dfrac{z}{\sqrt{w^2+t^2+z^2}}$ **45.** $2u, 2v, -\dfrac{1}{w}, -\dfrac{1}{t}$

46. $\dfrac{yz(y^2+z^2)}{(x^2+y^2+z^2)^{\frac{3}{2}}}, \dfrac{xz(x^2+z^2)}{(x^2+y^2+z^2)^{\frac{3}{2}}}, \dfrac{xy(x^2+y^2)}{(x^2+y^2+z^2)^{\frac{3}{2}}}$

47. $\dfrac{-E}{A}, \dfrac{2E}{A}, \dfrac{3E}{A}, \dfrac{-E}{A}, \dfrac{E}{A}$ onde $A = (x_1 - 2x_2 - 3x_3 + x_4 - x_5)^2$ **49.** a) não   b) sim   c) sim   d) não   e) não

50. a) $\mathbb{R}^2$ b) $\mathbb{R}^2$ c) $\mathbb{R}^2 - \{(0,0)\}$ d) $1º$ e $3º$ quadrantes, excluindo-se os eixos coordenados   e) $\mathbb{R}^2 - \{(0,0)\}$
f) $\mathbb{R}^2$

g) $\mathbb{R}^2$ h) $\mathbb{R}^2$ i) $\{(x,y) \in \mathbb{R}^2 | x \neq 0\}$ j) $\mathbb{R}^2 - \{(1,1)\}$ k) $\mathbb{R}^2 - \{(x,y)|x^2+y^2=1\}$ l) $\mathbb{R}^2$

51. a) 2   b) 1   c) não

52. a) $z=1, \sqrt{2}\cdot x + \sqrt{2}\cdot y + 2z = 2\sqrt{2}$ b) $z=0, x+y-z=1$ c) não existe, $y-z=1$
d) $z=0, 4x-6y-z=-1$ e) $x+y+2\sqrt{2}\cdot z = 4, y+z=2$ f) $2e^2x+e^2y-z=2e^2, 2ex+ey-z=e$

53. a) $\left(\dfrac{3\sqrt{2}}{2}, \dfrac{\sqrt{2}}{2}\right)$ b) (9, 6)   c) (0, 0)   d) (0, 0)   e) (0, 0)   f) $\left(0, \dfrac{\pi}{2}\right)$ g) (0, 2, 0)   h) (0, 0)
i) $(1 + \ln(e+2), 2 + 2\ln(e+2))$ j) $(1, 2, -2, 1)$

54. a) $\left(\dfrac{3x^2}{y}, \dfrac{-x^3}{y^2}\right)$ b) $\left(\dfrac{2x}{\sqrt{x^2+y^2}}, \dfrac{2y}{\sqrt{x^2+y^2}}\right)$ c) $(4xy^5z, 10x^2y^4z, 2x^2y^5)$
d) $(-y \operatorname{sen} xy, -x \operatorname{sen} xy)$ e) $(vw+2u, uw-2v, uv-2w)$ f) $(2xy^2z^2 + \cos x, 2x^2yz^2, 2x^2y^2z)$

55. $y=x, y=4x-\dfrac{15}{2}$ **56.** $4x-z=4$ ou $4x+4y-z=8$

57. a) $(2x+y)dx + (x-1)dy$ b) $2x\Delta x + \Delta x^2 + x\Delta y + y\Delta x - \Delta y + \Delta x \Delta y$

58. $-1, -2,03$ **59.** $\dfrac{\sqrt{2}}{2}edx - \dfrac{\sqrt{2}}{2}edy$ **60.** $dx+dy$ **61.** $dx+dy+2dz$ **62.** $\dfrac{2}{3}dx + \dfrac{1}{3}dy + \dfrac{2}{3}dz$

63. $2\operatorname{sen}(x+y)\cos(x+y)dx + 2\operatorname{sen}(x+y)\cos(x+y)dy$ **64.** $(x-1)e^{x+y}dx + (xe^{x+y}-1)dy$

65. $2udu + \dfrac{1}{v}dv - 2wdw$ **66.** $(yze^{xyz}-y)dx + (xze^{xyz}-x)dy + xye^{xyz}dz$

67. $\dfrac{x_1^2 - x_2^2 - x_3^2 + 2x_1x_2 + 2x_1x_3}{(x_1+x_2+x_3)^2}dx_1 + \dfrac{x_2^2 - x_1^2 - x_3^2 + 2x_1x_2 + 2x_2x_3}{(x_1+x_2+x_3)^2}dx_2 + \dfrac{x_3^2 - x_1^2 - x_2^2 + 2x_1x_3 + 2x_2x_3}{(x_1+x_2+x_3)^2}dx_3$

68. $e^{x+y-z^2}(dx+dy-2zdz)$ **69.** $\dfrac{-2y}{x^2+y^2}dx + \dfrac{2x}{x^2+y^2}dy$ **70.** a) 2×10^{-4} b) 5×10^{-6} c) 0,122

71. $-2,002$ watts   **72.** 36000 m²   **73.** $17,1\pi$ cm³   **74.** $22,4\pi$ cm³   **75.** $-0,03528$ cm

76. a) 1,175   b) 8,992   c) 5,6568   d) 5,9966   e) 1,06   f) 4,964

Seção 4.10

1. a) $\dfrac{32t^3 - 36t + 2}{8t^4 - 18t^2 + 2t + 13}$ b) $\cos(2\cos t + 5\operatorname{sen} t)\cdot[-2\operatorname{sen} t + 5\cos t]$
c) $[216t^3 - 96t^2 + 8t + 2]\cdot e^{36t^3 - 24t^2 + 4t}$ d) $4t^3 + 15t^2 + 14t - 9$ e) $\dfrac{4t^2+4}{t^3+2t}, t \neq 0$

2. $10t\sec^2(5t^2)$ **3.** $\cos^2 t - \operatorname{sen}^2 t$ **4.** $\dfrac{12t}{1+36t^4}$ **5.** $te^{t^3}[-3t\operatorname{sen} t^3 + 3t\cos t^3 + 3t\cos t^2 - 2\operatorname{sen} t^2]$

6. $\dfrac{-e^{-t}}{\ln t} - \dfrac{e^{-t}}{t\ln^2 t}$ **7.** $4t\operatorname{sen} t + (2t^2+1)\cos t$ **8.** $\dfrac{-3}{2t^2\sqrt{t}} - \dfrac{\sqrt{t}}{2t^2}e^{\sqrt{t}/t}$

9. a) $2e^{2t}\dfrac{\partial f}{\partial x}(e^{2t}, \cos t) - \operatorname{sen} t\dfrac{\partial f}{\partial y}(e^{2t}, \cos t)$ b) 2   **10.** $\dfrac{\partial f}{\partial x}\dfrac{d^2x}{dt^2} + \dfrac{\partial^2 f}{\partial x^2}\left[\dfrac{dx}{dt}\right]^2 + 2\dfrac{\partial^2 f}{\partial x\partial y}\dfrac{dx}{dt}\dfrac{dy}{dt} + \dfrac{\partial f}{\partial y}\dfrac{d^2y}{dt^2} + \dfrac{\partial^2 f}{\partial y^2}\left[\dfrac{dy}{dt}\right]^2$

11. a) $2x - 2xy^2 + 2; -2x^2y$ b) $2e^x; 4y^3$ c) $\dfrac{-\operatorname{sen} x \cos x}{\sqrt{\cos^2 x + \operatorname{sen}^2 y + 5}}; \dfrac{\operatorname{sen} y \cos y}{\sqrt{\cos^2 x + \operatorname{sen}^2 y + 5}}$
d) $y^3 + 3y^2 + 3x^2 + 3x^2y - 2xy^2 - 6xy - 2x + 2y; x^3 - 3x^2 - 3y^2 + 3xy^2 - 2x^2y + 6xy + 2x - 2y$
e) $\dfrac{4u}{2u^2+v^4} + \dfrac{6u}{3u^2+v^2}; \dfrac{4v^3}{2u^2+v^4} + \dfrac{2v}{3u^2+v^2}$

12. $\dfrac{2u^3+2u}{\sqrt{(u^2+1)^2+v^2}}, \dfrac{v}{\sqrt{(u^2+1)^2+v^2}}$ **13.** $0, -2tgv$ **14.** $ve^{u-v}(1+u), u(1-v)e^{u-v}$

15. $-10v, -10u+10v$

16. $0, \dfrac{-1}{\operatorname{sen}^2 v} e^{\operatorname{cotg} v}$ **17.** $2r, -\cos \sec^2 \theta$ **18.** $\dfrac{x^2 + 2xy + 2y - 1}{(x + y)^2}, \dfrac{-(1 + x)^2}{(x + y)^2}$

19. $2(2x + y)^2 + 2\left[\dfrac{2x + y}{2x - y}\right] + 2(4x^2 - y^2) + 2\ln(2x - y), -(2x + y)^2 - \dfrac{2x + y}{2x - y} + 2(4x^2 - y^2) + \ln(2x - y)$

20. $0, 0$ **21.** $4x(x^2 - y^2) + 4ye^{4xy}, -4y(x^2 - y^2) + 4xe^{4xy}$

22. $y^3 + 3x^2y + 2xy^2 + y + y\ln xy, \; x^3 + 3xy^2 + 2x^2y + x\ln xy + x$

27. a) $8uv^2 + 2u + 6v, \; 8u^2v + 6u + 2v$ b) $4u^3 + 2v^3 - 4uv^2, -4v^3 - 4u^2v + 6uv^2$

28. $\dfrac{\partial z}{\partial r}\cos\theta - \dfrac{\partial z}{\partial \theta}\dfrac{\operatorname{sen}\theta}{r}, \; \dfrac{\partial z}{\partial r}\operatorname{sen}\theta + \dfrac{\partial z}{\partial \theta}\dfrac{\cos\theta}{r}$ **29.** a) $\dfrac{-9x}{4y}$ b) $\dfrac{4x - 5y}{5x + 6y}$

30. a) $-3x^2\left(\dfrac{y^2 + 1}{3z^2 - 1}\right), \dfrac{-2x^3y}{3z^2 - 1}$ b) $\dfrac{2x - y}{2z}, \dfrac{2y - x}{2z}$ c) $\dfrac{1 - 2x - yz}{xy}, \dfrac{1 - xz}{xy}$

31. a) $\dfrac{z - x}{y - z}, \dfrac{x - y}{y - z}$ b) $-1, \dfrac{y + 2x}{z}$

32. a) $\dfrac{-2uy}{3x^2y - 2xy}, \dfrac{-2yv}{3x^2y - 2xy}, \dfrac{2xu}{3x^2y - 2xy}, \dfrac{-3x^2v}{3x^2y - 2xy}$ b) $-1, 1, 3v, 3u - 2v$

33. $-\dfrac{3x^2 + 2y}{2x + 3y^2}$ **34.** a) $\dfrac{-y}{x}$ b) $-\dfrac{3x^2}{3y^2 + 1}$

35. a) $\dfrac{\partial h}{\partial x} = \dfrac{\partial f}{\partial x} + \dfrac{\partial f}{\partial u}\cdot\dfrac{\partial u}{\partial x}, \; \dfrac{\partial h}{\partial y} = \dfrac{\partial f}{\partial u}\cdot\dfrac{\partial u}{\partial y}$ b) $\dfrac{dh}{dx} = \dfrac{\partial f}{\partial x} + \dfrac{\partial f}{\partial u}\cdot u'(x) + \dfrac{\partial f}{\partial v}\cdot v'(x)$

c) $\dfrac{\partial h}{\partial u} = \dfrac{\partial f}{\partial x}\cdot\dfrac{\partial x}{\partial u} + \dfrac{\partial f}{\partial y}\cdot\dfrac{\partial y}{\partial u}, \; \dfrac{\partial h}{\partial v} = \dfrac{\partial f}{\partial x}\cdot\dfrac{\partial x}{\partial v} + \dfrac{\partial f}{\partial y}\cdot\dfrac{\partial y}{\partial v}, \; \dfrac{\partial h}{\partial w} = \dfrac{\partial f}{\partial x}\cdot\dfrac{\partial x}{\partial w} + \dfrac{\partial f}{\partial z}\cdot z'(w)$

36. $\dfrac{1}{4x + y}, \dfrac{y}{4x + y}, \dfrac{1}{2y + 8x}, \dfrac{-2x}{4x + y}$ **37.** $\dfrac{u + y}{2u - v}, \dfrac{u + x}{2u - v}, -\dfrac{2y + v}{2u - v}, -\dfrac{2x + v}{2u - v}$

38. a) u b) $\dfrac{u + v}{u^2}$ c) $2u^2 - 2v^2$ **39.** a) $-1, \; 2x - 2y$ b) $y = 4 - x, \; z = 2x^2 - 8x + 16$

40. a) $2 + 8y^2, 16xy, \; -18y + 8x^2, 16xy$ b) $2y^2, 4xy - 1, 2x^2, 4xy - 1$

c) $\dfrac{-1}{x^2}, 0, \dfrac{-1}{y^2}, 0$ d) $y^2 e^{xy}, e^{xy}[1 + xy], x^2 e^{xy}, e^{xy}[1 + xy]$

41. $\dfrac{\partial^3 z}{\partial x^3} = 6$, as demais derivadas terceiras são nulas

42. $-(x^2 + 4y^2)^{\frac{-3}{2}} + 3x^2(x^2 + 4y^2)^{\frac{-5}{2}}, \; 12xy(x^2 + 4y^2)^{\frac{-5}{2}}$

43. $-2y\operatorname{sen} xy - xy^2\cos xy, \; -2x\operatorname{sen} xy - x^2 y\cos xy, \; -2x\operatorname{sen} xy - x^2 y\cos xy$

44. $\dfrac{-4x^3 + 12xy^2}{(x^2 + y^2)^3}$

45. $-(1 - x^2 - y^2 - z^2)^{\frac{-1}{2}} - z^2(1 - x^2 - y^2 - z^2)^{\frac{-3}{2}}, \; -xy(1 - x^2 - y^2 - z^2)^{\frac{-3}{2}}$

46. $0, 0$ **47.** $(2xy + y^2)^{\frac{-1}{2}} - y(x + y)(2xy + y^2)^{\frac{-3}{2}}, \; 3y^3(2xy + y^2)^{\frac{-5}{2}}$

48. a) $\dfrac{6xy^2 - 2x^3}{(x^2 + y^2)^3}, (x, y) \neq (0, 0)$ b) $(1 + x)2ye^{x + y^2}$

49. a) sim   b) sim   c) sim   d) não

50. a) $\dfrac{\partial \vec{f}}{\partial x} = 2xy^2 z^2 \vec{j} + yze^{xyz}\vec{k}; \; \dfrac{\partial \vec{f}}{\partial y} = \dfrac{1}{2}y^{-1/2}\vec{i} + 2x^2 yz^2 \vec{j} + xze^{xyz}\vec{k}; \; \dfrac{\partial \vec{f}}{\partial z} = 2x^2 y^2 z \vec{j} + xye^{xyz}\vec{k}$

b) $\dfrac{\partial \vec{g}}{\partial x} = \dfrac{2y}{(x+y)^2}\vec{i} + 2\vec{j}$; $\dfrac{\partial \vec{g}}{\partial y} = \dfrac{-2x}{(x+y)^2}\vec{i}$; $\dfrac{\partial \vec{g}}{\partial z} = \vec{0}$

c) $\dfrac{\partial \vec{h}}{\partial x} = 2x\vec{k}$; $\dfrac{\partial \vec{h}}{\partial y} = -2y\vec{j}$; $\dfrac{\partial \vec{h}}{\partial z} = -2z\vec{i}$

d) $\dfrac{\partial \vec{p}}{\partial x} = 2e^{2x}\vec{i} + ye^{3y}\vec{j}$; $\dfrac{\partial \vec{p}}{\partial y} = (3y+1)xe^{3y}\vec{j}$

e) $\dfrac{\partial \vec{g}}{\partial x} = \sqrt{y}\,\vec{i} + \ln y\,\vec{j}$; $\dfrac{\partial \vec{g}}{\partial y} = \dfrac{x}{2\sqrt{y}}\vec{i} + \left(\dfrac{x-y}{y} - \ln y\right)\vec{j}$

f) $\dfrac{\partial \vec{u}}{\partial x} = ye^{xy}\vec{i} + \dfrac{1}{x}\vec{j}$; $\dfrac{\partial \vec{u}}{\partial y} = xe^{xy}\vec{i}$; $\dfrac{\partial \vec{u}}{\partial z} = \dfrac{1}{z}\vec{j}$

51. $((x+y)e^{xy}, (y+z)e^{yz}, (x+z)e^{xz})$

53. é uma parábola no plano $z = 1$

54. a) $(\sqrt{3}\cos v, \sqrt{3}\,\text{sen}\,v, 6), 0 \le v \le 2\pi$; $(0, u, 3+u^2), 0 \le u \le 3$

b) $(0, 1, 2\sqrt{3})$; $(-\sqrt{3}, 0, 0)$

55. $(0, 0, z^2(x^2+z^2)^{-3/2})$; $(0,0,0)$; $(z, 1, 0)$ **56.** $(0, 0, e^{yz}(yz+1))$; $(0, 0, (y^2z+2y)e^{yz})$

57. a) $(0,0,0)$; $\left(0, \dfrac{-1}{y^2}, 0\right)$; $(z, 0, 0)$; $(0, 0, 0)$; $\left(0, 0, \dfrac{2}{z^3}\right)$

b) $(-e^y\,\text{sen}\,x, e^x\,\text{sen}\,y, 0)$; $(e^y\,\text{sen}\,x, -e^x\,\text{sen}\,y, 0)$; $(e^y\cos x, e^x\cos y, 0)$; $(-e^y\,\text{sen}\,x, e^x\cos y, 0)$; $(0,0,0)$

c) $\left(\dfrac{2}{x^3}, 0, 0\right)$; $\left(0, \dfrac{6}{y^4}, 0\right)$; $(0, 0, z)$; $(0,0,0)$; $(0,0,0)$

58. $(0, -4, -24)$

Capítulo 5

Seção 5.10

1. a) $(0,0)$ é um ponto de máximo global; não existe um ponto de mínimo global

b) $(0,0)$ é ponto de mínimo global; não existe ponto de máximo global

c) não existem pontos de máximo ou mínimo globais

d) $(0,0)$ é ponto de mínimo global; não existe ponto de máximo global

e) $\left(\dfrac{\pi}{2} + 2k\pi, 2n\pi\right), k, n \in \mathbb{Z}$ são pontos de máximo global e $\left(\dfrac{3\pi}{2} + 2k\pi, (2n+1)\pi\right), k, n \in \mathbb{Z}$ são pontos de mínimo global

f) $(0,0)$ é ponto de mínimo global; não existe ponto de máximo global

g) $(1,1)$ é ponto de máximo global; os pontos sobre a circunferência de centro em $(1,1)$ e raio 1 são pontos de mínimo global

2. a) sim   b) sim   c) sim   **3.** $(0,0), (1,0), (-1,0)$ **4.** $(0,0)$

5. $(0,0); \left(0, \dfrac{1}{2}\right); \left(0, \dfrac{-1}{2}\right); \left(\dfrac{1}{2}, 0\right); \left(\dfrac{1}{2}, \dfrac{1}{2}\right); \left(\dfrac{1}{2}, \dfrac{-1}{2}\right); \left(\dfrac{-1}{2}, 0\right); \left(\dfrac{-1}{2}, \dfrac{1}{2}\right); \left(\dfrac{-1}{2}, \dfrac{-1}{2}\right)$ **6.** $\left(\dfrac{n\pi}{2}, 0\right), n \in \mathbb{Z}$

7. $(k\pi, b), k \in \mathbb{Z}$ e $b \in \mathbb{R}$ **8.** $(0,0), (1,-1), (-1,-1)$ **9.** $(2,0)$ **10.** $(0,0), (2,-4)$

11. $\left(\dfrac{\sqrt{2}}{2}, 0\right), \left(\dfrac{-\sqrt{2}}{2}, 0\right)$ **12.** $(1,0), (-1,0)$ **13.** $(a, -2a + k\pi), a \in \mathbb{R}, k \in \mathbb{Z}$

14. $(1,0), \left(1, \dfrac{1}{2}\right), \left(1, \dfrac{-1}{2}\right)$ **15.** $(-4, 3)$ **16.** $\left(16, \dfrac{-1}{4}\right)$ **17.** $(0,0)$, ponto de máximo

18. $(0,0)$, ponto de mínimo   **19.** $(0,0)$, ponto de máximo   **20.** $(3,1)$, ponto de mínimo

21. $(-1, 2k\pi), (1, (2k-1)\pi), k \in Z$, pontos de sela
22. $\left(0, \dfrac{k\pi}{2}\right), k \in Z$, pontos de sela
23. $(0, 0)$, ponto de mínimo
24. $(0, 0)$, ponto de sela
25. $(0, 0)$, ponto de sela e $\left(\dfrac{1}{3}, \dfrac{-1}{3}\right)$, ponto de mínimo
26. $(2, 1)$, ponto de mínimo; $(-2, -1)$, ponto de máximo; $(1, 2)$, ponto de sela e $(-1, -2)$, ponto de sela
27. $\left(\dfrac{-18}{7}, \dfrac{20}{7}\right)$, ponto de mínimo
28. $\left(-\sqrt[3]{\dfrac{1}{4}}, 0\right)$, não é possível classificar
29. $(1, 4)$, ponto de mínimo
30. $(0, 0)$, ponto de sela; $(1, 1)$, ponto de máximo e $(-1, -1)$, ponto de máximo
31. $(2, 0)$, ponto de máximo e $(-2, 0)$, ponto de mínimo
32. $\left(\dfrac{2k+1}{2}\pi, 0\right), k \in Z$, pontos de sela
33. $(2, 1)$, ponto de sela e $(-18, -9)$, ponto de sela
34. não existe
35. $5, -5$
36. $\sqrt{2}, 1$
37. $3, -2$
38. $\dfrac{3\sqrt{3}}{2}, 0$
39. $\dfrac{1}{2}, \dfrac{-1}{2}$
40. $4, -4$
41. $5, 2$
42. $27 + 6\sqrt{3}, -1$
43. $15, -8 - 4\sqrt{2}$
44. a) $(0, 0)$, ponto de mínimo   b) $(0, 0)$, ponto de máximo   d) $(0, 0)$, ponto de sela
45. $\left(\dfrac{-1}{2} \pm \dfrac{\sqrt{3}}{2}\right), \left(\dfrac{1}{2}, 0\right)$
46. $-9 + \sqrt{29}, \dfrac{-69}{4}$
47. $\sqrt{\dfrac{5}{3}}, \sqrt{\dfrac{5}{3}}, \dfrac{\sqrt{5}}{2\sqrt{3}}$
48. triângulo eqüilátero de lado $\dfrac{10}{3}$ cm
49. $\left(\dfrac{2\sqrt{3}}{3}, \dfrac{2\sqrt{3}}{3}, \dfrac{2\sqrt{3}}{3}\right)$
50. a) $L = P_1Q_1 + P_2Q_2 - Q_1^2 - Q_2^2 - 10$ b) $\dfrac{9}{2}, \dfrac{13}{2}$ c) $98{,}75$
51. $\left(\dfrac{3}{7}, \dfrac{9}{7}, \dfrac{6}{7}\right)$
52. $\sqrt[3]{100}, \sqrt[3]{100}, \sqrt[3]{100}$
53. $\sqrt[3]{32}, \sqrt[3]{32}, 2\sqrt[3]{32}$
54. a) $y = \dfrac{3}{2}x + \dfrac{1}{6}$ b) $y = \dfrac{14}{11}x + \dfrac{10}{11}$
55. $\dfrac{1}{3}, 1, \dfrac{2}{3}$
56. $3\sqrt[3]{10}, 3\sqrt[3]{10}, 3\sqrt[3]{10}$
57. $\left(\dfrac{2}{\sqrt{13}}, \dfrac{3}{\sqrt{13}}\right)$, ponto de mínimo e $\left(\dfrac{-2}{\sqrt{13}}, \dfrac{-3}{\sqrt{13}}\right)$, ponto de máximo
58. $\left(\dfrac{4}{\sqrt{5}}, \dfrac{2}{\sqrt{5}}\right)$, ponto de máximo e $\left(\dfrac{-4}{\sqrt{5}}, \dfrac{-2}{\sqrt{5}}\right)$, ponto de mínimo
59. $\left(\dfrac{1}{2}, \dfrac{1}{2}\right)$, ponto de mínimo
60. $(2, 2\sqrt{2})$ e $(-2, -2\sqrt{2})$, pontos de máximo; $(2, -2\sqrt{2})$ e $(-2, 2\sqrt{2})$, pontos de mínimo
61. $(3, 3, 3)$, ponto de mínimo
62. $\left(\dfrac{30}{11}, \dfrac{5}{11}, \dfrac{8}{11}\right)$
63. $\left(\dfrac{1}{3}, \dfrac{7}{3}, \dfrac{-5}{3}\right)$
64. 1
65. $(1, 1)$, ponto de máximo
66. $(1, 1, 1)$
68. $(2\sqrt{2}, \sqrt{2})$

Capítulo 6

Seção 6.2

8. a) $f(x, y, z) = x^2 + y^2 + z^2$ b) $\vec{r}(t) = (t, t^2, t^3)$ c) $\dfrac{21}{64}$ unidades de temperatura

10. a) $T = (r - \sqrt{x^2 + y^2 + z^2})k$ b) Superfícies esféricas de raio $r - \dfrac{k_1}{k}$ e centro na origem

11. a) família de circunferências centradas na origem   b) família de elipses centradas na origem
    c) família de retas verticais   d) família de circunferências centradas em $(2, 4)$

12. a) $f(x, y, z) = k(1{,}5 - z)$ b) planos paralelos à base do tanque

13. $T(x, y, z) = x^2 + y^2 + z^2$

14. $f(x, y) = \begin{cases} 1, \text{ se } (x, y) = \left(\dfrac{ia}{m}, \dfrac{jb}{n}\right)(i = 1, \ldots, m; j = 1, \ldots, n) \\ 0, \text{ nos demais casos} \end{cases}$

15. a) $y = \dfrac{cx}{2}$ b) $y = cx^2$ c) $x = c$ d) $y^2 = cx$

18. $f(x, y, z) = \sqrt{(x - x_0)^2 + (y - y_0)^2 + (z - z_0)^2}$ 19. $h(x, y, z) = 1140 - z$, onde z é a altitude em $P(x, y, z)$

20. a) $\vec{f}(x, y) = \dfrac{x}{\sqrt{x^2 + y^2}}\vec{i} + \dfrac{y}{\sqrt{x^2 + y^2}}\vec{j}$

b) $\vec{f}(x, y, z) = \dfrac{x}{\sqrt{x^2 + y^2 + z^2}}\vec{i} + \dfrac{y}{\sqrt{x^2 + y^2 + z^2}}\vec{j} + \dfrac{z}{\sqrt{x^2 + y^2 + z^2}}\vec{k}$ c) $\vec{f}(x, y) = \pm(y, -x)$

Seção 6.6

1. a) $4\sqrt{2}$ b) $\dfrac{3\sqrt{2}}{2}$ c) $\sqrt{2}e$ 2. $-\sqrt{2}$ 3. 1   4. $\dfrac{8\sqrt{5}}{5}$ 5. $\dfrac{-6\sqrt{5}}{5}$ 6. 3

7. $(y + z)\vec{i} + (x + z)\vec{j} + (x + y)\vec{k}$ 8. $2x\vec{i} + 4y\vec{j} + 8z\vec{k}$ 9. $3y^3\vec{i} + (9xy^2 - 2)\vec{j}$

10. $\dfrac{1}{2}\sqrt{xyz}\left(\dfrac{1}{x}\vec{i} + \dfrac{1}{y}\vec{j} + \dfrac{1}{z}\vec{k}\right)$ 11. $\dfrac{-x}{\sqrt{x^2 + y^2}}\vec{i} - \dfrac{y}{\sqrt{x^2 + y^2}}\vec{j} + \vec{k}$ 12. $e^{2x^2+y}4x\vec{i} + e^{2x^2+y}\vec{j}$

13. $\dfrac{y}{1 + x^2y^2}\vec{i} + \dfrac{x}{1 + x^2y^2}\vec{j}$ 14. $\dfrac{-2y}{(x - y)^2}\vec{i} + \dfrac{2x}{(x - y)^2}\vec{j}$ 15. $2y\vec{i} + (2x + z^2)\vec{j} + \left(2yz + \dfrac{1}{z}\right)\vec{k}$

16. $\sqrt{\dfrac{z}{x + y}}\left(\dfrac{1}{2z}, \dfrac{1}{2z}, \dfrac{-(x + y)}{2z^2}\right)$ 17. $2xze^{x^2-y}\vec{i} - ze^{x^2-y}\vec{j} + e^{x^2-y}\vec{k}$ 26. $\theta = \arccos\dfrac{14}{\sqrt{221}}$

28. a) $4\vec{i} + 6\sqrt{2}\vec{j}$ b) $-4\vec{i} - \vec{j}$ c) $4\vec{i} + 4\vec{j}$ d) $5\vec{i} - \vec{j}$

29. a) $(2, 5, 3)$ b) $(0, 0, -1)$ c) $(2, 2, -2)$

31. $x + 2y - 3 = 0; x + 4y - 18 = 0$ 32. $x + \sqrt{2}y - 2\sqrt{2} = 0$ 33. $2x + y + 5 = 0$ 34. $x - y - 2 = 0$

35. $y = 0$ 36. $(1 - 2t)\vec{i} + (1 - 2t)\vec{j} + (1 + t)\vec{k}$

37. $(1 + 2t)\vec{i} + (1 + 2t)\vec{j} + (\sqrt{2} + 2\sqrt{2}t)\vec{k}; (1 + 2t)\vec{i} + (1 + 2t)\vec{j} + (-\sqrt{2} - 2\sqrt{2}t)\vec{k}$

38. $(3 + 6t)\vec{i} + (4 + 8t)\vec{j} + (5 - 10t)\vec{k}$ 39. $(1 + t)\vec{i} + \left(2 + \dfrac{1}{2}t\right)\vec{j} + \left(-3 + \dfrac{1}{3}t\right)\vec{k}$

40. $\left(\dfrac{1}{2} + t\right)\vec{j} + \left(\dfrac{3\sqrt{3}}{2} + \dfrac{\sqrt{3}}{3}t\right)\vec{k}$ 41. a) $4\sqrt{5}$ b) $\sqrt{5}e^{-2}$ c) $\dfrac{2}{\sqrt{5}}$

42. a) $-\dfrac{\sqrt{2}}{2}$ b) $\dfrac{-20 + \sqrt{2}}{2}$ 43. $2x + \dfrac{16}{3}y + \dfrac{2}{3}$

44. $[(y + z)^2 + (x + z)^2 + (x + y)^2]^{1/2}$ 45. $\sqrt{2}x + \sqrt{2}y$ 46. $-2\sqrt{x^2 + y^2}$

47. $\dfrac{-x - y - z}{\sqrt{3(1 - x^2 - y^2 - z^2)}}$ 48. $-2\sqrt{2} - 4$ 49. $-34\vec{i} + 10\vec{j}$

50. $a\vec{i}, a \in \mathbb{R} - \{0\}$ 51. a) $5\vec{i} + 5\vec{j}; -5\vec{i} - 5\vec{j}$ b) $-e^{-2}\vec{i} + 2e^{-2}\vec{j}; e^{-2}\vec{i} - 2e^{-2}\vec{j}$

52. a) $\pm\left(\dfrac{\sqrt{2}}{2}, -\dfrac{\sqrt{2}}{2}\right)$ b) $\pm\left(\dfrac{3}{\sqrt{13}}, \dfrac{2}{\sqrt{13}}\right)$ c) $\pm\left(\dfrac{1}{\sqrt{5}}, \dfrac{-2}{\sqrt{5}}\right)$

53. a) $(2, -1)$ b) $\dfrac{\sqrt{2}}{2}$ 54. $\dfrac{6 - 2\sqrt{2}}{\sqrt{22}}$ 55. $\sqrt{5}$ 56. $2\sqrt{14}$

57. $\sqrt{\operatorname{sen}^2 x + \cos^2 y}$ 58. $\dfrac{\sqrt{2}}{2}$ 59. 0

60. $(e^{-4t}, 2e^{-4t}), t \geq 0$ 61. $(2t + 2, t + 4), 0 \leq t \leq 1$ 62. a) sim   b) $(t + 1, 3t + 1), 0 \leq t \leq 3$

63. a) não   b) $y = x, x \in [1, 10]$ 64. $\dfrac{-6\sqrt{14}}{49}; \left(\dfrac{-4}{7\sqrt{7}}, \dfrac{-8}{7\sqrt{7}}\right)$ 65. $\sqrt{2}x - y - 1 = 0$

66. a) $(-8, -8, 4)$ b) $(1, 0, 0)$ c) $\left(\dfrac{1}{27}, \dfrac{2}{27}, \dfrac{-2}{27}\right)$ 67. $\dfrac{20}{(x^2 + y^2 + z^2)^2}(x\vec{i} + y\vec{j} + z\vec{k})$

Seção 6.10

1. a) $8x^3 + xe^{xy}$ b) $2\operatorname{sen} x \cos x$ c) $4xy^2 + 3xz + y^2$ d) $\dfrac{x+1}{x}$ 2. a) sim   b) sim   c) não

4. a) $3 - y$; $(1 - z)\vec{i} + \vec{j}$ b) $2(x - y)$; $2(x - y)\vec{k}$ c) $2(x + y + z)$; $\vec{0}$ d) $2e^x \cos y$; $2e^x \operatorname{sen} y\, \vec{k}$

   e) $yz^3 + 6xy^2 - x^2y$; $-x^2z\vec{i} + (3xyz^2 + 2xyz)\vec{j} + (2y^3 - xz^3)\vec{k}$ f) 0; $\dfrac{\vec{k}}{\sqrt{x^2 + y^2}}$;

   g) $y^2z + 4xyz + 3xy^2$; $(6xyz - 2xy^2)\vec{i} + (xy^2 - 3y^2z)\vec{j} + (2y^2z - 2xyz)\vec{k}$

5. a) $(-y\operatorname{sen} xy - x\cos xy)\vec{k}$ b) $(-1 - 3x)\vec{i} + (3z - 2x^2)\vec{k}$ c) $-\vec{k}$

7. a) $2z$ b) $2(x + y + z)$ c) $(x - y)(\vec{i} + \vec{j})$ d) $\vec{0}$

   e) $(2xyz - x^2z + 3xz^2)\vec{i} + (3yz^2 + y^2z + 2xyz)\vec{j} + (3x^2y - 2z^3 + 3xy^2)\vec{k}$

   f) $z^2(x - y)\vec{i} + z^2(y - x)\vec{j} + (x - y)(y^2 - x^2)\vec{k}$ g) 0

8. a) $15\operatorname{sen} 2 + 2$ b) 0

9. a) $(6x^2yz - x)\vec{i} + (2x^3z - \cos x)\vec{j} + (2x^3y + z)\vec{k}$ b) $12x^5yz + 2x^4z^2 + 2x^3y \operatorname{sen} x$

   c) $(2x^3z \operatorname{sen} x - 4x^4yz)\vec{i} + (2x^6y - 6x^2yz \operatorname{sen} x - 2x^3yz \cos x)\vec{j} + (8x^3yz^2 - 2x^6z)\vec{k}$

10. $\vec{0}$ 11. a) sim   b) não   c) sim   d) sim   e) não   13. a) não   b) sim   c) sim   d) não   e) sim   f) sim   g) sim

14. a) sim   b) não   c) sim   d) sim   e) sim   15. a) sim   b) não   16. $-y^2 - 2xy + a(x)$

18. a) é conservativo em $\mathbb{R}^2$ b) é conservativo em D c) não é conservativo em D d) é conservativo em D

   e) não é conservativo em $\mathbb{R}^3$ f) não é conservativo em $\mathbb{R}^2$

   g) é conservativo em $\mathbb{R}^3$ h) é conservativo em $\mathbb{R}^2$

19. a) não   b) sim; $u = x - y\cos x + y + c$ c) não   d) é conservativo em domínios simplesmente conexos que não contêm pontos da reta $y = -x$; $u = \ln|x + y| - \ln|x| - 3x + y^2 + xy^2 + c$

   e) sim; $u = 5x^2z - \cos xy + c$ f) sim; $u = e^x + 2e^y + 3e^z + c$

20. a) $u = -(x^2 + y^2 + z^2)^{-1/2} + c$ b) $u = \ln(x^2 + y^2 + z^2) + c$ c) $u = xye^z + c$

Capítulo 7

Seção 7.6

1. a) $e^3 - e - 2$ b) $\dfrac{1}{3}[e^3 - 4]$ c) $\dfrac{4}{\pi}$ d) $\dfrac{3}{2}[3\ln 3 - 2\ln 2 - 1]$ e) $10\ln 2 - 6\ln 3$

2. a) $\dfrac{8}{3}$ b) 0 c) $\dfrac{e^2}{4} - \dfrac{3}{4}$ d) 1 e) $\dfrac{1}{4}\pi$ f) $\dfrac{1}{3}$ g) 0 h) $\dfrac{1}{6}$ i) $\dfrac{4\ln 2}{3} - \dfrac{7}{18}$ j) $\dfrac{4}{15}(2\sqrt{2} - 1)$

   k) $\dfrac{1}{2}\sec 1 \cdot \operatorname{tg} 1 + \dfrac{1}{2}\ln|\sec 1 + \operatorname{tg} 1|$ l) $\dfrac{4}{3}$ m) $-\dfrac{1}{2}$ n) $\dfrac{27}{4}$

3. a) $\displaystyle\int_0^2 \int_{2x}^4 f(x, y)\,dy\,dx$ b) $\displaystyle\int_0^1 \int_{\sqrt{y}}^{\sqrt[3]{y}} f(x, y)\,dx\,dy$ c) $\displaystyle\int_0^1 \int_1^e f(x, y)\,dx\,dy + \displaystyle\int_1^{e^2} \int_{\ln y}^2 f(x, y)\,dx\,dy$ d) $\displaystyle\int_0^4 \int_{1-\sqrt{4-y}}^{1+\sqrt{4-y}} f(x, y)\,dx\,dy$

   e) $\displaystyle\int_0^{\frac{\sqrt{2}}{2}} \int_{\operatorname{arcsen} y}^{\frac{\sqrt{2}\pi}{4}} f(x, y)\,dx\,dy$ f) $\displaystyle\int_0^4 \int_{\sqrt{x}}^2 f(x, y)\,dy\,dx$ g) $\displaystyle\int_0^2 \int_{\frac{1}{3}y}^{\frac{1}{2}y} f(x, y)\,dx\,dy + \displaystyle\int_2^3 \int_{\frac{1}{3}y}^1 f(x, y)\,dx\,dy$

4. 60, volume do sólido cuja base é o retângulo dado e que está delimitado superiormente pelo plano $z = x + 4$

5. $\dfrac{896}{15}$ 6. $\dfrac{\pi}{2} - 1$ 7. 1   8. 0   9. $\dfrac{4288}{105}$ 10. $2\ln 5 - \ln 3 - 3\ln 2$ 11. $\dfrac{1533}{20}$ 12. $\dfrac{9}{4}$ 13. 0

14. $\dfrac{1}{8}[1 - e^{-16}]$ 15. 2   16. $\dfrac{4}{5}$ 17. 0   18. 0   20. 2   21. $\dfrac{3}{2}$ 22. $\dfrac{5}{6}$

23. $\dfrac{2}{3} - \dfrac{8\sqrt{2}}{3} + 2\sqrt{3}$ 24. $\dfrac{1}{2}[e - 1]$

Seção 7.8

1. $\dfrac{32\pi}{3}$ 2. $\dfrac{\pi}{2}[1 - \cos 4]$ 3. $\dfrac{5\pi}{8}\ln 5$ 4. $\dfrac{\pi}{2}\left[1 - \dfrac{1}{\sqrt{1 + a^2}}\right]$

5. a) 12π b) 0   c) $\dfrac{2}{3}$ d) $\dfrac{\pi}{16}$ e) $\dfrac{2\pi}{3}$ f) $\dfrac{4\sqrt{2}}{3}$ g) $\dfrac{4}{3}$ h) $\dfrac{\pi a^3}{6}$ i) $\dfrac{\pi}{2}$

6. $\dfrac{52\pi}{3}$ 7. $\dfrac{\pi}{2}[e^8 - 1]$ 8. 8π 9. $\dfrac{45\pi}{2}$ 10. $\dfrac{4\sqrt{2}}{3} - \dfrac{8\sqrt{5}}{15}$ 11. 0   12. $\dfrac{2\pi}{3}$ 13. 2π

14. 8π (volume de um tronco de cilindro)   15. $\dfrac{\pi}{6}\text{sen}\,1$ 16. $2\pi\left[25\ln 5 - 32\ln 2 - \dfrac{9}{2}\right]$ 17. 8π

18. a) $\dfrac{\pi a^4}{2}$ b) $\dfrac{3\pi a^4}{2}$ c) $\dfrac{3\pi a^4}{2}$ 19. $\dfrac{7\sqrt{2}}{6}$ 20. 108π 21. 216π 22. 4   23. 4

Seção 7.10

1. $\dfrac{128}{3}$ 2. $\dfrac{128}{3}$ 3. $\dfrac{16}{3}$ 4. $\dfrac{\pi}{2}$ 5. 32π 6. $\dfrac{380}{3}$ 7. $\dfrac{81\pi}{4}$ 8. $\dfrac{128\pi}{3}$ 9. $\dfrac{128}{3}$ 10. 160π

11. 135π 12. $24\sqrt{3}\pi$ 13. $\dfrac{46\pi}{3}$ 14. $\dfrac{2}{3}$ 15. $\dfrac{1}{36}$ 16. volume do hemisfério de raio 1

17. volume do tetraedro delimitado pelos planos coordenados e pelo plano $3x + 2y + 6z = 6$

18. volume do paralelepípedo delimitado pelos planos coordenados e pelos planos $z = 1, x = 2$ e $y = 1$

19. volume de uma calha circular reta de raio 2 e altura 4

20. $\dfrac{3}{4}$ 21. 2π 22. $\dfrac{14}{3}a^2$ 23. $\dfrac{3\pi}{8}$ 24. $2\left[\text{arctg}\,2 - \dfrac{\pi}{4}\right]$ 25. $\dfrac{16\sqrt{6}}{25}$ 26. $\dfrac{1}{2} - \dfrac{1}{e}$ 27. $\dfrac{146}{9}$

28. $A_{R_1} = A_{R_2} = \dfrac{28}{3}$ 29. a) $2k, \left(\dfrac{1}{3}, 0\right)$ b) $\dfrac{14k}{3}, \left(\dfrac{3}{7}, 0\right)$ 30. a) $\dfrac{128k}{15}$ b) $\dfrac{512k}{7}$ 31. $\dfrac{99k\pi}{2}$

32. o centro de massa coincide com o centro do quadrado

33. a) $11,7k$ b) $\left(\dfrac{35}{52}, \dfrac{529}{182}\right)$ c) $\dfrac{3033k}{28}$ 34. $\dfrac{3}{4}, \left(\dfrac{23}{45}, \dfrac{47}{18}\right)$

35. $25k$; o centro de massa situa-se a $\dfrac{5}{3}$ cm da base, sobre sua mediatriz   36. $64k$ 37. a) $\dfrac{625k\pi}{2}$ b) $\dfrac{625k\pi}{4}$ 38. $\dfrac{64k}{3}$

Capítulo 8

Seção 8.5

1. $\dfrac{26}{3}$ 2. $\dfrac{64}{3}$ 3. 2π 4. 4   5. 0   6. $\dfrac{272}{3}$ 7. $\dfrac{16\pi}{3}$ 8. 112   9. $\dfrac{3}{5}$ 10. $\dfrac{8}{3}$ 11. $\dfrac{4}{3} - \ln 3$ 12. $\pi^2 - 6\,\text{sen}\,\dfrac{\pi^2}{6}$

13. $\dfrac{1}{4}$ 14. $\dfrac{68}{3}$ 15. $\dfrac{8}{3}$ 16. $\dfrac{128\sqrt{2}}{105}$ 18. a) $\dfrac{1}{6}$ b) $\dfrac{31}{120}$ c) $\dfrac{128}{21}$ d) $\dfrac{128}{21}$ e) $\dfrac{95}{8}$ f) $\dfrac{127}{42}$ g) π h) $\dfrac{81\pi}{2}$

Seção 8.7

1. $\pi\left(\dfrac{256}{15} - \dfrac{44\sqrt{3}}{5}\right)$ 2. $\dfrac{256\pi}{15}$ 3. $\dfrac{128}{3}$ 4. $\dfrac{2(3\pi - 4)}{9}$ 5. 0   6. $\dfrac{-16}{3}\pi$ 7. 0   8. $\dfrac{16}{3}\pi$ 9. $\dfrac{972\pi}{5}$

10. $\dfrac{243(2+\sqrt{2})\pi}{5}$ 11. $\dfrac{243(2-\sqrt{2})\pi}{5}$ 12. $\dfrac{486\sqrt{2}\pi}{5}$ 13. $\dfrac{37\pi}{6}$ 14. $\dfrac{148\pi}{3}$ 15. $\pi\left(\dfrac{224\sqrt{2}}{5}-20\sqrt{5}\right)$

16. $\dfrac{8\sqrt{3}a^3\pi}{27}$ 17. 0 18. $\dfrac{4\pi}{3}abc$ 19. 1256 20. $-\dfrac{37\pi}{4}$ 21. $\dfrac{1688\pi}{15}$ 22. 15π

23. a) $\dfrac{2\pi}{3}(e-1)$ b) $\dfrac{4\pi}{3}$ c) $2\pi a^2$ d) $\dfrac{\pi}{8}$ e) $\dfrac{\sqrt{2}\pi}{8}(4-\pi)$ f) $\dfrac{9\pi}{2}$

Seção 8.9

1. 1 2. $\dfrac{7}{27}, \dfrac{8}{27}, \dfrac{26}{27}$ 3. 64π 4. $4\sqrt{2}\pi$ 5. 128π 6. $\dfrac{\pi}{6}$ 7. $\pi\left(18-\dfrac{32\sqrt{2}}{3}\right)$ 8. $\dfrac{16}{3}$ 9. $\dfrac{abc}{3}$ 10. $\dfrac{20\pi}{3}$

11. 112π 12. $4\sqrt{2}\pi$ 13. $\dfrac{4\sqrt{10}}{5}\pi$ 14. $\dfrac{4}{3}\sqrt{6}\pi$ 15. 7938π 16. $\dfrac{64\pi}{3}$ 17. 3π 18. 5 19. $\dfrac{128}{3}$

20. a) $36\pi(2-\sqrt{2})$ b) 16π 21. $\dfrac{243}{2}, \left(0, \dfrac{9}{2}, \dfrac{9}{4}\right)$ 23. $\dfrac{848K\pi}{15}, \dfrac{848K\pi}{15}, \dfrac{32K\pi}{3}$ 24. $\dfrac{2048\pi}{3}$

25. a) $\dfrac{4}{3}K\pi, (0,0,1)$ b) $\dfrac{16K}{3}, \left(\dfrac{5}{8}, \dfrac{3}{4}, \dfrac{11}{8}\right)$ 26. $\dfrac{729}{2}K$ 27. $\dfrac{K\pi}{4}h^2a^4$ 28. $\dfrac{K\pi}{8}$

Capítulo 9

Seção 9.2

1. 12 2. $\dfrac{1}{6}(17\sqrt{17}-1)$ 3. 0 4. $-\dfrac{1}{27}+\dfrac{10\sqrt{10}}{27}$ 5. 0 6. 0 7. 6 8. $\dfrac{3a^3}{8}$ 9. $\dfrac{2048}{15}$

10. $\dfrac{928}{27}\sqrt{5}\pi$ 11. 8 12. 0 13. $\dfrac{1}{12}\left[\left(1+\dfrac{2}{e}\right)^{3/2}-1\right]$ 14. $\dfrac{1}{4}$ 15. 34 16. 0 17. 96π 18. $\dfrac{1}{2}$

19. 4π 20. $k(e^2-e^{-2})$ u.m. 22. $6\sqrt{20}+\sqrt{32}$ u.m. 23. $4k\pi$ u.m. 24. $8\sqrt{5}\,k\pi$ 25. $\dfrac{85}{4}\sqrt{10}\,k$

26. $\left(\dfrac{11}{7},0\right)$ 27. $\dfrac{k}{6}(17\sqrt{17}-1); \left(\dfrac{391\sqrt{17}+1}{170\sqrt{17}-10},0\right)$ 28. k u.m. 29. $\dfrac{k(7\sqrt{2}+12)}{3}$ 31. a) 0 b) $\dfrac{k\pi i}{R}$ c) $\dfrac{k\pi i}{R}$

Seção 9.4

1. $\ln\dfrac{3}{35}$ 2. 0 3. $\dfrac{3}{2}$ 4. 0 5. $-\pi$ 6. 8 7. $\dfrac{64}{3}\pi^3$ 8. $\dfrac{1}{4}$ 9. -8 10. $-6k$ 11. 0 12. $\dfrac{-4}{3}+\ln 2$

13. $\dfrac{284}{7}$ 14. $\dfrac{112}{3}$ 15. 0 16. 1 17. 48π 18. 0 19. $\dfrac{5}{2}$ 20. $\dfrac{4096}{3}\pi^3$ 21. $\pm 8\sqrt{2}\pi$ 22. -4

23. 0 24. 0 25. $\dfrac{1}{3}-\dfrac{1}{3e}$ 26. a) $-\dfrac{2}{e}-4$ b) $\dfrac{2}{e}+\dfrac{13}{3}$ c) $\dfrac{-2}{e}-\dfrac{9}{2}$ 27. a) 7 b) 7 c) 7 28. a) 6 b) $\dfrac{11}{2}$ c) -4

29. a) 8π b) 12π c) 4 30. a) 0 b) 0 c) 0 31. $1+2\cos 2-e^2; -4+\sin 2; 3-e^2$ 32. 0

33. 0 34. 0 35. -4; horário 36. 0 37. 0

Seção 9.6

1. a) não b) sim; $u = \sin xy + e^{xy} + z + c$; $\sin 1 + \dfrac{1}{e} + \sin 6 + e^6 + 1$
   c) sim; $u = xyz + \sin x + \cos y + c$; $-\sin 1 - \cos 1 + \sin 2 + \cos 3 + 6$

2. a) sim; $u = xyz + 4y^2 + c$; $abc + 4b^2$ b) sim; $u = \dfrac{3}{7}(x+y+z)^{7/3} + c$; $\dfrac{3}{7}(a+b+c)^{7/3}$ c) não
   d) sim; $u = (\cos y + \sin z)e^x + c$; $e^a(\cos b + \sin c) - 1$
   e) sim; $u = x^2 + y^2 + z^2 + c$; $a^2 + b^2 + c^2$

3. a) $2\cos 1 + \dfrac{3}{2}$ b) $e^2 - 3$ c) $\dfrac{14}{3}$

4. a) 16   b) $1 - e^2\cos 1$ c) 0   d) 5   e) $\operatorname{sen} 3 - \operatorname{sen} 1 - e^2 + e + 53$ f) $2e + e^{-2}$ g) 0

5. a) 0   b) $-\dfrac{\pi}{4}$ c) 0   d) -2π 6. -16 7. a) 0   b) -12 c) 0

8. a) 0   b) $\dfrac{\sqrt{257}}{4} - \sqrt{2}$ c) $\dfrac{\sqrt{257}}{4} - \sqrt{2}$ d) 0   9. a) 0   b) 0   c) $\dfrac{1}{2}$ d) $\dfrac{5\sqrt{2} - \sqrt{10}}{20}$

11. a) 0   b) $-\pi$ 12. 1; igual   13. $e^{\sqrt{2}} - e - \sqrt{2}$ 14. $0; 2\pi;$ arc tg $\dfrac{1}{2}$ − arc tg $\dfrac{3}{2}$

15. a) $\dfrac{2}{3}$ b) $\dfrac{2}{3}$

Seção 9.8

1. 8   2. -12π 3. -36 4. $-\dfrac{64}{3}$ 5. $\dfrac{15}{2}$ 6. 72π 7. $\dfrac{3}{2}$ 8. 16π 9. $-\dfrac{3}{10}$ 10. 0   11. 0

12. 12π u.a.   13. 1 u.a.   14. a) 4π u.a.   b) $\dfrac{5\pi}{2}$ u.a.   17. $\dfrac{221}{6}$ 18. $18 - \dfrac{1}{6}(e^2 - e^5)$.

Capítulo 10

Seção 10.3

1. a) elipsóide;   b) $x = \pm\sqrt{\dfrac{24 - 3y^2 - 4z^2}{2}},\ y = \pm\sqrt{\dfrac{24 - 2x^2 - 4z^2}{3}},\ z = \pm\sqrt{\dfrac{24 - 2x^2 - 3y^2}{4}}$

2. a) esfera;   b) $x = \pm\sqrt{16 - y^2 - z^2},\ y = \pm\sqrt{16 - x^2 - z^2},\ z = \pm\sqrt{16 - x^2 - y^2}$

3. a) esfera;   b) $x = \pm\sqrt{16 - (y-1)^2 - z^2} + 2,\ y = \pm\sqrt{16 - (x-2)^2 - z^2} + 1,\ z = \pm\sqrt{16 - (x-2)^2 - (y-1)^2}$

4. a) elipsóide;   b) $x = \pm\sqrt{\dfrac{1 - (y-1)^2 - (z-1)^2}{2}} + 1,\ y = \pm\sqrt{1 - 2(x-1)^2 - (z-1)^2} + 1,$
   $z = \pm\sqrt{1 - 2(x-1)^2 - (y-1)^2} + 1$

5. a) plano;   b) $x = \dfrac{10 - \sqrt{2}\,y + z}{2},\ y = \dfrac{10 - 2x + z}{\sqrt{2}},\ z = 2x + \sqrt{2}\,y - 10$

6. a) cilindro parabólico;   b) $x = \pm\sqrt{z},\ z = x^2$ 7. a) cone;   b) $x = \pm\sqrt{z^2 - y^2},\ y = \pm\sqrt{z^2 - x^2},\ z = \pm\sqrt{x^2 + y^2}$

8. $x = y^2 + z^2 - 1$ 9. $z = 2\sqrt{x^2 + y^2}$ 10. $y = x^2,\ 0 \le z \le 4,\ -2 \le x \le 2$ 11. $z = \sqrt{4 - x^2 - y^2}$

12. $y = \sqrt{4 - x^2 - z^2}$ 13. $x = \sqrt{4 - y^2 - z^2}$ 14. $\dfrac{x^2}{4} + \dfrac{y^2}{9} = 1,\ 0 \le x \le 2,\ 0 \le y \le 3,\ 0 \le z \le 4$

15. $x = 3\cos v \cos u + 1,\ y = 3\cos v \operatorname{sen} u + 2,\ z = 3\operatorname{sen} v,\ 0 \le u \le 2\pi$ e $\dfrac{-\pi}{2} \le v \le \dfrac{\pi}{2}$

16. $x = u,\ y = v,\ z = u^2 + v^2 - 1$ 17. $x = u,\ y = v,\ z = 8 - u - v$

18. $x = 2\cos u,\ y = v,\ z = 2\operatorname{sen} u,\ -\infty < v < +\infty$ e $0 \le u \le 2\pi$

19. $x = 2 + 2\cos v \cos u,\ y = -1 + 2\cos v \operatorname{sen} u,\ z = 2\operatorname{sen} v,\ 0 \le u \le 2\pi$ e $\dfrac{-\pi}{2} \le v \le \dfrac{\pi}{2}$

20. $x = \cos v \cos u,\ y = 1 + \cos v \operatorname{sen} u,\ z = \operatorname{sen} v,\ 0 \le u \le 2\pi,\ \dfrac{-\pi}{2} \le v \le \dfrac{\pi}{2}$

21. $x = \sqrt{2}\cos v \cos u,\ y = \sqrt{2}\cos v \operatorname{sen} u,\ z = \sqrt{2}\operatorname{sen} v,\ 0 \le u \le 2\pi$ e $\dfrac{-\pi}{2} \le v \le \dfrac{\pi}{2}$

22. $x = 2 + 4\cos v \cos u,\ y = -1 + 4\cos v \operatorname{sen} u,\ z = 3 + 4\operatorname{sen} v,\ 0 \le u \le 2\pi$ e $\dfrac{-\pi}{2} \le v \le \dfrac{\pi}{2}$

23. $x = \sqrt{8}\cos v \cos u,\ y = \sqrt{8}\cos v \operatorname{sen} u,\ z = \sqrt{8}\operatorname{sen} v,\ \dfrac{\pi}{2} \le u \le \pi$ e $0 \le v \le \dfrac{\pi}{2}$

24. $x = \cos v \cos u,\ y = \cos v \operatorname{sen} u,\ z = \operatorname{sen} v,\ 0 \le u \le 2\pi$ e $\dfrac{\pi}{6} \le v \le \dfrac{\pi}{2}$

25. $x = \sqrt{3}\cos u,\ y = \sqrt{3}\operatorname{sen} u,\ z = v,\ 0 \le u \le 2\pi$ e $-\infty < v < +\infty$

26. $x = 4\cos u,\ y = 4\operatorname{sen} u,\ z = v,\ \dfrac{\pi}{4} \le u \le \operatorname{arctg} 2,\ -2 \le v \le 2$

27. $x = \sqrt{10}\cos u,\ z = \sqrt{10}\operatorname{sen} u,\ y = v,\ -\infty < v < +\infty,\ 0 \le u \le 2\pi$

28. $x = \dfrac{1}{\sqrt{5}} v \cos u, \ y = \dfrac{1}{\sqrt{5}} v \operatorname{sen} u, \ z = \dfrac{2}{\sqrt{5}} v, \ 0 \leq u \leq 2\pi \ \text{e} \ 0 \leq v < \infty$

29. $x = u, \ y = v, \ z = 2\sqrt{u^2 + v^2}$ 30. $x = u, \ y = v, \ z = -2\sqrt{u^2 + v^2}$ 31. $x = u, \ y = v, \ z = \dfrac{2u^2 + 2v^2}{3}$

32. $x = u, \ y = v, \ z = \dfrac{3u^2 + 3v^2}{4}$ 33. $x = u, \ y = 2u^2 + 2v^2, \ z = v, \ u^2 + v^2 \leq 4$

34. $x = u, \ y = v, \ z = \sqrt{16 - u^2 - v^2}, \ u^2 + v^2 \leq 16$

35. $x = 2\cos v \cos u, \ y = 2\cos v \operatorname{sen} u, \ z = 2 + 2 \operatorname{sen} v, \ 0 \leq u \leq 2\pi \ \text{e} \ 0 \leq v \leq \dfrac{\pi}{2}$

36. $x = 6\cos v \cos u, \ y = 6\cos v \operatorname{sen} u, \ z = 6 \operatorname{sen} v, \ \dfrac{3\pi}{2} \leq u \leq 2\pi, \ -\dfrac{\pi}{2} \leq v \leq \dfrac{\pi}{2}$

37. $x = \cos v \cos u, \ y = \cos v \operatorname{sen} u, \ z = \operatorname{sen} v, \ \dfrac{\pi}{4} \leq u \leq \operatorname{arctg} 2 \ \text{e} \ \dfrac{-\pi}{2} \leq v \leq \dfrac{\pi}{2}$

38. $x = v, \ y = 3\cos u, \ z = 3 \operatorname{sen} u, \ 0 \leq v \leq 4 \ \text{e} \ 0 \leq u \leq 2\pi$

39. $x = 1 + \sqrt{13} \cos u, \ y = 3 + \sqrt{13} \operatorname{sen} u, \ z = v, \ 0 \leq u \leq 2\pi \ \text{e} \ -\infty < v < +\infty$

40. $x = \dfrac{1}{2} v \operatorname{sen} u, \ y = \dfrac{\sqrt{3}}{2} v, \ z = \dfrac{1}{2} v \cos u, \ 0 \leq u \leq 2\pi \ \text{e} \ 0 \leq v < \infty$

41. $x = u, \ y = 1 - \sqrt{u^2 + v^2}, \ z = v, \ u^2 + v^2 \leq 16$ 42. $x = u, \ y = v, \ z = u^2 + v^2 - 1, \ 1 \leq u^2 + v^2 \leq 4$

43. $x = u, \ y = v, \ z = 4 - u - v, \ 0 \leq u \leq 4, \ 0 \leq v \leq 4 - u$

44. $x = u, \ y = \dfrac{9 - 2u}{3}, \ z = v, \ 0 \leq u \leq \dfrac{9}{2}, -\infty < v < +\infty$ 45. $x = u, \ y = v, \ z = 8 - v, \ u^2 + v^2 \leq 4$

Seção 10.7

1. a) $\left(\dfrac{\sqrt{2}}{2} \cos v, \dfrac{\sqrt{2}}{2} \cos v, \operatorname{sen} v \right), \dfrac{-\pi}{2} \leq v \leq \dfrac{\pi}{2}; \ \left(\dfrac{\sqrt{2}}{2} \cos u, \dfrac{\sqrt{2}}{2} \operatorname{sen} u, \dfrac{\sqrt{2}}{2} \right), 0 \leq u \leq 2\pi$

   b) $\left(\dfrac{\sqrt{2}}{2} u, \dfrac{\sqrt{2}}{2} u, u^2 \right), 0 \leq u \leq 2; \ (\sqrt{2} \cos v, \sqrt{2} \operatorname{sen} v, 2), 0 \leq v \leq 2\pi$ c) $(u, 1, u^2 + 1), \ (1, v, v^2 + 1)$

   d) $\left(u, \dfrac{1}{2}, \sqrt{\dfrac{3}{4} - u^2} \right), \left(\dfrac{1}{2}, v, \sqrt{\dfrac{3}{4} - v^2} \right)$

2. a) $x = u, \ y = v, \ z = 3 \left(1 - u - \dfrac{1}{2} v \right); \ \left(u, \dfrac{1}{2}, \dfrac{9}{4} - 3u \right); \ \left(\dfrac{1}{4}, v, \dfrac{9}{4} - \dfrac{3}{2} v \right)$

   b) $x = 3\cos u, \ y = 3 \operatorname{sen} u, \ z = v; \ (3\cos u, 3 \operatorname{sen} u, 4); \ (3, 0, v)$

   c) $x = \dfrac{\sqrt{2}}{2} v \cos u, \ y = \dfrac{\sqrt{2}}{2} v, \ z = \dfrac{\sqrt{2}}{2} v \operatorname{sen} u, \ 0 \leq u \leq 2\pi, 0 \leq v < \infty; \ (\sqrt{13} \cos u, \sqrt{13}, \sqrt{13} \operatorname{sen} u), 0 \leq u \leq 2\pi;$
   $\left(\sqrt{\dfrac{2}{13}} v, \dfrac{\sqrt{2}}{2} v, \dfrac{3}{2} \sqrt{\dfrac{2}{13}} v \right), 0 \leq v < \infty$

3. b) $\left(\dfrac{\sqrt{2}}{2} u, 2u^2, \dfrac{\sqrt{2}}{2} u \right), 0 \leq u \leq 2; \ (\cos v, 2, \operatorname{sen} v), 0 \leq v \leq 2\pi$

   c) $\left(\dfrac{\sqrt{2}}{2}, 4, \dfrac{\sqrt{2}}{2} \right); \ \left(-\dfrac{\sqrt{2}}{2}, 0, \dfrac{\sqrt{2}}{2} \right); \ (2\sqrt{2}, -1, 2\sqrt{2})$

4. b) $(\cos u, \operatorname{sen} u, \sqrt{3}), 0 \leq u \leq \dfrac{\pi}{2}; \ (\sqrt{2} \cos v, \sqrt{2} \cos v, 2 \operatorname{sen} v), 0 \leq v \leq \dfrac{\pi}{2}$

   c) $\left(-\dfrac{\sqrt{2}}{2}, \dfrac{\sqrt{2}}{2}, 0 \right); \ \left(\dfrac{-\sqrt{6}}{2}, \dfrac{-\sqrt{6}}{2}, 1 \right); \ \left(\dfrac{\sqrt{2}}{2}, \dfrac{\sqrt{2}}{2}, \sqrt{3} \right)$

   d) $\left(\dfrac{\sqrt{2}}{2} + \dfrac{\sqrt{2}}{2} t, \dfrac{\sqrt{2}}{2} + \dfrac{\sqrt{2}}{2} t, \sqrt{3} + \sqrt{3} t \right); \ \sqrt{2} x + \sqrt{2} y + 2\sqrt{3} z - 8 = 0$

5. a) $(4 + t, 1 - 2t, 2 - 4t)$ b) $(4 + \sqrt{5} t, 1 - 2\sqrt{5} t, 2 - 4\sqrt{5} t)$ c) $(3 + t, 2 - 4t, 4)$ d) $\left(\dfrac{1}{4} + t, \dfrac{1}{4} + t, \dfrac{1}{2} + t \right)$

   e) $(1 + 2t, 1 + 2t, -2 + t)$ f) $\left(1 + \dfrac{\sqrt{2}}{2} t, 1 + \dfrac{\sqrt{2}}{2} t, \sqrt{2} + t \right)$ g) $\left(1 - \dfrac{2}{3} t, 2 - \dfrac{5}{3} t, \dfrac{2}{3} + t \right)$

Apêndice B – Respostas dos exercícios   435

6. a) $(u, v, 3u^2v)$; $6x + 3y - z - 6 = 0$, $6x - 3y + z + 6 = 0$; $(1 - 6t, 1 - 3t, 3 + t)$, $(-1 + 6t, 1 - 3t, 3 + t)$
   b) $(u, v, u^2 + v^2)$; $2y - z - 1 = 0$, $2x + 2y + z + 2 = 0$; $(0, 1 - 2t, 1 + t)$, $(-1 + 2t, -1 + 2t, 2 + t)$
   c) (u, v, uv); $x + 2y - 2z - 1 = 0$, $\sqrt{2}x - z = 0$; $\left(1 - \frac{1}{2}t, \frac{1}{2} - t, \frac{1}{2} + t\right)$, $(-\sqrt{2}t, \sqrt{2}, t)$
   d) $(u, v, 4 - u - 2v)$; $x + 2y + z - 4 = 0$; $x + 2y + z - 4 = 0$; $\left(1 + t, \frac{1}{2} + 2t, 2 + t\right)$, $(t, 1 + 2t, 2 + t)$
   e) $(3\cos v \cos u, 3\cos v \operatorname{sen} u, 3 \operatorname{sen} v)$ $0 \le u \le 2\pi$, $\frac{-\pi}{2} \le v \le \frac{\pi}{2}$; $x - 3 = 0$, $y - 3 = 0$, $z - 3 = 0$,
      $x + 2y + 2z - 9 = 0$; $(3 + 9t, 0, 0)$, $(0, 3 + 9t, 0)$, $(0, 0, 3 + 6t)$, $\left(1 + \sqrt{5}t, 2 + \frac{10}{\sqrt{5}}t, 2 + 2\sqrt{5}t\right)$
   f) $(2\cos u, 2 \operatorname{sen} u, v)$; $x + y - 2\sqrt{2} = 0$, $y - 2 = 0$; $(\sqrt{2} + \sqrt{2}t, \sqrt{2} + \sqrt{2}t, 2)$, $(0, 2 + 2t, 2)$

7. a) $4x + 4y + z - 4 = 0$ b) $z - 4y + 2 = 0$ 8. $y = 2x$ e $z = x$

9. $\left(\frac{-2u \cos v}{\sqrt{4u^2 + 1}}, \frac{-2u \operatorname{sen} v}{\sqrt{4u^2 + 1}}, \frac{1}{\sqrt{4u^2 + 1}}\right)$, $u \ne 0$ 10. a) $\left(\frac{-\sqrt{3}}{3}, \frac{-\sqrt{3}}{3}, \frac{-\sqrt{3}}{3}\right)$ b) $\left(\frac{\sqrt{3}}{3}, \frac{\sqrt{3}}{3}, \frac{\sqrt{3}}{3}\right)$

Seção 10.11

1. $\frac{3\sqrt{17}}{2}$ u.a.   2. $\frac{13\sqrt{13} - 1}{6} \pi$ u.a.   3. $30 \operatorname{arc sen} \frac{2}{5}$ u.a.   4. $\frac{13}{3} \pi$ u.a.   5. a) 9 u.a.   b) $\frac{27}{2} \pi$ u.a.

6. 6π u.a.   7. $(18\pi - 36)$ u.a.   8. 32π u.a.   9. $12\pi(3 - \sqrt{5})$ u.a.   10. $\frac{1}{6}(37\sqrt{37} - 17\sqrt{17})\pi$ u.a.

11. $4\pi(2 - \sqrt{2})$ u.a.   12. $4\pi\sqrt{17}$ u.a.   13. $4\sqrt{3}\pi$ u.a.   14. $\frac{(17\sqrt{17} - 1)}{6}\pi$ u.a.   15. $\frac{\sqrt{2}}{4}\pi$ u.a.

16. $\frac{\pi}{6}(5\sqrt{5} - 1)$ u.a.   17. 3 u.a.   18. $\pi(36 - 8\sqrt{3})$ u.a.   19. $\frac{64\sqrt{15}\pi}{9}$ u.a.   20. $(36 + 4\sqrt{21} + 4\sqrt{6})$ u.a.

22. b) 8π u.a.   23. a) $x^2 + y^2 = z$ c) $\frac{\pi}{6}(17\sqrt{17} - 1)$ u.a.   25. a) 2 b) 2 26. $\frac{243}{2}\pi$ 27. $\frac{\pi}{2}$ 28. $\frac{81}{2}$

29. $\frac{22\sqrt{14}}{3}$ 30. $\frac{2048\pi}{3}$ 31. $\frac{32768\sqrt{13}\pi}{81}$ 32. $\frac{2(17\sqrt{17} - 1)}{3}$ 33. $\frac{-37}{5}\pi$ 34. $\frac{-\pi}{4}$ 35. 0 36. $2\sqrt{2}\ln 2$

37. $\frac{2\sqrt{5}k\pi}{3}$ u.m.   38. 9π 39. $20\sqrt{5}k\pi$ u.m.   40. $(0, 0, 1)$

41. a) $x^2 + y^2 = 16$, $0 \le z \le 8$ c) $(8, 8\sqrt{3}, 0)$ d) 1024π

42. b) $(-\sqrt{6}, \sqrt{6}, 0)$, $(-\sqrt{2}, -\sqrt{2}, 2\sqrt{3})$ c) $(6\sqrt{2}, 6\sqrt{2}, 4\sqrt{3})$ d) $\frac{2048\pi}{3}k$

Seção 10.13

2. a) 32 b) $-\frac{32}{3}$ c) $-\frac{32}{3}$ d) $-\frac{32}{3}$ e) 0; o fluxo é nulo   3. 4π 4. 0 5. 6 6. $\frac{\pi a^4}{2}$

7. $16\pi a^2$ 8. 18 9. -15π 10. $\frac{64}{3}$ 11. $\frac{1}{2}$ 12. $\frac{32}{3}\pi$ 13. $\frac{20}{3}$ 14. 0

15. $\frac{208}{3}$ 16. $2\pi a^3(2 - \sqrt{2})$ 17. a) 0 b) 0

18. 24; -24 19. a) $\left(-\frac{3}{5}, -\frac{4}{5}, 1\right)$ b) -288π 20. 3π; -3π 21. 180π

Seção 10.16

1. -16 2. $\frac{\pm 3a^2\pi}{4}$ 3. 0 4. -16 5. $\pm(8 \operatorname{sen} 4 - 40)$ 6. π 7. 0 8. -2π

9. $\frac{-5a^4\pi}{4}$ 10. -32π 11. 6π 12. $\frac{1}{4}$ 13. 24 14. 486π 15. 24 16. 0

17. 3π 18. 48 19. -45π 20. a) 0 b) 64π c) 0 21. -192π 22. 108